国际工程科技发展战略高端论坛
International Top-level Forum on Engineering Science and Technology Development Strategy

中国工程院
CHINESE ACADEMY OF ENGINEERING

城市设计发展前沿

CHENGSHI SHEJI FAZHAN QIANYAN

FRONTIERS OF URBAN DESIGN DEVELOPMENT

高等教育出版社·北京

内容提要

城市设计主要研究城市空间形态的建构机理和场所营造，其专业视野和范围在20世纪下半叶以来不断拓展。为辨析国际城市设计的理论发展方向，并对当下中国城市建设发展的突出问题提出可能的城市设计解决路径，2017年11月10—12日，由中国工程院主办，中国工程院土木、水利与建筑工程学部，东南大学和北京未来城市设计高精尖创新中心联合承办的“国际工程科技发展战略高端论坛——城市设计发展前沿”在南京（主论坛）和北京（分论坛）召开。论坛邀请了中国建筑与规划领域十余位院士与工程勘察设计大师，以及多位国际知名学者、业界专家与相关部门政府领导共同参与讨论。本次论坛是多年来规格较高、参与度较广的探讨城市设计理论、方法和实践等相关内容的学术盛会，初步厘清了中国城市设计未来发展的可能方向，也探讨了当下我国城市发展问题的可能解决途径。论坛研讨成果有助于科学认知国内外城市设计的学科发展前沿和工程实践发展的最新动向，促进我国城市设计在新时代的跨越式发展。

本书为中国工程院国际工程科技发展战略高端论坛系列丛书之一，可供建筑设计、城市规划、城市设计、城市管理、房地产及相关领域的从业者与师生阅读，也可作为关心中国城市设计发展的媒体与公众的参考书。

图书在版编目（CIP）数据

城市设计发展前沿：汉、英 / 中国工程院编. --北京：高等教育出版社，2020.6
（中国工程院“国际工程科技发展战略高端论坛”系列）
ISBN 978-7-04-053875-5

Ⅰ. ①城… Ⅱ. ①中… Ⅲ. ①城市规划-建筑设计-研究-汉、英 Ⅳ. ①TU984

中国版本图书馆CIP数据核字（2020）第050426号

策划编辑 黄慧靖　责任编辑 张 冉　封面设计 顾 斌　版式设计 马 云
插图绘制 于 博　责任校对 马鑫蕊　责任印制 韩 刚

出版发行 高等教育出版社
社　　址 北京市西城区德外大街4号
邮政编码 100120
印　　刷 北京汇林印务有限公司
开　　本 850 mm×1168 mm 1/16
印　　张 46.5
字　　数 950千字
购书热线 010-58581118
咨询电话 400-810-0598
网　　址 http://www.hep.edu.cn
　　　　 http://www.hep.com.cn
网上订购 http://www.hepmall.com.cn
　　　　 http://www.hepmall.com
　　　　 http://www.hepmall.cn
版　　次 2020年6月第1版
印　　次 2020年6月第1次印刷
定　　价 128.00元

物 料 号 53875-00

目　　录

第一部分　综　　述

第二部分　致　　辞

第三部分　主 题 报 告

第四部分　专 题 报 告

议题一　城市设计理论前沿、热点领域及信息时代的新方法新技术

议题二 城市设计中空间场所的创造修复及历史文化的保护传承

议题三 全球环境变迁中的城市设计

议题四 21 世纪初中国城市设计发展前瞻

CONTENTS

Part Ⅰ Overview

Part Ⅱ Address

Part Ⅲ Keynote Speech

Part Ⅳ Special Report

Topic Ⅰ: Frontiers and Hotpots of Urban Design, and New Methods and Technologies in the Information Age

Topic Ⅱ: Creation and Restoration of Space in Urban Design, and Preservation of Historical Culture

Topic Ⅲ: Urban Design in the Changing Global Environment

Topic Ⅳ: Prospects of China's Urban Design Development in the 21st Century

第一部分
综　　述

综　述

王建国　崔　愷　高　源　丁光辉[①]

2017年11月10—13日，由中国工程院主办，东南大学和北京未来城市设计高精尖创新中心联合承办，中国工程院王建国院士与崔愷院士共同负责的“国际工程科技发展战略高端论坛——城市设计发展前沿”在南京和北京[②]召开。

城市设计致力于研究城市空间形态的建构机理和场所营造，是一门在不断完善和发展中的学科。20世纪下半叶以来，文化和历史场所的营造、信息社会的到来、数字技术的应用以及人类社会所面临的全球环境变化等挑战，显著拓展了城市设计的学科视野和专业范围。另外，自20世纪80年代开始，中国经历了世界上前所未有的快速城市化进程，成为城市设计理论和方法探讨最活跃、工程实践活动最普遍、政府和社会各界最关注的国度。

因此，无论是基于全球视野，还是本土视角，城市设计都具有广阔的拓展潜力与现实价值。在此背景下，中国工程院主办了“城市设计发展前沿”高端论坛，以辨析国际城市设计的理论发展方向，探讨城市设计的新理念、新技术与新方法，并通过国际比较，科学认知中国城市设计发展的时空背景和发展相位，针对当下中国城市建设发展的突出问题提出基于城市设计的解决路径。

论坛邀请了中国工程院院士崔愷、程泰宁、江欢成、孟建民、缪昌文、王建国、魏敦山、张锦秋、钟训正、吴志强，中国科学院院士常青、郑时龄，住房和城乡建设部原副部长仇保兴，宾夕法尼亚大学名誉教授 Jonathan Barnett，多特蒙德工业大学名誉教授 Klaus R. Kunzmann，哥伦比亚大学客座教授 David Grahame Shane，密歇根大学名誉教授 Robert W. Marans，住房和城乡建设部科技与产业化发展中心主任俞滨洋，同济大学建筑与城市规划学院资深教授卢济威等80余位国内外城市设计领域知名专家学者参会研讨，国内外相关机构人员和高校师生共600余人参加了论坛。

论坛开幕式由王建国院士主持。中国工程院副院长刘旭院士、国际建筑师协会前主

---

① 王建国，中国工程院院士，东南大学城市设计研究中心主任；崔愷，中国工程院院士，中国建筑设计研究院名誉院长；高源，东南大学建筑学院副教授，南京主论坛执笔人；丁光辉，北京建筑大学建筑与城市规划学院讲师，北京分论坛执笔人。

② 南京为主论坛，召开时间为11月10—12日；北京为分论坛暨第二届北京城市设计国际高峰论坛，召开时间为11月12—13日。

席 Albert Dubler、中国建筑学会理事长修龙、中国城市规划学会秘书长石楠、江苏省住房和城乡建设厅厅长周岚、东南大学常务副校长王保平先后致辞。

作为本次论坛的主办方领导，刘旭院士在致辞中指出在我国城市建设和发展取得瞩目成就的同时，还存在着一些令人担忧的问题，城市设计是应对这些问题的重要手段，希望通过这次论坛可以促进中国城市设计的专业发展及国际交流与合作。Albert Dubler 立足于国际视野，强调专业设计人员有责任和义务面对世界未来发展的各种问题，并努力营造各方共赢的局面。修龙、石楠、周岚、王保平则结合党的十九大报告内容，分别从中国建筑学会、中国城市规划学会、江苏省规划建设行业主管部门和东南大学的角度，对城市设计的已有工作进行了总结，并对未来行动提出了建议和希望。

论坛主会场先后由程泰宁、崔愷、魏敦山三位院士主持，共设主题报告 9 场。

住房和城乡建设部原副部长仇保兴做了题为《立体园林——体现人文精神的绿色建筑》的报告。报告针对现代化城市钢筋混凝土建筑呈现出的压抑与单调，提出注重城市与山水的互动关系，通过“立体园林”的方式造就具有生物智慧的现代楼宇，将“师法自然、天人合一”的中国传统人文境界融入现代城市空间中去，并通过现代微循环技术和信息化智慧技术，减少城市对自然能源的消耗，削减空气污染，改善城市空间微气候，实现生态环境与建成环境的共生。

王建国院士在题为《基于人机互动的数字化城市设计范型初探》的报告中指出，城市设计作为一种对城市形态演进的人为干预实践，在不同的历史阶段存在一些共识性的指导思想和专业价值体系，即范型。在经历传统城市设计、现代主义城市设计、绿色城市设计三代历史范型以后，伴随“数字地球、智慧城市、互联网、人工智能”的日益发展，城市设计的技术理念和方法获得了一些全新的内容，并由此形成“基于人机互动的数字化城市设计”的第四代范型。这种以形态整体性理论重构为目标、以人机互动为途径、以技术方法工具变革为核心特征的数字化城市设计新范型，正在对城市规划的编制实施和管理、彰显城市的历史文化和山水格局特色、进一步理解并建构公平公正的社会准则、营造城市宜居环境发挥着关键性的支撑作用。

针对长期以来我国城市设计形态组织基本理论研究不足的现状，卢济威教授做了题为《城市形态组织概论》的报告。报告中结合大量的案例，提出城市形态组织要考虑来自行为、环境、理念、技术四方面的影响，进而通过要素整合、空间组织、基面建构的方式进行有效的形态组织，让城市设计更能满足城市发展的紧凑化、生态化、活力化、人性化和特色化的要求。

Jonathan Barnett 教授是美国城市设计研究和实践的领军人物之一，曾任美国纽约总城市设计师、宾夕法尼亚大学教授之职。他秉持国家与地区具有差异化设计背景的思想，在题为《Urban Design in China：Where to Build，When to Build，What to Build》的主题报告中，通过一系列翔实的国际案例，阐述了关于城市设计在建设时间、地点和内容方面的经验，形成对气候、边界、能源、阳光、设计引导、公私双赢等内容的诸多思考，以期为中国城市设计的理论与实践提供参考和启发。

常青院士的报告题目是《以创意衔接历史与未来》。报告立足于建筑学视角,提出遗产保护与设计创新是一体两面的关系。就设计的文化使命而言,“保护”是前提,“创新”是目的,建筑学需要保存遗产本体,更要汲取遗产精髓来滋养当代的创造。针对建成遗产与历史环境这两种主体对象的与古为新,设计需要保存真实而有价值的事物,需要展开基于历史真实性的整旧,更需要在原来基础上进行再创造,形成衔接古今的活化与创新,并据此总结创新过程中出现的“并置、同心圆、互补”的三种“新旧结构关系”。

面对全球化时代信息技术的快速发展,Klaus R. Kunzmann 教授在题为《Urban Challenges and Darker Sides of Smart City Development》的报告中详细阐述了当今城市发展面临的挑战与可能途径。报告指出,数字化革命正在推动人类第四次工业革命,加速知识型社会的形成,提高人们的健康与教育水平、保护环境节省资源,改变生活生产与社会治理的方式。当代规划设计需要从关注传统的、功能性的空间划分转向关注因数字技术兴起而带来的空间问题,同时对于其中可能引发的信息隐私、工作速度、生活压力、电子风险、权力失控等负面影响及早予以研究与监控。

崔愷院士立足于建筑师的视角,在题为《城市设计的维度和视角》的报告中指出,当今的城市正进入一个修补型的理性发展阶段,建筑师的工作也从原先在城市规划、城市设计的框架下完成个人作品逐步发展为更多去考虑甚至优化城市的相关内容。报告通过一系列案例提出了基于城市设计思维的建筑创作思路,即城市设计五题,它们分别是:① 从脚下做起,设计与提升真实的城市生活;② 从老房子做起,使修复与新建工作呈现出某种有机更新的过程;③ 依托自然资源,关注设计与自然生态环境的保护与结合;④ 强调织补,从城市细节小处入手,通过对城市碎片的整理织补创造更和谐的城市空间;⑤ 创新城市空间结构,结合地域环境做设计调整,实现更大空间层面的结构优化。

Robert W. Marans 教授则着眼于城市设计项目的评价与实效。在题为《Urban Design Initiatives: How Do We Measure Success》的报告中,他通过对西方与中国目前山区研究项目的介绍,提出需要通过对生活质量的长期跟踪调查来衡量城市设计的成功与否,即了解建成环境的实质性变化以及环境变化对于使用者生活质量的改善起到的具体作用,并将结果反馈到实践中去,由此更为积极地把握设计空间的本质特征以及人与环境之间的互动过程。

通过对党的十八大、十九大报告以及中央相关工作会议精神的梳理与解读,俞滨洋教授在其主题报告《新时代城市设计工作的若干思考》中强调,新时代需要“以人为本”的城市规划建设管理。为此,设计需要关注“三生(生产、生活、生态)空间协调”,做好“两保两杜(保护山水林田湖自然地理格局,保护历史文化遗产,杜绝建筑大洋怪现象,杜绝万楼一面、千城一貌)”工作,通过空间管制、生态修复、建立评估体系等多种手段形成每个城市的“绿色特色区域”,创造显山露水、透绿见蓝的现代化宜居环境。

除了主题报告,论坛在南京还分四个议题展开了一天的深度研讨。

其中议题一、二、三为平行论坛。平行论坛分别由江欢成院士、孟建民院士、阳建强教授、黄居正主编、石楠教授、黄文亮教授主持,28名中外嘉宾分别围绕"城市设计理论前沿、热点领域及信息时代的新方法新技术""城市设计中空间场所的创造修复及历史文化的保护传承""全球环境变迁中的城市设计"议题做了专题报告。报告中,嘉宾们通过学理探究、逻辑推演、案例实证等方式,交流了各自最新的研究成果。主要内容包括:城市设计哲学、城市设计专业教育、城市形态、城市设计公共价值导向、社会-空间关系、城市历史文化、城市更新、城市模型、城市空间品质、城市街坊尺度及密度、城市界面、高度管控、城市虚拟空间以及城市开发利益补偿、互联网运营融资、总设计师制度、数据管控平台等。

议题四为"21世纪初中国城市设计发展前瞻"。论坛由王建国院士和郑时龄院士主持,集结段进、韩冬青、李晓江、刘泓志、王富海、吴志强、杨保军、叶斌、张琴、朱子瑜10位业界知名专家学者和领导,围绕"城市设计与城市双修"和"城市设计的中国智慧"展开两场现场讨论。论坛采用嘉宾讨论、网络直播的方式,吸引了7万余人同时在线观看。

在"城市设计与城市双修"的主题讨论中,嘉宾们指出我国现在进入了城市发展的新常态,即以存量设计为主导类型、以品质提升为主要任务的阶段,因此需要对前期城市快速发展过程中留下的问题加以应对,"生态修复"与"城市修补"正是基于这一判断展开的工作。作为城市设计的有效手段,修复与修补的工作都需要以精细化、渐进化、持续化的方式展开,以广大人民群众的获得感作为核心目标。

关于"城市设计的中国智慧",通过对中华千年历史的回顾,嘉宾们指出中国的营城智慧博大精深,可以概括为哲学与美学层面的"道法自然、和谐平衡、辨方正位、形意相生、永续发展"等。当代的城市设计需要强调其延续性与在地性,在设计层面不是简单地模仿历史,而是要创造融合全球共识与解决现实问题的当代作品;在管理层面则要进一步研究城市设计的实施机制与有效性问题,促进城市设计发挥更大的作用价值。王建国院士主持了南京论坛闭幕式。

2017年11月12—13日,本次高端论坛的北京分论坛暨第二届北京城市设计国际高峰论坛在北京建筑大学举行,论坛主题是"城市设计与城市设计教育发展前沿"。

北京未来城市设计高精尖创新中心主任崔愷院士以及学术委员会主任王建国院士,美国艺术与科学学院院士,美国纽约城市大学教授 Michael Sorkin,中国建筑学会秘书长仲继寿,中国城市规划学会副理事长施卫良,住房和城乡建设部以及北京市规划和国土资源管理委员会的有关领导,北京建筑大学党委书记王建中、校长张爱林、副校长张大玉,来自欧美院校的有关专家、青年科研人员,以及北京建筑大学师生代表共计400余人参加了论坛。

南京主论坛研讨结束后,Jonathan Barnett 教授、Robert W. Marans 教授、Klaus R. Kunzmann 教授、哈佛大学设计研究生院 Guan Chenghe 博士等专程赴北京做了主题报告。此外,北京分论坛还邀请了欧洲、美国和中国知名院校的一些城市设计专家。Michael

Sorkin 教授以在纽约的城市设计实践和研究为例，探讨了绿色种植都市农业在未来城市发展中的作用。美国密歇根大学 Robert Fishman 教授从历史的角度回顾了新城的演变和发展；Roy Stickland 教授则从中国共产党的十九大报告入手，指出中国城市未来的发展要靠整体宏观的规划设计。挪威卑尔根建筑学院院长 Cecilie Andrsson 教授通过介绍实际规划项目，强调规划与政策的融合，认为城市设计要回归本质，创造好的生活环境和人文环境。北京建筑大学刘临安教授回顾了广场的缘起，强调城市设计要留住地域环境、文化特色和建筑风格的基因。意大利米兰理工大学 Laura Anna Pezzetti 教授以意大利的历史城镇的规划和保护为例，探讨了城市设计与环境传承的关系，强调了历史与现代、新与旧、城市与乡村的整合。美国麻省理工学院 Dennis Frenchman 教授指出，未来媒体社会将迅速发展，因此要融合技术与城市设计；他通过介绍一些与媒体产业有关的城市设计项目，探索了城市发展的各种可能性。中国城市规划设计研究院原院长李晓江讲述了空间规划设计创新方法及雄安新区规划工作对城市规划与设计的启示。清华大学建筑学院朱文一教授以苹果手机为例，阐述了掌上阅读城市和进行建筑设计的可能性。美国迈阿密大学建筑学院院长 Rodolphe El-Khoury 教授探讨了信息交互技术在建筑中的运用和智能城市的研究与发展。

两地四天的论坛研讨获得了重要的学术成果，通过网络直播产生了广泛而积极的社会影响，取得圆满成功。概括而言，如下三点值得总结：

第一，本次论坛是多年来规格较高、参与度较广的探讨城市设计理论、方法和实践等相关内容的学术盛宴。其既是学术界对新形势下中国城市设计理论与实践创作的认识、评价与总结，也是一次学术界与社会大众的对话与共识建构过程。论坛必将在我国城市设计发展历史中留下具有某种里程碑意义的重要印记。

第二，论坛通过国内外学者的报告讨论，不仅展示了城市设计发展的世界坐标系，也初步厘清了中国城市设计未来发展的可能方向；不仅梳理了中国城市设计发展的理论前沿，也直面了当下我国城市发展面临的很多问题，提出了可能的解决途径；是一次名副其实的城市设计高端论坛。

第三，论坛通过 9 场主题报告、4 个南京分论坛、1 个北京分论坛的探讨，总体形成“以市民美好生活为导向、以全球全域视野为楔入、以城市修复修补为手段、以精细渐进操作为过程、以数字智能技术为支撑、以文化传承创新为目的”的基本共识。论坛研讨成果将有助于科学认知国内外城市设计的学科发展前沿和工程实践发展的最新动向，扩大中国城市设计研究成果的国际影响，促进我国城市设计在新时代的跨越式发展。

党的十九大报告指出，中国特色社会主义已进入一个新时代，社会主要矛盾已经转化为人民日益增长的美好生活需要和不平衡不充分的发展之间的矛盾。回首 20 世纪 50 年代以来的世界城市设计发展，其核心价值和历史意义恰恰就是城市文化内涵和人居环境品质的改善和提升。不难预期，中国的城市设计一定会在“新时代”持续创新，继续发挥其对于城市健康发展的基础性支撑作用！

第二部分
致　　辞

中国工程院副院长刘旭致辞

尊敬的仇部长，尊敬的修理事长，尊敬的各位院士、各位专家、各位来宾：

大家上午好！

由中国工程院主办的“国际工程科技发展战略高端论坛——城市设计发展前沿”今天在六朝古都南京召开。我谨代表中国工程院、代表周济院长向论坛的召开表示热烈的祝贺！向各位远道而来的院士和专家，特别是不远万里来到南京的外国专家表示热烈的欢迎！向为组织本次论坛付出努力的工作人员表示衷心的感谢！

20 世纪 80 年代以来，中国经历了一个世界上前所未有的快速城市化进程，城市建设呈现爆发式的增长，中国已经成为全球城镇化速率最快、土木建设工程量最大、城市“变新”“变大”“变高”最明显、建筑设计市场最为繁荣的国家。然而，在我们城市建设和城市发展方面取得瞩目成就的同时，还存在着建筑形态紊乱、城市风貌雷同、乡愁失落、文化失范、“快餐”建筑和“山寨”建筑盛行等令人关切与担忧的问题。

2015 年 12 月的中央城市工作会议深刻分析了我国城市发展建设中的弊病，强调要通过城市设计来营造具有“空间立体性、平面协调性、风貌整体性、文脉延续性”以及“留住城市特有的地域环境、文化特色、建筑风格等‘基因’”的宜居城市人居环境。

中国工程院作为中国工程科学技术界的最高荣誉性、咨询性学术机构，一直致力于发挥国家工程科技思想库的作用。为了汇集国内外顶级专家的智慧，为经济社会发展提供科技支撑，中国工程院于 2011 年创办了“国际工程科技发展战略高端论坛”系列学术活动，旨在搭建一个高水平、高层次的国际交流平台，共同探讨工程科技领域的重点和战略问题。

中国工程院一直关注和重视城市建设领域的发展，2017 年设立了由程泰宁、王建国两位院士牵头的重大咨询研究项目“中国城市建设可持续发展战略研究”，并将“城市设计发展前沿”列入国际工程科技发展战略高端论坛 2017 年的活动计划。

今天，海内外著名专家学者和诸多院士齐聚南京，共同交流国际城市设计的最新研究成果，探讨全球环境变迁中的城市设计新理念、新方法、新技术和工程实践走向。我相信，通过此次论坛搭建的平台，必将促进城市设计的国际交流与合作，必将促进中国城市设计的专业发展与工程实践，必将为建设一个“望得见山水，记得住乡愁”的美丽中国做出更大的贡献。

最后，预祝本次论坛圆满成功！祝愿各位身体健康、工作顺利！谢谢大家！

国际建筑师协会前主席 Albert Dubler 致辞

非常感谢组委会邀请我来到南京，参加“城市设计发展前沿”高端论坛。

1999年，我来到中国与许多建筑师一同参加国际建筑师协会举办的会议，在谈及欧盟建筑师未来的发展方向时，有人问过我一个让我印象深刻的问题：“我们能够从过去学到些什么？”我们放眼当下可以看到，在中国当前快速的发展背景下，欧盟过去发展中的许多经验和教训对中国是十分有借鉴意义的。

首先，我想与大家分享一下我前段时间谈过的话题——为生活而奋斗。

2017年10月4日，在加拿大蒙特利尔的一个世界高峰论坛上，一些建筑和景观领域的专家共同签署了《蒙特利尔宣言》，要求我们更新设计，进而实现社会、经济、文化等方面的世界发展目标，并希望能够得到教育部门、政府和其他相关机构的积极支持。这一宣言要求我们维护每个人生活在一个有着良好城市设计的世界的权利，同时也展示了我们应该如何通过合作为世界创作更具包容性的设计。作为一个非政府组织，国际建筑师协会应当为我们的星球承担应有的责任。

其次，我想介绍一下国际建筑师协会景观设计的最新进展。

关于景观设计的话题，中国是非常有发言权的，因为这一话题涉及了生态系统。到目前为止，对于生态廊道、多样化廊道等话题，学界存在着很多不同的观点，产生了好几个学派。撒哈拉的吉布提地区有一项称为“绿色地带”的倡议，它设计了一个从非洲的东海岸延续到塞内加尔的绿色地带，主要目的是帮助非洲抵抗沙漠化。关于这一倡议，极为重要的一点是，在整个全链条当中，需要每个节点起到作用，才能使系统发挥成效，一个国家是无法独立完成这件事的。因此，对于整个国际社会而言，我们都负有很大的责任。生物链的多样性可以帮助人类找寻食物，但非洲的现状是仍然有很多人吃不饱，仍然有很多地区食物匮乏。因此，东非生物多样性倡议的目的实际上是为当地的人们设计一个比较好的生存环境，为那些非洲热带地区的国家找到一些人们所向往的绿荫。这些温带地区习以为常的场景对瓦加杜古以及其他的非洲城市来说是不可能自由享受的。当气温飙升到55~60 ℃以上时，作为人类族群，他们需要有这样一个逃避热浪的场所，并且这样也能够帮助他们更好地应对气候的季节性变化。我们必须找到一些新的植物或植被种类，以帮助我们更好地应对气候变化的挑战。以我的祖国——法国为例。很多年前，我住在法国的东北部，那里曾生长着一种最高可达50米的松树，而现在这些松树在法国南部已经被其他能吸收空气水分的树种所取代了。由于树木的大小对其吸水率影响很大，因此树种的更换改变了周边环境空气的湿度。与此同时,这些松树周围生活着一些昆虫、鸟类以及许多野生动物。如果树种发生了更换,整个生态环境的平衡就被破坏了,而这是最糟糕的局面。在我自己生活的国家,松树越来越少,这种情况真的非常令人困惑。此外,由于某种昆虫传染病疫情暴发,生态平衡被打破,人们面临着更加难以应对的局面。这种疾病非常严重,两年前我正是以为罹患这样的疾病无法行走,因此我不希望中国发生这样的疾病。这些经验教训帮助科学家们开展了许多相关的研究。

我们的生活就是一个奋斗的过程。在竞争背景之下接受教育的我们都知道自然的法则——丛林法则,即适者生存。科学领域的一些最新发现表明,丛林法则同样也存在于整个自然关系当中,它仅仅占到自然关系理论的1/5或者1/6。接下来与大家分享6种存在于自然关系当中的理论。

第一种,“+”和“+”,也就是生态的共生。我们都知道这种双赢的解决方案,因此在此不再赘述。

第二种,共存。和平共处,互不干涉,互不伤害,没有任何竞争。

第三种,“+”和中立的原则。举例来说,如果有一只虫在树上生长,但它不会伤害这棵树,同时,树自身可以得到充足的阳光而茁壮成长。这就是1+0的概念,两个物种共存,一个是1,一个是0;一个对另一个有利,相反则无。

第四种,细菌理论。细菌只会对它的邻居产生负面影响,但周围的环境对细菌并无影响。

第五种,争斗理论。举例来说,就是捕食者去捕食了其他的弱势物种。

第六种,负负理论。即竞争的理论。

基于对这些自然关系理论的理解,我们规划者应该尽量避免最后一类的设计。事实上,我们如果都能生活在一种共生即双赢的环境中,一切都会变得更好。谢谢大家!

中国建筑学会理事长修龙致辞

尊敬的各位院士、大师，各位领导和专家：

大家上午好！

今天召开的“国际工程科技发展战略高端论坛之城市设计发展前沿”聚集了中国工程院、中国科学院的建筑学科相关院士及众多国内外知名专家学者和全国业界同人共襄盛会，规格之高、影响之大，令人瞩目，必定会在业界产生深远影响。在此，我谨代表中国建筑学会对本次论坛的召开表示热烈祝贺！向参加此次论坛的国内外专家学者和领导表示感谢！感谢组织者为我们搭建平台提供这一场学术盛宴，感谢各位大家为业界奉献精彩的研究成果和学术报告。

刚刚胜利闭幕的中国共产党第十九次全国代表大会主题是“不忘初心、牢记使命”，“就是为中国人民谋幸福，为中华民族谋复兴”。大会明确指出必须在“住有所居”上不断取得新进展，明确指出“没有高度的文化自信，没有文化的繁荣兴盛，就没有中华民族伟大复兴”。这与我们的事业紧密相关，照亮了我们事业前进的征程。当前，我国城镇化逐渐进入以提升质量为主的转型发展新阶段，增量控制、存量盘活、城市更新将成为城市空间增长的新常态，因此，注重整体协调城市规划布局、城市面貌、城镇功能，尤其关注城市公共空间的“城市设计”，成为城市发展的前沿热点领域。“不忘初心、牢记使命”，我们城市设计创造的物质环境，既要能增进民生福祉、提升人民生活幸福感，又要能打造不同城市文化特色、增强人民文化自信。

相当长一段时间以来，习近平总书记多次发表重要讲话，对我们的建设事业做出指导，在这里有必要共同学习和重温习总书记的系列讲话。他强调，“人类可以利用自然、改造自然，但归根结底是自然的一部分，必须呵护自然，不能凌驾于自然之上”，“要像保护眼睛一样保护生态环境，像对待生命一样对待生态环境”。他提出“绿水青山就是金山银山”，从绿色发展的必然性、如何绿色发展到绿色与经济的关系，全面阐释了“绿色”理念，并对城市设计的绿色发展、文化传承做出了明确指导：“要依托现有山水脉络等独特风光，让城市融入大自然，让居民望得见山、看得见水、记得住乡愁；要融入现代元素，更要保护和弘扬传统优秀文化，延续城市历史文脉”，“坚持世界眼光、国际标准、中国特色、高点定位，以创造历史、追求艺术的精神进行城市的规划设计建设”。习总书记关于建设事业的系列重要讲话，对我们创新“城市设计”的理论与实践具有重要指导意义，值得我们认真学习、仔细研究。

此次由中国工程院主办、东南大学和北京未来城市设计高精尖创新中心联合承办的“城市设计发展前沿”高端论坛，汇聚国内外高端智力共同探讨城市设计的新思想、新概念、新方法和新技术，引发对城市设计专业发展的理论思考和实践创新的方向辨识。“城市设计”是人民幸福生活环境建设的关键领域，同时也是繁荣中华文化创作的重要阵地，因此本次论坛既是一次重要的建筑学术活动，也是国内建筑界学习、领会、贯彻党的十九大精神的一次重要思想碰撞，为探讨城市提质转型和存量更新的健康、可持续发展之路开了个好头。中国建筑学会也会积极响应跟进，在未来的工作中持续就本次会议的主题开展后续的学术活动，使绿色发展、科学发展的城市设计理念深化落实到未来的城市发展之中，为建设天蓝、地绿、水清的美丽中国做出应有贡献。

此次论坛，业界名家共济一堂，相信他们的学术报告必将对推进城市设计创新发展、推动城市绿色发展、提高建筑品质和质量、创建生态宜居环境发挥出巨大价值。最后，预祝本次论坛圆满成功！谢谢大家！

中国城市规划学会秘书长石楠致辞

尊敬的刘旭院长、仇保兴参事,各位院士,各位专家,各位领导:

早上好!

非常感谢邀请我参加"城市设计发展前沿"高端论坛,我代表中国城市规划学会对本次论坛的举办表示热烈的祝贺!

城市设计已成为最活跃的学科前沿和工程专业领域。中国工程院将城市设计作为一个新的专业方向,反映了城市设计学科的发展到了一个新的历史高度。

设计创造价值,设计改变生活。2016 年,我们在参加筹备联合国第三次住房和城市可持续发展大会和参与起草《新城市议程》的过程中,与世界各国的同行们分享了这一观点并得到了认同。良好的规划设计不仅给人们一个良好的环境,而且有助于资源的合理可持续利用,有助于创造包容、安全、有韧性和可持续的城市空间,有助于在世界城市化大潮中共同应对一系列全球性的挑战,包括气候变化、社会分化等。这是全球的共同经验,也是当今中国重视城市设计的重要国际背景。

第 23 届联合国气候变化大会在德国波恩举行,联合国人居署联合中国城市规划学会、国际城市与区域规划师学会、英联邦规划师学会、美国规划协会等第一次在《联合国气候变化框架公约》内发起一个共同的行动,以"应对气候变化的规划行动"为主题举办一次论坛与一次内部会议,强调规划设计在应对气候变化方面的积极作用,这离不开城市设计在该领域的技术支持。

城市设计在中国受到重视的另一个原因是我国特定的发展阶段。在解决温饱问题之后,在城镇化进入中后期的关键时刻,已经不再是简单的"有和无"的问题。人均住宅面积已经超过 30 平方米,产能过剩,工业用地过剩,写字楼市场疲软。但是人们追求更好的生活、更好的教育、更稳定的工作、更满意的收入、更可靠的社会保障、更高水平的医疗卫生服务、更舒适的居住条件、更优美的环境、更丰富的精神文化生活。对品质的追求和多元个性的诉求,已成为当代中国城市发展面临的最大挑战。城市设计任重道远。

第三个原因,工业化、信息化、全球化让人们对于土地空间的价值认知发生了根本性的改变。农业文明时期,土地用于生产粮食,属于基本的生产资料。工业文明时期,土地用于工业和商贸,用于房地产开发,是重要的生产要素。进入生态文明时代,美好生活的追求,显然已经超越了亩产多少斤稻米、地均产出多少 GDP 的概念,更重要的是要满足精神文化的需求。所以从农家乐到长假旅游,到民宿的兴起;从落脚城市,"北漂一族",到户籍的开放;从望山看水到乡愁,讲的都是一种归属感、自豪感、荣誉感,心理意念,文化认同。从权力与资本的空间炫耀,到一个都不能少的个人价值体现以及全面小康的美好愿景,都需要城市设计承担起历史的责任。

中国城市规划学会自20世纪80年代以来,就十分关注城市设计问题,举办了一系列学术研讨会,组建了专门的城市设计学术委员会,凝聚了一批专家团队。从学会工作的角度,我认为我们需要特别注意两点。

一是要遵循学科发展的规律。学术的超前研究非常重要。从专家对城市设计的关注到主管部门的全面推动,历时近40年时间。没有这种超前的学术积累,就不可能解决当今城市的形象、风貌、特色问题。学术研究的先导作用,离不开职业实践的探索和行政工作的推动。处理好学科、行业、行政三者的关系,需要强调遵循规律。城市设计依然是一个相对年轻的学科,要进一步严格界定学科的内涵和外延,明确什么是城市设计的科学问题;要严格规范城市设计的基础概念,构建规范的科学范式和话语体系;要有理性的科学态度,复杂问题有限求解,防止运动式、包治百病式的做法。

二是要特别强调多学科的交叉融合。城市设计涉及的面非常广,问题也很多。有大地景观、地理设计等巨尺度空间的设计,也有建筑群外部空间等中小尺度的设计;有工程技术问题,也有立法、管理等体制机制问题;涉及建筑学、城乡规划学和一系列工程科学,也涉及公共管理、社会科学等诸多人文学科。因此,需要多学科、多专业、多行业、多部门的共同探索。包容兼蓄、交叉融合应该成为基本的学科特征,需要来自不同学科的支持,更需要向历史学习,在中国的传统文化中汲取营养。多年前,我在东南大学演讲时曾说过,我们城市规划学科是“一流的实践经验,二手的规划理论”,希望城市设计领域能够避免这种状况。

中国城市规划学会作为全国性的学术组织一定会一如既往地在推进城市设计过程中发挥积极的作用,与中国工程院等高层智库,与东南大学、北京建筑大学等科研院所,与各级政府和城市设计、城市建设、城市规划的主管机构共同交流知识,探索前沿,传递价值。

最后预祝本次活动取得圆满成功,谢谢大家!

江苏省住房和城乡建设厅厅长周岚致辞

尊敬的刘院长、仇部长，尊敬的各位领导，各位院士，各位专家学者：

早上好！

非常荣幸有机会参加中国工程院的“城市设计发展前沿”高端论坛，今天这里真正是高朋满座，蓬荜生辉，业界精英荟萃。下面我从省级规划建设行业主管部门的角度，简单汇报一下对城市设计的认识。

最近，国内都在学习党的十九大报告，我体会今天的会议主题——城市设计，说大了，是与党的十九大报告提出的“新时代”密切相关的。在新时代中国特色社会主义的新背景下，城市设计日益得到业界、社会乃至国家的重视，是跟“新时代需要怎样的城市规划建设”“新时代的城镇化怎么推进”等问题密切相关的，也与以人民为中心的发展理念以及满足人民群众对更美好人居环境的需求是连在一起的。

我来参加这个会议之前，在省政府参加了城市总体规划编制试点会议，这个会议是为了专题研究落实建设部的城市总体规划改革试点任务。为了通过试点，进一步探索城市总体规划的改革路径，建设部在全国确定了 2 个试点省份和 15 个试点城市，2 个试点省份是江苏省和浙江省，15 个试点城市中，江苏又占了 3 席，分别是南京、苏州和南通。会议研究下来，大家总体认为城市总体规划改革的方向是要强调战略引领和刚性管控，要编制适应新时代、推进新型城镇化、能实现人民群众对更美好生活的向往的规划，同时这个规划又是刚柔并济，能够区分中央和地方事权的规划。所以与原来的城市总体规划相比，它的内容是简化的、更加聚焦的。但是有一部分内容，我个人认为它不应是简化的，而是要强化的，这就是关于总体城市设计和城市空间特色的引导塑造。也只有这样，习近平总书记所说的“发展有历史记忆、地域特点和民族特色的美丽城镇，不能千城一面、万楼一貌”，要“看得见山，望得见水，记得住乡愁”，才能得到落实。

借这个机会我想跟各位报告的是，除了业界的专家学者的努力外，省级政府和市级政府也在积极探索中。以我工作的部门——江苏省住房和城乡建设厅为例，去年，我们从江苏地域历史特色挖掘、当代空间特色彰显塑造的角度，探索编制了《江苏省城乡空间特色战略规划》。这个规划从大地景观的角度，整合山水、田园、文化、人居等综合要素，在对全省十万多平方公里的地域景观、历史文化和建成环境本底特色的大数据分析基础上，确定了 8 个省域空间特色风貌区划及其特色塑造指引，构建了重点保护和管控的“省域重点特色廊道+重点特色片区”的结构性特色空间，并从塑造当代特色文化景观的行动规划角度，提出了近期推动实施 48 个省级当代城乡魅力特色示范区。很高兴的是这个规划获得了国际城市与区域规划师学会 2017 年的“规划卓越奖”。评委会认为，该规划为全球其他区域的发展提供了"大开眼界"的中国范例。借这个机会，我也要感谢包括王院士在内的各位专家的过程指导。这个规划的名字没有叫城市设计，因为它的规划对象不仅仅是城市，还包括乡村空间，是全省的城乡空间，不是城市设计，是更大尺度的区域乃至省域的设计。但是我想说的是，虽然它的对象不是传统意义上的城市设计的对象，但它的逻辑与城市设计是一致的。

本次"城市设计发展前沿"高端论坛为我们省内的同行提供了非常好的学习机会。在此，我谨代表地方行业主管部门，向主办方为我们提供这样一个良好的学习机会表示衷心的感谢，祝论坛取得圆满成功，祝各位来宾在南京期间身心愉悦，另外也诚邀各位到江苏其他城市走一走、看一看，期望各位对我们下一步工作的改进提出宝贵的意见。

谢谢！

东南大学常务副校长王保平致辞

尊敬的各位领导、各位嘉宾、各位专家：

大家好！

深秋的古都南京，长空万里、秋意盎然。在这美好的时节，我们非常高兴地迎来了参加“国际工程科技发展战略高端论坛——城市设计发展前沿”的各位来宾。在此，我谨代表东南大学向所有参会的嘉宾表示热烈的欢迎！并代表东南大学易红书记、张广军校长预祝大会圆满成功！

我国改革开放以后经历了近40年的快速城市化进程，如今已经站在了新型城镇化的历史关头，党的十九大将“推动新型工业化、信息化、城镇化、农业现代化同步发展”作为新时期科学发展理念的核心目标，标志着新型城镇化已经成为我国工程技术的关键重大领域。在这样的背景下，由中国工程院主办，由东南大学、北京未来城市设计高精尖创新中心共同承办的“国际工程科技发展战略高端论坛——城市设计发展前沿”的召开，是学科的盛事、东南大学的盛事，也是我国新型城镇化事业的盛事。

东南大学是一座历史悠久、实力雄厚的百年学府，也是我国工程科学领域的名校。作为国家“双一流”工程的重点建设对象，列在A类，我校在纳入“世界一流大学”建设高校的同时，也有11个学科被列入“世界一流学科”的建设范围。这些学科大多与城镇化建设息息相关。综合这些学科的实力，整合东南大学的学科优势，将对新型城镇化领域的各个方面做出重要的贡献。其中，东南大学建筑学科是中国现代建筑教育、建筑研究的发源地，自1927年创办以来至今已经走过整整90个年头。中国建筑史上的“建筑四杰”中，杨廷宝、刘敦桢、童寯三位都曾在这里任教，从这里走出了包含11位两院院士在内的众多建筑学界的杰出人物。同时，东南大学作为我国现代城市设计理论方法研究和实践的重镇，多年来在城市设计领域涌现出大量的优秀人才、优秀作品和优秀研究成果。东南大学将借本次高端论坛的契机，继续努力，锲而不舍，为我国的新型城镇化事业做出新的贡献。

最后，我再次衷心地祝愿本次高端论坛取得圆满成功，并祝各位来宾在参会期间生活愉快！谢谢各位！

第三部分
主题报告

立体园林——体现人文精神的绿色建筑

仇保兴

国务院参事,住房和城乡建设部原副部长

1993年,城市科学研究会顾问、大科学家、系统科学的提出者钱学森院士写了一封信给城市科学研究会理事长,信中说到:“我想中国城市科学研究会不但要研究今天中国的城市,而且要考虑到21世纪的中国城市该是什么样的城市。所谓21世纪,那是信息革命的时代了,由于信息技术、机器人技术,以及多媒体技术、灵境技术和遥作(belescience)的发展,人可以坐在居室通过信息电子网络工作。这样住地也是工作地,因此,城市的组织结构将会大变:一家人可以生活、工作、购物,让孩子上学等都在一座摩天大厦,不用坐车跑了。在一座座容有上万人的大楼之间,则建成大片园林,供人们散步游息。这不也是‘山水城市’吗?”钱院士与城市科学研究会交流的200余封信,汇集成了三本书,正是《钱学森论山水城市》等。这些书揭示了钱院士对中国未来城市发展的期望和指导。其中,钱院士多次提到在城市建设中要注意城市与山水的关系。如何将“园林”的内涵融入中国现代城市的建设实践中,这是当前城市设计研究的关键问题之一。

一、“立体园林”之渊源

意大利建筑师 Stefano Boeri 早年曾提出过“水泥都市中的几抹亮绿”,将现代化的建筑与绿化组合在一起是他一直以来的梦想。早期在巴黎的改造实践中虽未能实现他这一梦想,但在随后的两座塔楼的设计中,他提出了“垂直森林”这一概念,使他长久以来的梦想得以实践。

聚焦国内来看,“自然与现代城市相结合”这一理念在中国传统文化中便有所提及,在文学、山水画中都有体现。以绘画为例,在西方,绘画常以宗教人物为主题,然而,中国名画历来讲究山水,画中自然、人物、建筑三者之间有着明显尺度差异,人在山水之间通常是渺小的,这投射出中国传统文化中“天人合一”思想所带来的影响。正如钱学森先生所提出的“山水城市”的构想中,“人离开自然又要返回自然,与自然和谐相处”。与当下“园林只是建筑的附属物”的概念截然不同,中国园林追求“师法自然,宛如天成”,与建筑之间往往呈现出阴阳抱合的关系,建筑与园林以一种平等且弥补的融合关系存在,体现出一种“专情山水、天人合一、阴阳抱合”的设计观念。在当下的城市设计实践中,我们应当重拾文化自信，将这一传统文化理念当作解决各种棘手城市问题的一把重要“钥匙”。现代化的城市空间呈现出“枯燥单一”“千篇一律”的面貌，由钢筋混凝土所构筑出的城市给人压抑感。然而，“立体园林”正好可以消解这一弊端，将成为在保持城市紧凑发展的基础之上解决当前城市问题的有效途径之一（图1）。

图1　垂直绿化

自古以来，城市从选址开始就讲究人造物与自然的和谐共生，“望得见山，看得见水，记得住乡愁”便是对这一境界的最高追求，现代城市已进入城市修补、生态修复的新阶段，无论是建筑设计抑或是城市设计都应向“与自然和谐相处、融合自然”的方向发展。在这一阶段中，城市设计作为城市修复的主要手段之一，将自然与建成空间有机融合，营造出“可融入，可归属”的都市环境是城市设计的主要宗旨。其中，“立体园林”对于未来城市发展与建设更有着极大启示。不同于由建筑物所构成的传统城市建成空间对于自然的“隔绝”，“立体园林”是各种新型生态技术的高度集成，结合低能耗建筑技术、可再生能源技术、生态节能等创新技术构筑出未来城市的“新生物圈”，并已在大量实践项目中得以实践，并逐步造就出“甲天下”的山水城市。

二、“立体园林”之结构

现今，更提倡“植被与建筑一体化设计”，即把园林和建筑有机地结合起来，而不仅仅是给建筑物增加一张“绿色表皮”，这是十分可取的。经研究发现，绿化与建筑物之间存在多种组合方式。如何有机地整合两者之间的关系成为设计中需要考虑的重要命题。“立体园林”正是解决这一命题的重要途径之一。在实践中，营造“立体园林”涉及结构、种植等多方面要素，其中结构对于“立体园林”的建造影响较大。通常，“立体园林”的结构会根据建筑物所处气候区域的不同而存在不同的形式特征，并沿用部分当地的本土建筑语汇。例如，在以混凝土为主的建筑方案中，可采用灵活的钢结构作为支撑，不仅可展现其结构的坚固性、柔软性和弹性，也可以将“立体园林”有机地融入进去。在具体的结构设计中，可采用装配式结构进行工厂批量化生产。而从整体视角又可将建筑内部空间划分为多种类型——居住模块、园林模块、旅游模块、购物模块，根据发展及市场需求每隔几年可进行一次变更，以保证建筑物自身的可持续利用。在材料运用上，“立体园林”的结构设计通常会采用钢结构，因为钢结构不仅自重较轻，且强度足够满足使用需求。

基于近50年的实践和研究经验，随着新技术的发展，“立体园林”领域已形成一门独立学科，可与植物及生物新技术相融合，实现“立体园林”与蔬果种植、鱼类养殖的融合，并形成一个独立可控的微循环结构。从长远来看，这种生态微循环结构的建立，将大幅度降低城市土地利用中对农业用地的需求。

三、“立体园林”之功能

在城市发展进入新型城镇化的阶段下，“立体园林”的运用将实现城市用地的集约化，使建筑功能更加复合化。“不占空地，便可让城市绿起来”，是实现“城市双修”的主要方法之一。

从文化功能来说，在城市建成空间同质化的当下，城市空间显得愈发“枯燥无味”，城市绿地也在逐渐退化。然而，在城市建设过程中，“立体园林”的运用让古典园林“拥抱”现代城市高楼，将传统文化中“天人合一”的营城智慧体现在现代化城市空间中，延续传统文化中“田园之乐”和“寄情于山水”的崇高人文理想，让城市建成空间更具魅力。“立体园林”还能够创造出四季景色变化的都市新地标，为城市景观增添一抹亮色。意大利、日本的城市设计师通过既往的成功实践经验证明：建筑与自然可以在每一个城市空间中的每一个层面进行巧妙融合，如日本福冈的一栋建筑在增加“立体园林”后为城市建成空间增添了很大的魅力。再如台北的立体园林建筑，不仅在城市空间中起到了标志性景观的作用，更减缓了城市建成空间的绿化衰退，使人心生向往。

从社会功能来说，“立体园林”的运用首先是对都市能源的一种集约。“立体园林”是实现城市建成环境自循环的新载体之一，可以将太阳能、中水集成等市民生活所需巧妙融入其中。比如，将“立体园林”与太阳能、地源热泵等结合，所产生的电热能可作为建筑内部所需，从而降低对于自然能源的索取；又比如，在“立体园林”中融合水集成系统，将生活用水进行初步收集和预处理，通过中水的循环使用减少水资源浪费。据估计，若北京市80%的住宅都能安装微型中水系统，可节约出相当于“南水北调”总供水量的水量。新加坡《国家地理》杂志封面曾刊登过一张“立体园林”建筑的图片，并明确指出建筑与绿化的融合不仅可以为人群带来更为舒适、美好的生活空间，还可以减少城市环境中自然的负担。另外，“立体园林”有助于建立城市系统的职住平衡。在城市功能发展不平衡的当下，“立体园林”的设置可进一步缓解钱学森先生所提出的“住游平衡、养老与居住平衡”等一系列问题。例如，“立体园林”的出现给城市建成空间带来了“微农场”这一崭新功能空间。微农场可承载都市人群对农作物的基本需求。据统计，东京45%以上的有机蔬菜均产自建筑中的“微农场”。在Green Sense Farms LED光源室内种植案例中，通过多种光源的LED灯使建筑内的植物光照时间从6~8个小时扩展到20余小时，一年中将能有

20~25 次采收,能源节约 85%,收割量比农田种植提高 50 倍。更重要的是,“微农场”的出现满足了市民回归自然的愿望,缩短了食品生产链,保证了食品的安全和新鲜。例如,通过“立体园林”中“微农场”的设置,在 15 分钟内便可实现蔬果的采摘、烹饪到上桌,达到高营养、低碳的效果,并解决市民对现代化农业的过度依赖。

从生态功能来说,首先,“立体园林”可削减空气污染。大部分中国城市所面临的 PM2.5 值超标问题,与植物所释放出的负氧离子浓度息息相关。通常负氧离子浓度越高,PM2.5 值就越低。此外,城市 PM2.5 值的增高是城市人群肺部疾病高发的主要诱因之一。通常,在森林、湖泊等植被丰富的区域中负氧离子浓度相对较高,更有利于人们生活。在城市建成空间建设“立体园林”,可有效增加城市绿化量,有助于降低 PM2.5 值。其次,“立体园林”可增加城市的生物多样性(图 2)。生态系统的稳定性与城市空间抗灾能力的强弱存在必然关联,同时与生物多样性也直接相关。“立体园林”可有效维持生物多样性,实现人与自然的可持续发展。此外,“立体园林”可进一步改善城市空间的微气候。例如,中国北方地区因气候原因在冬季显得十分萧条,但通过“立体园林”的设计可以将暖棚、温室融入建筑中,在低廉的建造成本下利用温室原理改善建筑外部微气候,不仅可以净化空气,还可以保护建筑室内外温湿平衡。

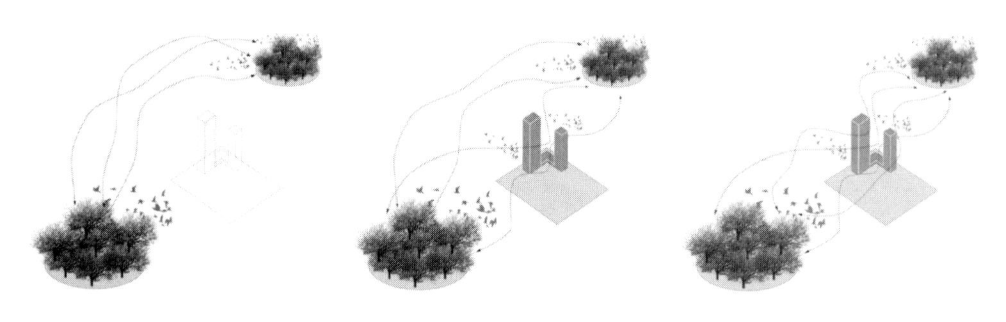

图 2　屋顶绿化

总的来说,“立体园林”造就了具有生物智慧的现代楼宇,将“师法自然、天人合一”这一中国传统人文境界融入现代城市空间中。通过现代微循环技术和信息化智慧技术,将“立体园林”融入城市建成空间,实现自然与人工物的有机结合,不仅减少了城市对自然能源的消耗,更令城市空间成为大自然的有机组成部分。

四、结　　语

“立体园林”体现出国人的人文精神,将职、住、商、娱等社会需求综合在一起,更是微中水、微能源、微交通、微农场、微降解等复合功能的物质空间载体。原本工业化进程下的“长距离循环”被浓缩到由建筑、社区所构成的城市内部空间中,实现了城市建成环境中水、能源、交通、农场等物质的微循环,令城市可以“自给自足”,且将外界干扰降至最低。将城市部分楼宇改造或重建成“立体园林建筑”,可显著改善城市建成环境的宜居性、景观生态多样性,是“城市双修”的捷径。在未来城市建设中,“立体园林”这一建设模式应被大力推行。由众多“立体园林”建筑所构成的城市建成环境,不仅能够减轻城市对于自然环境所造成的负担,更将成为具有“自组织,自演进、自优化”的生态系统,是“绿色生态城市”的基础。最后,“立体园林”建筑将改变传统城市运行系统,将污水、垃圾处理等基础运行系统微小化,从而实现生态环境与建成环境的共生。“立体园林”将是我们的梦想,是实现“绿色中国、美丽中国”的基础性“细胞”(图3)。

图3　立体园林

仇保兴　国务院参事,国际水协会(International Water Association,IWA)中国委员会主席,中国城市科学研究会理事长。先后毕业于杭州大学物理系、复旦大学经济学院、同济大学建筑和城市规划学院。获经济学、城市规划学博士学位。曾任住房和城乡建设部副部长、杭州市市长、国务院汶川地震灾后重建协调小组副组长。兼任同济大学、人民大学、浙江大学、天津大学和中国社会科学院博士生导师。

基于人机互动的数字化城市设计范型初探

王建国

中国工程院院士，东南大学城市设计研究中心主任

一、城市设计概念内涵的辨识认知

古往今来，城市美好环境的塑造一直是人们持续关注的重要话题。Peter Hall 曾经说过，尽管信息社会可以将人与资源重新分配，重新安排城市空间，但富有文化气质、艺术情调和活力因素的人类空间环境仍然是不可替代的。世界上很多城市，如伦敦码头区、波士顿昆西市场、纽约高线公园、中国上海和南京等城市的历史城区、广州珠江新城等通过城市设计的空间营造和环境提升手段，走出了城市技术升级、产业转型、人口老化等困境，为城市迎来了新的再生活力[1]。

2013 年中央城镇化工作会议，特别是 2015 年 12 月中央城市工作会议以来，城市设计逐渐成为中国的一个学术热点，并与国内一些重大的规划设计编制密切相关，如雄安新区规划建设、北京副中心规划建设等。

通过谷歌对“城市设计”(urban design)关键词进行检索(图 1)，发现国际对于城市设计的主要关注时段是 20 世纪 70—80 年代，而中国对城市设计的关注热点始于 20 世纪 90 年代，并持续逶迤向上，在今天成为从中央到地方、从学界到实务部门共同关注的热点。

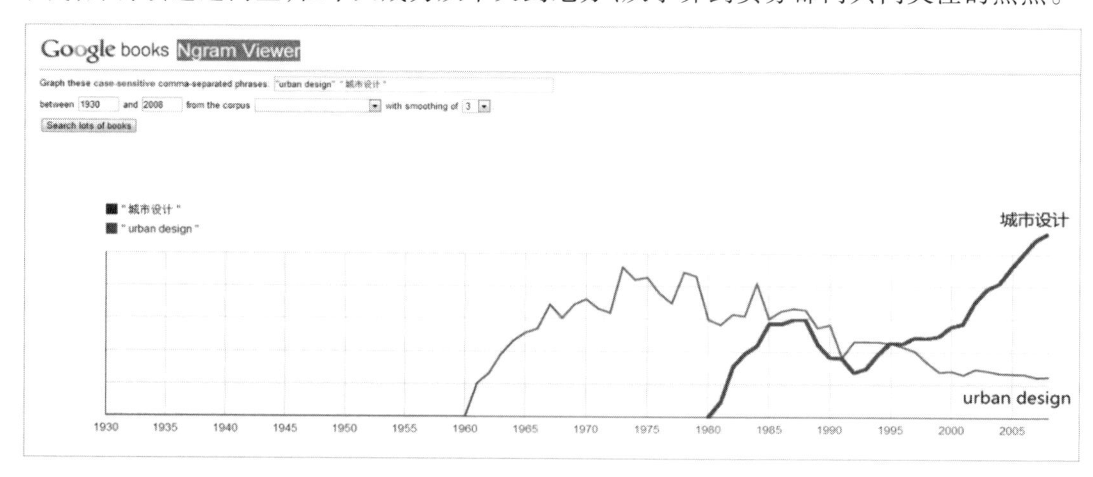

图 1　谷歌图书数据库中“城市设计”“urban design”关键词检索结果(截至 2008 年)

从另一个视角看，1980 年，叶如棠部长在中国建筑学会第五次大会上首先提出希望建筑师关注城市设计；上海虹桥新区建设时，较早在实务方面运用了来自美国的城市设计理念；1985 年，我师从齐康院士攻读博士学位时，开始研究城市设计，1991 年出版《现代城市设计理论和方法》；从 2013 年的中央城镇化工作会议到 2015 年的中央城市工作会议，再到 2017 年住房和城乡建设部发布的《城市设计管理办法》与 37 个城市的“城市设计试点”工作，可以看到城市设计在中国国内的受关注度逐年上升[2-4]。

在《中国大百科全书》第三版的编撰中，应吴良镛院士邀请，我负责“城市设计”专题的组织编写并主撰“城市设计”特长条目。根据多年的研究，我试图给出一个城市设计的当代概念定义，亦即：城市设计主要研究城市空间形态的建构机理和场所营造，是对包括人、自然、社会、文化、空间形态等因素在内的城市人居环境所进行的设计研究、工程实践和实施管理的活动（图 2）。空间形态建构机理研究是指我们需要研究城市空间形态到底是怎么构成的，其一果多因的“因”究竟有哪些，作用机制又如何。场所营造则与更多的社会人文内容、城市设计的主观创意和价值取向有关。而最终的目标是如何让城市设计承载美好生活的人居环境的科学塑造和创意呈现。关于这一点，我认为有四个维度值得关注：一是深度，即人的体验感知方面；二是厚度，包括历史、文化、地域等；三是热度，意指活力、社区、共享等；四是精度，城市设计一定要注重形态、空间、尺度的工程性实现。

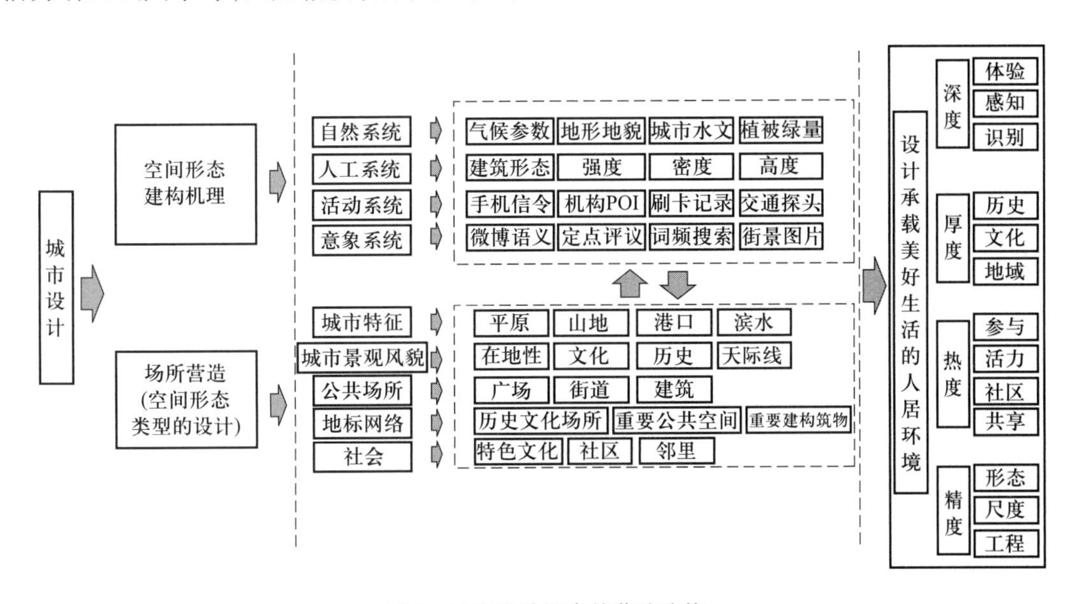

图 2　城市设计概念的范畴建构

二、城市设计范型命题的提出

考察城市设计的历史发展[5]，不难发现其中存在一些共性的价值认知和专业驱动力，这就是我尝试提出的城市设计发展的四代范型，即传统城市设计、现代主义城市设计、绿色城市设计和基于人机互动的数字化城市设计[6]。

第一代范型是基本秉承建筑设计的实效性和历史传承因袭的原则，以及城市设计对城市形态的几何法则操作模式，是广为公众接受的、也很有效的城市设计范型。我认为19世纪之前的城市设计大致都可纳入这一代范型。

例如，作为历史上罗马改建一部分的波波洛广场和卡比多广场（图3）的设计，基本上表达的是空间形态的视觉审美控制。文艺复兴时期提出的理想城市模型也是以人的真实感知为基础来认知城市的。例如位于威尼斯北部的一个重要军事要塞——帕尔马诺瓦，就是现存的最典型的基于文艺复兴“理想城市”范型建设的城市。

巴黎改建也是按照第一代城市设计范型的方式完成的（图4）。Edmund N. Bacon在《城市设计》一书中，用广场和轴线分析了巴黎改建时的空间结构。芝加哥举办博览会时的建设方式和效果也是典型的范例，史称“城市美化运动”。20世纪初，旧金山地震（1906年）灾后城市重建中，仍然使用了这样的城市设计方式。

图3　罗马卡比多广场

图4　巴黎历史城区鸟瞰

工业革命后，城市发展急速加快，出现了一系列新的功能、新的交通方式、新的社会体制，这时，城市便面临了一系列新的发展挑战。以往基于建筑美学的城市设计就不太能够适应城市新的发展需要了。此时，城市规划和城市设计产生了一些分野，而在这之前是模糊的。我认为，经过科学技术发展和现代艺术发展的双重催化，基于机器美学的追求效率和公平的现代主义城市设计范型就产生了。国际现代建筑协会（CIAM）的一系列学术活动和《雅典宪章》又催生并促进了现代主义城市设计在全球特别是对战后重建的影响。就在20世纪50年代，曾经的CIAM领军人物Le Corbusier承接了印度昌迪加尔的城市规划和设计工作，并进行了现代主义城市设计的完整尝试（图5）。其后，建筑师Lucio Costa和Niemeyer等根据Le Corbusier的理念完成了对巴西利亚的规划设计。但同时，大约从20世纪50年代末开始，人们开始意识到，在城市发展、演进和大规模的更新改造中，严重缺少对历史文化和社区价值的关注，并引发很多争议。1956年，哈佛大学设计研究生院组织一批学界和新闻界有识之士召开了第一次城市设计研讨会，并决定用“Urban Design”（城市设计）取代“Civic Design”（市政设计）。

图 5　昌迪加尔市政府区鸟瞰(刘嘉阳摄)

图 6　纽约高线公园

城市设计兼具物质空间和社会人文属性的特点,并要适应城市发展和成长的规律。很多前辈对此做了很多的研究,如 Bacon 教授做的旧金山和费城城市设计的研究、Jonathan Barnett 教授和当时的 Lindsay 市长合作完成的纽约“分区法”(Zoning)的完善改进和一系列城市设计引导政策的构建。

在案例实践方面,也有很多成功的探索。例如纽约近年完成的高线公园,把一条废弃的高架铁路做成城市的带型公园,广受人们喜爱(图 6);吴良镛先生主持做的菊儿胡同,是对北京旧城“有机更新”改造的重要范例;张锦秋先生主持设计的西安钟鼓楼广场,对古城中心的活力再生具有积极催化意义(图 7);成都宽窄巷子和上海历史街区保护也做得很成功。前几年,我和韩冬青、陈薇两位老师合作设计了南京大报恩寺遗址公园和博物馆,建成后已经变成南京历史文化复兴的重要标志性成果,获得广泛的社会好评(图 8)。

图 7　西安钟鼓楼广场夜景

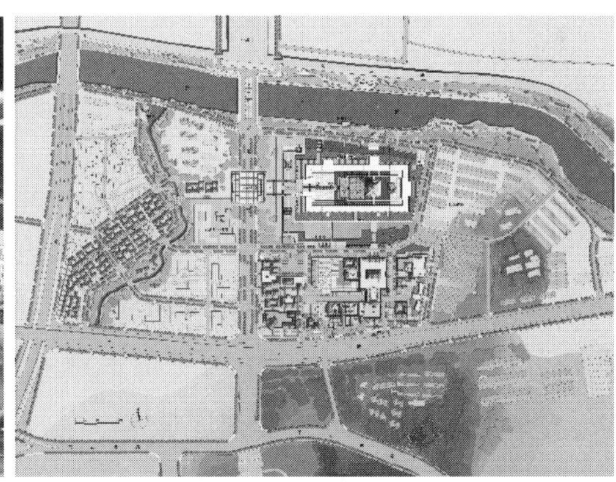

图 8　南京大报恩寺遗址公园和博物馆

现代城市发展的一个重要特征就是过于关注人类社会自身的发展而忽视了自然发展规律。20 世纪 60 年代以后,城市可持续性逐渐成为一个热点话题。在生态学、景观建筑学、可持续发展思想等的共同作用下,绿色城市设计便应运而生。“绿色维度”逐渐成为城市设计专业实践评价的重要基准,并演变成业界的共识。绿色城市设计范型与历史上的有机城市原型有很多关联。1997 年,我在《建筑学报》发表了《生态原则与绿色城市设计》一文，提出了整体优先、生态优先的原则。事实上，全世界的气候分区非常复杂，人们从来不能用一种通用方式来建设城市。不同的气候条件下，城市形态的组织方式可能完全不同。在极端条件下，气候条件可能是决定城市形态的最关键因素。

例如，Hassan Fathy 在埃及的新城规划中就非常注意地理气候条件与形态组织之间的关系。在希腊雅典卫城附近的一个旧煤气厂的改造中，设计者对日照、风、环境、噪声影响进行了深入分析，并在此基础上设计建造了一个零碳社区。10 多年前，我与韩冬青老师合作完成的中山陵博爱园规划设计也采用了生态优先、自然要素综合分析先行的设计策略，并取得了良好的实施效果(图 9、图 10)。

图 9　南京钟山风景名胜区博爱园规划设计

(图片来源:《南京钟山风景名胜区博爱园修建性详细规划》，东南大学建筑设计研究院)

图 10　博爱园建成后鸟瞰(许昊皓摄)

当前，在全球信息技术的飞速发展和中国面广量大的城市设计工程实践社会需求背景的双重催化下，城市设计的科学认知和技术方法发生了深刻的变化，这就是基于人机互动的数字化城市设计范型的逐渐浮现。伦敦大学学院 Alen Penn 教授在 2016 年也谈到了城市设计发展将会在大数据和数据科学的影响下面临一场重大变革[7]。

从技术层面上看，数字化城市设计大致包括信息获取或采集技术、信息分析或处理技术和可视化技术。现在，中国有很多学者及其团队都在做这些工作，如同济大学的王德团队、清华大学的龙瀛、党安荣团队等。在东南大学，除笔者外，段进、杨俊宴和高源等多位老师都开展了大量的研究和工程实践工作，我们的团队在 7 座城市总体设计中都运用了综合性的数字技术方法。

三、数字化城市设计的特征

数字化城市设计主要有三个特征，即多重尺度的设计对象、数字量化的设计方法和人机互动的过程[8]。

历史上的城市设计主要是通过人的视觉感知和局域场所的体验来实现的，而中国的城市设计与法定规划相结合，面对的基本上是以平方公里为计量单位的大尺度城市设计。

此时，新兴的数字技术，特别是大数据方法，就能够分析超出先前尺度的空间范围的认知和识别，并为城市设计提供较为可靠的依据。中国特有的规划管理模式都是以量化为基础的，同时也首先是从大尺度范围的工作范围开始的。因此，在不同尺度上进行科学的规划和管理，通过技术工具创新将所管理的内容和要素整体外显是非常重要的。而数字化城市设计很重要的一个特征就是可以部分做到“城市全链空间体验性把握”，这对城市设计发展来讲是一个带有某种根本性的变革。

城市设计的公众参与在数字化时代也有了新的形式。我们正在使用其中一些人机互动的技术。比如可以有更多的城市互动式可视化展示。而专业人员的工作也是人机互动的过程。例如我们近期开展的一项南京老城高度的导引研究，核心就是将数字化分析和集成运用的成果与对南京山水城林要素的城市设计创意有机结合起来。

四、数字化城市设计的实践探索

数字化城市设计在大尺度的空间对象处理方面具有明显的优势。虽然传统数据和新数据并存，但从过去的采样数据到大数据样本已经有了很大的飞跃(图 11)。从过去宏观外部个人化的观察到微观个体感知和体验数据集成，常规的城市设计决策过程相对比较依赖专家经验判定，提供相对发散和直接的局部最优解；而数字化城市设计是计算科学支撑下的反复校验的互动决策过程，最终的决策是在一个形态质性变化的阈值区间内，是一个相对复杂的整体最优解，这样就有可能使我们的城市建设趋于更加科学合理(图 12)。

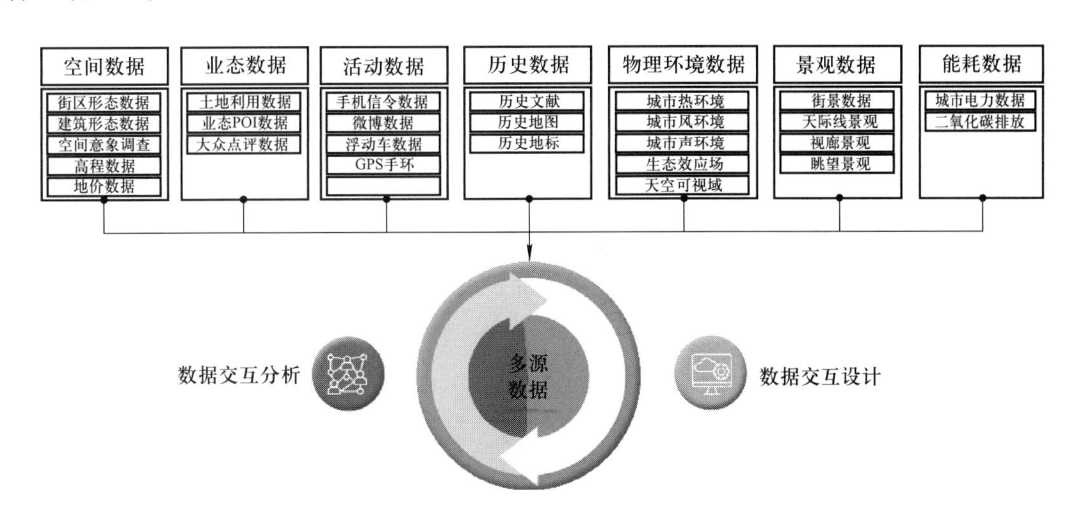

图 11　数字化城市设计方法

希列尔教授提出的空间句法是最早运用于城市研究的技术之一。国内包括段进、邓东、杨滔、盛强、张愚等很多学者都不同程度在城市设计工程实践中运用了该技术。我们团队很多年前在桐庐总体城市设计中就采用空间句法对街道网络的历史形成过程进行了研究。

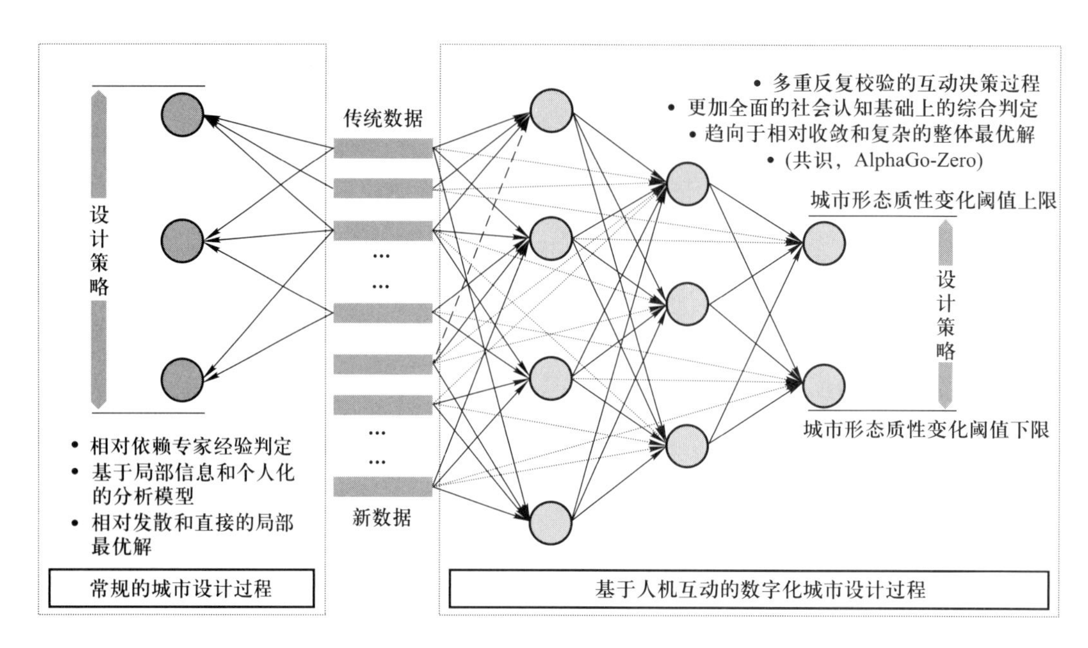

图 12　数字化城市设计过程模型建构

有学者通过大数据对纽约曼哈顿南区的空间历史变化过程进行了可视化的展示。我们团队在开展杭州京杭大运河两岸景观提升项目时,运用了大量历史数据形成了京杭大运河的全息景观,作为我们设计的重要基础。

手机信令等也成为当下分析社会人群的重要信息来源。我们在做芜湖总体城市设计时,通过一个月的手机信令大数据来研究城市中人的聚集热度与空间的关系(图 13)。通过分析发现,芜湖有些地方的"人-地匹配"是错位的,这就指出了城市设计中需要关注的内容。这种技术路径和分析结果在过去是难以实现的。

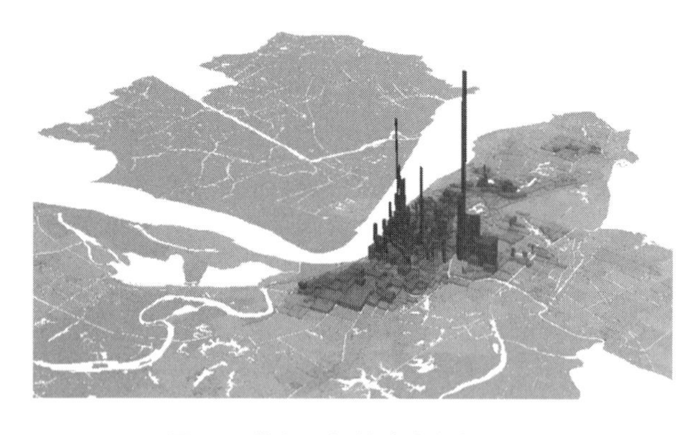

图 13　芜湖手机信令大数据分析

(图片来源:《芜湖总体城市设计》,东南大学城市规划设计研究院)

我们做南京老城高度研究时,根据百度词频调查人们对老城中景点的关注度,同时通过两两组合的收缩方式,最后用包络线方式形成一张公众对老城景点的密度集成图,作为我们设计的进一步的依据(图 14)。而在最近完成的广州总体城市设计中,我们运用 Flickr 网络社群图片服务平台对 40 多万张公众上传至网络的照片,通过简单的机器识别学习来观察广州城区的热点区域在哪儿。分析结果显示，人们对珠江新城地区的关注度最高，同时还可以看到新城的吸引力正逐渐超过老城。这些结果就成为总体城市设计的重要依据，而且也是我们对超大尺度的城市空间结构和关系的一种全新的认知渠道与方式。

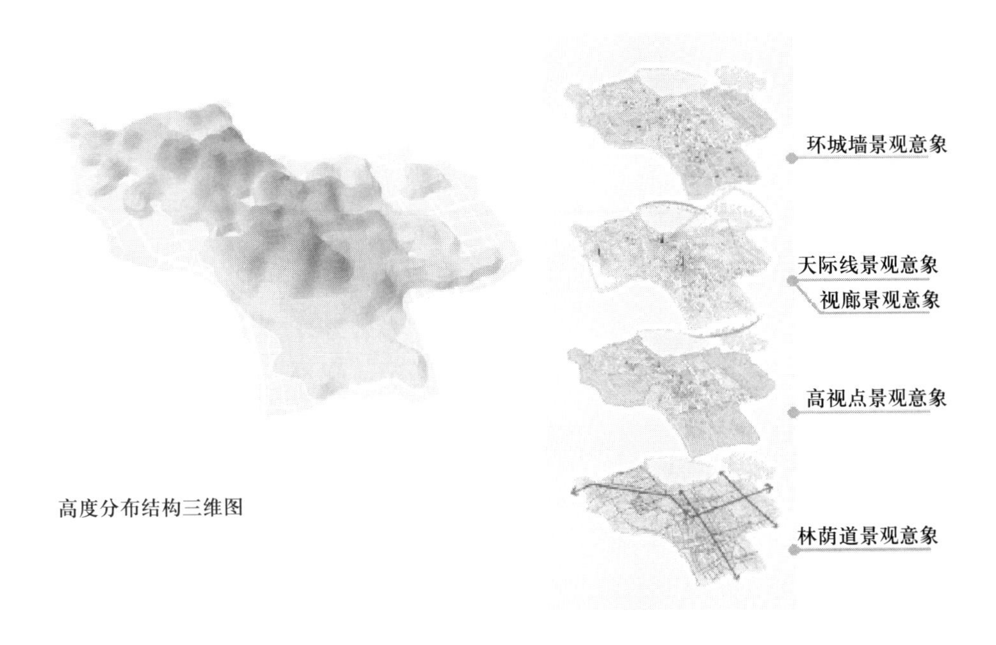

图 14　结合了城市风貌设计要求的南京老城空间形态数字化导控方式

（图片来源：《基于风貌保护的南京老城城市设计高度研究》，东南大学城市规划设计研究院）

从 2003 年我们开始做第一轮南京老城空间形态优化城市设计，就第一次运用 GIS 技术完成了高度形态管控的数据库成果，这在当时对我来讲是一个惊喜。因为先前的城市设计成果主要是规划方案、设计图、导则和部分政策，数据库成果的呈现大大加深了城市设计的技术内涵。更重要的是，这种数据库成果是开放性的、可实时动态完善补充并可部分转译成法定规划需要的工作语言，及植入到当下以信息化为特征的规划管理中，与法定城市规划工作做到实质性的有效衔接。而且人机互动的数字化城市设计的特征符合城市形态导控这样的复杂系统，类似于控制学科中的“鲁棒性”。

后来，我们又先后完成了常州空间形态规划、郑州中心城区总体城市设计等项目。在这些项目中，通过城市地块属性的数据库建构，研究城市的用地开发强度与用地容积率合理区间（值域范围）。在此基础上，城市设计就可以对地块做进一步的建筑空间组合方式的研究。

在以往看似常规的城市景观改善、城市天际线改善等城市设计项目中，仍然可以通过数字技术对其进行数据的可视化表达。

借助于建立在海量数据基础上的数字技术，我们对城市规划设计的“公平”和“效率”准则也有了新的认识。仍以南京老城空间形态优化研究为例，过去控规定指标，可能是根据上位规划,也可能根据以往规划编制经验进行赋值,可参照的样本量十分有限。现在通过大数据技术,我们同时对近6000个地块通过寻找属性相似的产权地块两两比较并进行迭代计算,通过波幅收敛后的结果进行赋值,可靠性和精度有了大幅度提高。

五、结　语

通过近年来中国城市设计的理论、方法和工程实践探索,以形态整体性重构为目标、以人机互动为途径、以数字技术方法的工具变革为核心特征的数字化城市设计的新范型,正在为城市规划的编制实施和管理、彰显城市的历史文化和山水格局特色、营造宜居环境发挥关键性的支撑作用。

从目前的实操情况看,数字化城市设计主要针对的是大尺度或多重尺度的城市空间形态的科学建构和演化导引,中微观城市设计主要还是看设计者的创意和水平。目前,笔者主持的城市设计中,大多都已经有效地融入法定规划的编制和管理中,南京、郑州、芜湖等地开展的城市设计的部分内容经政府和人大相关程序已经成为法定成果。

数字化城市设计具有可以量化定格、过程开放、允许实时修改且整体联动的特点,但是也需要与设计创意有机结合,价值判断仍然是城市设计最核心的内容。

四代城市设计范型之间互相映照、互有交集,又有部分迭代。个人认为,这次变革是以工具方法变革为基础,进而导致大尺度城市设计的能效产生大幅度跃升。不仅如此,此次变革还可以建构与城市规划共享的数据平台,从而可以更有效地进入设计管理和后续操作。事实证明,城市设计具有显著的科学性。

参考文献

[1] 托马斯·库恩,伊安·哈金. 科学革命的结构(第四版)[M]. 金吾伦,胡新和,译. 2版. 北京:北京大学出版社,2012.

[2] 吴良镛. 广义建筑学[M]. 北京:清华大学出版社,1991.

[3] 齐康. 城市环境规划设计与方法[M]. 北京:中国建筑工业出版社,1997.

[4] 王建国. 现代城市设计理论和方法[M]. 南京:东南大学出版社,1991.

[5] 麦克哈格. 设计结合自然[M]. 芮经纬,译. 北京:中国建筑工业出版社,1992.

[6] 王建国. 21世纪初中国城市设计发展再探[J]. 城市规划学刊,2012(1):1-8.

[7] Alan Penn,沈尧,孙唯,等. 新数据环境下的城市设计——与Alan Penn教授访谈[J]. 北京规划建设,2016(4):178-195.

[8] WANG J G,ZHANG Y,FENG H. A decision-making model of development intensity based on similarity relationship between land attributes intervened by urban design[J]. Science China:technological sciences,2010,53(7):1743-1754.

王建国　东南大学建筑学院教授、学术委员会主任、博士生导师，东南大学城市设计研究中心主任，中国工程院院士。国家一级注册建筑师。世界人居环境学会成员。1978年进入南京工学院建筑系建筑学专业学习，1989年获东南大学博士学位。1989年起，先后在东南大学建筑研究所和建筑系、建筑学院任教，历任副所长、副系主任、建筑系主任、院长。2001年受聘为教育部“长江学者奖励计划特聘教授”，2001年获国家杰出青年科学基金，2015年当选中国工程院院士。他长期从事城市设计和建筑学领域的科研、教学和工程实践，并取得系列创新成果：在中国首次较为系统完整地构建了现代城市设计理论和方法体系；提出了城市高层建筑合理布局的量化引导管控方法；原创建构了城市用地开发强度和容积率科学判定的技术方法；首次提出并实践了基于动态随机视点的城市景观设计方法。

城市形态组织概论

卢济威

同济大学建筑与城市规划学院教授

城市设计的研究对象是城市形态，一方面要关注城市形态的生成，即如何根据城市的社会、经济、文化、生态和美学的要求生成城市形态；另一方面要关注城市形态的组织。形态生成和组织规律是城市设计从业人员及学者应该掌握的基础理论与技能。城市设计的形态组织规律区别于城市规划的组织规律，也区别于建筑设计的组织规律。

长期以来，城市设计对形态的研究偏重于城市地理学所延续的城市形态认知范畴，包括分析方法，比如说 Kevin Lynch 的《城市意象》在内的相关著作。而对城市设计直接需要的城市形态组织基本理论研究相对缺乏。

我国城市设计是以视觉秩序为依据组织城市形态的，而城市使用者的行为要求对城市形态的影响并没有得到充分反映，我们缺乏对城市行为、行为与形态协同的方法的研究。

当前我国城市设计不能仅仅考虑传统的以街道、地块、建筑和广场布局所形成的平面肌理空间研究，而应重视新时代城市形态发展的新趋势，包括紧凑城市、立体城市、步行城市，以及滨水区高堤坝、站城一体化等对城市形态的影响。

城市形态组织理论框架分为两个部分：第一部分是城市形态生成，主要研究城市形态形成的依据；第二部分是城市形态组织，生成之后要研究怎么组织能使城市成为一个整体系统。其中，形态组织包括城市要素整合、城市空间组织、城市基面建构和城市形态结构塑造四个方面（图 1）。

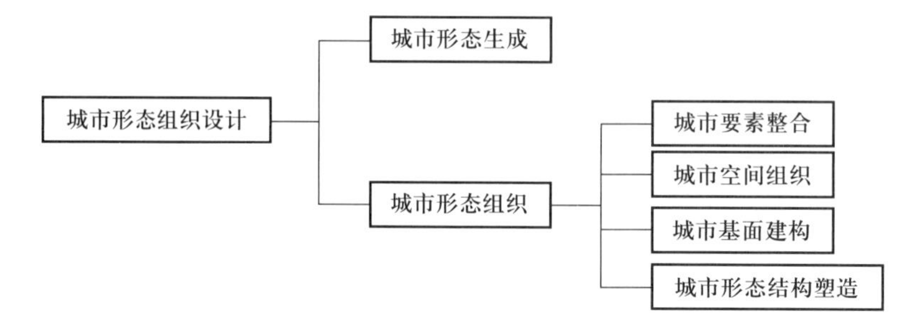

图 1　城市形态组织概论框架

一、城市形态及其生成

影响城市形态生成的因素有四个方面：一是人及其活动行为，城市的出现是因为人有政治、经济、社会和文化等方面活动的需要；二是既有环境的影响，包括现有的人工环境与自然环境；三是社会发展理念，包括生态观、人文观、TOD① 观、美学观等，比如 20 世纪 70 年代开始，生态城市的提出对我们的城市形态就产生了很大的影响，包括审美观也在改变；四是技术发展的影响。

城市行为是城市形态生成的主要原因。20 世纪五六十年代国际上行为科学的发展以及将城市使用者的行为需求与城市设计联系，是城市形态发展的根本性突破，相继出版了 Jane Jacobs 的《美国大城市的死与生》、Christopher Alexander 的《城市并非树形》等专著，把城市形态环境不仅视为视觉艺术空间，更理解为综合的社会场所。城市行为包括社会活动行为、经济活动行为、文化活动行为等，几乎包括城市的所有活动。但是怎么把行为需求变成形态，这既有理论问题，也涉及基本技能，是我们城市设计师最需要掌握的。

城市行为与城市空间形态要协同发展，这是城市设计的一个重要方法，通过两个案例来说明。

第一个案例是 1992 年上海陆家嘴金融区城市设计。当时的咨询方案中，大家一致认为 Richard Rogers 的方案较好（图 2）。Rogers 的方案形态上是一个与区域环境形态结合的圆形，而这个形态有其城市行为学的依据。它将高层建筑群用一条轨道交通相连，构成绿心圆环，设置 6 个站点，每个站点形成直径 600 米的活动区，这实际上是 TOD 的概念。圆环系统再与上海市的公共交通（包括地铁）线联系，形成一个非常好的设计方案。但当

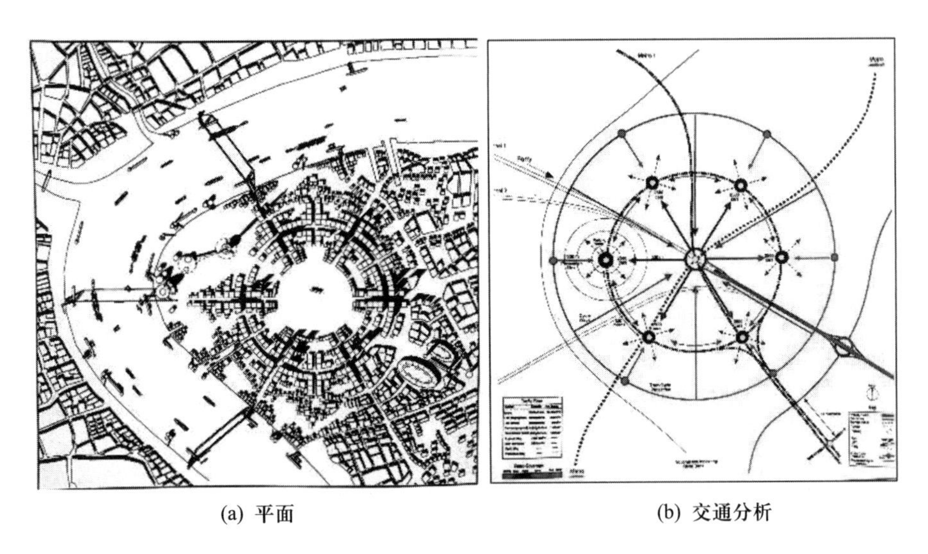

(a) 平面　　(b) 交通分析

图 2　上海陆家嘴金融区城市设计 Rogers 方案

（资料来源：上海陆家嘴（集团）有限公司《上海陆家嘴金融中心区规划与建筑——国际咨询卷》，44、47 页）

① 即以公共交通为导向的城市发展模式，英文全称为 Transit Oriented Development。

时大家对考虑人的行为的 TOD 理念认识不足，仅吸取其圆环高层群绕绿心的城市形态，没有采用其内涵。现在的陆家嘴商务人员活动不便也有此方面原因。

第二个案例是上海北外滩城市设计核心商务区的行为分析（图 3）。北外滩的核心商务区有 11 个地块，建筑面积约 92 万平方米，需承载 2 万~3 万商务人员。我们所要研究的是如何满足商务人员的各项活动，也就是以商务人员的行为作为空间布局的依据。所需研究的行为包括商务人员的商务活动、通勤活动和休闲及购物活动。流线分为三条：第一条为通勤流线，高层塔楼的人流通过二层平台与东西的两个地铁站连接；第二条流线组织商务人员的生活和生产活动，主要由二层平台及建筑空间承载；第三条是休闲流线，通过天桥将其与黄浦江滨联系。二层平台并非简单的连廊，而是空中绿街，在高出地面 6 米处形成步行系统，以联系整个区域，以求与地面车行系统分开。

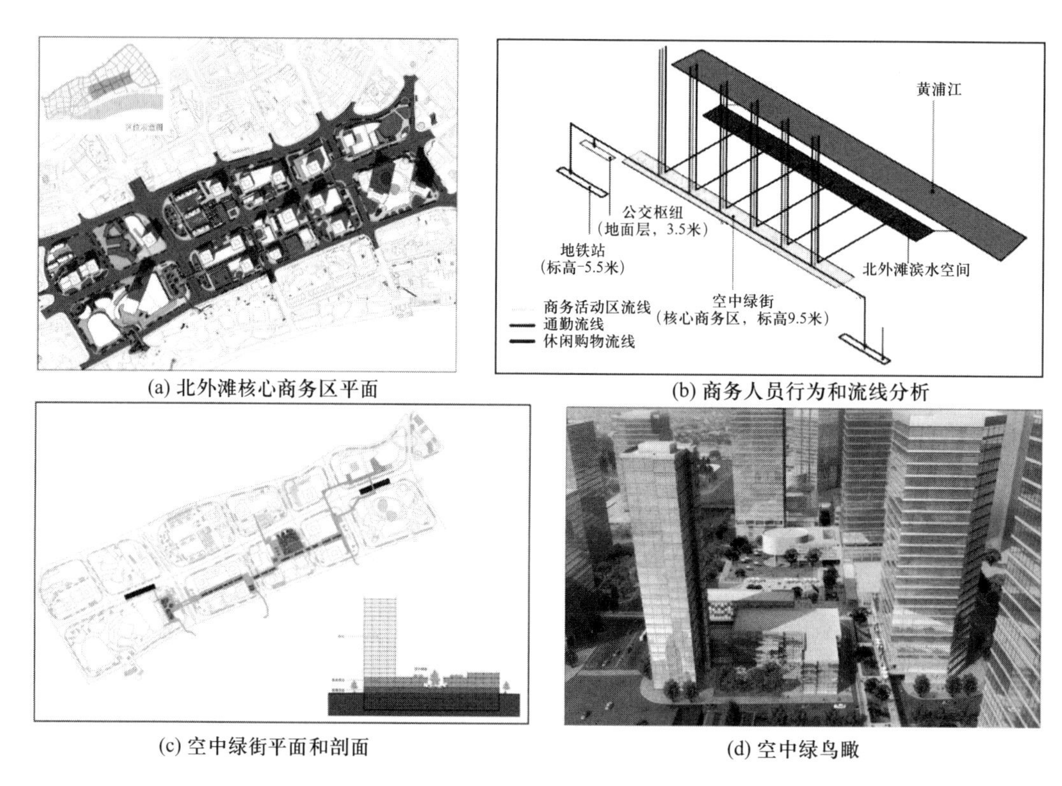

(a) 北外滩核心商务区平面

(b) 商务人员行为和流线分析

(c) 空中绿街平面和剖面

(d) 空中绿鸟瞰

图 3　上海北外滩城市设计核心商务区行为分析

二、城市要素整合

城市要素整合是为了解决城市各要素之间的关系，是城市系统形成的重要保证。城市由很多要素组成，包括实体要素和空间要素两部分，实体要素有建筑、市政工程、山体、自然林木等，空间要素有街道、广场、绿地、水域等。我们要把这些要素有机地整合起来。要素整合有利于城市的紧凑化，提升城市的效率和活力，推进视觉形象的完整性。

要素整合是城市设计的机制，是实现有机城市的重要手段，以系统观的综合范式为其哲学基础，方法上是区别于城市规划的重要标志。城市规划（尤其是现代主义规划）以分析的范式引导，以控制线分区作为目标实现管理，城市设计辩证地理解“分”与“合”的关系，将“分”作为整合的过程和阶段，从而建立操作体系。

城市要素整合的方式很多，在此列举其中的四种：一是要素渗透，即两要素之间如何相互渗透；二是柔化城市控制线，城市规划没有控制线管理会带来很大的问题，但是不必把它完全刚性地形态化；三是运用整合中介，包括广场、步行系统、人工标志物、自然环境等；四是组织城市综合体，不同于一般的建筑综合体，所谓城市综合体必须是由很多城市要素组成的开放系统。

日本北九州小苍站地区是要素渗透整合的例子（图4）。小仓站将车站空间和城市空间互渗，是站城一体化的佳例。集合新干线、JR线和单轨轻轨线将城市二层公共通道、宾馆、商场和会议中心等城市功能与车站功能立体整合。这种方式可以克服铁路用地将城市空间割裂的问题。

(a) 外观

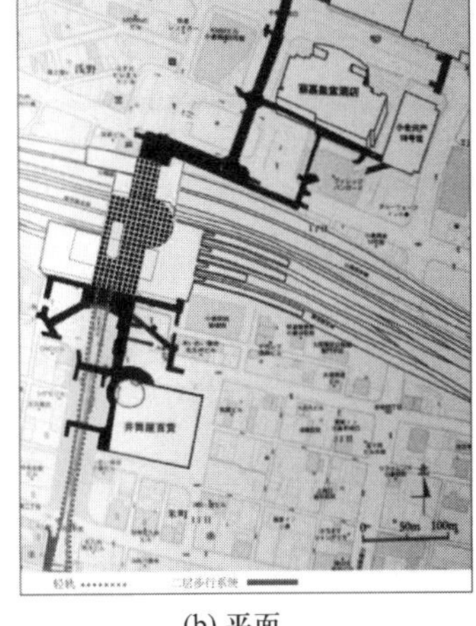

(b) 平面

图4 日本北九州小仓站地区

柔化城市控制线的案例是漯河市中心的城市设计（图5）。市中心占地160公顷，100米宽的澧河从中心穿过，城市设计充分利用二河交汇的三江口，将跨河的滨水公共空间与堤坝结合，形成独特的跨河城市起居室。这里控制堤坝的蓝线已经隐蔽在城市空间中，没有刚性的形态出现。

(a) 总平面

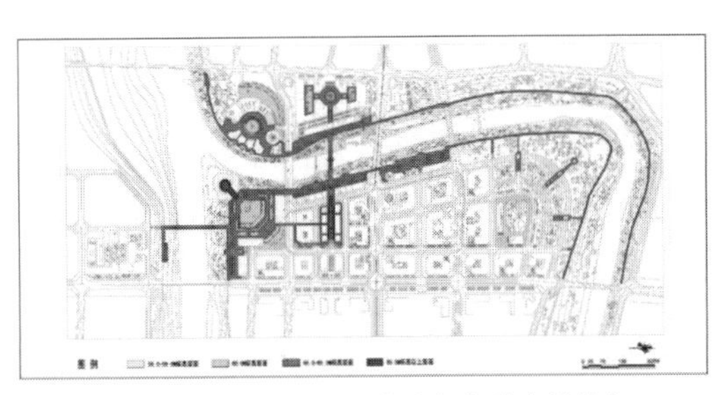

(b) 离地6米的二层公共空间与滨水堤结合

图5 漯河市中心城市设计

运用整合中介的案例是漳州台商投资区的核心区设计(图6)。在现状调研时发现台商投资区的中心部位有一高约40米的小山丘,城市设计将其作为特色景观,紧靠商务区,运用轻轨高架车站作为中介,将两者整合,使商务区与自然绿地一起形成全步行区域,成为市民喜爱的公共活动场所。另一个整合中介的例子是意大利热那亚的老港区更新,Renzo Piano以象征桅杆和船帆的标志物竖在港湾上,作为老港区历史形态与新功能整合的中心标志。

(a) 总鸟瞰

(b) 以轻轨高架作为中介整合商务区与绿色休闲区

图6　漳州台商投资区中心城市设计核心区

城市要素整合的模式有很多种,如公共空间与私有空间整合、自然环境与人工环境整合、历史环境与现代环境整合、交通空间与其他功能空间整合、地下空间与地上空间整合、市政设施与景观环境整合等。

无锡轨道站1号线胜利门站地区的城市设计是地上空间与地下空间整合的案例(图7)。轨道站位于城市三角绿地下面,用地59000平方米。设计力求克服城市道路阻隔,建立以轨道站为中心的步行区。三角绿地既是城市景观又是轨道站功能系列化交混的空间组成。地上-地下一体化设计成为其整合的途径。地铁站出入口建下沉广场的同时,将地下通道网伸向周边,并组织二层休闲消费空间与凸出地面的景观有机结合。

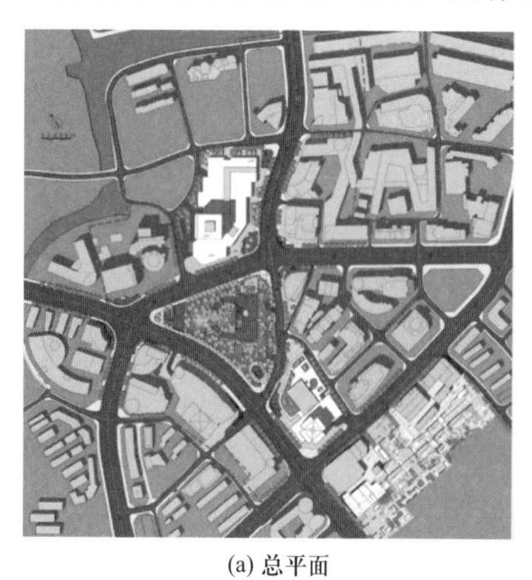

(a) 总平面

(b) 剖面

(c) 区位

图7　无锡轨道1号线胜利门站地区的城市设计

历史保护区与现代城市发展功能整合的例子是郑州二砂文创中心的城市设计(图8)。郑州第二砂轮厂占地56万平方米,有7万平方米的砂轮车间,是郑州20世纪50年代工业城市的见证,以文化创意园保护工业遗产。城市设计的出发点是:保护区应融入城市体系,同时将文创中心的功能纳入城市发展功能中。深入的调查得知,文创中心所在的郑州主城西区基本上都是住宅,缺乏为其服务的公共中心,为此提出将文创中心与公共服务中心功能结合,形成以文创为特色的活力区,共享宾馆、办公、商业、文化娱乐等公共设施。

(a) 区位

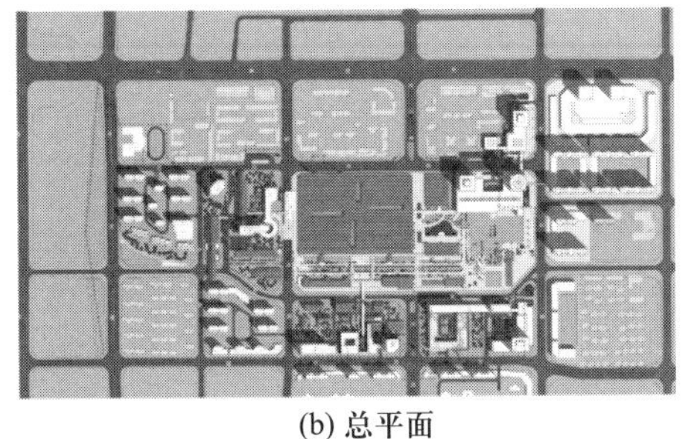

(b) 总平面

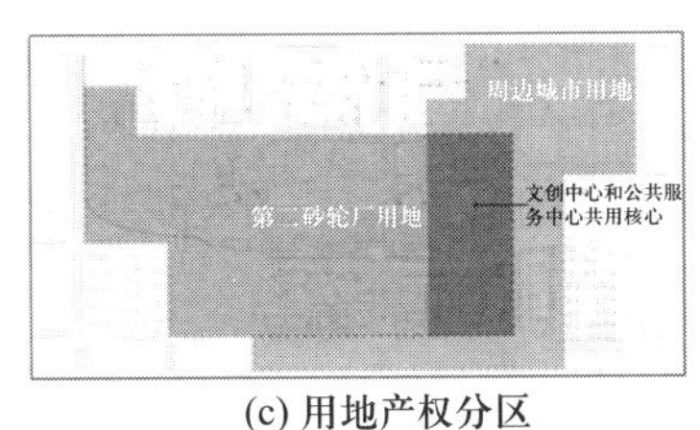

(c) 用地产权分区

图8 郑州二砂文创中心的城市设计

三、城市空间组织

对于空间组织的国内外研究已有很多,我要重点强调的是公共空间与城市空间的关系。过去规划中的公共空间都是开放的,以地块形式出现。城市设计中强调以空间作为要素出现,并表现出立体化、室内化、私有化的趋势。

四、城市基面建构

城市基面是城市居民和旅游者从事各种城市活动的基准面。

城市基面立体化是城市紧凑化形态发展的延伸,由于城市人口密度和建筑容量的不断增大,作为城市活动基面的地面越来越拥挤,人类在寻找扩大地面的空间,出现了城市基面多层化的发展,也就是城市立体化的发展。城市立体化是城市基面立体化,不是城市要素立体化。纵观城市形态的发展史,19世纪及以前是城市平面布局和空间景观形态发展期;19世纪末开始,以芝加哥高层建筑的出现为标志进入城市竖向形态发展期;20世纪末开始重视系统的城市基面立体化发展,通常认为以伦敦金丝雀码头金融区的城市设计为标志。

城市基面形态包括地面基面、空中基面、地下基面、倾斜基面、变异基面,影响城市的地形重塑(图9)。

建构立体基面是城市设计的一项重要策略,通常由两种类型的基面组成(地面+地下,地面+空中),也有三种类型立体组成(地下+地面+空中),如香港中环地区。立体基

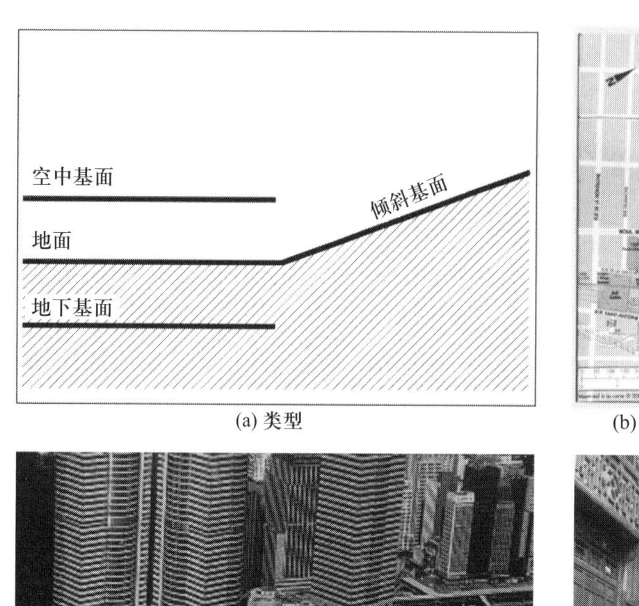

(a) 类型

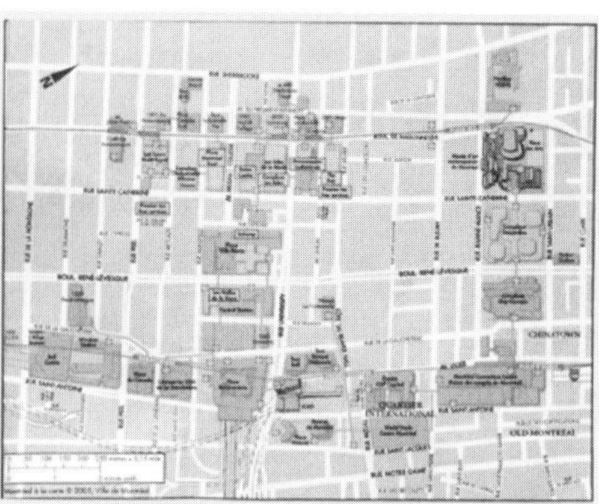

(b) 地下基面——加拿大蒙特利尔地下城平面

(c) 空中基面——中国香港中环二层步行系统

(d) 倾斜基面——中国浙江宁波石浦古街

图 9　城市基面类型

面建构的动力机制研究是城市设计的重要工作，也是城市立体化必要性的关键所在。城市立体化的动力因素很多，如人车分离的要求、结合地铁站建设、起伏地形、消除堤坝对城市亲水的障碍、城市综合体建设等。

伦敦金丝雀码头金融区立体基面建构的动力是追求地面步行和亲水要求。金丝雀码头金融区（图 10）是英国伦敦 20 世纪 80 年代开始设计与建设的，占地 35 万平方米，原为伦敦的港区，水是其重要的环境资源。为了满足步行和亲水的追求，城市设计将地面的街

(a) 基地现状

(b) 总平面

(c) 二层街道外景和剖面

图 10　伦敦金丝雀码头金融区

道形式(车行+人行道)安排在二层,办公楼等建筑入口也在二层,地面层作为亲水的步行区。

漳州市中心拓展区城市设计中立体基面建构的动力是高堤坝和起伏地形(图 11)。基地面积为 4 平方公里,西南紧邻九龙江,要建 6 米高的堤坝,东北侧地形渐高。为克服堤坝对城市亲水阻隔,并获得更多亲水空间,城市设计结合高出地面 6 米的堤坝,与东北渐高的地形结合建构二层步行系统。堤坝与渐高地形之间以停车库塑造与堤坝同高度的新基面,弥补中间部位的高差缺口,亲水步行系统处在平台上,安排商业商务中心,同时将东北部的高架轨道站组织到系统中。

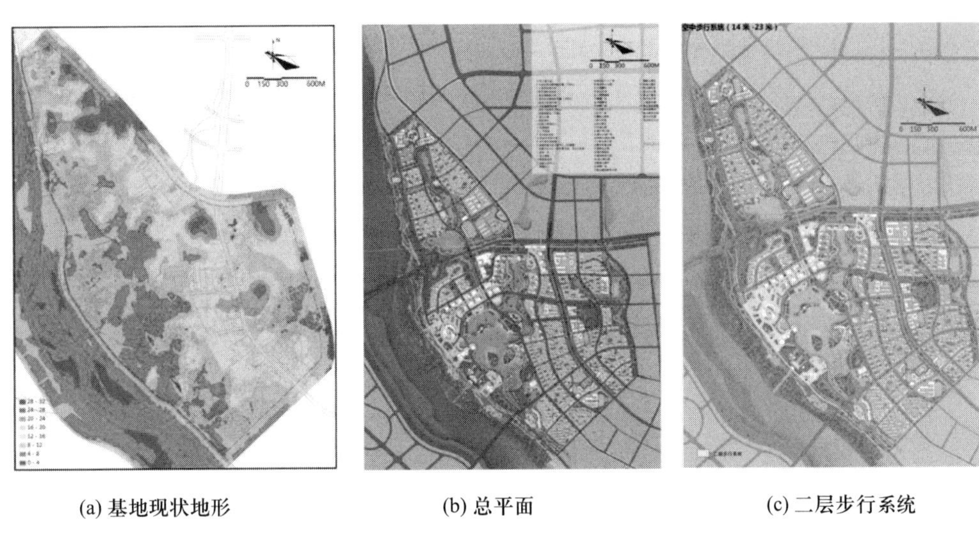

(a) 基地现状地形　　(b) 总平面　　(c) 二层步行系统

图 11　漳州市中心拓展区城市设计

五、城市形态结构塑造

城市形态结构或称形态空间结构,是在一定的空间范围内城市物质构成要素的分布和组织特征。

城市形态空间结构研究对城市形态设计非常重要,有三层意义:一是能完善空间秩序,提高形态的逻辑力,从而提升城市的可认知性;二是实现功能的系统化,促进形态的有机性;三是能够彰显形态设计理念,正像美国城市设计家 Edmund N. Bacon 在《城市设计》一书中所说:“观念影响结构,结构产生观念。”

城市形态结构在城市不同尺度范围有不同的表现(图 12)。

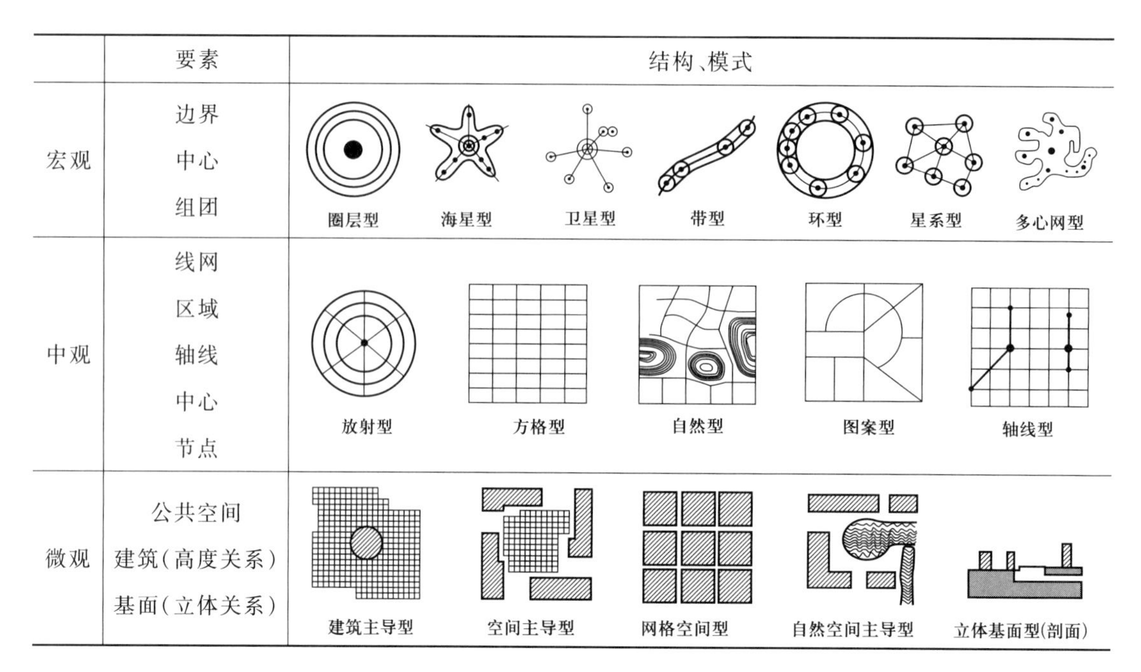

图 12　不同尺度城市形态结构要素与模式

宏观城市形态空间结构,是地理学和城市规划学研究对象。主要研究城市空间形态发展、城市二维形状、城市中心布局、城市集聚状况和城市与周边关系等,重点表现为边界、中心和组团。

中观城市形态空间结构,是城市规划学、城市设计学研究对象。主要研究城市构成要素二维布局及组合关系和城市形态强度分布状况等,重点表现为线网、区域、轴线、中心和节点。

微观城市形态空间结构,是城市设计学研究对象。主要研究空间和实体要素的关系,包括公共空间形态、基面三维状况和建筑高度状况等,重点表现为公共空间、建筑和基面。微观城市形态空间结构可以理解为三维的城市肌理。它不仅体现人们的视觉形态,还能体现人们的活动形态。

合肥湖滨新区核心区形态空间结构塑造是中观层面的案例(图 13)。新区位于合肥市区南部,毗邻巢湖,是巢湖风景名胜圈的重要节点。形态空间结构“一心、四轴、七片区”的表述说明形态空间要素的分布;“内湖为心、两湖相依、四轴放射、七片串联”的表述既说明了要素的布局,又指出了要素之间的组织特征,更符合城市形态结构的定义。

微观层面的案例 1——上海静安寺地区(图 14),位于上海中心城西侧,占地 36 万平方米,两条地铁线通过,并设站,中心区有静安寺和静安公园,城市设计塑造自然空间和建筑共同主导型的形态空间结构。微观层面的案例 2——日本东京六本木山城(图 15),占地 11.6 万平方米,基地高差 19 米,有轨道线从下通过。山城作为城市综合体结合地形高差建造空中大平台,跨越城市干道,平台上建综合性的高层塔楼(238 米高),形成建筑主导型立体基面广场的形态空间结构。微观层面的案例 3——美国纽约巴特利公园城(图

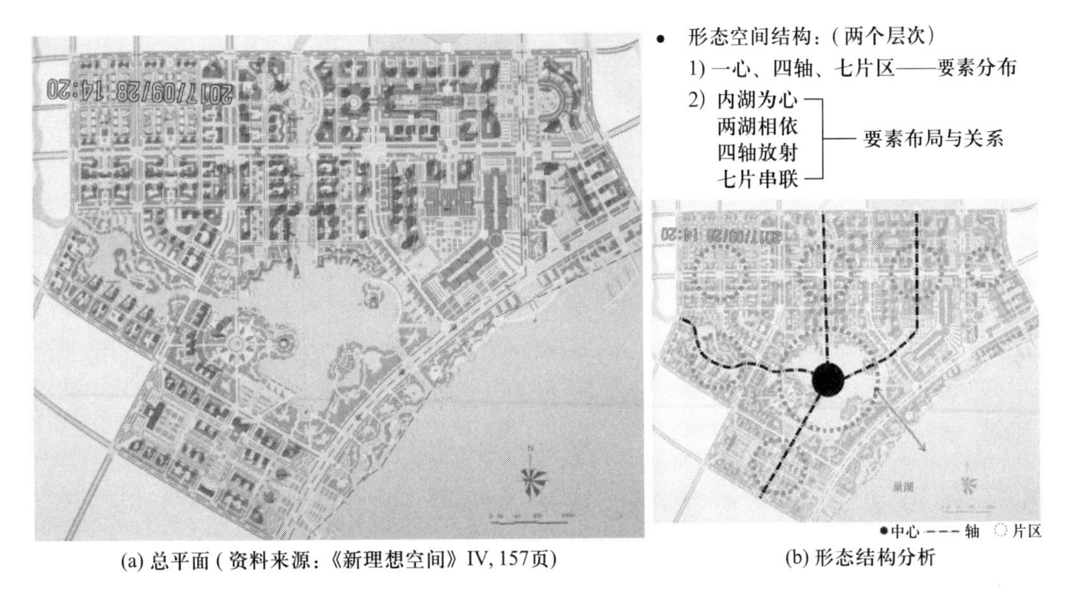

(a) 总平面(资料来源：《新理想空间》IV, 157页)　　(b) 形态结构分析

图 13　合肥湖滨新区核心区城市形态结构分析

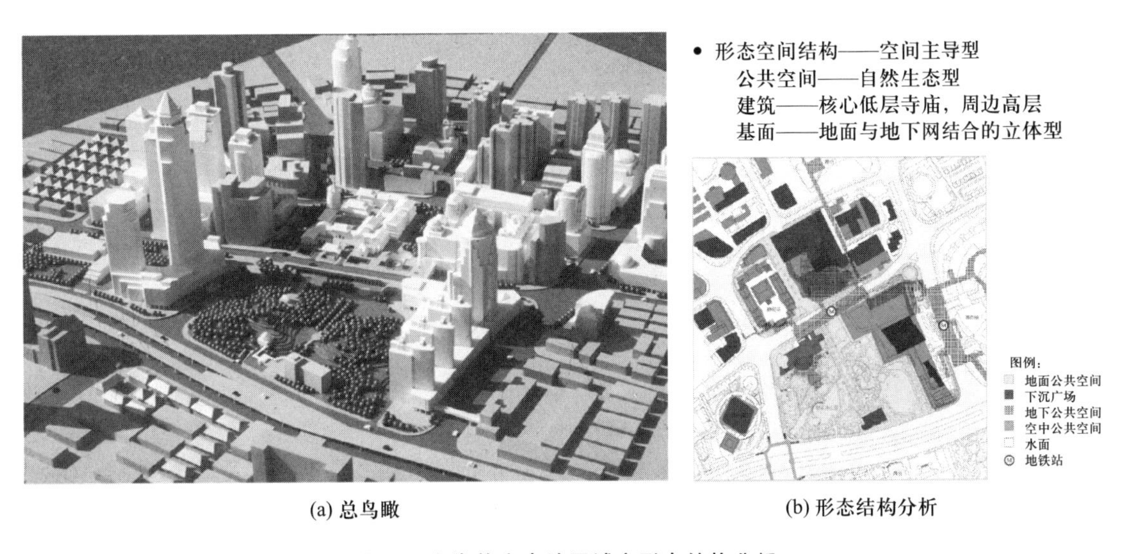

(a) 总鸟瞰　　(b) 形态结构分析

图 14　上海静安寺地区城市形态结构分析

16)，位于纽约曼哈顿西侧滨海区，占地 37 万平方米，功能为居住与办公交混，中部为世界金融中心。形态空间结构为空间主导型。

我国实行土地公有制，高度重视城市设计在城市建设中的作用，这为我国城市设计的发展提供了良好的条件。为了提高城市设计的水平和效率，创造优质的城市环境，我们不但要掌握城市设计的工作方法，还要进一步研究城市形态的组织方法和规律，使城市设计更有利于城市发展的紧凑化、生态化、活力化、人性化和特色化的要求。为此我们还有很多工作要做，还有很多问题需要研究。

- 形态空间结构——建筑主导型
  公共空间——自由型立体广场
  建筑——一主多副
  基面——空中、地面、地下公共空间组合

图例：
地面公共空间 空中公共空间
下沉广场 地铁站
地下公共空间

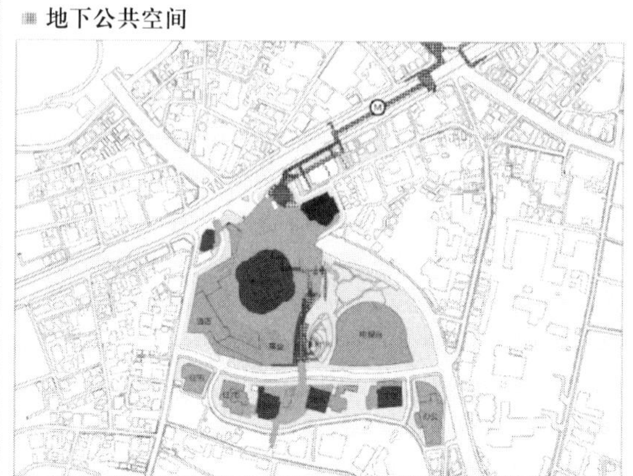

(a) 总鸟瞰（资料来源：森稔《Hills 垂直花园城市》）　(b) 形态结构

图 15　日本东京六本木山城城市形态结构分析

- 形态空间结构——空间主导型
  公共空间——滨水网络空间
  建筑——中心特征显著的高层建筑群
  基面——地面与二层结合的立体型

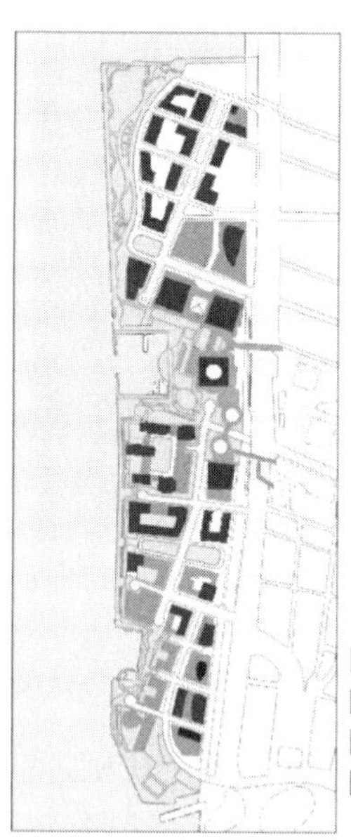

图例：
地面公共空间
空中公共空间
水面

(a) 总鸟瞰（资料来源：肯尼斯 . 鲍威尔《城市的演变》，132页）　(b) 形态结构

图 16　美国纽约贝特利公园城城市形态结构分析

卢济威　同济大学建筑与城市规划学院城市设计研究中心主任、教授、博士生导师，住房和城乡建设部城市设计专家委员会委员，中国历史文化名城委员会城市设计学部主任，中国建筑学会教育与职业实践委员会委员，中国城市规划学会城市设计学术委员会委员，上海城市规划学会城市设计学术委员会主任。自20世纪90年代开始城市设计创作，完成30多项设计，涉及市中心、CBD、滨水区、历史保护区、地铁枢纽区、地下街区、步行街区、城市广场区、城市轴线区等，获得优秀设计奖多项。在完成自然科学基金项目“城市地下公共空间开发研究”的基础上提出发展“城市地下公共空间”及其重要途径“地下地上一体化”的设计理念，在总结实践的基础上提出“城市设计整合机制”理论，出版了《城市地下公共空间》《城市设计创作：研究与实践》《城市设计机制与创作实践》等7部专著。主持的多项重要项目获得国家及省部级奖励：杭州滨江区江滨地区城市设计获2002年教育部优秀规划设计奖一等奖；城市地下公共空间开发与实践获2003年上海市科技进步奖二等奖；上海轨道交通10号线四川北路站地区城市设计获2007年度上海市优秀规划设计奖一等奖、全国二等奖；福建漳州市中心区城市设计获得2011年福建省优秀规划设计奖一等奖。

中国城市设计——建于何处，建于何时，建设什么*

Jonathan Barnett[1] **Stefan Al**[2]

1. 宾夕法尼亚大学城市与区域规划系名誉教授；
2. 加州大学伯克利分校城市与区域规划博士

一、概　　述

在中国，城市设计作为辅助政府重大政策实施的一种途径，旨在保护自然环境的同时，让城市更高效、更宜居、与自然相处更加和谐。本文围绕 3 个问题展开：建于何处、建于何时，以及建设什么。第一个问题最为重要，即在何处许可新的城市化。第二个则是何时展开新的城市化，而并非填空式开发和城市化用地的集约再利用。第三个问题，大家最为熟知的城市设计问题，重点在于促成城市化形态范式的规范制度，而这些形态范式越来越呈现出过度僵化的问题，缺乏对重要的生态、历史和生活方式等要素的考虑。

在讨论中国当前城市设计和规划问题之前，回顾 1978 年经济体制改革后中国城市化所实现的惊人成就是有必要的。中国建立起了新的国道系统、新的国家航空系统以及近乎覆盖了每个主要城市的高铁新铁路网络。国家年均 GDP 增长率为 9%[1]，平均每年建设 1 亿多套住房。中国政府领导超过 5 亿人摆脱了贫困，进入中上层甚至上层阶级，实现了历史上空前高涨的国家发展。目前全国 13.5 亿人口中近 54% 的人口居住在城市，而 1978 年这个比例仅为 18%[2]。按照中国《国家新型城镇化规划（2014—2020 年）》要求，到 2020 年，中国的城镇化率将达到 60%，城市人口将再增加 9000 万[3]。

为促进城市化的快速推进，政府制定了规划设计规范用以设计和建设城市，包括各种道路系统规划、标准的区域发展规划、土地利用规划、三种不同层级居住区的人口数量标准以及对居住房屋建设的明确严格要求，如每个居住单元采光量的日照间距规范。这些原本为节约燃料而制定的日照间距规范，从获取太阳能的角度来看仍然有意义，但是长期以来，这种规范被转译为住宅建筑之间大的、难以利用的空间，产生了“大绿地中的建筑塔楼”这样的区域。

* 本文由黄鹤翻译。

在中国大量的城市和区域中，新开发区顺理成章地成为开发模式上遵从的一种固定化范式。这种几乎不考虑环境因素的标准化城市化已经蔓延到了农村地区和风景名胜区。40 年前制定的强有力的规范，已经不符合中国错综复杂的社会环境。这套规范缺乏对紧凑发展、粮食安全、风景名胜保护和气候变化等潜在影响的考虑，造成了中国日益严重的环境问题。

出于对这个问题的认识，中共中央和国务院分别于 2015 年 4 月和 2016 年 2 月公布了《关于加快推进生态文明建设的意见》和《关于进一步加强城市规划建设管理工作的若干意见》两个指导文件[4-5]。

生态文明是中国“十二五”规划的重要目标，并延续到“十三五”规划中。文明是指整个现代的经济和社会结构，将理想的文明形式描述为生态，是所有人类活动应与自然和谐相处的一种表述。这项事业非常具有理想色彩且困难重重。尽管丹麦、芬兰、冰岛、挪威和瑞典这些北欧国家正努力朝着这个方向发展，但迄今为止没有任何国家达到这个目标。

《关于加快推进生态文明建设的意见》(以下简称《意见》)中明确地提出了一系列雄心勃勃的环境政策目标。该文件提出保护优先于发展以及提倡绿色发展的基本原则，即发展应遵循“减量化、再利用、再循环、低碳利用”的循环型城市建设原则。

保护优先是指对自然资源和现有景观的保护应优先于城市化发展决策。将这个要求应用到城市设计中就意味着所有的城市化都应该以环境承载能力和尊重自然景观为前提。环境承载能力和自然景观应当构成城市发展的背景，而不是以城市发展模式来重组自然景观。《意见》进一步提出，若现行法律法规与生态文明建设目标相冲突，应予以废除；各级政府应贯彻实施生态文明规划。

《关于进一步加强城市规划建设管理工作的若干意见》(以下简称《若干意见》)中的要求与《意见》的要求一脉相承[6]，提出了城市规划建设管理的总体目标：实现城市有序建设、适度开发、高效运行，努力打造和谐宜居、富有活力、各具特色的现代化城市，让人民生活更美好。“有序建设”确保了对规划条例的遵循，不被政治考虑所重塑；“适度开发”是对奇奇怪怪建筑的反对；“高效运行”是指在不扩张城市的基础上实现所有可利用土地的合理利用。建设和谐社会是“十二五”以来的一个重要目标，也是实现社会公平的陈述。“努力打造和谐宜居、富有活力的城市”是通用的规划目标，在这样的语境下，它可被视为现行城市规划设计规范实施之下没有达到的水准；“打造各具特色的城市”即反对现行规范一成不变的规划体系淹没了城市富有个性的历史特色。以提高生活质量为终极目标，就是要把规划发展的重点从简单地提供住宅、公园、交通等要素转变为对城市整体设计的重视。

该要求将城市设计定义为城市规划的实施，能够提供个性化的设计指导，成为塑造城市特色风貌的有效手段。单体建筑的设计必须遵从城市设计在形态、色彩、体量、高度等重要特征方面的要求。在新型城市化管理中，发展必须充分利用自然系统，包括建设节约用水和收集雨水的绿色基础设施。此外，城市生态系统的恢复也是一个目标，政府已经启动了“海绵城市”试点项目，在16个城市投资了127亿美元建设绿色基础设施。该要求还涉及城市建设多个方面的一系列具体目标，包括建筑施工、污染控制和污水处理，要求通过各个层级政府实施新的城市治理体系来落实这些政策。

中央政府赋予住房和城乡建设部落实这些重要国家政策目标的任务。任何倡导城市设计的人都应该为城市设计在中国城市发展方面被赋予的核心角色而高兴和兴奋。但依据以往的经验，抵制变革的必然存在，致使改革将是一个复杂而艰巨的任务。因此，我们将关注点放在了为实现这项任务而可能面临的复杂性和困难性上。

二、建于何处

在气候变化、全球化、人口快速增长以及中国城市化持续快速发展的今天，需要大规模的城市设计措施。中国现有的城市化方式使得人口密集地区几乎到处都在发展，造成了大面积的自然环境、农田和历史建筑的消失。目前的规划设计规范也未能意识到气候变化特别是海平面上升对现有的和新的规划造成的严重风险。

国土资源部（现自然资源部）是负责编制国土资源利用规划的中央政府机构[7]。此类规划设置了土地利用的所有指标，如需要保留的耕地数量、省市和地方政府的城市化土地数量指标等。土地规划在理论上是一个平衡生态保护和城市化的有力工具，尽管在实践中它并不是一种决定农业和自然景观的哪些特定部分应该城市化的有效决策机制。强调水资源、粮食安全、抵御风暴灾害、防止空气和水污染、适应气候变化的国家土地利用规划，可以帮助落实生态文明政策要求，使其在城市化进程中优先考虑自然环境保护。在国家层面采用相对较粗略的决议，虽然在政治上有一定困难，但是可以减轻省市和地方政府在规划设计过程中的压力。以此为发展方向提出的2015年政府举措，计划通过划定城市空间增长边界，仿效美国俄勒冈州制定的城市增长边界，来遏制包括北京、上海和广州在内14个城市的“摊大饼”式发展[8]。

各省以及一些与省份地位相同的大城市是中国政府次一级的决策层级。一些城市设计问题是否可以通过省一级的土地利用规划来预先确定是需要考虑的问题。这些土地利用规划一般都是非常抽象的，但它们也确实显示了城市发展的方向和人口中心的总体位置。中国在新城建设选址方面存在一定的问题，例如被称为“鬼城”的一些城市，其规模、交通体系所决定的增长方向以及未来人口增长计算等，这些土地利用规划中的典型要素可能与下一层级的城市增长与自然系统保护政策相冲突。而且，环境保护对于区域层面的休闲和农业是至关重要的，例如中国环首都地区——京津冀超大城市区。因此，城市和环境设计需要优先解决区域层面的政策，以此为背景展开城市、地区和更小地块的城市设计决策。

三、建于何时

中国城市在快速将农村土地转换为城市土地的过程中扩张，在此过程中村民被重新安置，随之进行地区和地块规划，将土地出售给开发商。土地收购和销售成本之间的差额流向城市，这种做法增加了城市未来的运营支出，并且进一步推动了农村土地流转为城市土地的进程。这种做法能够提供即时收入，成为地方政府解决财政问题的一种途径。

如果将发展引向生态绿地，即使发展这些地区也能符合生态文明的目标，但也可能导致忽视已经部分城市化地区的发展机会。目前的规划体系未能明确指出通过提高新的换乘站、高铁站和机场等具有发展潜力的地区周边的开发密度来实现对有价值的农业和自然资源的优先保护是否可行。

防止城市过度扩张已被确定为新的城市设计导则的基本任务[9]。什么是过度？通过对现有城市化地区内每公顷人口和工作场所密度的衡量即可知。在整个城市的密度达到总体规划设定的水平之前，应该制约农村土地的新开发。然而，这样的衡量方法不适用于城市中保留了绿色开放空间和历史建筑的建成地区。中国新的城市化区域在规划中采用机动车出行作为主要的交通方式。既然中国许多城市正在建设轨道交通系统，可以通过在换乘站的步行距离内加大开发力度来缓解增长压力。将新开发项目转移到换乘站步行距离内的适当地点可以减少城市蔓延，并使交通系统的运作更加高效。

当确有必要拓展城市化地区的时候，城市化发生的地区的选择应当遵循保护整体自然景观和优化城市空间结构的城市设计导则。这是一套复杂的决策系统，做出决策需要考虑生态规划和城市规划，当然这也可能是一个困难的政治问题。

四、在城市层面上建设什么

现有的城市层面的规划和发展规范体现了一系列城市设计设想，这些设想源于 20 世纪二三十年代国际现代建筑协会（CIAM）所提出的各项原则[10]。CIAM 的相关理念通过出版物、1949 年后苏联顾问的工作以及老一辈中国规划师所受到的教育传入中国。在当下中国城市典型的土地利用和总体发展规划中，规划设计的组织方式往往通过主干道和高速公路将城市划分为大型街区。这种大型街区能够满足机动车交通的高效运作，但对行人和自行车骑行者并不友好。由于对换乘站在交通运输中的作用认识不足，机动车交通是当时 CIAM 提出的主要原则。

此外，每一块大型街区的土地用途单一。这种大面积的单一用途的分区也为 CIAM 所提倡，还包括将大块公共开放空间作为一个单独的土地用途进行隔离，而并非作为与其他活动相结合的公共开放空间系统的一部分。CIAM 标榜技术解决方案是现代化的范式，保护自然景观和历史建筑被认为是浪漫主义和不科学的。规划完全由道路系统工程主导，在大型未细分的土地利用分区下已经无法识别原有的自然景观以及任何历史的或已有的发展，这是对 CIAM 原则的完全实践。

如今，CIAM 版本的城市设计体现在一系列的技术规划要求中，如果要在城市层面产生不同的城市设计，就需要做出改变。

目前规划中的大型街区规定了每 2 平方公里范围内主要街道总长度的最小值和最大

值,而现在大多数城市设计人员所倡导的小型街区网络需要更加密集的道路建设。由于规划必须符合法规才能获得正式批准,因此需要修改相关规范。

中国总体规划中的土地利用划分是通过预测人口增长和商业活动来确定的,这种做法广为应用。然而由于土地混合使用没有受到普遍认可,因此规划的土地利用预测往往不够准确,即使有混合使用这一类别,也通常在特殊情况下使用。由此,住宅和商业区规划绘制了每个单独类别所需要的土地数量,相对于更为广泛应用的混合使用,这样的方式夸大了对土地的需求。土地用途划分体现在由面积限制而成的大型街区上。在规划中,预留生态用地以及去除已开发的不符合土地利用类别的土地并不是通常的做法。所有的土地都被包含在了规划图中并明确给定了土地用途。如前所述,公园绿地系统也被视为单独的土地用途。

为了确定城市总体形态的模式,需要一个城市景观框架、一个公共空间系统以及一系列针对具有特殊城市设计重要性的区域的关键要求。将这些城市设计导则引入规划过程并非需要规划人员将高速公路、道路和土地利用的图纸交接给城市设计师来进行调整,而是将土地利用与城市设计相关联,将其作为城市设计的一部分,其中城市设计包含与交通、城市建筑形态和其他城市形态相关方面的公共开放空间及街道的规划。土地利用“预算”不应被分配,而应通过迭合的过程,作为包括与交通相关的综合利用中心和住宅区在内的总体规划和城市设计过程的一部分。如果没有这样的过程,就不能有效替代原有 CIAM 影响下的官方土地利用规划。

五、在地区层面上建设什么

中国当前典型的地区规划,也就是所谓的终极蓝图规划中,是当规划的所有要素都实施后,一张体现未来发展状态的鸟瞰图。终极蓝图规划通常是失败的,大多数政府已经停止使用这种规划方式,因为计划中体现的设想在开发完成之前就已经过时了。但是,这种蓝图式规划作为发展导则对于快速发展的中国而言是相对成功的,这主要是由于规划中的一系列选择都是根据相关规范确定的,除此几乎没有其他的备选方案。

中国的地区规划是制定管控发展的控制性详细规划的基础,是城市设计过程中的关键步骤。地区规划体现了一个明确的城市设计方案和 CIAM 的理念,并将现代主义原则的影响深化到进一步的细节中:街道系统确定大型街区,自然景观服从于街道模式,大型开放空间与开发建设相隔离,而占主导地位的建筑类型则是一个个独立的、由绿色边缘包围着的南向住宅塔楼。

根据中国国家标准《城市居住区规划设计规范》,住宅楼内的每个住宅都应该能够在一年中日照最短的一天获得 2~3 个小时的日照[11]。在实践中,这种要求导致建筑物排成一排,全部朝南,并且分散排布以满足在 12 月 21 日这一天,太阳高度角到达每个建筑物的基部。依据前文所述,这些规则原本是资源匮乏时期减少冬季取暖成本的措施,但是由于对能源效率的新的担忧以及满足太阳能电池板获取阳光的需求,这一规则在今天仍然有意义。另外,风水是中国传统信仰体系里决定居住地吉凶的关键,强烈主张人们居住在面南的主要房间,这一信仰在决定中国建造待售房屋的设计方面起着决定性的作用。即使买方不相信风水,仍然存在对转售价值的担忧,因为很多人在做出买入决定时都会考虑这种因素。

在常规的地区规划中已经体现了强大的城市设计概念,而困难之处在于这种规划不符合新的城市设计导则的期望。这种期望是指地区层面的导则应该沿用城市层面总体城市设计的要求,包括尊重地域生态特征、与历史和文化特征相关联、将公共空间系统整合在总体设计中,而并非进行简单的土地用途划分。

如果拟议的新城市设计导则与现有标准不同,冲突点可能体现在道路系统的设计、景观环境的识别与管理以及为整个地区建立公共开放空间系统上。最困难的城市设计环节可能在于根据太阳高度角设置的南向住宅间距问题的处理。

尽管日照间距规范已经形成,但实际上对日照获得的规范只是一个性能规范,而并非设计住宅建筑的规范。有些方法可以使用替代的城市设计配置来满足这一要求,例如利用附加的高层和低层建筑物形成庭院,特别是混合使用的较低建筑物对日照要求并不那么高。另外,类似于其他国家,大部分中国城市街道系统的设计都是沿着南北和东西走向的。西班牙城市规划师 Ildefonso Cerda 在 19 世纪后期所做的著名的巴塞罗那规划,将街道系统由正北向旋转 45°,从而改善了长时间暴露在阳光下的状况。巴塞罗那的经验表明,中国的总体规划和地区规划可能也可以通过修改街道布局来满足居住建筑的日照规范,街道的宽度和街区的大小将是这些设计的重要组成部分。现在的计算机程序可以模拟和评估建筑与街道在不同组合方式下对日照间距的满足情况,因此,这可能是一个重要的城市设计研究领域。

地区层级城市设计的另一个重要问题是城市街区的大小。步行城市需要相对较小的街区,否则两点之间的路程可能会涉及很长的绕道。较小的街区对创建方便的交通非常重要。当前中国城市设计体系中所创造的大型居住区内通过设立门禁来保障居民安全,这使每一个街区成了封闭的社区,行人或骑自行车的人不能使用这些捷径。有人建议把这些街区开放给公众使用,但是这些建议肯定会受到居民的强烈抵制,因为他们认为这会降低他们的房产价值。如果要开放大型社区,就需要针对每一种情况制定城市设计方案,引导公众通过街区,同时继续保障居民的安全。

中国目前的安保系统实际上比那些街区小、每栋建筑封闭管理的城市更有效率,就像纽约那样,住宅楼要么锁着,要么有自己的门卫等安保人员。就新开发地区的规划而言,介于纽约小型街区和中国大型街区之间有各种不同的街区尺度。例如,巴塞罗那不仅街区足够大,可以为街区的居民提供私人空间,而且还在街区外围提供了舒适的步道。

街区尺度和建筑形态是城市设计的关键问题,需要在地区层面解决,并将其纳入控制性详细规划中,从而约束更小地块的规划。

六、在地块层面上建设什么

地块层级的城市设计导则应该要求开发商提交一份地块详细设计的审批报告,地块详细设计需与控制性详细规划、地区规划和其他要求相一致。每个地块上的详细设计应与相邻地块的属性相协调。设计每个开发区的导则应包括开放空间的设计、建筑物退线、标志性建筑位置(可以包括历史建筑)、高效交通系统、景观要素、基础设施(如学校)、停车场和地下空间。提交的设计方案还应包括相关的实施策略。由于地块规划要符合地区层级的控制性详细规划,因此在制定地区控制性详细规划时,必须制定关键的城市设计策略。

七、在特殊情形下如何建设

对城市中有特定价值、历史价值和文化价值的地区应该制定有针对性的特殊导则。这意味着应该对主要的新开发区域、历史文化街区、新的中心商务区、交通枢纽和滨水区等提出特殊的城市设计监管要求。城市设计要求应该规范:① 天际线,以表达城市的文化和自然特征;② 建筑特色,确保建筑物与现有建筑环境和公共空间相兼容,从而形成一个连贯的空间网络和人性化尺度的公共领域。这些特殊情形下的城市设计方案需要在地区层面进行制定和规范,以便协调各个地块的开发设计。

中国政府机构多年来一直在尝试探索特殊情形下可替代的城市设计理念。上海地区的“一城九镇”项目引入了外国设计师和规划师,为9个新城镇中心的城市设计和建筑表现形式提出不同的想法[12]。每个新城都被赋予了一个特定的国家特色,如荷兰主题的高桥新城、德国主题的安亭新城等。模仿外国城市被选为替代现有设计规则的方法并在房地产市场加以验证。

北京金融街是一个完整区域设计的特殊情形案例,大部分建筑物是为了容纳重要的中国金融机构而设计。政府打算建立一个金融区,但又不仅仅是一组提供必要办公空间的建筑物。包括SOM建筑设计事务所在内的规划设计团队,制定的方案是通过建筑物布局和高度限制导则在中央公园周围组织起了一组连贯的建筑物。

八、实施城市设计导则

上海9个新镇和北京金融街的实践表明,可替代现有的中国城市设计导则有其特殊性才能奏效。上海9个新镇的设计是对其他地方既有城市设计模式的模拟,而北京金融街的设计则有一套明确的建筑布局法规和高度限制。仅仅要求规划师和设计师注意一系列重大问题是不够的,还有必要定义理想的城市设计结果。

以下是一些已经被开发和采用的可以纳入城市设计导则的管理工具。

在市域总体城市规划层面,按照导则,土地利用规划的过程可以从一个完整的环境清单开始,为排除不应该开发的土地提供基础。承载能力有限的土地也只能用于低强度开发。在沿海地区和河流沿岸，需要特别保护可以确定受海平面上升和其他洪水影响的地区。

此外，在市域总体城市规划层面上，大型居住区、办公区和工业区土地类别下的子类别地区可以定义为适合于新的混合使用用途，进而可以被广泛地反映在图面上以允许更灵活的发展决策。

城市设计导则还可以为道路和交通通达性良好的地区设定最小的住宅和商业密度。中国的土地面积与美国（不包括阿拉斯加）差不多，但中国的人口是美国的5倍左右，可用土地面积只有美国的一半。随着中国有越来越多的富裕人口，模仿美国郊区发展的中国别墅区越来越受欢迎，但是低密度的土地开发模式是对土地资源的浪费，对中国而言不是一个好的长远政策。基于此，需要其他的设计理念来满足富裕阶层的生活需求。

除了取消目前对市域总体规划所允许的主要街道数量的限制之外，还可以针对次级街道的设置增加对小街区尺度要求的规定，如最小街区周长就是这样一个要求。也可以通过规定每平方公里最少的街道交叉口数量来鼓励街道的相互连接。

在地区层级的规划中，目前通过编制终极蓝图规划来说明土地利用计划的做法可以用城市设计概念规划来替代，该规划可以绘制保护区、街道和街区规划以及公共开放空间规划。标注重要建筑物的位置，体现建筑物布局的导则，如退线要求、贴线率以及高度限制等要求。这个城市设计规划可以作为制定土地利用规则的基础。这种方法既允许了更大的设计灵活性，也有助于在规划中对关键设计要素的理解和应用。

在地块层面，实施地区层面的规划需要审批程序。如果土地是直接从政府机构获得的，导则可以成为出售协议的一部分，包括要求对建筑和景观规划进行审查。如果土地已经是私人控制的，那么就需要有一种包括监察程序的许可证制度。

如果新的城市设计导则能够成为国家、区域、市域以及地方层级城市设计的基础，中国将创造出一种无与伦比的城市设计体系，该体系能够引导中国政府重大发展目标的有效落实。

参考文献

[1] World Bank national accounts data, and OECD national accounts data files[EB/OL]. [2017-07-01].

[2] United Nations. World urbanization prospects: The 2014 revision, highlights [R]. 2014.

[3] 国家新型城镇化规划（2014—2020年）[EB/OL].（2014-03-16）[2017-07-01].

[4] 中共中央 国务院关于加快推进生态文明建设的意见[EB/OL].（2015-04-25）[2017-11-01].

[5] 中共中央 国务院关于进一步加强城市规划建设管理工作的若干意见[EB/OL].（2016-02-06）[2017-11-01].

[6] Ecological Civilization was first mentioned officially in Hu Jintao's Report at 17th Party Congress[EB/OL].（2012-11-08）[2017-11-01].

[7] 中华人民共和国国土资源部. 2017年全国土地利用计划[R]. 2017.

[8] 14 cities to draw red line to stop urban sprawl [EB/OL]. (2015-06-05) [2017-11-01].

[9] 中华人民共和国住房和城乡建设部. 城市设计管理办法[S]. 2017.

[10] CORBUSIER L, EARDLEY A. The Athens charter [M]. New York: Grossman Publishers, 1973.

[11] 中华人民共和国建设部. GB 50180-93:城市居住区规划设计规范[S]. 北京: 中国建筑工业出版社, 2016.

[12] XUE Q, ZHOU M. Importation and adaptation: building "one city and nine towns" in Shanghai: a case study of Vittorio Gregotti's plan of Pujiang Town [J]. Urban design international, 2007, 12(1): 21-40.

Jonathan Barnett 美国建筑师协会会员，注册规划师，宾夕法尼城市研究学院成员，宾夕法尼亚大学城市与区域规划系名誉教授，东南大学客座教授。城市设计现代实践的领军人物之一。作为宾夕法尼亚大学城市与区域规划系教授和毕业生城市设计项目主任，以及美国、澳大利亚、中国、韩国和巴西诸多学府的教授、评论家和讲师，他培养了不止一代的城市设计者。曾任纽约城市规划部市区规划主任，并长期和查尔斯顿、南卡罗来纳州、克利夫兰、堪萨斯城、纳什维尔、诺福克、迈阿密、奥马哈、匹兹堡，以及中国和韩国的部分城市保持顾问关系。他著有许多有关城市设计书籍和文章，例如《城市设计：现代主义、传统、绿色和系统观》《城市和郊区的生态设计》《重塑发展规律》。

Stefan Al 加州大学伯克利分校城市与区域规划博士，建筑师、城市设计师、教育家和作家。在执业建筑师的职业生涯中，Al 成功完成了诸多著名的项目，例如位于广州的高达 600 米、曾短暂地拥有世界第一高塔称号的广州塔。Al 在纽约 KPF 建筑师事务所担任资深副总监，在混合用途开发项目设计、总体规划设计和高层塔楼设计方面拥有深厚的专业技术功底，多元化项目覆盖整个北美和亚洲地区。他还为各种城市发展机构，包括联合国教科文组织世界遗产中心、中国住房和城乡建设部以及联合国可持续发展高级别政治论坛等提供咨询意见。

以创意衔接历史与未来

常 青

中国科学院院士，同济大学建筑与城市规划学院教授

一、文化身份

建筑学跟自己的历史难以分割，在19世纪后期和20世纪前半叶现代主义兴盛时，先锋派一直想把两者剥离开来。然而建筑不但与工程技术相关联，同时也属历史文化范畴，而且有着史地的维度，即因应历史文化和环境地理条件而产生的建筑在地特征。所以法国现代思想大师Levi Strauss说过，“建筑是人的另一层服饰”，两者都离不开对其适应人的生理和心理需求功用作合理性限定，对其史地维度的“原型意象”（archetypal image）作演绎性转化和周期性复兴。比如现代主义在18—19世纪的萌芽期，先是以新古典主义对建筑原型（prototype）的探究为起点；而在其达到顶峰期的20世纪60年代，便有后现代主义的粉墨登场，以及各种地域主义轮番出现等。这些都显示出了现代建筑学的一体两面属性：一面是遗产、一面是创造，两者之间存在着相反相成的内在关系。因此，建筑虽然随着生产和传播条件的变化而不断演进，但基于史地维度的建成遗产（built heritage）所蕴含的原型意象却是挥之不去的价值源泉。建成遗产系由建造形成的文化遗产，是一个社会文化身份和史地维度的具象载体。其另一个延展的集群性称谓即“历史环境”（historic environment），从历史城镇，到历史文化街区，再到乡村传统村落，以及地望深厚的文化遗址及场所，几乎均属其列。而史地维度和文化身份，涉及“我们从哪里来？我们是谁？我们要到哪里去？”的问题。Henry Alfred Kissinger在他近年的新著《世界秩序》（*World Order*）中也提出：“历史绝不会开恩于那些放弃自己的身份感（sense of identity）或义务，看似在走捷径的国家。”[1]这一告诫从文化战略上看就是说，追求普适性不能丢弃身份感。建筑亦然。因为这个缘由，建筑学有必要立足当下，重新检视建成遗产的价值。

二、历史观

英国的David Lowenthal是一位对文化遗产持批判性历史观的当代著名学者，他在《遗产十字军与历史的颓败》（*The Heritage Crusade and the Spoils of History*）一书中分

析[2],古人把往昔和现世看成循环往复的事体,因为陈陈相因的习惯性模糊了变化的印记,消弭了事物在新旧、兴废和死活之间的界限。逝者的精神依然会影响生者日常的生活,将视觉及触觉与掩饰或想象连接起来。因而不像如今新旧更替的天经地义,古人只把新当作永恒的更始,正如《传道书》所言:"太阳之下无新事"。因此除了一些个案,西方古代鲜有保存古物的主流意识。中国传统文化中历来也有自己的古今观,两者间的关系早就被古人深度思忖过,这里仅举三个唐代名流的例子。一个是诗人杜牧,他在《题宣州开元寺水阁》中吟道:"六朝文物草连空,天淡云闲今古同。"这句诗常常被引来表示辉煌人世与自然天道相比的短暂与渺小。另一个是宰相李德裕,他在《文章论》中写道:"譬诸日月,虽终古常见而光景常新,此所以为灵物也",意思是说通灵之物是历久弥新的。再一个是诗赋理论家司空图,他在《二十四诗品 · 纤秾》中描述道:"乘之愈往,识之愈真。如将不尽,与古为新。"后两句至为关键,大意是说美好的事物要想永生不灭,就得"今古共生以为新"。比之杜牧的虚空、李德裕的虚幻,司空图的寓意似乎更为真切一些,在今天看来依然是非常现代的理念,与西方传统的古今观相比甚至更为智慧,而与当代西方建筑理论家 Collin Rowe 的新旧拼贴思想有异曲同工之处。但司空图的"与古为新"思想,主要说的还是美的境界,而非实体的存在,实际上中国古代更注重意涵而非其载体,因此保存原物的主流意识同样是没有的。近年来,关于建成遗产的批判性历史观和价值论正在引起国际学界的广泛关注。比如,有价值相对论者提出,文化怀旧的博物馆化、地标化和诗化,本质上都反映了对未来的忧虑,认为历史学家对过去的看法会随着对未来的认知改变而改变,主观判定和客观存在的时间及叙事连贯方式在不断被消解。这种历史观带有辩证批判的色彩,但遗产价值的相对稳定性,真的有可能缓解人们对未来的忧虑吗?对此,Lowenthal 也给出了他的看法,认为在我们这个文化和技术日新月异、一切变得方兴即废、过往即他乡的时代,越来越多的人开始关注文化遗产,因为"在对快速的失去和变化惶恐不安的社会氛围中,唯有紧紧地抓住稳定的遗产,方能保住些应对的定力吧"。

三、保护反思

百年来,关于古迹的价值认定及保护观念在争议中被不断地批判性修正,直接影响着当今建成遗产的学理讨论和保护实践。一般认为,人类真正把现代与传统区分开来的认知提升,实肇始于 18 世纪启蒙现代性的理性主义、法国大革命时期对古物的破坏,以及工业革命初期旧城改造的大拆大建。由此引发了 19 世纪的价值理性觉醒,催生了现代的历史保护法规[3-10]。此后才有了现代意义上的新旧之分,因此"保护"完全是一个现代的观念。实际上,欧洲当时大规模的古迹修复运动与城市改造接踵而至,并分化为激进的求全"完形派"(high restoration)和保守的抱残"维护派"(low restoration)两大阵营,Viollet-le-Duc 与 John Ruskin 的论战最为典型。从本质上讲,保护即管控自然和人为因素(干预)所导致的遗产变化。因此保护不但不应是对进化的阻滞,反而应是蕴含着有底线控制的更新。Viollet-le-Duc 认为,保护的意义超越保存,而修复的目的是再创造(recreation),即以存遗补缺和创意完形来延续历史,与中世纪哲匠跨时空沟通,而不是消极地复制历史形式。他曾深刻地指出,“只有经由记忆和历史的辩证冲突,通过有意识地忘却的实践”,才能克服对历史的记忆障碍。

这种观点和作为后来遭到了保守派的质疑与批判,就连他主持的巴黎圣母院修复工程这样的经典案例,也曾被贴上略带贬义的“风格性修复”的标签。确实,在那个大兴修复工程的时代,建筑师多着眼于古迹本体风格再现的价值,却忽略了其表层的岁月印痕——“古锈”既存的价值(patina)。因而当时的修复大师们也因认知局限,没有做到保留这种印痕的“修旧如旧”(oldness),而是刻意于追求光鲜亮丽的“修旧如新”(newness),以适应当时社会的审美取向。这一认知空白在19世纪末被奥地利艺术史家Alois Riegl所填补,他将古迹价值概括为两大部分、四个方面,即:第一,纪念价值(commemorative value),由历史价值(historic value)和岁月印痕——年代价值(age-value)构成;第二,当代价值,由艺术价值和使用价值构成。这一价值认定准则逾百年来一直为国际学界主流所认可和沿用。但在建成遗产外表的修复实践中,“如旧”常被“做旧”,即以技术手段制造年代长久感,这比起“如新”以待岁月致旧,也并不更为正当或正常,因为两者均未传达出修前的真实历史信息。今天来看,建成遗产的保护与传承有三个相互关联的核心概念需要进一步澄清。第一个是“保存”,为遗产传承的基本前提,没有承载价值本体的保存,遗产的其他方面都无从谈起。第二个是“修复”,为遗产传承的技术支撑。现实中有不少建成遗产都被不同程度地修坏了,往往是因为对体现历史真实性(authenticity)的价值和特质没有把控到位的缘故。第三个是“再生”,本意一是指遗产本体的存遗补缺或整体完形;二是指遗产空间功用的死而复生,恢复活力,通常称为“再利用”,这是遗产传承的目的与归宿。另一种颇具洞察力的观点认为,保护遗产的目的,并非为了坚守某种相对和有限的价值,而是为了“保持我们延续和替代它的建造能力”。

四、概念辨异

由于认知层面和角度的差异,对建成遗产及其历史环境属性、身份、价值等的认定,对其管控和处置方式的选择,均带有一定的主观成分,也因此存在一些概念偏差和认知误区,为此,笔者对其中五对易混淆的概念范畴做了梳理和辨异。

(1) 建成遗产(built heritage)≠建筑遗产(architectural heritage)

“建成遗产”是建筑、城市和景观等人造物(artifacts)的总称,与通常所说的“建筑遗产”仅一字之差,但涵盖面却要大得多。此外,国际上还普遍用“历史地”(historic place)、“文化胜地”(places of cultural significance)等建成遗产的集群性及延展性概念来表达“历史环境”的属性。

(2) 原物(original)≠原真(authenticity)

古来的建造物不同于金石、珠宝、字画等文物,前者在身份认定上只有原物、仿品或赝品之分;而建成遗产从产生起,大都会经历多次的大修、改建,甚至毁后重建,很少有一成不变的原物。因此建成遗产的原真或真实在此就可理解为,其形态生成与建造方式之间的对应关系在历史变迁中基本保持住了。

(3) 保护(conservation)≠保存(preservation)

前者是指依照保护法规和技术措施,严格管控历史空间在种种人为干预下带来的变化和破坏风险;后者特指对历史原物标本式地存真和维护。相对而言,广义的“保护”不但包含了狭义的“保存”,而且可涵盖“整饬”“修复”“翻建”等保护性干预的概念。

(4) 翻新(renovation)≠创新(innovation)

历史环境中大量的风貌建筑会有保护法规所允许的翻新,即保持原质、原样的大修、翻建及必要的添加(addition),但这应是“与古为新”,而非“为新而新”。所以在历史环境的风貌整饬中,将“创新”冲动融于对历史韵味的体宜和拿捏,是一种值得探索的高难度专业作为。

(5) 再生(regeneration)≠复制(duplication)

再生是活化及复兴,而复制是再造缺乏历史信息的仿品,因而已不具有遗产价值(不同于依据历史信息和再生价值的复原)。从这个意义上,建成遗产不可复制,但需要再生。

五、工程实践

近年来,有关历史保护的开放性探讨,正在成为主流性的学界话语。美国宾夕法尼亚大学 Randall Mason 提出的价值辩证论具有一定的代表性。他以 18 世纪哲学家 David Hume 所言“价值的多样性植根于感知主体思想的多样性”为据,并受 Lowenthal 断言“遗产的今昔关联属于人为的建构”的启发,提出这种被主体赋予了多样性的价值作用应具有双重使命,即建成遗产的价值作用不仅要推动向内的保护使命——存真收藏(curatorial impulse),而且要推动向外的发展使命——城市进程(urbanistic impulse)。因此,历史保护既要借助技术手段解决内向的实用性问题,又要通过“记忆文化”对社会发展施加外向的策略性影响。事实上,在保护法规许可的范围内,历史环境要适应今天的生活,与社会发展相向而行,就得寻求再生途径,包括建成遗产在执行保护法规的前提下如何得体性活化,历史环境在符合风貌管控要求下如何适应性再生。具体而言,干预的种类和大小以及对“度”的把握等,宜根据不同对象做深思熟虑的处置;还可能有必要地加建(addition)和扩建。而要解决古今融合以为“新”的转化难题,需仰赖“和而不同”的理念和方法,比如建筑类型学及原型解析理论,就为这种转化提供了比较成熟的理论范式和实践途径。从当下现实看,文化遗产及其所承载的传统文化,再次成为社会关注的一个热点。近来国家层面对如何传承优秀传统文化有了新的提法,已由过去的“弘扬”变为“转化”和“创新”,即如何“创造性转化和创新性发展”优秀传统文化。当然,我们理解这应是指以保护和传承文化遗产本体为前提,并汲取其精髓以融入今天的创造与复兴。以下就笔者主持设计的三个工程设计案例谈几点体会[11-14]。

（1）上海“外滩源”概念规划及地标复原设计

“外滩源”基地位于外滩的北端，主要指19世纪中后期至20世纪初原英国领事馆所在外滩33号及周边的历史环境，其中包括了联合教堂、划船俱乐部、基督教青年会、爱美剧社、光陆大戏院、亚洲文会图书馆及博物馆、广学会、沪江商学院等一大批英美在沪的宗教和文化机构，是名副其实的“文化外滩”。尽管最早的近代外滩建筑并不在此地段，但从原英国领事馆选址于苏州河与黄浦江交汇处的寓意看，21世纪初上海市政部门将之命名为“外滩源”是可以理解的。其范围北起苏州河，南至北京路，东临黄浦江，西界四川中路，总面积约17.6公顷，需保留、更新和拆改的建筑面积逾42万平方米。2000年，笔者受邀主持了外滩源历史环境再生的概念规划设计，率团队从地段历史研究入手，对其演变进行了深度分析；对地段内包括14栋登录保护建筑的历史街区进行了商业、居住、交通和绿地等要素的重点研究，完成了历史建筑的状态评估和价值评估；论证了外滩源的综合利用价值，以为整个外滩地区保护性再生找到突破口。概念设计梳理了原英国领事馆及绿地古木丛、新天安堂等亲水景观和圆明园路—虎丘路街区等三个层次的空间关系；完成了滨河历史景观——联合教堂（新天安堂）和划船俱乐部的复原设计；提出了圆明园路—虎丘路历史街坊再生方式——保留修缮街廓历史建筑，改造街区内部空间；提出了拆除吴淞路闸桥，过境车改走地下和水下，改善中山东一路的车流状况和外滩街区的步行可达性对策。后来的外滩地区市政改造建设使这一构想得以实现（图1）。

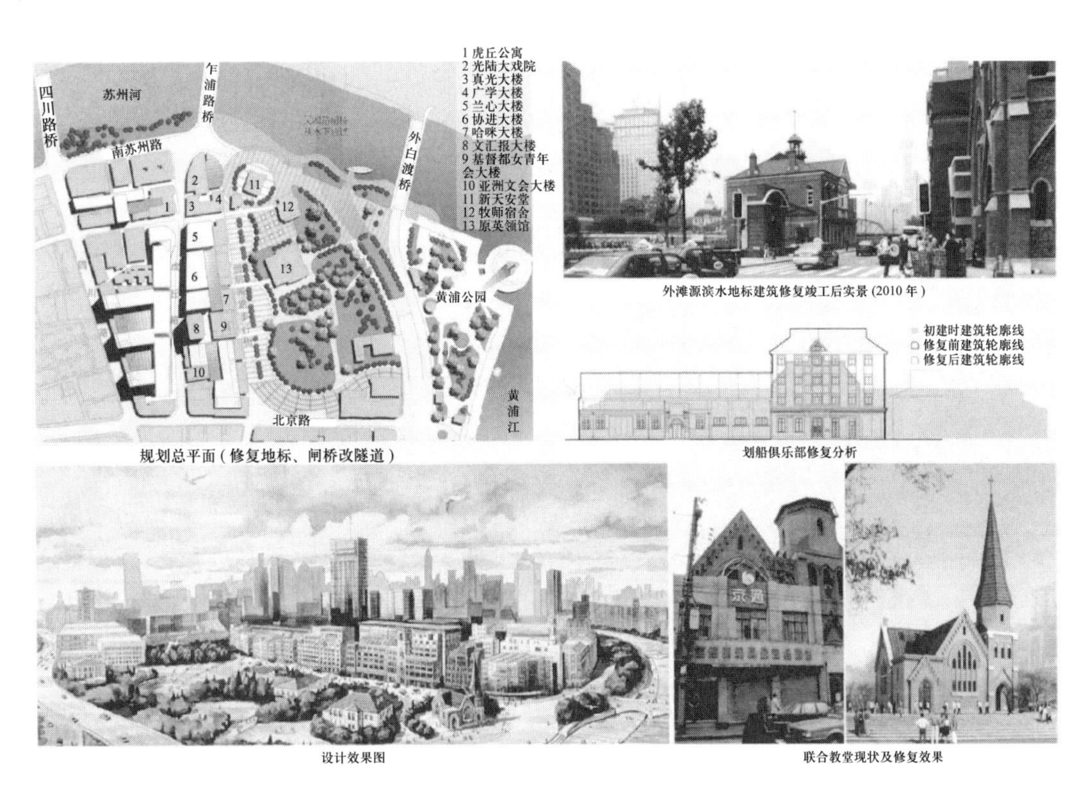

规划总平面（修复地标、闸桥改隧道）

外滩源滨水地标建筑修复竣工后实景（2010年）

划船俱乐部修复分析

设计效果图

联合教堂现状及修复效果

图1　上海“外滩源”概念规划及地标复原设计

（2）宁波月湖西区北片修补与再生设计

月湖位于宁波老城西南，开凿于唐贞观年间（627—649 年），北宋曾巩任明州知州期间对其做了整体疏浚。月湖地区是南宋明州“四明学派”的发祥地，其中的月湖西区就坐落在湖西侧的雪汀洲和芙蓉洲上，北片东临偃月街，北至中山西路，西和南靠三板桥街及青石街，街区内为南北向的拗花巷和东西向的惠政巷所划分。街巷曲折蜿蜒，保留了原初的水系地貌走向，是宁波人引以为豪的历史文化街区。2009—2010 年前后，当地将该历史文化街区作为一般旧区挂牌出让，为建地下停车库拆除挂牌保护之外的大片老房子，使月湖西区北片的历史环境几近解体。2012 年，同济大学规划团队负责重做该地段保护规划，笔者率团队承担其历史环境再生设计。首先是恢复街区内的拗花巷和惠政巷透迤交错的十字结构、合院群落肌理和传统街道敷地，适当调整街道尺度，适度增加规划路和公共集散空间。其次是以编号拆解的原木构件为基础，原址原貌重建街区风貌建筑。再次是恰当处理街区与城市空间的界面关系。以沿着北边城市主干道的中山西路侧为例，这里已拆除的临街商住房，露出了保护建筑“屠氏别业”山墙的奇特历史景观，故决定使之与城市直接对话，将其北面空间辟为水景广场，包括承接历史山墙倒影的水体、舞台、露天茶座等。两侧以轮廓线平直的古韵新风建筑与屠氏别业天际线平仄相对，又与之以同样的清水砖墙质感相和（图 2）。

图 2　宁波月湖西区北片修补与再生设计

（3）海口南洋风骑楼老街区整饬与再生设计

在我国华南及东南亚同类街区中，海南省海口市的骑楼街区，是目前保存最完整、规模最大、具有热带滨海城市典型特征的历史文化街区之一，也是名副其实的海口第一张城市历史身份名片。1992 年，笔者带领同济建筑系实习学生详测了海口部分骑楼老街建筑。经过多年的沧桑变化，海口骑楼老街地段已呈现衰败景象。2010 年，笔者受邀率专业团队重返海口，接受了当地政府部门骑楼老街保护与再生设计的委托。设计目标是还原老街风貌，提升街区价值，改善空间质量，通过功能沿用或置换，恢复其在城市社会、经济生活中的活力。设计要点一是“整旧如故”，通过材料面层的检测分析，将中山路从样式、材质、色泽诸方面恢复了一楼一色的历史风貌；二是“修旧如旧”，对博爱北路和水巷口的骑楼修复则更强调“古锈”的沧桑感，对骑楼“毛竹筒”形态的内部空间提出了改善设计方案，已对中山路上的天后宫做了纵深修缮。目前，中山路、博爱北路和新华路经过这样的重点整饬已恢复生机；三是“补新以新”，在骑楼街区北缘的骑楼外滩——长堤路改造中，保留加固老骑楼，拆除破坏风貌的低质建筑，增建古韵新风的创意新骑楼，尝试了新旧拼贴的设计创意，并顺应海口气候特点，在新建筑中体现了凹廊、天井、冷巷等外部空间的环境因应特征（图 3）。

长堤路改造前后界面对比　长堤路总平面

长堤路古韵新风的骑楼外滩广场景观效果　中山路复修后街景

图 3　海口南洋风骑楼老街区整治与再生设计

六、结　　语

本文以批判的视角检视了建成遗产及其关联域的变化历程，讨论了国际学界对保护问题的认知动向，认为历史环境演进中的复杂与矛盾已超越了建筑学理论与实践的既有范畴。实际上，这一领域的任何进展，都需要在价值观、法规、公共关系、经济运作、规划控制和工程设计与实施诸方面做出辩证的比例权衡，以原则制约策略，以策略实践原则，管控变化，合理进化，以创意衔接历史与未来，迈向“新旧共生、和而不同”的境界。

本文核心内容概括起来有以下三点：

（1）保护与再生的根本目的是使建成遗产成为经济社会发展和文化复兴的一种特有的驱动力；

（2）保护与再生要恰当地处理好存量与增量的关系，即慎重权衡保存、修复、翻建、加建和新建的关系；

（3）要实现新旧拼贴和“与古为新”，就需要深度研究“古”的原型意象（archetypal image）及其转化可能。

参考文献

[1] KISSINGER H A. World order[M]. London: Penguin Press, 2004: 373.

[2] LOWENTHAL D. The heritage crusade and the spoils of history[M]. Cambridge: Cambridge University Press, 1998.

[3] 常青. 对建筑遗产基本问题的认知[J]. 建筑遗产, 2016(1): 51-52.

[4] 常青. 论现代建筑学语境中的建成遗产传承方式——基于原型分析的理论与实践[J]. 中国科学院院刊, 2017,32(7):667-680.

[5] 艾瑞德姆· 达塔. 为了未来的怀旧[J]. 毕敬媛,译. 时代建筑, 2015(5): 36.

[6] MADSEN S T. Restoration and anti-restoration[M]. Oslo: Universitets Forlarget,1976: 64.

[7] 弗朗索瓦丝· 萧伊. 建筑遗产的寓意[M]. 寇庆民, 译. 北京: 清华大学出版社, 2013.

[8] COLQUHOUN A. Three kinds of historicism[M]//NESBITT K. Theorizing a new agenda for architecture. New York: Princeton Architectural Press,1996: 208.

[9] RIEGL A. The modern cult of monuments: its character and its origin[C]//Opposition 25. New Jersey: Princeton University Press, 1982: 21-50.

[10] 兰德· 梅森. 论以价值为中心的历史保护理论与实践[J]. 卢永毅, 潘玥, 陈旋, 译. 建筑遗产, 2016(3): 2-5.

[11] 常青. 建筑遗产的生成策略[M]. 上海: 同济大学出版社, 2003: 17-43.

[12] 常青. 历史环境的再生之道[M]. 北京: 中国建筑工业出版社, 2009: 41-51.

[13] 常青. 思考与探索——旧城改造中的历史空间存续方式[J]. 建筑师, 2014(4): 31-35.

[14] 常青. 存旧续新：以创意助推历史环境复兴——海口南洋风骑楼老街区整饬与再生设计思考[J]. 建筑遗产, 2018(1): 1-12.

常青　中国科学院院士，同济大学建筑与城市规划学院教授、学术委员会委员，美国建筑师学会荣誉会士，城乡历史环境再生研究中心主任，《建筑遗产》《Built Heritage》学刊主编。主持完成5项国家级研究项目，出版专著、编著和译著10余部，发表论文70余篇。主持完成上海外滩、日喀则宗山宫堡等保护与再生重点工程设计项目10余项。先后获国家图书奖最高奖，教育部和上海市科技进步奖二等奖，亚洲建筑师协会建筑金奖，瑞士首届Holcim国际可持续建筑大奖赛亚太地区唯一金奖，上海建筑学会建筑创作奖优秀奖，教育部和全国优秀工程勘察设计行业奖一等奖等。

智慧城市发展中的城市挑战和负面影响*

Klaus R. Kunzmann

多特蒙德工业大学空间规划学院终身荣誉教授

工业社会的数字化转型正在如火如荼地进行。新的信息和通信技术(information and communication technology,ICT)给人们提供了许多机会,使拥挤不堪的大都市生活变得更加方便。然而,从城市规划师的角度来看,技术变革同样带来许多挑战和负面影响。随着这些技术的发展,许多问题随之而来:未来的城市战略规划面临的挑战将是什么?城市未来是否会有所不同?它们是否需要不同的城市发展方式?新的数字技术是否会改变城市的流动模式?当地经济是否会经历另一种结构性变化?城市社区和城市中心是否会被设计成不同样式?城市规划管理是否需要重新组织,城市规划法规需要改变吗?本文将详细阐述在新型智慧城市宣传中未涉及的挑战和负面影响。

一、无处不在的智慧城市——智慧城市,一项全球性运动

社会生活的数字化已经成为一种全球性现象。新的信息和通信技术以及这些技术的广泛应用正在改变世界各地的工业生产、物流、私人和政府服务,而且这些技术已经改变了市民的传递信息和交流方式。在一些强大跨国公司的推动下,这些新技术和基于新技术的多元服务正迅速地改变着人们日常生活中的工作方式、流动方式和购物模式。没有人能永远不使用个人智能手机,这类设备正在逐渐取代人群传统的信息和通信习惯。那些不适应新生产模式的产业,那些没有对服务进行数字化的银行和保险行业,那些不使用网络购物服务并且未做出改变的企业和时尚连锁店,正在逐渐失去客户并走向衰落。健康和高等教育机构正在试验网络医学和网上学习。但政府却缺乏能力参与数字化城市基础设施的建设以便加速向不同层次的市民提供电子政务服务。在强有力的信息和通信技术产业的推动下,城市希望通过运用数字技术改善城市内的流动方式以及对公共空间进行监测,以解决长期的交通拥堵问题和安全问题。一场巨大的转变正在城市中进行。

城市在21世纪被迫变得更加智能化。为了吸引年轻且合格的劳动力,城市正努力变

---

* 本文由于睿智、唐燕翻译。

得更智能,从而吸引那些开发创意软件和应用程序的初创企业前来落户。城市为当地的工业、企业和市民提供高速的数字化基础设施。在智库和智能营销机构的建议下,一些城市努力提升其在智能城市排行榜上的排名,希望因此展示自身的创新能力和竞争力,并据此建立起良好的国际形象。

新的智能化形象已经成为当下最新潮的概念。许多城市管理者相信,相比于可持续、健康或富有创造力这些概念,智能化才是城市的未来。

毫无疑问,数字技术将是未来世界的基础。两百年前,世界的基础是铁路;一百年前,汽车改变了人们的出行方式并引导着城市建设;现在,数字技术成为主导。全球经济的快速数字化被称为第五次工业革命,它将带来城市工作和生活的彻底转变。已有很多书籍在描述这种巨大转变,且此类书籍的数量每年都在增加[1-10]。许多期刊已出版了此类问题的专刊[11-12],世界各地也举办了大量的相关会议。在大众媒体上,智能化理念的炒作大行其道。智能化已经变成媒体的一大卖点。科学家和当下流行的作家都希望能从炒作智能化概念中获益。虽然大多数研究和营销出版物正热衷于炒作并宣扬新技术的逐步应用,并且每天 24 小时使用这些新技术的确对生活带来太多的便利,但还是有少数作者在反思这种趋势对城市生活、城市发展、就业市场以及隐私和安全等可能带来的负面影响。城市规划界才刚刚开始去思考这意味着什么,关于此类问题的社会研究也不过刚刚开始。很少有规划者有能力认识到数字时代诱惑下隐藏的阴影。一般来说,他们所接受的专业教育是基于过去的挑战,而当时的城市生活还没有被数字技术所影响。

本文将指出智能技术带来的诱惑,同时会对城市转型的幕后推手尝试做出解释。随后,本文将简要介绍智能城市发展所带来的挑战和负面影响,考虑应对路径,并给出进一步研究的方向。这些全部基于一个城市规划师的角度。最后,本文将总结未来城市发展所面临的挑战。

二、智能技术的诱惑

新的智能技术为城市和市民带来了许多诱惑。每天都有新的应用程序可供消费者和企业使用,从而帮助他们获取到每时每刻任何地方的信息并因此获利。例如他们从智能手机中受益,而该技术在十年内征服了人们的公共生活。ICT 的智能应用有很多领域。

智能技术改善了城市和地区的个人出行与定位方式。关于公交、服务、日程安排和受阻路段的信息让公共交通服务更加便利,同时鼓励着汽车司机和通勤者把车停在家里或捷运系统配置的换乘停车站。车主们从 GPS 技术中获益,能在拥挤的城市中找到免费的停车位。智能手机的应用使汽车共享甚至自行车共享变得越来越流行,人们很容易找到共享的汽车或自行车并通过手机快捷付费。大型汽车公司的研究部门对开发无人驾驶汽车很感兴趣,他们旨在展示自身的创新能力并帮助拥挤的城市提高运输效率。大数据存储公司也支持将无人驾驶这一乌托邦愿景变成现实。

智能技术正在革新购物模式(网上购物)。它们将消费者从开放的时间和地点解放出来，使得员工或用户无论在什么地方，只要有空闲就能实际操作他们的购物清单。网上购物的实践表明，较年轻的消费者会通过比较价格而获益；它同样能使老年人和残疾人订购到无法在当地获得的产品以及更长时间享受生活需要的服务。基于智能手机的订单系统还为农村地区和周边地区的小生产者提供了新的商机。

智能技术被认为能提高场所的安全性，无论是在家里（智能家庭）、公共汽车或火车上，抑或是公共或半公共场所。为了打击恐怖主义行为和部分难以控制的移民过程，私人住宅或公共建筑中都安装了大量的摄像头。同样，在购物中心和火车站安装摄像头也被普遍接受，这也是非常成功的识别方法。在大城市，由于恐怖主义、流氓行为和犯罪团伙的威胁，公共监视已成为一种广为人们接受的政治手段。

智能技术正在越来越多地利用智能仪表来控制能源消耗，从而节约能源和水资源。此类系统使城市的能源和供水公司能够更好地平衡供求关系，提高效率，减少管控人员。新的能源和水源技术将受到市政公司和绿色生态学家的欢迎，他们希望这种技术能为可持续的城市发展政策做出贡献。

对于医疗卫生部门来说，智能技术拥有巨大的前景（也包括商业性的）。面对为不断增长的老年人口提供医疗服务的挑战，医疗机构正在探索数字技术在远程医疗保健领域的应用潜力（电子医疗）。在农村地区，维持常规的卫生服务已成为一项挑战，这是因为现代医学专业领域的分化正变得越来越细，而医生往往在城市中居住，而不是在农村地区。

智能技术使游客和访客更容易通过实时更新的信息（利用智能手机）来享受城市生活。在参观其他城市、地区或博物馆时，他们可以获得酒店和餐馆的即时信息，包括开放时间和交通机会，甚至关于历史、文化或艺术家等学术信息。新的智能旅游技术正在逐渐淘汰传统的实体旅游指南，尽管这会进一步强化个性主义。

智能技术将促进高等教育和终身培训（电子学习）的普及。有证据表明，电子学习模式在本科或专业教育中越来越多地被引进。它们通常由富有探索精神的大学校长们推动，目标在于提高教学质量，减少教学人员，在昂贵的城市机构外创造更多的教育机会，并对数字化全球经济时代中不断变化的学习者的时间预算做出反应——在这个时代，终身学习是不可或缺的。随着越来越多的成功人士和以商业为导向的高等教育机构向亚洲学生提供网上学习模式选择，非洲和拉丁美洲的高等院校，甚至是有影响力的非政府组织、慈善信托基金和慈善基金会也认识到，网上学习为观点建立和培训提供了机会。

智能技术可以帮助单身人士找到能陪伴他们一顿饭、一天、一晚甚至一生的伴侣。越来越多的年轻人和老年人受益于那些服务于伙伴寻找者的软件，这些软件的设计正是为了方便人们之间的联系。许多原因促使人们使用这些服务：缺乏时间和机会，过度的流动性，多种族环境，或者仅仅是好奇心。

最后，智能技术有助于公共部门向公民提供触手可得的公共服务。公民不再需要亲自到市政府或地方税务局登记和领取官方证书。网络上的公众参与对于市民和当地企业参与城市发展规划和决策非常有帮助。数字化参与的潜力将极大地改变公共管理，而对于议会的各层级决策来讲，网上投票可能会是解决投票率下降的一个方式。

我们还应该注意到一种越来越流行的智能信息通信技术的应用，也就是基于快速而便捷的信息交流不断发展的共享社区（汽车和自行车、度假公寓和第二套住房、维修服务等）。智能技术把人们聚在一起，他们认为分享更有利于建设交流的环境、提高友好度和促进社交。越来越多的年轻人喜欢与人分享，而不是消费和转售。银行推出电子货币取代实体货币的政策迟早会出台，这将对银行业的就业及其在城市和居民区的空间分布产生相当大的影响。

很明显，新的智能技术将会比两个世纪前的第四次工业革命更能改变社会。世界各地的城市都希望使用智能技术，并已开始去塑造相应的城市形象。要成为智慧城市，城市应该向外界展示其创新能力以及在本地发展数字化基础设施的意愿，并且城市应该欢迎高水平的 IT 从业人员。智慧城市被视为现代化的象征，象征着这座城市已经为应对未来的城市挑战做好了准备。

三、是什么在促使地方政府作出欢迎智慧城市的宣传

城市政府推进智慧城市建设的动力是什么？是什么促使地方政府将投资用于新的数字化基础设施和智能服务？在快速数字化时代，市民对城市政府的期望是什么？

显然，地方政府不是在技术自由的真空中行动。就像企业和公司一样，它们已经走在技术的转折点上，被迫重新审视已建立的城市管理方式，并在有价值和受大多数公民欢迎和接受的领域应用新的数字技术。政府意识到，许多城市未来发展面临的挑战无法通过传统途径解决。在一个充满危机的世界里，城市正变得日趋复杂，需要创新的方法来应对未来的城市挑战，如流动性、资源保护、社会包容、可负担的公共服务或公民参与等。反过来，市民的日常生活正逐渐数字化，他们感受着平衡工作和生活的种种困难，期望地方政府能借助于互联网提供满足他们需求的公共服务，实现向新城市经济的转型，这需要新的信息交流和沟通方式。对企业和当地行业来说，其普遍需求是即时获取公共法规信息并随时能获得行政程序的支持和许可，这给城市管理部门带来了额外的压力。尽管中小城市的地方政府可能能够应对所面临的城市挑战，但大城市群和特大城市则可能陷入混乱，除非智能技术足以支持公共行动来应对复杂与风险。大城市周边地区的小城市认为，智能技术将有助于其在人口较少的地区提供公共服务，并与大城市群提供的服务保持联系。

智囊团、研究人员、环保游说团体和环境产业正左右着城市的发展，使市民相信 ICT 技术可以使城市更加可持续化，这比依赖市民改变生活方式和轻率的消费行为更有效率。因此，由节约能源、水资源转向依靠可再生资源这些可持续行为是智能技术发展的有力推动因素。一些城市希望通过强化自身的智能城市创新形象来保持全球竞争力。这也是为何发展数字化基础设施已经成为一个关键政策领域的原因之一。许多城市参与到智能城市的网络与竞争之中，希望能为它们的智慧城市政策寻找战略盟友。它们同样希望通过

发展智慧城市政策来从国际组织的项目中受益,比如欧盟、世界银行等正在支持城市数字化的组织。在吸引投资和高素质劳动力(人们所说的“创意阶层”)的全球竞争中,“智能”已成为一个加分项。来自大型跨国公司的驱动力量,正在引领和培育着全球的转型过程。

四、智慧城市“热”的推动因素

智能技术向城市的逐步引入是由许多因素推动的,而不仅仅是少数几家国际公司。研究员、建筑师、规划师、记者和数以千计的初创企业媒体,都在推动城市向智慧城市迅速转型。如果没有消费者的开明与接受,数字技术的全球化不会如此成功。

首先,智能技术应用显然是由国际公司的商业利益驱动的(例如 Alphabet、微软、亚马逊、雅虎、优步或 Facebook)。它们提供技术、主导数据的收集和存储,并向全世界售卖它们编辑过的数据和相关营销服务[13]。这些公司早期得到来自美国国防部门的基于军事利益的支持,并大部分诞生于硅谷——智能技术的摇篮。不过,这些智能数据巨头中也逐渐出现中国企业的身影,例如阿里巴巴就是一家非常成功的中国电子购物巨头,并已经在探索向欧洲扩张业务。直到最近,德国才开始探索建立一个独立于美国企业的数据平台,它们至少已经晚了 10 年。

第二类全球企业(IBM、三星、日立、索尼、西门子、通用电气、思科、华为以及中兴)正在为城市建设数字化基础设施,并提供应用程序来帮助城市和市民使用智能技术。它们认为“智慧城市”是一个拥有巨大市场潜力和盈利价值的商业领域。通过海量的公共关系手册、令人印象深刻的网站和具有视觉冲击性的智慧城市图片,这些企业提升了智能化基础设施的建设能力。它们主要针对亚洲和中东国家,那里的快速城市化和政府支持加快了在未开发土地上建设新城镇的扩张式发展[14]。

会同其前后关联的企业(如博世、大陆集团、特斯拉、麦格纳和创新区域企业),来自中国、美国、韩国、日本和德国的汽车行业者(如丰田、日产、现代、大众、奥迪、宝马、奔驰、标致和福特)声称它们将来出售的是运输而不是汽车本身。它们担心传统的汽油驱动和由人驾驶的汽车将会败给特斯拉或谷歌汽车等新来者。而后者在无人驾驶汽车的研发中投入了相当多的资金——这正是未来智慧城市的愿景之一,可以保证人们在拥堵的城市中不受限制地出行。

全世界的消费者导向型企业都希望能从新的网络购物商机中获益。许多企业的扩张和生存,完全依赖于在快速发展的网络购物环境中销售自己的产品和服务。按照全球消费市场的时间压缩逻辑,美国的亚马逊和中国的阿里巴巴等大型企业都在推动网络购物以提高企业利润。一些公司和聪明的初创企业甚至开始探索向城市客户提供日常食品。它们知道,在大城市里食物是一个巨大的市场。毫不奇怪,城市物流公司也从市民正在变化的消费习惯中受益,它们因此成为智慧城市宣传的有力推动者中最有影响力的角色之一。

国际智囊团和企业顾问（如 IBM、麦肯锡、国际数据公司、毕马威、埃森哲、Frost & Sullivan 或弗劳恩霍夫）同样在不断发展的智慧城市变革中扮演着重要的角色。它们对地方政府来说是有影响力的顾问，其研究中心的专家和高素质工作人员向地方政府提供服务，而这些地方政府往往缺乏对传统基础设施进行数字化改造的能力。

拥有强大信息和通信能力的国际机构，也不会放弃搭乘智慧城市这趟快车（例如欧盟、世界银行、经济合作与发展组织）。它们已经启动了多个项目来支持智慧城市发展，鼓励各国政府推出智慧城市战略（比如丹麦 2015 年），并在智慧城市中推广网络建构，开展招标竞赛以及向智慧城市提供奖励，将知识信息从先进城市转移到落后城市。它们创建国际网络，将智慧社区实践连成一体，并在众多的机构和城市中收集与组织交流最佳实践经验。它们的主要兴趣是在数字化产业和消费者导向服务的基础上，以创新方式促进创新的区域经济。即使是非政府组织也无法抗拒利用这些新技术，加强以社区为基础的自下而上的战略，从而使世界变得更加美好。

国际上著名的大学（麻省理工学院、斯坦福大学、新加坡大学、清华大学、苏黎世联邦理工学院、巴黎高等师范学院、维也纳工业大学、柏林工业大学、慕尼黑工业大学）正在加强它们的基础和应用研究以推动数字经济的创新。它们促进跨学科的大学内部网络和全球的研究合作，并为下一代工程师和 ICT 专家提供课程。在巨大的公共研究资助与产业合作的帮助下，它们有能力探索应用于城市和地区发展的智能技术的潜力、举办学术会议以及开办新的培训课程。智能研究界的学者们越来越多地将他们的写作和出版集中在智慧城市领域，以获得学术生涯的加分[9,15]。

宣传流行生活方式的媒体和记者推动着针对年轻读者的新技术发展，这是智慧城市转型的主要推手之一。在恐怖主义时期，他们关注智能领域并为积极的生活方式提供帮助。这些媒体从全世界的城市复兴中获益，它们的编辑和记者们报道智慧城市的便捷生活，并通过赞扬伴随工业革命而来的新技术来增加读者量[16]。

智慧城市更热心的推动者是建筑师和城市规划师，他们拥护现代城市中出现的新的公共利益，城市中的高层建筑和紧凑的住宅区越来越依赖智能技术。带着创造力和激情，以及来自开发商和智能技术生产行业的支持，他们对新的城市生活空间进行设计，而这些空间的可持续需求只能通过安装智能数字化基础设施才能得以实现。

最后，同样重要的是，全球消费者、旅游者、科技与移动爱好者，以及全球游戏界都很喜欢智能技术带来的便利。他们忽视了日益依赖于无处不在的信息和交流机会所潜在的危险。他们推动着智能技术逐步引入生活和工作环境中，就像他们的先辈们受益于引进的新运输技术、铁路和汽车那样。

上面列举的智慧城市发展的种种推动力表明，不只是少数硅谷的既得利益企业在推动智慧城市发展，那些富有创造力的人才、政策制定者、初创企业和数以百万计的消费者，同样推动着数字技术在工业生产、商业和日常生活中的应用。

五、智慧城市发展中的负面影响

在城市发展战略中引入新数字技术正处在征途中，它将给地方政府和市民带来非常大的变化。在城市数字化监测的过程中，三个问题被广泛讨论：隐私的丧失、系统故障的风险、对少数全球公司的依赖。

隐私的丧失已经被频繁地提到。这源自出入城市时，使用来自地方政府、能源公司、水务公司、银行和购物网点的手机与数字服务。用户已经被警告：使用新技术会向其他人泄露自己的私人信息，其他人可能利用这些信息进行商业牟利。然而，经验表明这些警告被广泛忽略，大多数用户对此并不上心，他们牺牲自身的隐私来获取方便和乐趣。

每当黑客攻击互联网时，用户就会意识到智能系统的弱点。即便人们采取行动以降低系统失灵的风险，但人为干预或自然灾害都会导致地方或区域数字化基础设施的崩溃。一旦崩溃发生，城市的工作和生活就会遭受严重影响，短则几小时，长则数天，给当地经济带来巨大的冲击。一旦城市完全依赖于数字化基础设施，崩溃发生的时候没有替代计划似乎已成定律。这方面未来还有很大的提升空间。

对少数几家主导数字技术市场的全球公司的依赖，似乎对城市和市民的影响并不是很大，尽管这种令人担忧的依赖关系经常被批评人士所提到。便利又一次占了上风。用户被亚马逊、谷歌、Facebook、华为、阿里巴巴的能力以及这些企业主导的上下游产业所折服，对新技术的沉迷战胜了人们的担忧和不安。

这些问题已经在许多文章和畅销书中被提及。他们并不是下面所说的探索智慧城市发展未知领域的主题[17-40]。

六、城市发展面临的数字化挑战：通向未开发领域的旅程

除了上文所说的一般性问题之外，在规划师来看，更多的问题正在涌现。未来城市是否需要不同的城市发展路径？智能交通将改变城市交通系统吗？城市社区和中心区一定要重新设计，来适应网络购物模式和移动用户吗？城市规划管理部门是否必须重新组织和调整，才能更好地与强大的数字产业进行沟通？城市规划法规是否必须改变？本文无法回答这些，因为笔者关于数字技术对城市可能造成的空间影响的知识仍然有限。实证研究才刚刚开始，投机的假设和纸上谈兵的论证仍是主流，批评的声音则被置之不理。

如上文所提及的，对于城市中逐步引入数字化基础设施的多重影响的研究刚开始。基于城市发展角度的下列观察，不能给出问题的答案。这些观点提出了一些需要探索和检验的问题——这些问题正是在向市民介绍使用数字化基础设施和数字服务时需要注意的。这些观点并不是反对在城市发展中引入和应用智能技术，因为数字化转型不可阻挡。

技术挑战：由领军汽车公司及其技术驱动的环境智能移动技术的应用，将改变城市的流动模式和物流系统。在新城市的扩展中，这种技术可能是一种选择，尽管在复杂的城市建成区，无人驾驶汽车的引入将对城市管理者造成挑战。它们的大力推广将迫使城市做

出决定，在城市的哪些地方允许运营这样的汽车？是否不支持数字系统的汽车将不被允许进入市中心？可以设想，从长远来看，城市中心区和通向市中心的路网将不得不重新设计，以适应配备了智能新技术的汽车。

很明显，这些技术将主宰社会和环境问题。要在市场驱动的环境下建立公平的数字化基础设施，地方政府必须面对和抵制汽车企业的影响和 IT 企业的强大力量。然而，数字化基础设施的推动方也会认识到地方政府对于系统创新的财政手段是有限的。所以，在市场主导的发展环境中，营利性私人投资将提供友好的客户支持，并协助地方政府将与移动相关的发展私有化。此类私有化将增加用户之间的差异。智能技术还将迫使地方公共事业公司大举投资，对现有系统进行全面改革。同样，这些投资的高昂成本将会加剧城市空间之间的差异。数字化基础设施容易出现故障和事故以及遭到网络攻击，城市和市民将不得不为这类事件做好准备。用于资源节约的智能基础设施网络（能源节约、洪水和污染预警系统等）必须为这种 24 小时的系统一旦出现停止运行、被黑客攻击或被破坏的风险做好准备。

经济挑战：除了数字经济对消费者行为影响的市场研究，特别是网络购物模式，其他对于即将到来的地方经济结构变化的研究并不是很多。人们观察到，在一些较大的城市，初创企业已经兴起，这为数字化专才和创意企业家创造了就业机会。地方政府机构和新的服务公司帮助企业和市民使用数字技术，使他们从传统技术转型为数字技术。有一些证据表明，数字技术将促进城市产业的复兴，这些产业包括市中心衰落的传统工业或市中心边缘与沿干道分布的废弃商业。很明显，工会对工业、大型银行和保险公司以及公共部门的失业问题表示担忧，尽管问题出在更高层面上而非地方。地方劳动力水平改变造成的影响也很清晰。许多企业和地方手工业都在抱怨缺乏能使用数字技术的劳动力。所有这些结构性变化都将影响到区位因素，并改变地方经济的特征。

社会挑战：大多数智慧城市的驱动者的目的是向城市和市民出售技术与服务，而不是让城市居民的生活更美好。由于城市数字化基础设施只能逐步发展以服务市民和游客，并非所有的城市地区都能同时被城市数字化转型进程所覆盖，因此，数字化基础设施建设的不平衡发展将进一步加剧城市社会的两极分化。市民安全问题促使地方政府通过智能视频监控来控制公共空间，但是隐私问题却被普遍忽视。研究还表明，智能技术为个人主义的发展提供了便利，使得单身增多。届时，单身将会越来越多，这反过来又会对当地的劳动力市场和住宅房地产市场产生影响。

环境挑战：使用新的数字技术可以更好地实现城市的可持续发展。智能系统和仪器有助于节约不可再生资源，减少能源和水的消耗。资源节约（能源、水）智能技术的应用在城市的新建区很容易实现，但在城市已建成区引入这些技术将困难得多，更加耗时、耗资。这些措施极有可能加剧城市空间的两极分化。大数据应用将使监测环境条件变得更加容易，预警系统有助于应对不可预见的挑战。显然，智能技术有助于更好地维持城市环境，尽管也会因此削弱用户改变消费习惯的积极性。

对城市知识的挑战：数字经济的发展已经在促使高校优先考虑对工程和IT相关的培养项目的建设，而不是社会学科。未来，著名的国际大学将关闭面对面授课的本科课程，并将基础课程转移到互联网上。它们运用网络学习的方法来降低成本，提高教育质量，并吸引国际上的目标群体。在财务压力下，其他大学也会效仿。国际联合大学将与地方公立大学形成竞争，削弱地方高等教育机构，并对城市竞争力和城市形象产生影响。随着高等教育中网络学习的逐步发展，知识的可见性将会消失。出于对远程学习和远程医学实践的强调，大学和医院可能会改变它们的位置，搬去城镇之外的地方运营。这反过来将减少或者至少会削弱地方政府对地方大学的责任及关联的知识环境。

空间挑战：智慧城市发展下的空间是什么样子仍然是未知数。有迹象表明，新兴的智能移动方式将改变城市内部发展。从长远来看，或许未来十年里，会有创新的城市政府做出这样的决定：市中心对那些没有配备智能技术的私家车进行关闭；只有智能无人驾驶的公共汽车、出租车或汽车共享公司才能进入市中心。这会进一步促使城市中心商业化，房地产价值提高，并引发更高密度和更多功能的高层建筑的建设。网络购物的进一步发展将导致城市功能结构发生改变，城市中心趋向于成为国际品牌商店的展示区（消费博物馆），以满足市民和游客的消费和娱乐需求。次级商业街的角色也会改变，成为混合的城市生产、消费和休闲空间。智能工业生产（工业4.0）在城市中的区位也会变化，这与传统工业用地的区位选择有所不同。新的地点一定是多功能的，这样才会满足高质量劳动力的需求——他们更喜欢住在工作地点附近，利用业余时间参与休闲或其他活动，从而更好地平衡生活和工作。有的智慧城市甚至可能会考虑为那些希望从数字化工作环境的压力中解放出来的人们配备无网络的空间。

城市治理的挑战：数字产业、政策顾问、咨询师和媒体将敦促地方政府推动城市进行数字技术在城市发展可持续发展中的应用。城市将不得不彻底改变其基础设施技术系统，并为通信和信息传递提供便捷的数字平台。要满足市民、地方企业和商业的需求，就必须采用新的信息形式和通信政策。与以往相比，地方政府必须平衡自上而下和自下而上的规划与决策过程。要做到这一点，地方政府需要招募新的合格的工作人员，以引进和推动数字化转型，同时与技术提供商在平等的条件下进行沟通。由于缺少招募新的掌握数字化技术的行政人员的预算，地方政府将不得不投入资金和时间来培训政府人员，特别是地方规划部门中从事设计和管理的工作人员。地方政府面临的一个更大的挑战是，社交媒体和大众平台会鼓励更多的人参与到城市发展中来，向社会提供新的交流手段和平台，将不可避免地使城市政府面临民众参与城市发展战略的新要求——除非地方或国家政府阻碍甚至压制这种参与行为。

上面简要概述的这些挑战需要许多深入的实证研究。数字化革命对城市社会和经济发展的影响必须进行监控，以避免对经济、社会、文化和空间造成负面影响，从而减小系统故障的风险，减轻对少数全球性巨头公司的依赖。

七、我们要怎么做:对城市治理的启示

城市必须寻找合适的、社会平衡的方式和手段来容纳智能基础设施。智慧城市技术的快速发展将促使地方政府采取如下措施。

第一,制定跨部门(包括地方机构和团体合作)的综合智慧城市发展战略,确定城市发展优先事项。

第二,在市场主导环境中,建立新的、高效的、空间均衡的数字化基础设施。

第三,确定和分配自由区,作为智慧城市发展的空间实验区。

第四,监测新型数字技术对城市发展的影响,投入大量资金用于设施监测(智能城市监测委员会),开展社会和经济研究。

第五,培训或聘用新员工,了解和处理传统与数字化城市发展之间的联系。

第六,在公共行政部门招聘合格的新员工,并对员工进行长期培训。

第七,筛选和修改阻碍用户友好型智能技术发展及应用的城市发展法规。

总体来说,所有有关城市发展的层面都必须重新审视,以平衡自上而下和自下而上的智能技术的使用,对可能产生的负面影响做出尽早应对。

八、结　　语

在城市中逐步引入智能技术将提高城市的竞争力,尽管经济和社会两极分化也可能会因此而进一步加剧。引入的动力来自全球ICT公司的销售能力、技术狂人们的激情以及数十亿消费者从城市和乡村智能技术获得的便利。向智慧城市转型,这在政治上得到接受和推广。这个过程中,被优先考虑的是城市创新,因为城市倾向于采用技术解决方案而不是社会均衡的解决方案。

在全球化、全球竞争以及技术飞速变化的时代,智慧城市的标签是一个很好的机会,可以用来提高生活质量;保持城市竞争力,加速经济和城市创新;为新一代的大学毕业生创造就业机会;更好地利用能源、水和其他资源,保护环境。然而,智能技术对城市发展的影响仍然有限,需要进行大量的实证研究。智能化解决方案对城市空间的影响,如智能交通、智能购物、智能物流、智能医疗、智能教育、智能参与等,都在被广泛研究。城市必须制定新的研究议程。地方政府部门需要重新审视其内部组织结构,以应对智能化基础设施发展带来的多重社会、经济和空间挑战。城市规划需要进行自我改造,否则,数字化基础设施的发展将会使传统的城市规划方法退步,把规划师转变为城市装潢师、城市律师、GIS怪人、数据垃圾管理人员或仅仅是网络管理员。智慧城市的发展需要对城市发展方式进行精心协调、对规划教育进行修订以及创造城市治理的新形式。在可预见的未来,城市将在很大程度上依赖于美国和中国的一些全球性ICT巨头,它们具有很大的技术和议价资本。这些巨头和组织将说服消费者和整个城市依赖并使用智能技术。因此,必须对数字领域正在进行的过渡转型进行监控。城市是这一转变的实验室,市民将会体验到他们的

生活空间和日常生活所受到的影响。大数据收集和存储导致的隐私顾虑以及依赖性风险,均被带来便利的理由所忽视。数字革命将使地方社会更加民主的希望难以成为现实。

参考文献

[1] KOMNINOS N. Intelligent cities: innovation, knowledge systems and digital spaces [M]. London: Routledge, 2002.

[2] DEAKIN M, AL WAER H. From intelligent to smart cities [M]. London: Routledge, 2012.

[3] DEAKIN M. Smart cities: Governing, modelling and analysing the transition [M]. London: Routledge, 2013.

[4] TOWNSEND A M. Smart cities: big data, civic hackers, and the quest for a new utopia [M]. New York: Norton & Company, 2013.

[5] STREICH B. Subversive stadtplanung [M]. Wiesbaden: Springer, 2014.

[6] KOMNINOS N. The age of intelligent cities [M]. London: Routledge, 2014.

[7] KUNZMANN K R. Smart cities: a new paradigm of urban development [J]. Crios, 2014(7): 8-19.

[8] ADOM-MENSAH Y. Smart cities: a systems approach primer to city utopianism [M]. Send Clan Press, 2016.

[9] YIGITCANLAR T. Technology and the city: systems, applications and implications [M]. London: Routledge, 2016.

[10] LANDRY C. To be debated: the digitized city [M]. Dortmund: European Centre for Creative Economy, 2016.

[11] EXNER J P. Smarte städte & smarte planung [J]. Planerin, 2014(3): 24-26.

[12] Smarter cities—better life? [J] Informationen zur raumentwicklung, 2017(1): 4-9.

[13] SCHMIDT E, COHEN J. The new digital age: reshaping the future of people, nations and business [M]. London: John Murray, 2013.

[14] IBM. IBM's smarter cities challenge [R]. Dortmund, 2012.

[15] BATTY M. The new science of cities [M]. Boston: Harvard University Press, 2013.

[16] EGGERS D. The circle [M]. London: Knopf Doubleday Publishing Group, 2013.

[17] MAAR C, RÖTZER F. Virtual Cities: die neuerfindung der städte im zeitalter der globablen vernetzung [M]. Basel: Birkhäuser, 1997.

[18] GEISELBERGER H, MOORSTEDT T. Big data: das neue versprechen der allwissenheit [M]. Berlin: Suhrkamp Edition Unseld, 2013.

[19] KEESE C. Silicon Valley: was aus dem mächtigsten tal der welt auf uns zukommt [M]. München: Albrecht Knaus, 2014.

[20] HOWARD P N. Pax technica: how the Internet of things may set us free or lock us up [M]. New Haven: Yale University Press, 2015.

[21] MOROZOV E. Smarte neue welt: digitale technik und die freiheit des menschen [M]. München: Blessing, 2013.

[22] PASQUALE F. The black box society: the secret algorithms that control money and information [M]. Cambridge, MA: Harvard University, 2016.

[23] HOSTETTLER O. Darknet: die schattenseiten des Internets [M]. Frankfurt: NZZ Libro Frankfurter

Allgemeine Buch, 2017.

[24] ANDERSSON D E, ANDERSSON A E, MELLANDER C, et al. Handbook of creative cities [M]. London: Edgar Elgar, 2011.

[25] CAMPELL T. Beyond smart cities: how cities network, learn and innovate [M]. London: Routledge, 2012.

[26] DAMERI R P, ROSENTHAL-SABROUX C. Smart city [M]. Wiesbaden: Springer, 2014.

[27] HELFERT M, KREMPELS K H, KLEIN C, et al. Smart cities, green technologies, and intelligent transport systems [M]. Wiesbaden: Springer,2016.

[28] PERIS-ORTIZ M, BENNETT D, YÁBAR D P B. Sustainable smart cities: creating spaces for technological, social and business development [M]. Wiesbaden: Springer, 2016.

[29] DANIELZYK R, LOBECK M. Die digitale stadt der zukunft [M]. Düsseldorf: SGK NRW, 2014.

[30] ETEZADZAHEH C. Smart city—future city? Smart city 2.0 as a liveable city and future market [M]. Wiesbaden: Springer, 2016.

[31] Fraunhofer Institut Für Offene Kommunikationssysteme. FOKUS: Jahrsbericht 2014 [R]. Berlin, 2014.

[32] GOODMAN M. Future crimes: inside the digital underground and the battle for our connected world [M]. New York: Anchor Books, 2016.

[33] GREENFIELD A. Against the smart city (The city is here you to use) [M]. New York: Do Projects, 2013.

[34] HOWARD P N. Finale vernetzung: wie das Internet der dinge unser leben verändern wird [M]. Quadriga: Bastei Lübbe, 2016.

[35] KOMNINOS N. Intelligent cities and globalisation of innovation networks [M]. London: Routledge, 2008.

[36] LARNIER J. Who owns the future? [M]. London: Simon & Schuster, 2014.

[37] MOROZOV E. The net illusion: the dark side of Internet freedom [M]. New York: Public Affairs, 2011.

[38] WWF. Smarter ideas for a better environment: ERDF funding and eco-innovation in Germany, executive summary [R]. Berlin: WWF Germany, 2010.

[39] STIMMEL C L. Building smart cities: analytics, ICT, and design thinking [M]. Boca Raton: CRC Press, 2015.

[40] 克劳斯 R. 昆兹曼. 智慧城市发展中的城市挑战和负面影响[J]. 于睿智，唐燕，译. 城市设计，2017(6)：18-29.

Klaus R. Kunzmann 多特蒙德工业大学空间规划学院终身荣誉教授，伦敦大学学院、东南大学客座教授。德国空间规划学院成员，欧洲规划院校联合会和英国皇家规划协会荣誉会员。自2016年退休后，Kunzmann教授多次来到中国，进行欧洲与中国的土地规划方面的研究。同时，他也撰写了很多文章，包括文化与鲁尔区规划重建，创意、知识和智慧城市发展等内容。

城市设计的维度和视角

崔　愷

中国工程院院士，中国建筑设计院有限公司总建筑师

当前我国城镇化建设正在进入一个关键的转型期，从之前快速扩张式的发展向城市生态修复、品质提升、特色营造等方向转变。这几年党中央国务院对城市建设做出了一系列重要而具体的指示，住房和城乡建设部也把城市设计提高到城市管控的法定程序。许多大中城市的政府领导都在大抓城市双修和城市设计，而雄安新区以及多个国家级新区也为建设领域搭建了广阔的平台，提出了“千年大计，一张蓝图干到底”的口号，我国城乡建设的确正在迎接一个新时代！

在这样的大背景下，这两年城市设计也成为行业内热议的话题。比如城市设计与上位规划和下位建筑设计到底如何划定边界？城市设计到底包含哪些内容？是不是就是风貌设计、形象设计？城市设计导则到底规定到什么程度？如何用导则作为依据去审查建筑方案？能否作为土地招拍挂的必备条件？城市设计到底应该由规划师来做，还是由建筑师来做？抑或景观设计师、市政工程设计师的工作是否也应统一纳入城市设计的范围来？

北京建筑大学在北京市政府的推动下成立了未来城市设计高精尖创新中心，召集了规划、建筑、景观、生态、环保、节能、市政、交通、数字信息等方面的国内外知名专家学者，制定计划，开展课题研究，为北京城市副中心、京津冀城镇化发展服务。笔者应邀出任该中心的主任，自己的工作重点也从单纯的建筑设计向城市设计转向，边学习、边观察、边研究，也时常指导院内的规划团队开展一些城市风貌的规划设计。而在日常的工程设计中，我也更有意识地从城市设计的角度思考问题，找到建筑设计的切入点。2017 年，我在美国做了 3 个多月的访问学者，时间不长，跑了一些城市，除了去参观那些早已期盼已久的大师经典建筑作品之外，也更注意在城市中行走、体验，观察美国城市中心的一些城市设计成果，也请教了一些专家学者，对城市设计有了一些粗浅的认识。

在中国工程院主办的国际工程科技发展战略高端论坛上，我做了“城市设计五题”的发言，主要是结合近年来我们的一些研究和设计项目谈一点对城市设计的认识。我认为城市设计可以有不同的维度、不同的层级和不同的视角。

一般来说，提到城市，大家都喜欢从空中开始看，一张规划图、一个城市模型、一幅鸟

瞰图，这是反映城市整体格局和风貌的视角，当然是最重要的，是各地领导最关心的，也是规划师们最要费神去想象的。为什么费神呢？因为如果是一个新区，他们并不可能知道这些建筑是什么样的？谁来投资？只好先臆造一个图景，让领导满意，否则城市设计就很难被认可，其实大家都知道这种图景很难马上实现，实现时也很难不变样。如果是对现有城市来说，要达到鸟瞰图上的效果就更不容易，要么"穿衣戴帽"，要么大拆大改，其操作性的难度之大可想而知。也确实碰到几次政府领导问我：咱们这个城市太乱了，是否您能定几个色，几个月内我让业主刷上去，城市不就有特色了么？凡此情况，我都很紧张，绝不敢贸然答应选什么色，因为我常见到一些乡村就这么被刷新过，那种虚假和廉价的新面貌除了应对某些政绩活动，几乎毫无价值，钱花了但不会有什么好结果，更别说一个城市了，实在有些可怕。所以说，大家最常表现的、最期待和关注的城市鸟瞰视角的城市设计是很难实现的。画得越具体，越不真实，越没用。当然并不是说这种层级的城市设计就没有用，而是在这个层次上更应关注城市格局的特色，比如城市规划格局与自然山水环境的关系，城市路网是否反映地形地貌特点，城市新区尺度、密度、高度与老城肌理的空间过渡关系，城市公共空间和生态绿化体系的关系等。这些设计意象对形成城市特色是十分重要的，也是能在规划审批中加以控制和引导的。而我在工作中也遇到不少在有山水特色的环境中粗放规划，将毫无特色的方格路网罩在有丰富肌理的地形上，失去了创造城市空间特色的机会，很可惜。当我们碰到这种规划还未实施的时候，都会试着与政府商量，可否在建筑设计之前先做一个城市设计，调整上位规划格局，不仅能将有特色的山水环境保护下来，也使城市的空间有了特色。实在说，我虽然是建筑师，但我认为城市的特色比建筑的特色更重要。一旦错过了这种机会，建筑做得再好看又能怎么样？而一旦城市格局有了大特色，房子好一点差一点也影响不大，许多国内外城市的案例都能说明这个问题。这里我选了在福建南安和四川仁寿的两个案例，通过城市设计修改了原有规划，"救"下了一片山水环境，也营造了有特色的街区和建筑，心里就像做了件善事一样特别踏实，很有成就感(图 1、图 2)。此为题一。

图 1　福建南安城市设计

(右上：原城市设计方案鸟瞰)

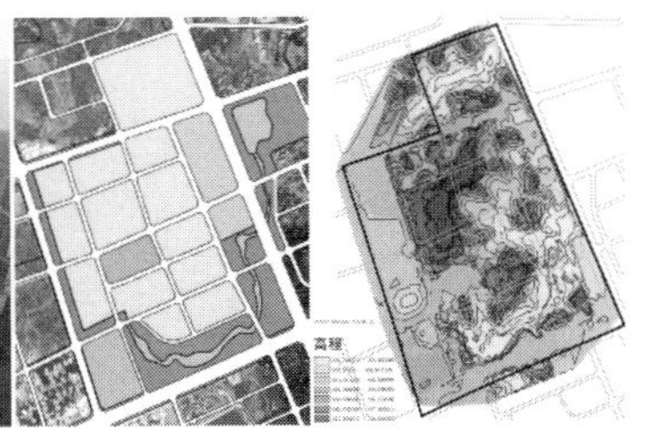

图 2　四川仁寿城市设计

（中、右：原规划方案大方格路网与现状丘陵地形不相符）

如果我们并不依赖实现起来颇费时间和投资的大尺度的城市设计，那么提升城市品质急需做的就是城市织补。在过往粗放式的城市建设中，许多建筑之间不协调，许多公共空间不连续，许多建筑和绿化用地碎片化，要解决这类问题单靠嵌入新项目也很难解决系统性的问题，因此城市设计在此关注的重点是城市织补。从点到线，从线到面，从既有建筑到新建项目，从建筑到步行空间、到公共广场和花园景观，从地上到空中、再到地下，城市设计几乎要触及城市空间中各个层面。而设计也是跨界的大设计，要打破城市建设中的条块分隔，开展各专业之间的积极合作，只有这样才能最终交给市民一个无缝衔接的、完整和谐的城市环境。应该指出，对城市存量的规划手段和思路与城市增量的方法是不一样的，用传统的规划套路处理城市织补的问题是完全行不通的，也下不去手。我们也不能再为拉通城市街道网格去粗暴地裁切高密度的建成区，而为了历史街区的尺度和肌理的完整保护，诸如扩宽小街胡同、建筑退线、密度指标、绿化率等一系列规划管控手段也不再适用。所以用城市设计的视角和方法去做，采用“陪伴式”的设计服务是城市织补较有效的手段。近期听说北京规土委在策划推动 1000 名（可能有点多）设计师负责 1000 条胡同的责任建筑师的服务模式，这是十分值得期待的。我们在北京天桥一块犬牙交错的小地块上设计的一个天桥传统文化传承中心的小项目（图 3）和前门大栅栏 H 地块项目（图 4）就是在这方面积极的尝试，虽然难度大，磨合时间长，但我认为方向是对的，项目也在推进中。此为题二。

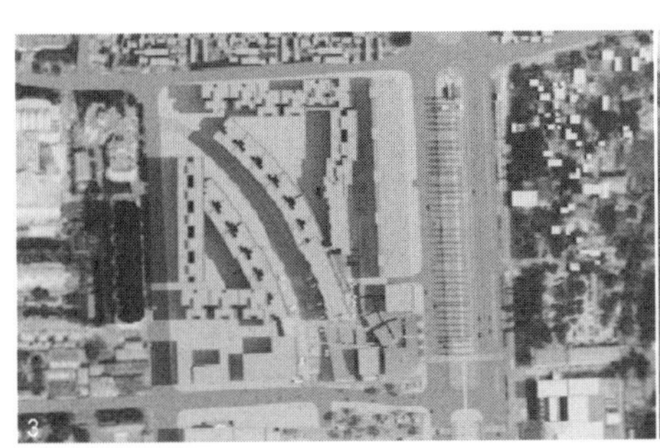

图 3　天桥传统文化传承中心

如果从城市空间的构成来讲，街道几乎是人人天天会用的最重要的公共空间。我提出城市设计应该从脚下做起，就是要关注城市街道设计，尤其是步行空间的品质。可是每

图 4　前门大栅栏 H 地块项目

天我上下班走过的街道,也就是住建部门前的三里河大街怎么样呢?设计是按 20 世纪 80 年代流行的三块板式的断面,中间是上下四车道,然后是绿化(并不太绿)隔离带,外侧是非机动车道,现在基本上是停车带,再外侧是行道树,再外侧才是人行道,人行道再外侧是市政绿地,再外侧是建筑用地,这里多是政府机关的前广场或停车空间。这样的道路断面至今仍是城市规划中常用的经典范式,似乎没有什么改变和提升的必要,但实际上品质不高且问题不少。比如,街上随意设栏杆的问题,主路中间设栏杆,据说为了防止人横穿马路和汽车随地掉头;公交车站设栏杆,据说为了让人排队;自行车道上设栏杆据说是这段不让停汽车;人行道和自行车道之间设栏杆据说是不让人横穿自行车道;人行道和绿化带之间设栏杆据说是不让人踩踏绿地;政府机关和人行道之间设栏杆是怕闲人进入影响安全。可见所有栏杆都是用来限制人的行为的,又怎么体现以人为本呢?还有的路段占路施工,人行道宽度被压缩到不足 1 m,还有的共享单车堆放在路边,人只好绕开或躲闪前行,还有花池高台既不美观又碍手碍脚,还有的地方铺装简陋、常修常坏,别说景观设计、街道座椅和陈设,更别说两侧建筑对街道的开放度了……但是我想这些事儿要提升改造不难吧?比如能否用标识线、标识牌代替栏杆告知路侧停车的规定?能否用绿草绿篱代替栏杆来保护人的安全?能否用更多的树林代替草坪让人可以进入,又不必担心被踩坏?能否用临时的管理措施来防止突发事件而取消缺乏善意的铁栅?能否在街边为老年人设一些座椅?能否让街边商场有外摆的餐饮平台让人们可以在街上坐下来?但实际了解下来却并不简单,一个断面的管理权属分为多个部分,各部门有自己的规范规定、有自己的设计权限、有自己的建设主体,分界清晰,不能逾越,这就是为什么栏杆各做各的,地面各铺各的,景观和街道陈设各管各的,凑在一个断面上,不好用也不好看,行人感到处处被管,而不是处处有尊严地被服务。说实在的,这还是北京比较好的大街呢,更别说其他的背街小巷了,与国外城市相比,我们许多城市的街道品质不高,是造成城市印象不佳、文明程度落后的主要原因之一。因此要提升城市品质,就要从基础做起,从脚下做起,从小事和细节做起,而要做到这点,就要允许跨界设计、统一建设、综合管理,而城市设计的主要任务之一就是要跨越条块分隔,把街道当成一个整体的空间来设计,比起其他类型的城市设计任务,这是投资小、见效快、市民获得感强的大好事,为什么不优先做起来呢? 2017年9月在王府井商业街上的绿池和坐凳系列是个快题设计,10天就搭建完成,得到了各方面的好评(图5)。后来我们又在无业主、无立项的情况下,利用课题研究做了一段三里河大街步行空间的改造设想,也希望推荐给相关部门,争取能够实施(图6)。此为题三。

图5　王府井商业街上的绿池和坐凳系列及建成实景

图6　三里河大街步行空间改造设想

我们在观察和体验城市时总觉得城市密度是个问题。我们的历史古城虽然是以低矮的平房为主构成的,但均质的高密度使其形成一个致密的整体。国外的历史城市亦然,五六层的楼房一栋栋比肩相靠形成了完整的街墙,石块铺就的小街尺度宜人,透过一个个门洞你可窥见大大小小的内院花团锦簇,优雅精美,即便是美国的现代都市中心,一栋栋高楼密集排列,楼下总有丰富的广场、花园和向城市开放的"灰"空间。应该说高密度的城市尺度更宜人是不争的事实。但是我们沿用的规划方法却一直是以城市机动车道为主导的,根据预测的交通量去画路网、定路宽,形成的空间尺度当然就不太宜人,要想创造步行空间的应有尺度只能在保留的传统商业区中或建设用地内结合某些商业步行街设计去解决。另外,我们严格执行了半个多世纪的日照间距标准也是城市失去密度的重要原因。

不管城里城外，不管中心区用地多么紧张，只要是居住类建筑几乎都要保证日照标准的硬性要求，所以许多原本历史上十分完整有序的城市格局在改扩建中变成无序和混乱的群簇状，但实际上这却是经过精心的日照计算而得到的结果，十分无奈和尴尬。还有诸如一定要在地块内设消防环路的不合理规定、建筑退线做地块内小市政使之与大市政分开的规定、各个建筑用地对绿地率指标的规定，凡此种种，就形成了谁也不担责任的松散无序的城市景象，的确今不如昔！那么今天我们对城市的织补，对建成区存量空间的改造和利用可否逐渐（肯定不能一下子）扭转这个局面，解决而不是继续恶化这个问题呢？我想这是城市设计的主要设计和研究方向。我认为对城市密度的研究可能会发掘建成区的空间资源潜力，在织补城市中大量存在的超尺度不协调的“剩余”空间时，可以增加不少为城市社区服务的小建筑，这些连续的多层小建筑就会形成宜人尺度的街墙界面，构建丰富的城市公共空间场所。而这个系统性的梳理和设计工作显然是难以通过单体项目设计来解决的。应该说明的是，增加密度并非是单纯为了在存量土地上提高开发强度，而是一种积极的置换策略，将原本被拆散的城市空间织补起来的同时，也可以开辟出尺度不同的小公园、小绿地、小广场，这比每个项目地块中勉强达标的绿地空间要积极得多、开放得多。所以通过城市设计可以把相关地块的控规绿地指标具体落地到一个合适的位置，让建设用地更加有效地利用，让置换出的指标合成一处，形成更有使用价值的城市公共空间。我想这会是城市设计中十分有意义的工作。此为题四。

近来我们还常碰到一类城市设计工作叫风貌整治。其实对已建成的沿街建筑拆违建、拆广告是一种管理行为，与设计似乎关系不大。但领导一看拆完了风貌还不好，是因为建筑立面不好看，所以希望用城市设计去指导整改立面，有的地方着急赶个什么大活动，干脆直接涂料画立面，粗糙地化妆，结果还不如那些貌似零乱破旧的立面所表达的真实生活状态和岁月留下的痕迹更好呢，这种花钱不落好的蠢事在城市更新中屡屡发生。但城市风貌确实需要设计，对既有建筑将来的改造也应有一种指导和建议。我主张结合都市生态化、公园化的发展大方向，对既有建筑进行立体绿化和垂直绿化的引导，如给沿街住宅窗台上加装花槽花架，办公建筑加多层次的平台绿化和立面绿化，商场建筑更可以利用宽大的屋顶和大面积实墙做绿化种植，甚至适当增加立面上的步行外廊外梯，使立面空间化和开放化，让室内商业人流可以利用这种系统增加与城市空间的互动性。还可以结合节能的要求增加一些遮阳系统。我认为在规划和绿化管理上应给予相应的鼓励政策，立体绿化应纳入绿地指标进行折算，开辟城市公共空间应给予容积率补偿和奖励，这种在国外实行了很多年的管理政策行之有效，为什么不能应用到我们的城市中，以此来调动业主的积极性，主动改造自己的建筑，共建和共享生态花园城市？因此我认为城市设计一方面要有大思路、大智慧，要有引导城市空间转型的前瞻性，但又要有政策的支持和配合，才能逐渐实施，进入到有机的更新进程中去。那种寄希望于政府大投入、大包大揽的形象再造工程除非有特殊的大事件推动，多数是行不通的，也是不可持续的。因此城市设计的技术性和政策性同样重要。此为题五。

城市问题千头万绪，这五题并不全面，也不一定准确，但能说明一点，城市设计范围广泛，不能用一种标准、一种技术路径去解决，应该多维度、多层次、多视角地去研究、去观察、去体验、去设计，这是城市的需要，也是城市设计的魅力所在。规划师、建筑师、景观设计师、市政工程师、产品设计师、公共艺术策展人和艺术家都会找到自己的位置，发挥应有的作用。城市是大家的事儿！

崔愷　中国建筑设计院有限公司名誉院长、总建筑师，中国工程院院士，国家勘察设计大师，本土设计研究中心主任。作为中国建筑学会副理事长，天津大学教授、清华大学双聘教授、中国科学院大学教授和多家专业杂志编委来推动学术研究。曾获得“全国优秀科技工程者”(1997)、“国务院特殊津贴专家”(1998)、“国家人事部有突出贡献的中青年专家”(1999)、“国家百、千、万人工程”人选(1999)、“法国文学与艺术骑士勋章”(2003)、“梁思成建筑奖”(2007)、保加利亚国际建筑研究院院士(2015)等荣誉。所主持的工程项目获得国家优秀工程设计金奖1项，银奖9项，铜奖5项；获得亚洲建协金奖2项，荣誉提名奖1项，提名奖1项；中国建筑学会建筑创作奖金奖3项，银奖6项；WA中国建筑奖城市贡献优胜奖等专业设计奖项。

城市设计倡议:我们如何衡量成功?

Robert W. Marans

密歇根大学建筑与城市规划学院名誉教授

人们普遍认为,城市设计凝聚了建筑师、景观设计师、城市规划师和工程师的才能。我相信社会研究人员在城市设计过程中也发挥一定的作用。城市设计是一个涉及创造力、创新和实验的过程。但这回避了“城市设计的目的是什么”的问题。

本文首先总结了这些目的,包括提高城市设计师所创造环境的使用者的幸福感或生活质量,并探讨了生活质量的含义。其次,介绍了包括新城在内的城市新发展的创新和实验机会。再次,总结了过去新城项目的社会研究中所取得的主要经验和教训。最后,讨论了城市设计中的创新机会,并对其成功进行衡量,作为中国发展计划的一部分。

城市设计的目的。显然,城市设计有很多目的。从历史的角度来看,城市设计的一个目的是可以创造出具有审美价值的、富有吸引力的城市环境。如今,我们看到了许多城市设计项目的例子,这正是这些项目的主要目标。显而易见,在中国,我们也将城市设计视为经济和社会发展的载体,以及保护和增强历史/文化过去的手段。在世界上的其他地区亦是如此。城市设计的第二个目的是创造良好的城市形态,或者像 Kevin Lynch 所提出的那样,实现人们的需求与创造的物理形态之间的完美契合。最后,笔者认为还有一个很重要且相关的目的是提高正在创建的城市环境中用户或居住者的幸福感或生活质量。

什么是生活质量(quality of life,QOL)? 在美国和世界其他地区,政客们常常使用“生活质量”一词,在媒体报道中也屡见不鲜。与此同时,城市规划者也经常谈到“城市生活质量”。显然,这个短语可以有不同的定义。但是,这个概念本身就隐含着主观性——在某种情况下,对于某个人来说是良好的生活质量,但对于同种情况下的另一个人而言,就未必是同样良好的生活质量。因此,即使是经历相同物理环境的人,标准也因人而异,生活质量也高低不等。所以,当我们谈论生活质量时,就需要谈论生活的方方面面,包括我们的健康、财富、安全保障、职业和工作、家人和朋友、婚姻和休闲,以及其他领域。但作为城市设计师、规划师和建筑师,我们最感兴趣的是场所,以及它如何发挥作用,改善生活质量。所谓场所,指的是我们的住所、社区、城市和城郊、县中心/乡镇、农村地区等。

场所在改善生活质量方面发挥着重要的作用。然而,研究显示,与其他生活领域的体验相比,它对于整体生活质量的重要性比较低。也就是说,一个人的生活质量不仅受其生活的地方的影响，还受到许多方面的影响。在设计场所时，城市规划师和设计师必须考虑到生活的方方面面，包括我们居住的地方、工作地点、购物场所、娱乐休闲场所以及让我们有归属感的地方。我们需要牢记在心的是，生活质量是一个多维度的概念，在这个概念中，场所只是设计过程中需要考虑的一个范畴，但并非唯一的范畴。

那么，城市设计师需要问的关键问题是什么呢？正如我们所能想象的，第一个问题是哪些（场所）的空间特征最有可能促进人们的幸福感。生活质量因人而异。我们有老年人和年轻人，有身强力壮的和残障人士，有农村居民和城市居民。我们的生活环境不同，适应这些环境的不同年龄段亦是如此。笔者认为，这些都是建筑师和城市设计师必须考虑的重要因素。

第二个问题是随着时间的推移，人们如何与物理环境（场所）进行互动。各种环境都在变化，有些环境在缓慢地变化，而有些环境在飞速地变化。由于人们自身和环境都在变化，他们会与环境发生不同的互动。城市设计师需要考虑他们所创造的环境的生命周期。关于生活质量的研究很多，主要是观察人们的行为、满意度和对未来的期望。我们需要继续关于生活质量的研究，笔者认为这可以使未来的城市政策、城市规划和城市设计受益（图1）。通过研究，可以帮助政策规划者、设计师和规划师更多地思考城市设计各方面的问题。

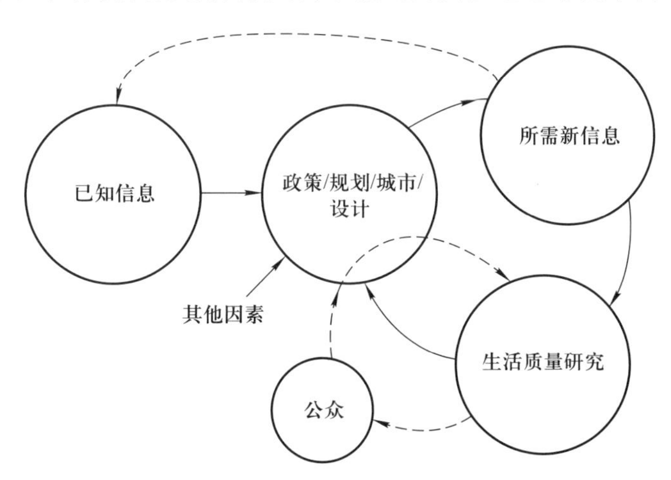

图 1　QOL 的相关研究如何使城市政策、城市规划和城市设计受益

从历史上看，新城市发展的设计提供了创新的机会。许多早期的新城市开发项目，如巴西的巴西利亚（图 2）、印度的昌迪加尔（图 3）和瑞典的魏林比（图 4），都是在第二次世界大战之后建成的，并且成为全世界城市规划和设计创新的典范。

图 2　巴西利亚

图 3　昌迪加尔

图 4　魏林比

在英国(图 5)和美国早期的新城镇也有创新规划和城市设计的模型。例如,在英国,由联合政府资助的新城项目提供了创新和新城市形态试验的机会,这些新城市形态旨在容纳大城市的过剩人口。该项目的构想是创造包罗万象、自给自足的发展模式,实现就业与住房的平衡,使人们在这个城市中工作和生活不需要太长的通勤时间。据笔者所知,这一目标的实现程度从未得到充分的评估。但很显然的是,20 世纪 60 年代初建成的 28 座新城有 2000 万人入住,这改善了他们的生活条件,想必也提高了他们的生活质量。

图 5　英国早期的新城镇

20 世纪 60 年代,私人开发商在美国建造了类似的创新社区(新城),其中一些项目获得了联邦政府的支持。他们的主要目标是创造一种与当时建造的传统的郊区开发项目不同的生活安排。美国新城镇的建立不仅要满足新的住房需求,还要促进多元化或混合式人口结构。例如,为高、中、低收入的城市居民提供住房。与此同时,新城镇的发展带来了更好的土地利用规划,包括土地混合使用、更开放的空间以及更多的就业与住房平衡的机会。最后,新城镇旨在改善居民的生活质量。

从新城镇研究中吸取的经验教训是什么？巴西、英国和美国过去的开发项目给我们带来了什么启示？经过大量的实证研究，有以下几点启示。首先，需要留出闲置土地，以适应不可避免的预期外的增长。其次，许多新城并没有考虑到家庭规模和构成方面会发生变化，而视其为静态环境，初始人口不会改变。再次，新城镇并不总是像美国和英国早期的新城镇那样在促进社会融合和提高归属感方面令人满意。最后，新城镇居民的生活质量并不比规划较少的郊区居民更好或更差，特别在美国。不过，与规划较少的居住环境相比，市民对新城镇的整体居住环境和住宅质量的满意度较高。这些经验教训均来自 20 世纪六七十年代新城开发早期进行的一些研究。持续开展的评估非常少见，如果如今在这些社区进行此类研究，我们可能就会获得对新城生活的益处和局限性方面的新见解。在中国的新城市发展方面，有很多机会从过去的城市发展中吸取经验教训，也有很多机会在新城发展设计方面进行创新。

中国的机会。最后，我想谈谈中国陕西省秦巴山区的综合性移民项目。该项目涉及 240 多万人口。项目为城市设计创新和研究环境变化对人口生活质量影响提供了机会。该项目旨在促使人口从农村山区迁移到新城市开发区，包括现有城市中心附近的新城镇。项目的目标包括为主要贫困人口创造更好的生活环境，提高他们的生活质量，同时减少贫困并促进现有城市中心附近的经济发展。另一个主要目标是通过建立国家公园来防范自然灾害和保护山区的自然环境。人口流动模式和新城市发展区位如图 6 所示。

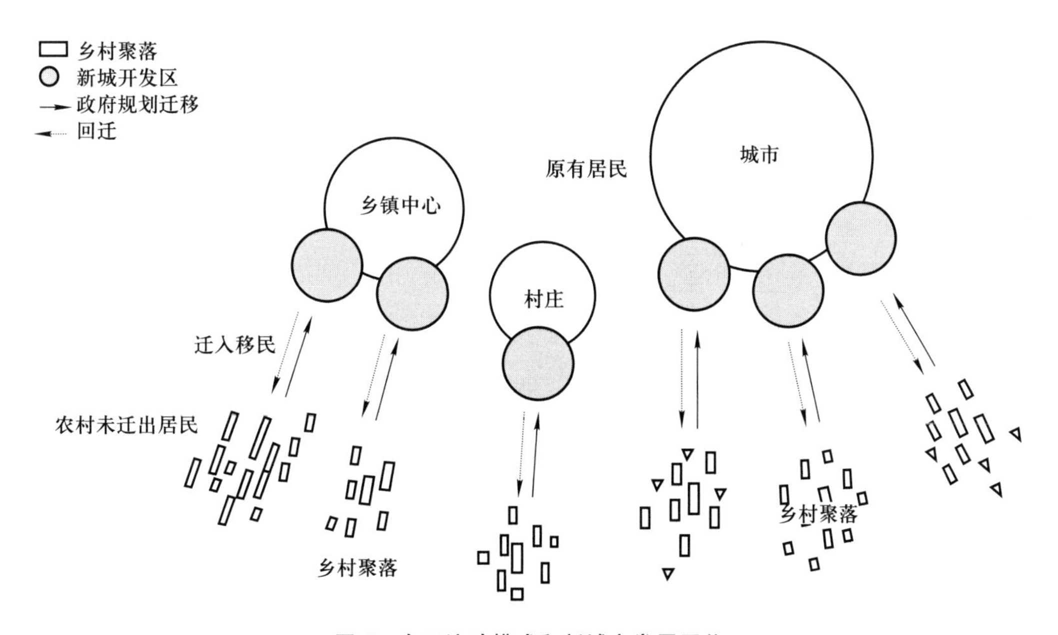

图 6　人口流动模式和新城市发展区位

密歇根大学与陕西省政府、西安建筑科技大学和中国工程院合作，提出了一项关于秦巴山区生活质量的研究。我们建议开展一项长期的研究计划，包括农村移民从山区迁移到新城开发区后的幸福感或生活质量。如图 7 所示，从多种角度研究生活质量，这将作为政策和规划决策的关键因素。

具体而言，研究计划将评估迄今为止移民计划的成果和局限性；为今后的资源和设

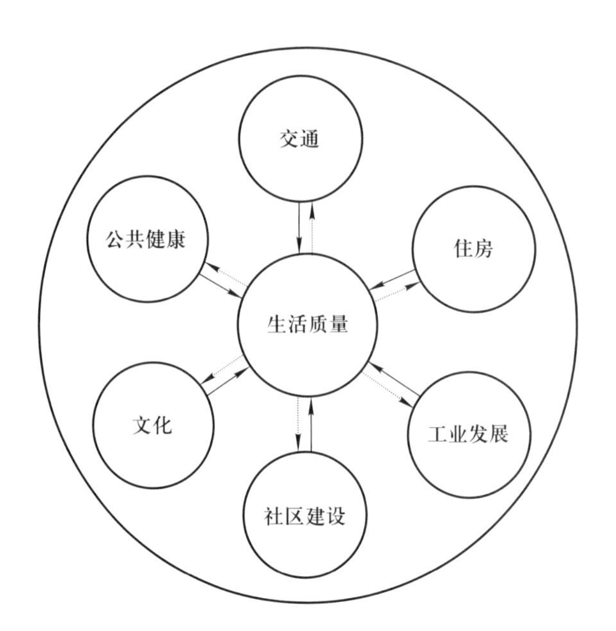

图7　从多角度研究生活质量

施分配提供指导；考察移民计划对特定人群即老人和儿童的影响；为秦巴山区未来的工作提出建筑与城市设计导则建议；这将成为中国其他省份可以借鉴的模式。

生活质量评估。关于这项研究，一个经常被问到的问题是“我们计划如何评估生活质量?”答案很简单，通过观察一段时间内人们的态度和行为来衡量他们的生活质量。也就是说，我们会在人们迁移到新城开发区之前对他们进行采访，并随着时间的推移，定期对同样的人进行跟进访谈。同时，我们将随着时间的推移，度量他们所处的环境的属性。考虑两种类型的环境——物理或建筑环境，以及自然环境。建筑环境度量可包括住宅的大小、房间的数量、卫生设施的使用等。自然环境度量可包括空气和水的质量、植被的数量等。当人们从农村地区迁移到城市地区，随着他们年龄的增长和气候的变化，这些度量都将会发生变化。甚至有可能在一段时间后，有些人会搬回到他们原来居住的农村地区或搬到其他城市中心。城市设计者感兴趣的一个关键问题是，为什么会发生这样的迁徙。可能是他们所处的城市环境在某些方面令人不甚满意，也可能与他们生活中的非环境方面因素有关，例如家庭情况或健康状况不佳。而研究还可能揭示健康状况与环境变化的某些方面有关。这些信息可以为后期的政策和设计决策提供依据。

更广泛的问题是，规划者和城市设计师正在创造的新开发项目会带来什么影响？或者，新开发项目如何以及以何种方式在短期和长期内影响人们的生活质量（健康和福祉）？

在选择一系列新开发项目和城市移民作为长期研究计划的一部分之前，我们将在陕西省西部商洛市附近的一个新城市开发区中进行试点研究。该开发项目名为沙河子新区，计划最终可为 4 万多人提供住所。图 8 为沙河子新区发展的概念设计，距离商洛市中心 13 km。具体而言，我们将与最近迁入新城发展初期建成的公寓的小部分居民会面，并开展焦点小组调查和个人访谈。希望这项试点研究能够使我们了解,人们对新环境的喜爱和不喜爱之处,以及新环境的使用是否按照城市设计师的设计意图进行。试点研究还将确定我们向居民提出的问题是否正确有效,以及访谈流程是否按照我们的预期进行。这项试点研究将有助于我们确定当继续研究该省其他地方的新城市开发项目时需要哪些环境度量。该试点研究还将提出一些建议,促进研究团队内的社会科学家、建筑师、规划师和城市设计师更加有效地合作。

图 8　沙河子新区发展的概念设计

我们相信,这项新城市开发区的生活质量研究计划可以为城市设计及其多种目的思考以及成功的衡量提供一个框架。

总之,笔者想重申的是,城市设计的目的有很多,不仅仅是为了创造富有吸引力的城市空间。其中,一个主要目的是创造空间和场所,这些空间和场所在短期和未来均能显著提高其预期用户的生活质量。此外,城市设计可以借鉴先例,但是也要考虑创造与创新。过去的新城开发项目为城市设计师和规划者的创意提供了机会,同时也有大量研究表明,他们在某些方面是如何取得成功的,但在其他方面却并没有取得很大成功。大多数的研究都是在新城项目生命周期的早期开展的,可惜的是,这些研究尚未得到重复开展。也就是说,我们无法知道,随着时间的推移,环境是如何影响居民的生活的。

当今中国,在新城市的设计方面有很多创新机会。同时,也有机会衡量其成功,并通过生活质量研究进行学习借鉴。我已经介绍了密歇根大学与陕西省政府、西安建筑科技大学和中国工程院合作开展的这项研究的总体概况。作为长期研究计划的一部分,这项研究将追踪秦巴山区从农村迁移到新城市开发区的移民的生活情况。研究计划的重点将确定环境变化(场所变化)如何影响迁居群体的健康和福祉。该项研究可成为确定中国其他地方新城市发展的设计与规划成功与否的典范。

Robert W. Marans 密歇根大学塔博曼建筑和城市规划名誉教授,社会研究学院名誉研究教授。在其职业生涯之中,Marans 博士曾经对社区、居民区、房屋、公园和休闲设施的不同方面进行了调查和可估性研究。他致力于研究物理和社会文化环境的属性,以及它们对个人和群体行为、福祉和生活质量的影响。Marans 博士的许多研究都是在城市进行的。他目前的工作是在大学等公共机构中研究可持续性和节能的课题,以及建筑和自然环境对生活质量的影响。

新时代城市设计工作的若干思考

俞滨洋

住房和城乡建设部科技与产业化发展中心主任

一、引　　言

2014年10月,习近平总书记在文艺工作座谈会上提出“不要搞奇奇怪怪的建筑”。自此,城市设计逐步因改变建筑大、洋、怪现象而提升为国家城乡规划建设管理的重要工具。在2015年12月的中央城市工作会议上,城市设计被摆在了城市工作的重要位置,且提出了“尊重自然、顺应自然、保护自然……要加强城市设计,提倡城市修补,加强控制性详细规划的公开性和强制性。要加强对城市的空间立体性、平面协调性、风貌整体性、文脉延续性等方面的规划和管控,留住城市特有的地域环境、文化特色、建筑风格等‘基因’”等具体举措,重点突出了中央对城市发展的自信和要求,即“空间立体性,平面协调性、风貌整体性、文脉延续性”。

在党的十八大提出的生态文明发展路径下的“两个一百年”的奋斗目标基础上,党的十九大着重提出了以人民为中心的发展理念,明确了“我国社会主要矛盾已经转化为人民日益增长的美好生活需要和不平衡不充分的发展之间的矛盾”,确定了“新时代总任务是实现社会主义现代化和中华民族伟大复兴,在全面建成小康社会的基础上,分两步走在21世纪中叶建成富强民主文明和谐美丽的社会主义现代化强国”。住房和城乡建设部以“统筹规划、规划统筹”推动城市经济发展管理体系的转变。现在城市总体规划的改革正在紧锣密鼓地推进中,实实在在研究生态文明建设、美丽中国、可持续发展、文化自信和传承[1]。

上述要求应如何在新时代的规划建设中得到落实?新时代需要以人为本的城市规划建设管理,传统的以物为本的城市建设模式已经难以为继。党的十九大为今后的城市设计工作指明了方向,城市设计工作的实质是立体的城乡规划,是加强城市文化自信、提升国民文化自信,是实现新时代“两个一百年”“中国梦”的重要内容;真正把城市作为一个立体空间,城市设计有着兼顾立体性、协调性、舒适性等不可或缺的重要性,必须通过精心策划、精心调控、精心推进我们美好家园的规划建设。根据马斯洛需求理论,对于规划建设应该提供多样化的管理工作、多姿多彩的空间、创造老百姓安居乐业的场景。新时代城市设计介于城市规划和建筑设计之间,是必不可少的一个重要环节。那么,新时代城市设计应该如何管理、治理?

二、案例借鉴

从国外的优秀城市案例看,芝加哥是现代整体主义规划最早最完美的实践,其规划强调整体协调性,寻找整体效应最优的物质定向干预;罗瓦涅米是芬兰第六大城市,第二次世界大战时全毁,通过建筑大师 Aalto 的城市设计,现已成为现代主义的圣地,城市空间总体布局与当地的山水林田路之自然地理格局相容相敬、共生共荣,创意的仿生“麋鹿头”形态非常艺术和优美;法国巴黎城乡规划体现着和谐之美,其以人为本,精心设计的理念,成为建设和谐社会的载体,通过保用结合的方式,传承和谐之美。

国际一流城市之所以功能好、结构优、交通畅、环境佳、形象美、活力足,有适宜人居、适宜创业、适宜人全面发展的好环境,是因为有四大支撑:一是尊重历史、重视历史文化保护的城市设计蓝图;二是有持续创新的建设理念和不断的城市更新;三是注重新技术新产品、新材料、新工艺的推广应用;四是尊重法治、法制健全、执法严格、自觉守法[2]。譬如西雅图能够诞生全球一流的波音、微软、星巴克等明星企业,其中一个很重要的原因是城市规划管理尤其是城市设计工作保证了西雅图城市的吸引力。

最近在国内各地涌现了一大批宏观总体城市设计、中观重点区城市设计、微观项目城市设计实践,出现了广州、南京等一批优秀城市设计的本土实践。新一轮广州城市总体规划提出了从城市角度打造 10 km 古城环城道,以微型公园标记古城墙;从市域角度控制 7 条一级景观视廊,并将 16 个郊野公园串联成景观翠环,让市民看得见山、望得见水,形成山水相望的格局。《南京总体城市设计》形成“空间结构、特色意图区、空间景观、高度分区”四方面研究成果,从内容、方法、成果三个方面抓住设计的关键问题,强调结构性的控制与把握,在实际操作中构建起科学简化模式。

哈尔滨科技创新城核心区是用城市设计指导建设的一个典型案例。其之所以功能好、形象佳,是因为城市设计集三美为一体,即六边形雪花大自然之美、冰城夏都地域文化之美、分形物理学高科技之美集于一体。城市设计具有科学性、针对性和可操作性。城市设计工作体现从总体设计到重点区段设计、从微观具体地块设计到重要节点及景观设计、从城市设计研究到建设实施引导。在核心区城市设计中,明确雪花六边形元素的城市肌理,提出一核三轴的功能结构。

海南三亚作为国内城市双修第一个试点,城市十个乱象①通过生态修复城市修补发生了十大变化,城市设计七增七减功不可没。“七增七减”的成功设计经验目的是解决城

---

① 十大乱象包括私搭乱建、广告混乱、灯饰亮化杂乱、建筑风格杂乱无章、交通拥堵、海岸线破坏、水体黑嗅、山体破坏、绿化缺乏、公共设施管治缺失。

市病(图1)。所以,城市设计是提高城市规划科学性和精细化的重要手段,更是城市"补短板、强弱项"转型升级发展的重要抓手,无论是在经济、社会领域,还是在资源环境领域,都应该有所作为。①

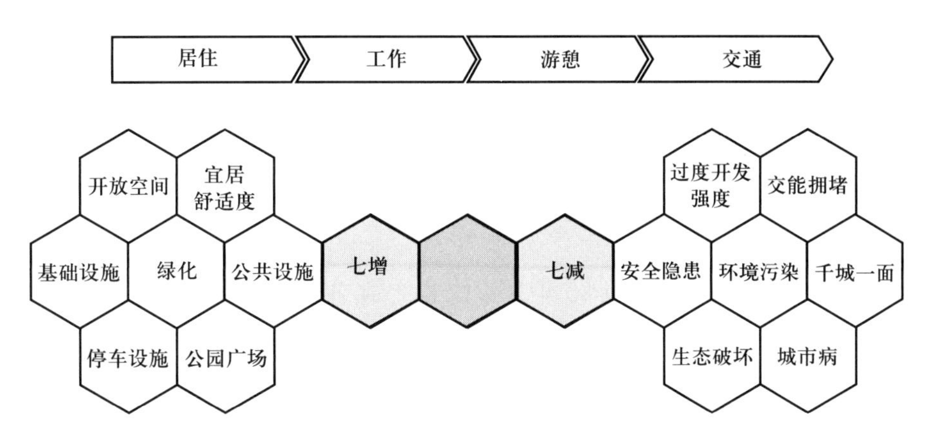

图1　三亚城市设计中的"七增七减"法

国内外优秀城市的发展历程表明,城市设计工作是对大、中、小空间尺度上的协调、舒适、趣味、魅力的塑造,科学的城市设计对于创造形成宏观、中观、微观系列的功能好、交通畅、环境优、形象美的三生空间具有战略引领作用。城市设计是对城市空间形态和环境所作的整体构思与安排,是发展建筑文化、提高城市风貌特色、建成现代化城市的有效举措和主要保障。突出强调城市设计尊重自然、以人为本,在城市中的宏观中观微观尺度上处理好人地关系,满足市民生活工作多样化需求。城市活力来自它的多样性和复杂性与众多要素错综的关联性。城市设计为其提供了统筹多专业的平台,建立了多维度、立体化的思维模式,在公共空间塑造、竖向与水平联系、交通的衔接组织、建设模式等诸多方面建立规则,并明确地引导推动建筑设计和实施。

三、现实基础和严峻形势

改革开放40多年来,我国城镇化发展迅速,逐步由初级向高级发展阶段跨越。在城镇化快速发展过程中,建筑学、城市规划、风景园林等一级学科都有很大的作为,都出了不少成果;但出现"楼怪怪、千城一面、千楼一面、不见山水、不记乡愁等"问题,究其原因是各学科、各部门、各区域之间各自为政,融会贯通不到位,尤其是无法可依,体制机制不健全,实际上更是疏于管理。因此,在我国城镇化发展的关键时期,现代城市设计应运而生且任重道远。

(一)现实基础

1. 总体处于起步探索阶段

我国只有个别城市尝试从宏观、中观、微观系统开展城市设计工作,且初见成效;多数

① 广州、南京、哈尔滨、三亚城市设计案例分析分别根据各自城市规划官方网站资料进行整理而成。

城市处于空白状态。天津通过明确城市设计法定地位,针对中心城区、各分区、重点地区或重要节点地区三个层次开展城市设计工作,创建了“一控规两导则”的管理体系。譬如城市设计规定“无高层板式楼”,就得到了很好的控制。哈尔滨组织精英团队从总体城市设计、中微观城市设计两个层次搞好城市设计;另一方面还注重实效,通过深化完善总体城市设计和中微观城市设计成果,提出《城市设计行动规划》,并按照城市设计招商引资。在管理上,天津、哈尔滨等城市都把城市设计纳入城市规划项目审批管理流程,强制性落实城市设计技术要点。

2. 开展工作的重点有待进一步明确

虽然城市设计工作于20世纪80年代以来已经在各地有所开展,但是由于我国处于经济发展快速增长时期,核心要解决的是城市经济发展所需的规划建设问题,而对城市人居发展所需的空间环境品质重视不够,领导意识观念淡薄,导致城市设计工作开展缓慢,城市设计的法律地位尚未确定、人才队伍建设滞后、学科发展建设缓慢。在提升城市质量的内在需求方面,城市规划缺少对建筑设计的有效指导,城市设计缺少落地实施的法定手段,行政长官对城市设计技术环节的过度干预普遍存在[3]。

(二)严峻形势

1.“大、洋、怪”建筑、千城(楼)一面等现象普遍存在

当前我国“奇奇怪怪”的建筑已经脱离了现实发展阶段实际,主要表现为“贪大、媚洋、求怪”,简称“大、洋、怪”;忽视建筑的功能、经济、文化元素,问题严重。“奇奇怪怪”建筑折射到空间上表现为空间分布同质严重,千楼一面;折射到管理上反映为“奇奇怪怪”建筑点多、线长、面广,分布泛滥,与本土建筑不协调,千城一面[4]。

2.“看不见山、看不见水、记不住乡愁”的城市规划建设仍然存在

在城镇化快速增长时期,有些城市不顾地形地貌、人文特色、地域特点等,模仿、照搬那些同质化的建筑符号,一味追求“大广场、宽马路、大水面、洋建筑……”等城市“魅力”建设,导致城市景观结构与所处地方的特殊禀赋、乡愁传统、极具特色的绿水青山极不协调,并有愈演愈烈的发展势头[5]。

3. 对我国历史文脉底蕴传承延续尊重不足的建设行为时有发生

我国历史上形成了众多的历史文化名城、名镇、名村,譬如北京紫禁城、山西平遥、云南丽江、江苏周庄、江西婺源等,都对自然地理山水格局十分尊重,对历史文化十分尊重、对人的现实需求十分尊重,因此形成了功能好、环境优、交通畅、形象美的载体空间和有序格局,折射其背后都有“城市设计”的影子。然而,当前的建筑师、规划师、景观师一味追求大、洋、怪,一味迎合领导喜好,丢失了城市设计的基本底线,对历史文化传承延续尊重不足[6]。

4. 小结

从建筑设计与城市规划两大领域的现实环境来看,建筑设计只注重正立面,不注重第

五立面，只顾近期，不顾中、远期乃至全局；城市规划过多受长官意志束缚，陷入盲目追求缺乏特色风貌的“高、大、上”的规划建设之中。因此，从解决当前各地的问题导向出发，不立体地谋划城市规划不行了，就项目论项目不行了，国家不管不行了。否则，上述现象会更加愈演愈烈，“两个一百年”目标、实现中国梦的伟大复兴将难以实现。[7]

那么，当前摆在我国面前的是如何解决“奇奇怪怪”建筑问题和“不见山水、不记乡愁”的规划问题？从上述分析可以肯定的是城市规划要从平面规划走向立体规划，建筑设计要从项目设计走向个性设计。然而，要试图统筹解决建筑设计问题和城市规划问题，现代城市设计恰好具备立体规划和个性设计的两大特点。为此，面对现实问题，选择现代城市设计进行突破是当今最佳的路径，现代城市设计是解决当前建筑和规划问题的重要手段。

四、工作要求、思路和重点

传统城市设计是落实城市规划、指导建筑设计、实施建设管理的重要手段，重点是城市形象的修补。现代城市设计更加凸显立体的城乡规划，不仅仅是城市形象修补的内容，而且还有空间竞争发展的内容；也就是说，不仅要满足以人为本，适应人居，而且还要通过空间形象的塑造，提升城市核心竞争力，达到促进城市经济发展的目的[8]。如何把现代城市设计工作开展起来？我国现代城市设计工作到底管理什么？中心任务是什么？面对当前的城乡规划制度体系，又如何紧密对接和挂钩？这都是当前加强现代城市设计工作面临的核心问题。

（一）工作要求

1. 强化城市设计工作任务的综合性

现代城市设计是一项立体化城市规划，是平面规划与立体规划的多维度、多层次、多专业等集于一体的综合性规划。为此，现代城市设计的中心任务是对城乡立体化空间秩序的一种塑造，合理处理好地上与地下空间、历史与现代空间、近期与远期空间、人居与经济空间、设施与形象空间等各类空间之间的立体化关系，使之协调有序健康发展，以提升城市品质，塑造文化自信，推动经济、社会、生态、人文全面发展。

2. 体现传统城市设计技术方法的革新

现代城市设计与城乡规划相辅相成，不仅是互相补充，更是由静态的二维平面向动态的多维空间的根本性转变。现代城市设计已由传统局部修补性转变为立体的、综合性的工作，所以在技术方法上也需要革新，充分体现“三个面向、六个转变”的总体方法思路。

“三面五定”视角找准多层次协同作战的总体方向。只有面向世界，才能在多样化、现代化的国际城市风貌特色体系和建筑文化特色体系格局中，找准突出问题、明确发展战略目标和方向。只有面向现实，才能摸清中国城市所在区域自然、历史、民族、社会、经济、文化条件的地域分异和组合规律特点，从而因地制宜地寻找和保护、创造、体现中国特色的城市风貌体系和建筑文化体系的地域、民族和现代风格。只有面向未来,才能站在历史长河的高度,妥善处理好解决建筑文化“奇奇怪怪”问题和打破千城一面、千楼一面的双重难题;将继承、发展中华民族传统和创新显山露水透绿见蓝与大自然和历史相容相敬、共融共生的时代风格,统筹到一个时空平台(一盘棋)上,谋划在一个滚动过程之中,统一规划,近、中、远期分步实施。从三个面向的角度来定性统一目标,定量统一标准,定位统一坐标,定景多样场景,定施建构信息平台(图2)。

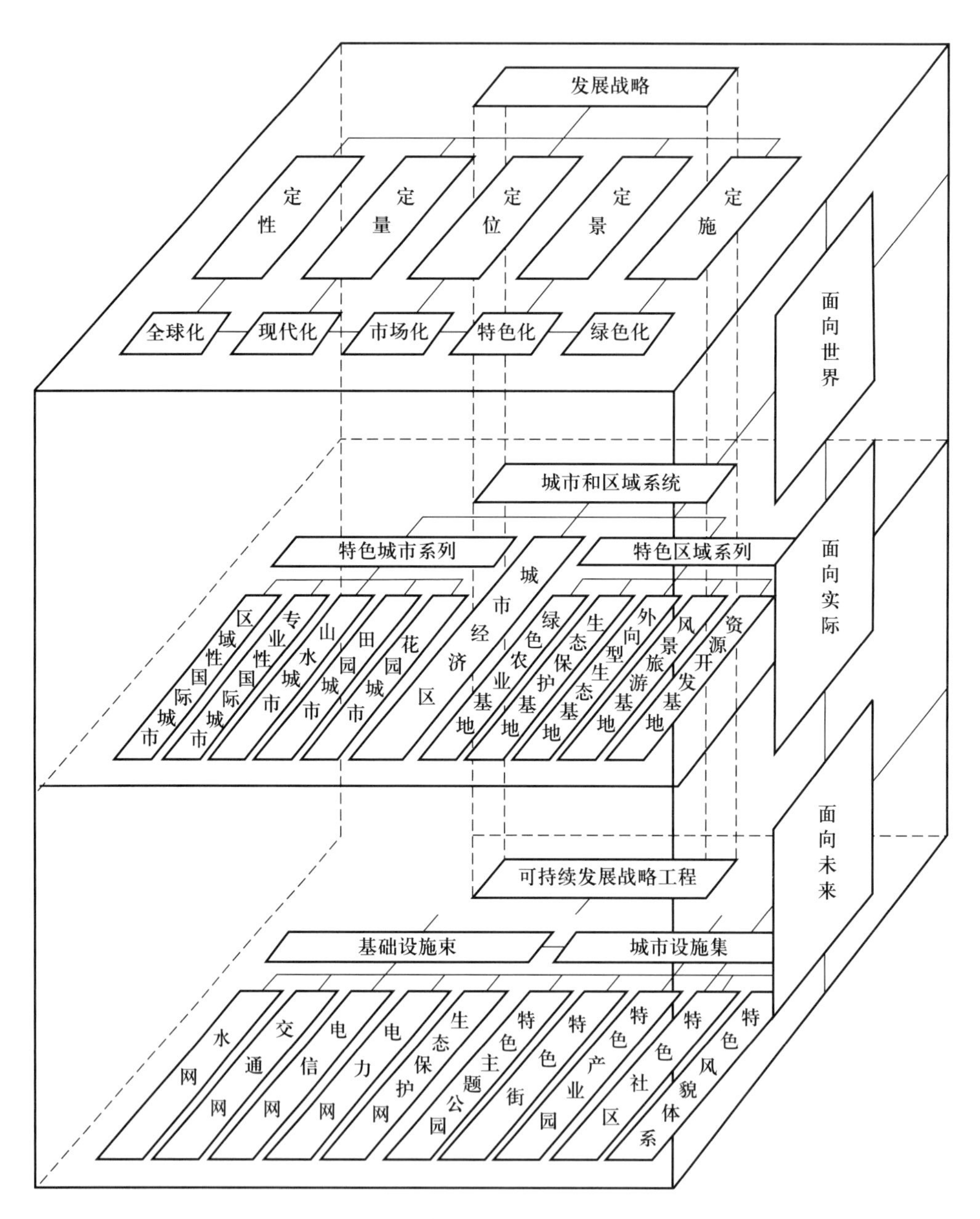

图2 “三面五定”示意图

现代城市设计应实现向市场规制、公共政策的转变。现代城市设计工作要从计划导向到市场规制的转变,从规划技术到公共政策的转变;技术体制改革既要体现战略性和科学性,也要体现政策性尤其是合法性。具体要求如下:

一是由为城市形象服务的传统设计观,向以人为本,进一步向尊重人、自然、历史文化、法治,为城乡居民更好生活和就业提供优质环境的科学发展观转变。老城改造不是大拆大建,而是以风貌特色塑造、遗产保护和功能优化为主。

二是由市场经济对资源配置起基础作用向起决定作用转变,进一步由粗放向集约、由庞大专业技术向配套实用技术和公共政策转变。在市场发挥决定性作用的同时,也要发挥好法律规章制度的管理调控作用。

三是由就城市论城市、就项目论项目、就乡村论乡村,向构筑城乡空间一流的公共服务、基础设施、交通网络、生态环境、特色风貌体系转变,构建绿色生态、功能联动、资源共享的城乡一体化新格局。

四是由主城区物质空间设计向不断增加科技、文化、法制、智慧、绿色、人文、幸福、健康含量的覆盖城乡的全域城市设计转变。

五是由定性为主的传统设计向面向复杂系统以大数据为依据的分析、预测目标、实施评估、适时调整全过程的现代设计方法转变。

六是由建筑主导的专业城市设计,向多学科协同作战,政府主导、住建规划部门牵头管帮结合、加强监督、相关部门积极配合、专家咨询、公众参与的综合性权威城市设计转变。

综上,传统城市设计成果和图则都是非法定的指导性内容。随着城市设计工作内容的革新,现代城市设计技术方法和思路应处理好刚性与弹性、量化与质地、规划与设计、总体格局与项目落位、综合性与地域性、功能与形象、借鉴与创新、科研设计与管理问责等关系,才能更好体现现代城市设计工作的科学性、合理性和合法性。

3. 延展传统城市设计的功能

传统城市设计是对城乡规划的补充和修补,更多侧重局部公共空间的立体空间设计,更多的是一种设计技术,而不是管理手段。传统城市设计很难解决当前的“楼怪怪”问题和“不见山水、不记乡愁”问题,势必需要对传统城市设计的功能作用予以调整和提升。为此,建议推动现代城市设计发展。在功能上,建议由原来的配角提升为主角,统领多规合一,提升为管理手段,真正实现立体的城乡规划,不仅可以解决城市病、治疗修补城市,而且可以预防城市病、调控城市健康、可持续发展。强化这一功能建议的理由如下:一是从上述问题分析看,当前急需一个立体化统筹的规划设计技术平台,才能把总体与局部、系统与子系统等不同层次、不同类型的问题真正解决好、统筹好;二是从发展阶段来看,我国城镇化水平超过了50%,跨入城市时代,市民需要良好的城市空间品质;三是从国家发展战略要求来看,显山露水、透绿见蓝、记得住乡愁等生态文明建设本身也是立体的,不是平面的。

综上,现代城市设计不仅克服了建筑设计只有形体概念、城市规划只有量构概念的弊端,而且使之有机结合起来,既保证了量体的概念,又保证了质美的概念。为此,建议现代城市设计要作为一项重要工作来抓。

（二）总体思路

面对当前形势和背景，抓现代城市设计工作的总体思路是：坚持“四个尊重”的原则，搭建“美丽中国”的技术平台，试点“一张图干到底”的一体化管理。

1. 坚持“四个尊重”的原则

城市设计要坚持尊重大自然、尊重历史文化传统、尊重人的多样化需求、尊重法治四个基本原则。具体内涵如下：

一是尊重大自然，构建“显山露水、透绿见蓝”的生态格局。

二是尊重历史文化传统，对历史文化遗产要坚持保护和利用相结合，呵护城市历史文化街区等老品牌，创造适应时代精神的公共空间新品牌。

三是尊重人的多样化需求，创造功能好、交通畅、形象美的人居环境。

四是尊重法治，实行一票否决制度，不服从不符合城市设计的不上会、不立项、不研究、不通过、不验收……甚至处分。

只有这样开展现代城市设计、按现代城市设计开展建筑设计、按建筑设计精心建设，才能落实“看得到山、望得见水、记得住乡愁”等一系列重要指示和明确要求。

2. 搭建建设“美丽中国”的现代城市设计技术平台

现代城市设计是现有相关规划设计的一个平台，要与总规、控规、项目、园林、景观等相衔接。根据中央的指示和精神，显山露水、透绿见蓝、建设美丽中国，推进生态文明建设，应是现代城市设计工作的宗旨。为此，构建建设“美丽中国”的景观体系、方法体系是做好现代城市设计平台的重要任务和内容。党的十八大首次提出建设“美丽中国”，党的十九大对“美丽中国”做出了战略性部署。解决“奇奇怪怪”建筑问题、“不见山水、不记乡愁”的城市规划问题，首先应当在建设“美丽中国”的总目标下制定相应的对策措施。具体而言，应当加强建筑与空间、园林、景观、艺术、环境、管理之间的联动，结合城市规划的“三区三线”管控，对重要地块、重要景观节点等应当从严管理，分类管理城市景观、乡村景观、大地景观三大景观体系，构建建设“美丽中国”的景观体系和方法体系。

3. 试点探索融入城市设计的法定化“一张图干到底”的一体化管理制度

为加强现代城市设计工作，实现显山露水、透绿见蓝，建设美丽中国、推动生态文明建设的技术主旨，需要试点探索“一张图干到底”的事前、事中、事后的一体化管理模式和方法。对于设计单位要有诚信制度，对管理单位要有问责制度，对开发商要有约束制度，对公众要有参与制度。其核心是实现“一张图”的管理目标，这张图是贯彻中央和省域风貌特色规划纲要、创新地方城市空间特色的总体城市设计总图，这张规划设计总图实质上是立体的，是可调控的、可考评的理想城市模型。所有的事前编制成果、事中审批过程、事后建成监管的管理制度都围绕这张图负责、问责。

（三）工作重点

1. 总体城市设计——“三生空间”格局优化

做好总体城市设计，很重要的是要关注生产空间、生活空间、生态空间的格局优化（以下简称“三生空间”）。在生态文明体制改革的决策中，中央确定了生产空间要集约高效，生活空间要宜居适度，生态空间要山清水秀。在总体城市设计中怎么优化“三生空间”结构？通过打造“绿壳”促进“三生空间”的融合；聚焦“绿芯”推动“三生空间”的内在联系；弘扬“绿魂”形成绿色发展方式和绿色生活方式。城乡协同绿色发展正是从绿色发展方式、绿色生活方式解决“三生空间”的协调问题，并形成绿色高端产业、绿色高端人才、绿色金融创新、绿色生态建设、绿色高新科技、绿色交流合作、绿色文化休闲游憩、绿色成果共享的创新绿色发展格局（图 3）[9]。从这个意义上来讲，全面开展城市设计工作已经成为我国城乡规划工作的重中之重。新时代总体城市设计工作的基本思路，首先是坚持“四个尊重”，其次是搭建“美丽中国”的技术平台，最后是试点“一张图干到底”的一体化管理。关注文化自信和中华优秀文化传承。

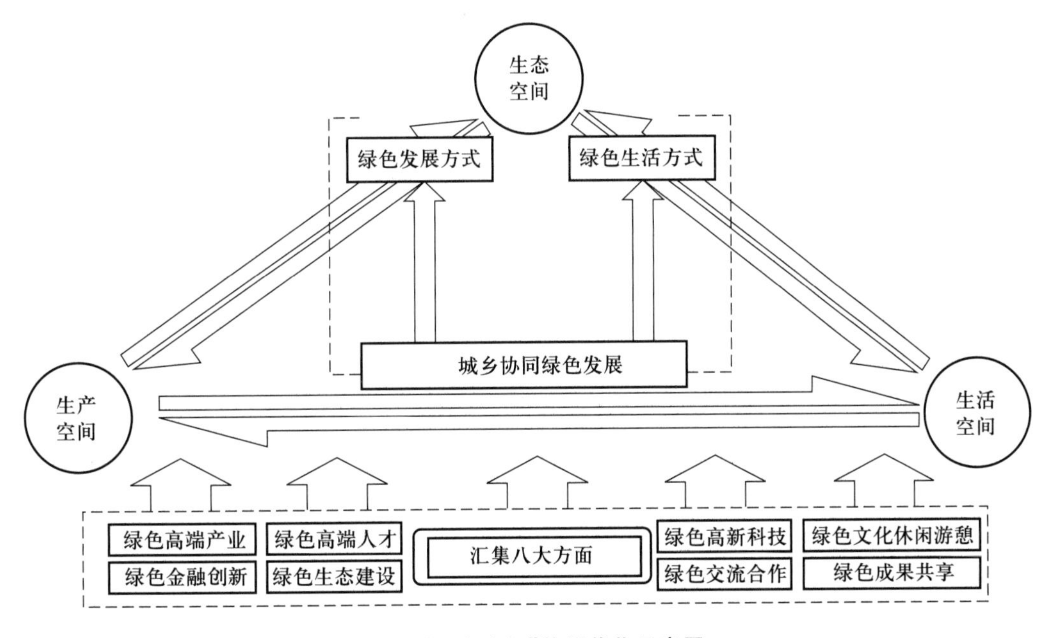

图 3 “三生空间”格局优化示意图

做好总体城市设计，还要做好“两保两杜”的工作，即保护山水林田湖自然地理格局、保护历史文化遗产，杜绝建筑大、洋、怪现象，杜绝万楼一面、千城一貌。要营造显山露水透绿见蓝的生动格局，要尊重大自然构建“显山露水、透绿见蓝”的生态格局，并通过城市设计将城市毗邻的山水、林地、耕地等绿色空间引入城市，留住绿水青山，让城市居民“看得见山、望得见水”。

2. 重点地区城市设计——突出绿色主旋律

党的十九大对生态文明体制改革和绿色发展提出了更具体的战略部署。重点地区的城市设计应进一步突出绿色,加强生态空间的管制,控制城市开发的强度,实施城市生态的修复,积极地建设低冲击开发的韧性城市和海绵城市;同时,要建立评估规划实施的绿色标准体系,引领绿色发展的交通体系、能源综合利用、可持续的水系统、固体废弃物资源化利用等重点内容要通过重点地区城市设计手段确保落地[4]。

提升重点地区的城市规划和城市设计是一个城市能效提升的关键,主要包括交通能源利用的情况,以及建筑的可持续利用。一方面,自上而下的需求侧精细化设计与自下而上的供应侧规划设计形成良好的交互反馈,以系统的整体性规划设计引领城市空间形态低碳绿色发展。同时还要通过城市设计为土地集约高效利用、能源综合利用、建筑能效提升、绿色交通引导、水系统安全韧性等提供绿色宜居的城市形态,协同提升城市绿色水平。

BIM,即“建筑信息模型”,是提升重点地区城市设计应用价值的重要手段,包含了建筑物全部信息的数字可视化模型,模型内的各类数据将在建筑物全生命周期,包括设计、建造、维护、管理等环节发挥作用。这项技术会使全行业的质量提质提升成为可能。

五、结　　语

城市是绿色的和特色的空间,每一个城市都应该有绿色的特色区。落实党的十九大精神,创造多姿多彩的城市现代化空间,既要保护好历史文化遗产,又要保护好山水林田湖的自然地理格局,真正创造显山露水、透绿见蓝的城乡生态环境,营造现代化的宜居美丽城市和未来美好的家园。为美好的幸福生活提供多姿多彩的载体,是城市设计当代的使命和光荣的任务。

城市设计工作应当强调官、产、学、研、管、民的协同,尽快达成共识,依法各司其职;应当重视建筑、规划、景观、制度等多学科交叉研究、协同作战,尽快多出成果;确保杜绝“奇奇怪怪”建筑、“不见山水、不记乡愁”规划产生的土壤,营建出精品佳作的机制和氛围,坚持、憧憬中国的城镇化为全人类书写精彩篇章,留下宝贵遗产。

参考文献

[1] 《城市总体规划编制改革与创新》总报告课题组. 城市总体规划编制的改革创新思路研究[J]. 城市规划,2014(S2):84-89.

[2] 《城市规划学刊》编辑部. 包容性发展与城市规划变革学术笔谈会 2016[J]. 城市规划学刊,2016(1):6.

[3] 俞滨洋. 必须提高控规的科学性和严肃性[J]. 城市规划,2015,39(1):103-104.

[4] 《筑·城市设计》编委会. 筑·城市设计(第一辑)[M]. 北京:中国城市出版社,2015.

[5] 张锦秋. 从中央城市工作会议看传统建筑的传承创新与发展[J]. 中国勘察设计,2016(2):27.

[6] 俞滨洋. 切实转变政府职能依法实施规划管理[J]. 城市规划,2008,32(1):27-28.

[7] 历届城市工作会议[J]. 城乡建设,2016(1):14.

[8] 俞滨洋,曹传新. 新时期推进城乡规划改革创新的若干思考[J]. 城市规划学刊,2016(4):9-14.

[9] 张远景,俞滨洋. 城市生态网络空间评价及其格局优化[J]. 生态学报,2016,36(21):6969-6984.

俞滨洋 住房和城乡建设部科技与产业化发展中心主任。人文地理学博士，研究员级高级城市规划师，国家注册城市规划师，国家公务员局批准首批公务员培训兼职教师暨公共管理硕士(MPA)校外导师，哈尔滨工业大学建筑学院兼职教授、博士研究生导师，享受国务院政府特殊津贴专家。兼任中国城市规划学会学术工作委员会副主任、城乡规划实施委员会副主任、国际城市规划委员会副主任。长期从事城乡规划建设研究和管理工作。主持城市和区域规划设计研究百余项，其中多项荣获部省科技进步奖和四优设计奖，主编《寒地边境资源型城市发展战略规划初探》《中国—北美航空大都市》等专业书籍20余部，撰写发表《新时期推进城乡规划改革创新的若干思考》等论文百余篇。

第四部分
专题报告

议题一

城市设计理论前沿、热点领域及信息时代的新方法新技术

城市设计呼唤科学研究

丁沃沃

南京大学建筑与城市规划学院院长

一般说来,尽管城市设计与建筑设计有很大的不同,但就工作的性质而言,它们又有很多相似之处,其中之一就是“设计”。与建筑设计类似,城市设计注重通过形式组织解决实际问题,在方法论的层面主要依据形式逻辑和空间经验,较少用到科学方法,或者说依靠多年积累下来的经验指导设计基本可行。然而,本文所论及的主题则正是:城市设计呼唤科学研究。

今天我们面对的城市不再是我们过去经验中所面对的城市,它是一个高密度和高速度共同构成的物化了的空间生产场所。人作为参与者之一,不但希望融入其间参与各类经济活动,而且也希望依托该场所在其间获得有质量的生存空间。城市性质的变异以及由变异带来物质形态的变化,使生活在其中的人的空间经验也发生了根本的变化,随之也就出现了前所未有的问题。因此,当我们在高密度、高速度的空间场所中试图解决诸多现实问题时,已经发现过去积累的经验不完全适用或不够用。面对城市需要重新认知,为此,城市设计需要融入科学研究。

一、论题的背景

众所周知,在过去的几十年里,城市化给我国社会带来了整体财富持续和高速的增长,而且我国的城市化进程正在持续。这个趋势将有助于社会经济的发展,与此同时,资本将助力人口进一步向城市集聚,其结果导致城市物质空间向高度和广度两个方面增长和蔓延。由于“土地”是不可再生资源,各级政府为保护生态用地和食品生产用地,通过划定城市建成区边界的办法强制控制城市的蔓延,那么,如何保护土地资源将成为城市建成形态策略的重要考量因素之一。

南京从 1984 年到 2016 年,城市用地翻了 10 倍(图 1)。我们可以看到,1984 年到 2000 年之间城市建成区面积扩张的速度比较平缓,2000 年之后呈现陡峭上涨的趋势。作为城市扩张的结果,以南京为例作为自然边界郊野的土地都变成城市中的一部分,不管是长江还是紫金山,都成为南京的内河和城中之山。

最近几年则又开始平缓上升,城市蔓延得到有效控制的原因是城市已经没有多少土

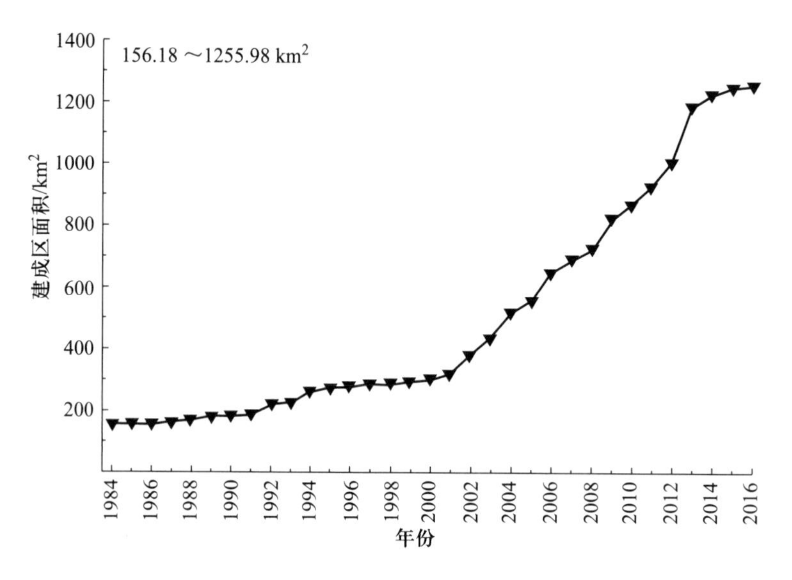

图 1　南京 1984—2016 年城市建成区图示

（图片来源：根据历年谷歌地图统计绘制）

地可用，同时中央推行划定城市边界的工作发挥了作用。然而，我们知道城市化还在继续，发展势头比较好的城市依然是人口集聚的目标城市，城市各类设施的需求依然在不停地增长，这就导致我们的城市开始一天天地增高。

南京老城周边的道路到现在变成了高速公路，和城市交通系统组织在一起的同时将运行的高速度带入了高密度的城市之中。所以现在的南京城市的物质空间形态表现出了老城新城交织，山、水、城交错穿插在高速度路网形成的结构中。高速度给庞大的城市提供了便捷的条件，也给城市生活空间带来了干扰。尽管如此，生活在其中的城市人未必体验得到交通的便捷，而无时无处不可避免的是交通的干扰。面对由高密集的高层建筑群和高速的路网构筑的现代城市，很多人对这种形态提出质疑。现代城市空间的密度到底能有多高？高密度的城市空间还可以是我们生活的家园吗？高密度城市空间的质量如何保障？

二、研究的意义

城市化起步比较早的欧洲在 19 世纪中叶就开始经历我们近 30 年来所经历的城市化的历程，也出现过类似的问题。例如，19 世纪末欧洲各大城市在经历了将近 50 年的迅速扩张之后，城市已经意识到不能再盲目扩张，必须思考垂直发展的策略，当时有思想的艺术家 William Robinson Leigh 用手中的画笔勾勒出了未来城市的景象（图 2）。无独有偶，1927 年，电影艺术家 Fritz Lang 用电影蒙太奇的手法，剪辑出更加逼真的垂直城市的图景：高耸的摩天楼和立体的机动车体系交织在一起，勾勒出大都市的繁华和无奈（图 3）。艺术家超前地向人们展示了高密度发展的城市物质空间可能的结果，试图引起人们对大都市的反思。然而，经济增长的需求依然引领城市追求规模效应。

欧洲在第二次世界大战之后又迎来了新一轮的经济发展和城市增长。以 Le Corbusier 为代表的现代主义先驱们提出了垂直城市的理想主义理念,并给出了具体的空间模式。到了 20 世纪 60 年代,尽管现代主义的功能城市受到激烈抨击而被放弃,但是垂直城市的理念却被接受并发扬光大。例如法国的空中城市、日本新陈代谢派的垂直城市等,都无一例外地选择了将城市举向空中。此时,建筑学界的学者们开始意识到处理充满复杂性的城市形态问题远远超出了传统建筑学的知识和经验,靠经验决策的传统做法难以为继,必须以科学的方法研究城市形态的问题。

图 2　乌托邦理想城市[1]

图 3　《大都会》电影中的未来城市景象[1]

与激动人心的理念和设计探索相并行的是学界冷静的科学研究,20 世纪 60 年代,人们试图厘清城市形态与城市容量之间的科学规律。如果城市设计是要对城市物质形态决策的话,量与形之间的科学规律将是城市设计的基础知识。剑桥大学建筑学院马丁中心的学者 Leslie Martin 和 Lionel March 就开始研究城市容量与城市形态之间的关联性问题,并且通过对城市几何形态的量化研究,探索城市规模与城市形态之间的规律(图 4)。Marthin 教授的研究证实了同种容量下不同形态的可能性,并给出了相应的形态阈值(threshold)。城市形态量化的意义在于使得城市形态能够计算,并通过计算将规划中预测的容量落实到具体的物质形态上,这就是要提出来厘清城市形态与城市容量之间的科学规律。

经历了一个多世纪的城市化洗礼的欧洲,对城市物质形态的意义认识深刻,深知任何对城市发展的预测停留在理念和认知层面都毫无意义,必须落实到物质层面才能够检验认知的正确性和理念的有效性。城市设计的主要任务是要对城市物质空间形态进行决策,这个决策绝不是明示一条无量纲的轴线和一堆指示性的用地性质或指标性的彩色圈圈那么简单。所以,20 世纪 60 年代开始,人们试图厘清城市形态与城市容量之间的科学

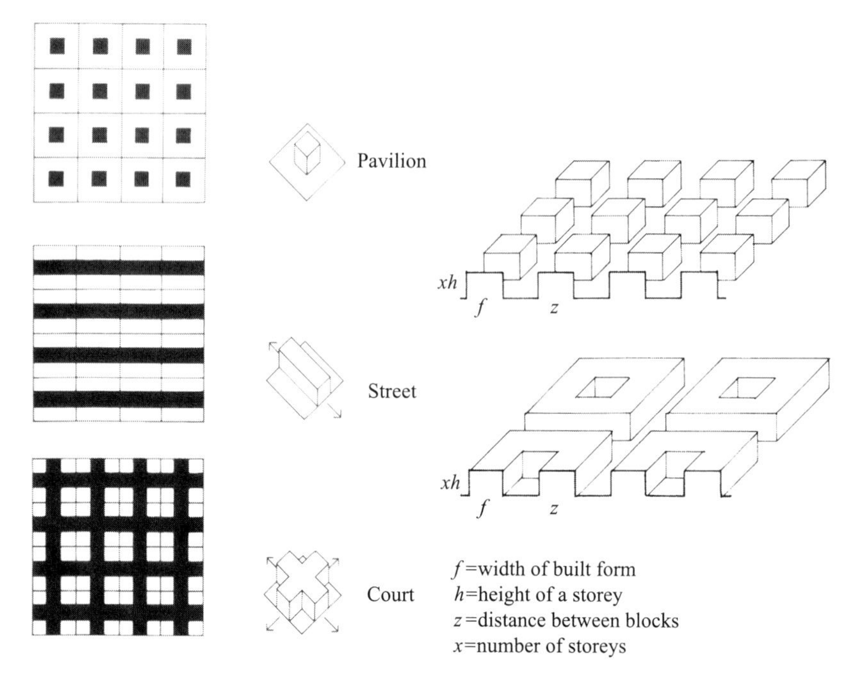

图 4　城市街区几何形态类型解析[2]

规律,将城市物质形态的量与形之间的科学规律作为城市设计的基础知识。

实际上,在欧洲试图把科学方法用于城市设计或对城市形态进行决策是有传统的,如1859 年 Ildefonso Cerda 的巴塞罗那城市发展规划与设计(图 5)。当时市政工程师 Cerda 根据城市化进程中城市不断扩张的规律,通过对城市未来人口的预估,提出以居住建筑组

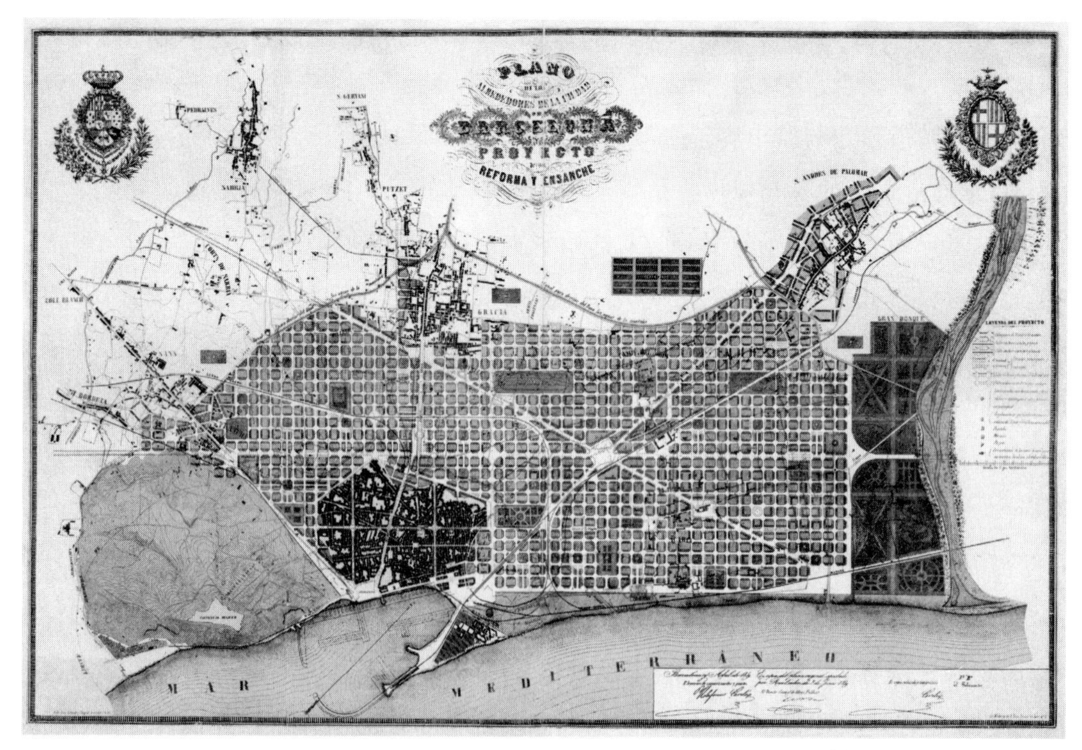

图 5　Cerda 在巴塞罗那城市扩建中的平面方案及相关工作[3]

成的街区为基本形态单元(图 6)。按当时的最佳健康居住标准人均 6 立方米考虑,设定街道宽度为 20 米,计算提出 133×133 的街区尺寸作为巴塞罗那城市的基本均质的网格体系。直到现在,Cerda 的街区依然可用,Cerda 成为巴塞罗那的骄傲。因此,街区、建筑如何规划形态已成为一个科学性的研究问题。

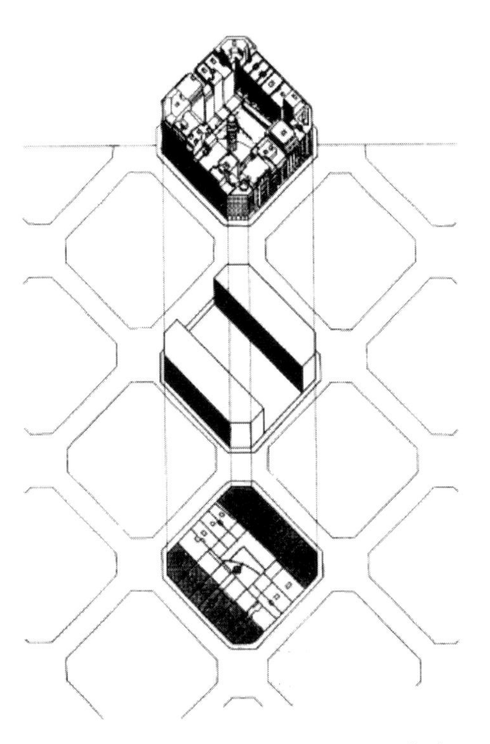

图 6 Cerda 的巴塞罗那街区解析图[4-5]

城市的复杂性决定了城市形态的复杂性,然而复杂的城市形态并不意味着城市形态的失控、无法预估或掌控。因此,基于城市物质形态,研究与其他因素的关联性及其科学规律,已经成为城市形态和城市设计领域里的重要内容之一,其中城市形态的量化研究则是关联性研究的基础,也是形态阈值的基本条件。

三、研究的内容

城市物质形态的科学研究涉及的内容比较繁杂,针对城市设计决策的需要,其可以分为三个主要方面进行考量,即容量与形态的对应关系、城市形态的量/形与城市物理环境性能的关系,以及城市形态量/形与城市空间感知的关系。量形研究的目的就是希望呈现给建筑师处理复杂问题的时候有可以借鉴的知识,有形态特征的参考值,从而指导设计。

(一) 容量与形态的对应关系

城市容量是城市物质环境生成的基础,它涉及一个城市的社会发展阶段、城市的经济增长潜力和城市的性质与主要功能。我国现阶段正处于城市化进程的高潮,沿海发达地区已经进入了城市化进程中快速增长期,随着城市容量的增加,城市规模迅速扩张。城市的容量和容量增长的潜力是一个城市发展和可持续发展的重要评价指标,因此城市容量的可持续增长性至关重要。另外,城市的容量直接关联到城市的形态,最主要体现在城市的三个层面上;总体层面、街区层面和地块层面。同样的容量、不同的形态策略将给城市发展带来直接的影响。

(1) 总体层面需要研究城市容量布局和路网结构。例如在西班牙巴塞罗那 Cerda 的规划中采用的是紧凑型街区、密集型(113×113)路网和容量均布的策略。该策略不仅建构了巴塞罗那整齐的形态特征、明确的空间秩序,同时还提供了每平方公里约 300 万~350 万平方米的建设容量。

(2) 街区层面需要研究地块的用地性质、支路的密集度、权属地块的数量以及街区总容量和容量分布策略。研究已经证实街区的用地性质、支路构架和地块总容量是决定街区形态的基础,而权属地块的数量和建筑密度之间影响了街区的形态特征。

(3) 地块层面需要研究的是地块属性、容积率和覆盖率,其中重要的是关于覆盖率的量与形的研究。我们的城市设计需要重新考量上位规划的所提供的用地指标并将其细化,如我们研究了当建筑覆盖率、建筑退界和容积率指标之间的相互关系(图 7),通过不同指标控制,城市设计师就可以快速了解其需要控制的形态对象和如何通过指标来控制。

我们将研究生教学作为一个科学研究的实验环节,加入交通流量的测算、阳光的计算去研究高密度状态下的城市空间问题,找到最佳的空间组合方式;也可以在高密度城市形态的选择的过程中,加入关于日常生活的街道景象的研究,解决高密度的城市中人们的空间感知的问题。

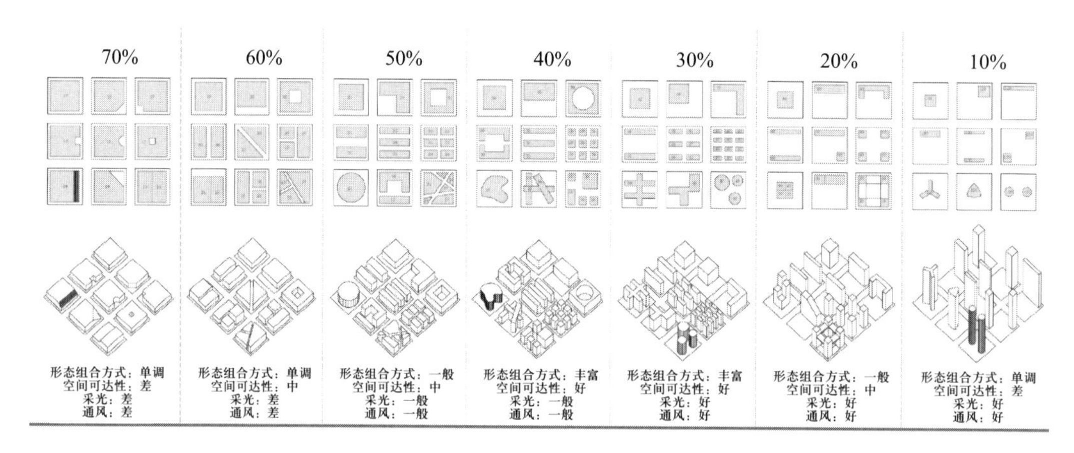

分析
1. 形态组合方式在20%~40%范围内较丰富,在70%和10%两个极端时变得单调
2. 空间可达性在30%~40%范围内较好,在70%和10%两个极端时很差
3. 采光随着建筑覆盖率的变小而变好
4. 通风随着建筑覆盖率的变小而变好

图 7 建筑覆盖率与城市形态的相关研究

(二) 城市形态的量/形与城市物理环境性能的关系

一般说来,高密度城市容易引发城市物理环境的质量问题。我们知道,城市容量可以引发不同的城市形态,而城市形态的不同特征可以形成不同程度的碳排放并影响和导致

了不同的城市微气候结果（图 8）。实际上，微气候的主要问题来自源、流、汇这三个方面。源就是城市的污染源，最主要来自工业生产，它并不能通过城市设计去减少，只能依靠宏观调控和引导。而流和汇，都是可以通过城市设计加以调节和改善的，即通过空间布局和肌理形态的设计改善城市微气候的环境。对于城市设计来说，改善城市微气候环境主要是从形态布局入手解决问题，这也是我们团队这些年来一直基于国家自然科学基金重点项目在研究的课题。

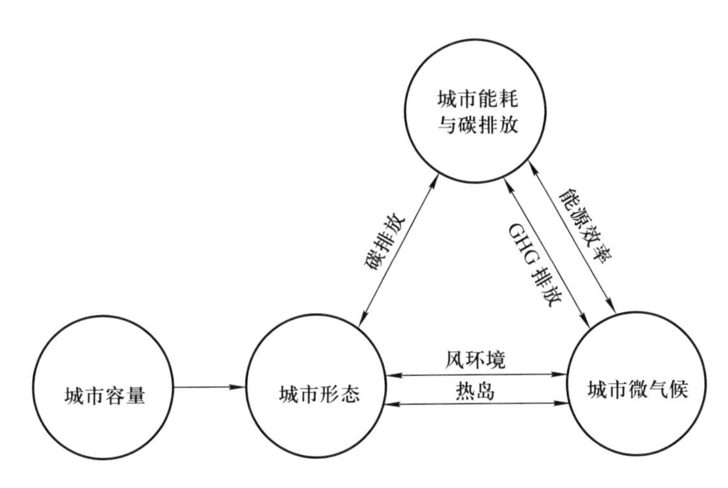

图 8　城市容量-微气候-能耗碳排放关系

在研究方法上，通过对不同层面的城市形态进行量化并通过与物理环境因子的关联性分析得到城市形态的性能特性。我们的研究将城市形态分为三个层级分别进行关联性研究，即城市形态、街廓形态和街道空间及开放空间形态。在研究中，我们选择了城市风环境和热环境两大类分别进行考量。从城市能耗和碳排放的角度，包括了土地利用、生活模式、交通方式等因子研究。通过研究认识到了城市形态对于城市环境的重要性，也认识到了科学研究在该领域需要深究的领域还比较多。目前我们的研究在物理环境方面关联最多的是风、热和温度这三项内容，也获得了一些可以直接指导城市设计的结论。我们的研究也产生了支持建筑设计创新和探索的出发点，比方说一些存在特殊形式的建筑形体，是对风的导向有好处的。所以，建筑形态的创新设计并不是为了夺人眼球，而是通过运用形态设计的逻辑（调节风环境），进行找形，最终不仅获得了形态的创新，也改善了环境。

我认为，科学研究并不会导致建筑呆板，反倒会带来丰富多彩形态的呈现。这种呈现是伴随目的性的，而不仅仅是为了好看。建筑的形态只是建筑设计的结果，是健康生活的一种表现。

（三）城市形态量/形与城市空间感知的关系

城市空间感知的研究是建筑学的传统研究内容，也是传统的城市设计中对形态判断的依据，如城市设计导则中往往要求沿街建筑的高度、可能的连续度以及材料和色彩等。实际上，当代城市的城市空间形态与传统的城市空间有着极大的不同，目前考量空间感知的标准都是以传统空间作为参照物。此外，现代城市空间中有城市主干道、快速路和高架路等，而且速度从步行到不同的车行速度，这就需要研究在不同速度情形下人在场所空间的感知和认知。我们从街道宽度、通行速度的角度出发，研究在多类空间中人的感知差异（图 9）。我们的研究发现，当街道的宽度达 80 米以上，城市道路两侧建筑的街墙角色开始退化，建筑的所谓围合感对人的感知影响趋于无效。我们的研究成果明示了街墙宽度的实际有效度，这个成果在城市设计中解决地标的有效位置和有效高度是有很大的借鉴意义。

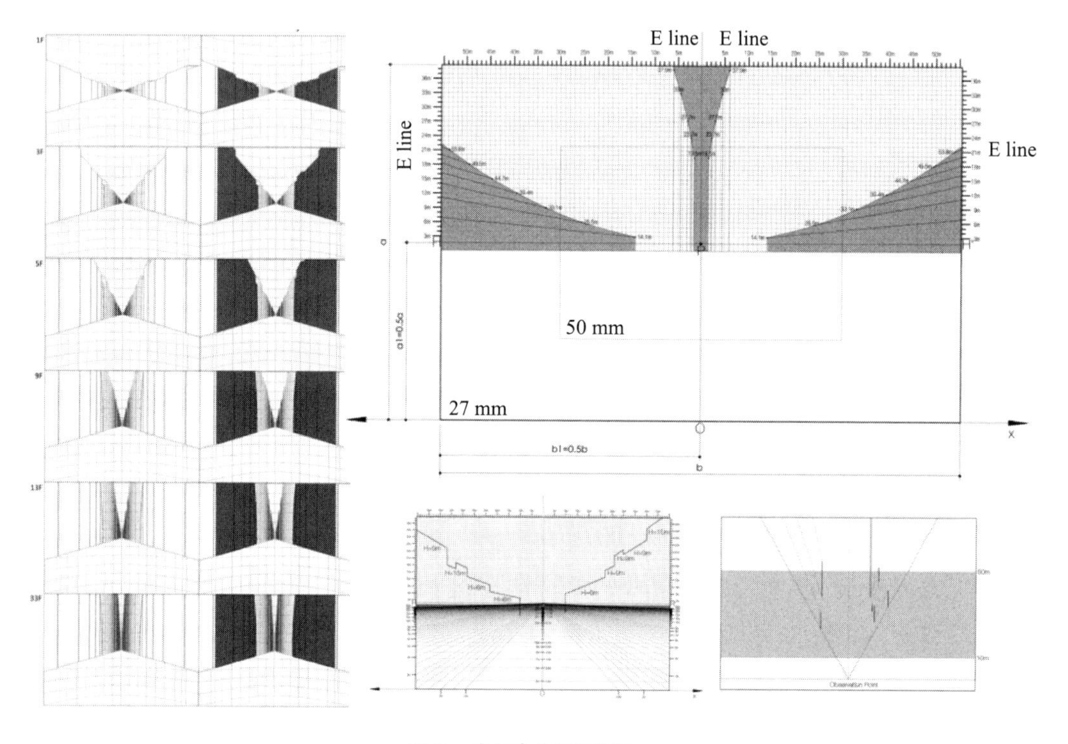

图 9　感知与街墙研究

四、实践案例

与城市设计相关联的研究尤其是方法论层面的研究，需要通过城市设计的检验，在此试举两个案例说明科学研究对建筑设计的作用。

（1）第一个案例是大道视像与建筑布局的关联性。若干年前，我们为一个城市做了总体城市设计，在该设计繁杂的内容中有一个任务是为新建快速路设计道路景观。通常，城市设计中的道路景观设计就是沿街建筑的立面设计和沿街绿植设计，而此次我们面对的道路红线宽度 80 米，加上沿街建筑的退界，留下的道路空间至少是 100～120 米。此外，这是一条四块板的快速路。按我们前期的研究结果，沿街街墙在这样的路幅下完全失效，所以，我们的设计没有给出无意义的沿街立面，转而研究地块中高层建筑的布局、车行空间的可视范围和可视长度等问题。通过研究，找出了视点、目标点和道路线形的对应关系，并求出了最大值。根据研究城市设计的成果是给出每一个地块的用地指标、覆盖率以及高层建筑的精确布点，通过动画分析，达到了各地块高层可视最大化，同时也使道路获得了步移景异的丰富的视像结果。

（2）在老城保护和更新实践中如何保证不降低或少降低容积率是设计的难题，难点在于我们通常从建筑类型学的视角理解老城的形态构成，而传统的建筑类型随着社会和家庭的变迁早已不能适应现代社会的需要，也不能满足现代商业经济的空间运作。为此，我们在福建国家历史文化名城长汀老城保护城市设计项目中，放弃了用建筑类型织补老城肌理的惯用做法，转而对其老城街区的形态特征做深入细致的研究，用量化的方法重新诠释了老城的形态特征。我们将历史街区的形态特征转化为一组指标：沿街界面凹凸度；街廓内部街巷密集度；街巷交接形式；院落空间开放性；以丁字交为主；街廓形体孔洞率（个/公顷）；建筑体块破碎度（个/公顷）；等等（图10）。同时结合建筑类型的特征，通过设计重新诠释历史街区，最后通过与历史影像图的比对，以对街景、河景的还原度作为更新的标准。由于不再纠结于传统的建筑类型，给设计创新留出了空间，最终设计成果显示了传统街区更新可以在保护的前提下兼顾商业的开发。实际上，只有能够兼顾新的需求，才能赋予城市街区可持续生存的品质。

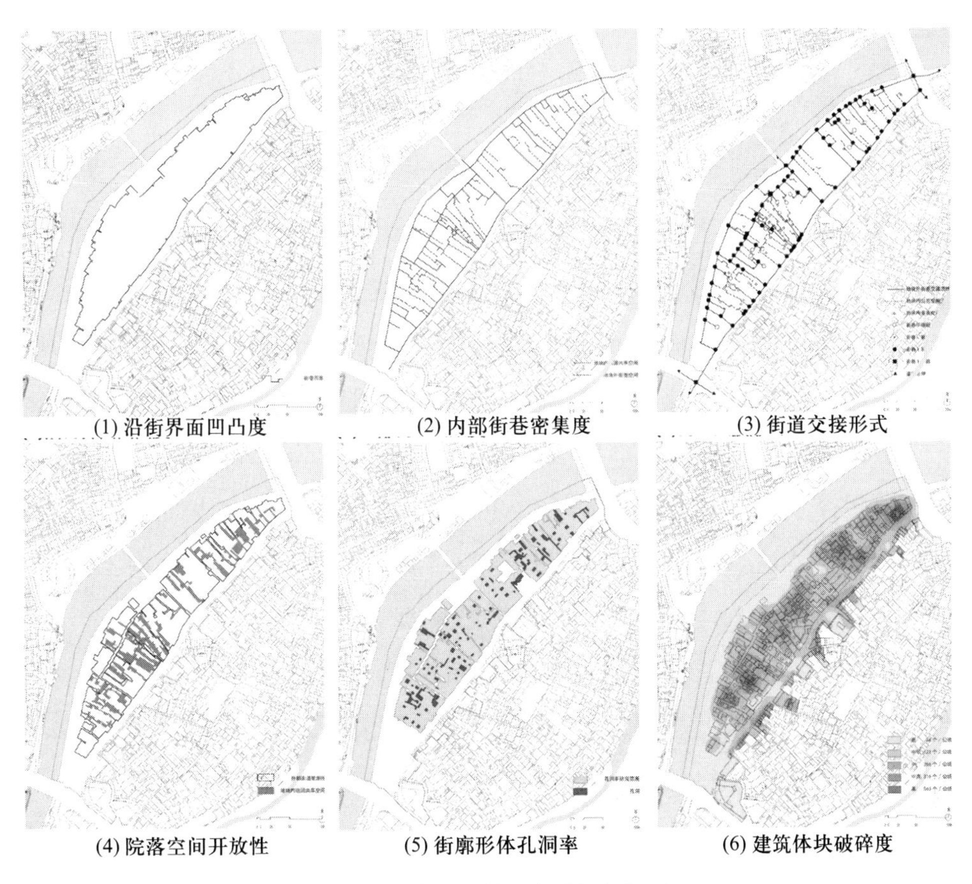

图10 历史街区的形态特征解析图

总之，我们的研究发现了在城市形态领域里存在许多新的形态学知识需要我们去探索，同时也证实了城市设计需要形态学的知识和城市形态的科学研究，这就是科学研究在城市设计里面体现出的价值。

参考文献

[1] CUTHBERT A R. The form of cities: political economy and urban design [M]. Oxford: Blackwell Publishing Ltd., 2006: 34-37.

[2] MARTIN L, MARCH L. Urban space and structures[M]. Cambridge: Cambridge University Press, 1972.

[3] Plànol dels voltants de la ciutat de Barcelona i projecte de reforma i Eixample, d'Ildefons Cerdà, 1859[R]. Arxiu Històric de la Ciutat de Barcelona. Edicions de La Central / Museu d'Història de Barcelona, 2009.

[4] PANERAI P. Urban forms: the death and life of the urban block[M]. Oxford: Architectural Press, 2004.

[5] AIBAR E, BIJKER W E. Constructing a city: the Cerda plan for the extension of Barcelona [J]. Technology & human values, 1997, 22(1): 3-30.

丁沃沃　南京大学建筑与城市规划学院院长，教授，博士生导师。1982 年毕业于南京工学院建筑系（现东南大学建筑学院），获学士学位，1984 年获硕士学位，后留校任教。1988—1989 年赴苏黎世联邦工业大学建筑系留学。1994—1996 年应邀赴苏黎世联邦工业大学建筑系任客座助理教授，并于 2001 年获该校博士学位。1998 年任东南大学建筑系教授。2000 年任南京大学建筑研究所教授，副所长，博士生导师。2006—2010 年任南京大学建筑学院院长。全国建筑学高等教育专业指导委员会委员，国家科技奖励评审专家，中国城市科学会中国名城委员会城市设计学部副主任委员，中国建筑学会建筑师分会理事、建筑教育评估分会理事、建筑评论学术委员会常务理事、学生工作委员会委员，江苏省土木建筑学会常务理事、建筑师分会副主任委员、城市设计专家委员会主任委员，江苏省城市科学会常务理事。

获建设部优秀设计二等奖、三等奖，教育部优秀规划设计一等奖、优秀建筑设计二等奖、三等奖，中国建筑教育奖，国家教委教学改革二等奖，江苏省文化创意紫金奖，江苏省优秀建筑一等奖，江苏省建筑创作一等奖、二等奖、三等奖，江苏省城乡规划优秀设计奖一等奖、二等奖、三等奖，江苏省建设科技奖二等奖，南京市科技进步奖二等奖，南京市优秀设计个人奖，江苏省优秀科技图书奖一等奖等。享受国务院政府特殊津贴，2011 年获江苏省建筑设计大师称号。

城市设计中的社会-空间关系与价值导向

边兰春

清华大学建筑学院教授

一、理论与辨析

(一) 社会-空间关系视角的城市认知

"正由于设计者要给整个和谐生活的感受提供环境,他们的设计量度应包括整天的日常生活和城市的整体。"

——《城市设计》[1]

1. 城市空间的塑造本质上是一种社会化意愿行动的结果

城市空间的塑造不仅是对空间设计思想的反映,而且是对社会意愿的综合表达。城市是人类最伟大的成就之一,无论是过去还是将来,城市始终是文明程度的标志。城市根植于生活,社会的实际需求与空间的塑造密切相关,其形式是由居住在城市中的人们所做决定的多样性来确定的。空间塑造的本质目的是满足社会需求的多样性与层次的丰富性。

2. 城市形态的演变实际上是一种空间化使用需求的过程

城市形态的演变不仅受到城市发展资源条件的制约,而且更多地受到城市空间动态需求的推动。一方面,城市政治、经济、社会、环境、交通,以及发展观念等方面的需求变化都会对其产生影响。另一方面,城市形态又体现了一种空间化的感受。城市形态受到关注的原因主要有两点:一是对它的美学研究;二是其使用的具体要求与日常生活有紧密联系,因为城市形态演变的核心就是不断满足人的使用需求。

3. 城市设计古已有之,但城市设计面对的永远是不一样的城市

首先,城市扩张的规模与速度超出了传统城市设计的认知。1900 年,全球大概只有10%的人口(约 2.2 亿人)居住在城市里面,超过 100 万人口的城市可以称之为大城市,伦敦以 250 万人成为当时最大的城市。但是截至 2014 年,全球超过 1000 万以上的超大城市已经达到 28 个,全球城市化水平已经超过 50%[2]。这种量的变化也促使人们改变过去

对城市的认知,但城市的演变不仅仅是规模的变化。其次,当代城市演进过程中全球化、城市化、区域化、特大型都市化的影响使城市空间问题变得更加复杂,城市设计面对的问题具有很强的不确定性。再次,当今伴随着数字化技术的发展,城市未来发展变化的速度和方向具有更强的不确定性,智慧互联技术将会与绿色生态保育、开发建设管控以及地域文化塑造等城市设计理念一道成为城市设计研究中新型的社会-空间关系视角的新课题。面对不一样的城市,需要认识到城市成长的动力、市民的需求和空间的塑造过程三个方面是紧密相关的。无论是在认识城市,还是在城市设计上开展研究,不可避免要对这三个方面进行深刻的解读,这将是城市认知与城市设计研究的一个基本方向。

(二) 社会-空间关系视角的城市研究

"城市是社会的表现(expression)"

"空间是结晶化的时间(crystallized time)"

——《网络社会的崛起》[3]

1. 城市设计研究的基础:关注城市空间形态与社会生活的历时性与共时性

城市的复杂性客观上决定了城市设计实践需要同时关注时间维度和空间维度研究城市社会生活的变迁、城市空间的塑造、城市空间形态演进的内在机制。

城市设计的历时性特征:城市设计实践在于时间维度的延续,认识城市设计实践的历史进程与社会关系,是从历时性的视角进行城市设计分析的重要基础;对于历史性城市的传统时期城市设计经验、现代性城市的工业化时期城市设计得失、当代性城市的全球化时期城市设计特征,以及未来性城市的信息化时代的城市设计前瞻具有重要的意义。

城市设计的共时性特征:城市设计实践在于空间维度的比较,认识城市设计实践的不同特点与社会影响,是从共时性的视角进行城市设计比较的重要方法;共时特征下不同尺度、不同地域、不同文化背景、不同社会需求、不同经济条件和不同制度环境的比较分析,都有助于我们对于全球化、多元化视角下认识城市建成环境的同质化与差异化。

2. 城市设计研究的复杂性特征:时空变化与时空压缩

城市设计研究的第一个复杂性特征就是时空变化(temporal and spatial variation)[4]对城市设计的影响。时空变化体现在城市生活中基于时间发展形成的一连串的空间感受,也描绘出生活的场所是一连串相互联系的空间环境。时间的演进与空间的变幻,成为进行多时空变化规律探索和特征分析的主要方法与途径。对城市的研究要基于它的过去、现在和将来,这样可以发现时间和空间的变化给城市带来了非常丰富多彩的感受和生活。

城市设计研究的第二个复杂性的特征即时空压缩(compression of time and space)[5]对城市设计的影响。时空压缩作为一个因交通运输和通信技术的进步而引起人际交往在时间和空间方面变化的理论。时空压缩表现在人类社会演进过程中,伴随社会发展人们对时空体验的不断变化是城市生活中市民思想意识、价值取向以及行为方式发展变化的动因之一。因此,由于交通和通信技术引起人对时空的变化的影响,实际上是现代城市社会里面人们的思想意识、价值取向、行为方式发生变化的非常重要的原因。

(三)社会-空间关系视角的城市设计发展

1. 城市设计向多尺度空间的拓宽发展

首先,城市设计越来越成为多尺度城市空间环境品质提升的工具和手段。大到对一个城市的总体城市设计,小到街角的公共空间设计,城市设计都对其空间塑造和环境提升起到重要的推动作用。其次,城市设计越来越成为多学科交互研究城市空间品质问题的领域。不同的学科对城市设计有着不同的理解,主要表现为各学科都在广泛应用"空间"这个词却在概念的理解上存在差异。地理学科对空间的理解更偏向于大区域尺度的概念,即整个地理环境;从社会学的角度对空间的研究更多的是关注社会的活动、社会的行为,空间的范围是由社会活动的规模决定的;规划学科关注空间环境布局及其资源分配;建筑学则更关注形体设计以及具体空间场所的创作与改进手法。所以,处于多学科视角之下的城市设计也在逐渐向不同尺度的城市设计拓展。最后,城市设计也越来越成为多主体合作解决城市空间质量问题的平台。投资者、开发商和使用者都是城市设计的受益方,城市设计为多方合作解决城市空间环境品质问题,实现公共利益和私人利益的共赢提供了合作与讨论的平台。

2. 城市设计向多元化视角的概念发展

从传统的"civic design"到现代"urban design"的转变,代表着城市设计观念上的变化。通常意义上讲的城市设计,指的是一个准确的名词概念。但是当下有很多地方用"urbanism"这一词汇来描述城市设计,并在"urbanism"前面加入很多不同的限定词,如new urbanism、street urbanism 等,所带来的结果就是,城市设计的意义更加多元化,并不是代表着一种城市主义,而更多地体现了不断发展的城市设计理念中对城市丰富多元的社会生活的高度关注。从本质上说,城市设计的过程就是一种"社会-空间"之间互动关系的营造,其最终目的是塑造出幸福美好的人居环境。

3. 城市设计的概念的社会实践认识

城市设计的本质还是一种社会性的时间过程。这一过程的核心是人,其中包括人的参与、监督以及体验。所以就城市设计本身而言,其包含多学科层面的各层释义,如规划层面主要关注场地策划和布局;场所设计层面,则关注空间与生活之间的关系,即空间设计的一种表达。城市设计是有时间纬度的,所以在管控层面会随着城市建设的过程存在一种控制和引导。如果将城市设计的专业工作定义成进行一种面向社会实践过程的通俗描述,那么,优秀的城市设计等于:一个系统的规划(plan),基于公共政策(policy)的有效引导和实施过程(process)的有效控制管理,并在一系列行动策划(program)之后,最后通过各项具体实践工程项目(project)的形式下不断实现,而这一过程的核心始终是人(people)。人的参与、监督和体验是城市设计发展与前进的恒久动力。

二、发展与回顾

（一）新时期的城市发展历程与城市设计探索

改革开放的四十年，也是中国城市规划建设、城市设计理论与实践发展的新时期。城市设计实践在中国也经历了发展变化的过程，并在期间不断地借鉴国外的理念和思想，并紧紧根植于中国的城乡规划实践，不断发展完善。20 世纪 80 年代，城市设计的思想进入中国，围绕其概念开展了诸多讨论。90 年代，大量的中国城市设计实践项目运用城市设计思想，应对了城市建设中类型不断分化的现象，其中，城市设计的方法成为研究的重点。到 2000 年之后，大规模的建设对城市环境和社会生活造成了根本性的改变，"城市设计的目标到底是什么?"成为讨论的焦点。新阶段新常态下，也是我们更多地以可持续的视角看待城市设计工作的本质意义。重新回归城市设计的本源，"以人为本，注重生态持续与文化传承"逐渐成为城市设计的焦点。这一时期，我国的城市建设过程可以分为强化、分化、催化、显化四个阶段来描述，了解这一过程有助于思考城市社会生活是如何变化的、环境的营造的动力与逻辑是什么、城市设计的路径到底怎么来实现，从而明确城市设计的价值导向。

1. 起步阶段——总量强化与城市设计思想的传播

在 20 世纪 80 年代初，我国面临的是空间增长的需求。改革开放之初，城市的物质生活匮乏，国家重新认识到城市作为经济发展引擎的作用，提出"发展才是硬道理"。城市通过旧城改造、开发区的建设与居住空间的增长带动了投资并拉动总量不断增长，但是经过大规模的旧城改造之后，城市的风貌却在消失，历史文化也逐渐弱化，人们的日常生活与建成的空间环境开始脱离。而城市设计的概念也在这一时期被引入我国并较快地得到重视和传播。

2. 发展阶段——类型分化与城市设计方法的讨论

20 世纪 90 年代，集中开发的产业新城和城市大规模的更新改造对城乡二元结构的强化和人口流动起到非常大的推动作用。城市分区、产业发展、人口流动、社会分层等现象十分显著。另外，环境污染和生态环境破坏的问题日益严重，城市在快速扩张的过程中出现越来越多的"城中村"。住房和土地制度的改变进一步催生了房地产，其成为城市建设的主要推手。住房条件改善的同时，也逐渐形成了房价逐渐攀升的隐忧。这些大量的不同类型开发区的需求和住区形态的改变，促进了面对不同类型城市开发实践中城市设计方法的讨论。

3. 高速阶段——动力催化与城市设计实践的多元

2000 年之后，经济发展的势头强劲，带动机场、港口、铁路等大规模基础设施的建设。同时，社会平衡问题日益凸显，促使人们逐渐意识到社会和谐和以城乡统筹的视角看待城市的发展的重要性。同时随着中国国际地位的提高和许多吸引全球视线的城市项目的实施，城市设计对于彰显国家形象、城市标志的作用被广泛接受。

4. 转型阶段——问题显化与城市设计本质的回归

2010年后的中国城市进入转型发展阶段，在取得重大成就的同时，城乡发展过程中积累的矛盾也日趋显化甚至激化。习近平总书记“望得见山，看得见水，记得住乡愁”的表述生动地描述了对城市的美丽、对城市的乡愁、对城市的生态文明的期许。通过城市设计实现城市生活品质的提升，成为民众对美丽中国的一个共同的目标和期盼。城市设计的讨论也开始深入到具体工作的落地、法制化地位的确立和建设控制管理层面，倡导人性化和面向城市生活需求的城市设计成为新的共识。

（二）新时期价值导向的变化与城市设计的不断完善

新时期城市设计的核心内容应从为国家崛起、区域竞争和建设城市标志服务，更多地转向对市民生活的关注。在我国当下的城市设计转型过程中，“宏大叙事场景”与“日常生活空间”应该定量齐观[5]，在关注城市设计的基本特征、理论和方法的同时，应重点讨论多尺度的城市生活和空间环境特征，切实地塑造出属于人民的城市活力空间。因此城市设计工作在很多方面仍需继续深化和拓展，包括对多元尺度的系统性思考、城市建设中博弈机制的引导、技术工具的响应、转化为实效的分析手段的探究和社会需求价值导向的深刻解读等。

新时期的城市设计价值导向应以人居科学理论为指导，进一步探寻在科学求真、人文求善、艺术求美三个层面的内容和要求。“真”即强调其科学性；“善”是对人文的关怀；从艺术性的角度来看则是一种寻求并趋向“美”的过程。城市设计工作在对待城市发展规律应抱以科学求实的态度，认清城市空间塑造的内在机制；对待社会人群需求充满人文关怀的精神，把握城市空间塑造的核心目标；对待空间环境品质追求文化艺术品位的创造，探求城市空间塑造的未来愿景。对城市设计知识性和美观性的讨论将是永恒的话题。

三、价值与导向

（一）不同的城市：社会演变中的空间理想

城市过去一直被概括为“自下而上”和“自上而下”两种形态特征。前者的代表如中国西南古城丽江、意大利古城锡耶纳等，依据地理条件和聚落文化，有机自然构成了具有自下而上特征的整体风貌；后者的典型代表如中国的古都北京、美国首都华盛顿等，依照文化传承和社会观念，营造出了一个自上而下充满整体计划性和空间秩序感的理想城市。更多的时候，现实中的城市会呈现出一种非常矛盾、复杂的状态，它既不是简单的自上而下，也不是简单的自下而上，更多情况下城市的空间秩序呈现出多元组织的特征，城市的空间形态也会在不同的社会政治经济影响下呈现出复杂特性和矛盾发展的状态。

（二）变化的导向：城市设计的价值导向的演变

城市设计的价值导向经历了多次演变，从以权力（神权、皇权、政权）为中心到工业革命之后转向以技术(理性、效率、秩序)为中心,时至今日,以人文(传统、地域、文化)、生态(绿色、安全、持续)和多元(包容、健康、治理)为中心的价值导向成为主流。城市设计开始真正变成一个多元化的过程,很多城市的城市设计演变过程都反映了社会价值导向对城市空间环境的影响。因此,城市设计应该具有前瞻性的价值导向、强调对城市空间环境的认识、作用和评价。

(三)城市设计的价值体系与社会影响

城市设计的价值体系是在一定社会、政治、经济、文化、技术等条件下,在试图以城市设计为手段来实现城市发展理想模式中形成的思维方式和行为方式的基本原则[6]。城市设计的价值体系与城市发展的历史阶段相联系,都会形成对于"理想"城市形态和空间环境的认识。城市设计体现了人们对城市空间环境发展的"超前意识";城市设计是人改造生活世界的本质力量在城市形态和空间环境的对象化;城市设计还表现出对当前发展观和城市设计理论与实践的评价和批判。

1. 基于使用功能,促进需求层次的提升

"人们来到城市是为了生活,他们安居在那里是为了生活得更好。"[7],而城市设计与人们生活感受密切相关,满足了人们对使用功能的需求。社会心理学家马斯洛曾经定义了人在需求上的五个层次,从低到高依次为生理、安全、社会、尊重和自我超越[8],而城市设计首先就是基于使用功能的满足促进需求层次的提升。只有当基本的生理需求达到之后才能促进心理需求的产生,而心灵需求的追求则是一种自我精神价值实现的过程。通过城市设计满足不同层次使用需求的满足,是通过把握城市空间塑造的过程体现出来的。从生理需求到心理需求进而达到对心灵需求的追求,城市设计在其中发挥着重要的推动作用。

2. 基于行为心理,促进活动方式的提升

城市生活推动了行为心理,城市设计基于行为心理促进了活动方式的提升。Jan Gehl在讨论人类活动的时候提出了必要性活动、自发性活动和社会性活动三种方式[9]。城市设计应该在城市空间塑造的过程中,在必要性活动实现的基础上,推动自发性互动和社会性活动的产生。从城市意义上来讲,推进自发性活动和社会性活动的生产也是城市设计重要的目标之一。

3. 基于空间审美,促进空间品质的提升

城市设计应该由三个不同层次所构成。第一个层次叫物境的研究与创造,城市空间与人群活动相辅相成,城市离不开人群,一旦缺失,其空间价值便会丧失。第二个层面是情景,即人与物发生互动关系的时候,这是城市设计更关注的内容。第三个层面就是在互动的过程中,有意义的互动会带来有意义的感受,进而达到一个意境品质的提升。城市设计的更高追求是希望建成环境具有更高的品质,能够把当地的人文特色和文化品位传递到"物境""情境"的创造之中,进而达到一个更高的层面,实现一种对"意境"的追求和体验。因此,城市设计要不断地开展对于建成环境的系统研究,把历史文化的延续传承、生态环境的永续和谐以及结合新型信息技术的智慧发展理念整合到城市设计目标之中。

(四)城市设计关注的要点和价值导向

1. 构建空间格局与骨架的城市开放空间的"保护"体系

公共空间保护,提升城市设计思维的高度,明确城市设计工作的底线。在山水景观格局上充分考量区域发展规模和山水环境特征,通过划定城市增长边界等方式对城市山水格局进行有效的控制和保护。同时构建蓝绿开放体系,形成对城市绿色生态空间和水资源的有效保护,引入低影响开发的绿弹性和水弹性体系,提高城市适应环境变化和灾害的能力。此外,需要对街巷空间系统进行梳理,打造一个自然与文化融合的开放空间体系,"保护"各类可利用的公共活动空间。

2. 促进空间形态与体形的城市开发建设的"开发"管控

城市开发管理,掌控城市设计管控的尺度,提升城市发展的整体效率,包含对整体风貌、开发强度和尺度高度的控制三个主要方面。即通过对容积率、建筑密度、建筑风格等要素的管控形成独特的城市整体形态,强调和明晰城市各功能分区,体现地域特征、民族特色和时代风貌。加强对城市的开发建设的同时也可以提高城市运行效率,是解决城市问题的关键。城市设计应更加关注建成环境形态的和谐性,在管控的过程中同时平衡公共价值领域和私人价值领域,建立有效的沟通和磋商机制,不断达成共识,保障各方面的合法权益,提升城市形态的管控效果。

3. 改善空间环境与品质的城市功能区域的"修复"治理

社会生活引导,拓展城市设计工作的广度,需要对社会人文环境质量的持续改进。具体内容包括对城市重点公共领域的品质提升、城市社区邻里环境的更新改善和城市整体文化特色的培养发展。城市设计应根据居民生活和城市公共生活的需要,对基础设施、公共服务、城市文化、城市品质等方面进行重点改善,促进城市走向品质的营造修补,切实提升居民的生活品质以应对新的城市发展要求。

四、总结与思考

(一)好的城市与城市设计

一座"好的城市"的理想特征应该是空间弹性有序且充满活力,既可以体现社会的包容,又可以促进民主政治、生态可持续以及具有市民归属感和文化意义的城市,能够有效应对当下城市化的挑战。城市设计体现出的治理与文化也应是城市经济社会发展的重要组成部分,解决城市"生态、社会、经济、政治和文化"的变化并有望营造出一个集"包容、再生、民主"于一体的有意义的城市生活环境和空间感受。

(二)城市设计具有特殊的时空特征

城市设计是空间的产品,是寻找理想的"社会-空间秩序"进程中的重要组成部分。

同时,它也是社会行动,需在社会生活的背景下展开,是由人群组织并参与所形成的一种“社会-空间”的塑造过程。在城市设计的具体实践中,需要意识到它是一个时空过程,它的过去可以追溯一段历史时期,它的现在反映了当下复杂的社会需求,它的将来还需要很长的时间来实现,并长久影响着未来的社会生活。

(三) 城市设计通过社会-空间的过程发挥关键的作用

城市设计是一个“社会-空间”相互作用的过程,好的城市设计应首先基于对这一过程的深入分析,从政治、经济和文化的角度切入,综合了解城市的发展过程中“设计和开发”与“建设与管理”两者之间的内在联系。面对复杂的城市建成环境,城市设计的理论思考和实践不一定能迅速解决这些庞杂的结构性问题,但作为塑造人类社会空间的进程中的重要组成部分,城市设计在未来的人类社会中发挥着重要的作用,可以成为解决城市空间发展问题的重要手段之一,因为空间作为一种载体与社会生活有着最为紧密的联系,对于物质空间的改善及优化从某种程度上而言,即是对于人群社会生活的一种有效提升。

参考文献

[1] 埃德蒙·N. 培根. 城市设计[M]. 黄富厢,朱琪,译. 北京:中国建筑工业出版社,2003.

[2] 联合国经济和社会事务部. 世界城镇化展望[R]. 2014.

[3] 曼纽尔·卡斯特. 网络社会的崛起[M]. 夏铸九,等,译. 北京:社会科学文献出版社,2001.

[4] MADANIPOUR A. Knowledge economy and the city: spaces of knowledge[M]. London: Routledge, 2011.

[5] 王建国. 21 世纪初中国城市设计发展再探[J]. 城市规划学刊,2012(1):1-8.

[6] 王一. 城市设计概论:价值、认识与方法[M]. 北京:中国建筑工业出版社,2011.

[7] MUMFORD L. The culture of cities[M]. New York: Harcourt, Brace and Company, 1934.

[8] MASLOW A H. A theory of human motivation[J]. Psychological review,1943,40(4):370-396.

[9] 扬·盖尔. 交往与空间[M]. 何人可,译. 北京:中国建筑工业出版社,2002.

边兰春　清华大学建筑学院教授，博士生导师。兼任住房和城乡建设部城市设计专家委员会委员，中国城市规划学会常务理事、城市设计学术委员会副主任委员、城市更新学术委员会副主任委员、历史文化名城保护学术委员会委员，北京历史文化名城保护委员会专家顾问组成员，北京城市规划学会副理事长等。长期致力于城市设计与历史保护研究。参与完成京津冀空间发展战略研究、北京城市空间发展战略研究、北京城市总体规划修编、北京2049城市发展研究学科群研究等。主持完成北京什刹海历史文化保护区保护规划、什刹海2008人文奥运综合环境保护整治规划、北京什刹海烟袋斜街保护整治规划、大栅栏历史文化保护区保护复兴城市设计、什刹海烟袋斜街大小石碑、白米斜街乐春坊1号院居住院落改造试点项目等。主持完成通州副中心国际城市设计竞赛方案（获优胜方案）、成都人民南路城市副中心城市设计等。

入乡随俗，城市设计的异见性

朱荣远

中国城市规划设计研究院副总规划师

我们在讨论城市设计的时候不得不了解我们的背景。城市经历了40年的快速发展，产生了大量规模化的城市，而城市的品质存在问题。不可否认，这些城市确实是我们主动规划和设计出来的，无论是为领导还是为老百姓。我们过去都是向国外学习，向书本学习，在世界上找一些成功的经验。但是到了今天，我们确实该做一些总结了。回看我们这40多年快速营建的城市，当世界看我们的时候，到底能看到什么东西？这也就出现了一个词，叫异见。对于盲人摸象来说，摸鼻子和摸耳朵的人说的都不一样，这叫相互的异见，而把这些异见合起来，才是完整的一头大象。设计的意义在于对未来的预先想象，因此，我们特别需要检讨当下，把那些熟悉的东西抛弃掉，或者说把熟悉的东西进行改良，用未来的和更美好的生活方式去做设计。中国城市的发展在这40多年的实践中出现了很多问题，有千城一面，也有失去比例协调的建筑和城市。同时，中国所有的城市都会遵循一种自下而上、席卷全国的运动式建设，比如各种园区、创业产业园、大学城、乡间运动等，它们过于同质化，没有异见的成分在里面。洪崖洞是重庆的一幢依山而建的建筑，去过重庆的都应该有所了解，这是非常规的建筑设计，它给城市带来了上上下下的快乐。但是它不符合消防规范，也与常识性的认知不同。其是由雕塑家的角度雕刻了山城建筑的特征，然后由建筑师帮助他们设计成可建造的东西。这是异见引发的异见，异见性有利于增加对未来社会和城市空间的想象空间，塑造城市特色。

我们可以从下面这些关键词中得到一些有关异见性的信息，比如说人与人、人与物、时差、迭代、创新、规划与设计，以及区域尺度的设计，这是我们经常讨论的话题。另外还有什么叫空间、什么叫建筑、什么叫区域、什么叫自然等一系列思考。

一、异见性之一——人与人

人与人的关系是有意思的事。中国有个成语叫“同则不继”。我们希望把不同的城市建成一样，把众人的脸都变成长得一样，让他们的思想都如出一辙吗？我想说的是，统一人的思想比统一城市的风貌更难。在这种情况下，如何在设计中尊重社会生态，如何才能尊重社会应有的差异性，都是我们需要认真考虑的问题。毫无疑问，如果人脸长得都是一样的，那么肯定是出现了问题，如果思想也一致那就更可怕了。人与人需要的是相异而不是相同，这才是不一样的人群、多样性的城市社会。

二、异见性之二——人与物

城市设计强调以人为本的原则。到底以什么人为本呢？民国老课本里面的第一课就一"人"字和一图，图中展示一家三口以及爷爷奶奶、姥爷姥姥，把人与人的关系表示得很清楚，意思也很丰富。我们在做规划或者设计的时候，人已经不再是一个冰冷的数据，空间也不应该只成为一个分类规划的指标。那么，以人为中心的规划或设计到底怎么去落实？

城市是物质的，但却是属于人的物质，不只是用来计算 GDP 的。以前说房子是拿来炒的，不是用来住的，这是物役人的想法，人们把物看得过重，认为它是财富，是金融产品。今天的价值导向变成了房子是要用来给人住的。

我们前几年在深圳做一个区的综合规划，过去我们的规划都是在指标、用地之间考虑平衡。但这次规划改变了工作思路，以社区为主题来做。当我们将一个行政区 108 个社区分成 8 种类型社区的时候，我们发现过去规划的公共服务指标原本以为是公平均好的，其实并不是。不同类型的社区有着很大的差别，也就是说空间背后的各种社会指标和现实需求不一样，规划的空间资源组合与配套也就不一样了。不把空间的社会问题搞清楚，规划提供的供给侧方案就会是不切实际、没有效的，甚至是虚假的。

三、异见性之三——时差

其实时间在某种程度上来讲就是空间的一个构成部分。城与乡是空间名词，呈现的却是时间的内涵。在过去的一百多年里，城乡之间的发展出现了越来越大的差异，这是社会发展的时差在空间上的反映。作为规划师，如果我们不能识别不同城市社会发展的特征，也就意味着我们在工作中运用的规划技术手段和价值标准会存在时差问题。我们如果不知道倒时差，而是强调"自我"的主观意识，把个人喜好和社会需求搞混，不入乡随俗，把南方和北方搞混，时差错了，工作的技术路线就会出现有效性的问题，判断事情对错的价值观念也会有问题。

在 2004 年深圳罗湖口岸地区的规划实施后，就遇到一件观念时差的事。有一位政协委员提出一个提案，说政府在罗湖口岸改造上花了冤枉钱，证据是他过去可以开车到车站和口岸边，而改造之后，他不能像原来那样进去，停车也不方便了。因此，他写提案质疑政府主导的规划。规划局的人和记者找到我，我告诉他们说，因为罗湖口岸地区是半岛，道路系统只向北开放，所以道路资源是非常紧缺的。有限资源只能优先配置给使用公共交通系统的市民，因此如果你坐地铁或巴士去将会是最方便的，但如果你要开车去，那我只能说对不起。因为我们要为更多的人服务，而不是为开车的少数人，这就是观念时差带来的不一样的价值观。另一个案例是华侨城深圳湾大酒店的更新改造，拆除重建设计的时候花了心思和不少钱,保留了一道老建筑的立面墙。保留的这道墙给人传递了一种价值观的信息,对历史记忆的留存。这不是每个决策者都可以拥有的意识。在我看来这就是文化时差在具体决策时的反映。

四、异见性之四——迭代

今天在政治、新观念的影响下,社会发展的趋势正在发生很大的变化,而观念的迭代也是不断产生异见性。比如"政治+""互联网+""生态+"和"自然生态+"等,它们改变我们的生活方式和工作方式。面对这样的局面,如果我们还用常识带来的工作惯性,用那些自己熟悉的东西来做设计,我们就有可能变得保守而缺乏创新。

当下我们在设计物理的社会空间的时候,也同时出现了虚拟的社会空间,这就意味着传统的社会学已经从实体物质空间开始进入到虚拟游戏空间,观念迭代了,设计的异见性就又出现了。人工智能的科技正在改变我们的设计方法,前段时间与深圳的小库公司合作试验的城市设计和城市规划的算法工具,我们一起商议如何将原有的设计经验与算法相关联,然后输入相关数据要求,由云计算进行比选方案运算和智能判断。这个过程非常快,可以在同样预设目标下演算出许多方案,我们会在这个基础上进行人工选择,这可以把设计中大量的重复性劳动利用算法去替代。

五、异见性之五——创新

创新与违规可以比喻为硬币的两面。我们设计未来其实就是对现实不满意的具体行动,设计未来需要对现实有异见、有不同和创造陌生感,只有这样我们才能在设计中发现不同的价值并进行选择或取舍。创新首先需要改变自己,如果自己都不能改变,你输出的创新就是骗人的。假如不突破自己的设计习惯,那么我们设计的未来其实只是在输出已经拥有的思想,在经验性的指标下重复生产。设计是需要创新的,因为它是"为人的""人为的"事,前面所说的入乡随俗、倒时差、迭代都是要借此自觉修正自己的设计习惯。城市设计要适应不同地区的城市,不能以一式应万变。在深圳留仙洞地区的控规是深圳市规划院的黄卫东院长他们做的,后来都市实践、中规院和中建院一起做了其中万科项目的深化城市设计。我们采用了建筑师集群的设计制度和机制,解决了快速建造项目的设计多样性和丰富性的问题,关注集群建筑师参与设计的遴选和组织过程,自然就关注了结果。我认为有好的过程,好的结果就会应运而生。创新机制,也就创新了结果。

六、异见性之六——规划与设计

以我们做的一个项目为例。对同一块地先后做了规划和设计,通过对规划和设计两张图的对比,我们可以看到,当我们以总规的习惯去布局路网和空间的时候,常常会选择最容易识别方案特征的轴线和理想级配的路网,这是快速规划的常规做法。当我们根据地形和对空间特色的要求进行设计时,路网的形式就发生了重大变化。其实,这两张有差异的图前后时间差大概只有两个月，但却反映了“规划”和“设计”两个名词内涵的差别。因为总规层面不做具体和深入的研究，其考虑的结构和规模问题没有那么深入，最后的结果自然就缺乏浅出的内容。但是好的城市设计思维，对空间特色、道路及其断面就会想方设法去借势地形特征进行设计再创造的思考。设计创新往往都会与规范相冲突。规范是建构在经验基础上的标准，只是避免出现低水准设计的制度安排，除去那些涉及安全的强制标准，其他内容不能成为设计创新的桎梏。于是我们设计暂不管道路断面的具体宽度是否超过国标，而是考虑是否具有适宜客观现实的特色创新度，这种思维才是设计，设计需要异见性。设计的力量是巨大，我们都知道苹果手机厚度很薄，但是为什么那时的其他手机做不成？这其实不是乔布斯的贡献，而是乔纳森的贡献。他要求所有的元器件工程师缩小元器件以使配件可以装进乔纳森设计的薄外壳里，而不是像以往那样设计一个外壳把成型的元器件装进去。对谁主谁次的改变就创新了苹果手机，我觉得这就是设计的力量。设计是少数人对多数人的一种承诺，因此我们在设计的时候要充分知晓设计对于创新产品、改变城市或改变社会的那种力度及其包含的责任。

前两年在深圳发生过一件事，在已建成 6 年的深圳湾公园的滨海道旁，突然出现了几百米的铁丝网。深圳湾海边公园早已成为市民与自然共生的活动场所，也是人们心目中深圳滨海城市的象征地；而边防武警认为公园处在边境上，有必要设立铁丝网防止偷渡。这两种不同的观点形成了反差。最终由于深圳市民和全社会的集体强烈反对，铁丝网在 20 天之后被拆除。在这个过程中，深圳所有人都动员了起来，包括人大、政协和新闻媒体。我们可以看到，当一种价值异见性出现的时候，异见之间的 PK，就是立场和态度的 PK，其结果也是一座城市的文明状态。

在 2007 年的深圳总体规划的总体城市设计专题研究中，针对人的理想生活方式、人口规模、空间尺度以及城市公共服务支持的文明水准，城市设计带来的“异见”是把一座传统意义的大城市解析为若干个大城市。我们认为深圳不应该再是一个大城市，而应该是一个若干大城市组成的城市群。这是城市设计观察社会和观察城市形成的异见，只有这样城市的公共服务在资源配置、空间布局上才会符合客观的事实。

另外一个案例是 2002 年东莞理工学院松山湖校区的整体城市设计。当建筑设计师介入之后城市设计发生了一些变化，这些变化几乎是与城市设计互动同步发生的。建筑师可以合理地挑战已有城市设计的秩序和规则，但是在遵循和挑战中达成共识。这是两种设计方法的异见带来的不同的人、不同角度，从大到小、从小到大，相互讨论、相互碰撞的合理现象，这个学校的最终方案来自很多人的异见集合与共识，而不是单单城市设计自上而下的强制。设计的过程需要集成异见。因此，如果一座城市或一个像留仙洞那样成规模的街坊空间要在短期内形成，一定不能缺少大量智慧的叠加和碰撞的过程。回看 15 年前的这个项目，今天我们敢说这个设计是成功的，因为集合设计异见的机制是成功的，政府和城市设计师共同搭建了这个可集成异见的平台，让更多的智慧参与建造或改变未来社会空间成为可能。松山湖新城在面向未来的文化立场与价值取向上采用“异见”的另外一个姿态。2002年的时候,中国很多地方的建设在做国际设计咨询,并依此作为快速国际化的路径。当时,我联合崔愷院士倡导本土文化的价值,向市里建议做一个由中国本土规划师和建筑师担纲规划设计的新城。在“为什么会是这样”“为什么不是这样”“它应该就是这样”的问题选项中,传递“异见”的背后是有文化立场和逻辑关系的。

七、异见性之七——区域尺度的设计

下面介绍一下有关区域尺度的设计异见,这是我与中规院的同事们对未来珠三角地区的假想。

1. 假想一:诸侯,再诸侯

“诸侯”是珠三角地区城市化、现代化的社会运行机制特征,未来珠三角的发展会“再诸侯”,因为只有相拼相争,才会有相互启发和相互刺激的动力。没有纷争,就没有珠三角的过去、当下和未来。未来的城市诸侯是利益相关结盟,以更大规模的城市簇群进入“再诸侯”的时代。既有在珠三角地区城际间与己之争,更重要的是与区域之外和中国之外的城市、国际之争,只有那样,珠三角地区才会有超越岭南传统文化的利益共同体出现,才会有分工合作,才会有新岭南文化的沉淀。

2. 假想二:大势定于湾区

未来,新的纷争与合作将持续地出现在湾区,深圳宝安机场和广州白云机场管辖权以及深圳和广州在区域的首位度的一系列问题,就是在湾区这个地方发生的纷争。为了区域共识和共享,每个城市都在试图努力增加“湾区发展股份公司”的股份份额。我们假设未来珠三角地区会出现更多的城市,到那时会出现更高智慧密度、更新、更高建筑密度和人口密度的城市簇群。

3. 假想三:城市+互联网

城市的空间一定会和科技发展同步发生关系。互联网改变了城际间的时空,不再是梯级分发资源、资金、信息等,社会经济文化活动呈扁平化、网络化的趋势。人被工作场所绑架和空间异化的状态将弱化,人获得了选择工作场所的自由、自由宜居的社会环境和互联网扩展的时空才是一个城市的制胜之道。

4. 假想四:裂变,更多城市单元

我们认为珠三角地区现有的9个城市一定会裂变。就跟我们解构深圳一样,由若干大城市构成的深圳可以为社会提供更好的公共服务,而一个大城市的概念配置的公共服务则无法有效、有质量地服务2000万人的社会,所以为了更文明的城市化,珠三角地区一定会出现更多的城市,更多的以城市为基础的对外开放的门户。而不只是香港、深圳、广州才可以对外开放,小城市也会有专业的、对外开放的机会。我们认为未来的珠三角地区会发生更多的更有趣的东西,裂变为更多的城市单元。因此,我们要重新定义城市公共品在空间上配置尺度与标准。

5. 假想五:魔方城市

可转动魔方启示我们关注更加复杂的社会。魔方块体之间的空间关系是复杂的，当它在转动的时候会更加复杂。假设人与人、传统与现代、本土与外来是魔方的某一块体，随着时间转动，他们之间的相互关系会发生变化。这个变化可以比喻为社会的变化。我们将现实的城市社会当作可转动的魔方，人们对这社会文化魔方的态度将从适应到欣赏，再到创造。这是未来珠三角地区城市空间的异见性。

6. 假想六:度人文，敬自然，刷新珠三角

在生态文明时代，人文和自然的关系是显示文明状态的一种基本方式。当传统和现代在一起、城市和自然在一起的时候，未来珠三角会成为什么样子？我们在用设计的思路思考这些事情。

7. 假想七:实有值，虚无价

过去城市发展的动力是“物”的聚集、流动、加工与交易。而未来城市发展的动力是“非物”（信息、文化……）的聚集、流动、加工与交易。实有值，虚无价，这是未来珠三角发展应该关注的方向。

8. 假想八:更新不止于空间

既然是有过去的珠三角，那么就必然有未来的珠三角。我们一直在更新珠三角地区的城市环境和人文空间，但是，“物质的”城市是工具的发展，“非物质的”城市才是稳定的社会和文明，更新人们的生活方式决定了这个地方在社会学意义上的价值。

湾区发展规划是更新区域发展理念的机会，所有城市都在争取最后的区域话语权席位。通过异合，珠三角地区 9 个城市期望能够达成共识，更新服务于区域空间的新格局。

可能性文化一直是珠三角 30 多年发展的关键资源，这是一种特别的社会氛围，它是异见产生的社会基础性条件。事实上，在我们设计工作中需要拥有发现常识和常态之外的异见的习惯。异见不只是个性使然，而是以理性和文明为前提的创新思维和习惯。

“入乡随俗”是一个社会学的话题，将政治地理、文化地理和经济地理合起来就是社会地理。那乡、那俗一直在等着你，就看你设计时是不是有礼貌、有态度去尊重社会地理的特征、有权力设计城市或乡村的人们。在乡村，你开展设计工作时城市主义有多浓厚？读识乡村社会的观点和立场在哪儿？是否明白乡村是另外一种文明？在城市，你开展设计时的经验定式有多顽固不变？遵守标准和规范不能成为重复设计的借口？是否真知道长三角地区与珠三角地区的共性与差异？当我们到处游走，碰到任期只有三五年、入乡还不随俗的决策者，我们怎么去影响他们以服务于人民？快速城市化过程中为政绩急功近利产生的城建遗憾是否能够通过我们再规划或设计的方式抹去？异见就是观点、特色，同时也发现空间的附加价值。我们设计城市是需要不同和有异见的。

朱荣远 教授级高级城市规划师，中国城市规划设计研究院副总规划师，享受国务院特殊津贴专家。深圳市城市规划委员会建筑与环境专业委员会委员、中国城市规划学会城市设计专业委员会副主任委员。1983年毕业于重庆建筑工程学院建筑系城市规划专业，后入职中国城市规划设计研究院详细规划所。1984年参与深圳特区总体规划工作，20世纪90年代年代初开始长期在中国城市规划设计研究院深圳分院工作，曾任深圳分院副院长。曾经参与和主持深圳市城市总体规划（1985年，获1987年度部优一等奖）、深圳罗湖旧城规划及东门商业步行街环境设计（1998年，获2000年度部优一等奖）、东莞松山湖科技产业园城市设计（2002年，获2007年度部优一等奖）、深圳光明新区综合规划（2007年，2014年度获部优一等奖）、东莞生态园综合规划（2007年，获2014年度部优一等奖）、深圳福田区城市更新规划发展大纲（2011年，获2014年度部优二等奖）等。

秩序的构建——以《北京中心城建筑高度控制规划方案》为例

王 引

北京市城市规划设计研究院总规划师

一、城市整体空间秩序构建的必要性与必然性

(一) 城市景观的划分

就视线可及的范围而言,可将城市景观划分为局部景观与整体景观。人们在日常城市活动中视线接触的景观多为某一局部地段,可将其称为局部景观,如街巷景观、广场景观(图 1)、公园河湖景观、单体建筑景观等,其视角多为平视或仰视;局部景观是城市景观的最重要组成部分,也是城市设计的重要内容。可将远眺城市及鸟瞰城市的景观称为整体景观,如城市的轮廓景观、城市的形态景观(图 2),其视角多为俯视;整体景观也是城市景观的组成部分,但因视线要求的独特性,人们常常无法身临其境。

图 1 城市广场景观

图 2 北京国贸三期西眺北京中心城

(二) 景观的需求

建筑材料和建造技术的发展以及经济与社会的诉求使房屋越建越高,“鸟瞰”城市已成为人类的现实(图 3、图 4);科学技术的发展普及了航片与天空摄影,原来难得一见的城市整体景观已为人们所熟知,人们可以轻松地多角度观察城市(图 5、图 6)。科技的发展增添了人们观赏景观的欲望,也对城市规划设计人员提出了新的挑战。

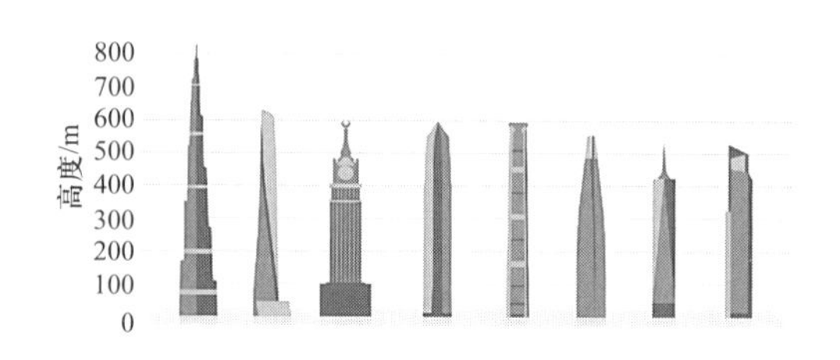

图 3　建筑高度比较

图 4　北京市城市规划设计研究院西望西山

图 5　北京长安街

图 6　意大利威尼斯

（三）管理的需求

城市的重点地区是规划设计的主要对象。从北京、上海、巴黎的案例中可以发现重点地区的景观（城市局部景观）秩序井然，得到认可，但城市整体景观则显得杂乱无序，其原因是没有对城市整体空间形态进行有效的控制（图7至图12）。

图7　北京东三环南望CBD

图8　北京西三环地区

图9　上海陆家嘴

图10　上海市区

图11　巴黎老城

图12　巴黎郊区

局部的精彩并不意味着整体的完美,但整体的秩序将有利于局部的精致;微观城市设计关注近人环境的舒适体验,宏观城市设计关注整体空间的秩序。

(四) 技术的需求

感性的设计手法是以往城市设计采用的重要方法,强调人的视觉感知。例如巴黎在控制老城的建筑高度及街巷空间(尤其针对重要历史建筑的环境控制)时采用“纺锤体”的视线分析方法,伦敦采用战略眺望系统来控制重要历史建筑的局部景观,北京采用“锅底状”的方法来控制老城的建筑高度(图 13),等等,这些经典的方法成为尊重城市历史并组织城市景观的重要手段。但也有一定欠缺:一是仅在老城使用,老城外围的新区缺乏整体研究;二是该方法较少考虑经济社会发展的诉求,略显呆板;三是没有很好地协调城市建设活动的其他内容,统筹性不足。因此常常出现“失控”的状况(图 14)。

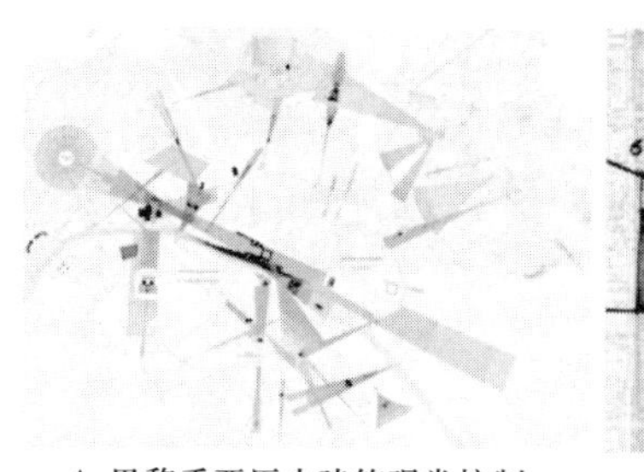

A 巴黎重要历史建筑观赏控制

B 北京老城建筑高度控制示意

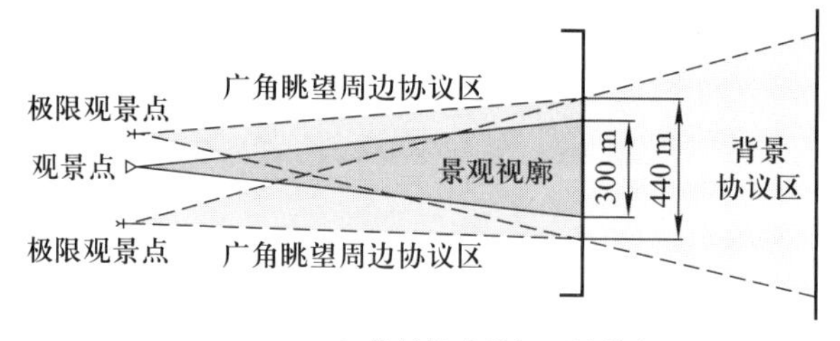

C 伦敦战略眺望系统控制

图 13　建筑高度控制实例

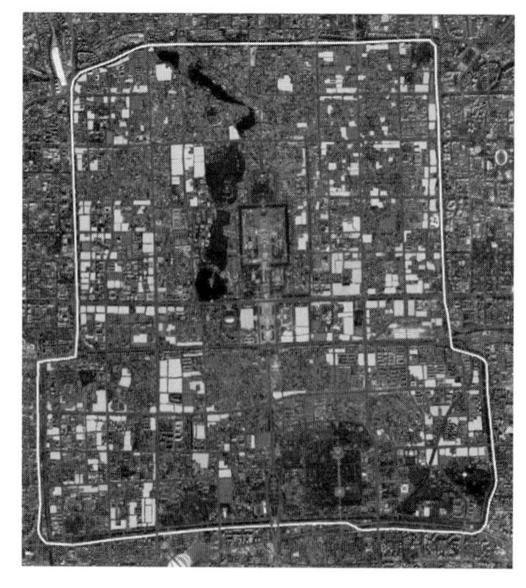

图 14　老城内超控地块示意

城市整体空间由众多“专项内容”构成,包括政治、经济、文化、军事等方面,如教育、医疗、商业、供水、供电、道路、地铁等设施的内容,这些“专项内容”都有其存在的必要性,并且每个专项都有其内在的秩序。它们互为因果,彼此有促进,也有制约。

纯粹的景观控制方法已经不再是城市设计的唯一,也无法阻止经济活动;城市空间的营造必须全盘考虑社会公平、经济合理、精神需求等要素;城市必须梳理“专项内容”的分秩序,建立相互协调、相对稳定的总秩序。

强调秩序的总体城市设计(方法)已然必然。

二、北京中心城整体空间秩序构建的案例

我们的研究以北京中心城二维空间格局不变为前提,重点研究建筑高度的把控,属总体城市设计内容之一。

北京是中国传统营城理念的典范之作,现状中心城以旧城为核心,其空间格局与形态具有强烈的历史文化特征。老城布局严谨、中轴统领、形态清晰,自 1982 年北京被列为首批历史文化名城以来,对旧城整体保护和基于重要历史文化建筑所开展的局部地区高度管控始终是北京城市高度控制的核心内容(图 15)。随着经济社会的快速发展,老城的外围地区不断“长高、长胖”, CBD、中关村西区、望京科技园等重点功能区迅速成为高层、超高层建筑的聚集地,城市空间形态发生剧烈变化。问卷调查与我们的评判高度一致,即缺乏逻辑和秩序是北京中心城整体空间形态最为突出的问题(图 16)。

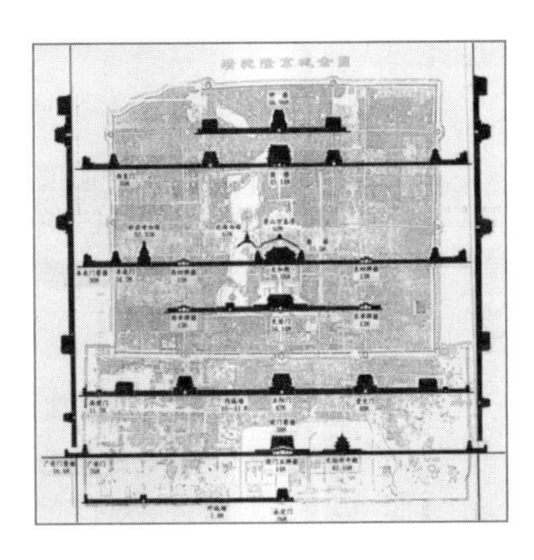

图 15 北京老城高度控制

(一) 开展总体城市设计研究,统筹各项高度控制要素,明晰空间形态发展方向

在全面梳理、继承历史工作的基础上,从市域到中心城开展总体城市设计研究,首次提出了北京市域整体景观格局和八大风貌分区,塑造了中心城清晰明确、富有特色的整体空间形态。进一步探究了多元高度控制要素的动态平衡机制,在以往高度管控以山水格局、历史文化等为主导的基础上,新增并加强气候环境、交通承载、土地经济、市民体验等

内容，揭示出空间生长的客观规律和美学认知的群体需求，为中心城整体高度管控指明方向（图 17）。

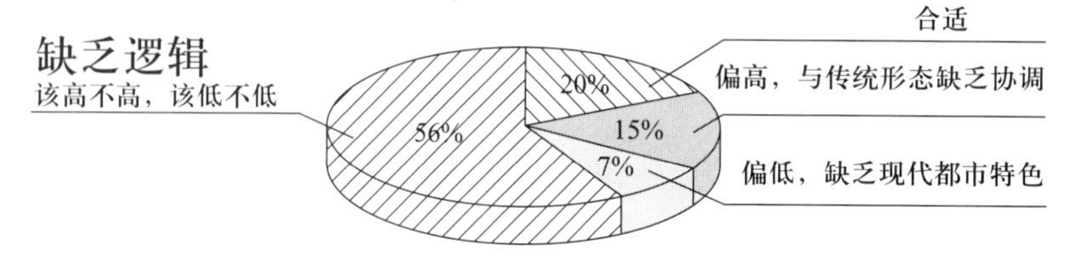

图 16　问卷调查

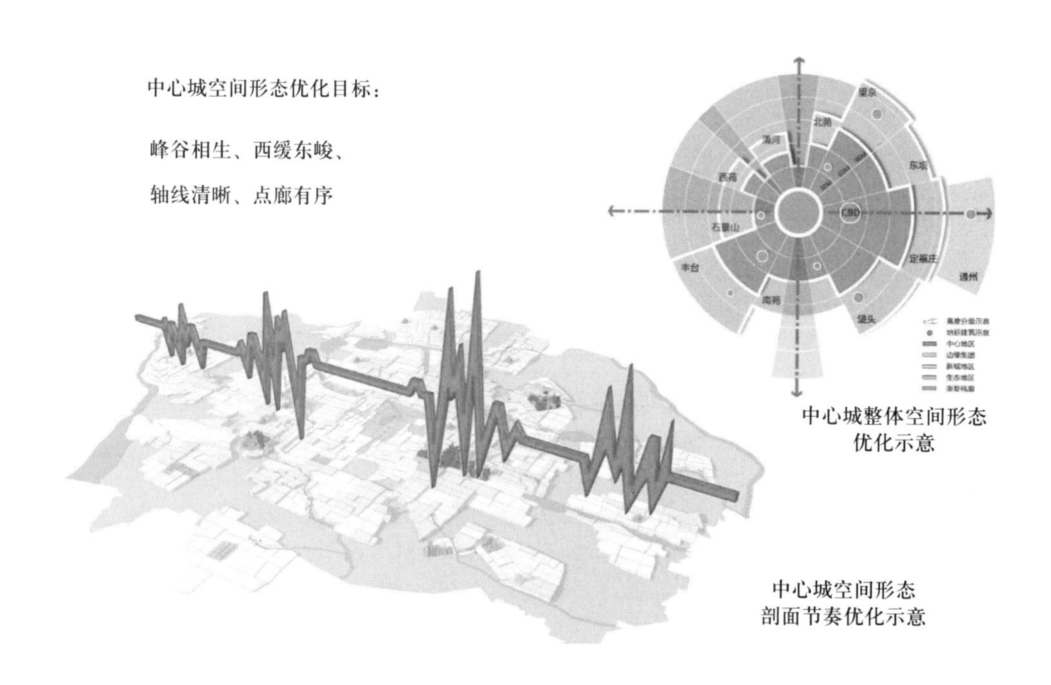

图 17　北京中心城建筑高度控制原则

（二）梳理建筑高度的整体管控逻辑，构建“四级高度控制体系”，形成规划方案

坚持从框架到局部的逐层推演，坚持感性而定性的主观与理性而定量的客观之间的相互校核，提出北京中心城四级高度控制体系，并基于多项数字技术，科学评估并系统综合了 11 类共计 25 项高度控制要素，形成规划方案，精细管控城市形态（图 18）。

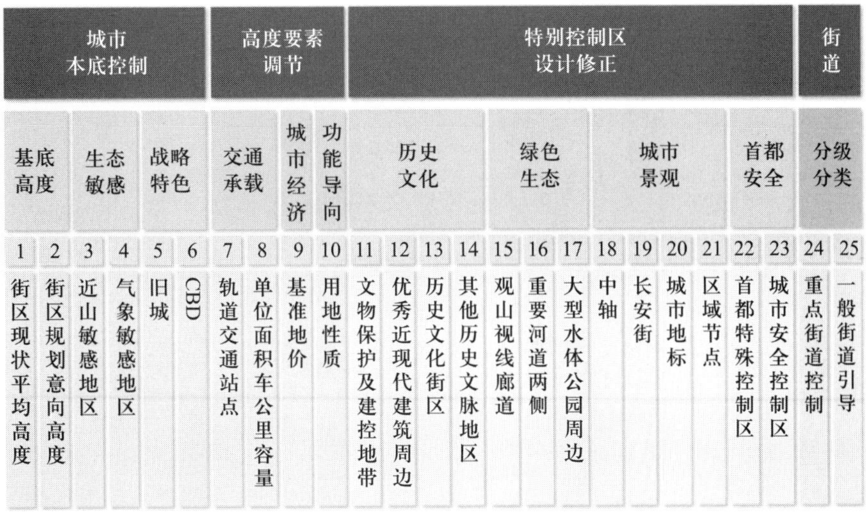

城市本底控制						高度要素调节				特别控制区设计修正													街道	
基底高度		生态敏感		战略特色		交通承载		城市经济	功能导向	历史文化				绿色生态			城市景观				首都安全		分级分类	
1	2	3	4	5	6	7	8	9	10	11	12	13	14	15	16	17	18	19	20	21	22	23	24	25
街区现状平均高度	街区规划意向高度	近山敏感地区	气象敏感地区	旧城	CBD	轨道交通站点	单位面积车公里容量	基准地价	用地性质	文物保护及建控地带	优秀近现代建筑周边	历史文化街区	其他历史文脉地区	观山视线廊道	重要河道两侧	大型水体公园周边	中轴	长安街	城市地标	区域节点	首都特殊控制区	城市安全控制区	重点街道控制	一般街道引导

图 18　北京中心城建筑高度管控体系

"四级"分别为：

（1）城市本底控制

考量涉及本底形态的基本性内容，"街区现状平均高度"和"街区规划意向高度"相互校核，确定控制基数，确定近山敏感地区、气象敏感地区、战略特色地区的高度控制因子，落实本底控制要求，形成空间管控框架。中心城共形成 417 个本底高度单元，平均用地规模 2.6 平方公里，平均高度为 28 米。

（2）高度要素调节

探索城市运行规律对空间形态的直接影响，包括交通优势、城市经济和功能导向，甄选要素（轨道交通站点、单位面积车公里容量、用地性质、基准地价），划定范围，确定幅度、叠加效果，拟合城市形态模型，促进空间形态优化与经济社会发展相一致。

（3）特别控制区设计修正

划定四大类 13 小类高度控制重点地区，明确高度控制要求，服务于大国首都城市定位，建立空间秩序与特色（图 19）。

（4）街道高度要求

合理控制街道高宽比，挖掘舒缓开阔、行道树茂盛的街道特色与价值，分类分级，营建高品质的公共空间（图 20）。

（三）严控四大类 13 小类高度控制重点地区，统领空间秩序，彰显风貌特征

探索总体城市设计的实施路径，坚持以重点地区为抓手，划定空间形态的关键地区，提出各具针对性的"严格控高""引导控低"等规划要求，强化差异管控。主要包括：① 历史文化控制区 4 类，在名城保护基础上新增历史文脉地区，保留各时代的独特印记；② 绿色生态控制区 3 类，提出 3 条观山视廊、9 条滨河廊道及 4 处水体周边的具体管控方法，促进自然环境与城市建设的有机融合；③ 城市景观控制区 4 类，除合理把控十字轴线外，划

图 19 影响建筑高度的相关因子分析

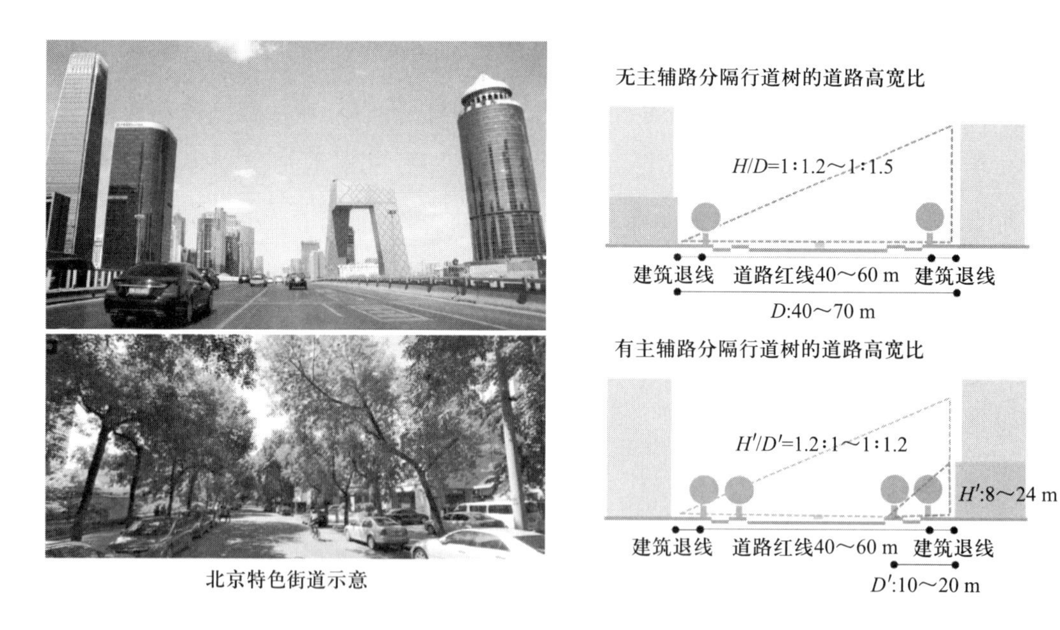

图 20 沿街建筑高度研究

定 11 处城市地标和 26 处区域节点,明确天际线设计要求,促进现代城市特征与传统文化特色的交相辉映(图 21);④ 首都安全控制区 2 类,服务大国首都定位,保障城市生命线安全。

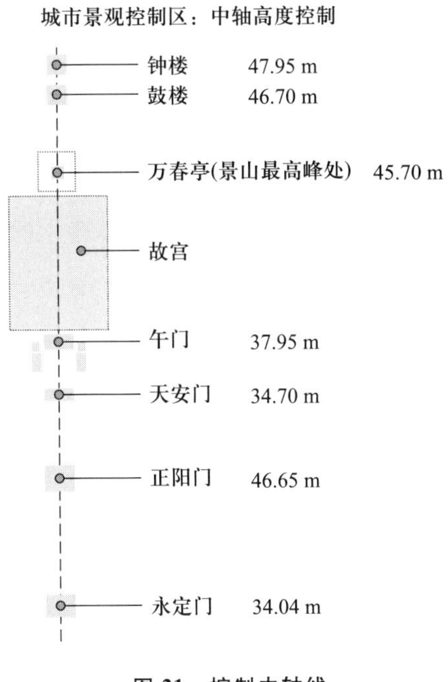

图 21 控制中轴线

（四）建立基准高度管控机制，初步搭建规划管理三维数据平台，推动成果落实

为合理提升量化指标的容错性和适应性，建立基准高度管控机制，划定了 1665 个基准高度单元，提炼 14 级基准高度指标，有效衔接规划管理与实际建设。坚持宽严兼济、公平合理的原则，划定严格控制区、设计引导区和一般建设区三级管理分区（图 22），并制定与之匹配的管理政策，融入现行管理体系。此外，初步搭建了三维数据平台，实践报审方案的建筑高度评估与审查，支撑规划决策。

图 22 三级管理分区

三、结　　语

城市是地球上最复杂的生命有机体。世间万物，不论是飞翔的鸟、行走的动物、地上的植物，都有其生长规律；不同种类的鸟的羽毛、走兽的骨骼与肌肉、植物的枝干与叶片，都有其内在的秩序。这种自然界的种种秩序，是经千百万年的自然演化而构建出来的，是自然界的内生动力依其规律运动的结果。

城市是自然界的组成部分，依其内部的规律繁衍生息。人类对城市的每一次干预，都在促进城市的自然演化，使其如同自然万物一样，巩固其内在的秩序，并展示于苍穹。秩序是城市与生俱有的，是人类改造其生活环境的结果。

道法自然，构建秩序；法无定法，既为有法。

王引　北京市城市规划设计研究院总规划师。兼任中国城市规划学会常务理事。30多年的城乡规划工作涉及多层次、多专项的规划编制与研究，从城乡总体规划到控制性详细规划及修建性详细规划，从城乡公共建筑专项规划到建设项目的实施。近年来主要研究方向为城市设计及控制性详细规划的编制与管理。

公共空间的失落与复兴*

邓　东

中国城市规划设计院副总规划师

这次论坛的主题是高端前沿、热点和新技术。我今天要讨论的这个题目,话题不高端,因为很早就在谈,但我想它肯定是最前沿、最热门的话题。它没有足够的明晰性,却有足够的鲜明性。这就是当下中国最身边发生的事。崔愷院士说,城市设计要从脚下做起。实际上,我们所有的事情都在身边,走出大楼,走在城市街道上,或者节假日到其他公共空间。由于公共空间的问题出现在很多场景中,所以现在有必要对一些公共空间进行反馈。这很简单,很多著名的学者和老师都进行了深入的研究。但实际上,公共空间有两个要点。从公共物品的角度看,公共空间是由公共权利创造和维护的,由公民使用和享有,是公共利益的一个公共领域所在地,是一个容器。其次,它可以根据空间类型分为两部分,即街道等公共开放空间和专用公共场所(包括医院、学校等公共建筑和文化建筑)。所以今天我对中国的公共空间有一些思考和认识。

实际上,通过研究和慢慢地体会,我们学过西方,现在回归到一种复兴的状态。我个人的观点,新时代中国的公共空间的价值是伦理前提下的社会空间的外在物质载体,具有"家-国-天下"三个纬度。中国人称"家"为家园、家庭——家+园、家+庭,这是中国最小的公共空间细胞,我们从苏州园林的宅院和私家花园、皇城的郊野空间等里都能看到。从文徵明、郎世宁的画中能看到一个家族、一个祠堂或者一个家庭细胞——我们的田园和宅院。这是中国人特有的、独特的生活方式、人生观和宇宙观。

第二个纬度是国。国到现在为止已演化为城市,是城市的载体。在古代,中国的城更多的是一种治理观念,是由社会伦理衍生而来的空间伦理的外化。它分为两个维度,一个是殿堂之上,一个是市井人间。首先,各个皇城都以各自的联系作为相应的载体,因为是一个决策和内在化的分级的功能。与西方 20 世纪的城市截然不同。另外一个层级的概念是市。国的含义中可以有市,叫市井人间。从汉长安城到唐长安城,一直到汴梁(今开封),就像《清明上河图》中描绘的,中国古代的城几乎是商贸、社区、剧院和社会聚会等一切活动的载体。又如《乾隆南巡图》,也展示了古代苏州城市的繁荣景象,这与基于自动

---

* 本文根据录音文件整理而成。

化的西方工业文明是迥然不同的图景，这是中国人的方式。

第三个纬度，是最重要的，也是经常被我们忽略的。中国人有心目中的山水，有天下，有山川。不管是皇上、士大夫、知识分子，还是平民百姓，“天人合一”的宇宙观和生活方式构成了每一个中国人毕生追求的经典而极致化的生活体系。这就是为什么我们愿意到处玩、到处走。之前故宫展出的《千里江山图》便展示了中国人巨大的开放空间的图景，这是巨大的心理图景，也是物质化的图景，里面有家国天下，讲“天下”就有“家”这个基本单元，也有“国”的载体城市。

下面讲几个中国的公共空间失落的问题。

第一个问题：不足。例如，健身场地的不足引发的公共事件频发，“想用就得抢”。新的时代，老百姓有新的需求，体育健身项目增长了42.5%，然而，在社区层面，家的概念尺度实际上并没有这个空间，也没有家园。我们也有单元，从西方的单元户学来的，但是园子没了。我们没有找到替代品。社区中出现很多问题，一些来自老年人，一些来自年轻人。另外，就是暴走，这种事件也频繁发生在各个城市。我认为这是近一段时间突发的一种主要的城市病。我们的城市也存在问题，大量拥堵、拥挤，包括公共设施和公共场所。选择单一，人均指标下降。“十一”期间，全国旅游出行达7.1亿人次，虽然增加了很多公共空间，但却赶不上不断增长的需求。另外，我们的山水、人居环境都存在问题。

第二个问题：不均衡。首先，“能用，不好用”，规模大，但非人性化。有些空间是空置的，本身就缺乏空间，但又有很多这种空置。还有很多非人性化的设计，人们不喜欢也不会用，因此浪费闲置。供需不匹配。我们在社区进行了调查，为老百姓或老人提供一个居室或者活动空间，但没有人来，他们要在室外去，因此有匹配的问题。另外，我们的体育健身场地严重缺乏，但有那么多闲置空间，而且闲置量非常大。其次，“能用，不让用”，大量的设施对公众关闭。我们的体育设施指标都算在中小学，但不对外开放，也开放不了。许多公共建筑亦是如此。最后，老百姓没有活动区域，“能用，被占用”。绿地被挤占，街道被挤占。“共享”新经济的出现正在积极地侵占公共空间。违规的私搭乱建、占边占道，包括公共建筑商的建筑，对公共空间的侵占正在加剧。

第三个问题：无界定，无设计，缺乏管理。实际上，到现在都没有一个对公共空间整体管理的法律规范。另外，缺乏设计，甚至没设计，更别提好的设计，管理的缺失、自由自发散漫蔓延式，等等。

最后，有几个例子，说明我们还是在砥砺前行。《北京城市总体规划》向我们传达了一个很重要的信息，“留白增绿”成为公共空间的设计框架。《上海市城市总体规划》刚刚双解，15分钟生活圈，包括黄浦江两岸公共空间的复兴、徐汇松江的开放，包括街道的导则规范，这是我们在“三无”的过程中在努力修正。厦门的社区营造。苏州的环城河开放，成为中心最受欢迎的约16公里的散步道，谈恋爱的、遛狗的、约会的、健身的全在这儿，也是一个交汇的场所。另外，三亚双修工程，比如月川绿道，大家非常喜欢；又如解放路步行街，实际上简单做做，一年时间就变成一个婚纱摄影的取景地，一个各方面兼容平衡的地方；山川破坏了，我们开始修复山；市民果园，大家一块儿种树，一块儿休闲，还绿于民；河道修复，大家知道三亚河的污染情况，近一年时间把河道还清，现在还不能下河游泳，但是已经取得了重大进展。

但是中国人还是不高兴，全在于公共空间，这是中国人当下的痛。当然还有很多非空间的困难和麻烦，读书难、出行难、看病难、养老难、就业难、呼吸也难，看病烦、上学烦、旅行烦，出游、溜娃、上街都烦，所以中国人很不快乐。另外，实体公共空间的消亡，把孩子赶到了虚拟世界。这与新技术、互联网也有关。令人沮丧的是，奥数班、学校教育等都是在私有空间进行，孩子们乘坐私家车往返于教室之间。但是虚拟空间给他们打开了一个兴奋、无比的畅想的世界，这是不对的。应该让孩子回到现实世界，面对面交流。

我们首先认识到公共空间已经成为当下中国社会发展公众最大的痛点和短板。我个人认为这是最大的城市病。复兴中国公共空间成为当下城市设计工作的第一要务，它实际上是中国空间伦理复兴和未来国家治理体系重构的压舱石。所以有以下几点想法与大家分享。

第一，回归人。这是非常关键的概念。因为中国人的不快乐是在公共空间，中国人的幸福感和获得感也寄于公共空间。所谓奇奇怪怪、风貌特色、千篇一律，都是通过公共空间来感知城市的。此外，对于城市居民个体来说，他的积极/消极的获得感决定了他对城市的归属感/偏离感。所以，这是一件非常严重的事。它要求我们从业者真正回归人文尺度。实际上，我们有研究，即使是 7~8 平方公里的广场，每一个建筑，我们都认为是段落。与西方不同，实际上是人的尺度，不超过 200 米。所以，应该从人的视角来考虑。

第二，回归设计。因为城市设计是公共空间的一个根本途径和方法，所以城市设计必须回到公共空间，包括设计控制，为人和人的幸福生活设计美好的场所。上述的问题和失落表明，这是一项长期而艰巨的工作，但是是必要的，需要一点一点打造。

第三，回归中国的价值观。重建中国的公共空间的伦理秩序——家、国、天下，我们称为社区、城市、区域和我们的外部生态环境。最后有两句话：拯救公共空间，复兴中国公共空间的伦理；从家做起，就在当下。

邓东　中国城市规划设计研究院城市更新研究所所长，中国规划学会城市设计学术委员会秘书长，教授级高级城市规划师。清华大学硕士毕业，1997年和2015年作为访问学者赴英国卡迪夫大学住房与规划系和美国宾夕法尼亚大学学习。从事城市规划工作以来，在学术理论和工程实践中成绩斐然。2010年，作为玉树重建规划设计和现场管理的总负责人投入玉树灾后重建工作中，工作于2013年底全面竣工完成。同年，此工程项目获得国家级及省级城乡规划设计奖一等奖。此外，主持了苏州、海南、绍兴、湖州等多项国家重点区域总体规划以及三亚城市修补、生态修复工作；主持并起草了《城市设计管理办法》《城市设计技术管理基本规定》《生态修复城市修补技术导则》等一系列住房和城乡建设部相关管理文件。在城市设计及城市更新方面独有建树，主持的工程项目多次获国家及省部级优秀奖。在国内重要学术刊物和会议上发表论文几十余篇，并参与多项科研课题。2009年入选百千万人才工程国家级人才，2010年享受国务院特殊津贴专家，2011、2012年度青海省玉树地震灾后重建先进个人，2012年被授予全国五一劳动奖章。

基于国家城市设计需求反思当前我国的建筑教育

徐 雷

浙江大学建设设计及其理论研究所所长

一、引 言

此次“城市设计发展前沿高端论坛”设立的 4 个议题 36 个专题报告，讨论的关键词几乎涵盖当前城市设计发展的全部领域，紧扣新时代加强城市设计的紧迫的实践需求。“新”亦是我对此次论坛的整体印象。嘉宾学者带来的理论研究和工程实践一线的工作成果，给人强烈的创新感受。

“新”也应该是教育的基本理念之一。此次论坛的 36 个专题报告，只有我一个报告讨论了城市设计的人才培养问题。我想在“理论”“实践”等关键词外，再加上“教育”这个关键词，城市设计当前面临的问题才能更完整。在讨论城市设计问题时，我们千万不能忽略了专业教育的极其重要的领域。

教育，即人才的培养，是在实践之前就需要考虑的问题。当今的新时代必然渴求新型人才。“人才是第一资源”，对人才的关注最为重要。就途径而言，我国城市设计的人才培养主要依托城乡规划学与建筑学。我是建筑学背景的，建筑学人才教育有两条途径：第一条是通过存量人才的继续教育和工程实践来实现，这亦是我国改革开放之后应对新的发展需求最主要的一条途径，但不是科学的路径，也非可持续的路径；第二条是通过专业教育培养新型人才，这才是最重要的途径，其主要载体不在工作岗位，而是高等教育机构。

二、应对城市设计，建筑学专业教育应有的基本态度

面对城市设计的需求和如今建筑学专业教育的格局，我认为建筑学领域首先应该要有诚惶诚恐的态度，其中的缘由可以从两个方面来理解。

第一，从现代城市设计理论的两个维度来理解。

现代城市设计的纵向维度：自古就有城市设计，但现代城市设计的概念是在 20 世纪 50 年代在发达国家出现的，并逐渐成为发达国家解决城市空间形态有机更新的主要手

段。现代城市设计作为一个知识和技能体系渊源尚浅。对我国而言,现代城市设计是随着改革开放自发达国家引入我国的(1982 年秋,刘光华教授在东南大学第一次开设城市设计硕士研究生课程,王建国院士也提出我国的城市设计是从 20 世纪 80 年代开始的)[1-2]。作为一个学科领域,城市设计的历史很短。

现代城市设计的横向维度:现代城市设计主要关注既有城市空间形态的有机更新(例如,多数西方发达国家城市设计方面的著述都以建成的城市空间形态作为研究对象)。应对城市空间形态不断新陈代谢的诉求就成为城市设计工作的出发点,而有效解决问题的前提是不断的知识和技能的创新。期望以不变的知识与技能来应对常态化的城市有机更新显然会无效。因此,现代城市设计要求在知识与技能的不断创新下实现自身的发展。

第二,从中央要求“加强城市设计”的重大意义来理解。

在我国,“加强城市设计”的任务要求始于 2015 年中央城市工作会议公报 。公报提出当前城市工作“一个尊重,五个统筹”的六大工作部署。在第三项“统筹规划、建设、管理三大环节,提高城市工作的系统性”的工作部署中,中央对加强城市设计的具体阐述是:“要加强城市设计,提倡城市修补,加强控制性详细规划的公开性和强制性。”[3]显然,城市设计在我国城市当前和未来的发展中将担负重要使命。我认为这样的使命有两层含义:第一,城市发展的路径将转向依托既有城市的优化与有机更新,即依托城市的存量资源实现城市的可持续发展,这是城市发展方式的重大转变,城市设计的功效与这样的发展方式相适应;第二,通过加强建设项目落地的最后一道管控环节——控制性详细规划,管好越来越少的城市增量土地资源的利用,这样的要求也是城市设计发挥作用的开始。然而,对于那些习惯了通过土地的增量投入实现城市发展的传统方式,以及在这样的发展方式下形成的建筑学专业教育体系的人来说,这是全新的挑战。建筑学目前的知识和技能体系显然不可能有足够的自信来应对这样的挑战。

三、应对城市设计,建筑学专业教育存在的缺失

我国当前的建筑学专业教育格局因历史的原因,还深度浸润在西方古典建筑教育的土壤中,其中一个明显的缺失是对城市问题的导向,更不可能有基于城市建设现状格局的教育教学体系。现在建筑学专业教育中关于城市的知识教育严重缺乏,或者是碎片化的。专业技能的训练也主要停留在白纸上进行主观构思来生成空间形态的方法。这样的育人方式对建筑设计可能有其存在的必要,但显然无法应对城市存量环境有机更新的客观性与复杂性的诉求。

从应对城市有机更新的客观性与复杂性的诉求出发,我们可以看到我国当前建筑学专业教育存在的缺失,其中最重要的是科学性的缺失。我认为,王建国院士“城市设计具有显著的科学性”的表述非常精准地概括了城市设计与建筑设计之间的关键差异。

再审视当前我国工程教育界基于新时代“人才是第一资源”[4]的理念正在进行的人

才培养问题的探索，加强科学性的呼声逐渐成为共识。显然，由城市设计的需求引发的对建筑学专业教育的反省，并探索转型和创新发展，在这个大趋势的驱动下已经成为当务之急。

讨论新时代工程教育人才培养方式的转型与创新，首先要明确的是人才的定位。关于人才的定位，我认为北京大学林建华校长在 2017 年 10 月 12 日上海健康医学院进行的大学校长论坛上的演讲已经给出了准确的答案。林校长的答案借用的是钱学森先生 71 年前的话。钱学森先生 1947 年利用回国度假的机会，在国内作了题为“工程与工程科学”的巡回演讲。他在演讲中指出：“纯科学家与从事实用工作的工程师间密切合作的需要，产生了一个新的职业——工程研究者或者工程科学家。他们是将基础科学知识应用到工程问题的那些人。”作为工程科学家的杰出代表，钱学森先生对工程技术人才的定位在今天的新时代背景下显得更加准确和重要。[5]

2017 年 4 月 8 日，教育部在天津大学召开了由 61 个高校参与的新工科建设研讨会。作为研讨会的成果，教育部发布了《“新工科”建设行动路线（“天大行动”）》（因会议在天津大学召开，故有“天大行动”一词），其核心思想是回答响应国家“两个一百年”奋斗目标，特别是在 21 世纪中叶实现建成社会主义现代化强国的中国梦，工科专业教育应该如何转型与创新的重大问题。《“新工科”建设行动路线》构想的工科专业教育转型与创新发展分三个阶段的目标：到 2020 年，探索形成新工科建设模式，主动适应新技术、新产业、新经济发展；到 2030 年，形成中国特色、世界一流工程教育体系，有力支撑国家创新发展；到 2050 年，形成领跑全球工程教育的中国模式，建成工程教育强国，成为世界工程创新中心和人才高地，为实现中华民族伟大复兴的中国梦奠定坚实基础。[6]

新时代建筑学专业教育的转型与创新刻不容缓，而城市设计的科学性要求又为建筑学提出了培养工程科学研究者或者工程科学家的新要求。城市设计专业人才的定位应该是具有科学研究素养的工程技术人才，终极目标是成为工程科学家。

四、应对城市设计，建筑学专业教育转型与创新的构思

钱学森先生所指的“基础科学知识”，对应城市设计，应该就是能体现城市设计科学性要求的知识基础，是能应对城市问题而不只是建筑设计问题的知识基础。依托这样的知识基础，建筑学的专业技术人才在毕业后才能保障在未来的继续教育和工程实践的职业生涯里有持续发展的条件。而在教育过程中贯彻科学性，也是培育学生学术能力的主要手段。有了良好而宽厚的学术能力，学生才能在学术道路上走得更远。

围绕科学性的诉求，我对建筑学专业教育的转型与创新有以下几点不成熟的看法。

第一，建立建筑学基础科学的知识群。

毫无疑问，基础知识的门类众多，建筑学的专业教育过程不可能完全覆盖，但必然有应对城市问题所需要的最重要的知识门类。另外，必定有可以整合不同知识门类进而形成能尽可能多地覆盖相关知识的知识集成方法。因此，现在已经到了必须围绕城市设计

的需求梳理出必要的基础科学知识的时候了。早在20世纪80年代中期,齐康教授就在东南大学举办的一次学术会议上指出:如果要做城市设计,至少要有三个基础的知识,一个叫城市社会学,一个叫城市经济学,一个叫城市地理学。显然,这都是自然科学和社会科学非常重要的源头知识。从我经历城市设计研究和实践的体会,齐康先生30多年前的见解非常正确。再看今天我们建筑学专业教育的知识体系中,明显缺乏这些面对城市问题必须具备的基础科学知识的系统性教育。我想至少城市社会学、城市经济学、城市地理学应该成为建筑学专业教育必要的基础科学知识。

第二,通过学科间的协同完成基础科学知识的体系建设。

基础科学知识的源头无一例外都不在建筑学。建筑学专业教育中如何才能嵌入基础科学知识?王建国院士曾经指出:城市设计一个非常重要的工作特点,叫“协同”。我想,王院士所讲的协同就是不同的学科要协同。就在出席论坛的前一天,浙江大学面向全校的二级学科进行了一次调研,要求每一个二级学科必须跨学科找三个有关联的其他二级学科。通过这次调研,我发现浙江大学有非常完整的学科门类,我们在城市设计的研究与实践中急需的知识源头都可以在其他学科中找到。由于只能挑选三个关联学科,我选了社会学、经济学和地理学。我认为这样的调研透露出学校强烈的期望加强学科间实质性交融的愿望。我想这样的交融应该不只是为了研究,最重要的结果应该是通过学科的交融培育出适合每个学科实现人才培养方式转型与创新的知识体系。

第三,全过程渗透基础科学知识的教育。

建筑学专业人才的培养有本科、硕士和博士三个层级。我们应该对每一个将要面对城市问题的建筑学专业人才进行必要的、涉及城市这个对象的基础科学的知识涵养,应该将城市问题作为一个基本的问题导向,渗透在人才培养的各层级,特别是本科教育的层级,必须有系统地让学生由浅入深掌握对应城市问题的必要的科学知识,要弱化城市设计的“设计”技能的训练,而要凸显“城市”这个关键词。在硕士阶段,城市设计技能的训练应该作为重点的教育内容,学生开始能着手尝试解决现实中的问题。最后是博士阶段,作为以学术研究为主要目的的博士研究生,我想“将基础科学知识应用到工程问题”应该就是建筑学博士阶段人才培养的第一要务。

五、结　　语

新时代城市设计的重要作用正在倒逼建筑学专业教育必须进行应对性的转型和创新。这样的专业教育转型与创新带来的不只是城市设计人才培养的收获,也将对整个建筑学专业教育体系的转型与创新带来积极的成效。以上的陈述只是抛出了一些自己的感想,有不对的地方敬请批评指正。

参考文献

[1]　金广君. 城市设计教育:北美经验解析及中国的路径选择[J]. 建筑师, 2018(1): 24-30.

［2］ 王建国. 城市设计［M］. 3版. 南京:东南大学出版社,2010.

［3］ 2015年中央城市工作会议公报［R］. 2015.

［4］ 习近平参加广东代表团审议时强调——发展是第一要务 人才是第一资源 创新是第一动力［EB/OL］.(2018-03-08).

［5］ 北大校长林建华用钱学森70年前讲演诠释“新工科”,还比较了理科与清华［EB/OL］.(2017-10-12).

［6］ “新工科”建设行动路线(“天大行动”)［EB/OL］.(2017-04-08).

徐雷 浙江大学建筑设计及其理论研究所所长,教授。1982年和1985年在南京工学院(今东南大学)建筑系分别获工学学士学位和工学硕士学位,2004年在浙江大学建筑系获工学博士学位,1993—1995年公派至德国柏林工业大学做访问学者。1985年5月起在浙江大学建筑系任教至今,1993年晋升副教授,2001年晋升教授,2005年开始任博士生导师。主要研究方向是城市设计理论与方法、绿色建筑设计及其理论;主持国家和浙江省的纵向研究项目合计6项,发表学术论文近80余篇。作为主要参与者参与国家《绿色建筑评价标准实施细则》和浙江省《绿色建筑设计标准》《绿色建筑评价标准》的编制。兼任中国建筑师学会城市设计分会理事,住房和城乡建设部绿色建筑与节能委员会委员、首批绿色建筑标识认定专家组成员,浙江省建设厅科技委员会委员,浙江省建筑节能与绿色建筑学术委员会副主任,浙江省绿色建筑标识认定专家委员会主任,浙江省建筑师学会城市设计学术委员会副主任,浙江大学“绿色建筑研究中心”首席专家等。主持完成多项城市设计和建筑设计工程项目。相关成果获2016年度浙江省建设科技一等奖和浙江省优秀城市设计奖。

空间范型思辨与城市设计前瞻

王世福

华南理工大学建筑学院副院长

引言:城市空间范型的弥失——什么是好的城市设计

党的十九大提出社会主要矛盾已经转化为人民日益增长的美好生活需要和不平衡不充分的发展之间的矛盾。城市作为美好生活的物质空间承载影响了方方面面。所以我们会问什么是好的城市? 美学维度、技术维度、经济维度、社会维度、文化维度、人本维度等对于城市的评价都与城市建成环境的空间形态息息相关,也就是说,好的城市空间形态是回答这些评价的本质。然而,什么是好的城市,什么是好的城市设计,都难以绕开当前存在空间范型迷失的困惑。

Carl Gustav Jung 的原型理论(Archtype)认为原型是没有内容的形式,是一种深层的有力量的结构形式和稳定沿袭的文化心理模式,揭示了“集体无意识”对人类活动的深刻影响,启发了众多学科领域。同样,原型理论存在于空间设计及场所营造领域,构成了结构化心理模式影响下的特定空间,本文称之为“空间范型”。对于城市设计指向的原型和范型的争论一直没有停止。1960 年 Kevin Lynch 出版《城市意象》(*The Image of the City*),资助方洛克菲勒基金会同时资助的 Jane Jacobs 也于 1961 年出版《美国大城市的死与生》(*The Death and Life of Great American Cities*),如图 1。前者通过城市环境认知去自上而下地、物质性地建构城市意象,强调空间认知的使用、感受与评价经验;后者则倡导自下而上的日常生活所需的城市生活空间,强调空间场所体验的社会价值。这两种对于好的城市完全不同的原型理解,始终伴随着城市设计理论与方法的演进。Lynch 于 1981 年的著作《城市形态理论》(*A Theory of Good City Form*)中承认自己在 20 世纪 60 年代关于居民对城市的理解过于静态化和简单化,忽略了对城市意义的关注,并认为对于大多数居民来说,觅路实际上是次要的问题,而且对秩序的强调会忽略城市形态的模糊性、神秘性和惊奇性[1]。

20 世纪 90 年代以来,我国城市设计实践在快速大规模物质性建构需求的推动下,无暇思考适合中国的城市空间范型,追求宏大叙事的城市宏构与嵌入规划实施的积极管治,发展出一系列中国城市设计理论与方法。地方政府的决策者认为城市形态与竞争力关

图1 《美国大城市的死与生》与《城市意象》

联,因此积极通过城市设计“打造”城市“名片”。城市呈现一种经济力驱动的非常蒙太奇式的堆砌,消费主义成功地诠释并承接了城市中生产出来的巨量空间[2]。同时,因城市问题的存在,公众表示出城市满足不了美好生活的需要,城愁与乡愁并重的情绪。缺乏集体行动与社会责任的开发商们,经由规划控制合法地拼贴出糟糕的城市。大家对于理想生活空间范型的想象只能寄托于历史城区、传统村落等游离于现代都市之外的地方情境,说明深层次的人、文脉与场所的互动在现实的城市空间中尚相当缺乏。

一、基于尺度差异的空间范型

城市空间意象,既是具有超人尺度的宏大性、结构性、系统性、拼贴性的整体,又是具有可感知性、视觉性、精神性、生活性的片段。正如现代建筑有模式语言,城市空间中的范型也是普遍存在的,尽管其依托的历史背景、社会结构、文化观念等各有差异,但都产生了不同程度的复制性实践。从现象上看,城市空间范型具备优于建筑风格原型的适应性而得到不受地域性限制地推广。

从微观尺度上看,中国传统生活空间单元范型以四合院落为代表,在各个朝代的各种功能建筑中都具备同源性结构,演化出千变万化的建筑空间,在平面构成由建筑向街区上也具有强大生长性,是中国古城肌理极其重要的文化意蕴及空间图示。“拱廊”(Arcade)是欧洲城市商业空间的范型,“城市广场”(Agora)是欧洲城市公共空间的范型,它们都深刻地影响了欧洲城市建造的节点性典型空间,在美国城市中也大量地存在,甚至在善于西学的日本城市也是常见的。

从中观尺度上看,建筑肌理与历史街区往往构成抽象的二维图底关系,包含了公共性与私密性的连续空间组织,往往呈现出某种韵律与秩序,是经过长时间的集体生活和共同建构而形成。这类空间原型经过简化可具有符号的属性,集形式、功能和意义于一体,与文化习俗、社会制度、生活方式和生产力水平等相关联[3],也是常见的可复制的空间范型。例如,中国城镇“里坊”“里弄”等典型的街区空间范型,反映了传统文化的烙印。新中国成立初期,苏联模式的“单位大院”范型的居住单元在众多城市大规模地推广建设,体现了社会主义意识形态下的形式秩序。空间范型有助于塑造城市地方化的特质,有的因为适应社会行为和生活方式因此不断生长繁衍,有的则与新的生产、生活状态冲突而逐渐消失瓦解。

从宏观尺度上看,城市空间范型具有显而易见的几何秩序特征。《考工记》中的方城是中国社会宗法制度及古人深层心理结构的外显形态,“方九里, 旁三门, 国中九经九纬, 经涂九轨”,追求中正大气,四合平稳的气质,是典型的中国古代城市空间范型,与中国传统建筑四合院落具有鲜明的同构和分形特点。欧洲城市的轴线组织艺术堪称古典主义空间范型,产生于16世纪至19世纪,以法国路易十四君权最为鼎盛,这一时期的艺术创作迫切地需要用纪念性艺术形式来荣耀君王以及表达富足的经济实力,从凡尔赛宫到饱受争议的 Haussmann 巴黎改造,轴线严谨、主从有序的几何结构和数学关系彰显了宏大壮丽的城市氛围,使得巴黎成为当时美丽城市的空间范型(图 2、图 3),深刻地影响了欧洲各国及其他资本主义国家的城市规划建造。19 世纪末 20 世纪初美国的城市美化运动就深受其影响,开启了美国的现代城市规划。在此之前美国城市大多抄袭欧洲大陆工业城市网格化的布局模式,缺乏美感和想象力。美化运动通过创造新的物质空间形象和秩序,对各种城市环境问题进行有组织反应。同一时期,Howard 的田园城市理论影响着英国新城实践,Olmsted 的纽约中央公园开启了第一个现代意义的城市大型开敞空间,产生出一种新型的网格加中央公园的城市中心区空间范型。当时美国处于快速城市化进程之中,整个美国以巴黎范型与现代实践为交织,孕育出一种新的都市主义,城市设计也在 20 世纪五六十年代孕育并形成相对独立的新学科,响应各种都市主义思潮的空间范型讨论。

图 2　巴黎戴高乐广场鸟瞰图

图 3　巴黎圆形广场鸟瞰图

二、集权背景下的空间范型现象

欧洲的城堡与中国的方城是典型的历史性空间范型,因蕴含悠久的文化以及深厚的底蕴而表现着高度的审美认同感，而其形态稳定性、制度相关性以及决策和实施过程都是基于自上而下极强的集权背景。

现代主义以来，完全按照规划设计实施的城市，如巴西利亚、昌迪加尔或者堪培拉，表现为某种规则的、在平面构图上有震撼性的几何图形，体现自上而下清晰的目标性，也代表着城市空间塑造中的集权运作，突出反映了决策者价值观与空间范型存在联系。民国时期，广州执行的在指定街道强制性建设骑楼的法规，塑造出一种来自决策管理者关于城市街道公共空间的审美偏好，也是一种公权对于私权的强干预。

拼贴城市理论把城市看作历史残留物形成的片段化的记忆和空间系统，是时间进程中的聚集物而非有机体。复杂权力干预下城市空间也出现空间范型的叠加、拼贴与杂糅，长春是一个非常典型且独特的案例（图 4）。因其作为伪满首都的特殊背景，日本统治方偏好来自欧洲的理想范型，强调轴线加放射的向心构图，而作为伪满政权代表的皇宫片区则坚持南北向中轴对称布局，形成了一版中西范型交织的城市规划设计，城市依照规划实施，形成了极具特色的空间形态。

图 4　东北沦陷时期长春市总体规划（左）与 2016 年卫星影像图（右）

（资料来源：沈阳建筑大学、百度）

改革开放以来，在我国快速城市化进程中，由于“官方审美”的强大与规划控制自上而下的集权逻辑，导致城市设计辅助了政府英雄主义的纵欲式发展，宏伟蓝图式叙事空间成为政府对于城市设计作用的主要理解，从城市建成形态中甚至可以识别出不同行政意图空间表达的叠加。

三、中国城市设计实践建构的空间范型

中国城市设计实践伴随着大规模的城市化，政府强大的决策与实施力量在城市扩张中能够保证设计蓝图的公共领域快速实现，随后跟进的市场开发通过利益追逐与产品提供快速生产消费与服务空间，其中也逐渐呈现出套路或者模式，具有一定程度的空间范型

的特征。

深圳作为全国改革开放的先锋城市,其深南大道加摩天楼模式代表了“成功”的城市、“有实力”的城市,因而成为诸多地方政府拉开城市框架建设新区的空间范型。在强调效率和速度的核心目标下,城市大道的轴式发展空间范型是对快速增长的需求下城市扩张的最优空间架构。“大马路+大街坊”的空间现象在20世纪80年代以来的高速城市化时期大量出现,也与土地出让模式、投资开发效率相关。城市生活居住领域,由房地产开发的带门禁花园楼盘模式(也成为中国城市中的一种居住空间模式)逐渐替代了日渐式微的单位大院。

一系列在实践中形成的空间范型既显著地定义着城市扩张的形态,也叠加在传统城市肌理之上,共同回答和演绎城市的“中国梦”。相比于以郊区住宅加汽车的“美国梦”所引发的美国郊区化生活方式及城市蔓延形态,“中国梦”的空间承载是多元含糊的;相比于“美国梦”中包含的对欧洲范型的反思和美国范型的建立,“中国梦”的空间表达也是混沌含蓄的。事实上,美国的都市主义思潮演进中一直存在着反城市尤其是反大都市的理念,“英国梦”也更多地呈现去城市方式的庄园理想。而在人地关系紧张以及长期的城乡强弱对比意识强烈的中国,向往大城市、建设更好的城市却是中国城市设计仍然不可回避的主要命题。

大多数的城市设计理论都倡导通过设计干预空间来引导甚至重新定义城市生活方式。城市设计本身也是不断吸纳新理念的方法,同时具备难以替代的整合成为理想场所和空间形态的作用,其具有的融在城市规划行政中的控制权力有助于通过渐进拼贴的城市开发过程来实现空间理想。从现代社会角度思考,这种对于空间生成的干预权力就是很多美好的城市背后类似集权的公共意识,可以理解为城市设计对城市化进程的一种精明干预。

四、信息化时代的空间范型演化

工业化以来,尤其是新世纪全球化与信息化的叠加,人类干预城市化的能力、雄心和不确定性空前加强,新的空间需求要求城市更具有灵活性和开放性。新技术将广泛地运用到城市的多个领域中,对城市的生产方式、生活方式、交通方式和休憩方式产生影响。信息技术的应用对城市社会形成全方位的影响。通过对各类大数据的挖掘与现实应用,更加广域尺度、更加抽象方式的城市空间感知途径日益影响着传统的城市空间范型感知。例如,通过大数据的可视化分析,在广州的公共服务设施与市民活动兴趣点分布的研究中[4],我们发现广州公共服务设施呈现明显多中心分布,除了主城区呈大量的集聚分布,在花都、增城、从化等城市外围形成独立的中心集聚。设施评论主要集中在越秀区、天河区、海珠区等市中心区,其他地区则分布较少,表明市中心区更受人们的欢迎。人口最密集的公共空间也是差评最多的地方,同时也是好评最多的地方,这就是大数据,既有一定的真实有趣,也带着一定的无奈无趣。

又如,在对中国传统园林余荫山房的分析中[5],利用网络图片的空间信息,在一定空间范围内进行拍摄的场景复原,揭示余荫山房“众筹”照片拍摄站点的小空间行为特征(图5)。这是一种信息化方式对于“步移景异”的定位分析,对传统园林的理解有了更深入的分析。但反过来仍不能证明人的拍摄站点偏好就意味着园林的空间品质优劣,也难以直接推导出一种好的园林设计方法,设计的创造性和多样性仍然是园林的一种精髓。

图5 基于互联网照片的余荫山房景观环境特征[5]

如今的网络搜索和社交媒体可以实时海量地分享城市空间体验与感受,人们对于从未去过的城市可以先进行虚拟了解,路线可以非常精细地实现规划。一座实体的城市在网络上有无数虚拟的意象在叠加。在近年对于广州的网络城市意象进行搜集研究时,利用图频检索等方法,发现广州的首要标志是珠江新城的广州塔,且高居网络意向的榜首,那么,我们必须反思广州的城市意象是不是被虚拟地偏颇或者极度地破碎了。

在信息社会中,互联网、影视等媒介和交通工具及轨道站点所传递的空间意象将叠加于传统的基于身体体验的认知地图之上,城市形象已不再仅仅依赖于步行者的亲身体验,更加呈现使用者导向的集体性节点叠加特征,某种程度上说,这种城市意象的营造是可控的,政府与互联网公司想改变这个城市意象是非常容易的。

因此,信息化大数据带来的意象认知冲击是显著的,对于空间范型的演化甚至变异也是现实的。如何积极地通过方法创新,去认知、去解析、去建构未来的城市空间,无疑也是城市设计在信息化时代的新挑战。

五、结　　语

中国受现代主义的影响是外力强加的,直到自己经历快速工业化和城市化之后,对于未来仍然充满着困惑，Peter Rowe 曾评论称其为痉挛式的建筑设计与城市设计。与这种持续困惑伴随的是持续的设计实践以及建成形态，中国社会在城市化进程中，不可避免地朝向没有空间范型指引、没有好的城市标准的方向探索着迈进。从历史上看，不同的文化已提供不同的城市范型，但是仍要需要进行系统的理论研究，解释其空间价值及其对未来的适应性，这非常值得城市设计与建筑教育去研究、去思考。

每座城市、每种文化都有自己的理想空间范型，如同基因一般独一无二，在气候、地形、地貌、历史文化、人文背景、日常生活等众多因素影响下不断传承与演进，是城市特色的重要源泉。当前，市场对地方情境化空间范型的消费有巨大潜力，例如成都太古里、佛山岭南天地，反映了人们对传统空间价值的认可。日益增长的交往与休闲需求以及审美多元化，也促成了大量消费活动集中在工业厂房、仓库、码头改造后的空间中，反映了人们对城市空间多元意义的认可。

强调美好城市空间形态的城市设计方法核心必须予以坚持。城市空间的演化总是以原有形态为基础，作为容纳城市生活、生产的载体，是一个不断生长的有机体，具有一定的连续性。变化是常态。创新的城市空间范型来自传统空间原型的重新发现及适应性演绎，可以从原型中生长出同构型或相似型，也可以从当下创演出或异构型或新生型。如何在城市空间中展现整体的和谐，是城市设计方法不断尝试与实践的一种挑战。

参考文献

[1] 凯文·林奇. 城市形态[M]. 方益萍，何晓军，译. 北京：华夏出版社，2001.

[2] 王世福. 城市设计建构具有公共审美价值空间范型思考[J]. 城市规划，2013，37(3)：21-25.

[3] 何依，邓巍. 历史街区建筑肌理的原型与类型研究[J]. 城市规划，2014，38(8)：57-62.

[4] 黄丽，赵渺希. 规划专业课外科研的合作学习模式探索——基于腾讯网络社交平台的实证观察[J]. 上海城市规划，2015(3)：99-103.

[5] 赵渺希，顾沁，贾锐澜，等. 一种基于网络图片的建成环境景观特征识别方法：中国，CN104933229A[P]. 2015-09-23.

王世福　华南理工大学建筑学院副院长，教授，博士生导师。亚热带建筑科学国家重点实验室建筑设计科学研究中心副主任。中国城市规划学会理事、学术工作委员会副主任委员、城市设计学术委员会副主任委员；全国高等学校城乡规划学科专业指导委员会委员、全国高等教育城乡规划专业评估委员会委员；《城市规划学刊》《规划师》《热带地理》《城市观察》杂志编委，《南方建筑》杂志副主编；广州市、佛山市、福州市城市规划委员会委员。2015—2016年中美富布赖特（Fulbright）麻省理工学院（MIT）高级访问学者；2014年比利时鲁汶大学高级访问学者。

主要研究方向为城市设计、城市开发与规划管理、城市发展理论与方法、智慧城市等。关注城市设计实践性的理论和方法、城市化进程的比较研究、城市规划实施开发控制的原理和方法、城市空间的公共性等城市规划问题。主持完成国家社科基金重大项目、国家自然科学基金等课题，三次获得中国城市规划学会青年论文奖，多次获得国家、省级优秀规划设计奖。

公共价值导向的城市设计实践与思考

黄卫东

深圳市城市规划设计研究院常务副院长

一、公共价值导向成为新时代城市设计的重要价值取向

城市设计本身是一种设计创造,既是人们集成多方智慧设计与建设城市的技术方法,也是在某一特定发展阶段人们向这个城市注入公共价值趋向的一种公共政策。反映价值取向自城市出现即有之,无论是体现帝王秩序的古典城市或者是体现经济规律的近现代城市,背后都是该时期社会价值取向形成秩序的空间反映。

进入新时代,“人民城市”已经成为中国社会城市发展观的最大共识。这意味着需要从科学观、发展观、创新观、生态观、价值观等方面做出创新,来回应人民对美好生活的需求。而在新时代下,公共价值导向是城市设计实践人民城市价值观的重要方向,是在设计领域取得社会最大公约数的一种重要方向(图 1)。

在公共价值导向下,城市设计又应如何在中国多元化城市发展背景中继续发展与创新,并对人的需求做出回应?我们认为,以人为核心,以人的多样化需求供给作为思考起点,针对不同城市发展阶段人们需求的细微差异,提供适应性的设计支持与城市产品供给,这就决定了城市设计将会应用到更复杂的集成技术,并走向更为广阔的实践领域(图 2)。

图 1 “人民城市”新范式价值观

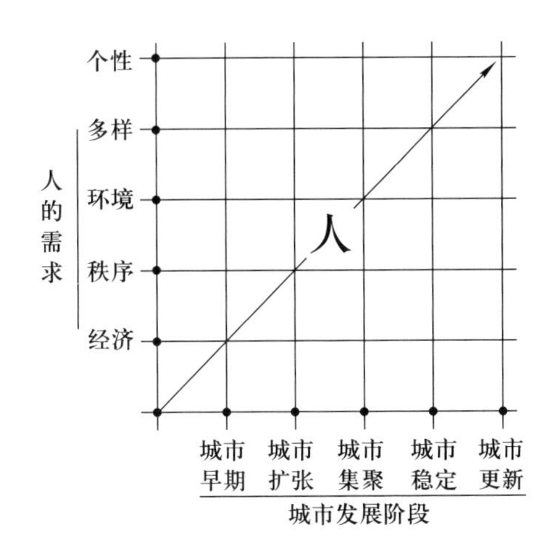

图 2　公共价值导向的城市设计关注人的需求

二、公共价值导向下城市设计的趋势与实践

（一）应对公共价值需求和多元价值取向，提供技术集成的综合性解决方案

在公共价值取向的诉求下，提供技术集成的综合性解决方案可能是未来城市设计的一个重要趋势。这种趋势体现为城市设计以满足人的多元价值取向为设计需求，通过对地区发展多元价值的探讨，达成发展共识；以空间为平台，通过多专业技术的集成与不断融合，持续提供解决方案的一种设计决策过程。传统的城市设计将空间形态设计作为重点，以建筑学及城市美学为基础，提供形态导向的空间方案。今日之城市设计是集成了社会、经济、生态、交通、市政、建筑等综合学科，体现多元价值的城市综合性解决方案（图 3）。

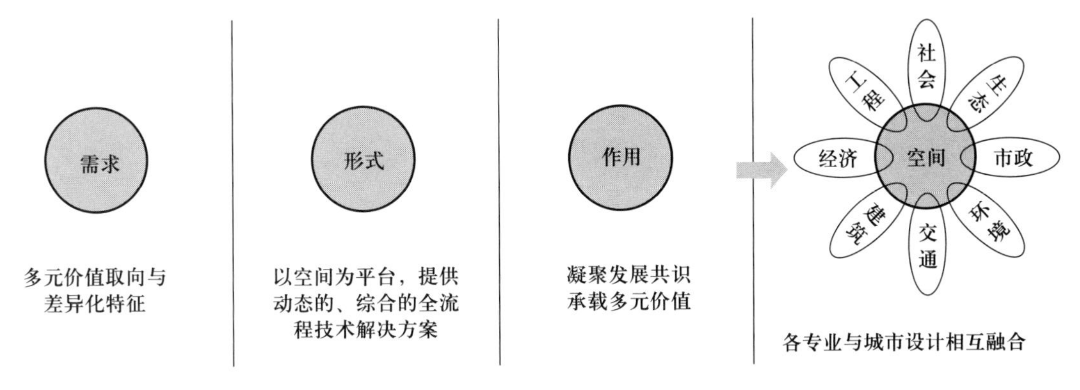

图 3　城市设计基于空间提供综合解决方案

结合我们城市设计的实践，可以更清晰地发现这一趋势。

早期的城市设计注重空间设计与建筑形态格局，以吸引投资为主要需求导向。我们在 1994 年福田中心区的设计实践中主要对空间形态做出安排，对于真正意义上的社会经济发展规律知之甚少。

到 2007 年，在“杭州创新创业新天地城市设计”的城市设计实践中，通过在“业态分析、功能策划、活动策划”等方面的市场性研究，契合市场发展规律与使用人群需求，寻找地区的发展导向。这已超出过去城市设计的空间范畴，它实际上成为社会、经济、文化在空间上交汇的结果。

2010 年，深圳前海深港现代服务业合作区综合规划中，以产业、交通、土地、景观、规划、市政一系列的交叉研究，通过 13 个专业团队的合作，形成专业综合、部门协同的综合式规划来落实城市设计的一系列意图。这种动态设计过程持续深化，在前海 2、9 单元城市设计中，在以街坊为落实尺度，不仅关注空间与建筑的细化控制，更重视各类技术在微观尺度的运用，工程实施项目的协调，并最终提供了集“规划研究报告”“管理导控文件”和“一书三图”的实施文件，形成更具实施操作性的技术成果。

2013 年，“深圳市留仙洞总部基地城市设计”中则希望打造一种高密度城市下精准应对产业需求的城市设计。通过对特殊就业人群与企业对空间和服务的需求研究，发现在高密度与超高层建筑中，公共服务的垂直立体布局对于减少交往成本、促进创新有重要作用。因此，多元复合的产业社区与公共服务的立体空间组织相结合就成为重要课题，从而进一步拓展了立体城市的应用研究（图 4）。

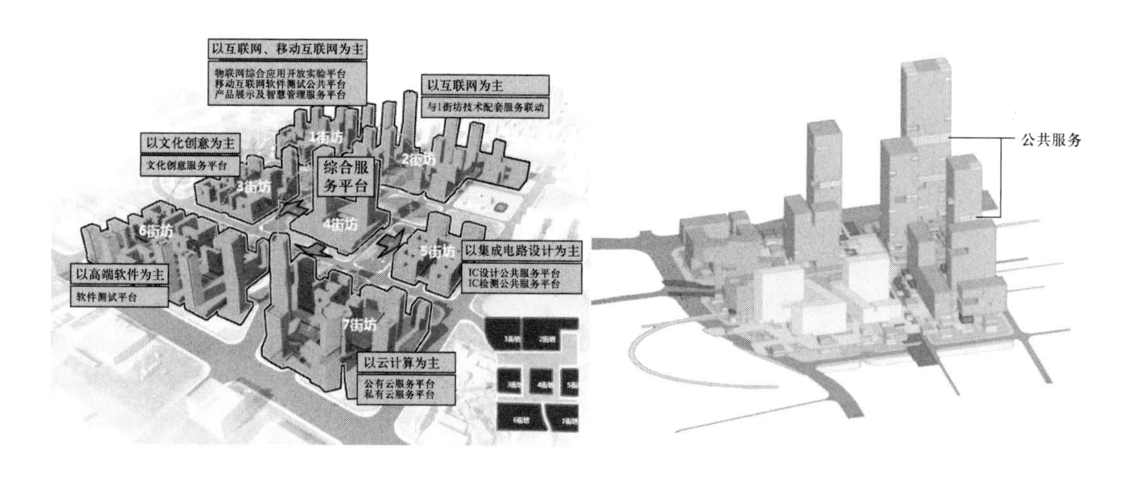

图 4　留仙洞总部基地多元复合的产业社区与公共服务的立体空间组织相结合

（二）以公共场所与公共产品为核心载体，营造更加人性化的都市空间

城市设计另一种趋势是，随着都市人对于公共参与和人性化诉求的提升，城市设计作为塑造人性化空间的有效策略开始被高度认同。它回应了人们对城市空间人性化、便利化、公共化的基本需求，针对公共空间产品要素进行专业化与标准化研究。进而提供要素更丰富、内容更多元、更为开放共享的城市公共产品（图 5）。

2005 年，“深圳经济特区公共空间规划”是我国最早关于公共空间的规划，这是回应市民在一个超尺度城市中对于小尺度、近距离、社区化公共空间诉求的基本回应，促生了深圳公共空间设计标准的探讨，并最终纳入深圳市城市规划标准与准则中。之后的深圳

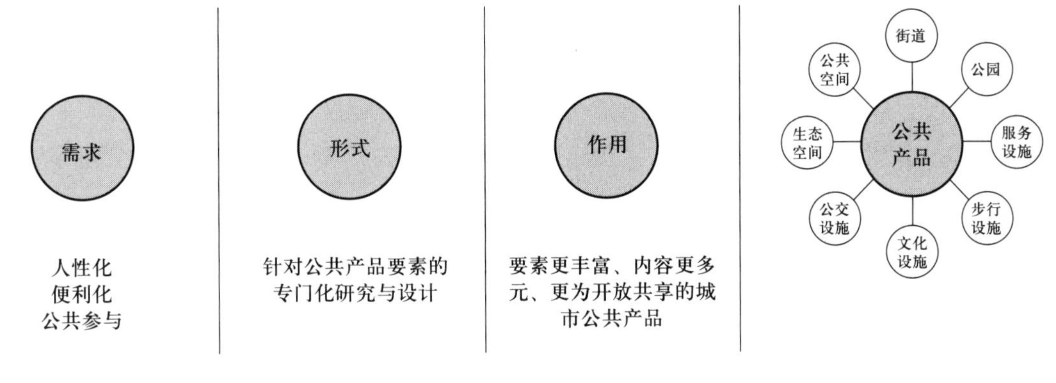

图 5　城市设计基于公共产品/场所塑造人性化空间

市步行系统规划、绿道规划等工作，均沿用此路径，即通过回应市民需求，制定公共产品标准，进入法定化建设的一种优化城市治理模式。

2009 年的“上海浦东新区战略发展规划研究”则是应对浦东活力的激发，我们提出聚焦于城市公共场所与公共产品，通过公共服务供给在空间上以及建设方式上的创新，形成小而混合、具有高度活力的网络化小型功能组团，搭建以人为导向、以公共产品先导的城市空间框架，改善了过往大片区的空间发展模式。

在深圳大运会期间同步实施了“深圳滨海休闲带”“深圳绿道”等重大公共环境项目，已成为深圳提升城市生活质量、满足市民休闲需求的标志性场所。《深圳大运新城公共空间系统规划及核心区空间设计导则》中就是通过围绕公共空间、街道和公共产品的精细化设计，以持续激发地区在大运会后的城市活力。项目高度关注街角的小空间、街道的空间、建筑界面等细微公共空间在设计以及实施层面的有效传导，取得了相当好的改善结果。

2014 年，《深圳市前海城市风貌和建筑特色规划》实质是以公共空间、街道空间、街道系统、建筑特色等为研究对象，将各类要素作为一个互为影响的综合系统，研究各类公共空间标准，形成一套公共产品(图 6)。

(三) 城市设计作为城市公共政策，拓展和丰富了城市治理机制

城市设计与社会治理相结合成为未来的一个重要方向。在高度都市化地区，城市空间已被分配到众多利益主体，城市设计的实践需要更多的公众参与、全社会的推动，逐步成为城市治理的有效工具。城市设计在需求上回应公共利益和社会公平，通过与社会各部门与各阶层的共同参与，凝聚发展共识，形成自下而上的推动力，共同形成一种全新的城市设计实践机制。

在 20 世纪末，深圳即开始了在城市设计的法定化制度建立以及城市治理上的探索。

1994 年，深圳成立了全国的第一个城市设计处，这对于深圳城市设计与管理起到关键作用。我院参与了由设计处组织的大量城市设计制度的研究工作。首先，通过总体层面的城市设计如“经济特区整体城市设计”“深圳经济特区城市雕塑总体规划”“深圳经济

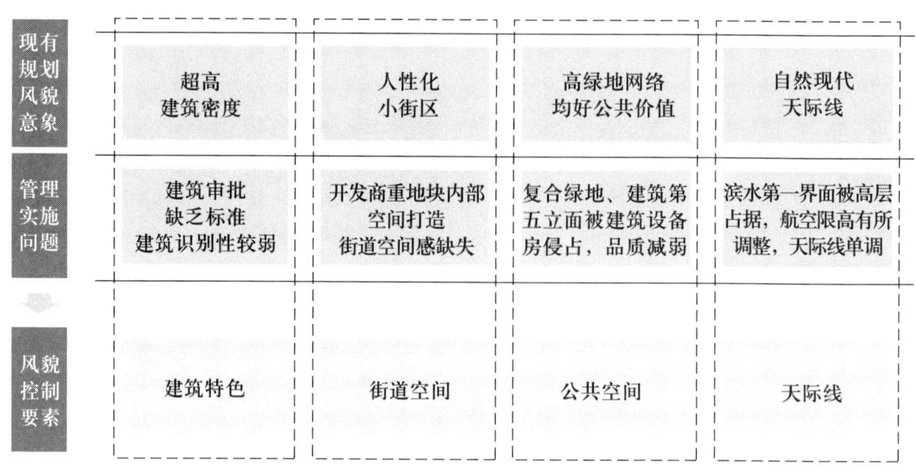

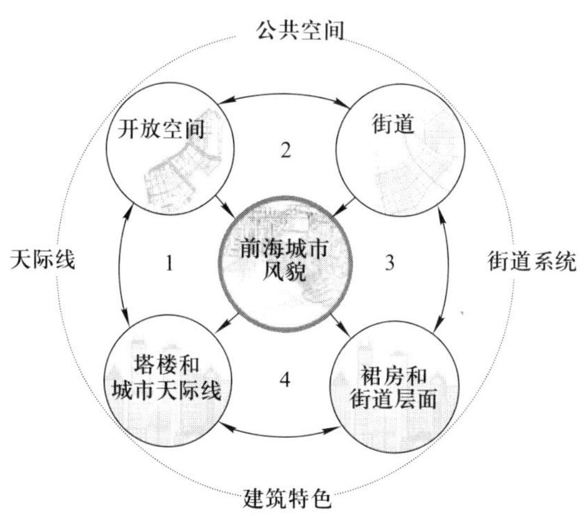

图 6 前海风貌控制要素

特区灯光景观系统规划”等项目指导特区整体空间形态。并在 1998 年,展开了深圳城市设计系列研究,内容涵盖 15 项城市设计研究,涉及“编制要求、技术指引、系统管理规定、设计标准”四方面的制度研究。同年,《深圳经济特区城市规划条例》确立了城市设计的法定地位,要求城市设计贯穿各层次规划。2004 年将主要研究内容纳入《深圳市城市规划标准与准则》。

进入 21 世纪后,城市设计制度管理平台持续精细化,2006 年着手研究空间控制总图管控内容,2009 年将其作为附件与建设用地规划许可证一并发放,城市设计与土地出让结合的路径得以明确。

值得一提的是“深圳密度分区研究”课题,它自 2001 年启动,于 2004 年深化研究,2006 年以“城市设计及密度分区”的专题形式被纳入深圳市城市总体规划,并于 2014 年被纳入《深圳市城市规划标准与准则》。该项目对于控制深圳整体空间形态格局具有重大作用。

在城市设计制度平台建立以后,深圳的城市设计有了基本的实施保障。但是仅从行政层面推动不足以满足来自社会尤其是市场的多元需求。因此公共协商机制开始出现。

深圳的华强北地区即上步片区是一个由工业区自发转型为电子商贸区的城市地区，拥有非常强的自我成长动力，行政化的城市设计制度无法解决这种与市民和业主之间的诉求交互。因此在2007年，“深圳上步片区更新规划”意识到这个相当复杂的社会问题，提出一种公共协商的工作方式，以城市设计为重要平台，通过80多次会议几十家业主的共同商议，与地方政府形成了多个特殊的政策文件支撑落地实施，促成最终的城市更新规划（图7、图8）。

图7　上步片区城市更新规划公共协商

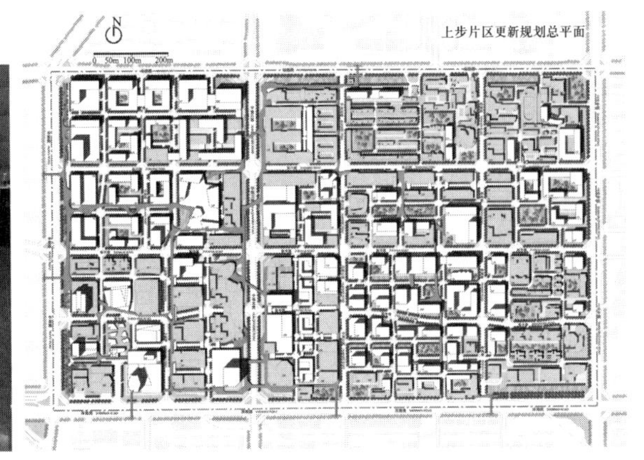

图8　上步片区城市更新规划总平面图

这种协商机制进一步延伸就会与社会公共治理以及社会意识启蒙结合在一起。“深圳经济特区公共空间系统规划”以规划为平台，通过征询市民意见，与公共参与，推动了100个社区公园的建设计划。

“2013深圳美丽‘趣城’计划”则是更加有机、针灸式地推进城市公共治理与意识启蒙，以公共空间作为城市环境改良的落脚点，知名设计师、艺术家、机构与公众积极参与公共空间的设计与实施，推动了一系列的城市活力空间改善计划。

我们最新的实践是《深圳市建设儿童友好型城市战略规划》。这个规划是由妇联与我们共同发起了前期研究，之后影响到了各级的政府、主管行政机构并共同推进，通过与市民之间的对话形成规划成果。规划推动了深圳市维护儿童权利和城市人口可持续发展，是面向全面的社会治理和改良所做的城市规划探索。

综上所述，公共价值导向下城市设计的技术、载体、机制将面临新的转变：从技术上面，它从原来单一的框架进入综合跨界交叉的这种交汇研究。载体方面，从建筑空间形态、城市空间形态这种相对静态的载体，逐步向场所、人的活动、全社会的公共利益方向转变；从早期的制度建设与行政管控到协商机制与全社会共同治理机制的培育，推动全社会关注城市发展问题，提升对城市的认识。

三、公共价值导向下的新探索

（一）“广义公共空间”的提出与定义

在公共价值导向下，为充分践行人民城市的发展观，我们提出以“广义公共空间”为载体提供城市公共服务供给的新型城市发展模式。

“广义公共空间”在构成要素上，是集成城市公共空间、自然生态空间、城市公共服务、城市基础设施等公共服务要素，以公共价值为导向，提供公共服务产品和公共交往空间的城市公共供给系统。

“广义公共空间”在结构结构方式上，集成了生态廊道、交通廊道、基础设施廊道、公共和服务网络，是保障城市生态安全、高效运行城市基础设施、搭建城市结构的城市支撑系统。“广义公共空间”同时是组织集聚“创新服务功能”的空间框架，提供交通网络便捷连接创新功能，提供创新公共产品服务，满足创新人群的特殊需求，提供公共场所实现城市多元文化的交流，实现创新功能的培育与激发创新活力（图9）。

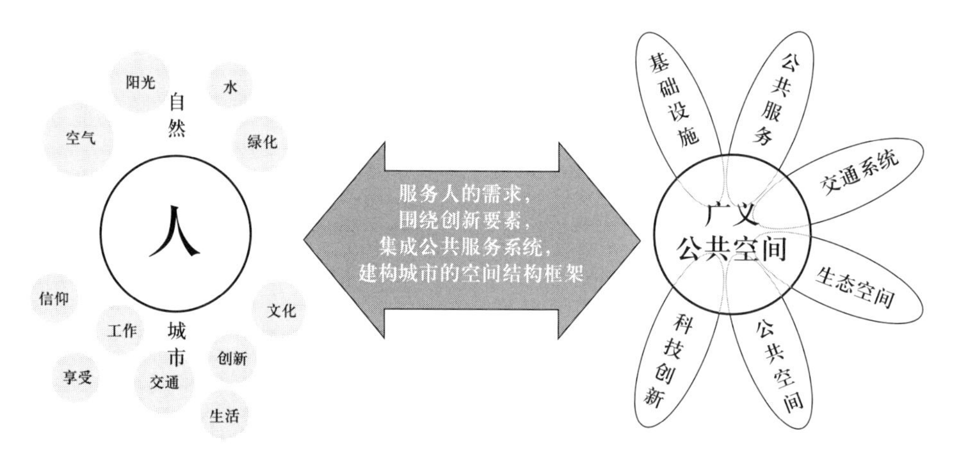

图9　人与广义公共空间的互动关系图示

（二）“广义公共空间”的城市组织模式探索

我们在“扬州生态科技城核心区城市设计”等一系列项目中持续探索广义公共空间的组织模式。在这一工作实践中，尝试把公共空间、生态、基础设施形成一个网络化的系统。在“公共空间+自然生态+基础设施+创新服务”构成的网络式空间结构中优先安排城市公共服务和基础设施的发展空间，为人民提供丰富、充裕的城市公共交往空间。

以慢行为导向建立便捷宜人的城市尺度，以步行10分钟界定街区，骑行10分钟界定一个城市创新发展单元。实现城市以慢行可达的基本尺度，提供绿色、共享为特征的公共交通系统进行连接。

在街区与创新单元的空间结构中，提供均衡充足的公共服务以及定制化的专业服务，城市的公共产品变得更加丰富和具有灵活性。

围绕着这一系列的公共产品供给，公共服务将会成为城市各单元的首要驱动力，实际上伴随而来的是全新的、更为公平与开放化的城市开发模式。

四、结　　语

在新时代城市发展背景下，公共价值导向引导城市发展已形成初步共识。城市设计要践行公共价值导向为核心的人民城市发展观，创新城市空间组织，公共服务供给和城市治理模式将迎来新的转变。在方法上，从过去的更加单纯的空间设计转变为更加多元综合的交互研究。在对象上，从过去的相对静态的物质空间转向更加关注城市公共场所和公共生活以及城市空间品质。在实施上，要从自上而下的管控方式逐步转向多元并举的城市公共治理机制的培育。

黄卫东　深圳市城市规划设计研究院常务副院长、技术总监，教授级高级规划师、国家注册城市规划师，中国城市规划学会城市更新学术委员会副主任委员，深圳市决策咨询委员会专家，深圳市勘察设计行业首届十佳青年规划师。长期致力于人性化城市的规划理念与技术方法研究，积极倡导和探索多学科参与的城市规划综合解决方案实践。主持编制了深圳市和各地政府的多项重大城市规划、研究课题，主要有《前海深港现代服务业合作区综合规划》（获全国优秀城乡规划设计奖一等奖、深圳市优秀城乡规划设计金牛奖）、《留仙洞总部基地城市设计》（获全国优秀城乡规划设计奖一等奖）、《深圳市城市总体规划（2010—2020）》（获全国优秀城乡规划设计奖一等奖）、《深圳市绿道网专项规划》（获全国优秀城乡规划设计奖一等奖、华夏建设科学技术奖二等奖）、《深圳市上步片区城市更新规划》（获全国优秀城乡规划设计奖二等奖）、《深圳经济特区公共开放空间系统规划》（获全国优秀城乡规划设计奖二等奖）、《深圳市城市更新单元规划编制技术规定（试行）》、《深圳市城市更新单元改造策略研究》、《杭州市公共开放空间系统规划》、《上海浦东新区战略发展规划咨询》、《深圳市城市设计指引技术规定》等。

数字化城市形态设计——阿巴拉契亚小径荒野城市交界区景观敏感度

关成贺

哈佛大学设计研究生院波曼学者

本文通过荒野城市的主题进行探讨其如何与数字化城市之间产生关系。首先进行荒野城市研究的原因主要有三个。第一个原因是出于个人爱好。因为荒野城市实际上蕴含了在离人居环境非常远的地区,人和自然如何产生关系的过程。笔者从该角度来思考如何利用水来构成这个组织系统,甚至涉及尼泊尔高地的生活方式。这不仅仅是一项研究或者一份工作,而是生活的一部分。第二个原因是笔者在哈佛研究生院教的一门课,名为美国城市形态和市民参与。主要任务是带着12名美国学生,通过一学期对美国城市形态的研究发现其自身对美国城市形态的演变和发展的认识具有局限性甚至是错误的。最终目的是让其通过对城市和荒野的认识,来理解他们的学科在城市建设中所能起到的作用。最后一个原因是笔者和王建国院士在过去的一两年里不断交流的过程中的一些思考。

城市设计的四个范型是从传统到现代,到绿色,最后到达人机互动的阶段。第三个范型实际上是以美国和欧洲为主导的一种思维过程,而第四个范型实际上是以中国或者以这种高密度城市为前提的思维过程,需要探讨是否以中国的经验反过来引导美国、欧洲。在此过程中,值得注意的是时间性与空间性。从时间的角度,第三个和第四个范型之间并没有一个重要的事件来区分这两个范型,而是有相互交叉的。从空间的角度,可以是一个一城一公里或五城一公里的范型,也可以是放到更广泛的范围,或者是区域、国家的维度。在四个范型中存在一条最重要的线索,即是人与自然的关系。美国城市发展的过程就是人与自然的关系在不断转变的过程。

荒野城市,一方面是保护森林的意思,即在中国一些政策上的保护;另一方面是指美国的一些标准,即通过森林自然力将其烧掉以重获生命的增长。欧洲的标准则更为极端,是通过更系统性的方式将一些森林烧掉,让植物重新生长出来。

将荒野城市介入城市设计的边界概念中就产生了卫星城市的概念。在大城市生长的同时,周边的小城市也在生长。第二个就是边缘城市,即该城市发展本身能够紧邻它,像摊大饼一样的城市发展。第三个是城市边界,并不是把城市限制在这个城市范围内,它的生长是蔓延到了城市之外的地方。在南美有很多国家,由于地形地貌的限制,如哥伦比亚的首都波哥大也是这样一个边界限制的城市。

美国画家 John Gast 在 1872 年画的美国人西进的过程图(图 1),是表达这样一个瞬间,即美国人从密西西比河和圣路易斯的城市往西走,表明美国的土地利用的过程中由于西进的迅速发展造成美国的土地系统需要有一个迅速的系统管理方式。1803—1804 年美国从法国人手中买下了密西西比河沿岸全部土地,而美国 1785 年提出的国家土地条例使他们能够更好地控制这些土地。因此,土地网络被采用,并最终对美国整个城市形态的发展产生了巨大的影响。

图 1　美国人西进的过程图

美国城市形态的发展始于政府的管控,形成了美国现在的城市形象。在人类最早的建城过程中,城市的形成是完全自发的,而人类在此过程中所做的就是遵循自然规律,包括河流、山地、气候。在此基础上,产生了对城市设计最基础的影响。为什么这种对城市格局的自然观察过程没有跳进 Le Corbusier 的城市现代主义(图 2)? 现代主义实际上包含两点:一是要抛弃历史,当然这是不可能的,二是以庆祝人类技术的进步来忽略这种环境对城市的影响。

实际上从 Haussmann 对巴黎的城市设计改造到后期的田园城市,它们基本上都是为了建造花园城市而进行的尝试,直到 20 世纪五六十年代才出现这样的现代主义,抛弃历史、抛弃自然的这样一个过程。这对于后来从第三代城市设计范型到第四代范型的转变是一个非常重要的节点。

接下来谈谈对阿巴拉契亚小径地区的研究。阿巴拉契亚小径实际上是由马萨诸塞州的城市规划师 Danielle Merck 在 1921—1923 年提出的人与自然的关系。继 19 世纪中期

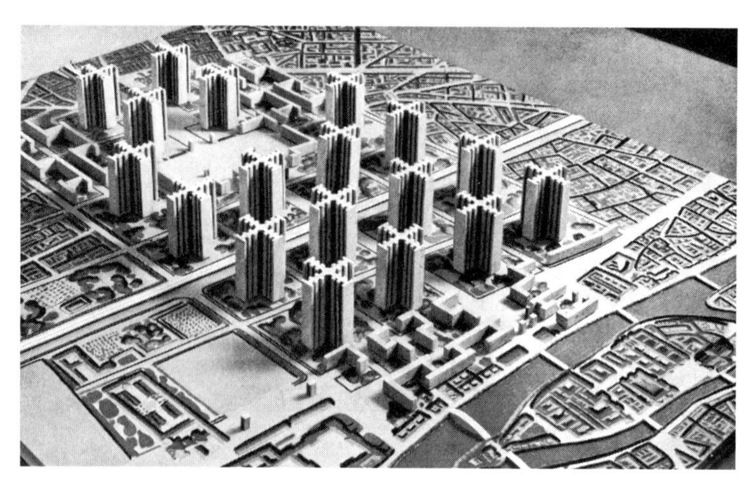

图 2 Le Corbusier 光明城市

Thoreau 在瓦尔登湖提出人要亲近自然而不是远离自然后,他重新诠释了人与自然的关系,认为所有人要在享受城市生活的同时能够亲近自然。

整个阿巴拉契亚小径穿越了美国的 14 个州,覆盖 2200 万人口。据 2016 年不完全统计,约 4400 万人在一年中曾走过一天的快途,或者两天的快途,或者全径。这代表美国的 1/4 或 1/5 的人口可以半天车程到达阿巴拉契亚小径,说明了阿巴拉契亚小径在世界上或者在美国都有重要的地位。此外,其具备一个很重要的特征,即最高点不超过 2500 米,这对人的自然活动是非常有帮助的。通过对其思考,又可联系到现在人与自然关系的探讨新领域,包括 Sasaki 关于生态城市的探讨等都进行了人与自然关系的分析。

在景观敏感度研究过程中,对景观与城市发展的相关要素进行了叠加分析。同时在景观敏感度空间形态研究中,将 2200 平方公里的土地划分为 5 公里×5 公里的风格。原因在于美国联邦政府做统计管理时用 20 公里的范围,所以 5 公里×5 公里是最小的正方形的尺寸,这是做城市强度的研究。将两者叠加再进行分析,探讨的是发展强度空间形态,即表明城市和自然不应分开,而应被视为一个合一体,我们称之为模式。

经过分析得出,美国联邦政府进行土地保护的过程与我们所探讨出来的景观敏感度的空间分布是完全不吻合的。在此情况下,联邦政府和州政府应该做出什么反应? 用什么样的数据来分析? 即研究下一步能够给出的政策建议。

从北卡罗来纳州到缅因州,美国有三条小径能够到阿巴拉契亚小径。一条在美国中部,还有一条在美国的东部。下一步的工作是将整个研究放在美国范围内,重新探讨人与自然之间的关系。

在所使用的研究方法中,Kevin Lynch 是总结前人已有的东西来探讨形态(图 3)。而更为重要的是,与 Kevin Lynch 同期的学者 Michael Batty 认为不应该静止地做城市形态研究,而应该做城市转型的研究(图 4),在这个城市转型的研究基础上提出了一些相关技术,这正是后来应用于美国荒野城市与城市边界研究的方法。

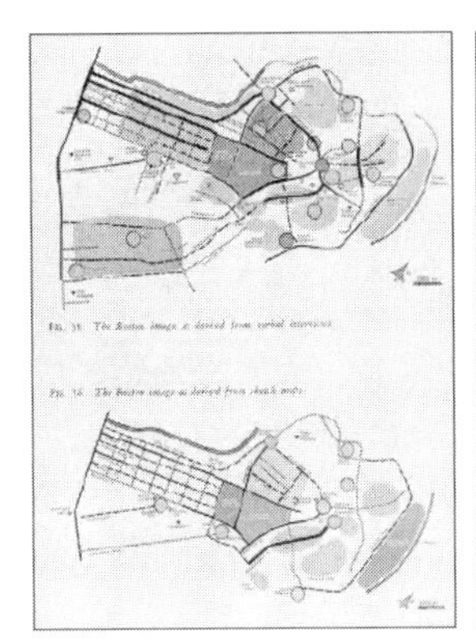
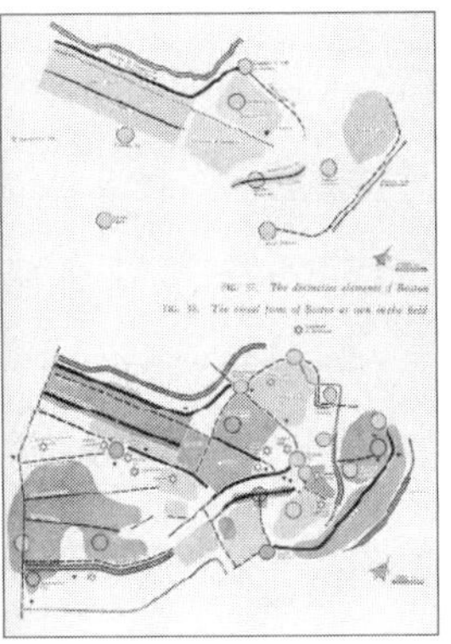

图 3　Kevin Lynch《城市意象》

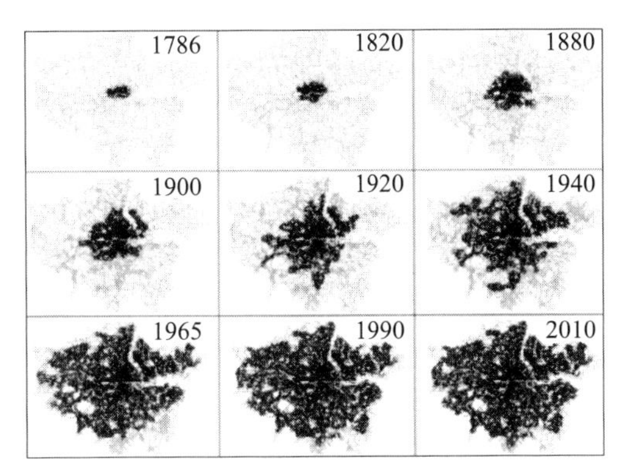

图 4　Micheal Batty《建造科学城市》

通过研究得出结果后，预防或是接纳是需要思考的问题。其区别在于预防是重建，而接纳是如何去适应这样一个过程。

综上所述，本文主要表明如何从时间、空间、不同的尺度的角度来探讨这个城市设计的进程，从第三个范型到第四个范型的过程。图 5 描述的是加州的一个社区发展的过程，是人工限制还是自然限制其发展，值得思考。

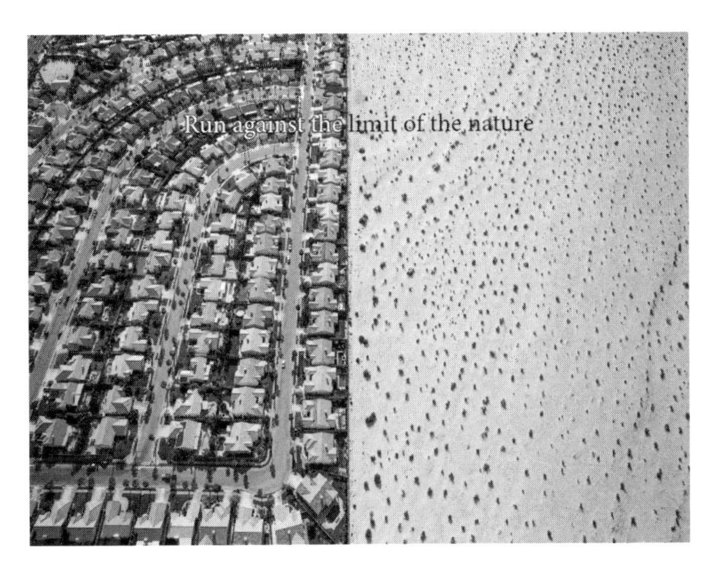

图 5　加州社区发展过程

关成贺 哈佛大学博士,哈佛大学设计研究生院波曼学者,世界银行咨询顾问,加州注册建筑师。研究方向包括城市空间分析、区域城市形态、可持续城市发展预测模型。与 Petro 教授共同提出了"城市强度"的研究理论和评估方法,对中国小城镇进行案例分析。通过哈佛大学房地产学术基金支持,与 Richard Piers 教授合作新城理论与实践研究,比较分析美国、英国与中国新城案例。他提出并开发"多核城市扩张密度-距离"模型,应用于日本、韩国、中国城市公共交通与高密度城市土地发展比较研究。

在哈佛大学参与教学课程包括美国社会精神与城市形态、空间模型与社会环境政策(Harvard College);东亚城市化发展,设计学院博士生研究方法基础,中国现代建筑与城市,城市设计研究生设计课(蛇口再开发),地产开发规划实地考察(新西兰昆斯),日本现代施工与建设创新,和建筑技术(Harvard GSD)。

曾就职于:槇文彦规划设计事务所,参与纽约世贸大厦4号塔楼重建;中建海外,援建巴哈马拿骚;中国发展银行,研究土地一级开发投资;华盛顿世界银行亚洲城市发展部,进行阿富汗卡布-贾拉拉巴德经济区建设可行性研究;香港新鸿基,参与商业综合地块开发研究等。

议题二

城市设计中空间场所的创造修复及历史文化的保护传承

数字时代城市地标设计初探

朱文一

清华大学建筑学院教授

在数字时代,城市地标设计应增加虚拟空间的维度。扁平化设计就是其中的一个维度。随着科技进步,感知与认知城市的途径愈发多元化,人类体验城市空间的方式从来没有像今天这般丰富,不同媒介给观者带来截然不同的空间认知体验。当我们坐在办公桌前面对着电脑屏幕,城市空间便是“横着的”;但我们看手机时,城市又变成“竖着的”。今天,人们看手机的时间越来越多,从手机小屏幕上获取的信息也越来越多。正是这些“小屏幕”在潜移默化地改变着人群对于城市空间的既有体验与认知。例如,当下卫星地图已然成为人们认知一座城市的重要途径之一,在给人群带来新鲜空间认知方式的同时,这种观赏方式,也就是万能视角①的方式,也揭示出过往城市设计对于城市“第五立面”②的一种忽视,为城市设计者带来新的思考与挑战。

一、万能视角优先的设计

以城市地标建筑为例,地标建筑通常是人们认知一座城市的标志性符号。然而,在卫星地图视角下,即便是闻名遐迩的城市地标在方寸小屏中也会变得踪迹难寻[1]。以中东著名城市迪拜的世界第一高楼哈里法塔为例(图 1),除去过的人,常人很难通过卫星地图发现地标建筑的具体位置。

既有城市地标,其设计均以凡人视角③为出发点,虽然设计考虑了建筑的形体表皮,但却往往缺乏对于建筑屋顶设计的考虑,使地标建筑在航片视角下混同于众多“丑陋”建筑屋顶所构成的“荒芜”城市建成环境中,丧失了城市地标建筑原本的价值及意义[2]。现今,人们对于一座城市的印象往往由“第五立面”开始,从卫星地图中选取城市任意一块区域,所呈现出的图像便是日常生活中人群透过搜索引擎认知城市的最为直观的景象。故在现今城市设计中对于建筑形态的把控,已逐渐突破以正立面为主的传统设计思维束缚,而向建筑全方位形态设计转变,其中“第五立面”已是与正立面同等重要甚至更加重

① 万能视角(God's Eye View):指从顶上俯视景物时的视角。

② 第五立面:指相对于楼宇的前后左右四个立面而言,将屋顶视作是建筑的另一重要的立面。

③ 凡人视角(Man's Eye View):指距离地面 1.6 米左右的人站立时观看景物的视角。

图 1　迪拜哈里法塔卫星图

要的存在。

2014 年芝加哥建筑奖奥巴马总统图书馆设计国际竞赛第一名方案(图 2),便是在尝试如何在移动互联网所构筑虚拟世界中实现从万能视角到凡人视角的全方位建筑设计。在凡人视角下,人对于建筑的认知仅局限于建筑的正立面白天和夜晚以及建筑室内三个方面。然而,在虚拟空间中,加上卫星地图所带来的万能视角,则可以体验从建筑位置、城市地标、建筑正立面(第五立面)、建筑鸟瞰、建筑街景、建筑街景之夜景和建筑室内等的全方位的欣赏视角。

图 2　2014 年芝加哥建筑奖奥巴马总统图书馆设计竞赛优胜方案

(图片来源:朱文一工作室)

在虚拟世界中,万能视角下的建筑"第五立面"被提升到了优先的程度。过去存放在档案柜中的、作为建筑总图的"第五立面"图,在虚拟世界中甚至升格成了建筑的主立面、正立面。万能视角下的卫星地图以二维的、平板的形式为特征。在其中的所有建筑都被二维化、平板化,或被称为扁平化。面对这样的状况,地标设计应该如何应对?

二、扁平化设计

在移动互联网中,人们获取信息的“窗口”被大幅度缩小,认知城市地标的“窗口”当然也随之变小。手机小屏幕设计有其自身的规律,也许可以启发其上的城市地标的设计。

如何通过手机屏幕折射出的“小”景象去感知事物,成为当下设计界讨论的热门话题之一,主要体现为两大趋向:一种是拟物化设计,还有一种则是扁平化设计。苹果手机开启了移动互联网时代,并一直引领手机设计的时尚,可以此来说明小屏幕设计的规律和发展趋势。在乔布斯时代,他一直推崇所谓的“拟物化”(Skeuomorphic Design)设计。然而,在2013年苹果系统更新至IOS7时,现任的苹果首席设计师Jonathan Ive抛弃了固有的“拟物化”设计概念,转而采用“扁平化”(Flat Design)的设计理念,引发了不小的争议。虽然当时不少“果粉”认为苹果手机所蕴含的设计真谛就此丧失,但事实证明“扁平化设计”正是未来设计界发展的大势所趋。因为在以“小屏幕”为主要观看平台的当下,扁平化设计更能够集约并完整地诠释信息及设计本身。设计师Carrie Cousins总结扁平化设计的五大特征:拒绝特效、简单元素、注重字体排版、聚焦色彩、极少主义。如何在城市地标设计中借鉴扁平化设计原则,这正是笔者提出并要探索的议题。

借鉴扁平化设计的五大特征,结合城市地标设计中所面临的问题,笔者提出了城市地标扁平化设计的五大原则:突出二维效果(2-Dimensional)、追求极简风格(Minimalism)、注重字体排版(Typographic)、创造象征意蕴(Symbol)、巧用图底关系(Figure-ground)。朱文一工作室结合设计竞赛,针对城市地标扁平化设计的五大原则进行了大胆的探索。

第一是突出二维效果(2-Dimensional):指采用二维图式的设计方式进行建筑“第五立面”设计。因在常见的卫星航片中,万能视角下城市地标仅能展现出二维“扁平化”的建筑屋顶;因此设计过程中考虑忽略阴影、透视、渐变等三维效果的影响,以更聚焦于如何通过建筑屋顶的二维平面去体现其建筑整体特点。2016年,在印度举办的、纪念柯布西耶逝世50周年的昌迪加尔知识博物馆建筑设计竞赛中,以“解码”(Decoding)为题目的方案很好地诠释了建筑结合二维码的设计理念。作为城市地标的建筑“第五立面”被设计为直接可以被扫码的二维码图案(图3A)。

第二是追求极简风格(Minimalism):即在城市地标的“第五立面”设计中主要采用方、圆、三角形等简单几何元素,追求形式上单一、纯净、简洁的构型,拒绝使用复合形式。在追求建筑形式多样化的当下,愈发复杂化的建筑形式令城市形象变得更加模糊,也使得在卫星地图上辨识建筑变得更难。在这样的状况下,简单几何图形反而脱颖而出,更能彰显城市地标。2016年日本东京流行文化博物馆的概念建筑设计竞赛地段设置在东京城中心超高密度区,因此,题为“波普枯山水广场”(Pop Stone Garden)的设计方案将博物馆的主要功能安排在地下,而地面空间形式及功能尽可能简化。在万能视角下,方案呈现出的第五立面由简单几何元素构成,却极具辨识度和标志性(图3B)。

第三是注重字体排版(Typographic):指城市地标的“第五立面”设计以文字元素为设

计灵感,利用文字本身的符号化图示表达及标识将其转化为建筑形式语汇,使得城市地标在万能视角下卫星地图上的二维展示变得更具识别度。Plan O 方案是 2014 年芝加哥建筑奖奥巴马总统图书馆设计竞赛获得第一名的方案。方案充分展示了城市地标的第五立面在万能视角下被视为建筑正立面、建筑主入口的设计理念。这座城市地标的名字清晰地展示在模拟的卫星地图上(图 3C)。

第四是创造象征意蕴(Symbol):指城市地标"第五立面"的设计主要用以象征某种精神或议题。此类城市地标设计通常具有丰富的象征意蕴,在城市环境中也具有突出的标志性意义及作用。"CLI-MetLife"方案是 2016 年纽约 MetLife 大厦改造设计竞赛的参赛方案。设计在保留原先立面形式与风格并完成绿色节能更新的基础之上,在大厦屋顶增加了一只养有若干大鱼的大水族缸。这样的设计作为一种象征,形象地展示了气候变暖、海水上涨将导致城市被淹没的悲剧;同时也像道琼斯和纳斯达克指数那样,作为一种"全球变暖指数",警示人类应该高度关注气候变暖这一全球性议题(图 3D)。

第五是巧用图底关系(Figure-ground):指城市地标的"第五立面"设计以重塑并提升场地及其周边的"图底关系"为主要目的,通过巧妙的构想及布局以凸显建筑本身的城市地标作用。"超级方体"(Super Cube)是 2014 年深圳湾超级城市 CBD 中心区设计竞赛中的获奖方案。整片 CBD 中心区被设计为以小街坊为主体的整体形象,与其周边按小地块规划、设计并实施的常见建成环境形成巨大反差。在万能视角下手机屏幕上,这样的"图底关系"彰显了城市地标的形象,并且探索了深圳未来城市形态的新路径(图 3E)。

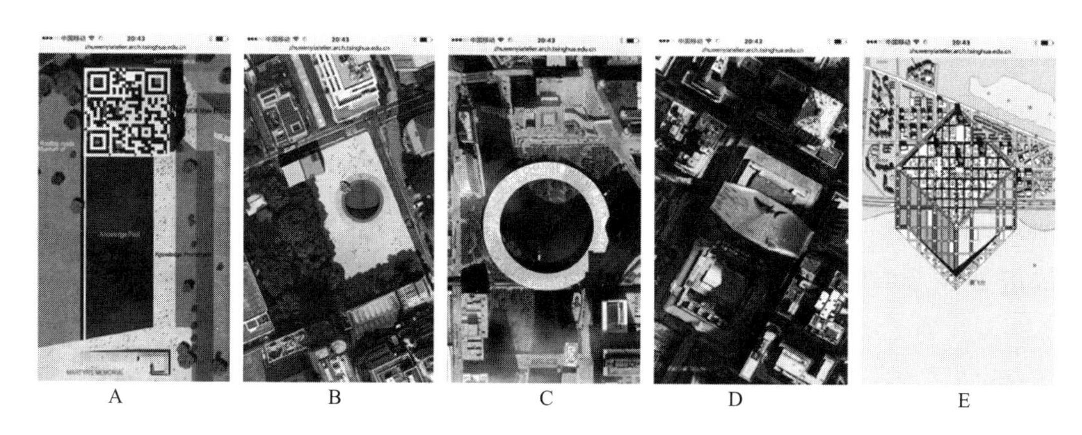

图 3　万能视角下智能手机小屏幕上的城市地标设计探索方案

(图片来源:朱文一工作室)

以上是结合朱文一工作室的设计竞赛作品阐明的城市地标扁平化设计的五大原则。设计方案探索本身还较为初步,主要想强调的是:在智能手机小屏幕上体验城市地标的方式一定会反过来影响城市地标设计,这对今天的城市地标设计提出了不可回避的挑战。

三、结　　语

在数字时代,在智能手机小屏幕上,地标建筑除"第五立面"设计以外,其整体形态设计也存在"扁平化"的趋势。与此同时,不仅是城市地标,各种类型的建筑都面临着"扁平化"转型。因为对于体验者而言,除其中极少一部分有机会亲临现场体验以外,绝大部分体验者对于建筑的认知其实仅存在于智能手机、VR 眼镜等媒介之中。如今,人们对于新建筑的认知越来越多地来自呈现在智能手机小屏幕上的图文新闻。

本文提出并讨论的城市地标扁平化设计议题,仅仅是数字时代二维图像展示与城市设计之间关系的一个缩影。科技日新月异,可以想象,5G 时代的到来将给城市设计带来更多意想不到的可能性。

参考文献

[1] 朱文一. 迈向万能视角建筑学(一)[J]. 城市设计,2015(2):106-112.

[2] 朱文一. 迈向万能视角建筑学(二):浅析城市地标之扁平化设计[J]. 城市设计,2016(2):104-112.

朱文一 清华大学建筑学院教授、学术委员会主任,朱文一工作室主创建筑师,《城市设计》期刊主编。长期从事建筑与城市设计理论研究、课堂教学和创作实践;主持设计的建筑与城市设计方案多次获得芝加哥建筑奖等国际大奖。已出版《空间·符号·城市:一种城市设计理论》等著作 18 部,发表《中国古代建筑的一种译码》《绿野·里弄构想》《城市弱势建筑学纲要》《迈向万能视角建筑学》等文章 255 篇。兼任全国高等学校建筑学专业教育评估委员会主任、中国建筑学会监事会主席、中国美术家协会建筑艺术委员会副主任、首都规划专家委员会专家等职务。

城市修补中的城市设计的几个问题

吕　斌

北京大学城市规划设计中心主任

城市设计是城市修补中非常重要的环节和手段。随着我国经济发展新常态的到来，我们也进入了存量规划的时代。城市修补是我国经济发展新常态背景下实现城市发展转型的重要手段，也是增量规划向存量规划转变的重要方法。笔者认为城市修补亦可被看作中国版的城市更新或是可持续再生。因此城市修补不仅是局限于旧城区或老城区的有机更新，它是从宏观到微观，多层次到多方面的修补。现在城市修补工作的主要对象是旧城区或老城区，我们关心的重点应在于城市更新或者说什么样形式的一种更新。

一、城市修补中的城市设计的基本特质

城市修补和城市更新作为城市存量中间资源再分配的有效手段，应当采取有机更新的方式，即回归关注城市生活的本质，重新审视城市更新的目标和方法，对普通居民的日常生活体验给予更多的关注。在保护和传承历史文化的同时，营造具有活力的宜居宜业的空间。基于这个大的背景和基本理念，城市修补与城市设计具有相似之处。

城市修补中的城市设计有以下几个原则和方针。第一，它是一个过程设计，不是一个蓝图设计，规划师甚至扮演社区设计师的角色，应长期跟踪，动态地去把握；第二，在空间创造时严格遵守城市风貌整体保护的原则非常重要，这种保护目的是为了改善居民的生活环境，提升城市空间的品质和活力；第三，实施空间场所的创造、修复，或是历史文化的保护和传承，应以两个视角去审视，一个是文化经济学的视角，一个是经济地理学的视角；第四，因为城市修补是一个过程，并有多元主体参与，所以要采取循环设计的模式，即小规模循序渐进地去设计和落地；第五，城市修补中的城市设计关于空间设计最重要的是 Place Making，即场所的营造或场所的创造，这种场所的营造非常重要的是要尊重人的行为，而不是简单视觉上要素的控制和组织。

二、城市修补中的城市设计的空间价值取向

(一)从文化经济学视角看旧城历史空间的经济价值

1. 旧城历史空间的情感价值

空间价值取向的第一个问题是我们怎么来看待旧城空间。旧城空间是历史的,但有一部分价值不高,因此基于文化经济学的视角看所谓的文化经济的价值至关重要。首先要看到旧城历史空间的情感价值。我们通常更多地关注旧城空间的房地产价值,也就是它的直接利用价值。但从经济学意义上来说,旧城空间还有非利用价值,存在效益和效应的问题。旧城空间在我们心中具有无形存在的心理价值:期权价值、代位价值和情感价值。情感价值可以理解为魅力价值或者是归宿价值。习总书记强调的记住乡愁,就是一种浓重的情感价值。从经济学意义上解释乡愁的话,就是具有情感价值、具有魅力价值、具有归属感价值。所以无论从什么意义上讲,情感价值都至关重要。

2. 旧城历史空间有机更新型与开发型更新模式空间效益比较

一般开发者对历史空间进行全面重建再开发产生效益的评估时利用的是房地产最佳投资期的妊娠模型(图 1)。模型显示在一个很短的时间里会有效益,但由于没有文化情感价值就会衰弱下去。但如果基于有机更新和可持续再生,尊重情感价值、归属感价值的模式在某个时间点就会开始收益。

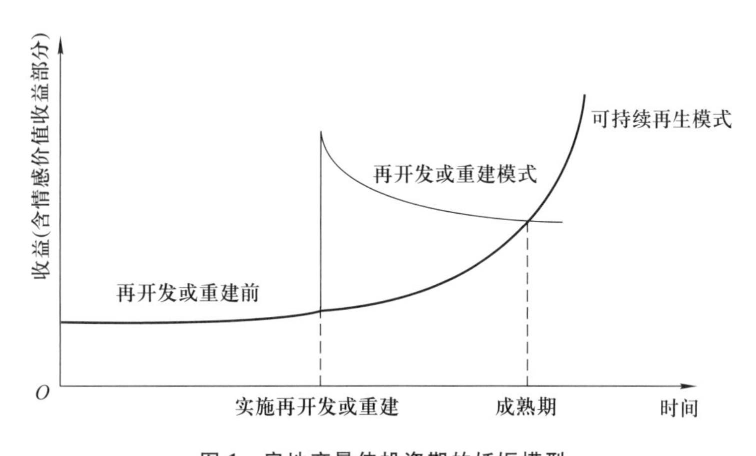

图 1 房地产最佳投资期的妊娠模型

从性价比模型(图 2)看,性价比最低的、政治风险和经济风险最大的就是“拆真造假”和所谓的“修旧”“造假古董”。性价比最高的是在延续历史文化空间的基础上同时给予一些符合现代需求的创意功能。最典型的例子就是北京前门地区商业街的改造,所谓按照“修旧如旧”重建的仿古街,虽然建筑做得非常地道,但 2007 年就花了 103 亿元,直到今年依然如此。如果没有大栅栏,估计去的人更少。类似的例子不胜枚举,所以真正具有文化内涵至关重要。运用可持续再生和有机更新的方法,效益是慢慢地达到大家还比较可以接受的做法。

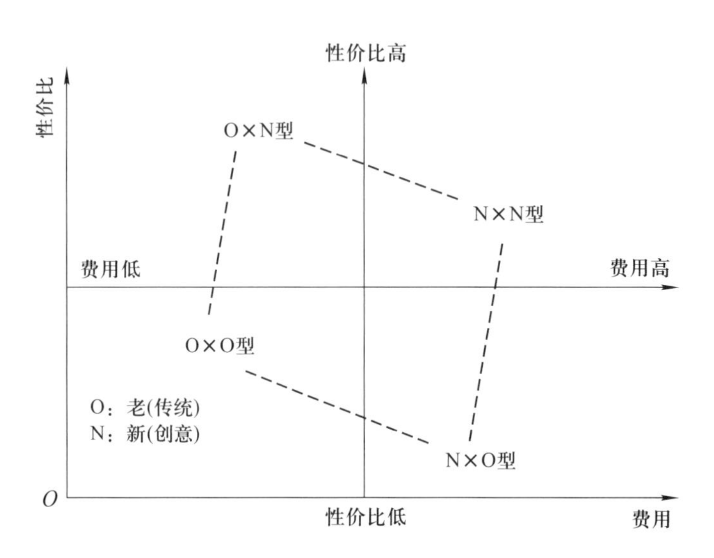

图 2　旧城历史空间不同更新模式的性价比比较

（二）从经济地理学视角看旧城历史空间是文化创意产业发育的重要载体

简单的经济地理学区位里又是怎么看待旧城历史空间呢？有大量的实例证明它有承接产业的载体作用，是文化创意产业的重要载体。所以说对于旧城空间，我们不要只看到它的脏乱差，它还有积极的一面，这是两个视角。

三、城市修补中的城市设计的内涵

（一）城市修补的社区设计内涵

通常我们是基于法定规划做旧城的有机更新过程的城市设计的，特别是在控规图纸的基础上做的设计。在进行城市修补时我们还应注意社区设计。我们肩负着社会修补的责任，就是在城市设计的物质空间修补过程中还应考虑到社会空间的修补，即社区设计。

最近国外在探讨“社区设计学”是否能成立。简单来说，社区设计不是蓝图，它不单意味着设计行为所覆盖的对象从物质空间转向社区空间，更重要的是我们对社区进行设计时要求一种思维的转变。在城市修补中，社区的设计要考虑到设计的合作者。在社区设计的概念中，社区本身是社区设计服务的对象，同时也是参与设计过程的重要一员。

社区设计有三个纬度。一是参与机制的设计、社区营造模式与机制的设计。在包头某工业区基于城市设计改造中，图纸做得好，但因厂房的业主不愿搬离而无法实施，所以参与模式非常重要，不仅包括知情权，还有利益共同体的问题。二是支撑保障机制的设计，即资金筹措机制的设计。三是以人为本，不能单纯追求视觉美，更重要的是营造宜居宜业、充满活力和文化积淀的创意空间。

（二）场所营造的设计

场所营造的设计有 9 个环节，分别是信息收集、前期分析、命名与感性描述、传统分析、问卷分析、建构复杂地图与分析、检测身份资源、问卷设计、地方身份地图的构建。最重要的实施步骤就像 Kevin Lynch 提出五个空间识别要素的方法一样，不是简单的城市设计师的主观意向，而是通过深入的社会调查，了解不同阶层、不同空间的参与者的诉求并进行提炼。不同特点的空间，提炼出的场所性、场所精神一定是不一样的。

四、实践与总结

围绕着机制特别是场所设计，笔者和意大利的同行做了一些比较研究，也参与了从罗马的许愿池到万神庙这一段的设计。笔者自己做了南楼巷，现在不断地用城市修补中城市设计的思路来梳理曾经做过的工作。总体来说，空间的营造包括历史文化的传承和在这个基础上的应用是我们当下在城市修补中城市设计应该探讨的问题，特别城市设计应基于社区设计来做。

吕斌 北京大学城市规划设计中心主任、城市与环境学院城市和区域规划系主任。日本东京大学博士。北京大学发展规划部副部长，教育部直属高等学校校园规划建设专家咨询委员会委员，中国区域科学协会常务理事，中国城市规划学会理事、城市设计专业委员会副主任委员，全国注册城市规划师执业资格考试指定参考用书编审委员会委员，日本都市环境研究所客座主任研究员，日本都市规划学会会员，日本都市规划家协会会员，日本都市环境设计协会会员，上海市浦东新区张江高新技术园区、辽宁省锦州市政府、山东省聊城市高唐县政府、北京市大兴区工业开发区等地方政府顾问。

主要从事城市与区域规划、城市设计、社区规划与环境设计的研究、教学和规划设计及旅游规划、城市和区域开发项目策划。1989 年在日本东京大学获日中科学技术交流基金会优秀研究成果奖，2000 年获国务院政府特殊津贴。1990 年以来，先后主持和承担完成了包括日本国家与地方各级政府及企业集团、世界银行及我国国内数十个城市和建设部等国家部委委托的 80 多个规划设计项目，涉及城市规划、城市设计、环境设计、城市景观规划、风景区规划、旅游规划等。主要著作包括《都市圈环境规划方法》《亚洲的景观风貌——中国的大规模土地开发与景观的变貌》等。

伟大城市的复兴

吴 晨

北京市建筑设计研究院有限公司总建筑师

作为由中共中央和国务院批准的总规,《北京城市总体规划(2016—2035年)》明确指出了全国政治中心、文化中心、国际交往中心、科技创新中心四个中心的城市定位和建设国际一流和谐宜居之都的目标愿景。从北京的旧城更新到北京的老城复兴,这种思想和实践的转化是巨大的,这也是我们团队不遗余力持续推动的成果。从一个学术界的词语转变成政府的纲领,体现着城市的发展需要更为有力的理论保障和技术支撑。

一、工作体系

笔者早在2002年就在国内首次提出了城市复兴;之后于2004年开始与合作者一道,在北京开始了以城市设计为引领的城市复兴理论与实践的积极探索;2013年以北京市建筑设计研究院为平台设立了城市设计与城市复兴研究中心;2015年,北京市建筑设计研究院有限公司、北京市规划设计研究院、清华大学建筑设计研究院三家单位联合,由北京市科委批准成立"北京市城市设计与城市复兴工程技术研究中心",这是全国第一个省部级科研平台上成立的相关工程技术研究中心。中心与团队在过去的若干年实践中,以城市复兴为框架、以城市设计的方法为引导,逐渐形成了完整的工作体系。北京老城、北京通州老城区、北京CBD核心区和京西的永定河两岸逐渐成为我们融合创新与实践的平台。

二、实践案例

(一)北京老城——鼓楼西大街

在习近平总书记心目中,真正的千年之城是拥有3000多年建城史、800多年建都史的北京,而千年之城的重中之重就在故宫周边,即皇城。因此故宫及周边皇城与老城在未来的政治版图和文化版图中的位置更加重要。"保护、整治、复兴"规划,是我们在过去十几年间一直使用的固定关键词,体现着工作的前瞻性、系统性、科学性和文化性。

笔者团队开展的鼓楼西大街复兴计划(图1)一经公布,就引起了包括中央电视台等各方媒体的高度关注。北京市主要领导还专门做出了长篇批示,指出这是一份"少见的高水平设计方案”。

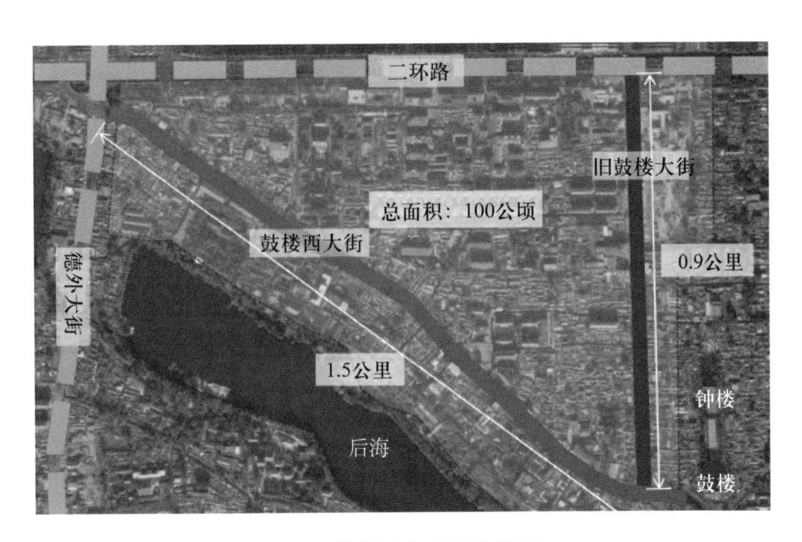

图 1　鼓楼西大街区位概况

(二) 北京老城——大栅栏鲜鱼口

北京城市复兴的原点始于大栅栏片区。大栅栏占地 1.26 平方公里,是离皇城最近的一片保护区。2002 年笔者开始在国内研究城市复兴理论,开始时很多专家学者对“城市复兴”的提法提出了质疑,认为那时中国的城市在高速发展的过程中,复兴对应衰败,中国的城市何来衰败。经过 40 年改革开放的发展,中国的城镇化率已经达到 58.5%。党的十九大报告中提到,每年 1.2%的中国城镇化增长率从高速增长逐渐转变为中高速增长,从追求速度逐渐转变为注重质量。在这种情况下,城市的更新已经是一个现实的话题。那么为什么提到复兴？一方面,复兴不仅是物质环境的更新(即旧城更新),更多的是社会、经济、文化及诸多方面全面的提升。就像文艺复兴对几百年前人类文化的贡献,城市复兴也是城市发展的一个全新的层次。另一方面,城市复兴更是中华民族伟大复兴重要的物质转化和具体体现。

C 地块后来被命名为“北京坊”,这是离天安门广场最近的历史商业街区。1900 年战争中,地块内数条胡同的建筑被焚毁。尔后受西方建筑影响,中国第一代建筑师包括杨廷宝先生、沈理源先生等都在此地留下了设计作品。在这狭小的地段里有两个国家级的文物保护单位、两个北京市级的文物保护单位,其中包括杨廷宝先生设计的原交通银行建筑。在完成城市设计并确定了规划方案后,笔者又邀请了其他 6 位建筑师共同参与沿街建筑设计,称其为“集群设计”。7 位建筑师根据城市设计所确定的总图和设计导则,对 8 栋建筑进行了设计。14 栋建筑(图 2)中的其他建筑和集群设计的施工图总体负责,仍由笔者和团队承担。所以笔者认为这是中国迄今为止较为成功的敏感地段的“集群设计”。

北京坊所有的建筑都是以劝业场(图 3)为核心。我们充分考虑到商业的路线,包括与地铁连接、空间肌理和与原有的胡同相互吻合、空中的漫步体系丰富而便捷。大栅栏复兴项目完成后,被北京市主要领导赋予了非常高的定位,称之为“北京老城复兴的金名片”,对应着习总书记提出的“北京的文化遗产是北京的金名片”。

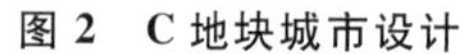

图2 C地块城市设计

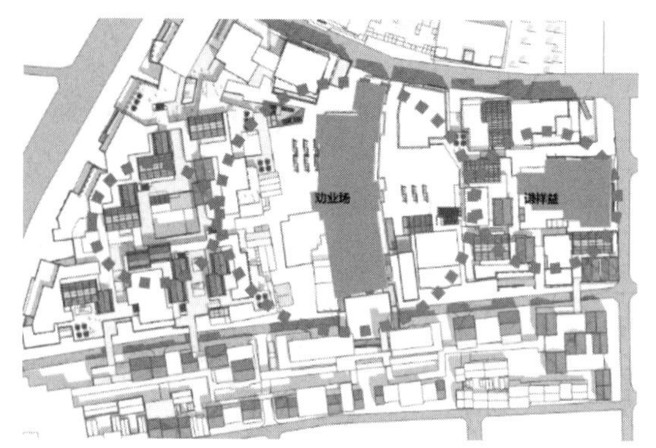

图3 C地块空间层级

近年来,我们在前门东区即鲜鱼口地区城市设计中做出了新的尝试,在梳理前门东区原有城市肌理的基础上,创造性地恢复了一条历史河道,即东三里河。这一设计项目同样获得了巨大的反响。在北京市2017年6月推出的北京新十六景(图4)中,前两项均是我们的作品,这是一种光荣,也是一种对孜孜以求努力探索的回馈。

1. 东城“正阳观水” 三里河水系在前门重见天日
2. 西城“古坊寻幽” 北京坊成“北京文化新地标”
3. 朝阳“温榆垂绿” 温榆河森林湿地公园将成“生态绿肺”
4. 海淀“玉泉清漪” “三山五园”重现昔日瑰丽壮观景象
5. 丰台“园博锦绣” 园博园成时尚体育运动首选地
6. 石景山“莲湖秋月” 莲石湖湿地公园扮靓首都西部
7. 门头沟“永定碧波” 永定河妙峰山段成消夏避暑新选择
8. 房山“青龙叠翠” 青龙湖森林公园游松岭绿道观林海花谷
9. 通州“潞城新意” 潞城中心公园最大特色是法制
10. 顺义“舞彩浅山” 舞彩浅山滨水国家登山健身步道已建成
11. 大兴“南海鹿鸣” 从“南囿秋风”到南海子公园
12. 昌平“花海平畴” 从十三陵水库到千亩花海
13. 平谷“河岸绿谷” 从平谷新城到马坊镇小龙河湿地公园
14. 怀柔“雁栖华彩” 从雁栖湖到国际会都
15. 密云“古北水乡” 从古北口村到古北水镇
16. 延庆“葡园紫烟” 从世界葡萄博览园到葡萄主题公园

图4 北京新十六景

(三)北京老城——南锣鼓巷

南锣鼓巷保护、整治、复兴规划是自2002年《北京保护规划》颁布十周年后的评估工作开始的。南锣鼓巷是迄今为止北京保护最为完好的历史性街区之一,因此它对北京有着特殊意义。南锣鼓巷片区88公顷,街道格局被称为蜈蚣街,由一条主街和两侧共16条胡同(图5)组成。我们在东城区委政府的大力支持下,在北京第一次提出并完成了城市设计管控导则的编制工作。设计导则是上位规划对下位设计的技术性约定,而管控导则更多地结合了中央城市工作会议所提出的社会、政府和市民的需求,在规划、建设及管理的不同层面和不同阶段的具体工作落实。在管控导则编制阶段,我们召集了大量的居民和商会积极参与，组织讨论会并经过名城专家的论证会，最终正式发布了《南锣鼓巷历史文化街区风貌保护管控导则(试行)》。这虽然仅是一个88公顷地块的历史保护街区的管控导则，但在北京的城市史上具有非常重要的意义。在完成管控导则编制后，我们又先后完成了近800米长的主街品质提升设计以及院落提升设计。

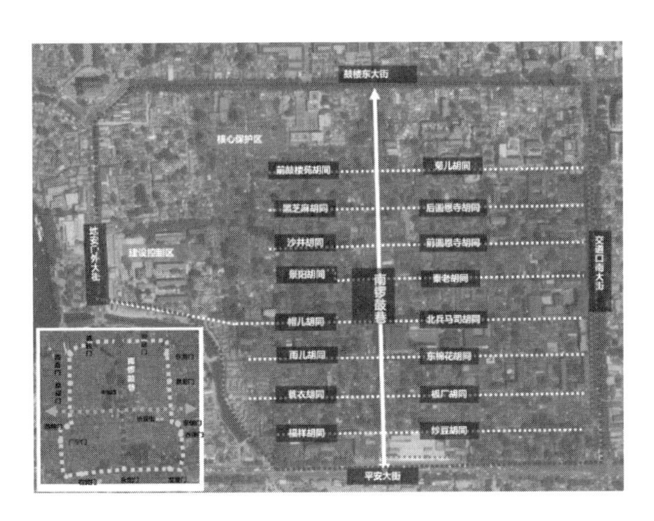

图5　南锣鼓巷街区结构

(四) 北京老城——其他项目

随着北京总规的批复，我们团队正在开展北京老城和整个北京中轴线的设计工作(图6)，其中老城中轴线长7.8公里，新中轴线长88.8公里。此外我们还在同时开展什刹海环湖的整体设计工作(图7)和景山西侧西板桥水景的恢复(图8)，这是我们在老城内试图恢复的第二条河道。

图6　中轴线

图7　什刹海环湖

我们在通州副中心的设计(图9)中，关注到了通州的真正的辽代燃灯塔和其周边的三庙一塔及其老城片区，这里是通州文化的根源。我们同时也是最早参与到首钢工业遗产城市设计工作的团队。因为我们的努力，现在的首钢已被称为北京城市复兴的新地标。

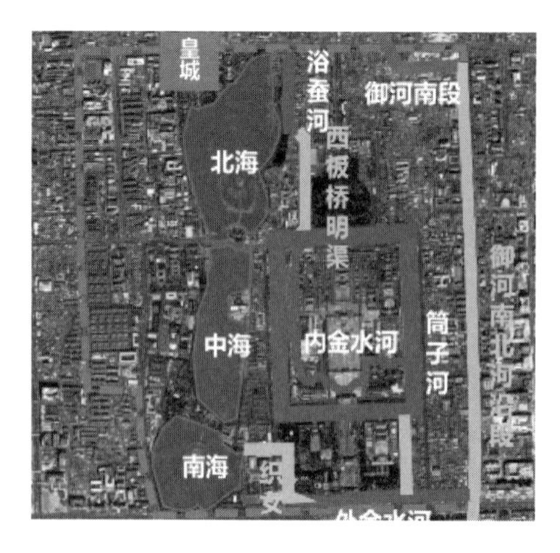

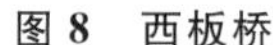
图 8　西板桥

图 9　三庙一塔

（五）北京 CBD——北京中信大厦

由笔者和团队主创并亲自命名的位于北京 CBD 核心区的北京中信大厦项目，已在 2017 年 8 月 18 日正式封顶，于 2018 年底竣工使用。这也是我们运用城市设计的手法，指导建筑设计的一个成功范例，在未来相当长的一段时间内，北京中信大厦是北京最高的建筑。之后，我们又设计了北京市 CBD 文化中心，这个项目完善了北京 CBD 核心区标志性建筑中国尊的整体形象。

我们现在正在尝试运用数学模型来对城市发展进行预测与分析，2016 年在通州进行首次尝试。其中最核心的技术我们称之为“精准决策模型”，即通过将人口普查、经济普查等传统数据和大数据相互结合的方式，经过模型运算，推导出未来城市发展的就业、居住和通行量、土地的供应量等的趋势，为政策提供建议。这个工作得到了北京市委市政府领导的高度关注，是未来城市规划科学化的一个发展方向。

吴晨　北京市建筑设计研究院有限公司总建筑师，北京市城市设计与城市复兴工程技术研究中心主任。北京市政协常委，“国家千人计划”专家联谊会副会长，北京市欧美同学会副会长，享受国务院政府特殊津贴专家，中组部及人社部授予“国家特聘专家”荣誉称号，“国家千人计划”特聘专家，英国剑桥大学高级访问学者。

由吴晨主创设计的超高层“中国尊”项目，位于北京CBD核心区，高528米，是目前中国建筑师主创设计并在建的最高建筑。吴晨还在城市新区城市设计与规划、旧城保护与复兴、大型交通枢纽建筑、工业遗产保护与复兴等领域有着诸多建树。早在2002年，他在国内率先提出“城市复兴”理论，是我国“城市复兴”的首倡者和先行者。其代表作品还有北京南站、广州南站、南京南站、合肥南站等站房建筑设计，以及北京首钢主厂区整体城市设计、无锡老城区城市设计、北京通州副中心、福州新区城市设计、“北京坊”建筑群等。

作为中国建筑师的重要代表，北京市委组织部授予他“北京市特聘专家”，入选“科技北京”百名领军人才；2014年，荣获“全国五一劳动奖章”；2015年，中共中央、国务院授予吴晨“全国劳动模范”荣誉称号；2016年获得“首都科技盛典科技人物”及北京市委市政府授予的“京华奖”。

建造逻辑向城市设计管控的思考

范霄鹏

北京建筑大学建筑与城市规划学院教授

城市、乡镇和村庄聚落无论其规模大小，都有着不断发展的自然环境和人文环境，都需要在聚落的生长过程中予以建造应对，这就构成了聚落物质空间环境建造的历史积淀。从各个规模级别的项目实践中，不难发现，地区历史空间或聚落建成环境始终对当今的建造项目产生着各种各样的影响，即在城市发展进程中地区建成环境与城市风貌塑造之间一直处于相互促进、积极共生的状态。

长期以来为业界同人所诟病的城市风貌特征丧失的“千城一面”状况，倒不是持续高速发展的城市建设都是同一个样貌，而是都一样乱，即缺乏建立起历史建成环境与当代建造之间的紧密关联，而普遍是以当代的建造规模冲击了建成环境的尺度、以当代的建造形态扰动了建成环境的风貌。针对各地城市风貌丧失的建设乱象，回溯城市发展的历史脉络、找寻建成环境的建造逻辑以及构建当代建造的管控规则对于延续历史悠久的城市风貌特征和提升文化品质有着重要的实操价值。

以下结合团队在项目实践过程中的追问，谈一谈对建造逻辑和城市设计成果效力的思考，即从城市物质空间建造逻辑、北京开展城市设计的状况、地域空间建造逻辑研究及城市建设实践中对管控规则的思考四个方面展开。

一、城市物质空间建造逻辑

城市的历史或长或短都有其发生发展的演变过程，在物质空间建造上也有其生长方式和建造逻辑。城市等各级规模聚落的建造，不可避免地要受到所处地区的自然地理环境、历史地理环境和聚居人群社会组织等诸多方面的影响，即在物质空间的形态上投射出相应的建造逻辑。虽然各种环境条件都会对物质空间的建造产生影响，但由于各种环境作用在建造上的影响和方式不同，体现在建造逻辑上的分量则有着较大差异。

根据各级聚落所处环境条件和地理区位的不同，有对应于自然环境制约的建造逻辑、有对应于人群组织结构的建造逻辑、有对应于族群信仰的建造逻辑等，也存在着对应于主导影响要素和辅助影响要素之间多样化组合的建造逻辑。例如，北京紫禁城有其皇权居中为尊和高墙围合防御的主导建造逻辑（图 1）；阆中古城则是以山水环境为依托，以强化理想栖居环境的风水格局为主要建造逻辑(图 2);色达喇荣寺五明佛学院则是以宗教寺院为中心,形成以精神信仰为主导的建造逻辑,叠合高原山谷的地形环境后,构成了聚落极具特征的空间形态(图 3)。

图 1　北京紫禁城肌理

图 2　阆中古城肌理

图 3　色达地区聚落肌理

城镇村各级规模的聚落历史空间和建成环境,都是在当地建造逻辑持续有效的作用下得以建成的,这些历史空间和建成环境构成了当代城市设计所需要呼应的基底。由此,当代城市物质空间建造上所要体现出来的特征,正是这种地区性的或所在城市历史空间建造逻辑的延续,尤其是对于处在城市历史建成环境中的当代建造,如何延续传统的建造逻辑则是城市设计需要应对的基本问题。

例如,作为一座拥有 3000 多年历史的历史文化名城,北京老城有着明确的建造逻辑,包含着应对环境条件的智慧、传统的都城营建法则以及合院建筑的建造规则。这样的建造逻辑体现在北京老城的整体空间层面、胡同空间层面以及胡同内的合院建筑层面,贯穿于不同尺度的空间建造上。北京老城中的建造逻辑涉及的要素很多,这里不做过多的展开,仅以胡同空间为例,营建的规则是以“步”为基本空间单位,24 步者为“街”的宽度、12 步者为“小街”的宽度,胡同的宽度则是 8 步,胡同南北两侧的四合院占地规模为 8 亩(元代),凡此种种便构成了北京老城空间的基本建造逻辑。

二、北京开展城市设计的状况

北京较早就将城市设计纳入了地方性城市规划工作内容的范畴中,并将城市设计导则的编制与控制性详细规划相对应与衔接。2009年10月颁布的《北京市城乡规划条例》中,第二十二条:区、县人民政府或者市规划行政主管部门可以依据控制性详细规划组织编制重点地区的修建性详细规划和城市设计导则,指导建设。随后,北京颁布了一系列与城市设计相关的指导意见,如《关于编制北京城市设计导则的指导意见》《北京市城市设计导则编制基本要素库》《北京市中心城第一批城市设计重点地区划定草案》《城市公共空间设计建设指导性图集》,以及《北京市住宅外部设计导则(试行)》(2013年)等。2017年初,在城市规划中进一步强化了城市设计导则的编制工作。同年3月,北京成为由住房和城乡建设部公布的“第一批城市设计试点城市”之一;明确了“加强城市设计和城市特色风貌塑造,提升城市公共空间环境品质”是北京市规划和国土资源管理委员会的主要职责。

当前北京的城市设计编制工作大体可分为总体、区段、地段三个层级,分别对应总规(含新区)、控规和修规三个层级,正在逐步构建起城市设计的体系内容。近几年北京在城市设计导则编制方面也做了大量工作,所编制的城市设计导则根据规模可细分为:城区级、老城级、辖区级、片区级、街区级、街道级六个层面;另外还包括诸如城市第五立面、城市色彩、城市景观眺望系统等城市设计的专项导则。不同层级的城市设计导则因所涉及的空间规模不同,所采取的设计策略及框架尺度也有所变化。以下,结合团队参与的实践项目,从片区、街区、街道三种规模谈谈在实践中对城市设计导则的一些思考。

1. 片区尺度的城市设计

2006年做的一个项目,项目内容包括前门东侧路片区的整治规划、城市设计和延伸出来的城市设计导则等几方面(图4)。在项目实践过程中,找寻片区空间的建造逻辑成为规划设计的出发点和侧重点,这包括多重尺度片区原有的建造逻辑,如片区结构尺度上的护城河与东三里河的走向、街巷空间尺度上的弧形胡同与河道之间的对应关联、院落形制尺度上的东西向合院与平民聚居地之间的对应建设等。从中可以发现,每种空间要素

图4 前门东侧路片区城市设计

都有其自身的“生长”方式,并且共同组合构成了片区的建造逻辑,尽管有的方式是显性存在的,有的方式已被时间磨损殆尽。

在项目中所引发的思考,重点不是如何去发掘和整理片区的建造逻辑,而是如何实现原有建造逻辑在当代的转换,更重要的是如何保证其在片区空间建造中的连贯实施。

2. 街区尺度的城市设计

马连道街区城市设计项目(图 5),内容包括街区产业策划、街区城市设计和城市设计导则三方面的工作内容。项目的背景是北京市西城区环境品质的提升以及马连道街区茶产业的提质升级。因此在产业策划上,重在调整业态构成,以凸显中国作为茶文化和茶产业肇基国度在国际茶文化交流及茶产业中的引领作用;在街区空间的城市设计方面,重在现有存量的基础上调整和改造,以空间尺度凸显茶文化国际交流的大国气象,侧重通过茶树、茶叶和茶花等要素的运用建构起茶产业街区的空间建造逻辑;在街区城市设计导则方面,重在通过具体的建造措施落实街区的规划设计愿景,通过街道近人空间的精细化建设凸显茶文化主题的氛围。

图 5　马连道街区城市设计

在项目中所引发的思考,重点不是在于如何构建起以“茶”为主题的街区空间形象,不是在于如何搭建起从街区尺度到空间细部的建造规则,而是在于从产业策划→街区规划→设计导则的对应连贯设计成果如何在后续的建造过程中得以实施。

3. 街道尺度的城市设计

砖塔胡同空间提升设计项目,包括街道的保护整治规划和改造措施两方面内容。砖塔胡同在元代就已存在,为北京有文字记载的最早的胡同。因此在项目设计过程中,谨慎细致地对待胡同现状条件和找寻原有的空间建造逻辑成为设计工作的主要取向。砖塔胡同设计的重点在于遵循老北京居住胡同和两侧四合院的空间建造规制,在保护砖塔胡同原有传统风貌的基础上，更新街道生活服务设施和提升环境品质。为了达到保护整治规划的目标，进一步完成了以门牌号为单元的满覆盖改造措施，不仅包括胡同的建筑界面和街道底界面，还包括街道内 32 棵现状树木和 11 处变电箱等。简而言之，在胡同风貌的保护方面，延续原有建造逻辑、构建具体的技术措施必不可少；在空间环境的提质方面，地面以上环境品质很重要，地面以下功能设施的支撑更重要。

在项目实践中所引发的思考，重点不在于分类措施是如何的细化，而是在于如何使原有建造逻辑与现代改造相连贯、如何使技术措施具有明确的对象、如何保障技术措施的实施效力。

三、地域空间建造逻辑研究

开展失于聚落空间建造逻辑的研究，是团队持续了较长时间的工作，不仅有北京地区的研究，也有跨地域开展的研究。在过去 20 余年的时间里，持续致力于西藏地区的地域空间建造逻辑的研究，试图通过跨地理和文化区域的方式，从传统的建成环境中寻找从城镇、村落直至民居建筑的空间建造逻辑（图 6）。西藏地区传统的聚落空间有着较为明显的建造逻辑，如有受自然环境条件主导影响的空间建造、有受宗教信仰主导影响的空间建造、有自然和人文要素相互交织影响下的空间建造等，其中萨迦地区的城镇空间建造具有突出的代表性。

萨迦派作为西藏地区五大教派之一，曾经在宗教历史上占有显赫的地位，在元代被尊为国教并产生了广泛的影响力，其发源地萨迦地区的空间建造深受宗教影响，并具有明显的空间建造逻辑可循。萨迦地区处于日喀则市以西，自国道 318 线沿县道向南的 16 公里处，山岭凸起所形成的道路拐点构成了进入萨迦地区的空间认知边界（图 7）。从民居建筑的色彩与材质上看，路径拐点处的两侧区域存在着明显差异，体现出受宗教影响所呈现在空间建造逻辑上的差别。

图 6　西藏地区空间建造逻辑

图 7　萨迦地区空间结构

萨迦镇的空间结构生长脉络为先有自然的瑞象产生寺院的选址建设，后因信众的集聚居住而逐渐建设出城镇聚落，即所遵循的空间建造逻辑是空间结构以山体为整个聚落的构成中心、以寺院为聚落结构的组织次中心。这样的空间建造逻辑在萨迦北寺持续扩建过程中为历代法王所遵守，形成了喇让、护法神殿、塑像殿、藏书室和佛塔群组成的“古绒”建筑群。萨迦镇聚落主体的空间由南寺指向山体和北寺，构成了南北向形似杠铃状的空间结构，这个空间结构的两端为萨迦南寺和北寺。镇区内的民居建筑以萨迦南寺和北寺为构成中心，沿山麓地形而建，在高度方向上层叠、水平方向上绵延，街巷狭窄并与地形环境紧密对应融合，将指向寺院的宗教信仰转换成空间建造逻辑。

萨迦派信奉金刚手菩萨，金刚手菩萨的代表色为深青色，故萨迦地区所有的民居建筑无论建造时序先后，其外墙皆为大面积的深青色，墙面上白、红两色的带状装饰分别代表观音菩萨和文殊菩萨。西藏作为全民信教的地区，宗教的色彩象征在空间建造上有着广泛的运用，红、白色在西藏随处可见，但大面积的深青色却是萨迦地区所独有的(图 8)。

图 8　萨迦地区城镇空间结构及深青色民居建筑墙面

萨迦地区宗教信仰主导空间建造逻辑的调研，对于认知地域空间建造逻辑与城镇风貌特征延续具有价值，但更为重要的价值是对建造逻辑在城镇空间持续生长中所发生效力的认知以及由此产生的思考。萨迦地区聚落空间的建造逻辑得以遵守，有赖于在宗教信仰基础上的共识性遵守，而空间建造逻辑在当代建设中的效力依靠什么来获得保障?

四、城市建设实践中对管控规则的思考

在以上几个项目实践和跨地区调研中，都涉及对地域建造逻辑在实施中如何发挥效力的思考。在 2006 年底至 2007 年初，团队在做前门东侧路片区保护整治规划时，出于为落实保护规则的思考，在鲜鱼口地区保护规划的基础上，延伸出《鲜鱼口地区传统风貌城市设计导则》的编制。这个导则所涉及的项目规模非常小，仅包括 1 条横向街道以及 2 条纵向街道，共 6 个地块，导则对地块中所涉及各空间要素均做了明确的建造规定，尝试为鲜鱼口地区作为老北京平民化的街区理出空间建造逻辑，并在后续的建设中实施，但这个

导则最终没有落实。

从处在城市历史建成环境中的项目实践中以及编制城市设计导则的工作中，产生过一些追问和思考，主要聚焦在城市设计导则的管控效力方面。例如城市设计导则通常更适用于小地块，往往场地规模越小、对象越具体，导则的实施效力就会越明显；反之，场地规模越大、所涉及的参与设计单位越多，对于场地建造逻辑的认知差别就越大，城市设计导则的实施效力大大减弱。这引发的追问是：如何通过城市设计导则将建造逻辑转化成切实有效的管控规则？作为指向建设实施的城市设计导则的效力到底在哪？

纵观北京已编制的多种类型城市设计导则，既有不足之处，也有好的苗头。不足之处主要体现在：作为专业技术层面的文件，城市设计导则中仍然有许多诸如“应”“鼓励”“要加强”等工作报告式的指导性词汇，这不仅不符合具有可操作性技术文件的编制逻辑，而且还使得导则更像是一种设计理念的文件，导致导则的形式意义远大于实施的管控价值。好的苗头主要体现在：在城市设计导则中，开始有了“自说自话”，即开始不再在赞扬国外城市设计导则后，以此为基础上编制本土的城市设计导则了，开始关注“自证”建造逻辑而非“他证”建造逻辑。例如《北京历史文化街区传统风貌控制及设计导则》明确了设计目标，即属于北京的本土化建造是怎样的，根植于本土化建造基础之上未来的城市建造又该如何，这无疑是文化自信的觉醒，也代表着在未来的城市设计中设计师们会更加立足于本土展望未来。

回到城市设计导则管控效力的追问上来。城市设计导则指向建设管控是其核心价值所在，如果仅仅作为设计文件，而不是管控文件，那么城市设计导则是缺乏建设管控力的。对于建设而言，缺乏约束力的设计导则几乎等同于“废纸”。城市设计导则既然需要转化建造逻辑为具体的建造规则，就需要从管控层面入手，将城市设计导则的编制成果转变为建设管理文件，采用可量化技术手段设立一道建设的“管控底线”，通过建设的管理端控制而非设计端讨论，来达到塑造城市风貌和引导城市建设的目标。

在历史文化名城、历史文化街区这样的历史建成环境中，将原有的空间建造逻辑延续和转变为当代空间建造的管控规则显得尤为重要。通过城市设计导则搭建一套建设规则，并借助数据化的平台予以管控，来确保城市传统风貌的延续不沦为空泛的话语。鉴于此，在历史建成环境中编制城市设计导则，其核心内容不是统一设计者的认识，而是统一管控的实施标准，“弱化设计者的标签意识，强化城市建设管控意识”将会是城市设计导则的价值取向。

范霄鹏 北京建筑大学建筑与城市规划学院教授、博士生导师。1993年于东南大学建筑学院获硕士学位，2003年于清华大学建筑学院获博士学位，2005年北京大学环境学院博士后出站。中国勘察设计协会传统建筑分会副会长，中国民族建筑研究会民居建筑专业委员会副主任委员，《古建园林技术》杂志副主编，中国民族建筑研究会理事，住房和城乡建设部传统民居专家委员会委员。

研究方向包括传统民居、地区建筑学、城乡规划、城市设计与历史街区保护等，主持十象工作室的实践项目涉及保护整治规划、修建性详细规划、城市设计、建筑设计和规划评估等。主要著作有《新疆古建筑》《传统村落空间类型及承载力研究》。在国内核心刊物和国际会议发表城市规划、城市设计、地区建筑研究和民居建筑研究等方面的学术文章70余篇。主持国家自然科学基金面上项目“基于社会结构变迁的乡村整合规划理论与方法研究”，承担科技部“十二五”支撑项目子课题“高原地区室内外环境设计研究”“传统村落空间类型及承载力研究”。

历史空间体验之旅+互联网

朱雪梅

天津市城市规划设计研究院副总规划师

一、五大道的呼声

在天津五大道片区中，绿树掩映着小洋楼，环境优美宜人。近年来随着五大道历史文化街区的保护与利用的推进，它已逐步成为天津最具代表性的文化旅游目的地。它以其深邃的独特魅力、舒适的街道体验、亲人的空间尺度、千姿百态的历史建筑、名人荟萃的历史故事吸引着世界各地的游客。

但是许多游客表示在1.3平方公里的五大道中并不知道该看哪些重要的建筑。“我完全不知道在什么地方?”游客在这里迷失，不知道怎么办，这就是一个非常具体的案例。为了解决这里游客的需求，笔者及团队进行了相关梳理与设计[1-4]。

二、相关问题梳理

当前，五大道的文化旅游发展仍然处在初期阶段，在多元变化的转型时代下，距离具有国际水准、高品质的文化旅游景区，无论是策划运营、服务管理还是旅游体验等多方面都尚存在较多的不足。

首先，现有文化资源缺乏整合。在五大道中，共有37处全国重点文物保护单位，2处民国总统故居、5处民国总理故居。但这些有价值的历史资源散落在街区中，未能得到充分的展示和利用。图1为五大道现有历史资源整合情况，图中灰色圆点标记是文物建筑。

其次，现有旅游服务设施体验度不足，主要体现在以下几个方面(图2)。① 现有的旅游标识系统仅以街角固定地图和纸质地图为主，找不到方位，找不到视觉焦点。② 游客在五大道中游览显得走马观花，线路没有经过专业的设计。③ 由于产权复杂的原因，众多历史建筑尚未开放，而以简单文字概述为主的历史建筑门牌，不能充分展示历史建筑本身的价值和背后鲜有人知的精彩故事，这使得可游度大打折扣。④ 现有的体验方式单一，在这个有着深厚历史文化资源的城市空间中，游客只能进行简单的拍照等活动，深度互动的方式却很少。

同时，现有商业服务仍呈现分散凌乱的状态，缺乏有序的业态规划和统一的信息平台。

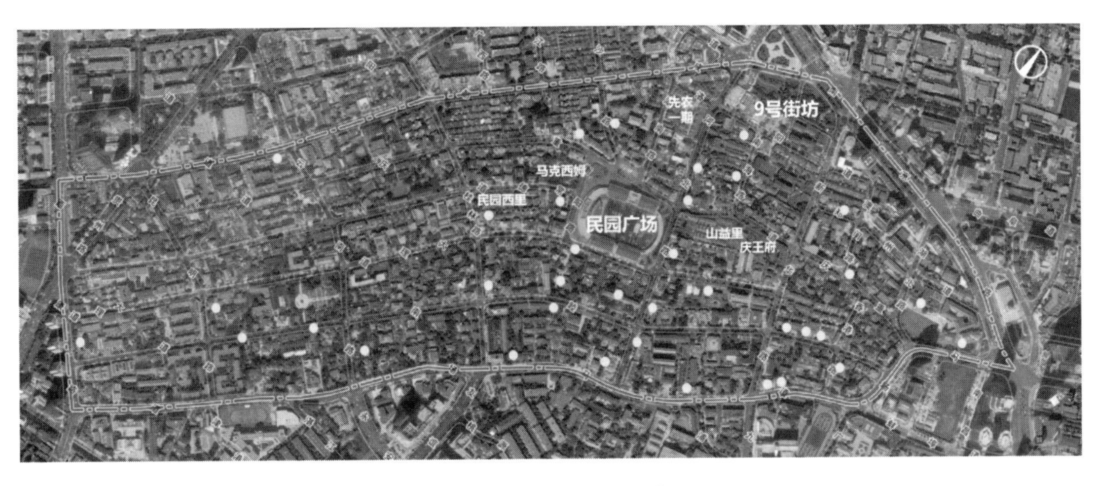

图 1　五大道现有历史资源

图 2　五大道地区旅游服务设施现状

商业服务设施与旅游资源的互动联系、与游客活动的有效联系不足(图 3)。所以,如何将历史文化资源中最精彩的地方整合起来,变成一个可以把握、可以体会的空间成为关键。

图 3　五大道地区餐厅、酒店、咖啡馆现状分布情况

三、做一条“线”

近期在已改造地区的带动下，以民园广场为核心的热点片区效应正在逐步形成。设计在对现状问题进行梳理的基础上，同时依托有潜力地区（即政府需要在未来3~5年内改造、改善环境的区域），将五大道相关资源整合，做成一条“线”（图4）。

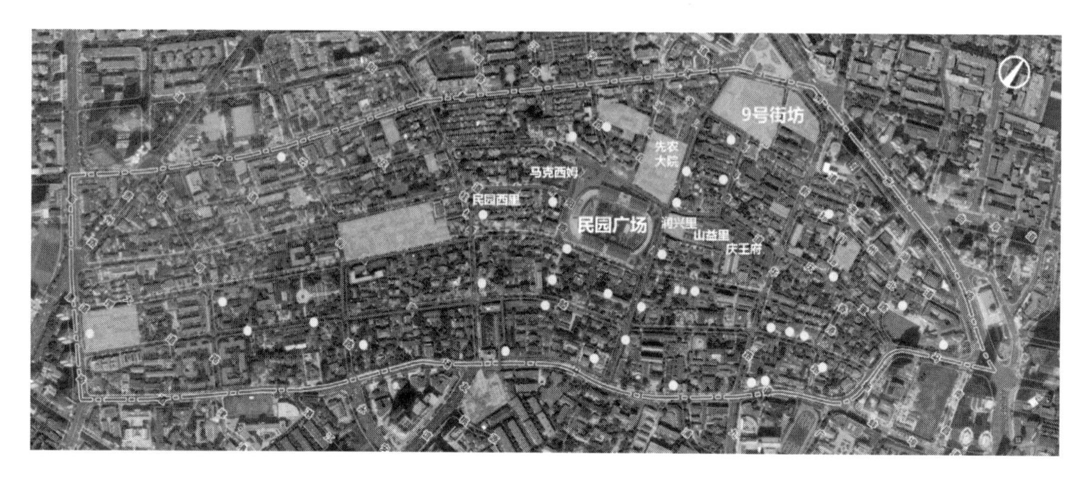

图4　五大道体验之旅主环线

设计将有潜力的区域与已改造完的片区叠加，并试图利用一条最合理、最经济的线路将这些地区串联。将孤立的项目与资源点穿成连续的线，形成线状公共空间，再通过整合资源的交互平台形成链，不断生长、灵活串联，由此产生了五大道体验之旅的概念（图5）。

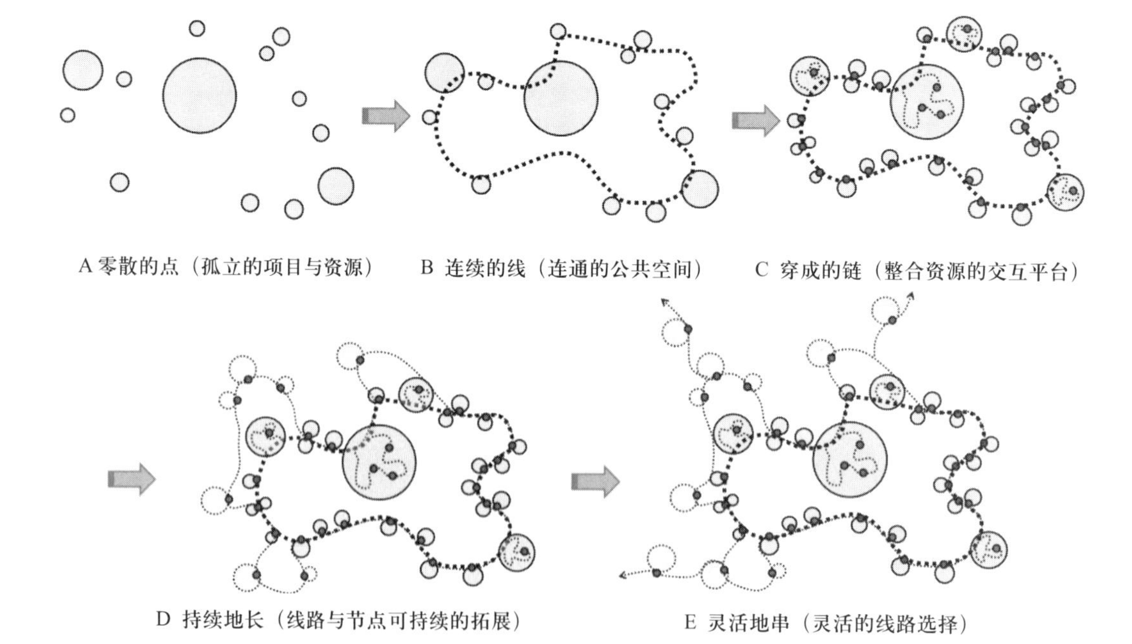

图5　五大道体验之旅模式图

最终实现五大道从传统景区向旅游IP的全面升级，成为汇聚文化精髓、享受品质体验的城市休闲旅线。它不仅仅是实体空间的体验，更是运用全新的互联网思维创造升级的消费体验，从而传递一种追求文化品位的生活方式、鼓励一种漫步体验的休闲旅行方式的价值观。同时，通过它建立具有强烈识别性和分别性的社群，营造精致、优雅、品味的社区特质。

这条经典线路全长3公里。以正常人悠闲的步行速度游览区内的点，大约需要半天时间。若步行速度较快，3公里路程在20分钟内可以走完。这条线路将重塑精彩纷呈的四重体验。

一是领略公共空间。在线路南北两端，结合两个现有的绿地空间，塑造具有识别性的入口广场。同时美化沿线街巷空间、临街店面和绿化环境，提升沿线建筑品质（图6）。

图6　南入口——西岸教堂公园

二是寻觅里弄街巷。线路串联3处别具风格的经典街巷、连接13处丰富变化的里弄巷道。在这里体验的不仅是建筑，更有最真实、最富历史感的五大道生活场景（图7）。

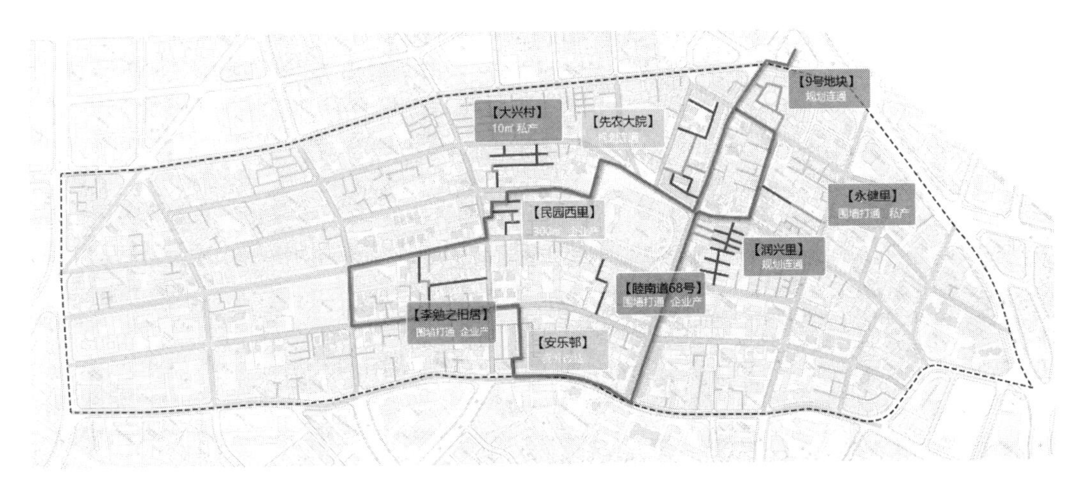

图7　典型街巷里弄

三是探访名人故居。线路串联50座故居，包括一位奥运冠军、一位美国总统、两个清朝遗老、五任民国总统、五任国务总理、四处近现代史迹等。通过设计将这些丰富的历史文化资源组织起来。

四是创造多维旅游体验。沿线6处博物馆和20处景点都可体现城市内涵。据统计，平均每100米遇见1个名人故居，每160米可进入1个游览景点，文化体验与消费项目相结合，步行游览时间约4~5小时。线路还整合了一系列的活动，在每年每月都有可以深度参与的主题活动，并依托线路持续催生一些城市事件。整条线路成为开展城市活动、与城市空间产生互动和普及重要的文化艺术活动的载体。同时这条线路具备未来生长的可能，随着游客增加可向外伸张，开发设计更多资源(图8)。

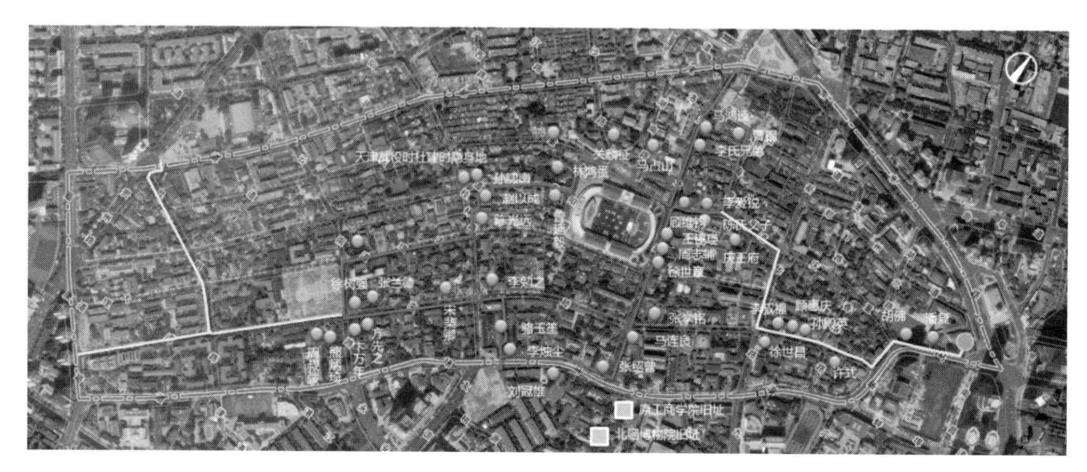

图8　五大道体验之旅拓展线路

这条经典线路，通过对街道局部改造形成具有明确引导的实体地面线路，同时辅以导览标识系统和重要公共艺术的设计(图9)。

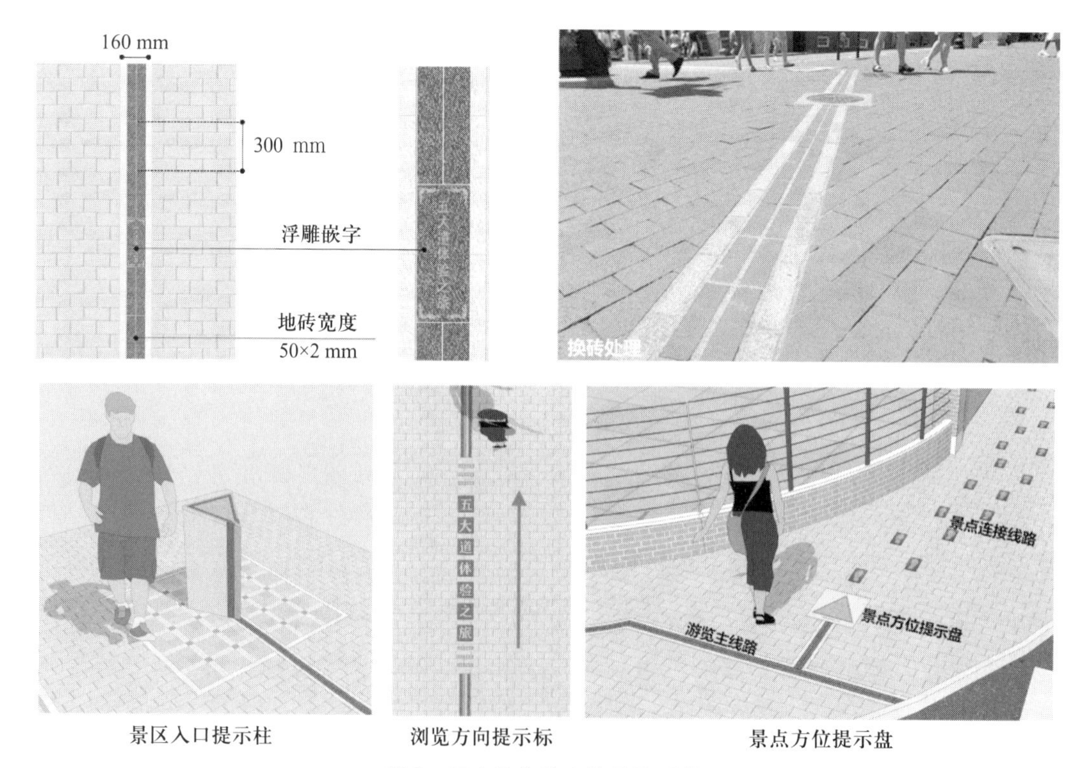

景区入口提示柱　　浏览方向提示标　　景点方位提示盘

图9　五大道体验之旅导览系统

四、互联网运营

与此同时,在实体线路植入“互联网+”,形成全新的品牌App,包括历史文化建筑的读取、自助语音导航系统、城市体验等。通过构筑多维度的增强现实,创造时间和空间的转换叠加的全新体验,把商品变成一种体验和一段回忆。此过程还可以利用支付大数据平台,构筑全线“零现金”消费体验,指导沿线业态更新及经营决策。

五、创新模式

历史街区的更新中,除了实体空间的改造,运营模式更是至关重要。现有历史街区更新传统的方式,包括腾迁、整修、运营、项目开拓等程序,会涉及非常复杂的产权关系、高额的腾迁补偿、漫长的腾迁周期,还伴随着历史建筑整修的高难度、高成本,以及后期市场的培育和对其他资产的依赖。天津一些更新后的街区也存在随着时间的推移逐渐衰落的情况,即前期投入巨大的资金但收益较差,对整个社会生态冲击巨大。

例如天津历史上典型的改造项目——静园,一个单个历史建筑。它的建设周期是6年,在15年前投资3200万元,其他40%为自有资金、其他为银行贷款。这种做法负债高、风险大,自有资金需求量也非常大。再如另一个街区型项目——先农大院,前后周期10年,投资8.5亿元,考虑到10年周期的利息及物价上涨,可达十几亿元。所以在这之后的实际改造中,融资模式、金融审查等条件愈发苛刻,银行审查对项目的回报率也极其关注。同时因为民众、政府等在项目中存在利益博弈,腾迁也越来越难。由于历史街区经济的产值较少,选择合适的便于腾迁的地区也越来越难。而现在,由于资金链的断裂,此类项目已难以在天津立足。

传统模式面临瓶颈,已无法延续。新的时代应该有新的模式去推动历史街区的改造。笔者及团队尝试探讨新的模式,以公共空间为切入点,这不会涉及高额的腾迁成本和复杂的产权关系,同时也提升了环境品质,降低了历史风貌建筑整修的成本。据初步的估算,3公里的线路仅需投入约2000万元的费用,即可覆盖包括景观改造、环境整治设计与策划等的费用。融资方式也更加容易,可充分运用政府每年在五大道的固定投入。通过线路的互联网运营,明信片、地图、出书、线上商家优惠卡等文创产业,以及广告等获取收益。

新模式下,整个周期被大大缩短。根据实践经验,大规模改造的街道通常需要6~10个月的周期,若轻微改造,只需要约两三个月即可完成。同时抗风险的能力也被整体提升。通过对线路上的空间整体打包,包括相关联的企业、零售店家、主题活动等,获得更好的商业效益和社会效益。线路通过统一的运营主体,有序组织所有的企业、原住民、个体、游客和公共的投资机构等,形成多元交互的平台。而沿线资产也随之升值,引发租金的增长与政府税收的增加,提高整体竞争力。随着线路前期以线带点,通过线路整体资源激活沿线节点活力,后期以点延线,挖掘新兴节点,延伸线路,“五大道体验之旅+互联网”将灵活生长,持续发展。创新的模式由此将过去高投资、高风险、周期长、不可持续的方式转变为低成本、易融资、抗风险、周期短、见效快、多方共赢的方式,突破了资金的瓶颈。

参考文献

[1] 朱雪梅,等. 中国·天津·五大道:历史文化街区保护与更新规划研究[M]. 江苏: 江苏科学技术出版社, 2013.

[2] 文化部文化产业司. 中国特色文化产业案例集[M]. 北京:社会科学文献出版社, 2015.

[3] 甄承启. 历史建筑保活资金运作模式分析——以天津市历史风貌建筑整理有限责任公司为例[J]. 中国房地产, 2016(3):70-80.

[4] 朱雪梅,杨慧萌. 时间发现 空间理解——五大道历史文化街区保护与更新规划研究[J]. 上海城市规划, 2015(2):60-65.

朱雪梅 天津市城市规划设计研究院副总规划师,城市设计研究所所长,正高级规划师,天津市规划设计大师,天津市规划局授衔专家,中国城市规划学会城市设计专业委员会委员,天津市城市规划学会历史文化名城专业委员会副主任委员,天津市历史风貌建筑保护专家咨询委员会委员,天津市城市规划委员会历史保护与建筑艺术委员会委员,美国加州伯克利大学规划与环境设计学院访问学者,天津大学研究生企业导师,天津城建大学研究生企业导师。1986 年毕业于清华大学建筑系。1991 年,赴日本 JICA 城市规划研修班,结业。2003 年至 2004 年,赴美国加州伯克利大学规划与环境设计学院做访问学者。

主持天津市重点科研课题 3 项,撰写专著及合著 3 部,发表论文及学会报告 8 篇,主持项目获国家级和天津市级奖项 18 项,内容主要涵盖城市设计、历史文化街区保护与更新、社区规划等领域。

基于工程技术理性的城市设计

孙一民

华南理工大学建筑学院院长

一、关于城市设计

中国和西方的城市存在许多共同之处，快速的城市化比想象中严重，同时土地的使用状态令人担忧。通过多年研究与分析可知，绿色自然和环境的污染是当今社会面临的重要话题。从城市设计的角度看，由于资源的不断减少，笔者认为不存在增量，相反长期以来以存量为主或伴随一定减量。若是从工程进度角度研究设计，则存在如下问题：

（1）土地紧缺和环境污染问题严重影响我国城市可持续发展；

（2）粗放式的城市扩张带来普遍存在的交通堵塞、历史断裂等城市发展问题；

（3）我国亚热带地区城市具有特殊的地域气候和高速的城市化背景，在城市发展模式转变上具备更强的紧迫性；

（4）适应现实国情特点和新型城镇化需求的城市设计方法体系及关键技术配备不足，影响到了城市设计科学发展。

在2014年、2015年的两个重要的会议中，首次将城市设计以国家政策的方式提出，此后，城市设计工作的可实施性逐渐变强。

在近几年的城市规划实践中，土地使用的发展模式从外延扩张转变成内涵提升，对此，笔者通过广泛的研究，并结合中国的空间整合，对现有的城市区域做了模拟分析。通过分析，揭示了亚热带地区气候条件与空间环境的一般关系与规律：亚热带地区密度相对较高，气温适中。这从另一种角度印证了传统城市相对密集。通过对比国内不同城市的肌理，包括结合轨道交通站点分析、传统空间分析、亚热带城市研究、历史条件等，提出符合有地域特色的城市设计方法。

笔者结合江南的历史街区持续研究得出结论。在高效紧凑可持续的城市设计策略的研究中，包含了许多不同的角度：从气候设计的角度、从绿化管理的角度、从历史资料提取的角度等。例如对广州重要城市空间——天河体育中心片区开展的微气候模拟实验，提取了土地开发强度、街区尺度、建筑布局等重要参数，并建立了相关模型进行物理环境分析。在对广州典型站点街区的空间句法分析和行人密度调研工作中，探讨站点规划及其出入口设计与城市空间形态之间的关系。同时,也针对土地开发强度、街区尺度与群体布局,利用空间句法探讨了城市环境与大型公共建筑的相关问题,得到了广州中心城区、香港湾仔地区等城市重要公共空间的构型特性和社会效能。在基于土地使用与公共交通整合的可持续城市发展模式的研究中,阐明城市中的公共服务设施密度、公共交通饱和度、土地开发强度等是可持续系统的关键性要素,由此提出符合我国现实条件的高效紧凑城市设计方法体系。这个体系揭示了街区尺度、路网密度等城市空间形态核心要素与可持续城市发展模式的关联规律,提出了内涵提升模式下适宜性街区尺度的量化判断标准,系统集成了符合我国城市建设特点的高效紧凑城市设计模式语言与技术工具。

在城市设计气候适应性技术与"建筑气候空间"的研究中,提出了针对亚热带地区城市的"建筑气候空间"概念,并建立了适应不同历史时期城市形态的"建筑气候空间"系统尺度理论和方法。通过揭示室外空间人体热感觉与热环境指标之间的关联规律,获得湿热地区夏季室外热舒适指标阈值 PET,填补了相关研究空白。

在公共利益优先的"前置式"城市设计导则体系中,研发了能贯穿城市可持续性设计导则的制定、执行、修正和评价全过程的规范性技术平台,并持续进行城市设计导则实施效能的长期跟踪检测、反馈和优化。建构联系城市设计与绿色建筑的绿色生态城区导则,这也成为国内首次将绿色城区和绿色建筑两个层面的目标在城市设计导则中进行有机结合和逐层推进。

提倡建立可持续城市性能管理的城市总设计师制度平台。开展以精细化效能为目标的城市设计管理,搭建覆盖全方位、全流程的可持续城市性能管理的城市总设计师制度平台,为重大项目应用提供强有力的技术保障。在这个体系中,将城市设计导则放在土地招拍挂之前,并纳入土地招拍挂。在将导则交给开发商后,还需要有后续的导则,这是一个弹性变化的过程。在这个导则的制作过程中,尽量地加入将来需要控制的条件,在后期才更具弹性。

二、琶洲 A 区城市设计优化

琶洲是广州 CBD 中心区,位于海珠区东北部,北为珠江,南为黄埔涌,四面环水。琶洲与珠江新城、国际金融城共同组成华南金核,是广州最具活力、动力和魅力的经济引擎,将带动其他功能区快速发展,引领广州率先实现新型城市化。在对琶洲地区最西端重新优化的过程中,提出集约用地,打造广州紧凑型新 CBD,并定位该地区为有文化底蕴、有岭南特色、有开放魅力的总部商贸区。该做法将城市设计理念结合工程技术的思想,并把这种思想纳入之后的管理中。在优化的过程中,重点关注以下四个方面。

第一是公共服务的密度。提出便捷内部交通联系、紧密内外交通衔接、塑造舒适慢行系统以及健全公共服务市政配套。该配套中包括较为详细的指标体系且指标体系为动态的,例如地块在加密路网后,同时加密了设施,但总体环境指标不发生变化。

第二是土地紧凑开发,包括总体指标、弹性控制、地下空间以及相关的支撑。在设计中，提出功能混合立体多元，打造 24 小时活力 CBD。该地区的主导功能为商务办公，同时鼓励兼容商业属性。另外还包括房地产开发。在地下空间的开发中，采取单元式与整体式结合的开发方式，并结合绿地广场进行布置。地下空间可分层开发，同时可便捷有效地进行交通与商业的衔接（图 1）。

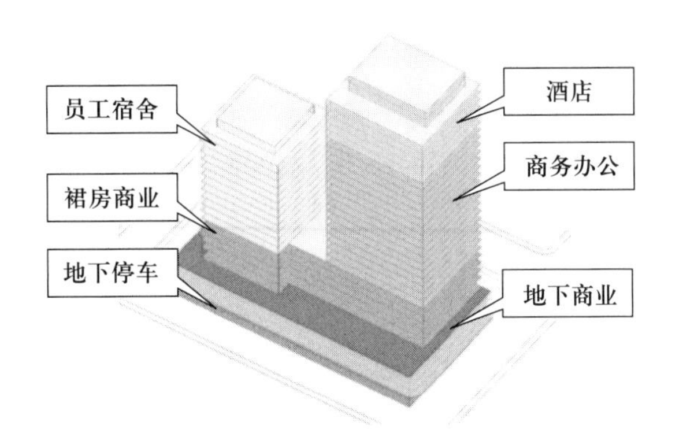

图 1　功能混合立体多元

在设计中，提出打造与地区相适应的小尺度街区网络，提高道路通达性，体现集约化交通特征；结合琶洲西区城市设计优化，路网密度可达到 12.9 km/km^2。加快道路建设，落实街区与地块的整合。设计中的路网密度超过国家标准，但相对更加合理，符合当地情况（图 2）。

优化前，以200 m×200 m地块开发为主，用地面积较大，交通集中到主要的几条主干道上，交通压力较大

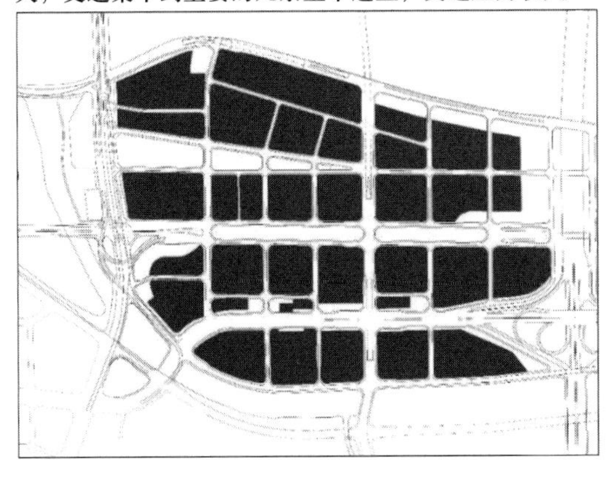

优化后，地块细分为80 m×120 m，有效提高了土地利用效率，并由此细化路网，增加地区交通疏散能力

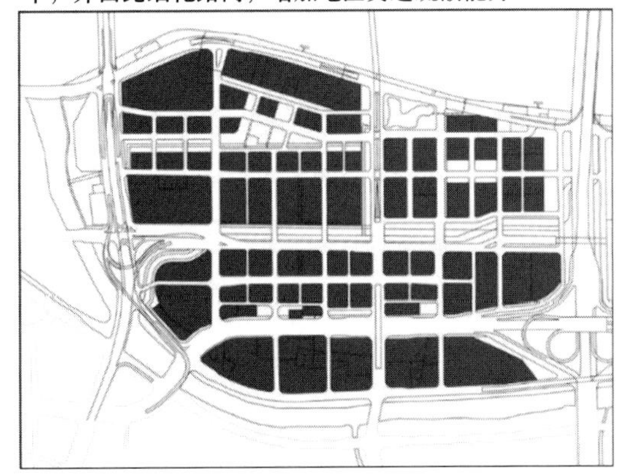

图 2　路网优化加密前后对比

在交通设计中，最大限度地优化了轨道交通，增加有轨电车环线。在慢行系统的构建中，结合区域内重要的景观带和公园对城市慢行系统进行规划，并结合琶洲大街设置骑楼步行空间，打造尺度宜人的步行街区，提升步行舒适性和短途出行的体验（图 3）。

第三是加强场所与景观营造。在设计中，加强一江两岸整合联系，设计多层次丰富天际线，注重生态文化要素延续以及对琶洲大街场所营造，在材质色彩照明导引上也进行设计。在琶洲西区，根据距离珠江远近，形成三组层次的天际线：一线以海洲路西侧建筑为

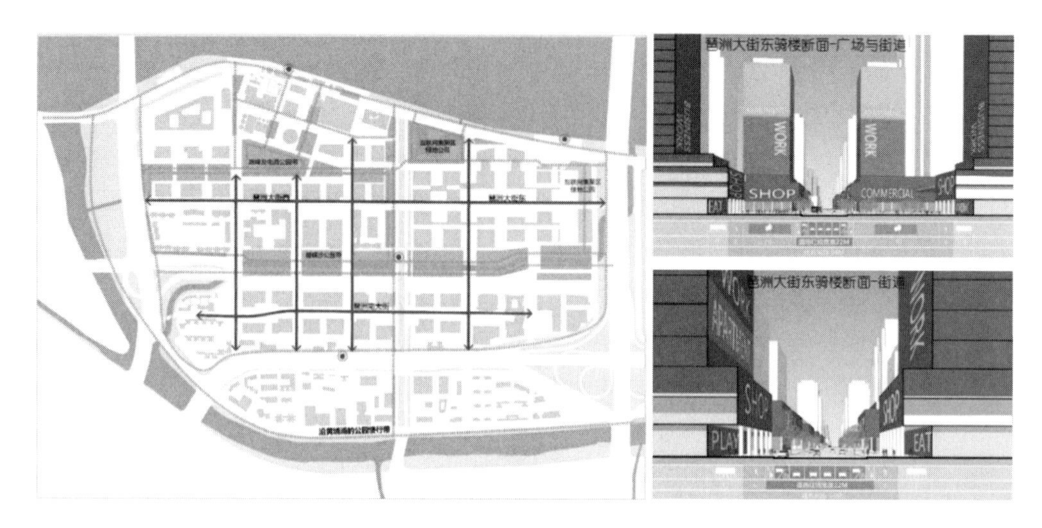

图 3　慢行系统构建

制高点，中间层次天际线则以两侧广场公园一侧建筑为制高；远景层次则以中间为最高。三组建筑层次形成多层次天际线。同时在设计中，结合公园景观绿地，将珠啤工业构筑物保留改造，并活化区域景观。同时珠啤工业遗产得以保留与利用，有助于打造珠啤文化特色区，提升周围环境的文化氛围，促使地域文化、精神得以传承延续。

第四是城市制度，高品质精细化管理。这一部分包括了三个方面：地区城市总设计师制度、空间形态功能导则控制、生态节能技术导则控制。城市制度化包括设计过程的思考，也有政府的期许，也有对相互之间的联系和探讨。其中，多变的实施过程是关键。建筑师团队关注公共空间，希望通过工程技术来解决公共空间的问题，却无法指挥工程技术的实施。在设计中，建筑师对规划管理缺少关心，因此提出通过地区城市总设计师（简称总师）帮助建筑师去解决问题，实现精细化管理。地区城市总设计师可以对城市公共空间、建筑风格、建筑高度、骑楼、连廊等提出审查意见，其中建筑间距、建筑高度和密度按城市设计图则与导则弹性控制。

从地区城市总设计师工作组的角度，主要在以下工作方面取得高品质成效（图 4）。第一是多重体制协调。地区城市总设计师工作组与广州市国规委、海珠区国规局、地块建

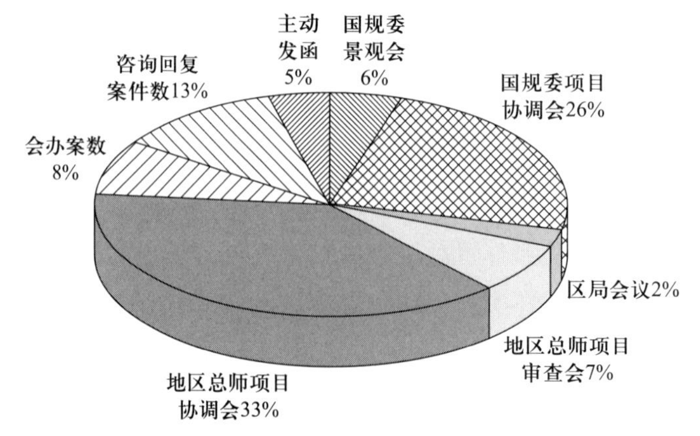

图 4　2016 年总师工作组各项工作数量对比

设方、代建方、地块设计方、琶洲管委会形成六方协调沟通机制，定期梳理地块设计进展动态，在保障公共利益和生态效益的前提下，协调地块设计方案特色、行政部门审批流程、地块开发进度、地区发展目标，形成多方互动认可的成果。第二是打造高品质公共空间。地区城市总设计师工作组不仅要把控公共空间的“量”，而且应注重提升公共空间的“质”。审查中严格控制规划片区骑楼、二层连廊系统、建筑通廊、广场的品质，因此已通过《建筑工程规划许可证》批复的项目均为地区提供了高品质的公共空间。设计审查中承接城市设计成果，统筹协调地下空间出地面口部与地块建筑空间，从而为高品质的城市设计保驾护航。

广州 13 个片区规划用地，直至最后阶段，每一个建筑单体的状况皆以此导则工作下设计形成的。在项目实施过程中，立足现状，由总师推动精细化的建筑单体设计，并进行协调。地区城市总设计师在建筑造型、材质、遮阳、节能、泛光照明等方面，从地区公共利益出发，对建筑单体提出审查意见，保障了地区整体空间品质。

在地块细分后，总师从创新协调角度出发，致力于推进相邻地块不同业主之间地下空间的整体施工，降低工程费用，减少单独实施不必要的工程费用，实现地区高效发展。但由于各地块之间的地下空间不包含在所有制度中，故难以做到地下空间完整的协调。在此过程中，通过计算停车车位数、设计地下空间深度等来解决该问题。地下空间在超过一定深度之后，工程量投资变大。例如停车位不足，则需由开发商自行投入。此外，旧的消防规范要求在人数达到一定数量时设置 3 个出入口，但这在小地块较难实现，于是按照两个消防入口的量配套，后期再进行调配。由此发现，地块变小后引发出一系列的工程技术问题，包括水系、消防登高面等。小街区消防登高面须用道路隔绝，故在设计道路时，必须将相关要求加入规定中。

在设计中，尽量减少工程量，并以减少工程量的名义保留一些构筑物。按照土地收复的要求，需拆除部分老旧构筑物，但由于拆除过程需投入资金，故在设计中将有拆迁难度的地方划为绿地，这样部分工业设施就成为绿地中的设施。因而政府在拆迁上省去了大笔资金，同时也给城市留下了将来作为遗址公园的空间。道路空间一体化后，即小街区加密路网之后，不再将人行道画在道路红线内。在节约化做法中，街道空间不再以道路红线的概念来界定，而是以两边建筑界面空间为准。

在实施的过程中，也有一些变化。在“欢聚”这个案例中，业主要求将塔楼取消，于是我们降低了塔楼，同时出现了两个新的公共空间(图 5)。这就涉及协调商议的过程，其中最基本的就是公共品质和公共效益。

另一块与之平行的地块，同样涉及此问题，开发商也希望将公共空间的塔吊撤销，但撤销后公共空间减少，到底应设定多少私人利益来补充公共利益？最后商议将底层空间架空，全部变成了覆顶的公共空间。

唯品会地区最早的空间关系即 4 座塔楼中 3 座是唯品会，第四家被包围其中。在设计的过程中，有一种方案要将第四家放倒，这样沿江的景观就出来了。最后的方案如图 6

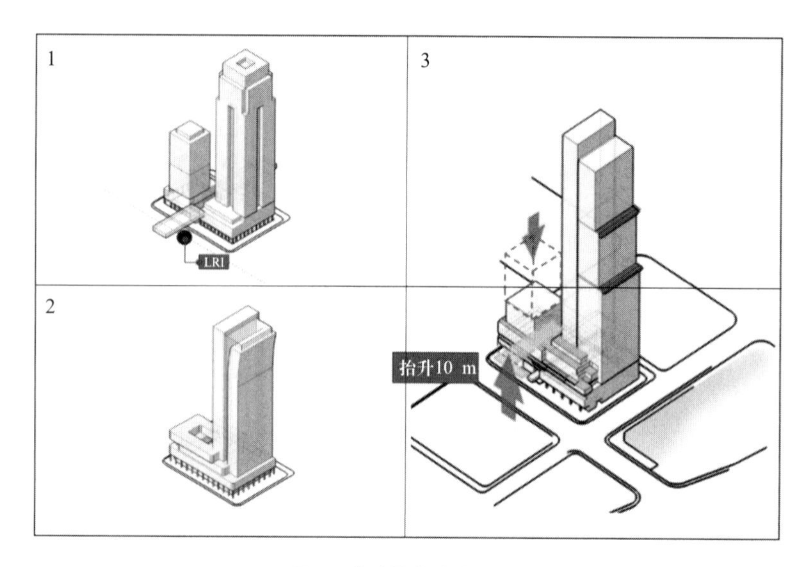

图 5 "欢聚"地块项目

所示,公共利益与环境效益都最大化地实现了,同时工程也具有实施性。这个项目最后由建筑师来进行设计。这个项目的实现是一个转化过程,怎样将这个过程表达出来也是一个课题。

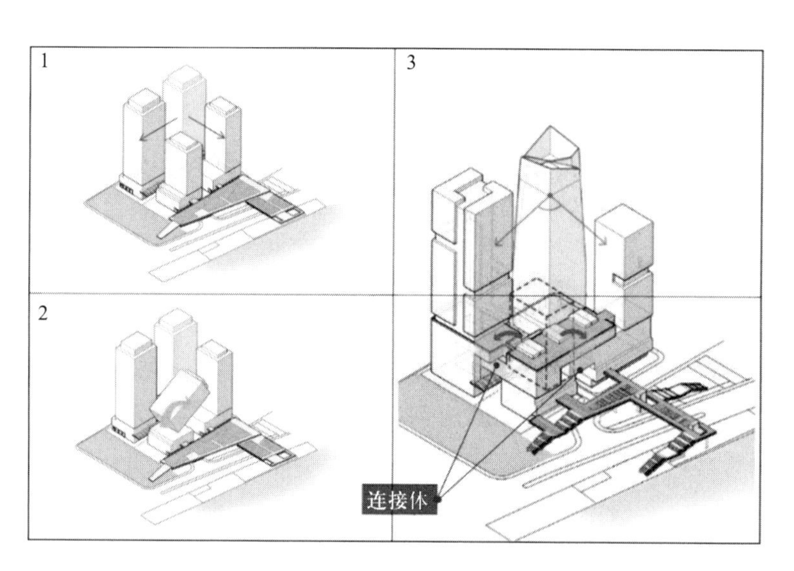

图 6 唯品会地块项目

当前我国需要关注的是城市设计里要体现中国的智慧、中国的现实。上述的几点研究实践和参与管理制度里面就关注了这些内容。城市总设计师制度的建立和城市设计导则的制定,可以做到各方面精细化管理、多主体协调。弹性变化的制度规范可以在某种程度上弥补过去城市发展中只求高、求大、求全、求齐的弊病,真正从粗放式的城市走向一个精细化城市,体现中国智慧。

孙一民 长江学者特聘教授、国家教学名师、百千万人才工程国家级人选，有突出贡献中青年专家，享受国务院政府特殊津贴。华南理工大学建筑学院院长、博士生导师，兼任亚热带建筑科学国家重点实验室常务副主任、中国建筑学会常务理事、中国体育科学学会体育建筑专业委员会副主任委员、建设部城市设计专家委员会成员。1992 年毕业于哈尔滨工业大学建筑学院，获得博士学位；1995 年至 1997 年美国麻省理工学院高级访问学者，曾任职于美国 SASAKI 公司。

他致力于大型公共建筑工程与城市设计。主持国家自然科学基金课题 4 项，其中重点课题、国际重点合作项目各 1 项。主持完成北京奥运摔跤馆、羽毛球馆以及广州亚运游泳馆、武术馆等的工程设计。先后主持了广州、南京、重庆、武汉、兰州、成都、中山、徐州等城市的多项城市设计工作。先后获得国际体育建筑设计奖、美国建筑师学会波士顿分会“可持续规划优秀奖”、国家优秀工程设计银奖、建国 60 年建筑设计大奖、中国勘察设计一等奖。获得省部级科技进步奖二等奖 2 项。主持完成广州琶洲西区城市设计优化工作，并担任该地区城市总设计师。主持广州南沙国家自贸区灵山岛片区城市设计优化及地区城市设计总师工作。

城市遗产与城市设计

周　俭

上海同济城市规划设计研究院院长

城市遗产其研究主体首先是城市。然而，每一座城市不同，每一个地区也不同，因此不同城市的管控规则与措施也不尽相同。笔者将结合团队完成的《上海市城市总体规划（2016—2040）》（以下简称《上海 2040 总规》）分享一些个人对城市遗产保护与规划的体会。

一、城市遗产与城市设计

首先，简单地讲一讲城市遗产与城市设计的关系。以前讲到城市遗产保护，都是在讨论建筑、街区、文物等，后逐渐又扩展到历史性街道、历史性公园和历史性广场等。其实在2005 年，教科文组织在国际上提出过一个关于城市遗产的泛概念，即城市遗产不仅是这些“点”，也不仅这些“面”，更不仅是这些空间，而是一个有机的整体。也就是说，“城市遗产”不仅仅是城市里面的文物节点或者是街区，而指的是由它们所构成的城市历史景观及风貌，也就是通常概念中的“城市空间印象”，即城市遗产的特征。而这些城市遗产在城市物质空间中所呈现的面貌，其实就是其所处城市空间的历史特征所在。这些历史特征对于城市空间的高度、形态、密度、尺度、肌理、路网布局等形式特征皆存在重要影响，因此城市遗产与城市设计更是息息相关。

（一）如何识别城市历史街区

在参与制定《上海 2040 总规》时，我们就在问上海有没有历史城区？历史城区又在哪里？从高度来看，网上大部分照片是看不出上海的城市空间特征的，因此，我们这次的高度分析将研究范围设定在上海城区外环以内，约 660 平方公里。其中，上海中心城区就有 80 平方公里，如何让人们在内环的上海历史城区范围中更易识别出“城市高度”等特征要素，是我们团队在规划初期思考并解决的首要问题。

首先，我们开始研究历史进程中上海受法律保护的区域，其中，小的路网叫风貌保护道路。从上海的城市发展进程来看，首先是历史保护的第一层级，即 1930 年以前的；其次是第二层级，即 1950 年以前的。当时很多专家质疑，上海的历史城区范围应以哪个时期来界定呢？我们经过讨论，最终确定为：1950 年以前。其实，在《上海历史文化名城保护规划》中划定的历史遗存集中区包括部分的工业遗产以及西郊的别墅区，而外围区域多朝向新村区域，现在的核心城市正处于这个历史保护范围内。所以当时我们进行了详细的数据分析，以最新的上海建筑测绘图为基础，叠合100米×100米的网格单元，从不同的层次来计算和观察。结果显示，上海的历史城区就可以体现上海城市的高度特征，像马赛克一般呈现出不同的颜色颗粒，与城市发展轨迹和法定的遗产保护范围也大致拟合。

接下来，我们又进行了聚合分析，分别叠加了100米、200米、400米的三种网格体系，再次发现历史城区的范围似乎就是在上海内环以内的中间区域，即南北高架和沿路高架的交叠处，也就是浦西地区。但这并不能够解决历史城区的识别问题，于是我们又在研究范围内标记出以1至3层高度的建筑所处区域，再次叠加400米、600米、800米的平面网格体系，逐渐形成了上海历史遗存区的现存历史建筑肌理，并以此建筑高度为标准根据建筑聚焦度划分出一个片区，发现这个片区与历史演变的图大体是一致的。

（二）如何利用现存历史建筑高度进行历史城区管控

接下来我们又进行第二项分析。首先，以路网密度为选取依据，找出上海城区范围内路网密度最高的区域，即每平方24公里的区域，最终划定出的范围基本与既有的历史保护范围相重合，进而分析其区域内部空间特征。虽然，我们以现存历史建筑高度为基础，寻找出城市历史城区的高度特征，并以此为依据作为城市风貌管控的参考要素之一。然而，在上海市域范围内历史建筑的高度控制值会根据所处区域的不同而产生相应变化，而绝非一个特定不变的固定数值。因此，在研究中并不能简单以一层、两层、两层以下、三层以下等常用建筑高度划分方式对建筑高度加以界定，而应当考虑到在市域尺度下，任一地块或街坊中不同建筑之间所存在的不同高度组合方式，然而，这种建筑之间的高度组合方式归纳正是研究并判定历史城区高度风貌的关键所在。因此，我们归纳出这种组合分布的两大特点：一种是深色的大面积区域（图1），这种组合方式中大部分区域建筑高度较低，虽存在高层建筑，但高层建筑均相对独立，通常因历史条件的制约，组合中建筑数量不超过3栋；另一种是深色的点状区域（图2），其中有两个区域很特别，一个是人民广场，一个是中山公园，人民广场就呈现出一种非常密的高度，大概200多米。

图1　深色大面积区域

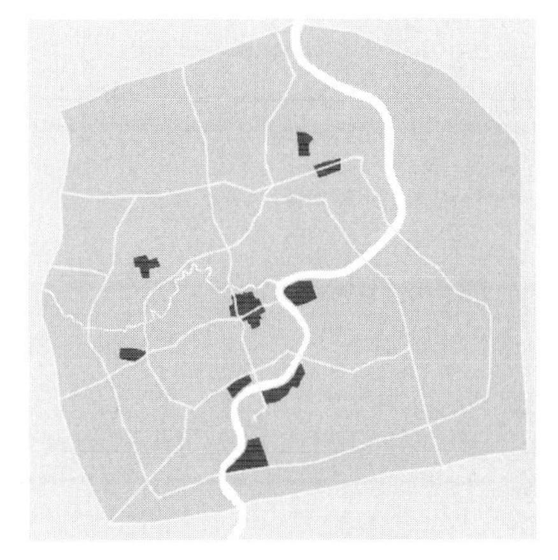

图2　深色点状区域

综上所述，上海市域范围内的历史城区按照建筑高度组合特征可分为三大类。第一类：起伏型，市域中超过 60%的区域均是此种类型，组合中大部分建筑高度相对均质，但会包含 1~2 个高度点。这种组合方式在上海历史城区范围内覆盖面较广。第二类，复合型，如人民广场，广场既是历史遗存，又被历史区域所包围。第三类，均质性，这种类型不仅存在于历史城区，在上海很多商业密集区及新开发区域里也均有所体现，可以说是改革开放以后城市发展过程中出现的一种普遍类型，比如中山公园区域，该地块虽然以低层为主，且地块整体高度较为均质，但其地块的基础高度却比历史城区高。

(三) 以城市历史区域高度特征为主导的城市高度管控方法

那么如何利用高度分析结果去制定城市高度管控方法呢？我们根据管控框架将上海中心城区大致分成四大类：第一类，特别地区，就是黄浦江边和一些大的服务中心，包括人民广场地区；第二类，历史地区；第三类，标识地区；第四类，一般地区，其中以建筑高度为划分标准，制定出 15~30 米、20~40 米和 30~68 米三种高度区间，划分出浦东、浦西以及六环周边三块区域(图 3)。

类型		管控要求	基准高度		标识高度		形态示意	平面示意
			高度控制/米	比例控制	高度控制/米	比例控制		
历史城区		对标识高度、基准高度进行控制管理	9～15	—	100～150	不高于10%	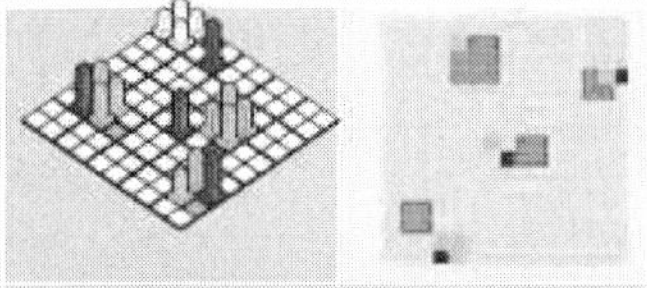	
特别地区		对标识高度进行引导管控，单独编制城市设计	—	—	—	—	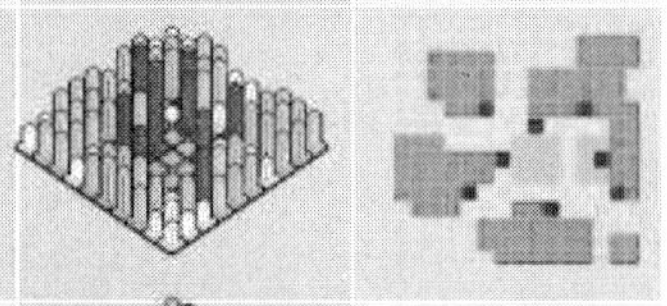	
标识地区		对标识高度进行控制管控，对基准高度作引导管控	30～68	—	100～200	—	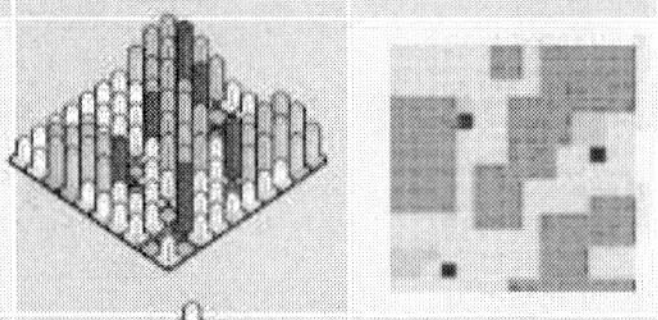	
一般地区	一般地区1	对标识高度、基准高度进行控制管控	30～68	—	80～100	不高于30%	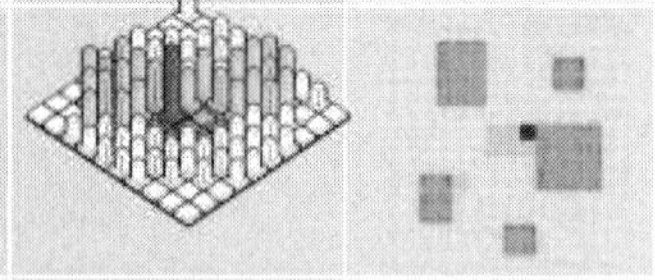	
	一般地区2		20～40	—	80～100	不高于15%	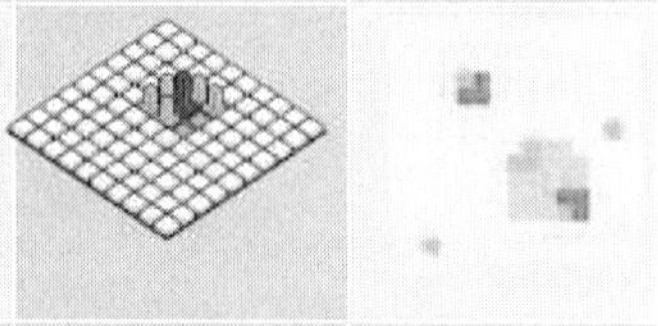	
	一般地区3		15～30	—	68～80	不高于5%	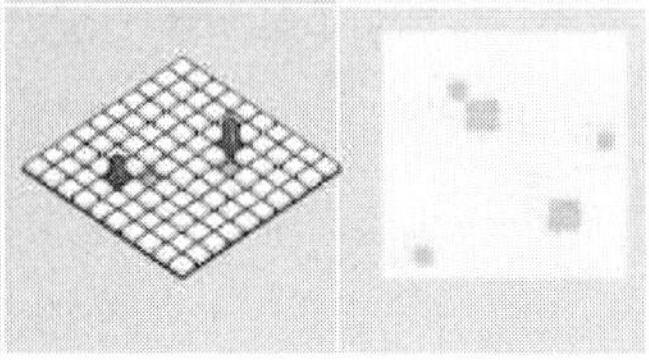	

图 3 高度控制分区

根据上述研究成果，我们试图在 660 km^2 的市域尺度上总结归纳出城市现状建筑高度特征，并以此为依据去制定未来城市发展中建筑高度的管控规则。于是，根据前文所述的建筑高度组合方式对于全市域范围内的不同片区进行详细划分，并将各组合中的建筑高度归为基准高度和标识高度两个层级，通过大数据分析的方式对各组合内部的高度层次关系逐一进行类比分析，以片区为单位设定出相应的高度范围和界限，最终，基于现有规划对分析结果进行再次筛选，将其中符合分析结果的较好类型予以保留，较差类型则予以取消或修正。

总的来讲，城市高度管控方法的建构立足于目标高度、基准高度和标识高度等多种高度层次的确立。然而，高度层次的确立标准又会根据城市建成环境的实际情况发生改变，例如个别区域中仅标识高度就可细分为两种层次。聚焦于城市历史城区来看，通常在历史城区中主要需对标识高度、基准高度两个层级进行管控。根据不同历史城区间的现状特征差异，又存在多种具体控管手法，例如仅对区域内部的标识高度进行引导，或仅对区域内部的基准高度做引导。然而，城市发展中所关注的重点历史城区则对两种高度层级的管控均有严格要求。虽然在城市设计过程中我们总是优先关注那些重点地区、重点地段、重点轴线，但城市设计作为城市空间的一种整体管控手段，对于城市历史城区的保护与控制不应当有“轻”“重”之分，但凡历史城区，均应当属于城市设计考虑与规划范畴当中。

每座城市都应该有属于自身的一种空间逻辑，标志物作为城市建成环境中体现城市特色与风貌的重要物质空间载体之一，其高度等级间的差异也象征着其城市地位的不同，因此，对于标识高度及其秩序的把控显得弥足重要。上海作为一座多中心城市，每个片区中皆存在相对应的片区中心及标志物，于是在《上海 2040 总规》的制定过程中，我们对上海市域范围内各片区中心的标识高度进行了高度排序，以标识高度为基准将市域各片区分为 4 种等级：从全球中心（如陆家嘴），到区域及市级中心，再到市级副中心，最后落到地区中心。又因，不同中心的开发强度、密度及高度分布均有所不同。所以在未来的城市设计过程中，标识高度应综合上述各方面因素进行进一步的调整。

二、结　　语

在传统认知中，大家对于历史城区可能会有一些误解：历史城区里面怎么可以有那么多的高层？把人民广场改造成这样，还算一个历史城区吗？其实前文也提到了，在 2005 年联合国教科文组织提出了一份关于历史性城镇景观的建议书，其中特别对于什么是历史、什么是城市遗产、如何去保护等问题均提出了详细的解释。综合来说，城市本身就是在历史不断积淀下所形成的，历史城区的界定其实在于该区域体现了城市发展进程中哪一阶段的物质空间特点，既可以定在 30 年、45 年，也可以定在 50 年，根据每一座城市的自身发展特点对其历史城区的划定界限也会有所不同。但是在城市设计中，我们无法忽略一个客观事实——任何历史城区都是在不断变化的，而且在这种客观变化下，历史城区的管控并不是规划要求其与原本高度、密度保持一致就一定可以做到的。在不同的城市发展阶段，其城市建设所受到的政治、经济、文化等机制影响均有所不同，当下历史城区的空间形态是历史进程的产物，其价值也来源于进程中的层层积淀。所以现今在大部分古镇开发项目中不管如何模仿古镇的外在形态，依旧不是“古镇”，这不仅受限于工艺与资金，更是因为开发机制的不同。因此，在今后的城市历史城区保护与管控过程中，首先应当意识到“管控”其本身就是“当下”与“过去”叠加的一个过程，是城市历史城区价值产生的一个基础。伦敦就是个鲜活的实例，其城区建设就是各个时期要素的层层叠加形成，这才是城市历史城区应该体现出的空间特征，更是城市历史城区保护的核心价值。

周俭　中国城市规划学会历史文化名城学术委员会副主任委员、中国城市规划学会理事、中国城市规划协会副会长、上海市历史文化风貌区及优秀历史建筑保护专家委员会委员、上海市城市规划专家咨询委员会规划实施专业委员会委员等。研究方向：文化遗产保护、城市更新与城市设计、住区规划设计。发表学术论文数十篇；主持“都江堰壹街区详细规划与设计”等项目获全国优秀规划设计一等奖，主持或参与“江南水乡古镇”等获联合国教科文组织亚太地区遗产保护奖，参与“上海历史文化风貌区保护规划与管理”等获上海市科技进步奖，参与“中国2010世博会规划”获全国优秀工程勘察设计金奖。

城市存量空间场所的有机更新与生态化改造

陈　天

天津大学建筑学院教授

一、存量空间有机更新的背景

1949 年后,中国城市进入了“快速扩张”的阶段。中国城市化率由 1949 年的 10.64%到 2011 年的 51.27%,再到 2015 年的 56.10%。伴随着城市化的进程,国家人口结构也发生了较大的变化。2011 年,城镇人口数量超过乡村人口。

2010 年是中国城市化发展进程中的重要节点。在 2012 年中央领导班子换届后,城市化发展面临新契机(图 1)。新常态下的城市发展体现出了三大特征:降速、转型、多元。为了适应新常态,2015 年召开的中央城市工作会议中提到要框定总量、限定容量、盘活存

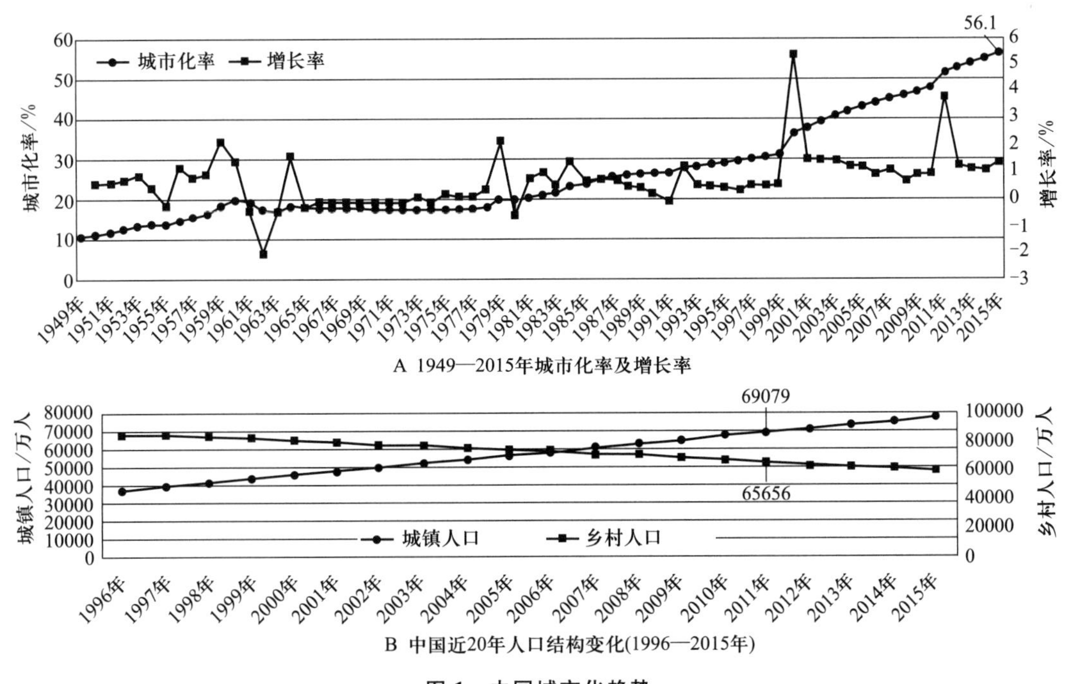

A 1949—2015年城市化率及增长率

B 中国近20年人口结构变化(1996—2015年)

图 1　中国城市化趋势

(资料来源:国家统计局数据)

量、做优增量、提高质量，改善城市生态环境。从总体上来说，中国城市已不需要进行大规模扩张，未来城市发展的重点将由“城市扩张”转向“城市更新”[1-4]。从知网的数据也可以看出，城市更新成为近年学术界的热点话题。

关于城市更新，我主要想谈一下有关旧城改造中的空间修复问题，尤其是一些涉及生态方面的问题和一些管理规范层面的问题。

对于旧城改造中空间的修复问题，我提出了三点思考，这三点也是基于我在天津地区的一些课题研究所进行的分析和调查：一是关于旧城绿地的建设问题；二是关于旧城区非正规空间的问题；三是关于高等教育空间的外迁问题。这三个问题恰好可以系统地归纳为我们在旧城改造过程中所涉及的物理环境的生态问题、社会环境的生态问题、文化环境的生态问题三大主题。

二、城市更新及生态化改造面对的困境

（一）物理环境的生态问题

大家都知道在新的中央工作会议精神确立之后，在旧城区的建设过程中，城市修补演变为一个较为繁杂的工作体系。以往天津城市绿地建设对旧城建设提供了较好的环境支撑，与此同时城市内现有居住用地的绿地系统建设的不足也暴露出来（图 2）。我们在天津主城区中选取了市内六区里 8 个发展较为成熟的小区进行调研，并构建既有绿地系统调研指标体系，经过研究发现，现有绿地建设对不同年龄段活动需求的考虑较为欠缺，如对儿童及大于 60 岁的人使用较为不便。

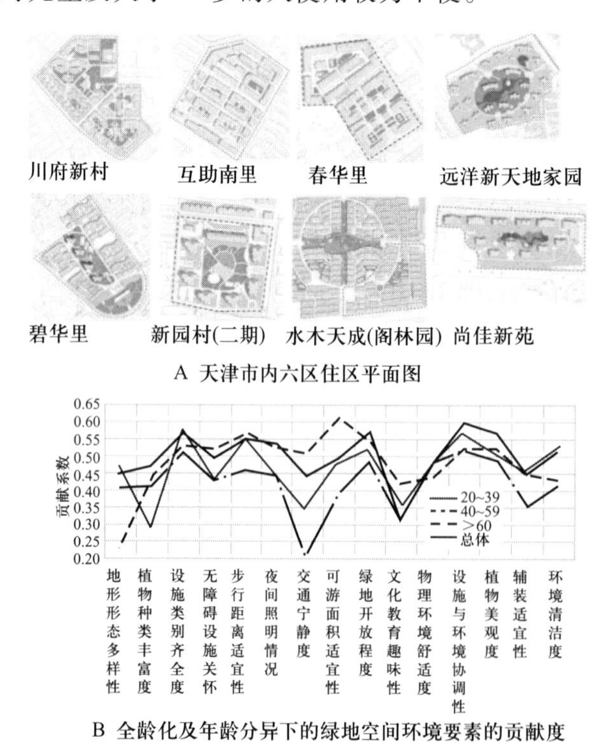

A 天津市内六区住区平面图

B 全龄化及年龄分异下的绿地空间环境要素的贡献度

主成分	空间要素
绿地空间整体协调性因子	地形形态多样性
	无障碍设施关怀
	步行距离适宜性
	夜间照明情况
	物理环境舒适度
绿地空间活动适宜性因子	设施类别齐全度
	交通宁静度
	可游面积适宜性
	绿地开放程度
绿地空间环境舒适性因子	植物种类丰富度
	设施与环境协调性
	植物美观度
	铺装适宜性
绿地空间管理功能性因子	文化教育趣味性
	环境清洁度

C 绿地空间要素对居民活动的贡献指标

图 2　天津市内住区绿地空间调查及相关问题要素分解[5]

此外,绿地的文化教育趣味性、环境整洁度以及交通通达性等方面相对较差。将这些问题进行归纳,不难发现,旧城区的绿地环境问题主要体现在气候环境的舒适度不理想、人性化设施比较差、绿地空间的功能性结构比较被动等方面,旧城区内的交通(停车空间)对城市的绿地空间占用是最突出的问题之一。旧城区城市绿地中出现的问题主要体现在功能性和结构性两方面,恰巧这也是我们在空间修复和生态修复中要重点关注的。此外,许多旧城中的公共空间产权分割问题导致单位或邻里绿地对公众的开放性不强,存在着公共资源在可使用性、开放性上如何提升社会参与的问题。

(二)社会环境的生态问题

对于社会环境生态问题,我提出了一种基于中低端商业业态空间的思考,对天津一个距离市中心较近街区的底商空间进行了分析(图3)。不难发现一些在20世纪90年代中后期建造的居住区中,陆续出现了许多居民自行改造的、以开窗破门的方式形成的一种新空间。这一类空间出现的原因可以适度地反映出市民在居住、生活的过程中形成的一种自发性诉求(图4)。在20世纪八九十年代中后期,城市大企业的转型带来的一轮下岗潮以及平民市场的匮乏,引发了部分市民在出租房屋这一层面上的利益诉求。此外,这一个地区非正规商业业态偏向于面向居民需求的日常零售类和基础服务类业态,如餐饮、服装鞋帽等,这反映出城市对这些业态的空间供给与实际需求之间的错位。应该如何应对这种在传统规划之外出现的自发型的非正规空间?是不是要采取一种强硬的方式把它们全部拆掉?对于这一问题有着诸多的探讨。

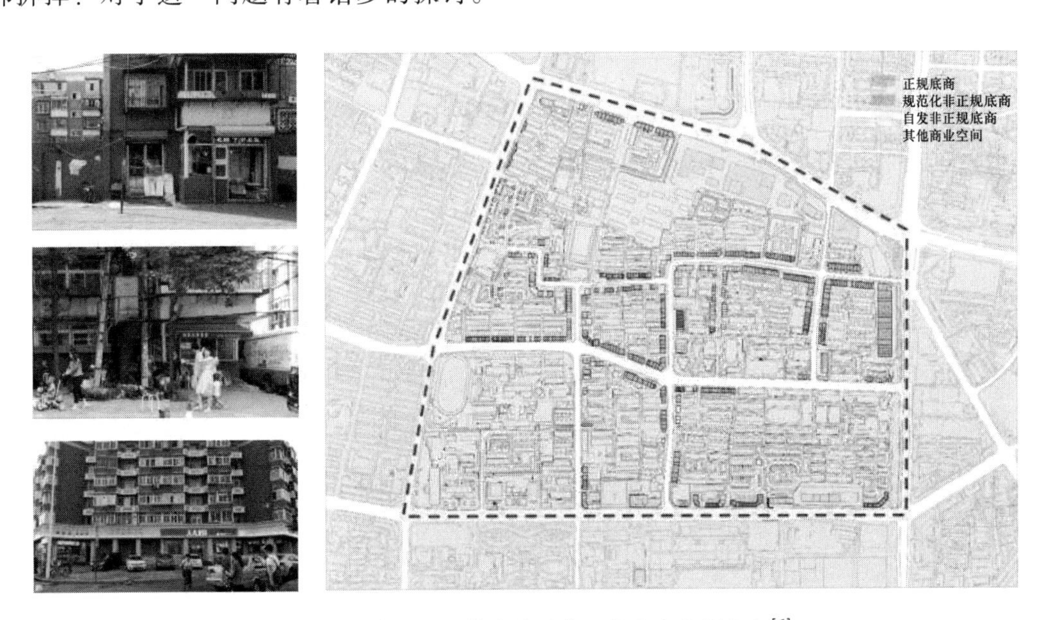

图3 天津南开区万德庄地区非正规底商空间分布[6]

我们最常见到的非正规改造方式,则是将一些近街道的门店改造成自己经营所用的空间。满足自发需求的同时带来了对市容环境的破坏、交通压力和停车矛盾等问题。那么对于这种非正规的空间,从规划管理的层面上应该怎样去考虑,又该怎样去解决这些低

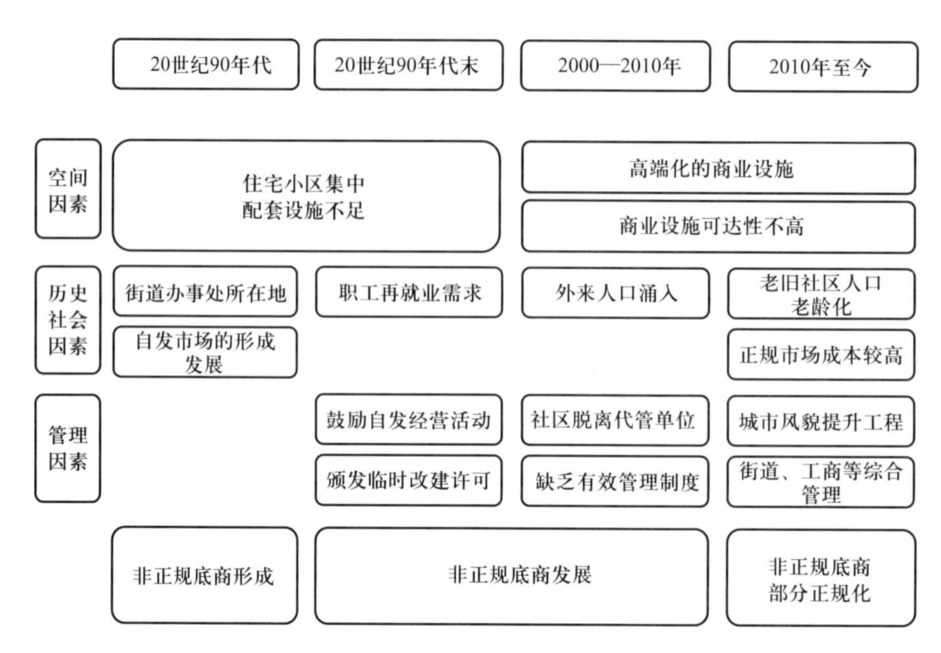

图4　旧城区非正规空间发展演变分析(天津为例)

收入人口或者是普通市民的生活来源,以及这种经营性的行为会对城市街道产生的影响等都是我们要去思考和解决的首要问题。从规划的编制到实施过程,可以看到两种失位:一是规划是以实体环境为主导特征的规划,计划经济时代的制度与规则不能适应市场经济转型中城市社会发展变化带来的新需求(譬如国企转型带来的大批下岗群体的再就业需求);二是传统规划的管控过程主要体现在图件审批上获得执行和保障,在建成后的既有空间管制上相对滞后。市民教育缺乏,公民与个体缺乏规划执行权利的自觉监督与保障意识。在物权法层面,城管执法部门也无权对规划实施中自发性的越界与违建行为进行强制管制。这类规划、建设管制的失位主要出现在城市主要的公共性界面,如商业街道、生活街道等。

因此,如何通过一种综合性的诊断来提供一种稳定的治理方式,是我们在这个调查的过程中需要考量的一个重要问题。无论是用传统的方式去解决,还是采取一刀切的方式,都有可能涉及整个社会环境的生态问题——低收入市民阶层的生存和发展问题。因此在城市规划和设计管理层面下,对旧城区非正规空间的管理和引导还是较欠缺的,这种欠缺不仅仅是方法的欠缺,同样的也是相关的规范和引导研究的不足。因此,这就需要针对非正规空间的治理改造有一个相对完整的流程去进行深化操作,包括社会调查、市民参与、政群沟通、治理型规划编制并实施,最后到建设管理信息反馈。不仅仅是规划机构,更需要社会多元主体参与,并运用动态弹性评估机制及导则管理模式。

(三)文化环境的生态问题

第三个问题,则是旧城区改造中涉及的文化环境的生态问题。该问题基于天津市主城内高校的诊断调查——在过去的20年里,天津各主要高校陆续在中心城区环外新建校区，并纷纷将总部向新校区迁徙，外迁的距离一般在15～20公里不等。这些不同程度的外迁对天津城市的功能结构、职住业态平衡、交通以及城市生活带来影响，其中的利弊也十分明显。大规模实施校园外迁后，留存市内的老校园多走了向商业化导向的根除式改造之路。

另一个案例是原天津师范大学北院的一块较小的高校用地，置换为房地产开发项目[7]。由于周边已经发展成为成熟的居住、商业区，如今其已然成为天津的地王项目，价值已经达到了楼面价5.7万元/平方米。这块地在论证—规划—拍卖过程反映出现行规划-建设管理体系在存量环境建设中存在许多弊端。作为旧高校用地，这块地所谓的置换是采取一次性“招拍挂”的方式完成的，缺乏前期针对现状的调研、论证，仅仅是开发商按照其商业意图填充了一个高强度的居住项目。但作为旧高校环境结合市场的需求，这块地应该怎样开发，怎么确定它的开发的条件？开发商在规划前期研究定位上存在着很多的欠缺，而传统的控规管控内容又过于粗放（比如这块地确定改造后容积率为2.5），所以可以确定这类既有城区的填充式开发缺乏在总规-控规基础上的城市设计前置性研究，特别是开发本身对周边区域在历史文化保护、公共服务、交通、开放空间、邻里关系等方面的影响的考虑缺失。

该地块的周边是位于鞍山西道北面的一些老旧居住区，其北边双峰道是一条城市次干道，周边是一个封闭型的街区，东西长700米。这个旧校园内存有多栋20世纪50年代复古式的大屋顶风格的教学楼，另有一处标准操场，曾经为师生及周边的居住区提供了体育运动的空间、休闲散步的空间。同时开发条件里面，关于历史保护、交通、公共设施开放空间等方面的预研究远远不够，未能解决周边居民真正的生活需求，高强度封闭式小区开发不仅完全拆除了历史建筑，还带来了公共空间匮乏、交通压力增加、城市形态压抑等困境。在拥有这些问题的基础之下，将此地基在市场里进行拍卖，造成的结果则是土地的开发价值增高，且并未能给城市带来公共环境与利益的改善。因此在我看来，这种形式的开发已经显示出我们在规划管理的层面上存在着一些缺憾，如在总规-控规-建设层面缺乏系统慎重的前期分析、用简单的市场化手段解决多方利益纠缠的现状问题、政府寻求土地开发资金的平衡却忽视了城市更新中对现状的尊重、地王式豪宅小区的开发加剧地区公共资源的不平衡问题。面对这些问题，提倡打通制度-协商通道，通过城市更新与城市设计管理制度的联动，解决在实践过程中遇到的问题。

三、城市更新与城市设计管理制度的联动

综上，我们将城市更新面临的问题归纳为以下十点（图5），在这些问题的归纳总结过程中，我发现我们还需要把新的要素纳入管理体系中，其中一个核心要素则是城市经济要素[8-19]。大家对美国城市规划管理的做法都比较熟悉，美国的城市建设中充分利用市场经济规律，通过一系列运作激励方式对私人开发加以引导，调节个体开发与社会整体发展方向之间的偏差，运作激励包含资金激励、开发权转移、连带开发三种方式。它充分尊重

了利益多方的博弈过程中政府作为管理方的义务与角色。在它的开发导则中，贯穿了大量允许开发者通过博弈获得最大化利益的条目。但在这个过程中，规划师个人并不能完全做出决策，还需要与经济、金融、管理多部门一起商议开发条件。当今我国许多规划-开发程序尚缺少开放性、多元性，忽视公众参与。相反，我们却可以看到美国很多类型的开发过程中都会召开听证会，开发商、政府、相关周边企业和居民均会参与到开发项目条件的讨论中去。他们特别尊重城市设计审议过程中的法定性和强制性，这是一种非常好的现象。

图 5　城市更新现存问题

最后，回到经济问题。在城市设计导则中，美国的地方规划-开发管控非常关注企业利益能够得到相应的保障，并且会让政府、开发商和设计师在利益的博弈中进行研判，争取共赢的结果。我们可以看到财政、资金、税费等在城市导则中起到很大的作用，从这里让出一些利益，则会从那里获得一些补偿。这个过程并不是简单的让利，而是城市和政府部门提供一些相应的开发权补偿方式。也就是说，我们在开发过程中可以通过一些金融杠杆来实现资金的有效转移。

通过以上案例的分析，可以看到，国内的城市设计制度在城市更新视角下需要做一些管理制度与方法上的创新。对此，笔者提出了一些创新的手段和工作过程中应该注意的转变。通过跨专业、跨学科的渠道来加强这类管理的实用性和可操作性,直面城市修补和城市更新中存在的问题,而不只是让规划师完成画图与编辑文件的技术工作,让规划操作-管理实施更多地在细节上实现无缝对接,这应该是我们着重思考的问题(图 6)。

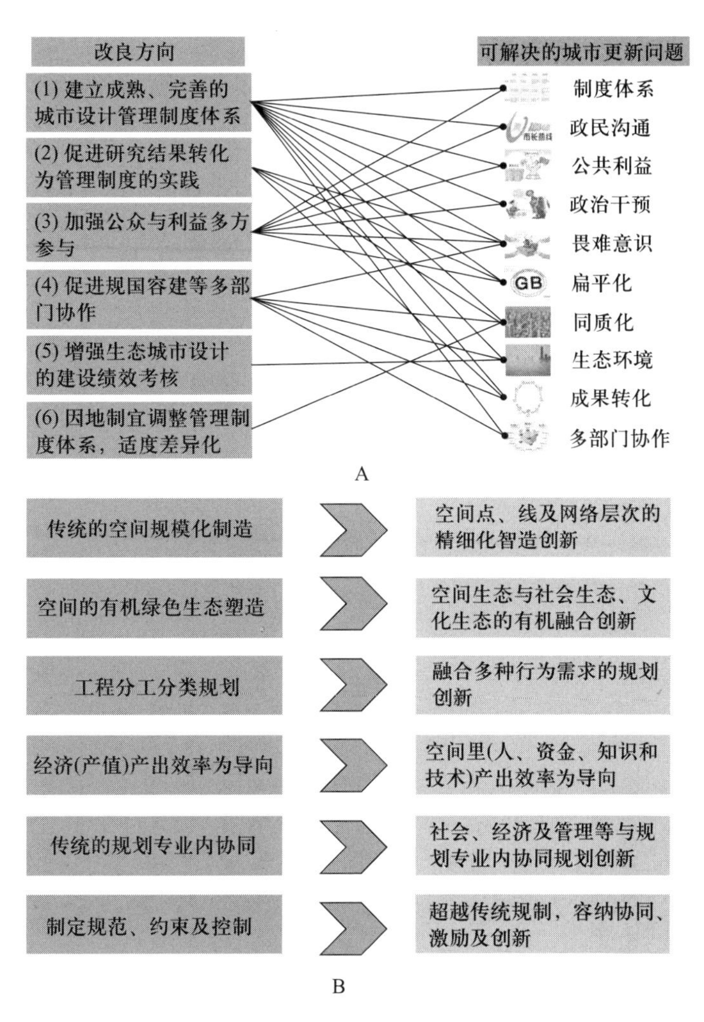

图 6　城市更新视角下的城市设计管理制度创新

参考文献

[1] 王建国. 城市设计面临十字路口[J]. 城市规划, 2011, 35(12):20-27.

[2] 梁思思. 存量更新视角下空间策划和城市设计联动机制思考[J]. 南方建筑,2017(5),17-21.

[3] 杨震. 范式·困境·方向:迈向新常态的城市设计[J]. 建筑学报,2016(2),107-112.

[4] 林颖,李梦晨,柳应飞. 美国城市设计实施体系及其启示——强化城市设计的诱致性实施路径[J]. 规划师,2017,33(5):143-149.

[5] 张学文. 健康活动视角下住区绿地功能性机制分析及策略研究——以天津市既有住区为例[D]. 天津:天津大学,2017.

[6] 亢梦荻. 既有住区非正规底商空间演变及更新策略研究[D]. 天津:天津大学,2017.

[7] 李晓晓. 城市功能整合期高效发展问题及空间规划策略研究[D]. 天津:天津大学,2010.

[8] 陈天,郑国栋. 市民利益平衡下的城市设计导则的运作机制[J]. 城市发展研究,2007(2):97-101.

[9] 陈天,臧鑫宇. 新型城镇化时期我国城市设计发展的对策与前瞻[J]. 南方建筑,2015(5):32-37.

[10] 唐燕, 许景权. 城市设计制度创新的策略与途径[J]. 城市问题, 2011(4):16-21.

[11] 孙施文, 张美靓. 城市设计实施评价初探——以上海静安寺地区城市设计为例[J]. 城市规划, 2007, 31(4):42-47.

[12] 杨保军, 董珂. 生态城市规划的理念与实践——以中新天津生态城总体规划为例[J]. 城市规划, 2008(8):10-14.

[13] 陈天, 臧鑫宇, 王峤. 生态城绿色街区城市设计策略研究[J]. 城市规划, 2015, 39(7):63-69.

[14] 古海波, 崔翀, 吴丹. 精细化管理背景下的城市设计控制标准研究——2013 版《深圳城市规划标准与准则》的探索[C]// 2013 中国城市规划年会. 2013.

[15] 唐子来. 英国城市规划核心法的历史演进过程[J]. 国外城市规划,2000(1):10-12,43.

[16] 黄雯. 美国三座城市的设计审查制度比较研究——波特兰、西雅图、旧金山[J]. 国外城市规划,2006(3):83-87.

[17] Department of Communities and local government. Government, preparing design codes: a practical manual [M]. London: RIBA, 2006.

[18] 吴远翔, 徐苏宁. 当代中国城市设计的非正式制度探讨[J]. 规划师, 2011, 27(S1):149-152.

[19] 姜川,陈天. 现代 CBD 空间开发与运营的政府管理实践研究[J]. 现代城市研究,2017(7):93-99.

陈天 天津大学建筑学院城市规划系教授、博士生导师,国家一级注册建筑师,天津大学建筑学院城市空间及城市设计研究所所长。天津城市规划学会理事、规划设计委员会副主任委员,兼任中国城市规划学会理事、中国绿色建筑委员会委员、中国城市规划学会乡村规划与建设工作委员会委员、天津城市规划学会常务理事、天津大学城市规划设计研究院副总规划师。《城市规划》期刊审稿专家、《城乡规划》期刊编委。1987 年毕业于天津大学建筑系,获工学学士学位,1992 年获得工学硕士学位,2007 年获工学博士学位。其他荣誉:天津梅江新区设计竞赛一等奖(1998 年);日本名古屋世界设计年国际建筑设计竞赛佳作奖(1989 年);台湾“洪四川文教基金会”1992 年度“建筑优秀人才奖”第一名(1992);天津大学建筑学院城市设计学科学术带头人(2012);被天津市政府评为天津市城市规划设计大师(2013)。

小街坊、高密度、低碳社区建设的实践与思考

沈　迪

华东建筑集团股份有限公司副总裁兼总建筑师

自2015年中央城市工作会议召开以来，上海将“创新驱动发展、经济转型升级”作为城市发展的主线，在城市规划和建设上努力探索新的模式和途径。其实，从“十一五”末期起，上海已经进入了后工业化时期，经济的发展和产业结构的转型带来了人们的观念转变，历史文化和地域特色日益受到大家的重视，价值的衡量标准也悄然发生变化——不再一味追求建筑高度和规模的世界第一，开始强调建筑的“质” 而非“量”。城市经济的转型也带来了人们对城市文脉和建筑文化表达上的新诉求，大家对城市的发展模式也提出了新的思考。其中，小街坊、高密度、低碳社区的规划建设成为一种新的探索模式。

一、新趋势的背景与成因

上海探索小街坊的城市建设模式有两个重要原因。第一是经济发展进入新的阶段，产业升级和转型促使上海城市发展模式也跟着改变。从2005年开始，上海的现代服务产业已超过第一、第二产业之和，占上海GDP的50%以上，上海在经济意义上进入了后工业时期。经济发展模式的转变深刻影响着人们观念和对城市发展诉求的转变，人们不再追求超常规的发展速度，不再以规模和高度上的第一作为追求的目标，不再将外在的形式放在首位。人们开始重视城市和建筑的功能与内涵，关注城市空间环境的品质和特色问题。从强调建筑个体形象的新奇特，转向了对上海城市历史传承与文化表现的关注和思考。第二是社会认识水平整体的提高。面对城市发展和运营中出现的问题，人们逐步认识到对以往城市发展模式进行批判性反思的必要性。在以往的大规模的城市改造建设中，由于对历史建筑和街区的保护和保留重视不够，城市原有的尺度和肌理在很大程度上被完全改变，城市的记忆和自身的特点在逐渐消失；单一的土地开发方式和超常规的开发建设规模使城市的活力逐渐减退，城市街道的界面也因不合理的规划要求而缺乏完整性，城市不但失去了原有历史风貌特征，也损失了城市应有的亲切感和温度。城市的公共开放空间也因缺乏统筹的布局而在结构和层次上存在不少缺陷。这些问题促使我们对上海未来

的城市规划和发展产生了新的思考。

二、上海的尝试——虹桥商务区与后世博园区

在此结合两个案例的建设实践,探讨一下小街坊、高密度、低碳社区的规划建设在当今社会发展条件下的方式与意义。其中一个是浦东后世博园区的开发,另一个是虹桥核心商务区建设。这两个案例严格地说都属于区域新建开发项目,但是区位不同:一个坐落在中心城区,具有一点城市更新意义;另外一个是中心城区与郊区的接合部,与虹桥交通枢纽相邻。因此这两个案例具有一定的典型性。

首先,这两个项目在建设运作的模式和程序上非常严谨、规范,它们都通过国际方案征集,确定总体规划设计方案,随后再开展相关的城市设计和各专项规划;并以此为依据进行控制性详细规划的编制工作,同时配套了完整的控详规划图则和设计导则;在完成了一系列规划设计这些基础性工作的基础上,然后再进行土地招投标,选择合适的开发者,开展两个区域的整体开发建设。整个建设程序非常经典。从设计角度来说,可把它归纳为以下四个特色。

(一)公共空间

第一点是对于公共空间的关注和重视,这和以前有很大的差异。以往的规划比较喜欢所谓的形式上的"大手笔",强调规划的建筑群体的气势和高度,比较关注总体平面形式感、大构图等表面的东西。而这次的规划设计非常强调城市公共开放空间,强调它们结构框架的系统性和总体分布的层次性,努力构建了一个非常完整的城市公共开放空间体系,成为构筑起该区域总体规划的大骨架。改变了过去纯粹由城市道路网格来决定一切的单一体系的城市空间结构。城市公共开放空间成为组织城市生活、激发城市活力的主要手段和载体。

(二)交通体系

第二点是突出公共交通的系统性、方便性,虽然这两个区域在具体的交通设计上,其方法和措施各有不同。其中虹桥商务区在提倡公共交通优先的前提下,更突出慢行交通,鼓励绿色出行,并充分考虑公共交通与租赁式自行车停放点之间的衔接,在一些主要公共服务设施和公交枢纽站附近设置非机动车停放点,解决市民出行最后一公里的问题,虽然那个时候还没有共享单车这一新生事物,但规划设计已经有所考虑。后世博园区的交通组织方案则不一样,它更强调地下人行空间的立体开发,在地下一层和二层分别设置了人行的公共通道,与商业服务设施的设置结合起来,连接起地铁站点与地面各个办公楼和公共服务设施。它最大的特点是将整个区城的地下人行空间真正整合为一张完整的网络,将各个地块之间有机地连接了起来,克服了20世纪小陆家嘴金融贸易区开发建设在这方面的缺憾。

(三)绿色低碳

第三点就是绿色低碳。为了实践2010年上海世博会"城市让生活更美好"的理念,

这两个地区在前期策划时就确立了绿色低碳开发建设的原则，要求按照国家《绿色建筑评价标准》进行开发建设，个别建筑甚至参照国际标准来建设。虹桥核心商务区是以建设国家级的低碳商务区为目标；而后世博B片区规划要求所有的建筑必须按照国家绿色两星级以上的标准来设计建造，其中有10栋建筑是按照国家三星级标准来建设的。从这两个地区的建设实践结果来分析，我认为绿色低碳建设仅从建筑单体本身来考虑是远远不够的，这项工作必须与前期的规划完全融合起来，从源头上入手，在规划层面就将绿色低碳的理念和措施落实到规划用地功能的复合性、建筑形态的总体布局、交通组织、绿化与水系布局等。同时，建立一个低碳评估体系也是非常重要，它是最终检验绿色低碳实际成效有力工具。数据分析可得，建筑单体本身的能耗占比不到总能耗的45%，其余的能耗多反映在城市规划、城市设计、交通以及能源集中利用等方面。这与以往我们的认识有很大的不同——过去，我们谈节能往往是指建筑单体节能。而与此似乎无关的慢行交通，如果我们在规划时就将其作为一种主要的交通方式，它影响的不单单是公共交通的组织问题，而是整个区域出行系统的能耗改善。同样，在功能空间布局层面上提倡绿色低碳也同样重要，通过实践，我们认识到功能复合不仅对地区24小时的活力圈的建设带来积极的作用，实际上也是创造低碳节能生活的基础性工作。此外，社区的归属感也是如此，有时我们谈产城融合的问题，谈的就是产业与城市生活的关系，社区的归属感是其中考量的重要因素。具有良好归属感的社区，在创造社区活力的同时，也为低碳生活创造了良好的条件。因此，除了建筑技术应用层面，在规划设计层面上也需要积极提倡低碳绿色的设计导向。

（四）整体开发

最后要介绍的是区域的整体开发建设，尤其是地下空间整体开发与小街坊、高密度社区规划建设的关系。虽然这会给规划和建筑设计以及建设协调工作增加很大的工作量与难度，但它对区域所带来的积极意义却是十分明显的。在虹桥商务区通过地下步行街把整个区域各地块的商业串联了起来，形成了具有吸引力和归属感的商务街区。而后世博B片区则通过地下两层的公共通道，把地铁站点与地面公交以及人员集聚点很好地衔接了起来，地下空间的整体开发使地上、地下变成一个完整的有机体。而在地面以上，区域的整体开发建设积极意义则更加突出，无论在公共空间的体系化和结构性上，或是在区域的机动车交通组织和慢行交通的设置上，以及在城市环境和城市形象塑造上，区域的整体开发建设成为不可或缺的前提条件。

然而，区域的整体开发建设需要在规划和建设实施层面上进行理念与管控模式的创新。虹桥商务区和后世博园区的在规划理念与方法上做了较大的改变。比如在建筑覆盖率的控制上做了很大的调整，不再将其作为一项严格控制的指标，与此相关的绿化率问题，规划是通过整个区域公共绿地的设置来保证区域绿化覆盖率达到要求，改变了过去在绿化率控制上主要依靠每个项目地块内的绿地指标来实现，实现了绿化覆盖率在区域内的平衡达标。以虹桥商务区为例，除了中心区域由于大面积的公共开放空间其建筑覆盖率比较低以外，其他周边地块建筑覆盖率都在40%或者50%以上，对比20世纪90年代中后期的小陆家嘴金融开发区，当时规划要求的建筑覆盖率基本上都控制在30%以下，所以这是很大的突破。在放松覆盖率的同时，规划对建筑的高度和容积率则加强了管控的严肃性，对建筑高度、建筑面积及容积率的计算都做了详细的解释和规定，杜绝在理解上的歧义而产生执行上的偏差。不仅如此，在严控的同时，规划还降低了开发强度，调低了地块的建筑容积率，其中虹桥商务区的容积率最高的地块只有4.2，其他地块都在2～3。在寸土尺金的上海，严格控制地块容积率，降低开发强度，是要有很大的勇气和决心的。除了上述常规的规划控制指标外，在虹桥商务区和后世博园区规划中还提出了建筑贴线率的概念，要求沿主要商业街的建筑必须满足一定的贴线率要求，以确保区域内主要道路两侧城市建筑界面的完整性，充分体现小街坊、高密度城市街区的形象特征，也为激发街道空间活力创造条件。

上述规划要求的改变，虽然在实施中碰到很多的困难，与现有的规范和标准也发生冲撞与矛盾，但是对小街坊、高密度、低碳社区的建设起到了很好的促进作用。

三、总结与思考

最后，与大家分享我们对小街坊、高密度社区规划建设实践的思考。首先，在虹桥商务区和后世博园区的相互比较中，我们可以看到，两者的理念和设计目标都相当一致，只是在设计手法上略有不同，但是成果之间还是有较大的差异性。虹桥商务区的公共开放空间中人气与活力更多一些；而后世博园区在环境品质的提升上则显得更多一点，但是公共空间与人的活动有些脱节。探其原因，除了因建设不同步等外在原因外，项目的性质与定位的不同应该是主要因素。其实，项目的性质与定位决定了两者的差异。虹桥商务区是一个商业开发项目，属于外向型的商务服务区，对外有需求，它希望尽可能地将人吸引过去，在提高整个区域的人气中，把办公和商业的价值提升起来，从而实现它的开发目标。而后世博园区是现在比较热的总部经济项目，每幢建筑本身追求的是内部功能设施完善和高标准，但对外界并没有太多的诉求，也不希望受到外部的干扰，因而私密性和安全感是建筑的基本需求，因此也造成了两者之间在空间氛围的性格上的差异。

那么，如果我们再将虹桥商务区和传统商业街进行比较的话，同样也有较大的不同。传统商业街都是以沿街小商铺为主，所以它直接与城市街道发生连续、线状的关联性，形成我们所熟悉的热闹、熙熙攘攘的传统商业街道。但是虹桥商务区却不一样，虽然它拥有完整的城市街道的界面，可是无论是办公楼还是商场，它们与城市街道的联系只有几个有限的建筑出入口，因而是间断式的点状的关系。而且，每栋建筑规模都很大，它们就像黑洞一样将大量的人流吸了进去，反而给城市街道人气带来负面的效应，建筑界面与城市街道的互动性和街区的亲切感也相应地被削弱了。

另外，在小街坊的尺度和规模上，真正“小”到合理了吗？显然，与十几年前的新区规划相比，在虹桥商务区和后世博园区中，城市道路和公共空间划分出的每个街坊平均占地规模小了许多，但是每个街坊占地规模仍有2~3公顷，而且每个街坊都是有3~4个项目的地块组成，不仅比上海旧城区传统的街坊要大，与芝加哥、巴塞罗那和纽约等城市相比较，依然显得较大，这样较大尺度的街坊还是对城市空间活力激发不太有利。

在小街坊、高密度社区规划建设中，还有一个问题必须解决，那就是我们现行建设标准、规范与之配套的问题。不仅是法定建筑绿化率要求与总体绿化指标平衡的协同性问题，还包括建筑贴线率要求与消防、市政设施布局规定，以及道路过大的转弯半径与城市街角视距控制要求和小街坊宜人街区空间尺度矛盾等。小街坊、高密度、低碳社区规划建设需要现行法规的保障。

坦率地说，小街坊、高密度、低碳社区规划建设的尝试，虽然在技术和操作层面上遇到了很多的困难，存在许多遗憾和不足，离当时规划目标也有一定的距离。但是，其实践与探索的意义在于在今天新的时代条件下，能够认真面对并思考城市发展中呈现的问题，努力探索城市发展、城市更新的途径和模式。因此，其实践本身自然也为城市建设的多样化与多元的发展模式提供了很好的实践案例参考。

沈迪　教授级高级工程师，国家勘察设计大师，华建集团副总裁兼总建筑师，中国建筑学会建筑师分会副理事长，上海市城乡建设和交通委员会科学技术委员会建筑设计与保护专业委员会主任。曾担任上海世博会副总规划师、总建筑师。先后主持设计了上海松江大学城规划、中远两湾旧城改造、2010年上海世博园区规划、上海东郊宾馆、上海环球金融大厦等项目。获国家工程设计金奖1项、省部级优秀设计和科技进步奖一等奖各1项、全国优秀工程勘察设计行业奖建筑工程一等奖、全国绿色建筑创新奖一等奖等。

城市设计中的“墙”

时　匡

苏州科技大学建筑与城市规划学院教授

本文拟讨论的是城市设计中的“墙”，讨论的特定地段是城市中心区[1]。

研究西方城市三种城市中心区的空间结构，无论是同心圆结构，还是扇形结构、多中心结构，中心区一定是密集的。密集的城市中心区被街道分割就必然会出现线性“墙”的形态。和单体建筑不同的是：城市设计中的“墙”是由连续建筑构成的，可以是低层、多层建筑的连续，也可以是高层、超高层建筑的排列。和单体建筑相同的是：城市设计中的“墙”同样起着分割空间的作用，而“墙”的设计同样直接影响到市民的生活以及生活的质量。

现代建筑观从关注单体建筑到关注建筑群体；现代城市观从关注建筑到关注建筑间的空间。无论建筑的整体感还是建筑间的空间，都需要对“界墙”进行精心的设计。

我们把沿街建筑面和道路红线的进退关系称为“贴线率”。贴线率是城市空间设计十分重要的手段，它的进退以及形成的建筑和街道的比例关系是构成城市空间意匠最重要的方面，也直接影响市民的心理感知。通常贴线率造就的街景与城市的经济生活、管理方式以及传统、气象、文化等因素有关。此外，新城市规划中的贴线率还与城市道路的性质有关，大凡城市中心主干道的贴线率可以是100%，次干道一般是80%，支路则可放松到60%左右。城市广场周围建筑的贴线率通常根据广场的性质不同而有所不同，西方城市中心广场大多为100%的贴线率。

城市设计中的“墙”作为构筑城市空间的主角，其围合造就了城市空间的虚体，如对虚体边界的限定十分明确，城市的图底关系便十分严谨、稳定，场所感也特别鲜明。相反，在城市虚体空间中，如果建筑是独立的，虚体空间便成了背景，这样的图底关系便不可逆转，这就出现了另外一种多变的城市空间形态。现代城市中不乏两种图式混合使用，这样城市会变得更加活跃和有个性。

“界墙”除了限定街道和广场之外，还常常构筑城市中心区的外轮廓。

城市中心的实体形态大致可分为三类：公共建筑、邻里街坊以及大量作为基底的普通建筑物。我们的建筑师和城市管理者通常热衷于一些公共建筑和城市标志性建筑的设计与建设，往往忽视街坊和基底建筑的整体形象。然而，正是后者这两项是更大程度上影响城市实体形态的关键。目前,我国城市中心区无论是街道、广场,用建筑清晰限定的意识很薄弱,同时缺乏悉心的研究和打造,因此,我国城市的意匠和市民对中心区街道和广场的识别感都很淡薄。

城市设计和建筑设计一样,元素太多容易杂乱,现代建筑主张简洁、直观,城市设计同样。平直的街道、简洁的广场形态、整体而有个性的建筑都会带来城市的美,城市设计主张“弱建筑”,主要是强调建筑的整体意识,但并不排斥变化,不排斥重点和建筑的标志性。城市设计的佳作应该是有序的变化、有图底关系的变化,而不是缺乏思想、无组织的散乱。

城市设计中的“墙”,往往还是城市公共空间与私有空间的分界线,在功能上这两部分应该严格区分,但在设计手法上可以是封闭的、半封闭的,或是开放的。城市公共空间和私有空间的转换在“墙”的设计上是可以大有作为的。

城市设计中的“墙”在中心区往往是商业,连续的商家是人群聚集和商气聚集的必需。除了中心区的街道会打断商店的连续之外,在一个街区里的店面应该不留一点“缝隙”,即便是汽车出入口,也应安排在次要的街面上,并严格控制汽车出入口的宽度。连续“墙”的商业活动延续到空中、地下也是常有的手法。

此次论坛分会场的议题是“空间场所的创造修复及历史文化的保护和传承”。关于空间的创造和修复,试想可否也在“墙”的基础上进行“修”和“补”,以进一步完善明确场所空间的特征。关于历史文化的保护和传承的议题,实质上反映了场所精神,反映了现代城市设计向社会学和人文学方向的延伸,其理论的视角从传统的二元(实和虚)转为更加注重空间的多元性,注重文脉、历史等社会人文方面的研究。关于历史文化的保护和传承,也可以和“墙”建立一定的关系。城市中心区“墙”的设计其内涵和对市民的感受需要事先策划。“墙”造就的街道和公共开放空间,其敞、奥、轻、重、质、材以及空间的转换、对比变化,都可以与一个城市的历史文化沿袭关联起来。至于建筑形式,由于是组成“墙”的基本元素,它更是直观地反映了一个城市的文化内涵和创新意识。城市设计在历史文化方面要研究的重点是:构成“墙”建筑形态的整体感。

所谓“意识中的城市”(City of the Mind),“图式语言”(The Pattern Language)已经成为评价城市品质优劣的标准,一个城市历史文化的保护和传承,从某种意义上讲比功能还重要。

城市设计的历史性,体现了城市设计的时效性,应该反映在一系列的规划指标上,现代城市的历史街区应该传统地重复那个时代的一些规划特征。城市设计的历史性在容积率和建筑密度、高度上都要有所体现。不同的历史阶段一定有所不同,我们在修复性的城市设计中,就应该研究保存那个时代城市形态各个方面的特点,这样就从宏观上传承了这一区域的历史本质。

图 1 是典型的国外城市中心区的城市形态,可以看出,由建筑组成了中心区的基面,街道、广场是在基面上切分出来的城市公共空间(图 2)。

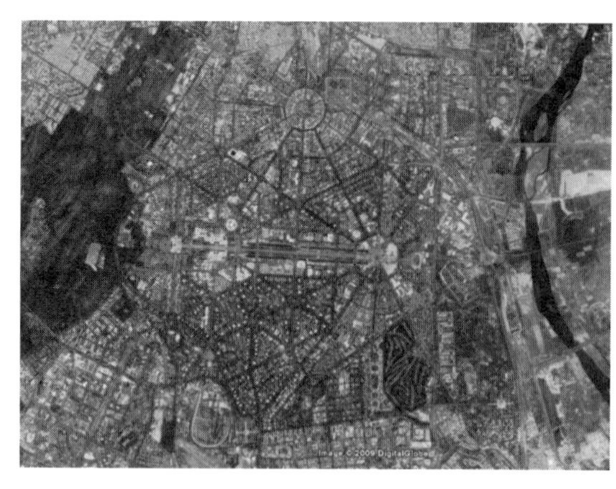

图 1　巴黎简洁清晰的城市肌理

图 2　街道、广场切割出城市公共开放空间

在这些城市中间，主干道两旁的建筑通常采用了 100% 的贴线率，以致街道空间平直而简洁，同时造就了城市中不同的富有变化的街道空间。

图 3、图 4 分别是昆明、长沙中心区的卫星遥感图，非常明显地可以看出这样几个问题：城市肌理不够清晰；城市中心区的外轮廓不够明显；城市公共空间缺少特点。当然，这些都是在长期的城市演变中自然形成的，都缺乏城市设计的指导，因此，需要不断地通过新一轮的城市设计逐步完善。

图 3　昆明市中心的肌理

图 4　长沙五一广场

图 5 是青岛五四广场的卫星遥感图。可以看出，五四广场有一个很好的面向大海的城市公共空间，但是这个公共空间是礼仪性的，不适合群众性的聚集和活动，且围合公共空间的界面不是很明显，周边住宅区的空间形态也较为单调。

图 6、图 7 中，"界墙"很清晰地界定了街道和广场的空间。可以看出，图 6 采用相同的"界墙"高度却围合了三个不同比例尺度的街道空间。图 7 中可以明显地看出由"界墙"围合了一个圆形的广场，广场的空间形态十分鲜明。

图 5　青岛五四广场

图 6　三条不同感受的街道空间

图 7　形态鲜明的圆形广场

意大利威尼斯圣马可广场是一个经典的案例(图 8),其类方形的广场,通过一个开口将广场空间引向海边。大部分的界墙连续而清晰,但是处于转折处的建筑立面则出现一些特殊的变化,造就了“界墙”统一又有变化的成功案例(图 9)。圣马可广场在建筑的立面设计上的竖向也有变化。

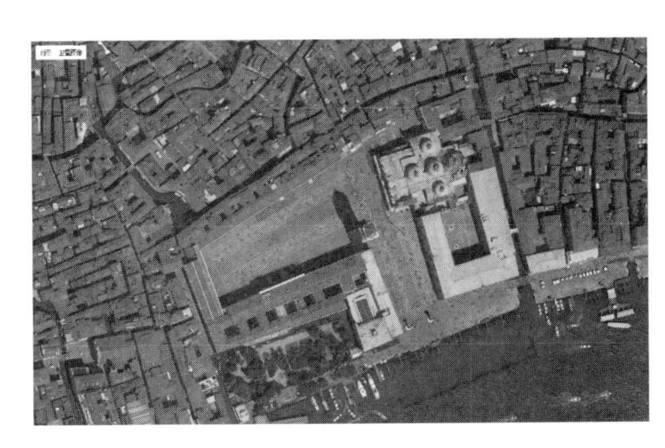

图 8　意大利威尼斯圣马可广场总平面图

图 9　整齐划一的“界墙”围合出一个人性化的广场空间

图 10 的这张诺里地图使用图底关系的方法，描绘了罗马城的地理空间结构。从这张地图上可以看出：城市的空间才是城市形态的主角，而建筑在城市中只是一个实体基底的存在。

图 10　诺里地图——图底关系

（图片来源：Giambattista Nolli. Rome 1748；the Pianta Grande di Roma of Giambattista Nolli，in facsimile）

我们提倡的城市广场空间，应该是人性化的广场空间，图 11 中可以看出有这样三个特点：一是不规则；二是非轴线；三是感知尺度。

波茨坦广场是欧洲战后规模罕见的多功能城市开发项目，是德国国家形象建设的重大举措，该工程包含了一系列大型建筑和城市设计，众多的国际知名建筑设计师都参与了设计，使波茨坦广场的工程成为世人瞩目的焦点。

波茨坦广场地理位置是柏林的中心（图 12），北部是德国国会大厦，周边有历史性的勃兰登堡门和狩猎园公园，西边是柏林文化广场建筑群，包括 Hans Scharoun 设计的柏林爱乐音乐厅和 Mies van der Rohe 设计的国家美术馆以及图书馆。

1990 年柏林议会为波茨坦广场项目成立了特别工作小组，由国会议员 Wolfgang Näge 和柏林总建筑师 Hans Stimmann 负责，制定了一份可称为“严肃的重建”的纲领性文件，主要内容有：新的建筑必须有城市的特征，要恢复历史性的街道模式；檐口严格控制在 22 米以下，脊高也要小于 30 米；另外，还要保证 20%的住宅以及 5.0 的容积率。

通过国际竞赛中标的是希尔姆和萨特勒事务所（图 13），方案不仅满足了上述理念，还重塑了传统空间的街道、街区和广场，严格控制高度和界面，街道高宽比为 22∶17；同时，使用 50×50 的标准尺度统一街区所有的体量关系，并把柏林传统的绿地和水体空间布局在广场四周，同时将柏林文化广场拼接起来，还规划了莱比锡广场的重建。然而因为容积率太低，两大开发商——奔驰和索尼提出疑义，并找 Rogers 做出了一个替代方案。在工作小组的坚持下，原中选的方案做了一些修改，仍予以实施。方案保持了原来的街区形式，但是广场四周做了一些调整，局部加高到 95 米；同时业态调整为办公 50%、商业 25%、住宅 25%。

图 11　人性化的公共空间

图 12　柏林市中心区位图

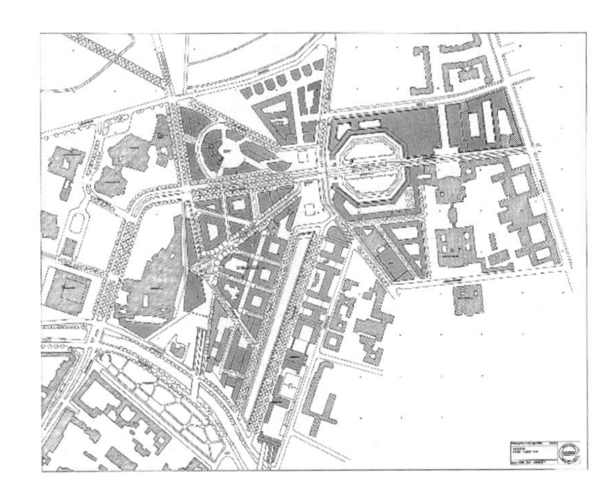

图 13　基地的原始状态

（图片来源：由希尔姆和萨特勒事务所提供）

波茨坦广场非常重要的地标建筑是索尼中心。索尼中心也经过国际投标，Murphy Young 中标，他的草图设计的主要理念是从各个方面构筑“墙”，同时建立与街道的密切关系，特点是恢复柏林传统街道的比例和空间，即柏林在战前所有街道的比例和沿街建筑的关系，控制檐高，保持界面平整严谨。此外，还在中间做了一个很有创意的直径 100 米的“罗马广场”，采用特氟纶镀膜材料，满足了德国苛刻的节能要求。基地中有曾经是世界上最豪华的酒店之一的艾斯普兰达酒店以及国王派对的恺撒大厅，在第二次世界大战时被炸毁，重建时将残骸平移 75 米保留下来，通过玻璃幕墙展示，为增加容积率，在残骸上部空间做了一些住宅。设计在“界墙”上增加了一些墙洞，以使室内外空间能够交流渗透。这个方案一度因为用了现代高科技立面取代传统古典比例立面而在柏林引起争议，但最终还是被大众接受了。

波茨坦广场中六角形的莱比锡广场重建是为了复原 18 世纪柏林最重要的公共空间。广场重建使用的是新的建筑手法，但完全保持了原来的形态和比例关系。

基地北部的巴黎广场（图 14）也是通过“界墙”围合，从而形成方形广场，同样重塑了战前的记忆。巴黎广场具有严谨的城市设计导则：高度控制、界面控制、色彩控制（建筑整体的色彩都是偏黄色的）。但是巴黎广场在统一的建筑中偶现一处异形窗墙比的建筑（图 15），这是由于当时美国驻德国大使馆没有参照城市设计要求的窗墙比来做，但还是严格控制了高度和界面。

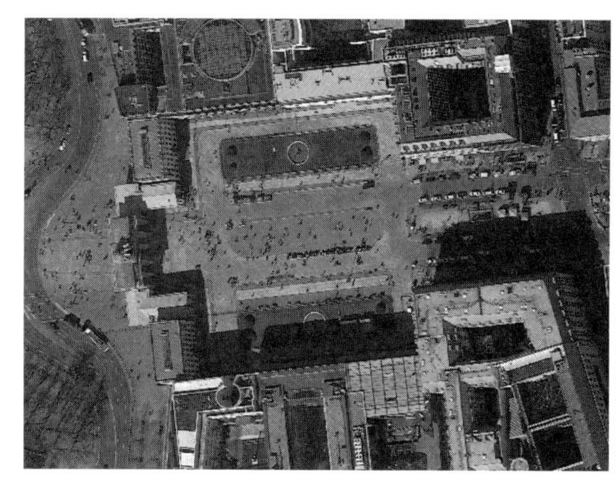

图 14　巴黎广场

图 15　统一高度、统一界面、统一窗墙比

另两个案例是美国纽约曼哈顿的巴特利公园（图 16、图 17）和世贸中心。巴特利公园的建设历时 35 年，曾被《时代周刊》杂志评为“20 世纪最具有影响力的城市设计项目”，这是一项尊重传统、回归传统的城市设计，设计延续了曼哈顿原有街道肌理，展示了以街道为中心的城市生活，以小街区的形式将纽约原有的传统街道延伸至海边。

纽约世贸中心重建项目举世瞩目，共有 7 家顶尖设计团队参与竞赛，李布斯金事务所胜出。方案摒弃了超级街区的习惯思维，传承纽约传统的小街区，通过地上地下交通来紧密衔接周边。最终实施的城市设计方案也经过博弈：受害者家属认为这个地方不应该造建筑，而应该成为纪念性的广场；但是城市开发商要的是经济效益。最后双方经过长时间

图 16　纽约曼哈顿

图 17　巴特利公园

的交锋之后达成了一个广场的纪念性与商业效益平衡共存的方案。重建后的世贸中心是一个纪念文化和商业兼容的活力广场，具有图底关系鲜明、虚中有实的空间形态，成了都市中的绿岛，其人性化的交通纠正了前世贸中心交通混乱的弊病。另外，广场中最引人注目的"艺术品"是 Michael Arad 的创意——"反射的无物"（Reflecting Absence）。它从 4000 个竞赛方案中脱颖而出，原来两个高耸入云的塔楼变成了两个深不见底的"空洞"，"空洞"对应了底下的博物馆。

世贸中心广场上 Santiago Calatrava 设计的新世贸中心交通枢纽，实际上是以意识形态为主的建筑，与其背后以理性和实用为主的新世贸中心形成鲜明对比。新世贸中心的设计经过反复的比较，最终选择了一个相对经济实用的造型。而该交通枢纽的造型以极度的夸张吸引世人的眼球。通过地下商业街连通了周边的建筑、连通了街道、连通了地铁中心。另外，在世贸中心的最高层，开放的空中瞭望台和餐厅使世贸中心广场成为地下、地面和空中三维一体的城市空间。

最后两个案例是作者参与的城市设计案例：苏州工业园区中心区城市设计（图 18）和

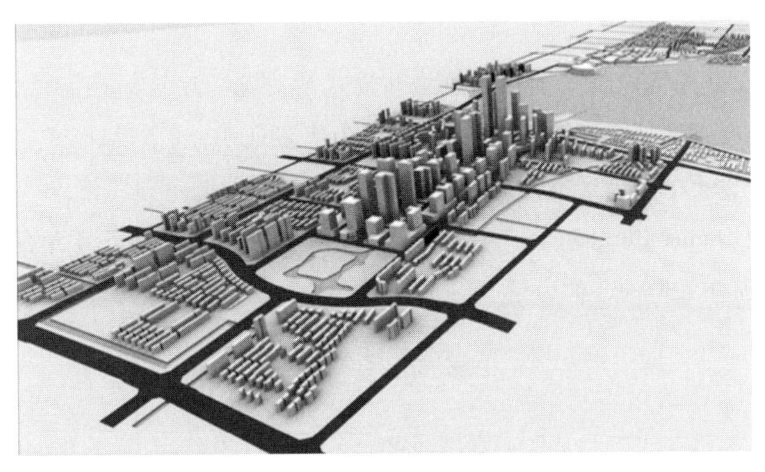

图 18　苏州工业园区中心区的城市形态

（图片来源：由苏州工业园区管委会提供）

滁州新城中心区城市设计(图 19)。

图 19　滁州新城中心区城市设计

(图片来源:由未来都市规划建筑设计事务所提供)

苏州工业园区中心区的特点是高层建筑群构筑的小街区,连续的商业“墙”面,中心街道有平直的界面,严格限定车辆的出入口。近期完成的苏州中心建筑群则以“界墙”勾勒了中心区的外轮廓,并在建筑群内组织了立体交通、立体绿化和建筑的互动,是一个大型的城市综合体,也是以 TOD 规划模式和建筑完美结合的典型实例。

滁州新城中心区,是一个以交通枢纽为导向,以人性化的步行空间为主体的城市设计。设计以“界墙”为母体,围合成四个不同特征的空间,并组织了与高铁站互动的、与建筑关联的立体绿色的步行系统。城市设计清晰、简洁、统一又有变化。

总之,城市设计可以通过“筑墙”的手法对现有的中心区进行整理,也可以通过“筑墙”的方式保持传统城市的场所精神。城市设计要研究“历史故事”,把它“留住”,当然作为城市设计者必须要开讲“新的故事”。

我们不必总是停留并拘泥于建筑风格和形式的讨论。建筑师还需要扩大设计的领域,并进行社会心理和社会经济学科的研究,因为实践证明:城市设计是一个比较漫长的过程,其实践中少不了社会经济方面的介入,并由此触发的调整和完善。

最后,引用 Daniel Burnham 的一句名言作为结语——“不要做小手笔的规划,因为它们没有那种能抓住人们的心的力量。”

参考文献

[1]　时匡,加里·赫里,林中杰. 全球化时代的城市设计[M]. 北京:中国建筑工业出版社,2006.

时匡　全国规划、建筑设计大师，苏州科技大学教授，未来都市规划建筑设计事务所顾问，苏州科技大学教授和空间设计研究所所长，并任多个城市的规划建设顾问。时匡教授参与了300余项规划和建筑的设计，39项作品获得国家、部、省级以上的优秀设计奖。他主持和参与的中国-新加坡合作的苏州工业园区规划和建设长达13年之久，苏州工业园区的建设是国际合作的典范，得到了国内外的高度重视和一致好评。继苏州工业园区之后，他还主持和参与了多项中国和国外合作的新城规划：50平方公里的中国-马来西亚产业园，赞比亚和尼日利亚自贸区，埃塞俄比亚德雷达瓦产业新城，牙买加酒钢产业新城以及作为国家战略的刚果(布)黑角经济特区等。

时匡教授有16项论文和专著等学术成果，主要著作有《新城规划与实践》《全球化时代的城市设计》等。2004年被评为中国工程设计大师，2011年被江苏省政府授予江苏省资深设计大师称号，是全国首批“五一劳动奖章”的获得者并被授予全国优秀科技工作者称号，1991年荣获首批国务院特殊津贴，国家人事部授予国家级有突出贡献中青年专家和全国优秀留学回国人员的称号并记一等功，2000年被评为全国先进工作者，是第九届、十届全国人大代表。

议题三

全球环境变迁中的城市设计

高密度城市的发展趋势——立体城市

曹嘉明

中国建筑学会副理事长

一、大城市的高密度现状

中国的城市已经进入高密度状态，而上海已经成为全国人口密度最大的城市。上海的人口密度在 2010 年已经达到 3631 人每平方公里。从 1978 年 17%的城镇化率到今天 57%的城镇化率，上海在 40 年的时间里走过了发达国家都市 200 年的历程，上海的人口也从 1949 年的 548 万人发展到 2016 年的 2419.7 万人。其中，黄浦区、浦东新区和虹口区的人口密度最高。近期数据显示，上海的建筑用地已占全市陆域面积的 45%，百米以上的房屋超过 930 栋。

从东亚地区层面来看，东京、香港、上海、深圳等城市都是高密度大城市，这充分表明，随着人口的膨胀和 GDP 的攀升，高密度城市是不可避免的趋势。但这也随之带来如城市发展方向的新问题。原先自然扩张侵蚀农业用地的路径已不再适用——剩下就是“上天下地”。所以，如何有效利用土地，如何有效利用空间，如何更加适应人的活动，如何更加方便出行、居住和交流，成为大家关注的城市更新和城市双修的意义所在。

二、城市的立体化发展趋势

立体城市的出现，既是为了土地集约、资源整合、功能混合和城市多元，也是为了以人为本、“双修双补”和可持续发展。以下笔者将结合一些案例进行相关阐述。

首先是我们 2010 年完成的上海虹桥综合交通枢纽（图 1）。在这个综合交通枢纽中，64 种联系方式和 56 种换乘方式结合在一起（图 2），而且还增加了商业功能，等于增加了大量人流，当时我们十分忐忑。不过目前看来，这个案例是非常成功的。

众所周知，交通枢纽快速分流的主要矛盾集中在上下客的“车道边”不足，在虹桥综合交通枢纽里面，我们将社会私家车、公共巴士和出租车进行了分层设计，形成分层的“车道边”，这样就不会带来交通拥堵问题。而且由于机场、铁路功能的合并，节约了大量对上海而言非常金贵的土地。例如机场跑道间距由最早规划的 1700 米调整为 365 米（最小间距），单这一项就节约了大约 7 万平方米。交通设施统一规划整合设计大大节省了土

图1　虹桥交通枢纽中心

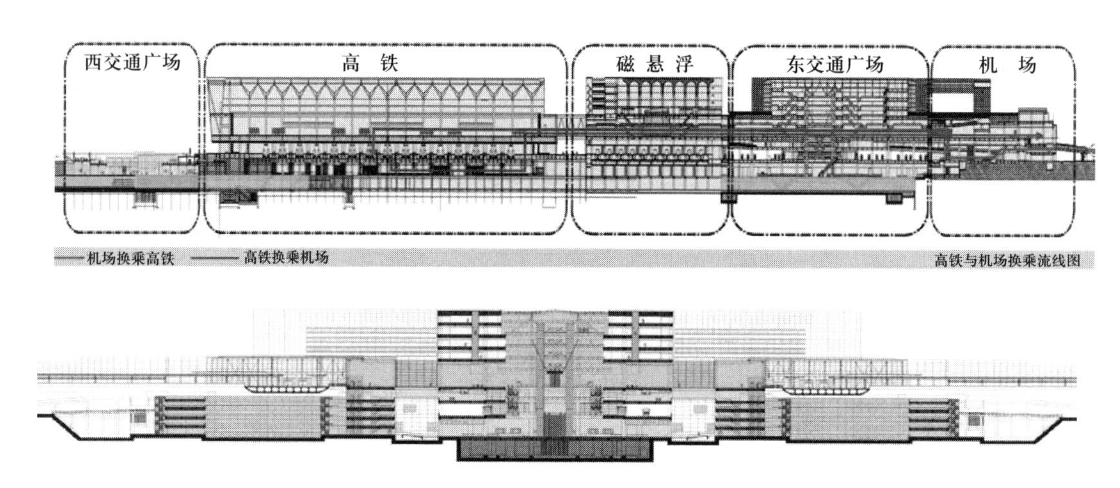

图2　虹桥交通枢纽中心剖面功能分析

地和投资造价。

第二个案例是陆家嘴开发区的117栋建筑，约605万平方米。如今使用廊桥进行被动联系，缺少了一个慢行系统，地下空间没有同步规划建造，使楼宇之间缺少便捷联系、充分利用。

第三个案例是法国巴黎十三区。经过20年的建设，塞纳河两岸的12区到13区都做得非常成功，城市绿化下面还有建筑。塞纳河边上，道路从慢行系统到车行系统共有5层，广场底下是铁轨，算是一个成功的立体城市。

第四个案例是利物浦一号。自利物浦的港口贸易萧条后，这座城市失去了原来的活力。这个规划设计了多个要素，营造功能与空间的多样性和灵活性，激发城市新的活力。利物浦一号的屋顶公园，实际上是引导人通过一个缓慢的地面标高走上来，根本感觉不到其实是在一个巨大的停车库屋顶上面。旁边则是多功能混合的购物中心和有着商业办公楼的混合社区。这个项目已经成为一个非常吸引人的旅游景点。

三、立体化城市的新时代

（一）立体化城市的新思维

立体化城市对人的活动空间可以进行多维拓展：既是地面，又是顶盖；既是地下，又是地上；既是内部空间，又是外部空间；既是建筑，又是社区。

上海浦东陆家嘴金融贸易区核心区的“上海中心”案例，地上建筑规模超过40万平方米中有9个空中花园。项目的设计理念是“垂直的街坊”：一个街坊有500米的街道，上海中心建筑高632米，平均每7至8层就有一个空中花园。

其他案例还有重庆朝天门广场8栋塔楼组成的建筑群（图3）、上海的“深坑酒店”。另外还有上海徐家汇西亚宾馆改造的案例，利用上海城市更新条例中的相关要求把容积率翻了一倍，2、3层改为密集商业区的步行天桥通道，4到5层改成面向社会开放的停车库——这里面的空间既是室内的又是室外的，既是建筑的又是社会的。

图3　重庆朝天门

（二）立体化城市的技术创新

其一，颠覆传统的规划指标体系。具体表现为较高的建筑覆盖率、容积率的重新定义，以及“垂直森林”和“空中花园”的出现。

其二，结构和施工的技术挑战。从一幢建筑变为多幢相互联系的建筑组成的社区，同时，复合功能对空间形式会有新的高要求，这也关系到新型建筑材料的应用。

其三，城市和建筑体系的重新定义。一幢建筑与一个社区的关系将被重新定义，电梯技术也会迎来新的发展阶段，高层社区将创造新的交通方式。

其四，防灾技术的新发展。新型抗震技术与新型消防技术将得到发展，人工智能系统将得到充分应用。

再看米兰的“垂直森林”案例(图4),现在已经真的变成一个密集的森林了,秋天来临,树叶就开始变黄,美不胜收。还有电梯技术(图5)的发展,原来都是垂直上下,现在则可以实现平移。一旦出现这种平移、出现高层建筑连接之后,传统的观念将全部改变,我们将可以使电梯在局部范围内更有效地运营,最快地到达使用者。如此一来,将会给我们的消防规划等都带来新的变革。而这种类型的楼宇现在已经开始出现了。

图4　米兰垂直森林

(三)立体化城市的和谐理念

立体化城市的和谐理念包括多元复合的社会形态、公共与私密空间的混合、景观与观景的营造、新型交通组织规划和人类活动空间多维拓展。

随着科学技术的不断发展,全球出现了高而且不断更高建筑,轮廓性一再被打破。密集的城市是我们生活的新形态,高密度不可避免并且已经形成。高密度城市的发展趋势必然是多面立体。立体化城市的到来,必然将改变我们固有的传统思维方式和思想。立体城市将是人类在地球上生活的一个新时代。

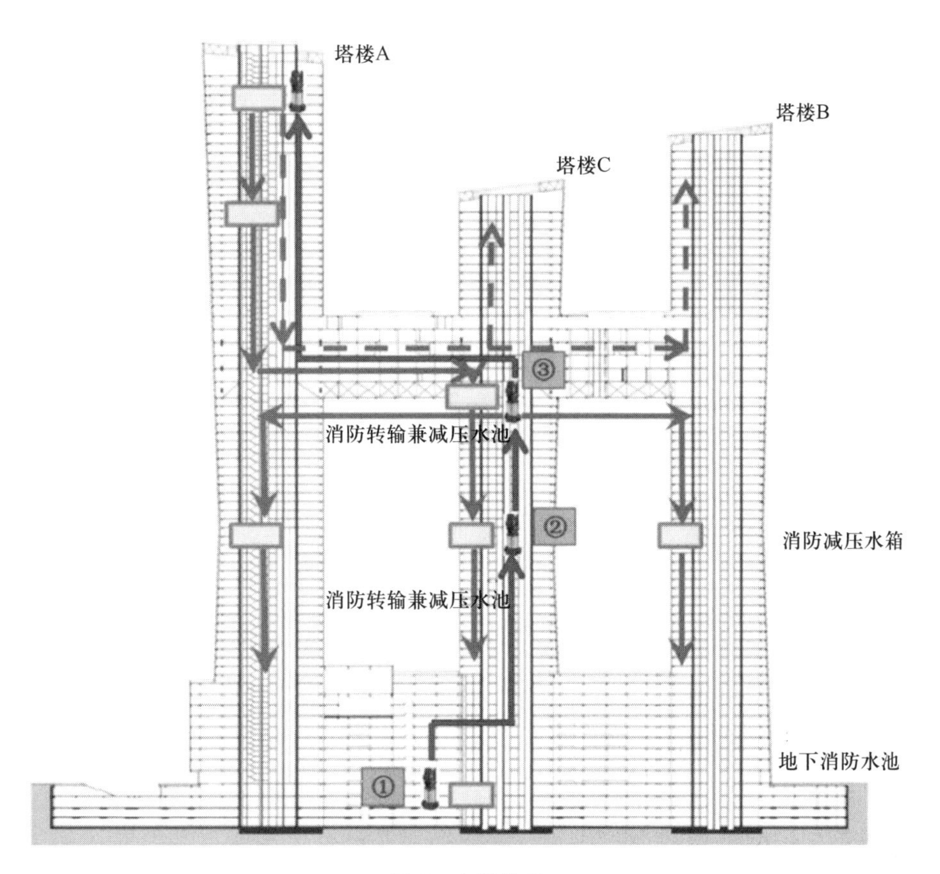

图5　电梯技术

曹嘉明　毕业于同济大学建筑学专业。国家一级注册建筑师，教授级高级工程师。历任华东建筑设计研究院第一设计室主任、技术委员会主任、副院长以及上海现代建筑设计集团副总裁等职务。现任中国建筑学会副理事长，上海市建筑学会理事长。兼任上海建筑设计研究院有限公司董事长、上海现代建筑设计集团规划院院长等职。曾被建设部授予“全国优秀勘察设计院院长”、中国建筑学会授予“当代中国百名建筑师”等称号。作品有上海浦西洲际酒店（中国建筑学会建国六十周年全国设计大奖、上海市优秀设计奖一等奖）、世博“沪上生态家”（全国绿色建筑创新一等奖、上海市优秀设计奖一等奖）、虹桥交通枢纽中心高铁站（铁道部优秀设计奖一等奖）等。多年兼任《建筑学报》编委并发表多篇文章，并主编《虹桥综合交通枢纽规划与建筑设计》《“东方明珠”从设计到施工》《六十甲子颂》等著作。

过渡形态学作为城市设计的手段

Marco Trisciuoglio

都灵理工大学建筑设计系教授

一、意大利城市形态学研究

关于意大利城市形态学研究的探讨将围绕意大利风格的建筑设计作品展开,这就要提到一本书——*Studi per una Operante Storia Urbana di Venezia*(《威尼斯的城市历史研究》)[1],这是一部活生生的历史,但也不仅仅是历史,希望能对当代有所贡献。该书出版于1959年,主要研究历史中心的问题,力求善用历史遗产——显然,威尼斯拥有丰富的历史遗产。比如图1中的这栋别墅,人们按照右图对其进行了翻新。类似的例子还有 Carlo Scarpa 的作品,修复中运用了水泥。另一个案例是 BBPR 在米兰构造的塔楼,它的外形是中世纪城堡的现代转译,改变了城市天际线。

图1　威尼斯的 Zattere House(左图为原状,右图为翻修后)

20年后,人们的认知超越了城市,开始包括历史。他们这样解释历史中心:它不是一个点,而是一个区块,这些区块形成历史街区。从这个角度出发,在1986年,有一个新项目诞生了:一个古村落的改造和更新(图2)——如何既能实现现代化,又得以呼应它的历史渊源?

第三代是"失忆之后"。这一代的项目很多,笔者要说的是领头者,这需要提及笔者的一位朋友。他在一本著作中构建了古罗马时期住所的格局,并将其应用到突尼斯,以期

图 2　Costa degli Olmetti 古村落(热那亚)

了解一个东部城市的集市架构。其中一些建筑和空间的首层平面图,表现了建筑室内外空间的关系(图 3、图 4)。

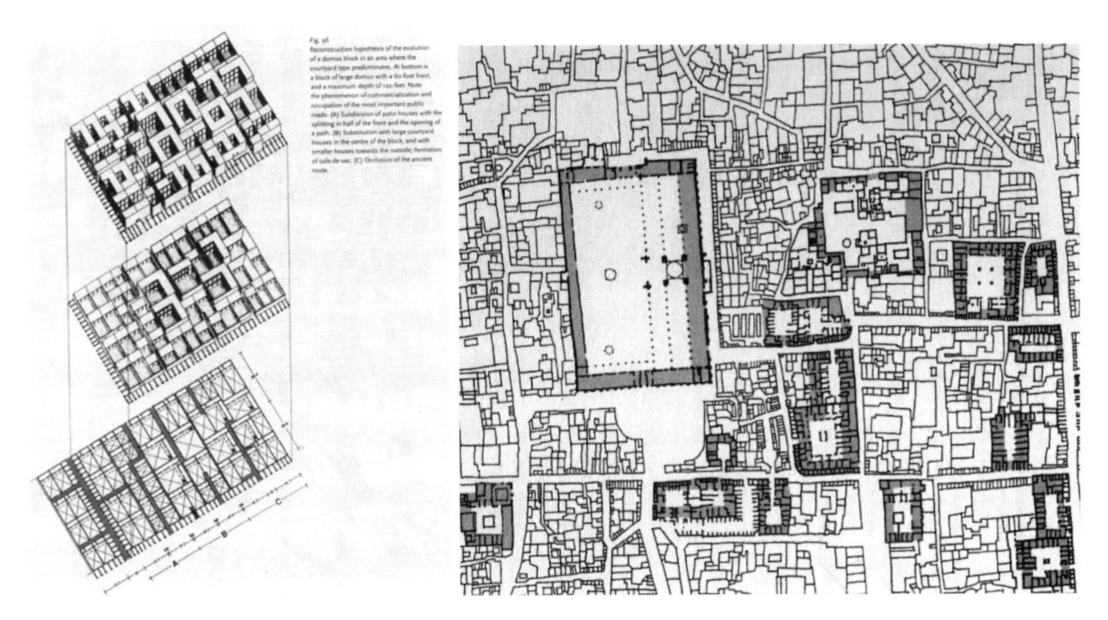

图 3　古罗马城市的空间构成

图 4　大马士革的空间组织

二、当代中国城市及其形态

有这么一本书,*Understanding the Chinese City*(《理解中国城市》)[2],写于 2014 年,作者是美籍华人李士桥。他写了形态学的相关内容,笔者由此得以初步了解城市的多元性,用中国式的表达就是“差了十万八千里”。在中国文化中,每一件事物都是多重变数的组合;而与此相对的是,在西方,我们通过将相似事物进行归类来进行抽象概括。这样看来,西方形态学似乎并不适用于中国场景。然而事实并非如此,仍有一些十分有趣的方法可以使之共通。

其中之一便与南京有关。图5是我的同事东南大学建筑学院陈薇教授的著作《南京城墙与罗马城墙比较》；图6的著作名为 *Chinese Urban Design*: *The Typomorphological Approach*（《中国城市设计：以形态学为手段》）[3]，作者之一现在英国，也是东南大学建筑学院本科毕业，书中讲的是整个城市的形态学以及南京的城市形态学和类型学。2016年7月，国际城市形态学论坛在南京大学召开，这是非常重要的时刻，我相信能够有效地构建类型学方法和形态学方法之间的关联。讨论内容始于南京，却不仅限于南京。一些学者研究《清明上河图》，希望能够从中提炼出形态学的相关理论。他们将古画整理成平面图，我们可以从中读出古城开封的建筑布局和街道关系。与此类似，Peter G. Rowe 先生在自己的著作中也探讨了中国城市及其居住区的类型学和形态学构架。

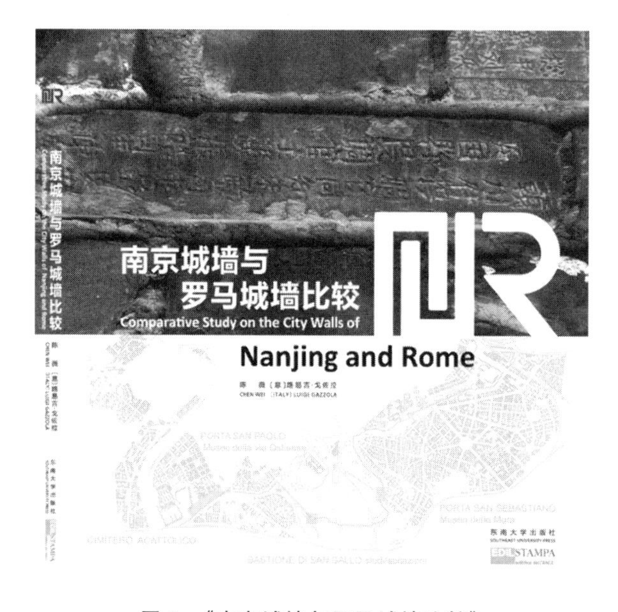

图5 《南京城墙与罗马城墙比较》

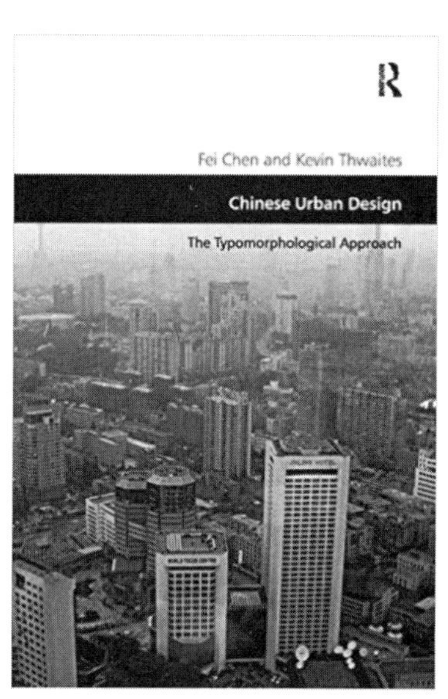

图6 *Chinese Urban Design*: *The Typomorphological Approach*

三、设计师的关键举措及其对于传统的理解

人们喜爱谈论“传统”。我们总是认为“传统”是“来自过去”的，但它不仅仅是过去：对于“传统”来说，“传承”和“背叛”同等重要。“传承”是技艺在一代代人之间的口耳相传，例如老人向儿女传授厨艺，儿女又会对所学的厨艺有所创新，儿女的儿女复如是，可见“传统”实在是一个动态的命题。物件也是这样：不存在什么“老”物件和“新”物件，物件本身既带有“传统”的痕迹，同时存在于现代。“传统”的真实意义是不断对过去进行重新解读。

以南京为例。人们常说老门东是一个“传统”的中心，但事实并非如此——它是一个“历史”的中心。其中堆砌的古物，勾起人们对历史的记忆，但是并未加以创新，没有留下现代生活的痕迹。它并不是活的传统,而只是一段“过去”。我们应当也正在研究城市恒常的蜕变。有一个正在进行中的课题,我们选择了南京城南部的老城区,要求学生去发现古城中的老物并进行深刻思考,试图理解老城如何能够在时间的长河中不断发展。我也有幸与鲍莉女士合作了《类型的恒在与城市的蜕变:南京城南荷花塘地块及住区建筑更新设计》一书,讨论老城区的城市形态,进行更新设计,寻求更好的发展。

在欧洲存在这样一个问题:类型学和形态学的研究方法仅仅针对“历史”的部分,却并没有研究文化的传承。我们也需要理解一些新城市,知晓它们如何发展成型。想要做到这一点,我们可以“精读”这个城市:实地踏勘,从建筑开始理解城市,因为城市正是由建筑和空间组成的,进而拆分成墙、院门、户门和窗户这些构件。还有合院,这是中国城市的一个细胞,我们从合院开始可以画出一张地图,然后将它放大,最后拓展至城市维度(图7)。所有的城市都可以通过这样的类型地图来进行描述。在威尼斯,我们就使用了同样的方法进行研究。

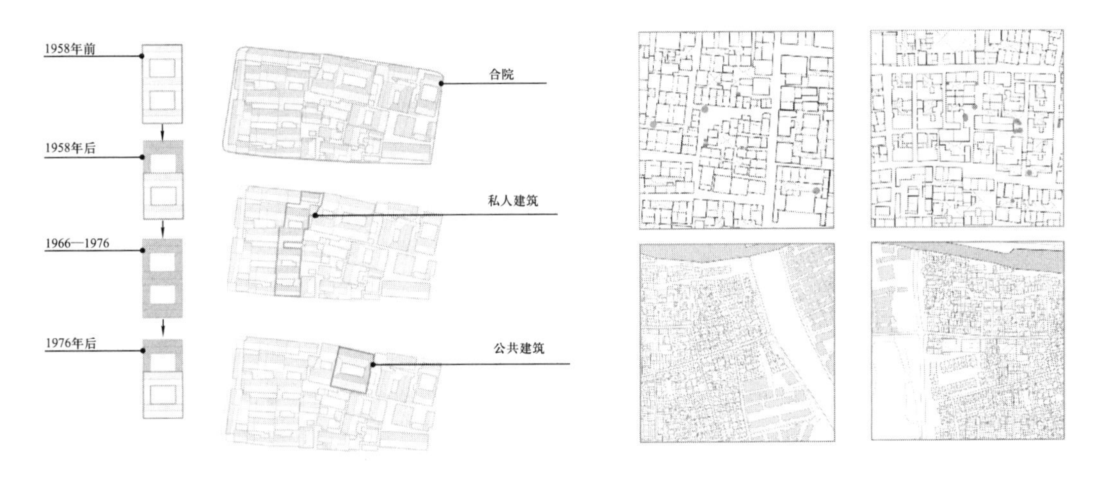

图7 南京老城南地区合院住宅空间研究

四、过渡形态学

我们的整个“形态学”理论源自生物学领域。自1735年起就有学者开始用这套系统来描述动植物:他们首先给动植物分类,再进行深入研究,以了解早已灭绝的生物。一个世纪后,达尔文提出了进化论,于是今天的科学家就多了一个研究的课题:比如要研究马或者鱼,人们就会找到始祖马化石和两栖动物化石进行研究,找出它们的过渡形态(图8)。而这就是今天我们所熟知的形态学研究。

建筑学其实也是一样。以威尼斯为例,这座城市早先开挖了一条运河,河道后来被用作街道,街道又扩展成为一个广场(图9)。笔者的一名学生正在研究南京大油坊巷的变迁,就是同样的课题:最初的合院通过演化变成另外一个事物,之后又变成如今的状态,这就是过渡转型。这种形态转变,以及其他因素如公共利益、气候变化等都与形态学息息相关,所有这些因素都在推动城市形态变化。我们由此生发了这样一个项目——也是笔者在意大利的一名硕士研究生做的课题——研究南京城南部荷花塘历史街区并进行住区设计。

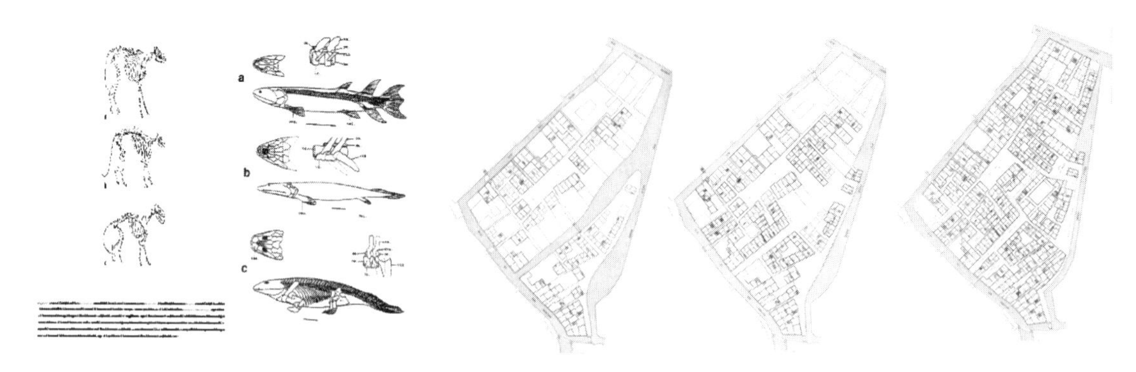

图 8　生物学中的过渡形态研究　　　　图 9　建筑学中的城市形态沿革

五、联合教学项目

作为总结,笔者想提及一个国际化的研究项目,由一家公司和一家银行赞助。2017年,我们创建了过渡形态学研究单位,工作内容就是刚刚提到的那些。2017 年 7 月,我们在欧洲组织了夏令营活动,主要研究阿尔卑斯山脉附近的居住地;另一个项目是世界银行组织的关于非洲城市的形态研究,以形态学为手段,从空间开始研究,更深入地了解非洲。我们希望可以和中国的朋友们合作,一起研究更多地方。

参考文献

[1] MURATORI S. Studi per una operante storia urbana di Venezia [M]. Roma: Istituto Poligrafico dello Stato, 1959.

[2] LI S Q. Understanding the Chinese city [M]. SAGE Publications Ltd., 2014.

[3] CHEN F, THWAITES K. Chinese urban design: the typomorphological approach [M]. Ashgate Pub Co., 2013.

Marco Trisciuoglio　东南大学特聘教授,都灵理工大学建筑系教授、教学研究部副主席,ASP(Alta Scuola Politecnica,都灵理工大学与米兰理工大学共同设立的联合机构)教授,法国马赛高等建筑学院、伦敦 UCL 国际建筑学院客座教授。著有《建筑,构成元素与形式建造法则》《泥瓦匠与拉丁文——建筑理论介绍》《柯布西耶的贝壳——建筑的形式》等。

区域设计——辽东湾的设计与观念

张伶伶

沈阳建筑大学建筑与规划学院院长

“我们提倡的是在全局观念下的建筑设计,更多的关注建筑在整体中的角色,强调的是区域性的设计。其着眼点是建筑在区域中的位置,注意的是在区域中的衔接问题,重视的是构成要素关系的组织,它的基本目的是促使区域性设计中的各要素形成有机整体。”

——张伶伶《关注城市 淡化建筑》

1999 年中国建筑论坛

在全球性的城市化的洪流中,世界的图景发生了颠覆性的改变。以中国为代表的发展中国家最近几十年来快速的环境变迁,已成为城市生活中的常态。这种变迁主要在三个方面呈现:生态环境变迁、城市环境变迁和文化环境变迁。虽然现代化的转型和城市的发展带来了更加繁荣的经济、高效的交通和便捷的服务,但同样不容否认的是,对于发展速度的片面追求遗留下一系列亟待解决的城市问题。

(1) 污染。快速城市化造成的生存空间压力迫使城市不断侵占自然领域,将城市的内部压力向自然转移。另外,城市斑块对环境原生脉络的漠视制造了人类主体与环境客体间无休止的对立和冲突,表现为雾霾频发,城市生存环境恶化。

(2) 废弃。随着传统工业结构的转型,旧工业区被时代废弃,大量工业用地成为缺乏定义的空间。这种城市空间结构的“硬转型”制造了大量自然肌理的断层,对于整体生态形成难以恢复的“伤疤”。对于城市来说,片段化和政策性的兴废交替导致了城市肌理的支离破碎。

(3) 异化。在经济利益的驱使下,不同地域的建筑一味追新逐异,无视城市背景,打造所谓的地标奇观,却难以形成开放积极的城市空间。数字模拟技术和数控建造技术的兴起加剧了这种形式实验的可实施性,在获得了更强大的理性工具的同时,也往往造成了整体观念的缺失。

(4) 割裂。基于汽车交通的现代规划设计引发了城市离散化的无序蔓延,以资本主导的城市开发各自为政，割裂的肌理代替了传统城市中连续有机的城市环境，步行尺度和联系的中断使城市失去了有效的社会关联和精细的生活体验，社交空间被局限在无数门禁限制的社区空间中。

（5）趋同。大量的住房需求和快速的建设节奏导致城市空间的程式化，快速路加住宅小区形成了今天中国新兴城市普遍的单调基底。人们在城市中缺乏归属感，以至于产生文化认同的危机。

（6）布景。对商业文化的迎合制造出大量以消费为目的公共空间，建筑师参与到和地产商的共谋中，创造出大量以消费为目的的城市空间，一种被弗兰普顿称为“布景式”的建筑。公众在商业文化的布景中迷恋城市的繁华，从另一个角度鼓励了这种平面化、无深度的建筑创作。

以上种种现象的出现，恰恰是城市设计中区域性设计匮乏和对区域性观念的漠视。在没有外部性驱动的抽象环境下推进的城市设计，必然导致生态环境的恶化、城市环境的割裂和地域文化的式微。在这里，“区域”是一个开放的概念，小到一个建筑单体的设计，大到一座新城市的规划，均需要先确定其上位结构，以此构成设计项目的背景，成为特定的设计项目的“区域”。区域设计要求我们从上位结构的自然、城市和文化系统中挖掘物质形态潜能，使其成为设计项目的外部驱动力，打破建筑与城市间的学科藩篱，容纳和回应当代城市的矛盾和复杂性，从而塑造城市的关联域和空间的内聚力，以区域性的城市设计创造多元共生的当代城市文化。

而当代城市中物质与非物质要素的快速流动、肌理结构的生长演变、功能模式的更替变迁，都要求城市具有足够的适应能力，可以塑性地接受不同外部制约的交互。在城市化的进程中，公共意识的觉醒也促进了城市的日趋开放化，城市不再作为自足孤立的存在，城市设计也不再只是城市规划限定下的体量创造，而需要通过战略性的思考参与到区域的运作中。本文以辽东湾的设计实践作为实例，针对以上问题进行具体的设计思考和实践，以区域设计为根本出发点，为新常态下的城市发展提供一种宏观视角。

一、生　　长

辽东湾位于沈阳、大连两大城市群的中间地带，是距离沈阳乃至整个东北内陆地区最近的出海口，在远东地区具有重要战略区位，同时承担远东地区候鸟迁移地的重要生态功能。潮汐和生物作用以及入海河流影响下形成海退滩地，生长着面积广大的芦苇和碱蓬草而独具特色，每年夏秋之际都会形成非常壮美的红海滩大地景观。在这种背景下，城市的形成需要从宏观生态区域的视角下审视，城市作为人工介入的后来者，应尊重和顺应原生系统的发展脉络和系统连续性，与自然系统协同发展，成为自然区域中有机生长的组成部分。生长，在具体的设计操作中体现为顺应绿脉、因循水流、回应气候，更多以生态本底状况和生态承载力大小作为规划工作的前提，平衡生态容量，遵循自然流动过程，是城市格局的内生动力。

（1）顺应绿脉。以自然地景为参照，顺应自然植被系统的结构，通过对自然现状的分层次评估，根据原生、次生和再生三种不同生态条件，决定城市对于自然的介入程度和介入方式。顺应于区域的绿脉网络，实现生态格局向城镇功能的空间转换。辽东湾的布局以“绿网廊道”为骨架，将河流冲积形成的滩涂碱地规划成以城镇公园、休闲绿地、防洪堤坝为载体的多功能用途的开放空间，以此整合成为城镇的绿脉网络体系。“绿网廊道”既是连接不同城镇用地的通道，又是分隔不同功能分区的软化融合的手段。

（2）因循水流。在保护原生水资源的基础上，理顺自然水系，将海水、河水和湖水连接成具有生态意义的水体脉络。因循于区域的水流过程，实现城镇化与生态环境的可持续共生。辽东湾在规划布局中遵循内陆滨河湿地到滨海复合生态系统的水文循环过程，依据水文生态容量，确定建设用地规模和强度；保留和完善了多条联系淡水河流到咸水海滨的蓝带廊道，构建联系内陆河流到滨海滩地、苇场湿地、内湖海洋的完整水系网络，促进开放空间体系与滨水网络的高效衔接。顺应自由灵动的水系，在城市区域内形成丰富的北方水城特色景观，打造“出户见波澜”的意境。

（3）回应气候。依循于区域的风流过程，实现气候特征与空间布局的适宜性整合。辽东湾的城市布局依据区域气候特征，通过城市多元气候因子的分析和叠加，评价城市环境的热负荷分布和城市气候环境敏感度，可视化模拟建筑介入环境后其对区域环境所造成的影响。根据气候分析评价的数据结论预留城市通风廊道，缓解城市热岛和雾霾，优化城市空间布局，创造适宜的城市风环境、湿环境和热环境等微气候环境。

（4）生成斑块。城市的格局以自然斑块的方式有机延展，在总体规划的层级上，控制城市的无序发展，以相对有机化的区域建构方式，将人工环境与自然环境紧密结合，最大限度地维持自然生态系统的平衡。以此为基础，形成了多元协同的规划，整体布局经历了至少 10 年时间，直到今天仍然处在一种动态的变化当中。最终形成的规划大格局是与之前规划设计单位的方案略有差异的，主要是顺应了原有生态环境的变化。包括港口产业区，将原有植被关系做了一些保留，并在部分区位保留了相当规模的湿地版块。辽东湾的城市设计通过多目标的协同，以一系列相互独立的网络格局来代替单一的网络模式。人行步道、自行车道、社区慢行道、动物廊道、风廊道、河流廊道将形成各自分离的网络，以生态过程为导向系统整合为有机协同的城市生命共同体。

二、衔　　接

从城市区域的视角看，区域设计需要首先解决与周边城市空间关系的衔接问题。在辽东湾的建设项目中，设计项目周边几乎没有成型的建成环境。即便如此，我们仍需要将区域性的思考作为设计的先导。通过整体性的设计，逐步建立城市未来发展的肌理框架、结构序列和空间接口，作为这个城市后续的参照和预留点。

1. 产城融合

在辽东湾产业布局中，统筹考虑港口区、产业区与城镇布局的融合关系，确立以港为源的深加工、精加工和特色产业基地定位，关注海港与城镇产业区的联动共生关系，用“软化连接”的方式使其重新回归城镇化，带动就业，成为城镇发展的动力之源。

从城市的形成与发展规律来看，优先打造产业平台和公共服务平台，发挥集聚作用，实现触媒效应和辐射作用，成为城市融合衔接的起点和支撑，体现对周边区域的拉动效应。

我们采用的动态城市设计方法，以基本时间节点开展相应设计工作，明确各节点新增规划内容，将城市发展战略、产业规划、各阶段城市设计补充到战略研究和规划编制阶段之中，形成“分析—规划—落实—评估—再分析—再规划”的良性循环动态编制体系。动态城市设计强调时间与空间同步发展，形成“城市设计-设计时序-设计绩效”三个维度的编制框架。为了实现动态的规划设计理念，辽东湾总体城市设计以自然年为基本时间节点开展相应设计工作，明确各节点新增设计内容，将重要事件、重大项目建设以近期、中期、远景规划时序为时间节点进行重点研究，形成“类生长”的动态设计成果。

2. 肌理控制

我们强调区域内群落形态的肌理建构，在形成具有内生特征的城市空间的同时，确立新城未来发展的空间参照，成为城市文脉的重要支点。

大连理工大学辽东湾校区的城市设计基于对城市空间秩序形成机制的思考，并通过对场地特征和气候要素的综合考虑，形成城市群落的总体布局和建筑设计的基本型制。出于对气候的考虑，东北地区民居以围院式布局为主。近代出现的多层建筑也大多以“圈楼”的样式出现。校区在布局上基于寒冷地区气候特征，形成若干三合院和四合院，建立起特征明确的空间肌理。组群集聚式布局，是未来高校建筑打破专业界限，强调学科交叉、激励开拓创新的必然诉求；从群体空间特征上看，则是弱化单体建筑、映衬水系主体、延承传统书院空间的整体性选择。大小不同的院落在比例尺度上经过精心推敲，他们之间利用围合界面的局部架空得以相互渗透，并通过景框作用形成对景和借景。至此，传统建筑空间的意蕴通过现代的建筑语言被重新解读。

3. 接口预留

我们注重设计项目边界的开放性，通过重要空间节点的处理，为未来周边城市的发展预留接口，给城市形态的衔接建立空间前提。

由于大连理工大学辽东湾校区毗邻大辽河入海口，基地周边拥有丰富的内河水网资源，将城市水体引入校园成为自然的选择。“水”不是简单的景观要素，而是校园内部空间序列连接区域城市景观的线索；着眼于城市区域空间的连续性，通过“主教学楼—三进院落—南入口广场”的序列空间推进，完成了从书院空间到城市级公共广场空间的尺度过渡，与体育中心北广场形成自然衔接；同时，为了凸显其城市功能，共享设施资源，北端的图书信息中心组团和南端的国际交流中心——体育中心赛时运动住所——两个节点有意在建筑形态、材料和色彩处理上采用了不同于校区其他建筑的手法，为其能真正融入未来的城市公共空间埋下伏笔;在校区西侧临近规划滨水生态住区的部分,我们将具有与住宅相似尺度的宿舍区沿用地南北展开,作为与未来城市肌理的自然衔接,这同样是从城市整体思考的结果。

三、关　　联

从文化区域的视角看,当代的建筑文化需要跨越时空的鸿沟与传统建立多层级的关联,创造有场所意义的城市空间。通过型制再现、场所回归和意境营造,设计具有归属感的城市家园。

1. 型制再现

城市建筑作为城市记忆的物质载体,其形式特征是经过漫长的历史发展演化而来的,承载着城市区域文化的精髓。通过对原型的形式再现或变形转化,建立与传统建筑文化的物质空间关联。

辽东湾核心区城市设计通过挖掘传统城市空间型制,在现代城市中营造具有传统格局的空间序列和城市肌理。引入传统筑城营国的理念,将中国传统城市空间轴线的原型,物化为起承转合的空间序列组合,贯穿城市南北的主轴线,形成城市结构主构架,城市由此生长。山、水、林、谷、海的城市意象以虚体空间形成隐性城市主轴;院落式围合界面,降低建筑尺度,形成基于传统空间原型的人文社区;核心开放空间的起、承、转、合形成自然生长,独具特色的气宇脉络。几何性的控制秩序隐藏于自然肌理之中,这是对城市独特基因和未来空间发展双重选择的结果。

2. 场所回归

在城市区域空间的范畴内,不同的城市节点空间营造出文化情节展开的场景,共同构成了完整的情节脉络。传统的空间场景氛围能够唤起人们对某种生活方式和乡愁的回味,渲染出某种特定的场所情感的关联,使城市空间不再只是物质实体的简单组合,而成为有归属感的场所。

在辽东湾行政学院的城市设计中,我们通过不同方式的视线连接关系,来强化校园不同层级的空间关联性,同时构建起开放的时空行为轨迹网络。如同中国传统建筑往往并不注重单体形式而强调空间组合关系一样,在整个行政学院的建筑处理层面,我们关注的是建筑的整体性及其与人文环境的融合关系。坡屋顶的形式语言在传达文化信息的同时,削弱了建筑的体量感,形成了错落的天际线,取得了与自然的和谐共鸣。方形母题在门窗洞口及屋顶形态上的运用,形成了具有传统意蕴的建筑细部,这些由传统窗棂格抽象而成的图案,不但反应在窗扇的划分上,并以丝印的方式呈现在玻璃之上,半透明的效果满足了房间的私密性要求。在独立墙体上的洞口处,这些图案经转化,又成为一种具有文化意蕴的格栅形式。

行政学院园中之院的空间格局,对于置身其中的人们来说,是游历体验之后可以获得的心理认知，在对景系统的引导下，无论是园林的空间架构，还是庭院的空间深度，都因时空行为路径的多样性而被层层解读，最终内化而成一种对传统文化的认同和传统场所的回归，而这正是建筑归属感的所在。

3. 意境营造

将文学、典故和意象等非物质文化融入营国、筑城和造园的过程之中，追求更高的空间意境，升华物质环境的精神体验，是中国传统建筑文化的显著特征。提倡内敛、简约和含蓄的东方式审美，通过对物质形态的呈现，达到精神上物我两忘的境界。

辽东湾体育中心区域城市设计，充分挖掘区域自然环境和人文语境为创意源泉，设计创意来源于"仙女红袖落凡尘"的当地神话传说，传统文化的物化表达，来源于区域的文化生境，升华了城市的特色意境，增加了城市文化的叙事性。辽东湾体育中心是第十二届全运会重点工程项目，由主体育场、体育馆、篮球馆和游泳馆构成。基地紧邻海湾，周边的沼泽中生长着成片的碱蓬草，如同片片红纱一般，漂浮在海边。将三场一馆视为整体，置于统一的平台上，成扇形展开。选用隐喻自然之红的飘带红袖，作为整个体育中心的维护表皮，这种维护材料是耐腐蚀的 ETFE 膜材料，更加适合滨海的气候特征。红袖围绕四个建筑主体缠绕编织，好似飘带一般，将三场一馆完美地统一在一起，而这种灵动的姿态，不单再现了红海滩的因风而动，更加诠释了神话传说的文学意境。

区域设计是一种整体的设计观，强调人、自然、城市、文化的统一，即宏观看待城市与建筑的视角，强调顺应自然的生长、城市空间的衔接、传统文化的关联。遵循自然生长过程，探索循流生长的城市设计方法；遵循社会发展规律，提出循序演进的动态衔接模式；遵循区域文化特征，践行循境关联的特色文化传承，以此建立起适宜而有机的区域设计所形成的空间。

张伶伶　沈阳建筑大学建筑与规划学院院长、教授、博士生导师，天作建筑主持人。国务院学位委员会学科评议组成员，国务院政府特殊津贴获得者，国家一级注册建筑师；中国建筑学会常务理事，世界华人建筑师协会常务理事，中国建筑学会工业建筑专业委员会副主任，中国建筑学会建筑教育评估委员会常务理事、体育建筑专业委员会委员；全国高等学校建筑学专业指导委员会委员，全国高等学校建筑学专业评估委员会委员；《建筑学报》《建筑师》《新建筑》《中国建筑教育》等杂志编委。

主要从事建筑创作理论与方法、城市形态与更新、区域建筑与设计等研究性工作；主持国家自然科学基金和重点基金项目 5 项、国家博士点基金项目 1 项、国家“十二五”项目和“十三五”重点课题 2 项、国际合作项目等 15 项；主持国家战略设计项目 8 项。获国家级、省部级科研奖和设计奖 26 项。出版《建筑创作思维的过程与表达》《场地设计》《欧洲城市滨河景观规划的生态思想与实践》等专著 6 部，发表学术论文 200 多篇。

城市设计——导向品质空间的城市治理工具

杨一帆

中国建筑设计院城市规划设计研究中心主任

一、关于新时期城市设计的任务和目标

我国整个经济社会的发展已从高速增长阶段转向高质量发展阶段,必然推动城市发展由外延扩张向内涵提升转变,把营造优良人居环境作为中心目标。而城市设计作为推动城市治理体系和治理能力现代化、加强城市精细化管理的一种有效工具,应该承担起它的责任。

笔者团队从2003年着手苏州市城市总体规划工作,持续跟踪苏州的城市发展。从1986年至2014年以苏州为中心的长三角地区22000平方公里范围的城镇建设用地的扩张情况可以看到,昔日"农村包围城市"的景观已被"城市包围农村"的新图底关系替代。大规模的城市扩张支撑了上一发展阶段的城市经济快速增长,而支撑苏州昔日"人间天堂"美誉的鱼米之乡美景、环太湖清丽人居环境却过度消耗,城市空间与生态环境亟须修复,空间与场所营造亟须回归"苏州园林甲天下"所集中展示的人文情怀和工匠传统,同时亟须城市设计等现代方法与技术手段的支撑。

受住房和城乡建设部委托,中国建筑设计院城市规划设计研究中心会同天津大学、清华大学、东南大学共同承担"我国城市设计理论框架研究"课题,并牵头起草《我国新时期城市设计倡议(征求意见稿)》。这是一个开放性议题,在梳理已有的城市设计理论和实践经验基础上,抛砖引玉,推向国内外学界进行广泛讨论。其中,在国内的多轮研讨和意见征集中,大家普遍认为"对'人'的关怀仍然是我国城市设计最薄弱的环节。"而在与哈佛大学、麻省理工学院、哥伦比亚大学、伦敦大学、福斯特事务所、扬·盖尔事务所等学校与机构的城市设计专家交流时,普遍提到城市设计的责任是"以营造品质空间支撑品质生活"。我国的经济转型必然驱动城市社会转型,进而驱动城市空间转型。城市设计工作者可以综合运用多种工具,通过功能和要素布局、空间形态设计,去回应和支持城市转型中经济命题、社会命题、生态命题、文化命题的解决。

在相似的历史语境和国际语境下,有诸多国际案例给予我们启发。图1展示的2002年休斯敦提出的布法罗河湾地区改造计划,就是一个在城市发展步入后工业化时期后,为了提升城市环境和品质,对工业化时期形成的大量城市滨水区工业仓储用地进行系统改造,恢复为生态绿地和公共空间,带动滨水区恢复活力和生态功能的典型案例。发达社会的城市面临城市发展转型,不惜付出巨大代价,重新梳理城市结构的案例比比皆是。

图1　休斯敦布法罗河湾地区改造

(上:改造前影像图;下:改造后意象图。资料来源:Master Plan for Buffalo Bayou and Beyond,2002)

温哥华煤港(Coal Harbor)地区改造是另一典型案例。图2展示了这一地区改造前后的影像。左图显示的是该区域1930年的状况,从影像中就可以感受到黑臭水体的状况,运煤仓储用地和铁路牢牢占据了这座城市的滨水区。历经80年,如今这片区域已经改造为环境优美和充满活力的滨水休闲区与宜居社区。滨水区通过城市设计形成层次丰富的公共空间,连续的慢行通道,良好的公园绿地,滨海岸线的生态也得到修复,海水清澈湛蓝。沿滨水区的整个业态和物质空间已经充分转换,完全展现出一派后工业文明的城市景象。

除以上两例,我们耳熟能详的西班牙巴伦西亚老运河改造,以及著名的纽约高线公园、波士顿绿道工程、韩国首尔清溪川改造工程、法国尼斯运河上盖改造为城市带形公园项目、亚特兰大把围绕城市的铁路环线改造为城市绿带工程等,都展现出这种经济社会转型推动城市空间转型的世界趋势。

图3展示了我中心在《北京怀柔总体城市设计》的"老城更新"部分中提出的"微公园

图 2 温哥华煤港改造前后影像图

（左：1930 年影像图，资料来源：City of Vancouver Archives；右：2010 年实景照片，资料来源：笔者自摄）

计划”，它旨在在一个拥挤的城市现状建成区进行人居环境改善和空间品质提升。11 平方公里的怀柔老城居住了 18 万人口，用地紧张且缺乏公共绿地。我们在城市中寻找到 88 处合计 2.15 公顷的闲置或低效利用土地，并改造为微公园，使约 2.67 万居民到达绿地公园的平均时间从 10 分钟缩短至 5 分钟。

图 3 微公园计划

（左：怀柔老城中心区空间品质提升城市设计总平面图；右：微公园节点城市设计效果示意图。资料来源：中国建筑设计院城市规划设计研究中心，《北京怀柔总体城市设计》，2015）

二、关于新时期城市设计的工作路径

这里我们特别强调城市设计工作路径中的三个关键环节：设计、共识和治理。设计是这个专业的核心，通过设计引导形成空间共识，再落实到城市治理。

（一）设计

首先，我国的城市设计实践在空间尺度上同其他国家具有不同的特征。我们去国外交流大多看到的是片区和地段层次的城市设计，而住房和城乡建设部颁布的《城市设计管理办法》中强调总体城市设计的作用。笔者认为我国的城市设计领域其实还有向区域和城乡关系进行拓展的空间。例如，宁夏、甘肃、江苏等地已经开展了省域层面的风貌规划，北京城市副中心、北京新机场临空经济区这样跨越省级行政边界进行总体城市设计研究的项目也不断出现。同时，城市设计工具不仅仅应用在城市中，也走向乡村，在特色小镇、美丽乡村、旅游度假区等城乡交错甚至完全属于乡村的地区广泛运用。我国城市设计的运用领域已经跨越了宏观和微观的界限，尤其在宏观尺度的创新为世界城市设计理论和实践发展做出了独特贡献。然而不同尺度城市设计所运用的知识、方法和具体技术有巨大的差异，如何引导城市设计的意志和要求在不同层次中传递与落实，是我们现在还没有破解的课题。

再看我们面对的城市建设问题和挑战。我国的前一阶段发展具有大规模、快速城镇化和地区差异巨大的特征，城市建设中出现大量地域特色发掘不够、重视物质需求而忽视人文关怀、重视规模扩张而忽视品质提升、重视局部亮点而忽视整体协调、重视短期效益忽视长远福祉等问题。这些都是人民日益增长的美好生活需要和不平衡不充分的发展之间的矛盾在建设领域的集中反映。应对于此，城市设计工作需要强调三个基本观点。

第一，城市整体认知的观点。Bill Hillier 先生创建的“空间句法”（Space Syntax）所蕴含的空间认知思想可以给这一观点提供有力的注解。例如，理论上，在城市中任何一个点的变化，都有可能导致城市当中另外一个点的变化，哪怕这种变化非常微弱。这反过来证明了城市结构的整体性，城市设计师应充分运用这一机制。

第二，要素广泛联系的观点。在城市中，不存在绝对不相关的两个要素。所以，我们解决一个要素的问题，可能不必直接针对这个要素开展工作，而对其他部分采取行动的附加效应就可以使这个问题迎刃而解。比如解决交通问题，不一定非要改造道路，可能改变相关地区的业态或建设强度，就自然解决问题。

第三，城市动态演进的观点。如果不把时间考虑在内，我们的城市设计工作经常去追求一幅宏大的“完形构图”，却不知道长时间不能完成这个“完形”，初期成效不能迅速显现，将导致错过良好发展机遇，甚至整体失败。考虑时间的因素，可能影响城市设计者对未来整个空间结构的判断，因此，城市设计者应善用时间，就像善用空间一样。

（二）共识

没有共识，城市设计的实现无从谈起。城市设计涉及的利益主体众多，出自任意单一主体意愿的设计都难以导向最终的设计方案，方案的形成需要各利益攸关方达成共识。另外，城市设计不能自我实现，它需要长时间的坚守，一步步地通过各个地块和关键要素的开发、改造等活动逐步实现。在长时间的坚守过程中，可能当年决策、参与城市设计方案制定的核心人员都离开了原来的岗位。因此，当初城市设计方案的达成只有出于对地段价值的正确认知，并建立在最广泛和坚实的共识基础之上，才能在实施过程中得到长期的和最大的支持。

在城市设计从方案制定到具体落实的整个过程中，如何通过“设计”引导各利益攸关方达成“共识”，城市设计师具有天然的优势，因为他们具有将直白语言转换成空间图景的能力，用立体直观的空间方案供所有专业或非专业的利益主体共同探讨、沟通，从而调整、修改、优化，直至形成获得最广泛支持的建设方案。城市设计师是制定城市设计和规划建设蓝图工作进程中的天然组织者。

图 4 为笔者 2010 年在波特兰参加该市 2035 总体城市设计的一次公共参与工作营的场景。工作营共分平行工作的六个小组，围坐在长方形的工作台前。每个小组都由关心该项工作的部分利益攸关方代表和志愿者组成，来自各个行业和不同机构。每组由一位城市设计师主导讨论，并将大家的意愿记录在统一发放的底图上。大家把各自的想法讲出来，也可以争论，并忠实记录，最终六个小组再一起讨论。在这里，城市设计师承担组织者的角色。这样的社会议程不是由一位律师或者社会活动家主持，而是由城市设计师组织，他们在引导各利益攸关方达成对城市未来建设蓝图的共识。

图 4　波特兰总体城市设计 2035 的议事过程

发达国家在城市设计这类社会公共事务中的公共参与过程的确值得我国学习，而我国也在工作中不断地将其付诸实践。图 5 展示了笔者 2011 年在青海玉树震后重建规划中，组织玉树城市中心康巴风情街城市设计与各利益主体代表进行方案探讨的场景。如果没有广泛、深入、反复的类似探讨和谈判，康巴风情街不可能在可建设用地紧缺、各回迁户经济能力和建设诉求悬殊、工程限制苛刻等一系列复杂条件下，在三个月内确定城市设计方案，一年半实现建筑和景观建设完工。

图 6 展示了 2017 年我中心的城市设计团队在广东江门潮连岛主持全岛整体规划设计和一体化建设时，与岛上各利益攸关方反复研究城市设计落地方案的场景。经过充分沟通，化解了众多矛盾，落实城市设计意图的两个重要片区控制性详细规划已经通过，全岛建设的投融资工作和首期项目正在紧张推进中。

图 5　玉树中心区康巴风情街灾后重建城市设计

（左：笔者主持与回迁住户代表商讨城市设计方案的照片；右：康巴风情街建成照片）

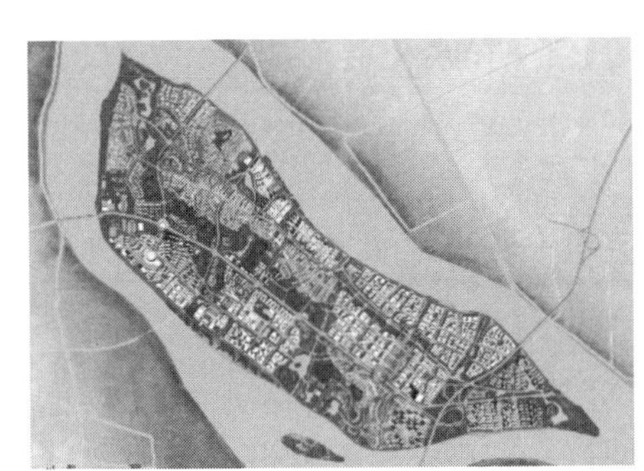

图 6　广东江门市潮连岛城市设计

（左：潮连岛城市设计方案总平面图，资料来源：中国建筑设计院城市规划设计研究中心，《江门市潮连岛概念规划》，2017；右：城市设计小组与当地利益主体代表谈判的照片）

（三）治理

缺乏治理机制和治理能力，仅仅靠城市设计的知识汇集并不能直接导致良好的城市设计结果。2017 年，我们访问了麻省理工学院，他们拥有全美大学中最多的城市设计研究学者，校园中也有很多建筑大师杰作。但校园中的建筑多呈现为单独的个体，我们很少能感受到城市设计的力量。我们询问后得知，麻省理工学院的城市设计研究人员根本无法影响校董事会所做的校园开发决策，校董事会也不干预高薪聘请的国际建筑大师们按照各自的认知和理解设计各自独立的建筑。

而纽约炮台公园城开发项目却是城市设计管控的一个经典成功案例。这个项目的成功甚至间接促成了哥伦比亚大学城市设计专业的设立。整个项目由 22 家开发商分别拿地建设，但最终是一个非常和谐统一的整体（图 7）。这是管委会委托的城市设计机构制定严格的城市设计导则，形成空间契约，并依此进行强势空间治理的结果。

住房和城乡建设部委托我中心牵头，与北京市城市规划设计研究院、上海同济城市规划设计研究院以及广东省城乡规划设计研究院一起承担“我国城市设计管理工作机制专题咨询”研究课题，为在我国建立“全流程、全要素、全社会”的管理机制，健全“分层次、分类型、分系统”的管理体系，完善“各时期、各维度、各环节”的管控要求提供支撑。

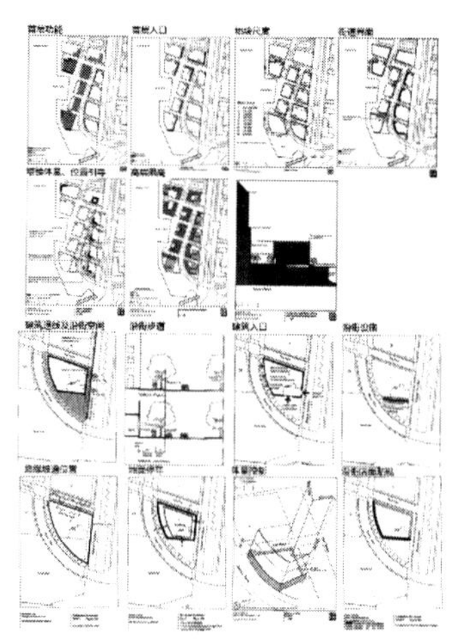

图 7　纽约炮台公园城的实施效果与城市设计导则

（左：炮台公园城实景照片；右：炮台公园城的城市设计导则，资料来源：Battery Place Residential Area Design Guidelines）

健全城市设计管理机制，推进城市治理，应推进适用于我国现实需求的政府管理与市场调节这两种基本城市设计管理机制的理论研究。

第一，政府机制是目前我国城市设计实施的主要机制。城市设计既是研究工具，也是管理工具，大部分城市设计需要通过公共管理的长期坚持来实现。建立完善的城市设计公共管理机制和程序，保障城市设计落实，笔者建议推进以下工作：

（1）健全法律依据，赋予法定属性；

（2）强化工作组织，创新管理机制；

（3）完善编审管理，规范行政审批；

（4）建设信息平台，深化公众参与；

（5）开展城市设计评估，建立长效实施机制；

（6）加大跟踪监督力度，制定奖励惩罚机制。

第二，市场机制的发育有利于城市空间资源的更高效配置，作为对政府机制的有益补充，应成为我国未来鼓励发展的机制，为此应逐步发展容积率交易等市场平台、城市设计要素奖励等市场工具；并逐步建立起健康的市场监管机制。

城市设计本身有两层非常强的内涵：设计内涵和公共政策内涵。通过城市设计引导各利益攸关方达成空间共识，并且转换成能够指导和约束各项建设行为的空间契约，从而进入城市治理机制，成为城市治理的依据，才能够使城市设计最终真正服务于人民的福祉。

杨一帆　教授级高级城市规划师。清华大学城市规划与设计专业毕业后进入中国城市规划设计研究院工作10年,2013年调入中国建筑设计院筹办城市规划设计研究中心并工作至今。负责苏州市总体城市设计、苏州工业园区战略规划、北京城市副中心通州核心区城市设计、雄安新区起步区城市设计优胜方案设计等区域规划、战略发展规划、城市总体规划、城市设计及各类规划设计项目90余项。牵头多家国内一流高校和规划设计院共同承担中国住房和城乡建设部委托的“我国城市设计理论框架研究”“我国城市设计管理工作机制专题咨询”“我国城市公共空间规划技术指引”等行业重要课题。出版专著《为城市而设计——城市设计的十二条认知及其实践》。受邀到北京、上海、深圳、杭州、西安、蒙特利尔等国内外20多个城市进行学术讲座40余次。

面向环境变迁的城市设计策略

庄　宇

同济大学建筑与城市规划学院教授

我国历经近30年的高速发展,全国的城镇化率已经超过50%,与发达国家实现这一目标相比大致晚了40~60年(图1)。然而,快速发展的同时也带来了相应的环境问题,这与发达国家当年遇到的情况类似,但当下全球所共同面临的环境变迁状况则更为严峻,主要体现在环境污染、温室效应和能源危机等方面。因而,作为以人为核心、关注城市环境的学科,城市设计需要思考如何应对这种变化,尤其需要在学习借鉴西方经验的同时,结合我国自身的发展特点寻找应对之策。

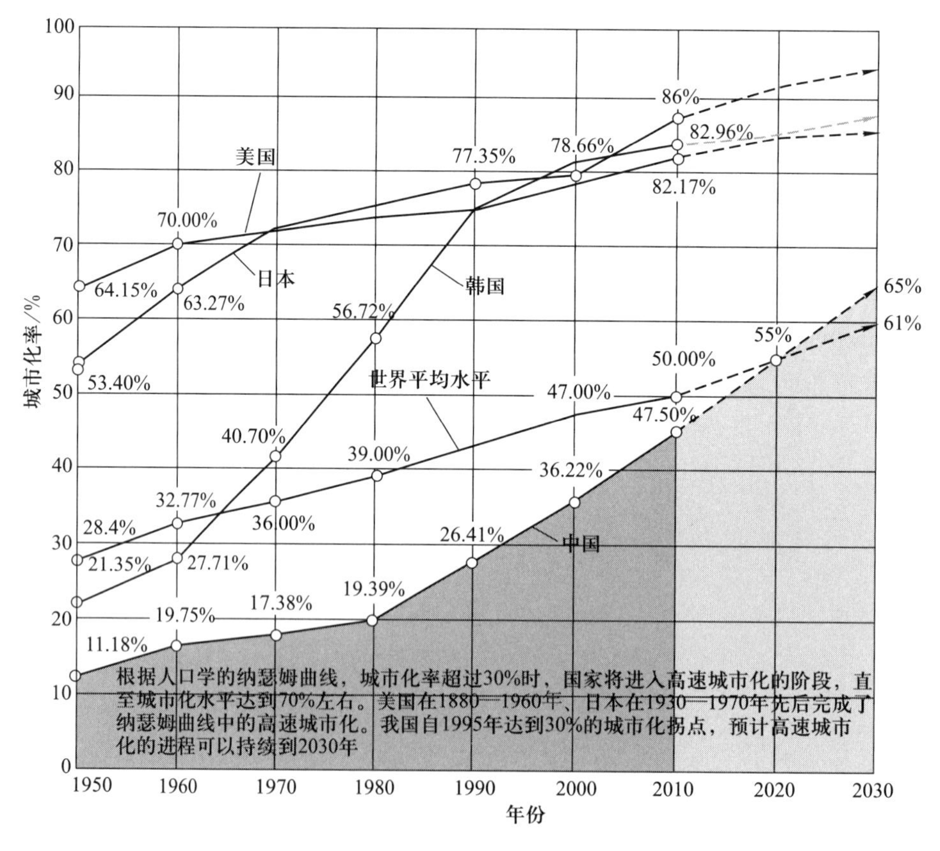

图1　世界主要国家的城市化率演变

(图片来源:《中国城市发展报告2010》)

我国城市发展一直伴随着人口密集和土地资源的矛盾，从近年来一线城市和准一线城市的人口流出/流入来看，相当数量的人口在不断向这些（特）大城市集聚，人口分布集中的沿海地区的人口密度和总量也远远高于其他地区。

图2展示了全球四大城市集群（亚洲/欧洲/北美洲/大洋洲）中主要城市的人口密度以及出行相关的人均能耗，虽然在亚洲城市中并没有列举上海、北京等，却依然可以看到亚洲代表城市或地区（如中国香港、新加坡）的人口密度非常之高——香港城市密度极限数据已达每平方公里3万人（300人/公顷）。而北美和澳洲城市集群则显示出人口密度较低且人均能耗较高的特点。我国城镇化过程中，城市人口的迅速增长使多数（准）一线城市的人口密度在全球已名列前茅，成为我国城市发展的突出特征，迫使城市不断在平面上扩张。中国典型的城市扩展区域长三角地区，城市化速度较快，例如上海从1991年至2015年的城市土地扩张尤为急剧，如今上海的发展空间已经从城市建设用地的“增量时

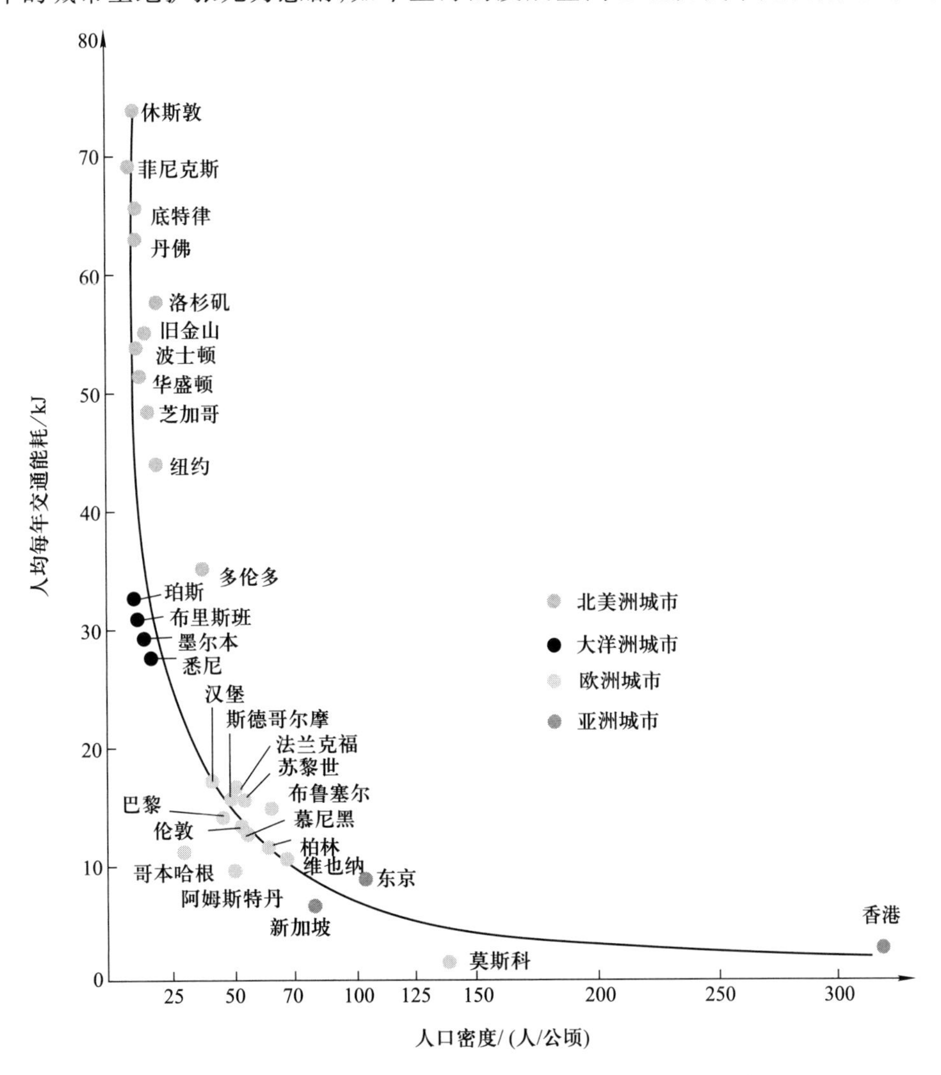

图2　城市居住人口密度和交通能耗

（图片来源：《城市土地使用与交通协调发展》）

代”转向“存量时代”,面临着如何在现有城区范围内利用存量土地有效提升土地和空间利用强度的新挑战,这也是亚洲高密度城市面向未来环境问题必须要做的抉择。

在经典的城市规划设计研究中,不同的城市出行结构模型会带来完全不同的城市形态(图3),其中,轨道交通叠合步行的主要出行结构已经成为世界发达国家优选的紧凑发展模式。上海2011年的人口密度分布与城市空间容量分布的差异(图4)折射出公共交通的模式以及土地利用强度的公共政策对城市形态的深刻影响。在上海最为核心的静安寺地区,人口的就业岗位密度已经达到每平方公里6万~7万人以上,而相应的土地利用强度却并未同步,这种差异与公共交通供给能力和土地利用许可政策有关。目前上海已经成为“全球城市轨道交通线公里数最长的城市”,但人均公里数和人均车站数量还偏低,而小汽车出行方式中在通勤出行方式中占20%、公共交通占33%(《2015年上海市综合交通年度报告》),这也反映了城市公共交通供给与城市人口增长和出行需求还有距离。

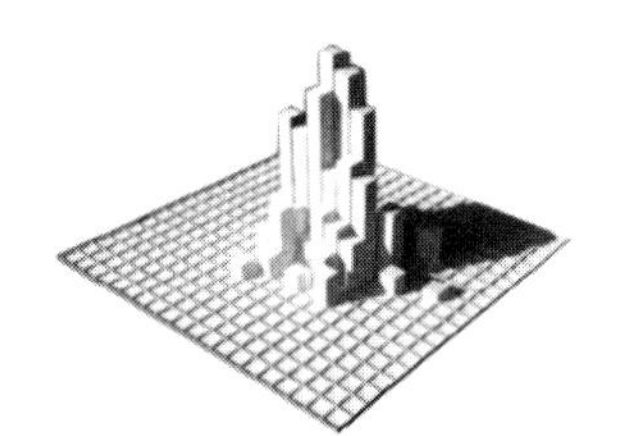

A 轨道交通−步行交通主导的城市形态模式

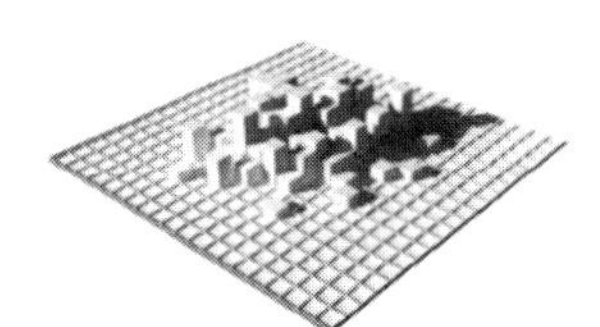

B 轨道交通−50%小汽车交通主导的城市形态模式

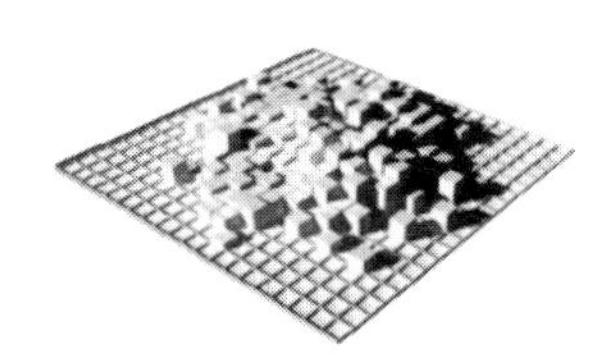

C 小汽车交通主导的城市形态模式

图3 不同出行结构与城市形态模式[1]

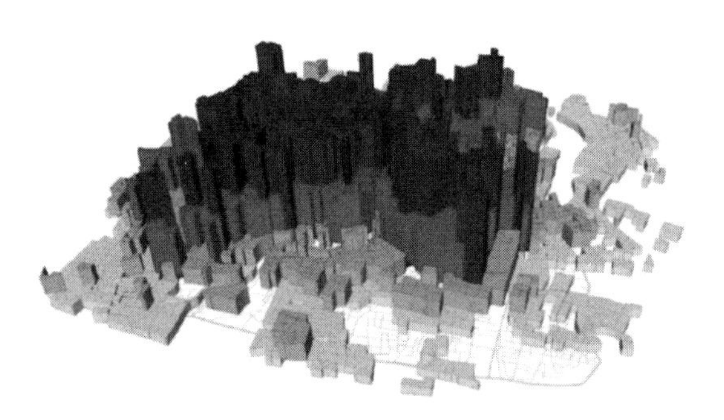

A 上海城市空间容量分布

B 上海城市人口密度分布

图4 上海城市空间容量分布与城市人口密度分布

因此,应对环境问题的城市设计讨论可以聚焦到三个议题:第一,有限的土地资源和不断增加的人口;第二,出行能耗和规划诱发的被动出行;第三,空气污染和小汽车使用的剧增。而这些问题可归结为城市承载力、城市布局和城市出行三大方面:在城市承载力方面,在大基数人口的情况下,怎样把握高密度下的环境舒适度和相应的市政设施支撑;在城市布局方面,要思考如何把控城市的“集中-分散”“分区-混合”原则以及城市运行效率与绩效的平衡;而在城市出行方面,需要研究如何更加合理地配比公共交通与私人交通,如何为市民选择更高效的通勤方式及其合理的舒适性,以及健康城市等问题。

因此,针对以上问题我们提出城市设计的四项策略。

第一,适当高密度发展下的紧凑城市策略。城市出行应更加重视适宜步行、自行车的慢行系统和环境塑造,从“城市扩张”(增量)向“充实和更新”(存量)转型,尤其是高密度地区的城市发展策略,亟待研究从“有限的土地资源”产出和集成更多的空间产品的方法。上海陆家嘴和芝加哥的中心区(Loop 区)都是 1.3~1.5 平方公里的范围(图 5,相同高度下的城市总图),也是全球重要的国际金融贸易中心区,芝加哥的毛容积率和建筑密度远远超过上海,单位土地面积产出的城市日常活力指标和经济活力指标值得研究,如何修正“宽马路,大街坊”的机动优先模式,引导土地使用习惯及调教规划设计政策,打造步行友好且鼓励公共交通出行的城市形态,如何在土地管理政策上鼓励而非约束多种功能的混合,尊重市场的力量来形成多样丰富的活力城市,是当下值得思考的。

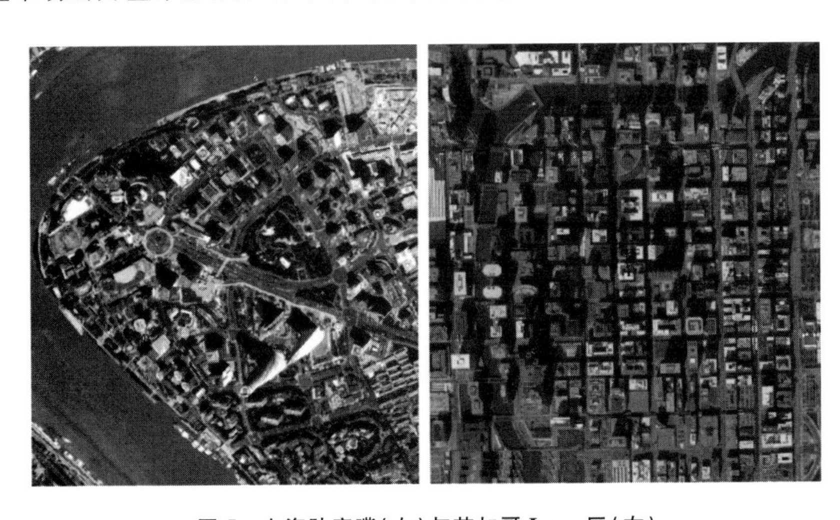

图 5　上海陆家嘴(左)与芝加哥 Loop 区(右)

第二,交通与土地开发的协同策略。无论是总体规划还是局部地区的城市设计,土地利用强度与人口密度的计划只有和公共交通的供给规划联动,才能凸显公交优先的城市形态和土地利用模型,其中最为关键的就是交通模式和土地利用的互动协同。图 6 是芝加哥中心区的城市轨道公共交通系统,两个“L”形组成一个多线换乘的环线,小红线是其多层面的步行系统,在中心区约 1.3 平方公里中,利用公共交通出行的比例高达 55%,城市中心的高度密集建筑容量和紧凑形态与公交和步行辐射区非常贴合。而我们现在的公共交通系统的发展虽然已经尽可能地照顾到居住与就业的通勤,但在中小区的车站布点对周边开发强度和功能混合度的提升有限,为辐射周边的风雨无阻的步行系统更为欠缺,更为突出的是,地铁车站周边建设的大面积"豪宅"社区集聚了大量私家车出行者,浪费了轨道的公共资源。

图 6 芝加哥公共交通/步行网络和城市容量分布

(图片来源:芝加哥规划/谷歌地图)

第三,公共资源的社会共享策略。目前公共设施多头管理,重复建设,造成很多资源的浪费和低效使用,当下"共享"思维可以很好地突破行政管理的条块分割,将部分公共资源(如体育运动场地场馆,停车区,文化类空间等)为社会共享,提升功能空间的公共性和使用效率,也降低了人均单位空间的使用能耗。例如,香港很多学校的运动场和社区运动场通过政策的引导和管控,在特别时段如寒暑假节日和每日早晚,成为面向社会开放的运动场地(图 7)。

第四,城市要素的整合策略。依托城市使用人群的行为分析,开放和融合城市要素,将城市开发和更新活动从土地使用权属管理向精细化的空间使用权属管理转型,在有限的土地上发挥更高效的土地产出,促进步行而非小汽车引导的紧凑生活,也创造更高的空间使用价值。比如,伦敦的利物浦火车站地区的城市更新充分体现了对土地的多维利用(图 8),地面以下空间是国家铁路轨道区间和车站用地,地面层作为公共广场留给市民,地上层则通过开发用作金融证券公司和银行总部等,空间的分层利用高效而权属上各得其所。目前我国亟待研究通过公共政策的研究和制定,鼓励从市场价值和城市需求出发提升土地高效产出的空间策略和方法。

哈维：不同于公共空间的产生，还存在着一种创造共享资源的社会实践

奈格里：应该把城市视为生产共同资源的工厂

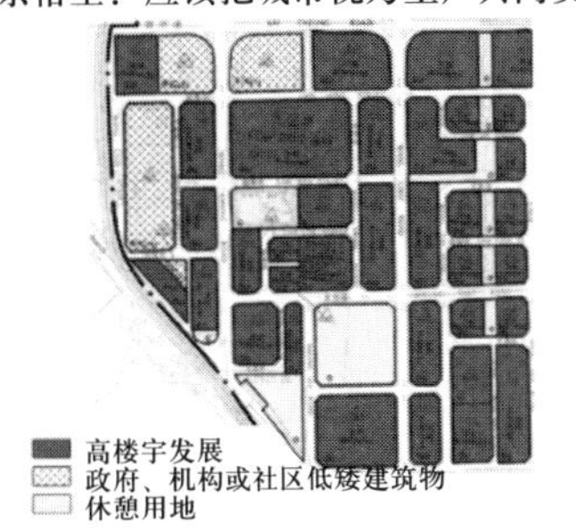

图 7　香港运动场地的社会共享

（图片来源：自摄/香港城市设计导则）

图 8　伦敦利物浦车站地区的空间整合[2]

城市设计的行动力是落实在对城市环境的整体把控，它的意义和价值在于综合而整体地看待城市和它的多元构成要素，并落实在三维形态上。当代城市设计已不能仅仅止步于传统城市设计所崇尚的城市“形态秩序”打造和“美化城市”理想，而需要更多地融入对城市人群活动的关注并投射到三维城市形态环境的实践中，其中，尤其需要应对当下全球环境变迁和中国的人口密度问题。

我们在此提出关于应对环境变化的城市设计工作设想。

宏观层面的总体城市设计应该以生态、集约、职住平衡和减少被动出行的低碳城市作为设计目标，顺应气候特点，发展适度紧凑的集约城市。在保持本地生态空间的基础上，建立公共交通导向下的空间布局体系，尤其是以土地开发承载力为依托的强度分区布局，减少建设用地扩张，增强土地利用的集约和高效。图 9 中，我们通过比较相同比例尺度下的巴黎和上海两地的市中心区域，可以看到巴黎市中心（环线内）可以被地铁站点周边步行 300~500 米范围所覆盖，而上海内环以内的中心区域尚有较大提升空间。

中观层面的地区城市设计则需要适当加密充实城市人口和容量，落实低碳交通、鼓励步行生活，综合地打造公共交通和慢行网络以及功能交混的土地使用，融入资源共享的公

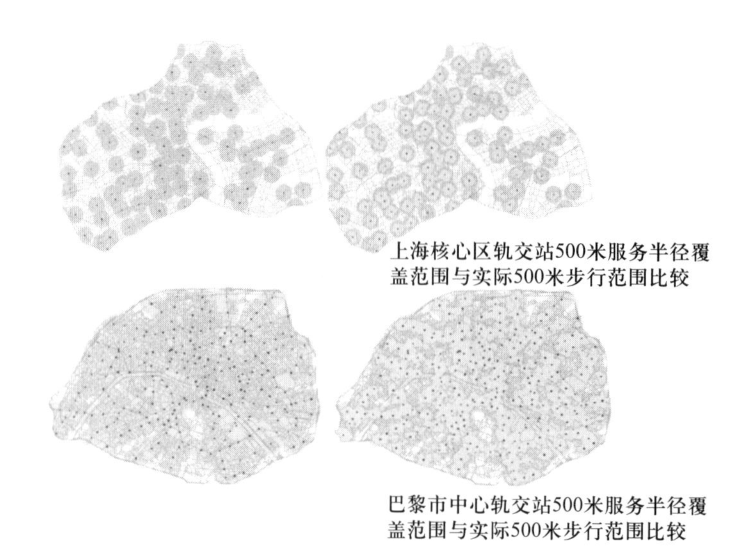

图 9　上海与巴黎中心区轨交站 500 米步行范围比较[3]

共空间体系,牵引并完善形态秩序的城市再开发和城市更新活动。融入资源共享的公共空间体系,牵引并完善形态秩序的城市再开发和城市更新活动(图 10)。

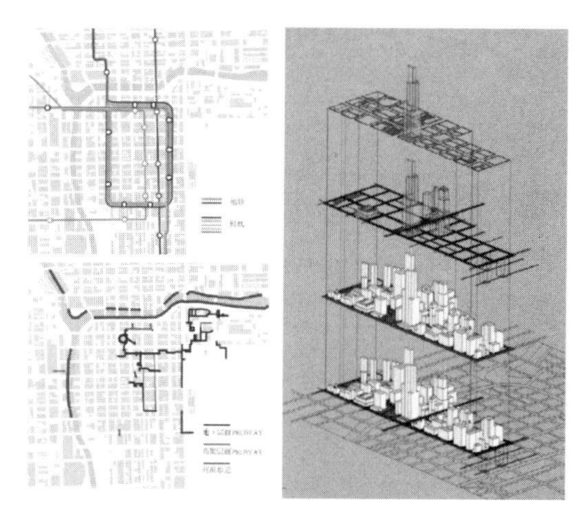

图 10　芝加哥公共交通与步行体系综合分析

在微观层面的地段级城市设计中,要深入研究精细化的土地利用方式,提高步行串联的多样空间产出,践行集约城市理念。对局部重要节点进行立体的形态设计,多系统多要素的综合分析比较并落实在形态导控乃至塑造中,提供突破通常做法的整合方式和精细化管理实施的依据。图 11 中显示了在巴黎“左岸项目”城市设计中,利用塞纳河沿岸与纵深方向街区的地形高差,通过新建高架道路带动了保持运营的高铁线路和城市轨道车站的上部空间的开发,建造轨道上的城市,复合了居住、商业、办公等功能。

应对环境问题的城市设计策略,即紧凑形态和适当高密度策略,公共交通与城市容量的协同策略,公共资源的社会共享策略以及城市要素的整合策略,在实践过程中也将面临新的挑战。

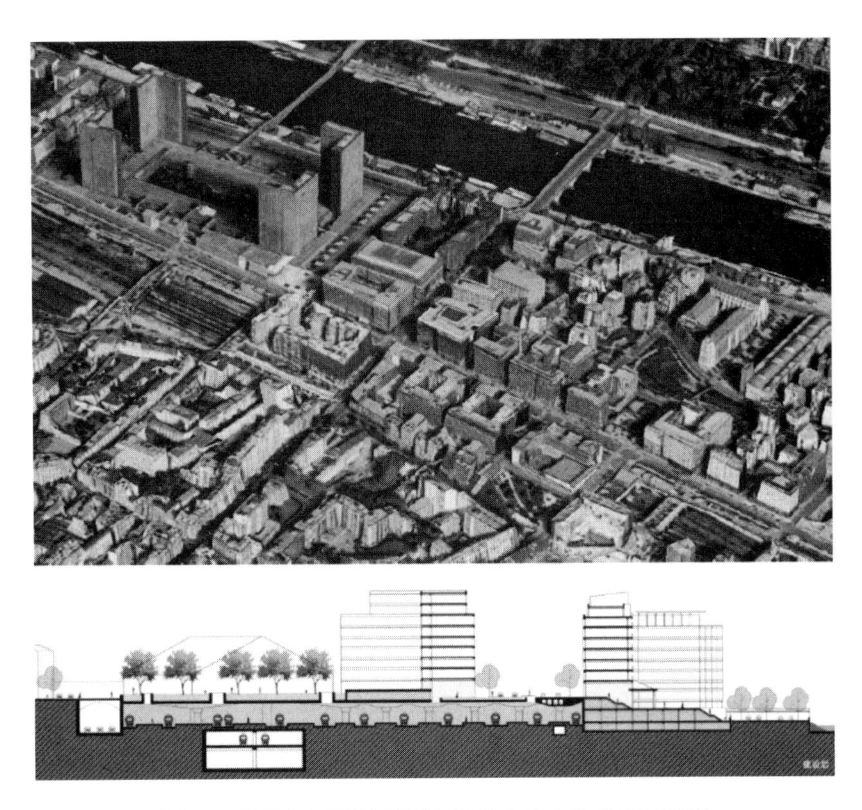

图 11　巴黎“左岸计划”城市设计中的立体化空间开发

首先是需要依托公共交通和空间容量的互动研究支撑,公共交通作为一种系统性资源的价值有待重新评估,以及它对开发强度和土地利用效率的影响,强化低碳城市出行的最大化效应和交通枢纽地区的辐射引导作用。比如,我们在上海综合评估了由轨道线网、道路机动系统和步行网络共同构成的多元可达性指数与轨道车站周边地区土地开发容量和强度分布的关系,发现公共交通供给不足和供给过剩(或称为交通潜能未合理发挥)的情况都有存在,而不同的开发业态对轨道交通、道路交通和步行环境的敏感性有明显差别的,这种差别在空间布局中还没有得到足够重视和体现。

第二点是优化出行结构为目标的功能混合模式和制度创新。从片区用地混合布局到建筑功能复合开发,亟待研究功能混合使用的不同类型模式创新,尤其是土地使用制度,才能促进城市中心区的多功能复合与市场需求形成密切互动,使职住平衡成为可能,减少机动出行和被动出行。图 12 是纽约炮台公园(Battery Park)地区的土地混合使用,作为世界贸易中心和国际金融中双中心所在地,仍然保持大量的住宅公寓和运动健身及文化休憩的用地,很好维护了该地区的日常城市活力。

第三点是空间整合的机制探索。尝试从以土地为单元的使用管理向以空间为单元的使用管理探索,将特定用地(如自然保护、历史遗产、轨道车站等)与其上下部的空间利用结合,形成“紧凑、集成、高效、各得其所”的开发和更新模式。图 13 所示的东京南池袋二丁目街区中的设计项目中,通过空间发展权的置换,当地回迁住户和区政府以及出售的商

图 12　纽约炮台公园地区的土地混合使用

品房统一建在一个项目中，发挥了土地价值，也满足了项目涉及的多方利益。我国城市可以借鉴空间开发权属的规划管理探索，使常规的土地开发方式向多模式合作的空间开发方式递进，如在进行历史遗产保护、自然地保护、多权属开发等项目时，通过市场化空间利益平台达到城市空间整合和功能集成而高效使用的开发结果。

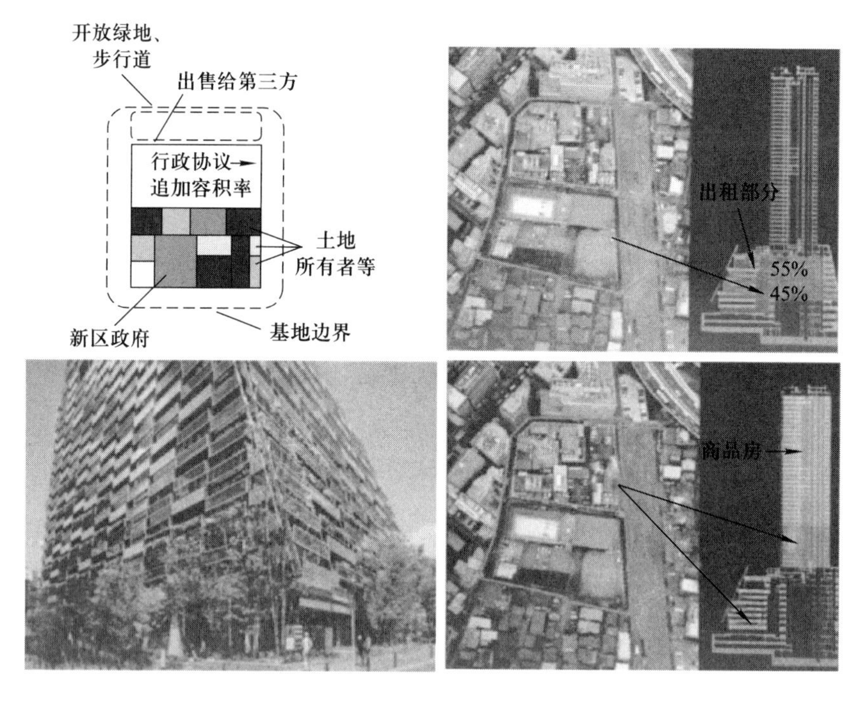

图 13　东京南池袋二丁目街区空间整合开发[4]

最后是对公共资源的使用绩效需要进行评估。公共空间和公共设施作为城市公共资源在实际使用中亟待通过评估来提升其向市民公众的开放程度和使用绩效，真正成为健康城市的“客厅”和休息场所等；同时，全社会“共享空间资源”需要逐步成为一种趋势，以公共空间为核心，对城市进行“填充”式加密加实，促发和挖掘它可能带来的城市活力潜能。图 14 是纽约市中心的布莱恩特公园,使用人群的多样性和活动的多元复合,使得其中无论是公共区域和私密场所,使用频度和空间品质都足以成为地区的社交、健身、集会、休憩等活动集聚的中心。

图 14　纽约市中心布莱恩特公园的多元活动

当下的城市设计研究,已经得到多方极大的重视,而面向环境变迁问题所引发的思考和策略,更需要结合我国特点在实践中去验证,尤其是规划设计的理念和方法以及实施机制和公共政策上的创新,将大大推进我国城市品质特色活力和绩效的提升。

参考文献

[1]　马强. 走向精明增长:从“小汽车城市”到“公共交通城市”[M]. 北京:中国建筑工业出版社,2007.

[2]　ROCHE R S, LASHER A. Plan of Chicago[R]. 2009.

[3]　庄宇, 张灵珠. 站城协同:轨道车站地区的交通可达与空间使用[M]. 上海:同济大学出版社,2016.

[4]　葛海瑛. 都市的机能再生[R]. 日本设计,2016.

庄宇　博士生导师，中国城市规划学会城市设计学术委员会委员，同济大学建筑城规学院城市更新与设计学科主持教授，国家一级注册建筑师。2000 年受邀参加“50 名建筑师在法国”总统项目赴法研修城市设计，近十年多次赴意大利、法国、美国等的建筑院校开展联合城市设计教学。主要研究方向为可持续城市设计的实践与方法。已出版《城市设计的运作》等 3 部专著，发表文章 30 余篇。主持参加福建漳州市中心区城市设计、杭州江滨地区城市设计、上海音乐谷地区城市设计、无锡地铁 1 号线南禅寺站城市设计、杭州桥西直街 D32 商业街区、上海波司登集团总部大厦等重要项目。曾获 2003 教育部优秀勘察设计规划一等奖，2004 年、2005 年、2007 年、2009 年全国人居经典建筑规划设计综合大奖，2010 年上海市优秀住宅工程一等奖，2011 年、2013 年福建省优秀规划设计一等奖等。

1945年以来全球视角下的城市设计

David Grahame Shane

哥伦比亚大学客座教授

一、四个城市模型

我们不妨从大家较为熟悉的课题——全球气候变化开始展开下面的探讨。哥伦比亚大学教授James Hansen在这一方面进行了深入的研究。他指出，在近一百年的时间内，海平面上升了3米；全球气候变化引发的暴风雨雪和极端天气等情况相继而来，而这些变化产生的原因皆与人类的生产和生活向大气排放的热量有关。

我们已经通过科学手段模拟了各种复杂的系统，比如天气系统、水系统等，因此，我们也可以模拟城市的系统，并对其进行概括研究。笔者基于对过去城市设计的发展的研究建立了以下四个模型：

（1）Metropolis模型——一个圆环的、中心向四周辐射的模型。比如苏联；

（2）Megalopolis模型——一种在英国相当常见的模型；

（3）Fragmented Metropolis模型——一个不断开发次级中心，并不断建立多个中心之间的交通联系的模型；

（4）Mega-city Meta-city模型——一种新的主导模型，在亚洲尤为显著。

笔者的研究重点在于以上四个模型在城市的历史发展进程中会产生怎样不同的历史层级。以北京为例，北京旧城位于城市中心地带，新城则建于城市外部，旧城与新城间通过复杂交通网络相互连接，进而在中间地带形成了新-旧城混合的城市。而这样的混合系统又继续发展，形成一个卫星城的系统。新的城市中心可以在大片区域内进行自由移动。在这个系统当中，信息交流与传递的速度将比之前的任何一种模式都快。

二、Metropolis模型

Metropolis模型产生于1936年，而后又几经修订。北京和莫斯科都是Metropolis模型的现实载体，而前者的规模则比后者要大许多。在Metropolis模型当中，城市外围建设中有新城，也有绿地。随着时代的变迁，所有地块在建设过程中都随之进行了更新，这种更新在信息时代会显示得更加明显。这一类型城市中的公共空间也是信息传递的中心，比如,莫斯科的红场和北京的天安门分别能够容纳 50 万和 100 万人,这是效率极高的信息传播渠道。

我们将目光转到 Metropolis 模型影响下的亚洲新城的建设:一个巨型街区可以跨越 1 英里(1 英里≈1.61 公里),这样的尺度完全不适宜步行;新的村庄被城市所占领,这种情况对过去而言规划难度是极大的。一般来说,这样的新城都是非常重要的卫星城,但在印度和巴基斯坦,有 1400 万以上的贫困人口生活在城市边界上的棚户区或是新镇里,因此,这样的建设并不容易。这些国家的城市化速度非常快,大量的人口在很短的时间内聚集到城市的边界,但也正因为这些人口的贫穷,城市化的建设又同时面临着重重困境。

另外一个比较有意思的案例是商务中心。举例来说,这种类型的街区都会由一个公园和一所学校,以及商业中心和住宅共同构成。这便是一个各部分相互连接的、巨型的街区。对于欧洲这种社会主义与资本主义的中间地带而言,与其他地区相比则又有一些不同之处。以丹麦为例,国家建设了一个用于公共聚会的广场,并在道路较为低矮的一边进行了一些新的建设;另一边则是政府的楼宇。商业街不仅承担商业中心的职能,同时还在地下新建了地铁站,混合了交通功能。广场上还有一座塔,与舞台、广场相互形成了极为重要的联系。另一则案例是美国的第一个购物中心,它也是 Metropolis 模型非常重要的一个现实案例,每年会吸引很多人前去参观。在英国,这样的塔和平台都是从路面生长出来的全新的系统。

三、Megalopolis 模型

Megalopolis 模型是第二个模型,它在一系列的人文城市中都得以体现。从波士顿到华盛顿,一项覆盖了 400 多英里和 3200 多万人口、涵盖了中心体系与水域保护以及农业与建设关系之间的规划正如火如荼地进行。城市化同样也在纽约和华盛顿等地区推进着。在麻省理工学院,即波士顿地区,有一处占地 144 英亩(1 英亩≈4046.86 平方米)的低密度开发区,当中的住宅都配备了新的设备和信息技术,将各个城市与新的交通系统连接起来,同时还有非常大的机场、工程以及登月器,整个地区令人惊叹不已。城市中心的广告将人们吸引到购物中心。在这样一个平台的建设当中,不仅有桥梁和高速公路这些物理连接,还有导航和信息系统这些数据连接。标识系统会为你提供关于这个平台的所有指引性信息;各种手持设备、语言功能,使系统的信息化和便捷化程度越来越高。值得注意的是,建筑在其中已经变得越发次要,而整个标识系统的重要性则在不断提高。1960 年,日本也开发了一个像新宿区一样的环形区域,其中建设有机场以及各种重要的交通枢纽。像航天城或是新宿区这样的区域是极现代化的系统,是大型城市当中会出现的规模较大的形态;此外,在村庄的系统中,除田地以外的地区也有可能会混合这种大型的建构。

四、Fragmented Metropolis 模型

Fragmented Metropolis 模型是由较小层级的交通运输节点所构成的若干次级中心系

统组成的，而这些次级中心之间具有相当高的连接速度。以纽约为例，过去的一些高速公路穿过城市，并随着时间的影响在不同的社区形成了各自的边界系统以及每个边界不同的重要社区中心，比如街道中心。在1962年那一时期，这些城市的城镇都是非常重要的。

笔者的老师对这种城市模型进行了研究并出版了相关书籍。1970年他对伦敦公园进行了相关研究项目，彼时我作为他的学生参与其中。在这一研究当中，我们可以清晰地看到各种各样的业主与街道之间的关系、穿过城市的高速公路、一条横贯于两个不同区域之间的溪流一直流向西区……这样的格局已有近两百年的历史，而这种碎片化的状态背后的原因正是四通八达的高速公路以及巨大的城市网络。特别是在新城，这样复杂的交通网络系统通常还伴随着超大型的单位和超大型的街区。例如，一个地方自古以来都是农村、庙宇和房屋，随着时间推移建造了一个工厂体系，在此之后，又开始建设四通八达的高速公路，并随之而来产生购物中心、地铁……甚至TOD。

接下来介绍一个深圳的规划案例。这一项目对目标地块进行了60年的远期规划——首先，打破原有的旧城市中心；建设纪念碑，将景观中轴线引入城市，改变原来的城市风貌；最终在城市的公共区域形成一个巨大的购物中心。这种中轴线的规划顺应了中国的传统。然而，由于相关土地产权的问题，项目落地进行了与规划不一样的开发，最后建成了一个高端住宅小区以及一个娱乐中心。

2005年时，笔者曾担任深圳URBANUS工作室的设计顾问，其中一个项目是对村落进行修复，于是我与他们一同参观了城中村。在这一过程中我们做了这样的一个建构：打造一个公共花园体系，使居民可以观赏到花园，并且以此为媒介将水引入村中。在这一项目的参与过程中，也产生了一个值得思索的问题——在新兴的大城市当中，农业应该如何维持和传承下去？

五、Mega-city Meta-city 模型

2007年，联合国绘制了一张反映城市化转折进程的地图，显示全球城市化的转折是由欧美转向了亚洲。伴随着这个转折，城市化人口形态特征也发生了变化：城市化人口当中的92%生活在城市里，另外8%则生活在超级城市当中。

这是一种全新的感知方式：大城市之间形成了彼此照应的网络。2001年，日本有团队绘制了一张表达因特网全球系统的地铁图，其中显示中国也是这一系统的重要部分。对于一个城市里的村庄而言，它的信息传递可以有三个层级：村庄、农场和农产品；对于一个所有要素都互相联系的城市而言，这对于功能多样性的彰显当然是非常有利的。重新回到一开始提出的概念：在卫星城市当中，打造一个像CCTV这样的节点对于信息传播会起到十分重要的作用。在新旧城混合的情况当中，大型街区的土地利用相互重叠，功能也相互交织。以上海为例，这样的购物中心同样也是全新的公共中心，手持智能设备可以为我们在如此复杂的环境当中进行便捷、可轻松操作的导航。

六、结　　语

最后我将以一个公共住宅的案例结束论述。这个公共住宅处于一个工厂旁边，并配备有游泳池和其他体育设施。这是一个由商务中心逐渐衍生而来的公共空间，里面还有服务于整个大街区的公园。

因此，笔者认为，这些城市模型是可以同时存在的，它们都有着自己的发展时间周期。当下我们处于一个非常复杂的时代，因此我们应该学习如何通过这些模型进行分析，并进一步明确自身的定位。

David Grahame Shane　1985年至今，任职于哥伦比亚大学建筑规划与保护学院城市设计专业，教授。1990年，他开始教授城市设计，担任主管（1990—1997年），随后担任客座教授，负责重组城市工作组的教学工作。在哥伦比亚大学任职期间，同时作为宾夕法尼亚大学、库伯联盟以及城市学院的外聘教授。主要研究领域为：城市设计、城市文化、都市重构等研究领域。他曾多次于曼谷、南京、上海、北京等地举办讲座，并与同济大学存有长期良好的合作关系。近5年内，出版专著《重组城市：关于建筑学、城市设计和城市理论的概念模型》《1945年以来的城市设计》。

三峡地区人居环境历史文化保护的认识*

赵万民

重庆大学建筑城规学院教授

一、引　　言

三峡人居环境历史文化城市（镇）保护是三峡工程建设和重庆城镇化发展面对的新任务。1997 年，重庆成立为中央直辖市，城乡建设和城镇化发展进入了一个全新的时代。当时，三峡地区的平均城镇化水平在 30%左右，刚刚进入城镇化发展的起步期。与东部沿海地区的“珠三角”“长三角”相比，城镇化发展还存在较大差距（40%～42%水平）。三峡地区在城镇化初期，城市建设面临同样问题：大量的农村人口涌入城市和城市地区，房地产的时代到来，大面积的城市建设开始启动，大量的城市旧城、历史街区、传统古镇、文物建筑等面临拆迁、拆建的局面，较多的城市规划和建设，在匆忙的过程中推进，城市（镇）历史文化的保护与延续，被放到次要的地位。

另外，国家三峡工程的建设，水库的淹没和移民工程，使三峡库区的传统城市、城镇、历史街区、古镇、不可移动文物、地下文物等，在一个集中的时期，将面临整体的拆迁和淹没（据 1995 年国家三峡文物淹没统计，在三峡库区海拔 177 米的范围，淹没文物点 1208 处，其中地下文物 767 处、地面文物 441 处）。三峡库区 80%的地域范围在重庆，这对重庆历史文化遗产的保护和延续来说，其损失是巨大的。三峡地区的长江沿线，在历史上自春秋战国的巴楚、秦汉、唐宋、明清、民国和抗战陪都时期以来，有着近 3000 年的历史文化延续，原本具有丰富的地面及地下历史遗存和文化底蕴，但因水库的淹没、城镇化的拆迁，使重庆地区的历史文化遗产大面积被毁坏，所剩不多。

因此，保存和延续三峡地区仅存不多的历史文化遗产，是一项严峻的社会性工程，也是一项科学技术的系列工程，是三峡工程建设和重庆面对的新的现实任务。本文的研究，概括了 1997—2017 年笔者及相关单位在理论研究、规划设计、项目实施与管理、社会推介

---

* 本文是以申报住建部华夏科技进步奖的《重庆山地历史文化城市（镇）保护理论创新与实践应用》项目材料为基础编写的。项目申报单位为重庆大学、重庆市规划局、重庆市文物局、重庆市规划学会历史文化名城专业学术委员会、重庆市规划设计研究院。项目申报成员为赵万民、张睿、何智亚、幸军、李和平、李云燕、刘源、方钱江，朱猛、杨光、孙爱庐、束方勇、熊子华、李泽新、李长东。项目研究引用和借鉴了重庆市相关历史文化保护工作企事业单位、地方政府等的相关研究和实践案例资料，以及重庆大学山地人居环境学科团队博士、硕士论文理论研究资料。

与学术交流等综合方面对三峡地区人居环境历史文化保护工作所做的学术探索[1-8]。

（一）三峡地区历史文化城市（镇）保护面对的主要科技问题

三峡地区历史文化保护是城镇化发展的紧迫任务。三峡地区城镇化发展和城乡建设工作中，地域历史文化保护面临着两个基本挑战：一是生态环境的大规模改变，历史文化遗产失去传统山水环境与内涵；二是城镇化建设工程迅速推进，客观上致使历史文化遗产遭受毁坏。研究和实施山地城市（镇）历史文化的保护工作，是国家和地方政府一件长期且艰巨的任务。需要协同研究机构、管理机构、企事业单位开展联合攻关，推进三峡地区历史文化保护理论创新、技术集成、工程实践的科技工作。

山地历史文化城市（镇）保护是人居环境科学的重要实践。山地历史文化城市（镇）保护是一项系统工程，是对地域传统聚居方式及空间形态的继承、保护与发展。三峡库区特殊的自然与文化环境，历史文化城市（镇）的空间形态和文化特色较之于平原地区，有很大差异性。山水生态、文化形态、时空延续方式有机融合，城镇群体与山地建筑个体有机构成，技术与艺术形式有机结合，呈现出“山-水-城-人”的空间品质和聚居形态方式，在中国地方建筑学和地域城市学中具有独特的学术地位，以人居环境科学的宏观视野和融贯的科学研究方法来开展三峡地区历史城市（镇）保护的研究，具有重要学术地位与实践价值。

三峡地区历史文化城市（镇）保护是城乡规划的重要内容。三峡地区历史文化城市（镇）保护规划工作对地区历史文化传承具有重要的社会学价值、旅游经济价值、民俗文化传承价值，同时具有城乡规划学、地方建筑学、历史文化学的综合研究和实践价值。项目从理论体系建构出发，以“宏观-中观-微观”的空间视角为切入点，探索解决相关的科学问题：① 山地历史文化城市（镇）整体性保护关键技术；② 山地历史文化街区保护与复建关键技术；③ 山地历史文化建筑地域性保护关键技术。

（二）三峡地区历史文化城市（镇）保护项目研究工作的形成和推进过程

自 1997 年以来，笔者及相关单位针对三峡地区历史文化保护关键问题，逐步从理论研究、项目规划与实践开展工作，在国家自然科学基金重点项目、国家科技部支撑计划等课题资助下，经过近 20 年科技攻关，探索三峡地区历史文化城市（镇）保护的科学问题，克服无同类先例和技术可遵循的困难，形成三峡地区历史文化城市（镇）保护系列成果，获得相应的科技应用和社会效益。

重庆大学项目组成员较早开始了关于三峡库区与人居环境建设研究的工作。清华大学博士论文研究《三峡工程与人居环境建设》（1992—1996 年）专章讨论了三峡库区历史文化遗产的保护问题。续后，在 1997—2015 年间，重庆大学山地人居环境学科团队申请到国家自然科学基金重点和面上项目、国家科技支撑计划项目、住建部基金项目、教育部基金项目等，其中，所形成的相当部分研究成果是关于重庆山地历史文化城市（镇）、三峡库区历史文化遗产、巴渝历史古镇的保护和规划、重庆市历史文化街区（磁器口、湖广会馆及东水门、慈云寺街区等)研究;发表系列学术论文和出版有影响力的学术著作,如《山地人居环境七论》《巴渝古镇系列研究》《城市历史文化资源保护与利用》《长江三峡风景名胜区资源调查》《三峡库区人居环境建设发展研究——理论与实践》等;多次组织召开全国山地历史文化保护的学术会议。多项关于三峡地区规划设计和工程实施项目获得国家级和省部级一等奖。从山地人居环境科学研究角度,深化和发展关于历史文化保护的学术思想。在人才培养方面,利用学科优势和条件,培养博士 25 名、硕士 100 余名,为地方培养历史文化保护方面的技术队伍。

重庆市规划局、文物局等职能部门,在市委、市政府的领导下,十分重视重庆市历史文化保护工作。自 2000 年以来,重庆市成立历史文化名城保护委员会,重庆市规划局设立历史文化名城保护管理处,重庆市规划学会设立历史文化名城专业学术委员会等机构,完成历史文化街区和历史建筑普查,建设历史文化资源信息库,编制地方城市(镇)历史文化保护导则等,积极推动重庆市历史文化的保护规划编制、建设实施和管理工作。重庆市文物局全面完成三峡库区的文物保护任务,实施文物保护项目 787 项,出土文物 14 万件,确保了国家重点工程的顺利实施,在国际上树立了三峡工程的文明形象,揭示了三峡地区灿烂悠久的历史文化在我国古代文化中的重要地位和作用,实施了涪陵白鹤梁水下博物馆、张飞庙、石宝寨、大昌古镇等重点保护工程。近年来,重点实施大足石刻等石窟寺文物保护,抗战遗址、革命文物、巴渝古建筑等重点文物保护项目等,丰富了重庆历史文化名城内涵。重庆市城市规划学会历史文化名城专业学术委员会积极推进重庆名城、名镇、历史街区、文物建筑保护、研究等学术工作,多次主持召开重庆市域内外的学术会议和学术活动,出版《重庆古镇》《重庆老城》《重庆民居》《重庆湖广会馆》等系列有影响力的专著。重庆市规划设计研究院积极承担了关于重庆市历史文化名城、名镇、历史街区、文物建筑的规划设计和实施保护工作,获得多项国家和省部级工程奖励。

研究工作创新了三峡地区历史文化城市(镇)保护理论体系(图 1),提出历史文化城市(镇)整体性保护关键技术(宏观层面),历史文化街区、传统风貌区保护与复建关键技术(中观层面),历史文化建筑及环境地域性保护关键技术(微观层面),开展山地历史文化城市(镇)保护相关实践,取得丰硕的科技创新成果,形成良好的社会效益和经济效益。

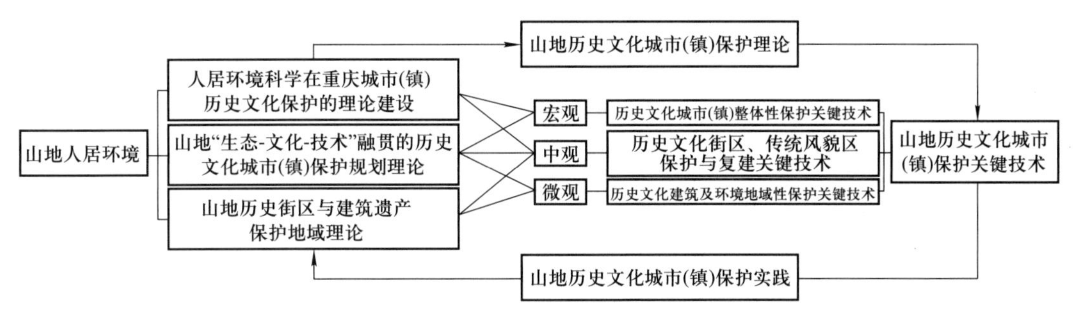

图 1　三峡地区历史文化城市(镇)保护理论创新与实践应用研究框架

二、三峡地区历史文化城市(镇)保护的理论体系创新

项目研究建立了人居环境科学在山地复杂环境和历史文化保护的理论体系(图 2),构建“生态-文化-技术”耦合的历史文化城市(镇)保护规划关键技术,创新山地历史街区与建筑遗产保护“规划-设计-建设”地域理论。

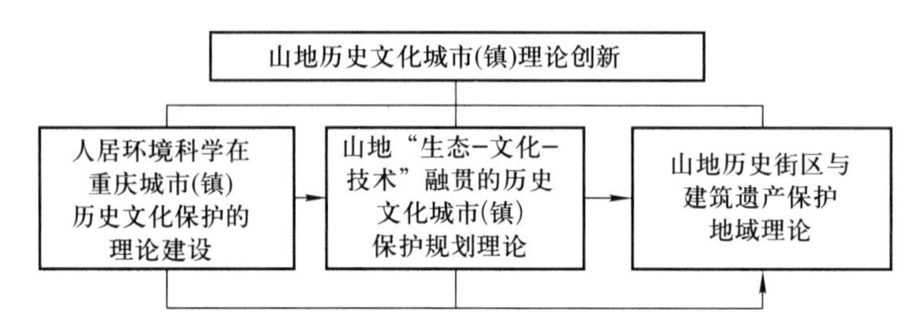

图 2　三峡地区历史文化城市(镇)保护理论架构

(一)提出山地复杂环境和历史文化保护的理论体系

项目研究探索了人居环境科学与山地复杂环境和历史文化保护的相互关系。传统的山地城市(镇)遵从自然生态和山水环境,进行城市和建筑的建设活动,人的生活行为始终与生态环境发生作用。复杂的建成环境以山水格局为主线,影响制约城市(镇)的空间发展。与此同时,山地城市(镇)也受到地域历史文化等综合性因素的影响。随着技术条件的不断发展,建设活动逐渐超越了原有山水环境的制约,建设范围突破了自然边界与空间限制。自然环境与城镇发展相互制约与影响的动态过程,决定了山地城市(镇)空间三维构成的发展演进规律。

项目研究了山地历史文化城市(镇)保护时空演化与形态影响因素的动态响应关系。山地历史文化城市(镇)保护发展的现实条件与影响因素复杂多样,与地理地貌、自然生态、社会、经济、文化的发展密切相关。在山地历史文化城市(镇)保护演变的过程中,城市(镇)的综合发展水平是形态的影响内因,自然生态的控制作用是形态发展的外在条件。山地历史文化城市(镇)所处地域发展不平衡、规模大小不一、发展机遇不同,山地城市(镇)之间的形态差异远大于平原地区。

项目研究将山地历史文化城市(镇)保护自然环境与发展水平之间相互促进和制约的关系引入山地城市(镇)时空演变模型中。建立山地历史文化城市(镇)“形态发展-文化响应-生态反馈”演变路径,提取山地城市(镇)形态变化的自然生态、地域文化、建造技术三个关键因素,总结山地历史文化城市(镇)保护的相关理论。

项目研究提出的山地人居环境科学复杂环境响应机制理论,形成学术著作《山地人居环境七论》《城市历史文化资源保护与利用》等 5 部,支撑国家自然科学基金重点项目“西南山地城市(镇)规划设计适应性理论与方法研究”和科技部“十一五”科技支撑计划课题“城市旧区土地节约利用关键技术研究”等研究成果,在全国学术期刊发表高水平论

文35篇。

(二)提出“生态-文化-技术”融贯的历史文化城市(镇)保护规划理论

项目研究提取影响山地历史文化城市(镇)形态演进的关键因素,融贯“生态-文化-技术”在城市(镇)、街区、建筑中的空间构成关系,形成文化性与时空性融合、个体与簇群有机联系、技术与文化形态相结合的历史文化遗产保护关键技术。整体上保护重庆历史文化城市(镇)山地、江河、自然生态与人文条件的特殊性,保存独特空间形态,展示地域建造性与艺术性的同源同体、生态性与技术性的不可分割、生活氛围真实性和人性化等特征。

项目研究三峡地区历史文化城市(镇)生态适应性保护规划关键技术。针对山地历史城市(镇)的生态格局,分析生态承载力,提出相应的绿色基础设施、生态基础设施与雨洪管控等适应性生态保护理论。重点提出关于历史城市(镇)的山水格局保护、绿色空间梳理、适应地方气候的城镇布局和街道布局、地域建筑的营建策略,构建宏观-中观-微观的生态环境保护适应性理论。

项目研究三峡地区历史文化城市(镇)的技术原真性保护规划关键技术。通过开展历史文化城市(镇)的调研,分析历史文化城市(镇)营建技术与艺术,梳理三峡地域城镇建筑的建造体系。从类型学角度出发,提出会馆建筑、寺庙建筑、宗祠建筑与民居建筑的环境形态、造型艺术、空间形态与构筑特征,编制地域建筑档案库,以此为基础,引导山地历史文化城市(镇)保护建造过程、维护方式与更新过程。

项目研究形成“生态-文化-技术”融贯的历史文化城市(镇)保护规划关键技术,出版重庆古镇研究系列书著(《龙潭古镇》《安居古镇》《龚滩古镇》等8部),出版重庆城市传统空间形态书著(《重庆老城》《重庆古镇》2部);支撑国家科技部“十一五”科技支撑计划课题“国家重大工程移民搬迁住宅区规划设计技术标准集成与示范”;在全国学术期刊发表高水平论文27篇,推动磁器口成功报批中国历史文化街区,推动成功报批中国历史文化名镇18个,推动湖广会馆及东水门、慈云寺-米市街-龙门浩、金刚碑、真武场等报批重庆市历史文化街区,推动重庆主城区传统风貌保护与利用规划实施并划定公布明清城墙遗址、十八梯、白象街等20个市级传统风貌区,推动宁厂、安居、走马、中山等成功报批重庆市历史文化名镇43个。

(三)创新山地历史街区与建筑遗产保护“规划-设计-建设”地域理论

项目研究山地历史文化街区和建筑遗产簇群空间构成。提出山地历史文化街区与建筑遗产有机组合的山地簇群理论,提出“规划-设计-建设”的保护内容。

项目创新山地历史文化街区“肌理-形态-尺度”的空间结构规划方法。街区肌理规划层面,构建以传统街区肌理为基础,低层高密度、可生长的“鱼骨状”山地街巷空间;街道形态设计层面,提出以保护街道类型多样性为基础,结合山地地形形成云梯街、半边街等特殊的街道形态;街道尺度建设层面,通过树木、山石、堡坎等环境要素构成街道“二次边界”，形成山地多样的街道边界空间序列，构建尺度宜人的街道环境，实现山地历史文化街区空间从外部到内部的活态保护发展。

项目研究山地历史建筑及其环境的地域设计方法。建筑外部空间组合层面，延续山地传统建筑空间组合方式，充分利用地形地貌，维护个体建筑与周边建筑和谐共生。建筑内部空间的组织层面，创造经济实用的内部空间，通过小天井、小过厅、短走道等组合手法相互联系，形成高密度但采光通风良好的集约式建筑空间格局；建筑技术整合层面，利用巴渝传统建造方式，形成吊脚楼、过街楼、挑廊等地域建筑形式，提出山地历史建筑的原真性保护与发展思路。

项目研究提出三峡地区历史文化街区与建筑遗产保护“规划-设计-建设”地域技术方法，支撑完成国家科技部“十一五”科技支撑课题“国家重大工程移民搬迁住宅区规划设计技术标准集成与示范”、国家自然科学基金面上项目“西南山地历史城镇文化景观演进过程及其动力机制研究”等 5 项；出版重庆传统历史建筑修复书著《重庆民居》《重庆湖广会馆历史与修复研究》2 部，在全国学术期刊发表高水平论文 33 篇。

三、关于三峡地区历史文化城市(镇)整体性保护关键技术

(一) 山地历史文化城市(镇)保护多维规划体系

项目研究建立三峡地区历史文化城市(镇)保护多维规划编制体系。基于山地历史文化城市(镇)保护的生态、技术与文化耦合适应性保护理论，明确三峡地区专项规划与详细规划的历史文化城市(镇)的保护内容。创新以历史文化资源保护与开发为核心，结合三峡地区历史文化遗产的资源特性、空间属性和结构层次的全域历史文化遗产保护与利用规划体系，将保护与发展的观念贯穿于规划的各个层面，发挥不同层次城乡规划对城镇发展和建设的引导和调控作用，在市规划局等职能部门的推动下，实现三峡地区历史文化城市(镇)全域性的保护。

项目结合《重庆市历史文化名城保护规划》编制工作，建立重庆市三层七类的保护体系。空间上按照历史文化名城名镇、历史地段和历史文化资源点三个层次实施保护与利用，内容上以主城区及市域具有重庆山地地域特色的历史文化街区和传统风貌区、历史文化村镇、文物保护单位、优秀历史建筑(包括优秀近现代建筑)和保护建筑(含传统风貌建筑)、风景名胜、非物质文化遗产、世界文化(自然)遗产和主题遗产 7 种类型历史文化资源保护为主，实现涵盖所有历史文化遗产类型，覆盖重庆市域空间整体性全方位保护体系。

项目研究提出“文化-风貌-建筑”的三峡地区历史文化城市(镇)保护规划方法。以区域文化环境、地形地貌特征、现状保护特征、历史价值评估为基础，明确物质文化与非物质文化的相结合的历史文化特色保护内容。开展重庆历史文化特色的“物质形态”保护，以重庆十八梯、磁器口、慈云寺等街区与文物保护为实施案例，引导延续居民的生活方式、

重构城市历史声望价值等非物质形态，依托历史文化名城、历史文化名镇（村）、历史文化街区、传统风貌区、文物保护单位和历史建筑的保护的规划体系，指导重庆市的历史文化遗产保护编制工作。

项目研究以重庆市规划局、文物局等职能部门为工作推动，编制《重庆市城乡规划历史文化特色保护规划导则》《重庆市传统风貌区规划设计导则》《重庆市历史建筑紫线划定导则》《重庆市保护性建筑、传统风貌街巷现状测绘和影像采集成果标准》等地方行业标准，提出整体性保护历史真实载体与历史环境、合理可持续利用历史文化资源的保护要求，对地区非物质文化遗产的发展特征，制定活态保护的可持续利用与实施方案。开展重庆市域范围内 3 个世界文化（自然）遗产、5 个历史文化街区、20 个传统风貌区、107 个历史文化村镇、98 个优秀近现代建筑、176 个优秀历史建筑的详细规划编制工作以及 2000 余处文物保护单位的保护工程。支撑钓鱼城遗址列入世界文化遗产预备名录，支撑大足石刻宝顶山千手观音造像抢救性保护工程、潼南大佛寺保护工程获评全国十佳文物维修工程，完成石宝寨、白帝城、张飞庙等长江三峡文物保护重点工程。

（二）山地历史文化名镇保护时序与强度决策模型

项目研究基于 AHP 层次分析法建立历史文化名镇保护决策模型。以文化保护、风貌保护与建筑保护三个层级的整体性保护为评估向量，将三峡地区历史文化名镇保护中需要解决的时序评估与强度决策两大实际问题作为总体评估目标，分析与筛选目标关联因素，建构三峡地区关于山地历史文化名镇保护时序和保护强度的评估模型。

笔者指导完成了《重庆市第一批历史文化名镇规划与保护实施情况调查研究报告》，研究通过对重庆山地历史文化名镇的评估，拟合划分市域历史文化名镇的空间格局（重庆周边山地历史文化名镇拟合片区、渝东南土家族、苗族山地历史文化名镇拟合片区、渝东北长江山地历史文化名镇拟合带），对重庆直辖范围的地方区县发展状况与发展目标进行分析，确立编制专项规划的要求，提出保护与利用方式，有效指导和推进了重庆市历史文化名镇保护工作。

项目研究工作确立“4+1”（四区一线）的三峡地区历史文化名镇保护规划方法。通过划定历史文化名镇的核心保护区、一般保护区、建设控制区与风貌协调区，明确核心保护、风貌控制与合理利用的规划内容；通过划定城市紫线范围，协调重庆城市（镇）总体规划在发展方向、土地利用、用地布局等各个层面的保护内容。发挥规划对城镇空间的控制和引导作用，平衡城镇发展与历史文化遗产保护的空间关系、协调保护行为与社会经济发展目标的关系，实现三峡地区历史文化名镇的整体保护。

项目研究成果应用于龚滩、龙潭、宁厂、安居、走马、丰盛、松溉、罗田等 43 个重庆市历史文化名镇保护示范工程中，成功推动报批中国历史文化名镇 18 个。通过对古镇自然、历史、建筑、文化资源的评判与鉴定，开展利用规划、发展研究以及建筑艺术研究，结合重庆地区城镇化发展的时代背景，提出重庆古镇保护和城镇建设发展的需求。

四、三峡地区历史文化街区、传统风貌区保护与复建关键技术

（一）山地历史文化街区、传统风貌区空间形态“一次性”与“引导性”控制方法

项目研究以三峡地区传统历史文化街区“簇群”式整体空间形态构成为基础，分析山地历史文化街区在气候、植被、地形、生态敏感性等方面特点，平衡街区人工环境与自然生态环境，将一定历史街区范围内具有相同特征的物质形态（地形地貌、生态环境、街区肌理与建筑组群）聚集而成的有机组合体，统一视为整体性“簇群”保护的单元，结合历史文化场景与非物质文化遗产保护，拟合串联各个保护单元，提出三峡地区“一次性”整体设计和“引导性”的街区空间形态控制方法，开展物质形态与文化内涵并重的深层次保护规划与管理。

山地历史文化街区、传统风貌区空间形态“一次性”与“引导性”控制方法运用在《重庆主城区传统风貌保护与利用规划》中，依据真实性和整体性保护原则，划定28处重庆传统风貌保护片区，提出分级分类保护的三级管控措施。针对传统风貌核心保护区采用“一次性”的控制方法，提出修旧如旧、原拆原建的保护内容，真实、完整地保护传统街巷的原有空间尺度和肌理、原有走向等风貌格局；针对建设控制区采用“引导性”的控制方法，提出三峡地区历史文化街区延续核心保护区的空间尺度和肌理、景观格局、建筑高度等风貌格局的保护内容；针对风貌协调区采用“引导性”的控制方法，提出建筑符号、体量比例等与传统风貌特征相协调的保护原则。完善三峡地区传统风貌片区的保护导则，实现传统风貌区的合理性和活态性利用。

（二）山地历史文化街区街巷空间要素设计方法

项目研究结合三峡地区历史文化街区的肌理构成与历史文化遗存分布，以磁器口、湖广会馆及东水门片区等传统街巷空间研究为基础，提出符合山地街区肌理的街巷空间要素设计方法。

在传统街巷形态有机延续与保护方面，针对三峡地区特有的平面、剖面形式和尺度，通过修缮维护和严格的建设管理，控制山地传统街巷线形与尺度的变化，将街巷的平面线形与街区外部有机联系，实现新旧融合的交接与转换关系。在剖面保护方面，筛选具有三峡地域历史价值和景观价值的要素，确定需要保护的轮廓线形态，构建具有山地典型性的街巷横断面，控制三峡地区传统双三维特征的横剖面与纵剖面特殊形式，控制街巷竖向设计，维护现有坡道、梯道等路径，实现龚滩、龙潭等传统古镇中的街区保护。在城镇轴线保护方面，依托历史文化街区的发展脉络，在历史轴线基础上延伸，以宁厂、走马古镇的城镇轴线保护规划为例，模拟传统空间轴线与山水、自然、地形、植被的关系，实现山地城镇街区的肌理的保护。

项目研究成果应用于磁器口、湖广会馆及东水门、北碚金刚碑等5个历史文化街区，

十八梯、白象街等20个传统风貌区的保护与修复中。在磁器口历史文化街区修复中，有效指导了街区空间肌理格局的延续与保护。在规划中继承保留了现有的磁正街的结构、走向、空间尺度、空间结点及路面铺装形式，并通过街巷空间的组织，加强嘉陵江、清水溪与古镇的有机联系，延续街巷空间的多样化功能特色，实现磁器口街巷空间的复建与保护。在湖广会馆及东水门街区更新保护过程中，采用山地历史文化街区肌理有机更新方法，在空间格局上，保护街区与长江及周边环境空间格局关系，提出禁止改变街区自然地形地貌，保持沿江面建筑顺应地形形成高低错落的空间格局，对街区内整体风貌不协调的大体量建筑进行降层，顺应整体地势走向，保持沿长江面形成丰富的空间轮廓关系。在空间肌理上，延续空间肌理主要从保护街区内7条历史街巷、延续以台地院落式空间组合模式、保护宜人街巷尺度等方面着手，整体空间格局仍然以湖广会馆建筑群为核心，延续传统山地街区风貌，形成以“一纵四横”为主要街巷骨架的网状肌理。

五、三峡地区历史文化建筑及环境地域性保护关键技术

(一) 山地历史文化建筑原真性评价与修缮关键技术

项目研究从三峡地区巴渝文化、抗战文化、移民文化融合共生的历史发展进程出发，根据西南山地历史文化建筑保护的特殊性要求，评估文化价值、保存状况、利用方式，提出以ArcGIS技术为依托进行多源资料的综合分析，构建定性与定量相结合的三峡地区历史文化建筑价值评估模型，优化建筑遗存分级保护与管理过程，确立历史建筑价值评估与原真性修缮的保护技术路径。

项目研究建立了“山地地形分异—历史街巷格局—单体建筑营造”的历史建筑保护价值的评价路径。研究拟定两个层级的指标因子，一级指标包含地形环境、历史街巷、建筑遗存的物质属性和社会属性四个因子，在此基础上选取其各自评价内容所包含的二级指标因子，得到山地历史建筑保护价值综合评估的AHP层次分析结构。通过ArcGIS的“空间分析”扩展模块，对指标因子进行加权汇总和空间叠加分析，识别三峡地区历史文化建筑的标准栅格评分数据。结合建筑保护价值综合评估得到的评分结果，划定三峡地区不同的评分区间分别对应文保单位、历史建筑、传统风貌建筑和一般建筑，制定相应的建筑保护与整治措施。

该技术以历史建筑评估为主导应用，开展了对三峡地区55处全国重点文物保护单位、282处市级文物保护单位、1999处区(县)级文物保护单位、98处优秀近现代历史建筑的保护价值评估工作，指导编制《重庆市第一批优秀历史建筑(南川部分)定点定位及紫线划定专项规划》，确立第一批176个优秀历史建筑的定位入库和挂牌保护工作，明确历史建筑的保护与利用原则，提高历史建筑规划管理效率。

项目研究提出了基于空间活动维护的历史文化建筑修复方法，以三峡地区传统山地建筑研究为基础，在对历史文化名镇保护工程中，针对代表性的地域建筑，以“修旧如旧”

为原则,开展历史与风貌建筑的现实使用与空间意象的修复方法,重建三峡地区传统建筑的历史风貌。

在重庆东水门片区的谢家院子修复过程中,提出适应性山地历史建筑构造方法,运用于历史建筑的屋顶、墙体、木作等部分的修缮工作中。在重庆东水门片区的胡子昂故居修复过程中,项目提出协调性传统风貌建筑材料利用方法,以历史建筑保护中的材料选择及运用为基础,沿用传统的材料工艺进行建筑维护。在龙潭的吴家院子修复工程中,项目提出结构安全性与居住舒适性建筑改建方法,提升传统建筑维护安全、保温隔热和采光。

协同市文物局相关工作,将该技术应用于《重庆市抗战遗址保护利用总体规划》的编制工作与建筑修复中,确立市域范围内 395 处抗战遗址、15 处抗战遗址片区,研究其保存状况、历史价值与保护意义,确立以重要遗址点与抗战遗址片区的点面结合的保护空间结构。基于现状使用情况,开展建筑保护与修缮工作,原址保护 364 处、迁移保护 12 处、留取资料立牌说明 19 处等措施实施保护,展示历史上的城市与建筑空间结构,展示抗战历史建筑环境的真实性,全面体现重庆市抗战遗址的历史价值与等级。

(二)山地历史风貌建筑适应性模块化更新技术

项目研究根据三峡地区建筑因地制宜的布局方式、和谐共存的自然环境、借势取向的空间形态,确立建筑功能与建造技术匹配的建筑更新路径。延续传统建筑内部空间功能的布局情况,结合建筑的通风、采光、防潮等物理技术,提出基于历史与使用特征的风貌建筑居住环境改善、组群形态整合方法。利用 3S 遥感平台、无人机航拍、实地调查、测绘等技术方法,识别历史建筑的组群构成、环境呼应关系、建筑构件、功能布局与景观环境等现状信息,追踪历史风貌建筑的动态变化特征,构建三峡地区历史风貌建筑档案库,实现历史建筑的数字化、系统化管理。技术应用于寸滩、长寿三倒拐、安居古镇等地区的建筑保护中,依据其质量、风貌、经济价值以及规划的现实可行性,重新划分为保护、修缮、整饬、拆除等四个层次的保护,提出有针对性的整治更新模式。

项目研究在龙潭吴家院子、安居的修复过程中,提出在建筑外部插入"厨卫设施标准模块"的改造模式,合并厅堂和餐厅功能,调整和完善原有的居住功能。改造前店后宅模式,将预置模块置后,改造楼梯位置,形成沿街旅游服务设施,清除旧有搭建房屋,铺设管线,恢复院落中部的开敞空间,提高居民生活质量,解决风貌与历史建筑缺乏现代住宅所需的厨卫功能的问题。项目在涪陵彭家祠堂、龚滩西秦会馆修复过程中,提出在建筑组群之中插入"触媒功能模块",提升建筑组群的空间效益,调整建筑组群的整体空间格局,协调城市肌理、社会职能与居住需求。具体措施有在组群院落场地植入文化、休闲、绿化等功能模块化场地,清除旧有无用私建部分,开辟公共空间,探索解决三峡地区传统建筑空间的整合发展方式。

参考文献

[1] 吴良镛. 人居环境科学导论[M]. 北京:中国建筑工业出版社,2001.

［2］ 吴良镛. 广义建筑学［M］. 北京：清华大学出版社，1989.

［3］ 吴良镛，赵万民. 三峡库区人居环境建设的可持续发展［A］//1997中国科学技术前沿［M］. 上海：上海教育出版社，1998：569-601.

［4］ 王建国. 城市设计［M］. 南京：东南大学出版社，1999.

［5］ 崔恺. 本土设计［M］. 北京：清华大学出版社，2008.

［6］ 赵万民. 三峡工程与人居环境建设［M］. 北京：中国建筑工业出版社，1999.

［7］ 赵万民. 山地人居环境七论［M］. 北京：中国建筑工业出版社，2015.

［8］ 赵万民. 三峡库区人居环境建设发展研究——理论与实践［M］. 北京：中国建筑工业出版社，2015.

赵万民 中国城市规划学会副理事长、山地城乡规划学术委员会主任委员，中国城市规划专业教育指导委员会副主任，清华大学人居环境研究中心客座研究员，重庆市城市规划学会副理事长，重庆大学建筑城规学院山地人居环境研究所所长，教授、博士生导师。清华大学建筑学院博士学位，曾经留学加拿大获硕士学位，法国巴黎高级访问学者。主要学术领域为城市规划与设计、山地人居环境科学。曾主持完成国家自然科学基金重点项目、面上项目5项，国家科技部重点支撑项目，教育部博士点基金项目，住建部、重庆市等纵向科研20余项；发表高水平论文150余篇；出版专著10余部；主编《山地人居环境科学丛书》32本；主持承担西南山地和三峡库区城市规划与设计实施工程80余项，主持和指导三峡库区40余市、区、县、镇的迁建工程和移民安居工程。曾获教育部科技进步奖一等奖2项，自然资源部科技进步奖二等奖1项，重庆市科技进步奖三等奖1项，重庆市教学成果奖一等奖1项，其他省部级各种规划设计行业奖30余项；曾获第七届中国科协全国优秀科技工作者奖，重庆市首届“突出贡献中青年专家”，中国城市规划学会“全国优秀城乡规划科技工作者”，重庆市“两江学者”特聘教授。

以全面的城市设计应对环境变迁中城市问题的碎片化

徐苏宁

哈尔滨工业大学城市设计研究所所长

一、城市建设的碎片化现象

中国的城市设计工作从2014年开始重新受到重视,形势越来越好。但是也应看到,今天的城市建设工作面临诸多碎片化的问题,城市设计还没有起到整合协调城市景观、提高城市环境质量的主导作用,这样的状态已不再适应新时代对城市设计工作的要求。

在今天中国的城市中,我们会看到各种各样的城市建设方兴未艾,其建设量也令人叹为观止。但是,它们在以各种名义被实现的同时,却也明显地缺乏出自城市设计方面的总体思考[1-5]。例如,许多城市都在修建高铁,有的城市甚至会同时拥有东、西、南、北多个高铁站,但是,这些高铁站通常都远离城市市区,修建高铁站的目的也并不是单纯为了解决交通出行,而是借高铁建设另有所图。这些高铁站通常缺少总体规划与总体城市设计的指导,自成体系,不能与城市交通体系有效衔接,因此许多城市的高铁站孤独地矗立在城市边缘(图1),造成城市交通与公共景观的碎片化。许多城市的地下空间开发不成系统,市政、人防、轨道交通各自为政,轨道交通与其他城市公共设施之间均缺少综合的城市设计,换乘不便甚至根本没考虑彼此的衔接,地铁口与既有城市建筑之间缺乏城市设计(图2),也呈现出碎片化的现象。城市管廊与“海绵城市”建设在没有城市设计充分论证与足够尺度范围内研究的前提下碎片化地实施,等于给城市未来的发展钉下了楔子,其“管廊”与“海绵”的作用难以得到发挥。很多城市不是以人为本,而是以车为本,道路拥堵就简单地采用建设高架桥(图3)与路面拓宽(图4)等方式。一方面,破坏了城市原有的街道肌理和城市景观;另一方面,局部的拓宽加剧了车流量的拥入,使原本就拥堵的路段雪上加霜。

图 1　孤独的高铁站

图 2　孤独的地铁站

图 3　简单地架桥

图 4　简单地扩路

二、新时代的新需求

新的通信传播技术、新的能源供给体系、新的交通物流模式将改变我们的城市生活。面对新时代,这些新的契机促使我们思考,如何更好地用城市设计来让城市变得更美好,如何通过城市设计更好地应对新时代和新趋势提出的新要求。未来的城市设计还有相当长的路要走,因此,希望年轻一代的城市设计工作者们能更多地从未来发展的角度去思考,重视新技术带来的新机会,并由此出发去解决未来的城市发展问题。

“互联网+”让我们更加依赖数据的传播,“共享经济”将彻底改变我们的生活模式。从共享单车发展到共享汽车(图 5),数据的传播让我们看到城市中人的流动、物的流动、信息的流动与空间的对应关系,空间经济学与空间数据链已经不可避免地闯入城市设计之中。

在此之前按照传统理论规划建设的城市如何应对共享单车、共享汽车以及新能源汽车的到来,这大概是城市设计才能解决的问题,伴随共享单车的普及,会需要更多的停车空间和慢行系统。共享单车和街道空间的关系如何处理、如何修补?一台汽车共享可以减少 15 台汽车的生产量,城市机动车的拥有量会发生变化,现有的城市道路、城市交通系统该如何应对?

随着新能源汽车的逐渐普及,城市中必然需要更多的新设施,原有的加油站可能会成为历史。如何考虑新能源汽车的充电站、充电桩建设,街道设施、空间使用、街道景观会因此发生哪些变化,这些都是城市设计必须考虑的新问题。

单车、汽车、公交、轻轨、高铁、飞机,伴随着交通出行方式的多样化,公众对无缝接驳换乘(图6)的要求也日益强烈,各种交通设施空间的整合也会带来城市空间形态的变化,城市设计的任务就是要协调城市中各种空间要素,创造良好的城市环境和城市形态,因此可以说,城市设计在这一方面有着不可推卸的责任。

黑川纪章曾经在《城市革命》一书中提出为了减少东京这样的大城市地面上的物流,能不能建设50米以下大深度的地下物流管道的设想。暂且不管这种设想是否可行、未来是否会实现,仅看今天城市中来回穿梭的物流车辆和快递小哥,物流配送的发展已经给城市空间提出了新的要求,这些都需要在城市设计的层面加以考虑,城市设计不可能对此视而不见。

图5　共享汽车

图6　公共交通的无缝化

三、城市设计的新趋势

在城市规划和城市设计领域,笔者认为可以用以下三点来形容新的发展趋势,即从规划有料到设计有道、从理性有序到感性有趣、从技术有链到艺术有变。

《北京城市总体规划(2016—2035年)》让我们看到城市规划,特别是总体规划,正在回归它的本质,即更加注重公共政策的制定、城市公平性的体现、城市资源的控制。那么,接下来,具体转译城市规划提出的宏大目标、描述城市空间的任务就落到城市设计的身上。这是一个非常繁重的任务,需要城市规划与城市设计精细配合,仔细研究,具体落实。因此,城市总体规划的改革,首先要做的就是需要以城市设计的思维来做城市规划,以技术、艺术、人文之道把控城市规划的制定与实施。

有人曾经做过统计,党的十九大报告中提到"人民"二字逾200次。为人民设计(图7),是永恒不变的真理。过去我们经常强调理性、有序,强调规划是严肃的法规层面的事情,在城市的建设和管理上也体现出过分理性的一面,使得许多城市缺乏活力、缺少生气、机械僵硬。而感性有趣就是希望以城市设计为契机，既要考虑到城市这部机器的有效运转，也需要考虑街道和生活的品质与活力。城市设计是要为人服务的，城市的空间应当具有趣味和品质。空空荡荡，一片树叶或者一张纸片都没有的城市固然整洁，但那不是人民所需要的城市。

图 7　为人民设计

城市规划的发展从不同历史时期、不同体系、不同角度的各种理论建构中获得了足够的支撑与保障，规划设计技术也已形成了较为成熟的体系，我们所欠缺的是对城市艺术的追求。城市设计要讲求艺术原则。面对中国 600 多座城市，我们需要在已有的重视技术的基础上更加重视艺术。而且，城市设计有这种能力，通过针对不同城市的人文历史、自然条件、资源禀赋，在总体城市设计层面把控城市发展的艺术特色，在局部城市设计层面引导城市的艺术布局，让每一个城市都成为独一无二的风景。

城市设计要有“与自然为友”的意识（图 8）。绿水青山就是金山银山，我们以往治水的模式、种树的模式、修路的模式、开车的模式都将改变，城市设计的作用将更加重要，河岸、堤坝会更自然，景观要求会更多，植被会越来越多，机动车道会变窄，留给行人步行的道路会更宽，设计感会越来越强。

图 8　与自然为友

未来的城市设计应更加重视环境变化给城市带来的影响,并找到应对的办法。中国第八次北极科学考察队的队员回国后在接受央视记者采访时说,他们在北极亲眼所见的气候变化情况比想象的要严重得多。这说明,全球气候变化是一个不争的事实,如果我们不重视这个问题,许多沿海城市几十年辛辛苦苦的建设成果都可能在海平面上升或其他气候灾害中会化为泡影。世界著名设计公司 BIG 为纽约曼哈顿做的应对气候变化的城市设计方案 BIG U,就是从这方面的思考出发构思的一个优秀案例。

四、城市设计的新要求

这些新的问题及挑战促使我们思考,对于城市设计来说需要提出新的要求。即城市设计需要有广度的视野、深度的研究和精度的实施。

"广度的视野"是指城市设计涉及的范围要广泛,不能只局限于一时一地,要有共时性,也要有历时性的考量。需要丰富各种大尺度、小尺度城市设计的实践,从而扩大城市设计的影响,提高城市的文化内涵和景观艺术水平。

"深度的研究"是指城市设计的研究要有系统性,与城市生活有关的方方面面都需要城市设计的参与。提高人们的生活质量涉及建筑、市政、交通,绿化、景观、水系,地上、地下、空中,街道、街区、空间等各个方面。以往单打独斗,计较部门利益,不计整体的做法要在城市设计的统筹引导下加以改变。

"精度的实施"是指城市设计的技术,包括设计与实施的技术。我们需要利用众多的数据——大数据、小数据等来拓展城市设计的技术手段。在城市设计的实施过程中,需要有注重实效的技术措施,保证城市设计最后能够落地,提高城市的环境质量和管理水平。

中国城市众多,面临的问题也十分复杂,城市设计需要针对不同问题和不同对象提出多样化的解决方案。中国的城市设计需要我们大家一起认真研究,拿出我们自己对城市问题的解决方案,同时贡献出我们自己的城市设计理论。

参考文献

[1] 王建国,杨俊宴. 历史廊道地区总体城市设计的基本原理与方法探索——京杭大运河杭州段案例[J]. 城市规划,2017(8):65-74.

[2] 王建国,杨俊宴. 历史城厢地区总体城市设计的理论与方法研究探索——潍坊案例[J]. 城市规划,2017(6):59-66.

[3] 刘迪,杨保军. 地方本土文化下的城市设计方法探索——以江西永丰县城总体城市设计为例[J]. 城市规划,2017(9):73-80.

[4] 徐苏宁. 设计有道——城市设计作为一种术[J]. 城市规划,2014(2):42-47.

[5] 徐苏宁. 以综合性城市设计提升城镇建设的品质[J]. 南方建筑,2015(5):23-26.

徐苏宁　毕业于哈尔滨建筑工程学院，获建筑学专业学士学位，建筑设计及其理论学科硕士和博士学位。研究主要集中在城市设计方向上，所面对的是用于指导城市规划及城市设计的基本理论与方法问题，是城乡规划学及建筑学学科的重点研究方向之一。近年来更围绕教学与实践，形成了系列的研究成果，是国内城市设计美学研究领域的开创者之一。主持过国家自然科学基金项目，参与过从总体城市设计到局部地段城市设计的各类城市设计实践，获得过全国优秀城乡规划设计、优秀城市规划科技工作者等奖励，在各类学术期刊和学术会议上发表了100余篇学术论文，翻译编写了诸多学科专业书籍。

议题四

21 世纪初中国城市设计发展前瞻

城市设计与城市双修

基于全球可持续发展与中国新型城镇化对环境品质提升的需求，住房和城乡建设部先后将57个城市作为“城市双修”试点城市，并明确了城市设计与城市双修对于未来中国城市发展的重要指引作用。

城市双修包括生态修复与城市修补两部分内容。针对自然环境变迁以及各种人类活动造成的对城市环境的负面影响，城市设计可以施展生态修复的技术手段，促使城市生态肌理、生态关系以及一系列生态要素在不同向度上的均衡、联系与发展，维系城市可持续发展的本底条件。

城市修补是对快速城市化发展中所遗留的城市“伤疤”做出的优化与提升。城市设计的核心内容在于城市空间形态机理的建构与场所营造，对于这些处于衰退阶段的城市空间，可以通过修补的方式激发区域活力、优化城市结构、提升环境品质，提升社会对于美好生活的“获得感”。

本文就嘉宾讨论的主要观点以发言形式归纳整理如下①，因字数有限，部分内容有所删节。

主持人：

王建国，中国工程院院士，东南大学城市设计研究中心主任

讨论嘉宾：

李晓江，中国城市规划设计研究院原院长，高级规划师

王富海，蕾奥城市规划设计咨询有限公司董事长，首席规划师

朱子瑜，中国城市规划设计研究院副总规划师

张　勤，杭州市规划局局长

韩冬青，东南大学建筑学院院长、教授

文稿整理：

高　源，东南大学建筑学院副教授

郑　屹，东南大学建筑学院博士研究生

主持人：

2015年中央城市工作会议以后，住建部对于城市设计、城市双修给予了高度重视，先后在全国进行了城市双修和城市设计的试点工作，其中城市设计试点城市就达到了57个。目前，全国从中央到地方都对城市设计给予了高度关注。其实城市设计和生态修复、

① 李晓江、王富海、张勤发言根据会议录音整理而成，王建国、朱子瑜、韩冬青发言为在录音整理基础上的个人修改稿。

城市修补之间存在着一定的内在联系，因此今天我们请来了几位重量级的专家学者，与大家分享一些他们的看法和观点。

张勤：

城市设计和城市双修是一个怎样的关系？我认为城市发展是一个过程，不仅体现在景观和建筑的设计，更表现为社会的发展与城市功能的不断提升。在功能提升的过程中，一些既有的城市功能可能会对今后的发展带来一些负面的影响和作用，或者说是某种遗憾。但是对于这样的一些空间，我们没有办法放弃，城市是我们的家园，我们不可能因为其中的某些地方被污染了就放弃它，转身再去找寻另一个栖息地。我们身处这样一个时代，为了守好这个家园，需要不断地按照城市发展的过程，去实现新的功能需要，同时为了实现城市和社会整体发展的需要，也需要对这些空间进行修复。

这种修复可能会表现在两个方面：一个方面是我们常说的生态修复；另一方面是面向人的经济社会活动去创造空间，并按照新的功能需要进行不断地优化调整，这就是城市修补。修复和修补的过程中，既要考虑到原先的经济社会发展对后续环节的影响，又要考虑到城市发展过程中产生的新的需求。其中最重要的是面对既有的人、既有的社会，以及他们的各种诉求，因此这是一个非常细腻的过程，需要一些创新的手段和方法。

我认为城市设计体现了以下几个特点。

第一，过程性，也就是体现为历史继承与实践实施过程中的落实和完善。所以城市设计不是拿出一个方案就完结的，而是要不断地去适应新的需求，跟上时代发展的步伐，不断地适应新情况。

第二，城市设计是一个平台。当经济社会发展到一定阶段，城市发展达到了一定水平以后，城市的多元性非常明显，诉求也非常强烈。但很多功能上的诉求或空间上的诉求，不是设计师能够从课堂、书本上学得到的，而需要在城市设计的过程中，向涉及的地方百姓与多元主体去请教和学习。城市设计的工作方式恰恰是搭建了这种平台，让各种诉求能够集中在具体的空间上，进行协商并谋取共鸣。另外，我觉得这种方式在改革开放40年来的城市规划法治化建设中也有体现，那就是法定规划工具的编制，例如城市总体规划、控制性详细规划等，除此之外还有各种各样的规范和技术要求。目前，怎样将多元的诉求和依法行政的背景结合起来，就需要对一些细节甚至过程有具体的安排。

第三，治理的模式也在发生变化，往大了说就是治理体系和治理能力的现代化，其实就是众人的事情要众人商量着做。在这一过程中，城市设计越来越多地成为老百姓了解城市空间资源价值、达成共识、并引发共同行动的一种手段。所以要做好城市生态修复和城市修补，城市设计是一种非常重要的途径和方法。

朱子瑜：

生态修复和城市修补是当前国家推进城镇化的一项重要工作。之所以称它为“双修”，而不是“两修”，是因为它们是一个事情的两个方面，也就是说城市修补和生态修复是类似于“阴和阳”的关系，要一起推进。

城市双修是上承中央政策、下接民众意愿的一项重要工作,得到大家的拥护。因为它使规划设计有机会去做技术集成,也就是各个专业、各个部门可以协同起来进行资源整合达到综合效益,而不是只追求片面单一的目标与结果。而其目的就在于针对城市发展过程中的病症,治好生态病,治好城市病。

那么双修工作怎么去治这些"病",可以使用中医的办法对城市进行"调理":重构自然生境、重获文化认同、重整经济活力、重理社会善治,重育场所精神、重塑空间品质……而城市设计也恰恰适应这个工作的需要。所以说城市设计是展开城市双修工作最有效的手段和工具,它可以用调理的办法将生态修复,将城市修补。

王富海:

深圳是改革开放以后中国城市发展的一个缩影。深圳城市发展的主题是新区和新城的大规模发展,这个过程是人类历史上最波澜壮阔的过程,但是在我们这一代人手里它的发展进程非常快,快到以至于现在的城市已经不能再继续扩张,已经超出了目前城市的需要。

如果以前城市的建设发展被称为大动作,现在转型的工作就可以称为小动作;如果以前是城市发展的大时代,现在就是小时代。在小时代中,城市设计和城市双修正好是符合城市主要工作方向的两大利器。虽然在大时代中也讲究城市设计,但是那一时期城市发展的主题是快,追求的是规划建设的快速铺开,如此操作给现在的城市留下很多任务,甚至是毛病与问题。因此,在小时代中可以通过城市设计的手段,让设计、管理、实施以及城市运营越来越精细。尽管城市设计可以在很多尺度上进行讨论,但是它更重要的内容还是在可操作的空间范围内,去实现物质空间、精神文明、文化功能等方面的内容。

对于城市双修,我认为它是一个行政操作的平台,它符合我国城市规划从过去的目标导向向渐进导向的转变,所以这项工作应该保持年度常态化的方式进行,即每个城市每年选择最该做也能够做的事情实施,对城市品质进行弥补,进行提升。如果这种模式能坚持下去,以过去城市多年的发展为基础,每年都坚持对城市面临的问题加以改进,十年以后我们的城市将变得非常美好。而在这个过程中,城市双修所要做的事情都是细微的、精细的。从这个角度来看,不论是生态修复,还是城市修补,城市设计方法都应该是最契合的。

李晓江:

首先,城市双修概念中很关键的一个字是"修"。为什么是"修",而不是"建"或是"改"?因为城市在发展过程中由于人为的原因出现了问题,生态被破坏了,所以要进行修复和修补,这就是提出双修的一个很重要的动机或者一个基本的判断。

其次,怎么修复?怎么修补?从本质上说,这是一个设计和营建的过程,所以当中国城市规划设计研究院承接了这个任务以后,张兵总规划师被安排来负责这项工作。对于项目队伍的组建,规划专业都选择了偏重于实施、微观方向的人员;在此基础上加入建筑设计的力量;同时在市政、景观方面,也都选择了偏向于设计方向的人员。因为我们知道城市双修绝不只是去发现问题、认识问题和评价问题,然后画一张蓝图挂在那里,而是要通过对问题的分析识别，选择其中最重要的事情去进行设计和营造，最后能够达到修复的一个过程。

就像《我在故宫修文物》那部纪录片中反映的那样：将看起来已经很破烂甚至在很多人眼里是垃圾、应该丢掉的东西重新捡回来，然后用工匠的态度将它修复，恢复原来的品质和价值，在这个过程中，精细的设计是极为重要的。从这个意义上来说，我认为城市双修与城市设计、工程设计、建筑设计之间的关系，在某种程度上比目前一般意义讲的城市规划之间的关系更重要。这就是我对城市双修的两个基本认识，一是为什么要去修理与修补，二是要用设计和营建的办法去实现。

对于城市双修这个命题提出的原因，在项目实践当中我们发现了一条，那就是双修的结果一定是为人民服务，一定是以人为本。因为经过 40 年的改革开放，中国的人变了，中国的城市已经逐渐进入了一个中等收入的社会，或者说是一个以中产阶级为主体的社会。所以在社会发展进步的过程当中，社会需求和人的需求均发生了本质性的变化。在这样的结果下，就需要改变我们对城市的价值观和对城市的认知。

因此，城市双修也好，城市设计的兴起也好，其背后的深层原因在于社会的进步，是人的需求在发生着本质性的变化。对于如何来满足人们的这种需求，个人认为设计变得越来越重要，规划师、建筑师要有能力去满足人们的需求。

韩冬青：

作为一个教育工作者，我有以下几点体会。首先是怎样看待城市设计？城市设计是否是一个独立的学科？如何将城市设计的相关知识和方法转换成教学行为，也就是人才培养的行为？从人才培养的角度看，个人不太主张把城市设计作为一个孤立的领域。尽管在学术体系的层面，城市设计具有其相对的知识范畴，包括其理论、方法、技术等核心内容。但就高等教育的目标来看，我们不能以所谓城市设计的专门人才为基本目标，尤其是在大学本科的基础教育阶段。过于狭窄的专业划分倾向是有危险的，这与城市设计本身所蕴含的多学科交融的特征相背。我主张把城市设计的思维方法、知识体系和实践策略融化到与此相关的多个专业领域中去，尤其是关系最紧密的建筑学、城乡规划和风景园林三个学科中。在这些专业的人才培养体系与过程中，教学内容和模式应该按照梯度在本科生与研究生培养中有着不同的布局。在这个基础上，本科教育可以在高年级设置城市设计的专门方向，硕士和博士教育也可以设置相对独立的学科研究方向。在人才培养的整体格局上，城市设计应该成为相关专业和学科共享的知识领域和一种整体的创造性思维方法，而不是某个特定人才类型独享的一种专业技能。这样才能使广大的建筑师和景观设计师具备城市设计的整体意识和实践技能，也才能真正使城市设计融入城市规划全过程。

其次是人才培养的方法模式问题。城市设计无疑具有很强的实践性，城市双修就是当前城市设计领域一种重要的实践导向。在大学教育中，传统的教学思想和教学方法也正在发生重大变革。从东南大学城市设计相关教学的发展历程看，20 世纪 90 年代的“城市设计”是作为高年级设计课程练习中的一个类型，后来增设了城市设计理论课，本科教学中有“城市设计概论”课程，硕士生和博士生有“现代城市设计理论与方法”课程，相关的选修课也越来越丰富，学位论文中城市设计的相关选题也越来越多。“理论课+设计课”就形成一种培养模式。

最近几年，教学模式正越来越开放，这方面可以举个例子。2015年暑期，我们学院针对南京老城南的小西湖传统风貌区的保护与再生参与组织了一项志愿者行动。该行动由南京市规划局倡议并组织，由三所在宁高校的学生组队参加。在导师指导下，同学们与区政府、街道、居民、文化学者等多种角色共同形成一种具有广泛参与性的工作方式，以期通过这样的方式了解老城区的环境状态、历史文脉、现实问题、居民诉求等，并提出可能的保护、修补和再生的方式。这个片区的问题非常复杂，有文化的传承保护问题，也有很多居民日常生活迫切需要解决的问题等。这项行动从2015年暑假开始，至今还在持续当中。工作的过程也就是教学的过程，学生和老师在社会实践过程中共同成长。团队成员接触的不只是相关专业知识，比如形态分析、场所塑造等，还会触及如何去理解民众的需求、如何理解作为一个开发企业是如何将其想法转换为一个有效的行动、如何平衡各方权益等问题，这些都是在课堂上学不到的。对于像“城市双修”这样的课题，通过这种现场实践，学生更容易理解政策、法规、权益、机制及其和专业工作者的案头作业之间的复杂联系。这样的开放化教学形式相对于传统的授课或课程设计，是一种更有综合成效的形式。城市设计需要在“做”中学。

主持人：

在小西湖案例中，城市设计是一个手段，其实修补、修复也是很重要的举措。由这个案例我想到一个问题，城市双修里面有两个“修”，一个是生态修复，一个是城市修补。那么城市修补和生态修复是否能相提并论，还是存在一定程度上的差异？

张勤：

这两件事情其实是分不开的。今天当我们认为中国城市前三十年的快速发展带来了很多问题的时候，其实也应该提醒自己，我们现在做的事情，在城市空间的利用方式上将来也有可能会被否定。因为城市发展是一个连续的过程，所以我认为不应该简单地否定过去工业化过程中形成的一些空间问题，这些问题是相应发展阶段的产物，我们应该积极地去面对它、修补它，对它永远负责。

因此，城市修补，其实就是在做一个大系统的生态修复，这两件事在理念层面是分不开的，但是在任务层面又是可以分开的。正如王建国院士提到的西溪湿地项目，实际上更多强调的是生态修复，对周边地区和水系影响进行治理；另外杭州近年来也在努力进行一些侧重于城市修补的项目，比如过去十多年里打造的口袋公园和背街小巷的治理等。所以城市修补和生态修复在任务层面上是可以各有侧重的，但是从大的系统来看，就像朱子瑜老师说的，是分不开的双面。

王富海：

深圳市在存量用地几乎用完之后，仍然面临着大量对土地的需求，这个矛盾怎么处理？回顾这些年深圳城市发展的主题，主要还是城市更新，但这种更新实际是大量的拆除重建。

过去，城中村在城市中的蔓延确实抢占了大量资源，但它的存在也有积极的一面，因为整理工作使得城中村成为城市空间拓展的一个新资源。在这一过程中，规划需要将一些公共设施、公共需求配进城中村，这是主要的工作；同时这里还包括了一项“整治”的内容，并且政府确实已经通过财政支出开展了对城中村的多轮整治，使其能够在某些方面一点一点地走向进步。

我一直认为欧洲最吸引人的老城区大都是城中村，如此经过几百年渐进式地修补和更新，形成高品质的城市空间。所以如果将城中村拆除，借助大地块、大地产公司、用单一的开发方式去更新和改造老城，人类最灿烂的城市形象和市民最美好的记忆可能就荡然无存了。很多时候我们一直强调对有价值的土地、空间的保留与保护，而很多没有历史价值但社会传承意义非常强的内容则常常被当成棚户区、当成低效用地而清除。所以对于深圳城中村，我认为如果每一个村子都能够保留下来继续发展的话，它们的意义和内涵比新盖楼盘对城市有价值得多。

另外，在小空间的提升方面，深圳也有一些零星的经验，但是个人认为深圳在这一方面的主体意识相对较弱。其实城市都在做着一些城市双修的工作，比如环境整治，城市三年提升行动等，但也有一些城市以城市双修之名，继续做决策者要求的形象工程。所以在某种程度上，在建设部出台城市双修政策和试点工作以后，各个城市推动的力度还不够，这意味着我们还没有把双修工作上升到中央一级要求的、城市进入改善时期最有效的手段。如果城市双修能够上升到这个层面，并且业内也确实认真的每年推动双修工作，年年提升城市品质，城市双修才能够真正起作用，城市设计才有实实在在的用武之地。

现场提问一：

城市双修的提出和试点工作是在存量基础背景下展开的，然而现在中国还有一些增量需求的城市，那么他们的工作怎样体现对城市双修思想的呼应呢？

李晓江：

我认为中国城市急风暴雨式的发展阶段已经基本结束。实际上我国的城市也存在两种“存量”：一种存量是目前我们讨论的主题，即城市已经建成地区的提质问题、优化问题；另一种存量是大量在晒太阳即闲置或者没有被完全开发的土地，每个大城市中都有几十甚至上百平方公里这样的存量用地。但是我们最近的分析发现，中国人口前20位的城市中，过去5年的人口增长速度都只有前10年（2000—2010年）的1/5~1/3，这反映出增量已经明显放缓，同时中国城市还有大量空置的住宅与建筑，所以我个人真的不认为中国城市还会面临新一轮急风暴雨式的扩张。

当然任何城市都会有增量，但是这种增量的增速已经完全改变了。从这个意义上来说，老城中这些真正存量的地区面临的是双修问题，而那些开发过程中的新区，个人一直提出的是织补和缝合的问题，就是如何在这些地区的发展中，更加全面地考虑人的需求，填入各种各样的公共服务设施、生活服务设施，实现产城融合，实现郊区、园区的城市化与城区化。重庆两江新区的书记曾对我说过，两江新区从今往后再也不建园区了，只建城区。换言之，就是任何有人居住的地方都应该用城市的标准去建设，用城市生活的标准去进行配套。这可能是下一轮城市新增长地区的一种发展模式的改变。从内涵上说，这种想法与城市双修是异曲同工的。

朱子瑜：

我对这个问题进行一个补充，假设有城市依然存在增量的需求，自然生态系统肯定会因为城市的增量发展而改变，因此双修工作是必要的，以确定在哪里增量，增多少量，以及如何增量。这些都应当与生态相关联，而不是先决定增量发展，等发现问题后再回过头去修复生态。

另外，即使是做城市新区的规划设计，也需要进行“城市修补”。正如李院长刚才所讲，我们至少可以用修补的方法完善目前新区规划的相关内容。我们虽然建设了很多新区，但从空间体验的角度，几乎都比不上老城。

现场提问二：

目前国家在城市双修试点城市的实践过程中，遇到的主要的困境和阻碍主要来自哪些方面？

朱子瑜：

困境来自很多方面，补充一个信息，刚才李院长谈到，在全国正式启动双修工作之前，中国城市规划设计研究院在三亚做了一些相关工作，总结时发现“困境”不一定在规划工作内容本身，而是“需要书记亲自抓”，也就是需要政府层面相关决策和执行的支持，毕竟很多城市的双修工作“不是书记亲自抓的”，各种阻力会比较大。要充分发挥规划设计的统领作用，相关部门之间协同配合，社会力量共同参与，这些都是潜在的困境和阻碍。因此，面对双修工作推进过程中这些问题，希望能做到书记亲抓、市长真干、规划统领、部门协同和社会参与。

王富海：

在我们承担的一些城市双修工作中，几乎每个环节都会出现一些问题，归纳来看，核心点在于工作体制不健全。所以目前双修工作最大的困境在于，这一项目是由住房和城乡建设部提出的，并没有上升为国家层面进行城市改善的、最重要的行动要求，正因如此，目前的推进过程中出现了很多缺乏统一协调配合、低能效的情况。中国是一个动员性很强的国家，如果没有把双修放到发令台上去好好动员，它的分量会不够，不足以发挥最大的作用与价值，这是我觉得目前双修面临的最大困境。

张勤：

城市双修的推进过程中肯定是会遇到困难的，我们的工作就是不断地面对困难并解决困难，因为城市双修的工作是一件合理的事情，对于合理的决定最终都会达成共识。

杭州项目在推进时同样遇到了很多困难，作为专业工作者与基层领导沟通时，会发现他们都会有想法，都会站在地方发展的立场去考虑问题，所以才会认为有比双修更为重要与急迫的事情。但是如果用合适的方式去沟通，哪怕工作只能开展 10%或者 20%，实施过程中还是会慢慢达成共识，实施成效也会是有力的证明，那么下个阶段工作的开展就会顺利不少。

因此对于双修，我认为困难是很多，体制的建设确实也很迫切，但是不能完全依赖于体制，我们要追求的是达成共识。

主持人：

感谢嘉宾们的精彩回复。习近平总书记 2016 年在视察北京规划的时候已经表明，规划是龙头，要强调规划的强制性和刚性，对此从中央到地方已经达成了一致的认识。基于这样的共识，城市双修与城市设计工作的开展一定会卓有成效地向前推进，而且持续下去。我们有理由相信与期待，我们的人民、我们的社会、我们的城市一定会通过城市设计和城市双修获得更美好的未来。

城市设计的中国智慧

长期以来对城市设计的探讨多以西方语境作为参考，事实上我国古代乃至近现代的城市设计中都蕴藏着博大精深的中华文化精髓和智慧，国外一批城市设计书籍都曾援引过中国的城市案例，北京更被公认为“都市计划的无比杰作”。

目前，我国的文化传承意识与文化自信程度显著提升，我们需要对中华优秀传统文化加以反思和借鉴，其中包括城市设计的中国智慧。因此，这一议题的设立旨在或依据历史文献，或梳理城市发展源流，或分析总结相关案例，以挖掘中国传统的城市设计智慧，并分析其在当代中国的运用，让这一份渊源久远的中国智慧指引我们今天的文化传承，指导我们从过去走向未来。

本文就嘉宾讨论的主要观点以发言形式归纳整理如下①，因字数有限，部分内容有所删节。

主持人：

郑时龄，中国科学院院士，同济大学建筑与城市规划学院教授

讨论嘉宾：

吴志强，同济大学副校长，中国工程院院士

杨保军，中国城市规划设计研究院院长，全国工程勘察设计大师

刘泓志，AECOM 亚太区规划设计高级副总裁、总经理

叶　斌，南京市规划局局长，研究员级高级规划师

段　进，东南大学城市规划设计研究院有限公司总规划师，全国工程勘察设计大师

文稿整理：

高　源，东南大学建筑学院副教授

沈宇驰，东南大学建筑学院博士研究生

主持人：

中国有非常古老的城市，有全世界最早的城市地图，有着悠久的历史。古代文献中蕴藏了很多关于中国城市的智慧，如城市的选址、规模、产业和人的关系等。

下面特邀几位在这方面研究有素的学者和规划师来介绍这方面的思想、体会、认识和火花。

段进：

中国古代在传统城市设计方面的成果，无论是在理论层面还是在实践层面都有着丰

① 郑时龄、吴志强、杨保军发言根据会议录音整理而成，刘泓志、叶斌、段进发言为在录音整理基础上的个人修改稿。

富的积累。可以认为,现在的城市设计之所以这么受重视,是因为我们在城市文化与人居环境方面出了一些问题,尤其是在现代城市经济高速发展的情况下,问题显得更加严重。如何实现经济发展与文化(传统空间基因)传承的共赢?我们团队在苏州的实践有一些这方面的探索与经验。

第一,一个城市的整体文化与蕴含其中的中国智慧,不能在我们这一代断档。比如苏州"四角山水"的空间格局、"城中有园,园中有城"的人工与环境关系、"小桥、流水、人家"的景观意向等。苏州城市设计面临的并不是一个简单的风貌问题,仅仅用现代城市设计方法,比如 Kevin Lynch 城市设计的"道路、边界、区块、节点、地标"五要素,进行一些分析和设计是无法解决苏州的问题,苏州的城市建设涉及大量的中国智慧。

苏州城很重要的特点在于"水、陆、建筑"之间的空间关系,它们使苏州城形成一个双棋盘空间结构,包含了水棋盘、陆棋盘、建筑和水陆之间的关系、空间尺度的关系,以及廊空间(空间和空间之间的联系),使整个城市形成类似园林的空间关系。这些都是中国人对于人类和自然关系的理解,是中国的智慧。所以我们在现代城市设计中非常重要的一点,就是延续中国的精华与在地性。

第二,在中国做城市设计,以前用一个法式、用一些简单的规定就能够使整体的设计与建设得到控制。今天现代城市设计发展到这个阶段,我们需要探讨如何能够让城市设计真正起到作用,对此我们团队做过认真的研究。我们对苏南一个城市十年内做过城市设计的每一个项目做了调查,应该说这个城市 10 年来城市设计的项目总量不少,但经统计调查,这些项目中发挥作用的只有 38%。而且这 38%还并非指全部实践落地的城市设计,还包括用于管理的城市设计了,这个效率实在是太低。今天讨论的主题是中国智慧,我希望能够给大家一个启发,能够继续研究这个问题,更好地提高城市设计的实施效率。我们在苏州古城保护的控规中运用了一些高度、色彩和空间尺度的通则导控方法,对苏州整体的保护起到了重要作用。

第三,我国当下的城市设计非常注重重点地区的城市设计,忽略了普通地区的城市设计。事实上当我们进入到一个城市环境当中,老百姓都生活在普通的居住区;同时评价一个城市的风貌是劣质与混乱时,往往也是针对这类普通的地区,所以在这些方面也值得继续发挥中国城市设计的相关智慧。例如中国古代的城市并不区分富人区和贫民区,而是不同阶层混居,公共建筑和普通居住建筑也混合在一起,所以整个风貌要求不会只关注几个公共区域和标志性节点,而忽视了其他城市区域。

叶斌:

21 世纪之后,南京在城市历史文化名城的保护与发展方面推动了三件事。

第一,在城市层面最大限度地突显南京山水城林融为一体的整体空间格局。古都的选址一定会根据特殊的地理位置和地形地貌。我们尊重古都的立地条件,根据地形地貌,我们编制了南京基本生态控制线,目前在控制线以内的山体和水面、农地得到了有效的保护和控制。改革开放初期出现的"靠山吃山、挖山不止"的现象已经全部停止,所有非法开采的山体宕口基本完成了生态修复。

第二,以敬畏的姿态保护城市有价值的历史遗产。20 世纪 90 年代和新世纪初是一个大拆大建的时期。南京拆除了相当多的老房子,这些老房子确实不是文物,也不是历史建筑,但是这种大拆大建把城市的魅力与传承也拆掉了。现在我们强调保护老城,在明城墙以内进行整体的城市形态控制。我们请王建国院士做了两轮老城高度形态的研究工作,引入了很多科学的方法,建立了技术路线。

在南京,对于历史文化遗产,我们建立了应保尽保的理念。举一个非常典型的例子,即段进老师主持的南京大校场机场城市设计。大校场机场有 10 平方公里,中间有条机场跑道,宽 65 米,长 2685 米。针对这条混凝土跑道,很多投标单位都认为这么大规模的地,经济价值丰厚,几乎没有拆迁,做项目开发多好。但段老师的方案从方案竞赛开始,就强调历史的传承性。这一跑道修建于国民政府时期,往前追溯,这个地方之所以叫作大校场,是因为这是明代练兵驻兵的地方。根据这样的历史特征,方案强调将这一跑道整体保留下来,塑造成为南京未来最大的一个具有室外活动功能的城市客厅。目前这一想法已经落实为控制性详细规划以及相应的管理准则。基于这样的保护,我们还在进一步策划保留跑道后这一巨型城市空间中的活动,希望把它打造得更有魅力。值得强调的是,大校场机场的跑道既不是历史建筑,也不是文物。

另一个案例是梅山钢铁公司(简称梅钢)的宿舍区。在新中国几乎所有的城市规划原理和居住区教科书中,梅钢宿舍区都作为范例出现。最近这个地区要移交地方政府了,由于现状的建筑质量比较差,而现状的用地强度比较低,地方政府和梅钢都在考虑把这块地上的建筑全部拆除再开发,但我们非常希望把这样一种既不是文物也不是历史建筑的建筑群保留下来,它们是见证南京特殊时期发展历史的物质载体,对它们进行保护是敬畏城市的一种做法。

第三,要审慎地再现或者标识一些能够反映城市历史的空间。在中国的成语和唐诗中,描述南京的内容极为丰富,但是反映在地表的却很少。以"六朝古都"这一称号为例,目前人们能够在地表感受的仅有六朝的陵墓石刻。再如唐诗中经常出现的"台城",我们现在称的台城大都是指东南大学以北的区域,其实这并不是历史中的台城。所以,在城中标识这些场所是城市空间特色塑造和历史文化发扬光大的重要使命。历史上,南京在现代城市建设考古中,发现地下文化遗存,一般会切一段出来调到博物馆展陈,原址就开始新的大规模现代建设了。我们最近出台了一系列针对地下考古的措施,要求若发现有遗存,应就地保护,并把这些历史文化遗存保护好,组织到城市的公共空间里,将这些历史空间予以标示,展示到现在的街道、广场、绿地空间中,最不济的方式也要把它保留在原址新建房屋的公共区域。类似这样的保护与展现,我们准备继续进行。例如唐诗里的"二水中分白鹭洲",这种意境应该如何营造?"凤凰台上凤凰游",这个"凤凰台"在哪里展现?我们并不是说复建或者重建,而是标识一种城市的文化空间,标识一种意象。

刘泓志：

中国智慧依附在一个形而上的哲学思想，体现在城市设计的价值取向。回顾中国城市的历史与演变，不难发现每个时代特殊的课题和境遇都催生出对建城营城的不同看法与做法，在此基础之上形成了当时城市规划和设计的范式，这些范式正是当时普世价值的形式体现。根据个人思考和观察提出六点存在于中国哲学中影响着中国城市设计的思维与智慧。

第一，抓大放小。中国在城市设计中一个明显的价值取向是一种强调宏观与战略的“全局思维”。这种全局观在中国的设计思维里占据了非常重要的部分，更有甚者主导了上位决策，这种全局观相信只有预先辨识和掌控城市中较大的挑战与全面性的问题，才有基础去正确地推进后续的工作，进而照顾到那些更小、更具体的问题。全局思维也是一种主导思维，在一定程度上也代表了我们的“政治智慧”。

第二，顺天应人。“天人合一”是中国文化的核心价值之一，这是一种人与自然的和谐共处的深刻理解与境界的追求。天人哲学崇尚的价值背后是一种“和谐思维”，我们相信城市发展应该是人与自然找到共处方式的过程，即使有矛盾和差异，也是在“和而不同”的理念追求里去包容。《周易》中提到“观乎天文，以察时变，观乎人文，以化成天下”，《管子》里也说到“因天材，就地利，故城郭不必中规矩，道路不必中准绳”，这里面所彰显的这种顺应自然，不去对抗环境而求人与自然共存的思维，一定程度上代表了我们的“环境智慧”。

第三，辨方正位。与西方城市设计思维相较，中国对城市乃至居所等讲究层级与秩序的空间布局，来自一种独特的“原点思维”，深刻影响中国对人与城市、城市与自然环境之间建立和谐关系的起点。在中国，不论是书法、绘画、行文、戏曲、音韵都特别重视落笔、起唱、出镜的动作，这种价值取向在城市规划设计中可以被理解为对落位选址、奠立格局的重视，而更深刻的意义在于如何为城市创造基础与格局，为更大与长远的城市运作建立不容撼动的秩序与理性，这同时也指出中国建城营城的哲学支撑和中国城市设计会选择什么样的空间形式去支持城市治理。《周礼》中提出严谨的建城形制，与其说是一种空间范式，更应该说是反映当代社会秩序与治理需求的价值体系。“辨方正位”隐含的空间伦理是与西方城市空间的层次感及轴向性有内涵上的根本差异的，简单地将典型中式空间诠释为中轴线布局已经流失了中国建城营城上的“格局智慧”内涵。

第四，制礼作乐。这里所指的是中国的“礼乐文化”。从城市空间的角度上可以这样理解：“礼”代表一种秩序结构，一种权能中心，一种核心价值的空间符号；“乐”代表一种自然与原始的非结构状态，是相融于天地的自然环境，也是亲山近水的人性彰显。在中国传统的规划设计里，不论是大城小市，通常都会有一个非常重要的核心，这个核心空间规模通常不大却驾驭着周边更大的领域，这个核心的空间结构与赋能紧致而清晰，这个强结构核心就是“礼”，而其他更大的区域，保留灵活或自然的空间则是“乐”的概念。“礼”与“乐”，一个是实核心高赋能，一个是虚环境低处理，中国的城市设计思维应该持续演绎这种礼乐哲学，它是中国属性的“平衡思维”，代表中国城市规划设计布局思想中的一种“空间智慧”。

第五,形意相生。中国设计思维中的“形”与“象”经常不是一种结果而是工具,通过形象去传达超越形象的抽象美学品质,这与西方的逻辑推理与实体美学有本质上的差异。形承载意,意化为形,形意相生是影响中国美感价值的一种“美学思维”。“形意相生”是中国追求的美学形式,而更高的境界则是“得意忘形”。这是中国哲学思维里引导出的非常重要的美学质量,体现了中国独特的“表达智慧”。

第六,执两用中。这里指的是中国哲学核心的“中庸思维”。“不偏之谓中,不易之谓庸”,中庸思想所创造的影响是包含对物性、德行、心性三者相调和的处世态度,代表的是中国的“生活智慧”。可以说中国智慧里对中道的追求,是一种远离极端、平衡对立的价值取向。在城市空间上的体现,左与右、东与西、天与地等,借由两端的实际功能或物件,来赋予“中间”一种独特的观点与理解。

可以认为,从中国哲学里理解到的全局思维、和谐思维、原点思维、平衡思维、美学思维、中庸思维,可以帮助我们进一步掌握中国属性的政治智慧、环境智慧、格局智慧、空间智慧、表达智慧、生活智慧。总结起来我们可以用一个“中”字来概括中国智慧的意义与内涵。“中”代表一种对客观规律与秩序、自然和谐与平衡追求的城市美学核心价值。

主持人:

谢谢刘总提出了六点关于中国智慧的精辟思考。这些是从哲学、美学的层面来谈的,而且这种智慧不仅应用在中国范围内的设计中,还应用到了伦敦奥运会、多哈等世界范围,其核心就是适应自然与因地制宜。

杨保军:

人类现在面临着三个危机的挑战:① 生态危机,这是普遍性的;② 社会危机,这也是普遍性的,并且冲突不断;③ 心灵危机,就是心态的不满足与浮躁。所以真正的智慧实际上要谋求一条方法路径,来解决好这三个关系,这是上升到了智慧层面的问题。那么中国古代如何思考这三个问题?又如何体现在设计当中呢?我认为至少有三点值得去关注、去学习、去领悟、去思考。

第一,道法自然。中国古代对自然的感情与其他国家不太一样,强调人与自然主客一体,人本身就是自然的一部分。既然是主客一体,中国古代营城的时候从来就不是拿着规划图(例如城市建设用地范围图)来规划城市的,没有这样的方式。现在学习城市设计,经常看到大家谈到西方 Kevin Lynck 的城市设计五要素,但是这五要素都是研究关于城市本体的内容,包括标识、节点、通道,这些都仅着眼于城市自身的空间组织,只有“边界”是关于城市外围、城市与外界交汇处的一些要素。

相比之下,中国古代的营城也讲五要素,《地理五诀》中称“龙穴砂水向”。抛开所谓迷信的东西不谈,《地理五诀》讲的是什么?“龙”说的是大区域的山形与走势,即大环境,它影响到城市的气候、水流、降雨;“砂”和“水”指的是城市里的山水环境。《地理五诀》的五要素,其中四个要素讲的是大环境和小环境,仅有一个谈到了城市本身。应该说当明晰了城市大环境的各种利弊以后,城市应该如何设计就清晰了,所以《地理五诀》是把环境和城市融为一体来看待与设计的,因此当我们看古代的城市时,外围环境从来就是城市生活的一部分。

大尺度空间如此,小空间亦然,这就是中国人对自然的情怀。中国的院落里一定会栽植树木,树木的生长分春夏秋冬,四季更替。因为自然本身包含了时间和空间的概念,当你看到某种树木开花结果的时候,这种自然现象会同时提醒你时令的变化。

当中国人把自然当成生活的一部分以后,自然、时间、空间和人就完全融为一体了,从一些古人的文章中可以明显体会到这一点。例如李白的《忆秦娥》中写道"西风残照,汉家陵阙",一读就让人浮想联翩:"西风"说的是季节,这里说的是秋天;"残照"指的是落日,这是一天的时间;"汉家陵阙"说的是生和死的转换,是一生的时间。这八个字讲述了一天、一季和一生,将彼时场景与时空浓缩在了一起,让读者将几百年前的汉代与眼前的景况对照起来,获得因境生情的情感变化,也就是"情景交融"。

第二,如何应对社会的矛盾和冲突?核心是和谐。中国古代智慧在不遗余力地追求和谐,无论是营城还是构筑,和谐都是被追求的要著,包括色彩的和谐、城市和环境的和谐、建筑和建筑的和谐、人和建筑的和谐等。中国人始终相信环境能够对人起到潜移默化的作用,这也属于一种中国智慧,因为当身处一个和谐的空间中时,人的心境是容易平和的,只要心境平和,任何事情都好商量。

第三,平衡,其核心就是人的身体与心灵之间的平衡。现代社会中,大家多有一颗躁动不安的心,内心无法平静也说明我们的环境缺乏让大家静下来的能力,"功利性"被过度关注了。

老子曾经说过,"埏埴以为器,当其无,有器之用。凿户牖以为室,当其无,有室之用。是故有之以为利,无之以为用。"城市设计中,公共空间是"无",实体空间是"有","有"是对我们有利的,例如墙是有利的,但它没有"用",而这个"无"是空的,这个空间才是有"用"的。

当代社会,我们都在追逐"有",所以建筑设计花了很多精力在"有"上,而忽视了"无",导致盖了一些没有"用"的楼、没"用"的空间。那么应该如何巧妙地平衡"有"和"无"呢?这也属于中国智慧层面的东西。所以总体来看,是不是应该进一步思考如何着眼长远,有鉴别地汲取智慧养分?当然,这并不意味着我们要回到过去,而是要面向今天与未来,发挥我们这一代人的创造力,但是中国智慧的源泉不能遗失与中断。

主持人:

关于中国古代的思想精髓,我们常常提及的就是"道法自然",我们设计城市不仅是造"器",而是"道"和"器"相辅、虚实相生。

吴志强:

既然要做城市设计,就应该想想"设计";既然要说中国智慧,就应该对"设计"两个字进行剖析。"设计"是一个军事用词,如果要把中国的"设计"翻译成英语,应该不是Design,而是Strategy,在中国智慧里这实际上要比设计高一个层次,它包括形之上的"理"

与形之下的“流动的、所有的生活”，这种超越单独的形上、形下，两者统一于一体的内容，才是真正的、中华的设计。所以“设计”两个字远远不止英文 Design 的意思，用 Strategy 可能更加智慧。具体而言，“计”里面一定涉及有理解事情的本质，然后“设”了“计”，进而达到让事情圆满的目标和过程，这是一种非常有深度的智慧。但是现在呢？我们想一下就是设计，然后就去考虑形态了，全然不顾及设计中包含的非形态或者超越形态之上的、形之上的理和形之下的生活的统一体，这点非常重要。

第二点，我将中国智慧也归纳成了三个词。我在福州看到很多戏台，戏台边上都有假山，为什么会有假山？原来假山的进风口都对着东南向，通过它将热风引入后转变为凉爽的地下风，所以即使夏天再热，人走进假山里都特别凉快，因为将地下的温度利用起来了，接着再通过假山将地下风向戏台主人的位置冲排，正好为看戏服务，这就是空调了。所以中国智慧很绝妙，一座假山就是一部充满中国智慧的空调，非常聪明。

我也到过都江堰，那时这个地方刚经历地震，整个城市满目疮痍，唯有都江堰仍旧完好地流淌，我当时就由衷地感叹中国智慧实在了不起，一个工程两千年来屹立不倒，不管怎么地震，依然完好地工作，太不可思议了。都江堰的例子对我的冲击非常大，因为我们之前学习的实际上都是西方现代理性主义的理论。所以对于中国智慧的归纳，第一个词是“合”。

这个“合”指天人合一。在中国智慧中，人是一个小宇宙，城是众宇宙，即人造的宇宙，而更大的、自然界的宇宙是本来就有的。所以作为中间的中观宇宙，人和天之间的城市规划与城市设计就要向小宇宙和大宇宙学习，也就是通过一个“合”字实现天人合一，道法自然，师法自然，将自然要素导入人工内部，这是非常重要的。

第二个是“和”字，就是整体性，英文称 Holistic。它不是指斗争，而是指相互之间和而不同，又因为不同而和。中国人不是西方的斗争哲学，而是共存共生、和而不同，是“不同”所以“和”；而西方是要变成一样、斗争到一样的时候才“和”，追求同一性，所以中国文化是多元的，基于差异的，因此“和”很重要。

第三个是“续”字，中西方文化在这一点上差异很大。我们谈生生不息，谈一代一代之间的关系，这种思想实际上就是今天全人类达成的“永续”理念共识。例如，老一辈对我们年轻一辈特别关爱，我们也会把这种爱传递给我们的学生，这种代际关系层层推进，但这一点在西方文化里不是那么强烈。再例如中国的洛阳古城，在建造的时候先是引水进来，通河，完成之后，水土还原，体现出一环套一环的连接智慧，生生不息。

说起生生不息，还有一点很重要，以前我们学城市设计的时候绝对不能提及风和水是怎样流动的，尤其是将两个字碰到一块儿变成“风水”，就变成禁忌了。但实际上它们是人工城市环境中最重要的两种流动自然要素。都江堰的事情教育了我，中国智慧特别重视自然要素的流动，这是生命永续的动力，而不是将形就形。因此第三个字我用了“续”，延续的续，也就是英文 Sustainability 的意思。所以这三个字，“合”“和”“续”是我们要好好学习的。

Part I
Overview

Overview

Wang Jianguo, Cui Kai, Gao Yuan, Ding Guanghui

During November 10 to 13,2017,the "International Top-level Forum on Engineering Science and Technology Development Strategy—Frontiers of Urban Design Development" was held in Nanjing and Beijing. Sponsored by the Chinese Academy of Engineering (CAE), the events were jointly organized by the Department of Civil Engineering,Water Conservancy and Architectural Engineering of the CAE,Southeast University,and Beijing Advanced Innovation Center for Future Urban Design. Academicians Wang Jianguo and Cui Kai of the CAE co-chaired the events.

Urban design is devoted to the construction mechanisms research and location site creation. It is a discipline constantly maturing and advancing. Since the second half of the 20th century,the creation of cultural and historical sites,the forthcoming information society,digital technology applications,global environmental changes and other challenges to human society,have significantly expanded the discipline and professional scope of urban design. On the other hand, from the 1980s,China experienced an unprecedented fast urbanization and became the country with most active theoretical and methodological debates on urban design, the most widespread in engineering practice activities and the highest governmental and public interests to field of urban design.

In light of this,either from global or local perspective,urban design has huge explorative potential and pragmatic value. Under this context,CAE hosted the "International Top-level Forum on Engineering Science and Technology Development Strategy—Frontiers of Urban Design Development". It's purported to map out the development direction of urban design theories across the globe, explore new concepts, new technologies and approaches of urban design. Through international benchmarking,scientific cognition was obtained about the spatial-temporal context and development phase for urban design advancement in China. This event also proposed urban-design based solutions to solve the pressing issues propped out in China's urban construction development.

The forum invited academicians of CAE including Cui Kai, Cheng Taining, Jiang Huancheng, Meng Jianmin, Miao Changwen, Wang Jianguo, Wei Dunshan, Zhang Jinqiu, Zhong Xunzheng, Wu Zhiqiang, academicians of Chinese Academy of Sciences including Chang Qing, Zheng Shiling, the former Deputy Minister of Housing and Urban-Rural Development Qiu Baoxing, Professor Emeritus of University of Pennsylvania Jonathan Barnett, Professor Emeritus of Dortmund University of Technology Klaus R. Kunzmann, Visiting Professor of Columbia University David Grahame Shane, Professor Emeritus of the University of Michigan Robert W. Marans, Director of the Center for Technology and Industrialization Development under the Ministry of Housing and Urban-Rural Development Yu Binyang, and senior professor of the School of Architecture and Urban Planning of Tongji University Lu Jiwei. More than 80 other renowned experts and scholars from both domestic and international community of urban design also attended the forum. The forum was also attended by over 600 students and teachers from affiliated institutions and universities.

The opening ceremony of the forum was chaired by Academician Wang Jianguo. Opening remarks were made by the Academician Liu Xu, Vice-president of the CAE, Albert Dubler, former Chairman of the International Union of Architects, Xiu Long, Chairman of the Architectural Society of China, Shi Nan, Executive Vice-president and Secretary General of the Urban Planning Society of China, Zhou Lan, Director of the Housing and Urban-Rural Development Department of Jiangsu Province, and Wang Baoping, Executive Vice-president of Southeast University.

As the leader of the forum's sponsor, Academician Liu Xu pointed out in his address that there are still some worrying issues despite remarkable achievements achieved by China's urban construction and development. According to Mr. Liu, urban design still serves as an important means to deal with these problems. This forum is expected to promote the professional development of Chinese urban design, and international exchanges and cooperation. Albert Dubler provided an international perspective emphasizing that professional designers have the responsibility and obligation to face the future development of the world and work hard to create win-win situations for all parties involved. Referencing to the 19th CPC National Congress Report, from the perspectives of the Architectural Society of China, Urban Planning Society of China, Housing and Urban-Rural Development Department of Jiangsu Province, and Southeast University, Xiu Long, Shi Nan, Zhou Lan, and Wang Baoping summarized existing work of urban design and shared their suggestions and expectations for future actions.

The main session of the forum was sequentially chaired by three academicians, Cheng Taining, Cui Kai and Wei Dunshan. There were a total of 9 keynote speeches been arranged.

Qiu Baoxing, former Deputy Minister of the Ministry of Housing and Urban-Rural Development, gave a report entitled "Three-Dimensional Garden: Green Architecture with Humanistic

Spirit". The report addressed the repression and monotony of reinforced concrete buildings in modern cities. In the report,it was advocated to value more the relationship between a city and its surrounding landscape. Modern buildings will be built with "biological intelligence" through the method of "three-dimensional garden",which will fit into the modern urban space the traditional Chinese humanities wisdom of "observing the natural law in integrating nature and humanity". Through modern micro-circulation technology and information-based intelligent technology, cities will be rewarded with reduced energy consumption,mitigated air pollution,improved urban spatial microclimate and secured symbiosis between the ecological environment and the built environment.

In the report titled " A Preliminary Study on Interactive Digital Urban Design",Academician Wang Jianguo pointed out that urban design,as a kind of human intervention practice for urban form evolution,has some consensus-based guiding philosophy and specialty value systems,or paradigm,during different time periods. After weathering through three generations of paradigms—traditional urban design,modernist urban design,and green urban design,with the development of "Digital Earth,Smart City,Internet,Artificial Intelligence",the technical ideas and methods of urban design have gained some new content,and the fourth generation paradigm of "digital urban design based on human-computer interaction" was formed. This new paradigm of digital urban design takes restructuring morphological integrity theory as the goal,human-computer interaction as the path and technological method tool transformation as the core features. It's playing a key supporting role in facilitating the implementation and management of urban planning,showcasing city's historical,cultural and landscape features,understanding and constructing fair and equal social norms,creating a livable city environment.

Professor Jonathan Barnett is one of the flagship scholars in urban design research and practice of the United States. Previously,he was the chief urban designer of New York City and professor of the University of Pennsylvania. He is the true believer to the idea of a differentiated design context for the country and region. In his thematic report "Urban Design in China:Where to Build,When to Build,What to Build",through elaborating on a series of detailed international cases,he shared his experience about the timing,location and contents of urban design. He also reflected on factors such as climate,borders,energy,sunshine,design guidance,public and private win-win in order to provide reference and inspiration for the theory and practice of Chinese urban design.

In light of the limited foundational research on urban design patterns in China for a long time,Prof. Lu Jiwei made a report entitled "Urban Form Organization Overview". By referencing many cases,Prof. Lu proposed that the urban form organization should consider the four influencing factors:behavior,environment,concept,and technology. Then,it should carry out effective morphological organization through factor integration, spatial organization and base construction. In this way, urban design can better meet the requirements of compact, ecological, dynamic, and humanized urban development.

The report title of Academician Chang Qing is "Future of the Past: Critical Review and Practice of the Built Heritage". From a foothold of architectural perspective, he proposed that heritage protection and design innovation are two-sides of one item. Therefore, in terms of the cultural mission of design, "protection" is the premise, while "innovation" is the object. Architectural study needs to preserve the heritage remains. Even more, it shall draw upon the essence of heritage to nourish contemporary creation. To endow the old form with new content for the two main subjects of the built heritage site and the historical environment, the design needs to preserve real yet valuable things, developing the old based on historical authenticity. It is even more necessary to re-create on the basis of the original, to achieve the activation and innovation connecting the past and the present. Based on this, the three "structural relationships between the new and the old" featured with "juxtaposition, concentricity and complementarity" will be summarized in the innovation process.

In light of the rapidly developing information technology in the era of globalization, Prof. Klaus R. Kunzmann elaborated on the challenges and possible paths of urban development in his report of "Urban Challenges and Darker Sides of Smart City Development". The report pointed out that the digital revolution is promoting the fourth industrial revolution of mankind. It is accelerating the formation of a knowledge-based society, improving people's health and education, protecting the environment, saving resources, and changing the way of life production and social governance. Contemporary planning and design needs to shift from focusing on traditional and functional space division, to focus more space problems brought about by the rise of digital technology. At the same time, as for the potential negative impacts, such as information privacy, work speed, life pressure, electronic risk, unchecked power and other negative effects, early research and monitoring should be conducted.

From the perspective of being an architect, Academician Cui Kai pointed out in his report "Five Issues on Urban Design", that cities nowadays are entering a repairing-featured rational development stage. Architects' work has also been changed from completing personal work within the framework of urban planning and urban design to balancing or even optimizing the relevant content of the city. Through a series of cases, based on urban design thinking, the report outlines architectural design ideas, or the five issues on urban design. They are: first, start from the foundation, design and improve real city life; second, start from "fixing the old houses", so that the process of repairing and rebuilt be in the style of some organic renewal; third, leverage on natural resources and pay attention to the protection and integration of design and natural ecological environment;fourth,stress on texture repair,start from small details of the city,creating more harmonious urban space through consolidating and patching up fragmented urban space; fifth,innovate urban spatial structure,secure structural optimization at the level of larger space by readjusting deign according to the regional environment.

Prof. Robert W. Marans looks at the evaluation and effectiveness of urban design projects. In his report of "Urban Design Initiatives:How Do We Measure Success",he introduced the current mountain research projects in the West and China,proposing to use the long-term follow-up survey on quality of life to measure the success of urban design. Because it helps to understand the substantial changes in the built environment and the specific effects of environmental changes on the improvement of users' quality of life. With the feedback of the results to design practice,it can thereby promote more active commanding the essential characteristics of the design space and the interactive process between people and the environment.

Through the combing and interpreting the report of the 18th and 19th CPC National Congress and the recent work of the relevant central working conferences,Prof. Yu Binyang emphasized in his thematic report "Thoughts on Urban Design in the New Era" that the new era calls for "people-oriented" urban planning and construction management. To this end,the design work needs to dwell upon the "coordination of three spaces"(production,life,ecology). It should do a good job in "two protections and two prohibitions"(protect the natural geography of waters,mountains,forests,soil and lakes,protect historical and cultural heritage,prohibit the outlandish,bizarre big scale buildings,prohibit the phenomenon of "homogeneous building and city morphology). By means of space control,ecological restoration,evaluation system establishment and others,form a "green featured area" for every city,creating a modern and livable environment with visible natural landscape and clean living environment.

Besides the keynote reports,the forum also conducted a full day in-depth discussion on four topics in Nanjing.

Among them,Topic I,II and III were parallel breakout sessions. The parallel sessions were chaired by Academician Jiang Huancheng,Academician Meng Jianmin,Prof. Yang Jianqiang, Editor-in-Chief Huang Juzheng,Prof. Shi Nan and Prof. Huang Wenliang. There were 27 special reports delivered by 27 Chinese and foreign guests on topics around "Frontiers and Hotpots of Urban Design,and New Methods and Technologies in the Information Age","Creation and Restoration of Space in Urban Design,and Preservation of Historical Culture",and "Urban Design in the Changing Global Environment".

In the report,the guests exchanged their latest research results through academic inquiry, logical deduction,and case investigation. The main contents include:urban design philosophy, urban design professional education, urban form, urban design public value orientation, social-space relationship, urban history and culture, urban renewal, urban model, urban space quality, urban neighborhood scale and density, urban interface, highly controlled urban virtual space and urban development benefit compensation, Internet operation financing, chief designer mechanism, data management and control platforms.

The Topic IV was about "Prospects of China's Urban Design Development in the 21st Century". It was chaired by Academician Wang Jianguo and Academician Zheng Shiling and joined by 10 renowned experts, scholars and leaders, including Duan Jin, Han Dongqing, Li Xiaojiang, Liu Yuzhi, Wang Fuhai, Wu Zhiqiang, Yang Baojun, Ye Bin, Zhang Qin and Zhu Ziyu. Two panel discussions were held on "Urban Design, Ecological Restoration and Urban Renovation" and "Chinese Wisdom in Urban Design". This session adopted the forms of panel discussion and webcasting. Over 70000 people clicked to watch the live broadcast on line.

In the thematic discussion on "Urban Design, Ecological Restoration and Urban Renovation", the guests pointed out that China has now entered the new norm of urban development, that is, the stage of stock design as the main focus and quality improvement as the main task. That's why it needs to deal with the opening issues inherited from the previous fast urbanization process. "Ecological restoration" and "urban repair" are the work conducted based on such judgment. As an effective means of urban design, the work of repairing and restoration needs to be carried out in a refined, gradual, and continuous manner. It should target at boosting the sense of gain of the general public as its core objective.

Regarding the "Chinese Wisdom in Urban Design", through reviewing China's thousand-year long history, the guests highlighted the profoundness of China's wisdom which can be summarized, philosophically and aesthetically, as "modeling nature, tranquilizing equilibrium, informed geomancy, complementing form and meaning and sustainable development. Contemporary urban design needs to emphasize its continuity and locality. Instead of simply imitating history at the design level, it should create contemporary works that integrate global consensus and solve real problems; at the management level, it is necessary to further study the implementation mechanism and effectiveness of urban design, promoting urban design to play out a greater role.

Academician Wang Jianguo chaired the closing ceremony of the Nanjing Forum.

From November 12th to 13th, 2017, the Beijing Sub-Forum and the second Beijing Urban Design International Summit Forum were held at Beijing University of Civil Engineering and Architecture. The theme of the forum was "The Frontier of Urban Design and Urban Design Education".

Academician Cui Kai, Director of the Future Center for Advanced Urban Design in Beijing, Academician Wang Jianguo, Director of the Academic Committee of the High-tech Innovation

Center,Fellow of the American Academy of Arts and Sciences,Michael Sorkin,Professor of the City University of New York,and Zhong Jishou,Secretary General of the Chinese Architectural Society,Shi Weiliang,Vice Chairman of the Urban Planning Society,relevant leaders of the Ministry of Housing and Urban-Rural Development,Beijing Municipal Planning and Land Resources Management Committee,Wang Jianzhong,Secretary of the Party Committee of Beijing Jianzhu University,Zhang Ailin,President,Zhang Dayu,Vice President,and relevant experts and young people from European and American institutions,as well as more than 400 researchers and representatives of teachers and students of Beijing University of Civil Engineering and Architecture attended the forum.

After the Nanjing Forum, Prof. Jonathan Barnett, Prof. Robert W. Marans, Prof. Klaus R. Kunzmann,and Dr. Guan Chenghe from Graduate School of Design, Harvard University were invited to make keynote speech in Beijing. In addition,the Beijing Sub-Forum also invited more urban design experts from well-known institutions in Europe,United States and China.

Prof. Michael Sorkin explored the role of green farming and urban agriculture in the future of urban development from citing urban design practices and research in New York as an example. Prof. Robert Fishman of the University of Michigan reviewed the new city evolution and development from a historical perspective. Prof. Roy Stickland started from the report of the 19th CPC National Congress and asserted that the future development of Chinese cities will depend on the overall macroscopic planning and design. Prof. Cecilie Andrsson,Dean of the Bergen School of Architecture in Norway,introduced the actual planning project and emphasized the integration of planning and policy. Prof. Cecilie Andrsson believed that urban design should return to the essence and create a good living environment and human environment. Prof. Liu Lin'an from Beijing University of Civil Engineering and Architecture reviewed the origin of the square and emphasized that the urban design should retain the genes of the regional environment, cultural characteristics and architectural style. Prof. Laura Anna Pezzetti of the Politecnico di Milano in Italy took the planning and protection of historical towns in Italy as an example. She explored the relationship between urban design and environmental heritage, emphasizing the integration of history and modernity,new and old,and urban and rural areas. Prof. Dennis Frenchman of the Massachusetts Institute of Technology pointed out that the future media society will develop rapidly,so it is necessary to integrate technology and urban design. He explored the possibilities of urban development through introducing some urban design projects related to the media industry. Li Xiaojiang,former Dean of China Urban Planning and Design Institute,described the innovative approach to spatial planning and design. He also shared the enlightenment of Xi'an New District planning work on urban planning and design. From the School of Architecture of Tsinghua University,Prof. Zhu Wenyi took the example of an Apple mobile phone to illustrate the possibility of reading the city on the palm of one's hand and carrying out architectural design. Prof. Rodolphe El-Khoury, Dean of the School of Architecture at the University of Miami, USA, discussed the use of information interaction technology in architecture and the research and development of smart cities.

The four-day long two-venue forum has achieved important academic results. Through the on-line live broadcast, it has produced a wide and positive social impact and achieved a complete success. The following three points are worth summarizing.

First, this forum is the academic feast on the most advanced and most involved topics in urban design theory, methods and practices. It was not only the academic community's understanding, evaluation and summary of Chinese urban design theory and practice under the new situation, but also a process of dialogue and consensus construction between the academic community and the public. The forum will surely be a milestone in the history of urban design development in China.

Secondly, the forum discussed the world coordinate system of urban design development through the discussion of scholars both at home and abroad. It also clarified the possible future development of urban design in China; it not only combed the theoretical frontier of urban design development but also faced up to many issues and possible solutions of China's current urban development; it is no doubt a high-end forum on urban design.

Third, through the brainstorming in 9 keynote reports, 4 Nanjing breakout sessions, and 1 Beijing breakout session, a general consensus has been reached on "guided by the good life of the citizens, taking the global vision as a wedge point, using urban repair and reconstruction as the means, progressive operation as a process, digital intelligent technology as the support, and cultural inheritance and innovation as the purpose". The meeting outcomes will facilitate scientific understanding about the latest frontier developments of disciplines and engineering practice in urban design at home and abroad. It will also expand the international influence of Chinese urban design research results, promoting the leap-forward development of China's urban design in the new era.

The report of the 19th CPC National Congress pointed out that the socialism with Chinese characteristics has entered a new era when the main contradictions of society has changed into the contradictions between the people's growing needs for a better life and inadequate and unbalanced development. Looking back at the world urban design since the 1950s, its core value and historical significance are precisely the improvement and enhancement of urban cultural connotation and human settlement environment quality. There is enough reason to predict that China's urban design will continue innovating in the new era and playing its fundamental role in the prosperous development of cities!

Part Ⅱ
Address

Address by Liu Xu, Vice-President of Chinese Academy of Engineering

Distinguished Minister Qiu, Director-general Xiu, academicians, experts, guests,

Good morning!

The "International Top-level Forum on Engineering Science and Technology Development Strategy—Frontiers of Urban Design Development (FoUD)" sponsored by the Chinese Academy of Engineering (CAE) was grandly held today in Nanjing, the ancient capital of the six dynasties. On behalf of the CAE and President Zhou Ji, I would like to extend our warmest congratulations to the opening of this forum, warmest welcome to all academicians and experts from afar, especially the foreign experts who traveled all the way to Nanjing, and our heartfelt thanks to all the staffs who have worked very hard to organize this forum.

Since the 1980s, China has experienced an unprecedented rapid urbanization process, staging explosive growth in urban construction. China has become the country with the fastest urbanization rate, the biggest civil engineering construction volume, the most significant changes in becoming "newer", "bigger" and "higher". It's the home to world's most prosperous architectural design market. However, despite all the remarkable achievements made in China's urban construction and development, there are still worrying and disturbing problems, such as chaotic architectural form, homogenous urban landscape, homesickness lost, cultural anomie, "fast food" buildings and rampant "knockoff" buildings.

At the Central City Work Conference in December 2015, in-depth analysis was made on the malpractices in China's urban development and construction. It emphasized the need to create a livable urban human settlement environment with "stereoscopic space, coordinated plane, integrated style, continuous context" and "retaining the unique geographical environment, cultural characteristics, architectural style and other 'genes' of the city".

As an academic institution with the highest honor and greatest advisory authority in the field of engineering science and technology in China, CAE has been committed to serve as China's think tank for engineering science and technology. To pool the wisdom of top-notch experts from at home and abroad and provide scientific and technological support for economic and social development, CAE launched in 2011 series academic events including "International Top-level

Forum on Engineering Science and Technology Development Strategy", aiming to build a high-standard, high-level international exchange platform and jointly explore the key and strategic issues in the field of engineering science and technology.

CAE has been attending and attaching great importance to the development in the field of urban construction. In 2017, major consulting research project "Study on the Sustainable Development Strategy of Urban Construction in China" was established. The project was headed by Academician Cheng Taining and Wang Jianguo. In addition, "Frontiers of Urban Design Development" was incorporated into the plan of International Top-level Forum on Engineering Science and Technology Development Strategy 2017.

Today, well-known experts and scholars from home and abroad, and many academicians gather in Nanjing to exchange the latest research results of international urban design, and explore the new urban design concepts, new methods, new technologies and engineering practice trends amid changing global environment. I believe that the platform established through this forum will definitely promote international exchanges and cooperation in urban design, facilitate disciplinary development and engineering practice of urban design in China, and make even greater contribution to build a beautiful China where "mountains in sight and waters in view remind one of nostalgia".

Finally, I wish this forum a complete success! I wish you good health and great success in your work! Thank you all!

Address by Albert Dubler, Former Chairman of International Union of Architects

First of all, I'm very grateful to the organizing committee for the invitation. It's my pleasure to accept the invitation and come here. In fact, I have been to China many times. In 1999, International Union of Architects (UIA) held a meeting in China. At that meeting, many architects were present. When talking about the future direction of EU architects, I was asked: "What we could learn from the past?" I had difficulty understanding some words, so I couldn't comprehend the question. In fact, we can see that China is developing very fast. I hope that you can learn from our (EU) past development. We had quite a lot of successful experiences in the past, but we also had some good lessons. In short, I would like to bring to you a topic I talked about some time ago, i.e. struggle for life. Here, I would like to share with you a conference I attended in Montreal of Canada. Themed as the World Design Summit, the conference was held on October 4, 2017. Experts in architecture, landscape design and other fields jointly signed the *Montreal Declaration*, which obligates us to update the designs to achieve the world development goals in social, economic, cultural and other aspects, encouraging active supports from educators, governments and other related institutions. In fact, our organization is also a non-governmental organization (NGO), and we should shoulder our due responsibilities for our planet. It also demonstrates how we can work together to develop more inclusive design for the world as everyone should have the right to live in a world of informed, effective urban design. This was my declaration when I attended the World Design Summit.

Secondly, I would like to emphasize the latest development in the landscape design of International Union of Architects. China still has much say in this topic, because it involves the ecosystem. I don't know why, but in fact, so far, for some ecological corridors and diverse corridors, we still have many different views. There may be 7-8 different schools. It is very important for me that in an area of Sahara, there is an initiative called the Green Zone, which is located in Djibouti, a place spans from the Africa east sea to Senegal, another place in Africa. The main purpose of such a green zone is to help Africa fight against desertification. Certainly, it is important to note that if a node fails to play its role in the entire chain, the whole system will not work. So our entire international community undertakes great responsibility, because it cannot be accomplished by a country alone. I hope that we can pay more attention to Africa. Due to the diversified biological value chain, it can finally help human find food. Especially in Africa, there are still many people who don't have enough food to eat. Therefore, such initiative of East Africa biodiversity actually aims to design a better living environment for local people. For example, in the countries in tropical Africa, it is expected that some green shades can be provided. Compared with the temperate regions, such green shades are what they are exactly yearning for. Those we can freely enjoy are impossible in countries such as Ouagadougou and other African countries, where the temperature can soar to over 55–60 ℃. Therefore, as human beings, as a population, they also need such a place to escape the heat wave. In fact, this can also help them better cope with seasonal changes in the climate. We have to face some challenges of climate change. We also need to identify some new plant species or vegetation types to help us better cope with climate change. Take France, my own motherland, for example. Many years ago, I lived in northeastern France, where there was a type of pine tree that could grow up to 50 meters. Now these pine trees are rare in southern France as they have been replaced by other tree types which can absorb water from the air. The water absorption of big trees differs much from that of small trees. Hence, the replacement of tree species has changed the moisture degree in air. At the same time, there used to be some insects and birds living in these big pine trees, with many wild animals living around the trees. But if you change the tree species, the balance of the entire environment is destroyed, and the destruction of ecological balance is the worst situation. In my country, where I live, there are fewer and fewer pine trees. We are very confused and wonder why such situation happens. In addition, there were some insects infected with a disease called TKS, and then there was an outbreak. The epidemic did not mean that people could not take care of themselves. In fact, it's because they were unable to sustain when the ecological balance was broken. These experiences and lessons have indeed helped our scientists carry out many related studies. I don't want such diseases to harm people in China. These diseases are very fatal. Two years ago, it was due to such diseases that I was unable to walk.

Our life is a process of struggle. We are all educated in the context of competition. We all know the law of nature, the law of jungle "survival of only the fittest". Some recent findings in the field of science show that it also exists in the entire natural relationship. But the law of nature only accounts for 1/5 or 1/6, which means that we can actually have 6 similar theories.

The first theory is "+" and "+", i.e., ecological symbiosis. We all know this win-win solution, so I don't want to go into details.

The second is coexistence. It is peaceful coexistence, i.e. one has nothing to do with another or hurt another. It embraces the principle of peaceful coexistence. And there is no competition.

The third is the principle of "+" and neutrality, that is, for example, a worm is growing on a tree but will not harm the tree. At the same time, it can get sunlight that allows the tree to thrive. This is the concept of 1+0. Hence, the third concept is 1+0. Two species survive together, one is 1, the other is 0; one benefits the other, but not vice versa.

The fourth is the bacterium theory. Such bacterium only can negatively affect its neighbors whereas the ambient environment has no effect on the bacterium. This is the fourth theory, i.e. negative and 0.

The fifth is the theory of struggle, i.e. like a predator preys on other disadvantaged species.

The last one is negative negative theory, which is the theory of competition.

So my suggestion is that as planners, we should, of course, try to avoid the last type of design. In fact, if all of us can live in a kind of symbiosis, i.e. a win-win environment, everything will become better. Thank you all.

Address by Xiu Long, Director-General of Architectural Society of China

Distinguished academicians, masters, leaders, experts,

Good morning!

The "International Top-level Forum on Engineering Science and Technology Development Strategy—Frontiers of Urban Design Development (FoUD)" is grandly held today. It has gathered a number of academicians in architecture from the Chinese Academy of Engineering (CAE) and the Chinese Academy of Sciences (CAS). The meeting is also participated by many well-known experts and scholars from home and abroad, together with industry peers from places all around China. As a forum with the highest level, most extensive influence and high profile, it will definitely have a far-reaching influence in the industry. On behalf of the Architectural Society of China (ASC), I would like to extend our warmest congratulations on the convening of this forum and most sincere thanks to all domestic and foreign experts, scholars and leaders joining us today. Thanks to the organizer for building a great platform and providing such a wonderful academic feast to us, and thank you all for contributing your excellent research achievements and brilliant academic reports to the this community.

The 19th CPC National Congress was successfully concluded recently. The congress was conducted with a theme of "stay true to the original aspiration and remain committed to our mission", i.e., "Seek happiness for the Chinese people and rejuvenation for the Chinese nation." It was clearly pointed out at the 19th NPC National Congress that new progress should be continuously made in "housing security for all". The meeting made clear statement that "great rejuvenation of the Chinese nation will not be possible without strong cultural confidence and prosperity". This is closely related to our cause and beaconing the journey of our forward advancement. Currently, China's urbanization has gradually entered a new stage of transformation and development based on quality improvement. Incremental control, stock revitalization and urban renewal will become the new normal of urban spatial growth. Therefore, great attention has been paid to the overall coordination of urban planning layout, urban look and urban functions, especially the "urban design" for urban public space, which has become a hot spot and frontier of urban development. "Stay true to the original aspiration and remain committed to our mission", the physical environment created by our "urban design" should not only enhance the well-being of people's livelihood, improve the happiness in people's lives, but also create cultural characteristics of different cities and enhance people's cultural confidence.

For quite a long time, General Secretary Xi Jinping has delivered many important speeches to guide our construction cause, and it is necessary to study and review General Secretary Xi's series of speeches together. He emphasized that, "Mankind can utilize and transform nature. But in the end, we are a part of nature. We must care for nature and cannot place ourselves above nature." "We should protect the ecological environment as we protect our eyes and treat the ecological environment like we treat life." Xi advocated "lucid waters and lush mountains are invaluable assets", which comprehensively illustrates the "Green" concept from the perspectives of the inevitability of green development and the relationship between green and economy. In addition, he gave clear instructions on the green development and cultural inheritance of urban design: "Relying on the unique scenery such as the existing landscape, we should merge nature into cities, let residents see the mountains and rivers and remember the feeling of nostalgia; we should integrate modern elements, and more importantly, protect and promote the traditional excellent culture, carrying forward the urban historical context." "Adhering to global vision, international standards, Chinese characteristics and high-end positioning, carry out urban planning, design and construction with the spirit of creating history and pursuing art." General Secretary Xi's series of important speeches on the construction cause have important guiding significance for our innovative "urban design" theory and practice and are worthy of our earnest and thorough study.

The forum Frontiers of Urban Design Development was hosted by the CAE and jointly organized by Southeast University and Beijing Advanced Innovation Center for Future Urban Design. It gathers high-end intelligence at home and abroad to jointly explore the new ideas, new concepts, new methods and new technologies for urban design, inspiring the theoretical thinking of urban design professional development and identification of practice innovation orientation. "Urban design" is a key area for constructing a happy living environment for the people and also a critical battle field for the prosperity of Chinese cultural creation. Therefore, this forum is not only an important architectural academic event, but also an important brainstorming of the domestic architectural community in learning, understanding and implementing the spirit of the 19th CPC National Congress. It serves as a good start for exploring the road to healthy and sustainable development of urban quality upgrade, transformation and stock update. ASC will also actively respond, follow up and further carry out subsequent academic activities on the theme of this forum in the future. It will thoroughly implement the urban design concept of green and scientific development in the future urban development, making our due contribution to build a beautiful China with blue sky, green land and lucid water.

The forum is participated by a galaxy of industry experts. I believe their academic reports will be of great value to promote urban design innovative development and urban green development, improve building standard and create ecologically livable environment. Finally, I wish this forum a complete success! Thank you!

Address by Shi Nan, Secretary General of Urban Planning Society of China

Dear President Liu Xu, Counselor Qiu Baoxing, academicians, experts and leaders,

Good morning!

I am very grateful to be invited to the Top-level Forum on Frontiers of Urban Design Development. On behalf of UPSC, I would like to extend our warm congratulations to the convening of this forum.

Urban design has become the most active disciplinary frontier and engineering specialty field. Chinese Academy of Engineering (CAE) has taken urban design as a new professional direction, reflecting the new historical height of urban design disciplinary development.

Design creates value, and design changes life. Last year, when we were preparing for the 3rd UN Conference on Housing and Sustainable Urban Development (Habitat III) and drafting the *New Urban Agenda*, we shared this view with peers from all over the world and received their recognition. Good planning and design not only bring people a good environment, but also contribute to the rational and sustainable utilization of resources, which is conducive to creating an inclusive, safe, resilient and sustainable urban space, jointly addressing a series of global challenges including climate change and social differentiation amid the waves of the urbanization across the world. This is a globally shared experience and the important international context of China's valuing more the urban design nowadays.

The 23rd UN Climate Change Conference is being held in Bonn of Germany. Today, United Nations Human Settlements Program (UN-HABITAT) will launch a common initiative within the *UN Framework Convention on Climate Change* (UNFCCC) jointly with the Urban Planning Society of China (UPSC), International Society of City and Regional Planners (ISOCARP), Commonwealth Association of Planners (CAP) and American Planning Association (APA), etc. A forum will be held under the theme of "Planning Action to Combat Climate Change" and an internal meeting will also be held to emphasize the positive role of planning and design in combating climate change, which cannot be separated from the technical support of urban design in this field.

Another reason why urban design is valued in China is due to the country's specific development stage. After solving the subsistence problem, when the urbanization enters the critical stage of the middle or later stage, it is no longer a simple "yes or no" question. Per capita residential area has exceeded 30 m^2. There are problems of overcapacity, surplus industrial land and weak office market. But the people are pursuing better lives and ask for better education, more stable job, more satisfactory income, and more reliable social security, higher level of medical and health services, more comfortable living conditions, more beautiful environment, richer spiritual and cultural life. The pursuit of quality and the appeal of diversified individuality have become the greatest challenge of urban development in contemporary China. Urban design still has a long way to go.

Since the 1980s, UPSC has paid close attention to urban design issues. It held a series of academic seminars, established a special academic committee on urban design and gathered a group of distinguished experts. For the work of UPSC, I think we need to pay special attention to two points.

Firstly, the law of disciplinary development shall be followed. Advanced academic research is very important. From experts' focused attention on urban design to the all-around promotion by governing authorities, it has taken nearly 40 years. Without such advanced academic accumulation, it is impossible to solve the issues about the urban image, style and characteristics nowadays. The leading role of academic research is inseparable from the exploration of professional practice and the promotion of administrative work. To properly handle the relationship among discipline, industry and administration, emphasis should be placed on following the law. Urban design is still a relatively young discipline. It is necessary to further define the connotation and extension of the discipline rigorously and clarify what is the scientific problem of urban design; strictly regulate the basic concepts of urban design and construct a normative scientific paradigm and discourse system; a rational scientific attitude is a must to seek finite solution of complex problems and avoid campaign-style, "one solution for all" kind of practice.

Secondly, I think the multidisciplinary cross-integration should be emphasized in particular. Urban design involves a very wide range and multi-pronged issues. There are big landscape, geo-design and other mega-scale space, as well as external space of building complex and other meso-and small-scale design; engineering and technical issues, legislative, management and other system mechanism issues. It covers architecture, urban and rural planning and a series of engineering sciences; it also involves many humanities disciplines such as public administration and social sciences, etc. Therefore, such discipline should be featured with joint explorations from multi-discipline, multi-profession, multi-industry and multi-sector. Inclusiveness and cross-integration should be the basic subject characteristics. Support from different disciplines is needed. More importantly, it is necessary to learn from history and absorb nutrition from the traditional Chinese culture. Many years ago, I said when lecturing at Southeast University (SEU) that our urban planning discipline was "first class in practitioner experience, second-hand in planning theory". I hope the urban design can be vaccinated against such situation.

As a national academic organization, UPSC will continue being an active player in promoting urban design, sharing knowledge with high-level think tanks such as CAE, research institutes such as SEU and Beijing University of Civil Engineering and Architecture (BUCEA), governments and urban design, construction and planning authorities at all levels, exploring the frontier and delivering value.

Finally, I wish this event a complete success. Thank you.

Address by Zhou Lan, Director of the Department of Housing and Urban-Rural Development of Jiangsu Province

Dear President Liu, Minister Qiu, distinguished leaders, academicians, experts, scholars,

Good morning!

I am greatly honored to have this opportunity to participate in the Top-level Forum on Frontiers of Urban Design Development hosted by the Chinese Academy of Engineering. Today, it's truly a wonderful gathering participated by so many distinguished guests, friends and industrial elites. Next, from the perspective of provincial planning and construction industry authorities, please allow me brief you our understandings of urban design.

Recently, throughout the entire China, people are studying the report of the 19th CPC National Congress. To me, today's forum carries the theme of urban design. In a broad sense, it's closely related to the "New Era" proposed in the 19th National Congress of CPC. Under the backdrop of socialism with Chinese characteristics for a new era, urban design has been increasingly appreciated by the industry, society and even the state. It's closely related to many questions such as "what kind of urban planning and construction is required in the new era", "how to promote urbanization in the new era" and others. It's also linked to the people-centric development philosophy and the need to meet the people's demand for a better living environment.

Before coming to this forum, I attended the "Urban Master Planning Development Pilot" meeting in the provincial government. The meeting was specially purported to study and implement the urban master planning reform pilot task of the Ministry of Housing and Urban-Rural Development (MOHURD). In order to further explore the reform path of urban master planning through pilots, MOHURD has identified two pilot provinces (Jiangsu Province and Zhejiang Province) and 15 pilot cities. Among the 15 pilot cities, 3 are in Jiangsu Province, namely Nanjing, Suzhou and Nantong. From the discussion at the meeting, it was generally believed that urban master planning reform should be directed to emphasize strategic guidance and rigid control, adapt the planning to the new era, promote new urbanization and fulfill the people's desire for a better life. At the same time, rigidity and flexibility of the plan shall be balanced to distinguish plan made by central and local authorities. Therefore, compared with the original urban master planning, its content is simplified and more focused. But there is one part that I personally think should not be simplified but strengthened instead, namely the guided formation of overall urban design and urban spatial characteristics. This is the only way to implement General Secretary Xi's instructions to "develop beautiful towns with historical memory, regional features and national characteristics, avoiding homogenous look of cities and buildings" and "let residents see the mountains and rivers and remember the feeling of nostalgia".

By this opportunity, I would like to report to you that in addition to the relentless efforts of experts and scholars in the industry, provincial and municipal governments are making active explorations. In the case of Jiangsu Provincial Department of Housing and Urban-Rural Development, the department where I serve, last year, we explored and developed a *Spatial Characteristics Planning of Urban and Rural Areas in Jiangsu Province* from the perspective of exploring the regional and historical characteristics of Jiangsu Province, highlighting and shaping the contemporary spatial characteristics. From the massive landscape perspective, this planning integrated the comprehensive elements such as landscape, garden, culture and human settlements and determined 8 provincial spatial characteristic landscape zoning and the characteristic shaping guidelines based on the big data analysis of regional landscape, historical culture and built environment background features for more than 100000 square kilometers in the province. Structural characteristic space of "provincial characteristic corridor + mainly featured area" under focused protection and control was constructed. It also proposed the recent implementation of 48 provincial contemporary urban-rural charm demonstration zones based on the action plan for shaping contemporary characteristic cultural landscape. We were very glad that this planning won the "Planning Excellence Award" of the International Society of City and Regional Planners (ISOCARP) this year. The judging panel thought that the planning provided an "eye-opening" China example for the development of other regions across the world. I would also like to take this opportunity to thank several experts including Academician Wang for their great guidance in the process. It's not called "urban design" because the targets of the planning are not just cities but also rural space, i.e. urban and rural space in the whole province; not just urban design but larger-scale regional or even provincial wide design. But what I want to say is that although its targets are not the urban design targets by traditional sense, the logic is still consistent with the thoughts of urban design. Therefore, on the occasion of this forum, I would also like to take this opportunity to let you know that local industry authorities are also making active efforts in this regard.

This top-level forum on frontiers of Urban Design Development has provided a wonderful learning opportunity for our peers within the Jiangsu Province. On behalf of a local governing authority, I would like to extend our sincere appreciation to the host for offering such a wonderful learning opportunity. I wish this forum a complete success and all guests have a pleasant stay in Nanjing. In addition, I sincerely invite you to visit other cities in Jiangsu. We look forward to hear your valuable suggestions to help us improve our work next step.

Thank you.

Address by Wang Baoping, Executive Vice-President of Southeast University

Dear leaders, distinguished guests and experts,

Hello, everyone!

In late autumn of the ancient capital Nanjing, the sky is clear and autumn season is at its best. In such a beautiful season, we are very pleased to welcome you to attend the "International Top-level Forum on Engineering Science and Technology Development Strategy: Frontiers of Urban Design Development (FoUD)". On behalf of Southeast University (SEU), I would like to extend our warm welcome to all guests present. On behalf of Yi Hong, Party Secretary of SEU, President Zhang Guangjun, we wish the forum a complete success.

After reform and opening up, China has experienced nearly 40 years of rapid urbanization. Now China is standing at the historical crossroad of new urbanization. At the 19th CPC National Congress, "Promoting the synchronized development of new industrialization, informatization, urbanization and agricultural modernization" is adopted the core objective of scientific development concept in the new era. This signifies that new urbanization has become a key area of engineering technology in China. Under such backdrop, hosted by the Chinese Academy of Engineering and co-organized by Southeast University and Beijing Advanced Innovation Center for Future Urban Design, FoUD is a grand event of the discipline, a big event for SEU and a great event for China's cause of new urbanization.

SEU is a century-old university with a long history and great strength. It's also a famous university in the field of engineering science in China. As the priority candidate of China "Double First-class" project, SEU is an A-level university. Besides being selected for building "World-class University", SEU has 11 disciplines be also included in the scope of "World-class Disciplines" construction. Most of these disciplines are closely related to urbanization construction. Combining the strengths of these disciplines and integrating the academic advantages of SEU, we will make important contribution to the new urbanization construction in every aspect. Among them, the architectural discipline of SEU is the cradle of modern architecture education and architectural research in China. It was funded in 1927 and has a history of over 90 years in total. Three out of "Four Masters of Architecture" in the Chinese architectural history, Yang Tingbao,

Liu Dunzhen and Tong Jun have lectured in SEU. Many outstanding figures of the architecture community started from here, including 11 academicians of the Chinese Academy of Sciences and Chinese Academy of Engineering. At the same time, as an important base for China's research and practice of modern urban design theory and methodology, SEU has produced a large number of excellent talents, works and research results in the urban design field over the past years. With the great opportunity of this top-level forum, SEU will keep on working hard with perseverance and stay dedicated to make new contributions to China's new urbanization cause.

Finally, I sincerely wish this top-level forum a huge success and all guests a pleasant stay during the forum. Thank you.

Part Ⅲ

Keynote Speech

Three-Dimensional Garden: Green Architecture with Humanistic Spirit

Qiu Baoxing

Counselor of the State Council, Former Deputy Minister of Housing and Urban-Rural Construction of China

In 1993, Academician Qian Xuesen, the founder of system science and the consultant of the Urban Science Research Association, wrote a letter to the chairman of the Chinese Society for Urban Studies (CSUC). In the letter, he wrote: "I think the Chinese Urban Science Research Association should not only study the cities of today's China, but also consider what kind of Chinese cities should be in the 21st century. The so-called 21st century is the era of the information revolution. With the development of information technology, robot technology, multimedia technology, virtual reality technology and belescience, people can sit in their rooms and work through the information electronic network. This place of residence is also a place of work. Therefore, the organizational structure of the city will change greatly: the whole family can live, work, shop, let children go to school and so on within the same skyscraper. They no longer need to travel around in cars. Between the buildings that shelters tens of thousands of people, large gardens can be built for people to take a walk, take a break and take a rest. Isn't this also a 'landscape city'?" In the end, more than 200 correspondence letters between Mr. Qian and the CSUC were collected and compiled into three books: *Landscape City*, *Pastoral Dream* and *Dialogues with Qian Xuesen*. These books shed a light to the expectations and guidance of Mr. Qian to China's forthcoming urban development. Among them, Mr. Qian repeatedly mentioned the need to pay attention to the relationship between cities and mountains and rivers in urban construction. How to roll into China's modern urban construction practices the connotations of "garden", a concept crystalized with 5000-year-long Chinese wisdom. This is one of the key issues in current urban design research.

1 The origin of "three-dimensional garden"

Italian architect Stefano Boeri proposed "a few bright greens in a cement city" in the early years of his career. It has always been his dream to combine modern architecture with greening. Although he did not realize this dream in the early transformation practice in Paris, he put forward the concept of "vertical forest" in the subsequent design of two towers in Stefano, Italy, in which he realized this long-time dream.

If zoomed back into China, the concept of "combining nature with modern city" has been advocated in Chinese traditional culture and can be evidenced in literature and landscape paintings. Taking painting as an example, religious figures are often the theme of western paintings. However, Chinese paintings always highlight mountains and waters. And there are distinctive differences in the scales of nature, human figures and architecture. Human figures are usually small amid the great mountains and waters. This reflects the influence brought about by the theory that "man is an integral part of nature" in Chinese traditional culture. This is similar to what Mr. Qian Xuesen advocated "a city of mountains and rivers" where "people leave and return to nature to be in harmony with nature". Completely different from the prevailing concept of "garden is only an appendage of architecture", Chinese gardens pursue "follow the nature, as if naturally produced". Buildings are inter-related and can echo each other just like Yin and Yang. Architecture and garden peacefully merge into each other as equal and complementary to each other, formulating a design philosophy of "empathetic natural landscape, harmony between man and nature, and harmony between Yin and Yang". In the current urban design practice, we should regain cultural confidence and regard this traditional cultural philosophy as an important "key" to solve all kinds of thorny urban problems. The modern urban space presents the features of "boring and monotonous" and the city built of reinforced concrete gives people a sense of oppression. However, the "three-dimensional garden" can just solve this drawback and will emerge as one of the effective ways to solve the current urban problems while sustaining the compact urban development (Fig.1).

Since ancient times, all the way from its site selection, city has been paying attention to the harmonious coexistence of man-made objects and nature. A city where "people can see mountains, waters and be reminded of the nostalgia" is the highest pursuit of urban design. Modern cities have entered a new stage of urban repair and ecological restoration, and both architectural design and urban design should develop in the direction of "living in harmony with nature and integrating nature". In this stage, urban design, as one of the main means for urban restoration, shoulder the guiding mission to organically integrate nature with the built-up space and create an "amicable, attributable" urban environment. Among them, the "three-dimensional garden" has great enlightenment to the future development and construction of the city. Unlike the traditional urban built-up space composed of buildings, which is "isolated" from nature, the "three-dimensional garden" is a high integration of various new ecological technologies. It com-

Fig.1 Vertical greening

bines low-energy building technology, renewable energy technology, and ecological energy-saving and other innovative technologies in building a "new biosphere" for the future city. Honed in a large number of practical projects, it's gradually creating a "world-class" landscape city.

2 The structure of "three-dimensional garden"

Nowadays, it is very desirable tomore advocate "integrated design of vegetation and architecture", which organically build gardens and buildings together, rather than merely adding a "green skin" to buildings. Through research, it is found that there are many different ways of combination between greenery and building. How to organically integrate the relationship between greenery and building has become an important proposition to be considered in the design. The "three-dimensional garden" is one of the important ways to solve this proposition. In practice, the construction of "three-dimensional garden" is related to many factors such as structure and planting, among which the structure has a great influence on the construction of "three-dimensional garden". Usually, the structure of "three-dimensional garden" will have different morphological characteristics according to the climate of the area where the building is located. Some vernacular architectural vocabulary will be used. For example, in a concrete-based construction scheme, flexible steel structures can be used as supports, which not only can show the sturdiness, softness and elasticity of the structure, but also can organically integrate the "three-dimensional garden". In the specific structural design, the fabricated structure can be used for massive workshop production. However, from the overall perspective, the interior space of the building can be divided into many types: residential module, garden module, tourism module and shopping module, all of which can be changed every few years according to development and market demand to ensure the sustainable use of the building itself. In the use of materials, steel structures are often used in the structural design of "three-dimensional gardens", because the steel structures are not only light in weight, but also strong enough to meet the use requirements.

From the energy perspective, the structural design of the "three-dimensional garden" usually incorporates various energy requirements. Because of the energy properties of biomass in greenery itself, it will balance various energies in its own circulation process. It can be applicable inside buildings, i.e. power generation, solar energy utilization, and wind energy utilization. The resulting micro-energy structure can also be coupling with electricity storage systems in residents' daily life, i.e. electric bicycles and car charging, to reduce the energy source demand on nature.

Based on the recent 5 decades long practice and research experience, supported by the advancing new technology, the field of "three-dimensional garden" has spun off an independent discipline. Such discipline can be integrated with new plant and biological technologies to realize the integration of "three-dimensional garden" with vegetable/fruit planting and fish farming, forming an independent yet controllable micro-circulation structure. In the long run, the establishment of this ecological microcirculatory structure will greatly reduce the demand for agricultural land in urban land use.

3 The function of "three-dimensional garden"

With the development of the city entering a new stage of urbanization, the use of "three-dimensional garden" will secure the intensified urban land use, make the building more functionally compounded. A city "capable of being greened without occupying open space" is one of the main means to realize "urban double repair".

From the perspective of cultural function, facing the homogenized urban built-up space, urban space is becoming more and more "dull". Urban green space is also experiencing gradual degradation. However, in the process of urban construction, the use of "three-dimensional gardens" enables classical gardens to "embrace" modern urban high-rise buildings. It practices the wisdom of "harmony between the nature and man" of the traditional Chinese culture in the modern urban space. It passes on the "pastoral joy" of the traditional Chinese culture and blend it with the lofty humanistic ideal of "empathetic landscape" to make the urban built-up space more attractive. The "three-dimensional garden" can also create a new landmark in the city with changing scenery in the four seasons, adding a bright color to the city landscape with the change of vegetation in the four seasons. The successful experience of Italian and Japanese city designers has proved that architecture and nature can be skillfully integrated at every level in every urban space, i. e. a building in Fukuoka brings more attractiveness to the urban built-up space after adding a "three-dimensional garden". As another example, Taipei's three-dimensional garden architecture not only plays a role of landmark landscape in urban space, but also slows down the decline of greenery in urban built-up space and makes people want to yearn for it.

In terms of social functions, the use of "three-dimensional gardens" is first and foremost an intensive use of urban energy. "Three-dimensional garden" is one of the new carriers to realize the self-circulation of the urban built environment. It can skillfully integrate solar energy and reclaimed water into the life needs of citizens. For example, by combining "three-dimensional gardens" with solar energy and ground source heat pump, the electric heating energy generated can be consumed inside buildings, thus reducing the exploitation of conventional energy source. Another example, in the "three-dimensional garden", the water treatment system will initially collect and pre-treat domestic water and reduce the waste of water resources through water recycling. It is estimated that if 80% of the households in Beijing can be equipped with the micro-reclaimed water system, it can save much water tonnage equivalent to the total volume of "China South-to-North Water Diversion Project". A picture of a "three-dimensional garden" building was published on the front cover of Singapore's *National Geographic* magazine. The magazine clearly pointed out that the integration of architecture and greening can not only give people a more comfortable and beautiful living space, but also reduce the burden of nature in the urban environment. In addition, the "three-dimensional garden" helps to establish the job-residence balance of the urban system. At a time when the development of urban functions is not balanced, the setting of "three-dimensional gardens" can further alleviate a series of problems described as "balance of living and traveling, elderly care and residence" by Mr. Qian Xuesen. For example, the appearance of "three-dimensional garden" brings a brand-new functional space of "micro-farm" to the urban built-up space. It can bear the basic demand of urban people for crops. By statistics, more than 45% of organic vegetables in Tokyo are produced in "micro farms" within buildings. In the case of Green Sense Farms LED light source indoor planting, the lighting time of plants cultivated inside the building can be extended from 6–8 hours to more than 20 hours through LED lights of various light sources. Throughout a year, it can produce 20 to 25 harvests; saving 85% of energy and outputting 50 times more harvest than the farmland planting. More importantly, the emergence of "micro-farms" has more satisfied the citizens' desire to return to nature and shortened the food production chain to ensure food safety and freshness. For example, through the setting of "micro farm" in the "three-dimensional garden", fruits and vegetables can be picked, cooked and served on the table within 15 minutes, ensuring high nutrition and low carbon. It can also solve the excessive dependence of citizens on modern agriculture.

From the perspective of ecological function, first of all, "three-dimensional garden" canmitigate air pollution. Most Chinese cities face the problem of surging PM2.5 readings. It's often closely related to the concentration of negative oxygen ions released by plants. Generally, the higher the concentration of negative oxygen ions, the lower PM2.5 will be. Besides, the higher PM2.5 readings in urban space is one of the main causes of the high incidence of lung diseases in urban population. Generally, the concentration of negative oxygen ions is relatively high in vegetation-rich areas such as forest and lake areas, which is more conducive to people's life. However, through the use of "three-dimensional gardens" in the urban built-up space, the amount of urban greenery can be effectively increased and the PM2.5 readings be reduced. Secondly, the "three-dimensional garden" can increase the biodiversity of the city (Fig.2). The stability of the ecosystem is bound to be related to the resilience of urban space. It's also directly related to biodiversity. The "three-dimensional garden" can effectively maintain biodiversity and realize the sustainable development of human and nature. In addition, the "three-dimensional garden" can further improve the microclimate problem in urban space. For example, northern China is very gloomy place to live in winter due to the climate, but the greenhouse and greenhouse can be integrated into the building through the design of "three-dimensional garden" and the external microclimate of the building can be improved by using the greenhouse principle at a low construction cost. This can not only purify the air but also maintain the balance of temperature and humidity inside and outside the building.

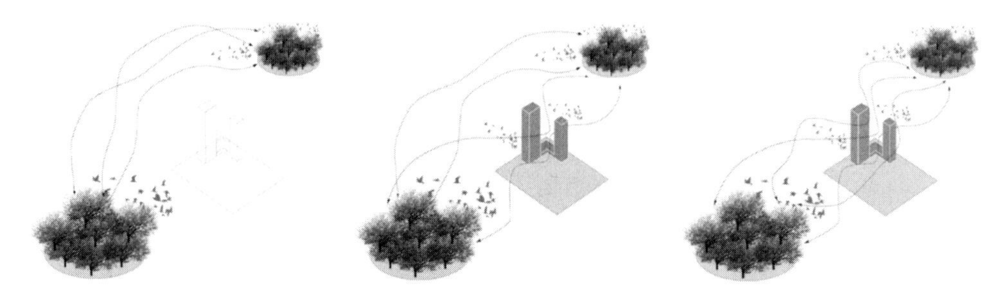

Fig.2 Roof greening

Generally speaking, the "three-dimensional garden" has created a modern building with biological wisdom. It greatly bonds the advocacy of the traditional Chinese wisdom about "modeling from nature, seeking harmony between man and nature" into modern urban space. Through modern micro-circulation technology and information-based wisdom technology, the "three-dimensional garden" will be integrated into the urban built-up space to realize the organic combination of nature and artifacts. It can not only reduce the city's consumption of natural energy, but also make urban space an organic part of nature.

4 Summary

The "three-dimensional garden" embodies the humanistic spirit of Chinese people. It integrates social needs, such as job, residence, business and entertainment. It's also the material space carrier of "micro-system for reclaimed water, energy, transportation, farming, and degradation" and other composite functions. The once "long-distance cycling" under the backdrop of industrialization was condensed into the city's interior space composed of buildings and communities. Microcirculation of water, energy, transportation, farms and other materials is achieved in the city's built environment, enabling the city to be "self-sufficient" and minimizing the external interference. Renovating or rebuilding some urban buildings into "three-dimensional garden buildings" can significantly improve the livability and landscape ecological diversity of the built environment within the city. It can be a shortcut to "city double repair". In the future urban construction, the construction mode of "three-dimensional garden" should be vigorously promoted. The urban built environment composed of many "three-dimensional garden" buildings will not only reduce the burden of the city on the natural environment, but also become an ecological system capable of "self-organizing, self-evolving and self-optimizing". It will serve as the foundation of "green ecological city". Finally, the "three-dimensional garden" building will change the traditional urban operation system and minimize the basic operation systems such as sewage and garbage disposal, thus realizing the symbiosis between the ecological environment and the built environment. "Three-dimensional garden" will be our dream and the basic "cell" to realize "Green China and Beautiful China" (Fig.3).

Fig.3 Three-dimensional garden

Qiu Baoxing Counselor of the State Council, Chairman of the China Committee of the International Water Association (IWA), Chairman of the Chinese Society for Urban Studies (CSUS). He graduated from the Department of Physics of Hangzhou University, School of Economics of Fudan University, and School of Architecture and Urban Planning of Tongji University successively. He got the doctor degree of economics and urban planning science. He was the former Deputy-minister of Housing and Urban and Rural Construction, Mayor of Hangzhou, Deputy Group Leader of Wenchuan Earthquake Reconstruction Coordination Group of the State Council. Meanwhile, he is the doctoral supervisor of Tongji University, Renmin University, Zhejiang University, Tianjin University, and Chinese Academy of Social Sciences.

A Preliminary Study on Interactive Digital Urban Design

Wang Jianguo

Academician of China Academy of Engineering, Director of Urban Design and Research Center, Southeast University

1 Dialectic cognition of concept connotation in "urban design"

Throughout the ages, the creation of a beautiful urban environment has always been an important topic catching continuous attention. Peter Hall once said that, "Although the information society can redistribute people and resources and rearrange urban spaces, the human space rich in cultural temperament, artistic mood and vitality is still irreplaceable." Many cities in the world have sailed through the urban technology upgrading, industrial restructuring, population aging and others challenges through space creation and environmental upgrading in urban design. Examples of such cities include London Docklands, Boston Quincy Market, New York High Line Park, historic urban areas in Shanghai, Nanjing and other Chinese cities, and Pearl River New City in Guangzhou, etc[1].

Since the 2013 Central Urbanization Conference, especially since the Central Urban Work Conference in December 2015, urban design has gradually become an academic hot spot in China and is closely related to some major domestic planning and design compilation concluded in China, such as the planning and construction of the Xiong'an New Area, Beijing Sub-center planning & construction and so on.

The author searched with the key word "urban design" on Google and found that the main attention horizon for urban design in the international community was 1970s – 1980s (Fig. 1). However, the focused hot topic of urban design in China started from 1990s and continued to go up. Today, it has become a hot topic drawn attention from central government, local governments, academy to real service communities.

From another perspective, in 1980, the Minister Ye Rutang firstly proposed in the Fifth Con-

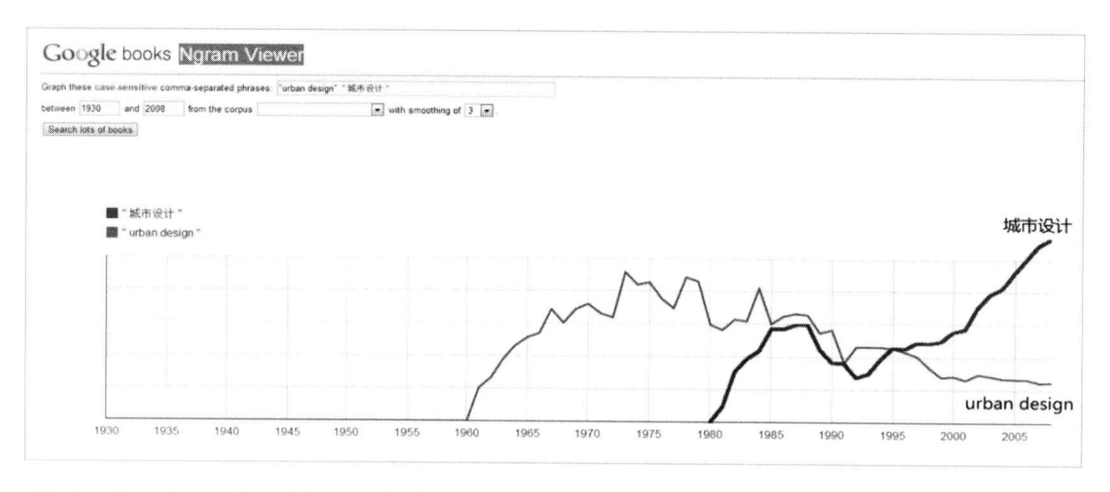

Fig.1 Search results of keywords "urban design" (Chinese and English) in Google (till 2008)

ference of Architectural Society of China that architects should pay close attention to urban design; when Shanghai Hongqiao New Area was constructed, the concept of urban design from the United States was applied in practice; in 1985, I started to do researches on urban design when I was a Ph.D. student of the Academician Qi Kang. In 1991, I published the book *Theory and Method of Modern Urban Design*; from the 2013 Central Urbanization Conference to 2015 Central Urban Work Conference, and to the recently *Urban Design and Management Measures*, which is guidelines promulgated by Minsitry of Housing and Urban Rural Development, and the Urban Design Pilot Work in 37 cities, we can see that the attention of urban design in China has been on the rise year by year[2-4].

The third edition of *Encyclopedia of China* is being compiled. At the invitation of Academician Wu Liangyong, I am chairing the organization and compilation of "Urban Design" and lead the composition of ultra-long entry of "Urban Design". Based on years of research, I try to give a contemporary concept and definition of urban design. "Urban design, mainly studies the construction mechanism and site creation of urban spatial form. It' s a design study, engineering practice and management activity on people, nature, society, culture, spatial form and other elements." The research on the spatial form formation mechanism is to find out how on earth is urban space be made of. What are the main causes leading to the single result? How is the working mechanism look like? Space creation is related to more social and cultural contents, design ideas and value orientation of urban design. The ultimate goal is how to make urban design the carrier for scientific modeling and creative presentation of the beautiful livable environment formed and presented. About this, I think there are four dimensions worthy of attention: first, depth, the perception of human experience; second, the thickness, including history, culture, geography, etc.; third, heat means vitality, community, sharing, etc.; fourth, precision-urban design shall pay attention to the engineered materialization of form, space, and scale.

2 Proposition of urban design models

If investigating historical evolvement of urban design[5], it's not difficult to find out that there are some shared value cognition and professional driving force, which is the fourth generation paradigm that I proposed about urban design development, namely, the paradigm of traditional urban design, modernist urban design, green urban design and interactive digital urban design[6].

The first generation model basically upholds the architectural design effectiveness and the historical inheritance principles. It's also about the geometric practice mode which was widely accepted as the effective urban design paradigm. In general, I believe the urban design before the 19th century can generally be classified into this generation of model.

For example, the design of Popolo and Campidoglio (Fig.2), derived from the historical renovation of Rome, basically expresses the visual and aesthetic control of the spatial form. The ideal city model proposed in the Renaissance also interpreted city from human's real perception. For example, Palmanova, an important military fortress to the north of Venice, is the most ancient city ever built based on the Renaissance paradigm of "ideal city".

The renovation of Paris is also done by the first generation of urban design paradigms (Fig. 3). In his book *Urban Design*, Bacon analyzed the spatial structure of Paris's reconstruction via squares and axis. The mode and effect of the construction of Chicago Expo is another typical example. It's described as the "urban beautification movement". At the beginning of the 20th century, such an urban design was still used in the urban reconstruction after the earthquake in San Francisco (1906).

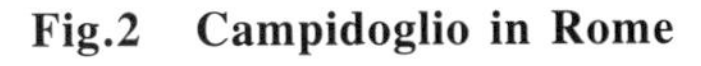

Fig.2 Campidoglio in Rome

Fig.3 Bird view of the historic section of Paris

After the industrial revolution, urban development accelerated rapidly. A series of new functions, new transportation modes and new social system emerged. At this moment, the city faced a series of new development challenges. The past architectural-aesthetics-based urban design was less able to accommodate the new development needs of cities. At this point, urban planning and urban design started to show major differences which were ambiguous before. I think that through the dual catalysis of the advancing science and technology and the development of modern art, the urban design paradigm based on machine aesthetics and the pursuit of efficiency and fairness was born (Fig.4). CIAM academic events and the *Athens Charter* created and grew the impact of modernist urban design on a global scale, especially after the war. Just in the 1950s, Corbusier, a former CIAM leader, took over the city planning and design work in Chandigarh, India, and conducted a full-range attempt to design modernist cities. Subsequently, Brasilia was also planned, designed and completed by architects Costa and Niemeyer on the basis of Corbusier's concept. At about the same time, from late 1950s, people started to realize that there had been a serious lack of attention to history, culture and community values in urban development, evolution and large-scale renovation. It led to many disputes. In 1956, Harvard Graduate School of Design organized a group of KOL from academic and media to convene the first Urban Design Symposium which decided to replace "Civic Design" with "Urban Design".

Urban design combines the characteristics of physical space and social and human attributes. It should adapt to the law of urban development and growth. Many predecessors have done a lot of research on this. For example, Prof. Bacon did a research on the urban design of San Francisco and Philadelphia. The keynote speaker of the forum Prof. Barnett cooperated with Lindsay, the mayor back then, on perfecting "Zoning" of New York and the structuring of a series of guiding policies on urban design.

There were many successful explorations in case practice. For example, the High Line Park completed in recent years in New York. The project transformed the abandoned high-rise railway into a ring-shape urban park widely loved by the public (Fig.5). The Ju'er Hutong project chaired by Wu Liangyong is a quintessential example of the "organic renewal" of the old city of Beijing; Zhang Jinqiu presided over the design of Xi'an Bell and Drum Tower Square. It's a positive catalytic regeneration to renew the vitality of the ancient city center (Fig.6); Chengdu Kuanzhai Alley and the Shanghai historic street preservation were also very successful. A few years ago, I planned the project Relics Site Park and Museum of Grand Bao'en Temple with the cooperation from Han Dongqing and Chen Wei, which is also a great success. After the project was completed, it has become an important landmark achievement of Nanjing's historical and cultural rejuvenation winning a lot of social appraisal (Fig.7).

Fig.4 Bird view of the municipal district of Chandigarh (Photo by Liu Jiayang)

Fig.5 High Line Park in New York

Fig.6 Night scene in Bell and Drum Tower Square in Xi' an

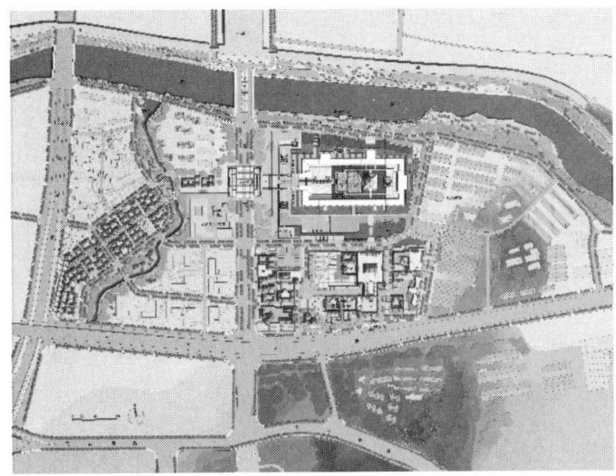

Fig.7 Planning for Relics Site Park of Grand Bao' en Temple, Nanjing

One of the important features of the development of modern cities is that it paid too much attention to the development of human society and neglected the law of natural development. After the 1960s, urban sustainability has gradually become a hot topic. Under the joint action of ecology, landscape architecture and sustainable development, green city design started to gain its momentum. The "green dimension" has gradually become an important benchmark for evaluating professionality of urban design and became an industrial consensus. The Green City Design Paradigm has a lot to do with the historic organic urban prototype. In 1997, I published a paper on *Journal of Architecture*, entitled "Principles of Ecology and Design of a Green City", outlaying the principle of overall priority and ecological priority. In fact, the climatic zones around the world are so complex that people can never build a universal city fits to all conditions. Under different climatic conditions, the organization of urban forms may be completely different. In extreme conditions, climatic conditions may be the most powerful factor determining urban form.

For example, in Egypt's new town planning, Hassan Fathy paid great attention to the relationship between the geo-climatic conditions and the morphological organization. In the renovation of an old gas plant near the Acropolis in Athens, Greece, designers conducted an in-depth analysis of the effects of sunshine, wind, environment and noise. Based on this analysis, they planned to design and build a zero carbon community. More than a decade ago, together with Prof. Han Dongqing, I did the planning and design of the Sun Yat-sen Mausoleum Boai Garden also adopted the design strategy of ecological priority and natural elements comprehensive analysis. The project achieved good implementation results and also awarded by the Ministry of Education the First Prize Design (Fig.8 and Fig.9).

Fig.8 Planning for Boai Garden

Fig.9 Bird view of Boai Garden (Photo by Xu Haohao)

At present, under the dual catalysis of the rapidly developing information technology and the context of China's strong social demand for urban design, scientific cognition and technical methods of urban design experienced profound changes. The paradigm of "interactive digital city design" gradually emerged. Alen Penn, professor at the University College London, also mentioned in 2016 that a major revolution is looming over urban design under the influence of big data and data science[7].

From a technical perspective, digital city design broadly includes technologies for information capturing or acquisition, information analytics or processing, and visualization techniques. Now, in China, there are many scholars and research teams engaged in this type of work, such as the Wang De's team of Tongji University, Long Ying and Dang Anrong's team of Tsinghua University. In Southeast University, besides myself, many faculties, including Duan Jin, Yang Junyan and Gao Yuan, have already carried out many researches and engineering practices. Our team applied integrative digital techniques in the overall design of 7 cities.

3 Features of digital urban design

There are three main features of digital urban design, namely, multi-scale design objects, digital quantitative design methods, and human-computer interaction[8].

Urban design in history is mainly realized through the visual perception of people and the experience of local places. However, combined with statutory plan, China's urban design basically deals with the large-scale urban design with the measurement unit of square kilometers. At this time, emerging digital technologies, especially big data, can analyze the cognitive and recognition beyond the existing spatial scale and provide reliable basis for urban design. China's unique planning and management model is based on quantification. It also starts from the scope of the first large-scale work. Therefore, it's very important to conduct scientific planning and management over different scales, explicitly presenting the content and elements of management via technical tools innovation. One of the most important features of digital city design is that it can partially realize the "urban full-scale space experience", which is a fundamental revolution to urban design and development.

Public participation of urban design has also taken on a new form in the digital age. We are using some of these interactive technologies. For example, we can have more interactive visualization of the city. The work of professionals is also a process of human-computer interaction. For example, one of our recent pilot studies on the height of the old city in Nanjing combined the outcomes of digital analysis and integrative use landscape-elements-based urban design ideas of the Nanjing City.

4 Exploring and practicing digital city design

Digital city design has clear advantages in large-scale spatial object processing. Although traditional coexists with the new data, there has been a big jump from past data samples to big data samples. From the personal observation of the external macro environment in the past to the individual perception and experience data integration, the conventional urban design decision-making process relatively depends more on expert experience. It's also relatively more disperse and direct in offering partial optimal solution; by contrast, digital urban design is an interactive decision-making process repeatedly validating via computational science. The final decision-making is within a morphologically qualitative threshold value interval. It's the optimal solution to a relatively complex system. In this way, urban construction of our cities could be made more scientific and rational.

Spatial syntax, proposed by Prof. Hillier, is one of the earliest techniques used in urban studies. Many Chinese scholars, including Duan Jin, Deng Dong, Yang Tao, Sheng Qiang, Zhang Yu and others, have applied, to some extent, the technology to urban design and engineering practice. Many years ago, in Tonglu's overall urban design, our team applied spatial syntax in studying the historical formation process of street networks.

Some scholars also used big data to visualize the spatial history of New York's Manhattan South. While carrying out the project of landscape enhancement across the Beijing-Hangzhou Grand Canal, our team used a large amount of historical data to form the holographic landscape of the Grand Canal and made it an important foundation to our design.

Cell phone signaling and other information form have also become important sources of information for social group's analysis. In Wuhu overall urban designing, we used one-month mobile phone signaling big data to study the correlation between the people gathering sites and urban space (Fig.10). Through the analysis of cell phone signaling, we find that some "people-site mismatch" in some parts of Wuhu city, pointing out the contents urban design needs to pay attention to. This technical route and analysis result were difficult to achieve in the past.

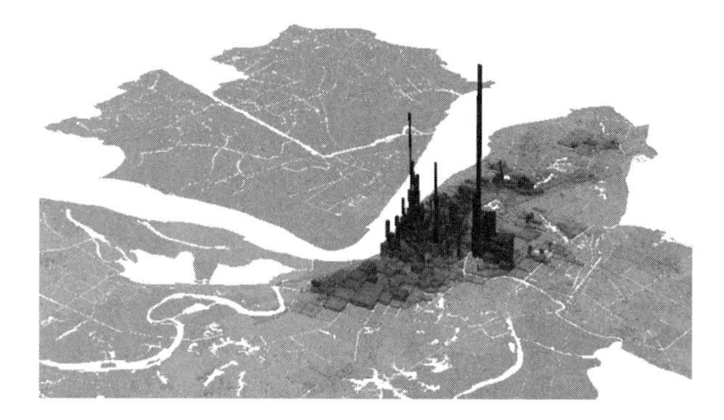

Fig.10 Big data analysis of cell phone signals in Wuhu

In studying the height of the Nanjing old city, through the key word frequency on Baidu search engine, we investigated people's attention to attractions in the old city. Through paring attraction sites into smaller scale map, envelop curves were used to produce a density map of attraction sites in the old city. In the recently completed Guangzhou urban design, we used more than 400000 photos uploaded to the internet by Flickr's online community photo service platform. Through simple machine recognition learning, we observed the hot spots in Guangzhou City and the areas attracting the greatest attention. As shown by the results of the analysis, people give highest attention to the Pearl River New City area. At the same time, they can see that the new city is gradually surpassing the old city in degree of attractiveness. These results have become an important base for the overall urban design. It also offers a brand new channel and manner for us to understand the spatial structure and relationships of cities with ultra-large scale.

From 2003, we started the first round of urban design optimization for the spatial form of Nanjing old city. For the first time, GIS technology was applied to complete the database of intensively-controlled urban form. To me, it was a pleasant surprise at that time, because the previous urban designs merely output planning programs, design drawings, guidelines and some policies. The presentation of database results greatly deepened the technical content of urban design. More importantly, the results of such a database are open-ended, timely updated and be partially translated into the working languages mandated by the statutory planning. It is implanted into the planning and management characterized by informationization in the moment, to achieve substantive and effective convergence with statutory plan. And the human-computer interaction of digital city design is characterized by complex systems such as urban form control, which is similar to the "robust" nature of control disciplines.

Later, we also completed the Changzhou spatial form planning, Zhengzhou central city overall urban design and other projects. In these projects, through the database construction of urban parcel attributes, we worked out the possible land development intensity in cities and a reasonable potential land plot ratio (range of values). On this basis, urban design can make further study on the combination of architectural space.

In the existing seemingly conventional urban landscape improvement, city skyline improvement and other urban design projects, it's still possible to visualize the data via the digital technology.

With the help of digital technologies built on vast amounts of data, we have also developed a new understanding about the "fair" and "efficiency" principles of urban planning and design. We also conducted case analysis of the spatial pattern optimization of Nanjing old city. In the past, statutory plan determined the indicator. Such indicators might be referenced to existing predecessor plan, or be assigned values based on the historical empirical experience which has very limited reference sample size. Now, through big data technology, we compared and iteratively searched for nearly 6000 parcels of land parcels of similar property. We conducted iterative calculation and assigned value from the narrowed amplitude. This greatly improved the reliability and accuracy of the results.

5 Conclusion

Through exploring theories, methods and engineering practice of China's urban design in recent years, a new paradigm of urban design is produced. This paradigm is purported for holistic reconstructed forms, processed through interactive approach and featured with the revolutionized digital tools. It is playing a key supporting role for preparing and managing the compilation of urban planning, highlighting the city's history and culture and landscape characteristics and creating a livable environment.

From the current actual operation situation, digital urban design mainly aims at the scientific construction and evolution guidance for large-scale or multi-scale urban spatial forms. The meso-micro urban design mainly depends on the creativity and designer expertise. At present, most of the urban designs chaired by the author have been effectively integrated into the compilation and management of statutory planning. Contents of the urban design carried out in Nanjing,Zhengzhou and Wuhu have become the statutory outcome authorized by the government and the NPC relevant procedures.

Digital urban design has the characteristic of quantitative framing, open process, timely modifiable and systematically coordinated. However,it also needs to be integrated with the design idea. The value judgment is still the most core content of urban design.

Four generations of urban design paradigm echoes,overlaps and iterates each other. I personally believe that this change is based on the transformation of tools and methods,which in turn leads to a substantial increase in the energy efficiency of large-scale urban design. Besides,such revolution can also build a data platform that is shared with urban planning,allowing for more effective access to design management and follow-up operations. Facts have proved that urban design has significant scientific feature.

References

[1] KUHN T S,HACKING I. The structure of scientific revolutions(fourth edition)[M]. JIN W L,HU X H,trans. 2nd ed. Beijing:Peking University Press,2012.

[2] WU L Y. Integrated architecture [M]. Beijing:Tsinghua University Press,1991.

[3] QI K. Urban environmental planning design and method [M]. Beijing:China Architecture and Building Press, 1997.

[4] WANG J G. Modern urban design theory and method [M]. Nanjing:Southeast University Press,1991.

[5] MCHARG I L. Design with nature [M]. RUI J W,trans. Beijing:China Architecture and Building Press,1992.

[6] WANG J G. A further exploration of Chinese urban design at the beginning of the 21st century [J]. Urban planning forum,2012(1):1-8.

[7] PENN A,SHEN Y,SUN W,et al. Urban design in the new data environment:dialogue with Professor Alan Penn [J]. Beijing Planning Review,2016(4):178-195.

[8] WANG J G,ZHANG Y,FENG H. A decision-making model of development intensity based on similarity relationship between land attributes intervened by urban design [J]. Science China:Technological Sciences,2010,53(7):1743-1754.

Wang Jianguo Professor of School of Architecture at Southeast University, Director of Academic Committee, Director of Urban Design Research Center of Southeast University, Academician of Chinese Academy of Engineering, National First Class Registered Architect, Member of the World Society of Ekistics (WSE). In 1978, he studied architecture in the Department of Architecture in Nanjing Institute of Technology and obtained Ph.D. degree of Southeast University in 1989. Since 1989, he has taught in architectural research institutes, architectural departments and architectural institutes, and successively served as deputy director, vice dean and director of architectural department, and dean in Southeast University. In 2001, he was appointed as the Distinguished Professor of Yangtze Scholar Award Program of the Ministry of Education, awarded the National Science Fund for Distinguished Youth and elected as an Academician of Chinese Academy of Engineering in 2015. He has been engaged in scientific research, teaching and engineering practice in the field of urban design and architecture for a long time, and has achieved a series of innovative achievements. In China, for the first time, he has systematically and completely constructed the modern urban design theory and method system; put forward quantitative guidance and control method for rational layout of urban high rise buildings; made original construction of technical methods for scientific determination of urban land development intensity and floor area ratio; and set forth and practiced for the first time urban landscape design method based on dynamic random viewpoint.

Urban Form Organization Overview

Lu Jiwei

Professor of College of Architecture and Urban Planning, Tongji University

The object of urban design is the urban form. On one hand, attention should be paid to the formation of urban form, that is, how to generate urban form according to the requirements from the urban society, economy, culture, ecology and aesthetics; on the other hand, it's about the organization of urban form. Urban form and organizational rules are the basic theories and skills which urban design practitioners and scholars should master. The organizational rules of urban design is different from that of city planning. It's also different from that of architectural design.

For a long time, the urban design researches on form focused more on the urban form cognition extended from urban geography. Analytical methods are also included through the related works of Kevin Lynch's *The Image of the City* for example. However, there is a lack of research on the basic theory of urban form which is directly requested by urban design.

The urban design in China organizes the urban form by the visual order. However, the influence from the behavior requirements of the urban user is not sufficiently projected to the urban morphology. There is a lack of research on the urban behavior and the methodology of coordination between the behavior and the form.

At present, urban design in China should not merely consider the traditional studies of the plane texture shaped by the layout of streets, plots, buildings and squares. It should pay more attention to the new trends of urban form development in the new era, including compact cities, vertical cities, pedestrian cities, as well as the urban form impacts from the waterside high embankment, integrated station-city development mode and others.

The theoretical framework about urban form has two ingredient parts: The first part is about the constitution of urban morphology, which mainly studies the basis of the formation of urban morphology; the second part is about the organization of urban forms which studies how to integrate and organize the urban forms, once being produced, into a holistic system. Among them, the morphological organization is made of four aspects including integration of urban elements, organization of urban space, construction of urban basic surface and shaping of urban morphology and structure.

1 Urban form and its formation

There are four factors that affect the formation of urban morphology. The first is the human behavior and people's activities. Cities are born because of people's requests in political, economic, social and cultural activities. Therefore, to the development of cities, human behavior and people's activity is the first element. The second is the impact from the existing environment, including the existing artificial environment and natural environment. It will have a great impact on the formation of the city. The third is social development philosophy, including the philosophies of ecology, humanity, TOD (Transit Oriented Development) and aesthetics. For example, since the 1970s, when the concept of eco-cities was introduced, it produced great impacts onto the forms of our cities. It also brought changes to the aesthetic standards. The fourth is the impact of technological development.

Urban behavior is the main reason for the urban form. The development of international behavioral sciences in the 1950s and 1960s and the connection between the behavioral needs of urban users and urban design was the fundamental breakthroughs in the development of the city's morphology. The publication of Jane Jacobs's *The Death and life of Great American Cities*, Christopher Alexander's *A City is Not a Tree* and other monographs. The urban form environment is not only considered as a space of visual arts, but also as a comprehensive social venue. Urban behaviors include social activities, economic activities, cultural activities and behavior, including almost all the activities of the city. However, how to turn the behavioral needs into a modality is not only a theoretical issue but also a basic skill that most of our urban designers need to master.

Urban behavior and urban spatial form should be coordinated in development. It's an important method of urban design. I would like to illustrate it through two cases.

The first case is the urban design of Shanghai Lujiazui Financial District in 1992. At the time of the consultation program, we all agreed that Richard Rogers' plan is better (Fig.1). Rogers' plan is morphologically a circle combined with regional environmental patterns, and this pattern has its basis for urban behavior. It connects the high-rise buildings with a rail link, forming a green heart ring. It sets up six sites. Each site forms a 600-meter radius activity area. It's actually the concept of TOD. The ring system then connects with Shanghai's public transport (including metro) line to form a very good design. At that time, however, there was not enough understanding of the TOD concept for human behavior. That's why we only took the urban form of high-rise buildings centered on the green area but did not gave in-depth considerations of other contents. As a result, business people were challenged by some inconvenience in working in

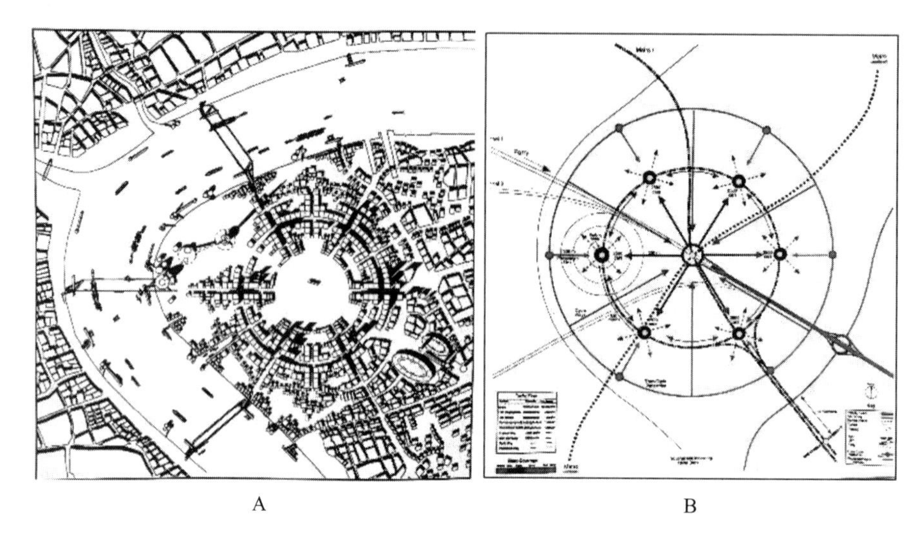

A B

Fig.1 Rogers' plan of Shanghai Lujiazui Financial District urban design

(Source: Shanghai Lujiazui Co., Ltd., *Shanghai Lujiazui Financial District Planning and Construction: International Consultation Volume*, P44, 47)

Lujiazui area.

The second case is a behavioral analysis of CBD area in Shanghai Northern Bund. Northern Bund CBD has 11 land parcels, 920000 m^2 construction area and need to carry 20000-30000 business people. What we want to study is how to satisfy the various activities or behaviors of business people and use them as the basis for the spatial layout. The research activities required include business people's business activities, commuting activities, leisure and shopping activities. The flow line is divided into three directions. The first is commuter stream. Passenger flow passes second story terrace to access two metro stations. The second stream structures business people's life and manufacturing activities which are mainly carried by second floor terrace and architectural space. The third is entertainment stream connecting Huangpu River through the viaduct. The two-floor terrace is not simply a connecting corridor but a green street in the air. At 6 meters above the ground, a pedestrian system is formed to connect the entire area to separate fit from the ground traffic system.

2 The integration of urban elements

The integration of urban elements is to solve the relationship between various urban elements. It's an important guarantee for the formation of urban system. The city is composed of many elements, including the physical elements and the spatial elements. The physical elements are the buildings, municipal engineering, mountains and natural forests. The spatial elements include streets, squares, green space and waters areas. We should organically integrate these elements. Such integration will contribute to the compact cities, enhancing the city's efficiency and vitality and promoting the integrity of visual images.

The elements' integration is the mechanism of urban design. It's an important way to materialize organic cities. It takes the general paradigm with systematic perspective as its philosophical foundation. In terms of methodology, it's an important differentiator from urban planning. Urban planning (especially the modernism planning) is guided by the analytical paradigms and managed with the target of controlling line zoning. The urban design can be dialectically interpreted as the relationship between "dividing" and "unification". It views "dividing" as the process and phase of integration, establishing the operating system.

There are many ways to integrate urban elements. I hereby list four of them. First is element infiltration, namely, how the two elements inter-infiltrate each other. Second is soften the urban control lines. If urban planning has no control line, it will bring a lot of problems. Yet, it is still not necessary to rigidly put it into a fixed form. Third is the use of integrated medias, including squares, walking systems, artificial markers, the natural environment, etc. Fourth is the organization of urban complexes. Unlike the general sense building complex, the so-called city complex must be an open system made of many urban elements.

Japan Kitakyushu Kokura Station area is an example of element infiltration (Fig.2). Kokura Station space inter-infiltrate with urban space. It's a good example of station-city integration. The Shinkansen, JR line and monorail light track lines vertically integrates into the train station urban functions such as two-story public pass, hotels, malls and conference center. This method can overcome the problem of isolating urban space from railway land use.

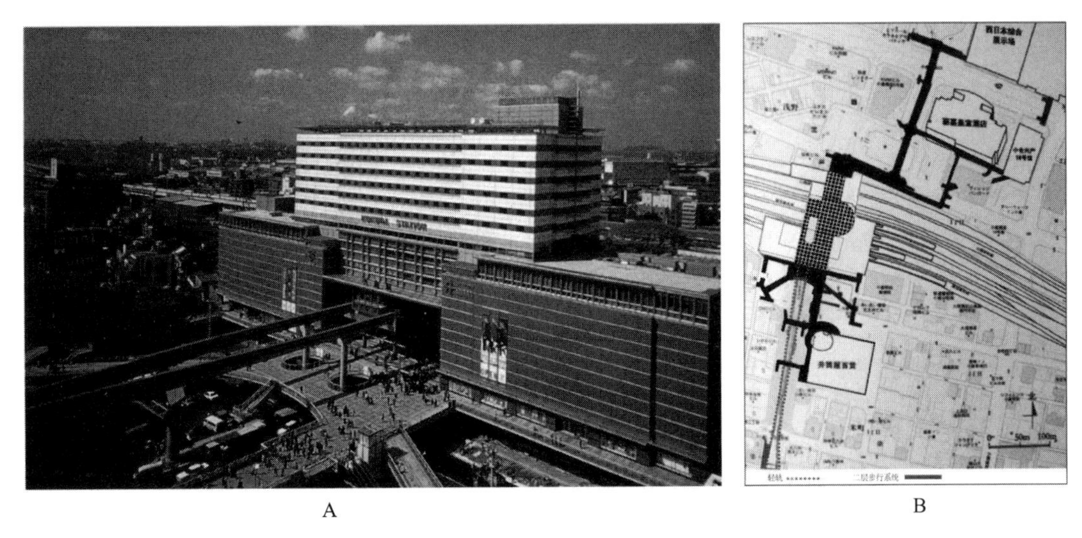

A B

Fig.2 Kitakyushu Kokura Station area

The case of softened urban control line is the urban design of downtown Luohe (Fig.3). The city center covers an area of 160 hectares. The 100-meter-wide Bahe River passes through the center. The city design makes full use of Sanjiangkou where the two rivers confluence. It also combines the waterfront public space across the river with the dam to form a unique living room across the river. The blue line that controls the dam here has been hidden in urban space. It has an appearance free from rigid forms.

A B

Fig.3 Luohe city center design

The case of using integrated media is the design of CBD in Zhangzhou's Taiwanese Investment Zone (Fig.4). The site survey found that there was a 40 meters high small hill in the center of zone. The urban design treats it as a featured landscape. As it is close to the CBD area, light rail elevated station is used as a media to integrate the CBD and natural green land into a complete pedestrian area. It thus becomes the public places favored by the publics. Another example of integrated media is the renewal of the old port area in Genoa, Italy, where Renzo Piano erects the iconic symbols of the mast and sails on the harbor. It serves as the centerpiece symbol of integrated old port morphology and its new functions.

A B

Fig.4 Zhangzhou Taiwanese Investment Zone center city design

There are many modesto integrate urban elements such as public-private space integration, natural-artificial environment integration, historical-modern environment integration, transportation-other functional space integration, underground-aboveground space integration, municipal infrastructure-landscape integration, and so on.

The urban design of Wuxi Track Line 1 Shenglimen station area is an example of aboveground-underground space integration (Fig.5). With a land area of 5.9 hectares, the track station is located below the urban green triangle. The design strives to overcome the urban roads obstruction and establish a pedestrian zone centered on the railway station. Triangle green space is not only the city landscape, but also the spatial organization of hybrid functions. Aboveground-underground space integration design has become the main pathway of integration. A sunken plaza has been built on the subway station entrance. This sunken plaza extends the underground channel network the radius region and organizes organic integration of the second floor entertainment & shopping space into protruding ground landscape.

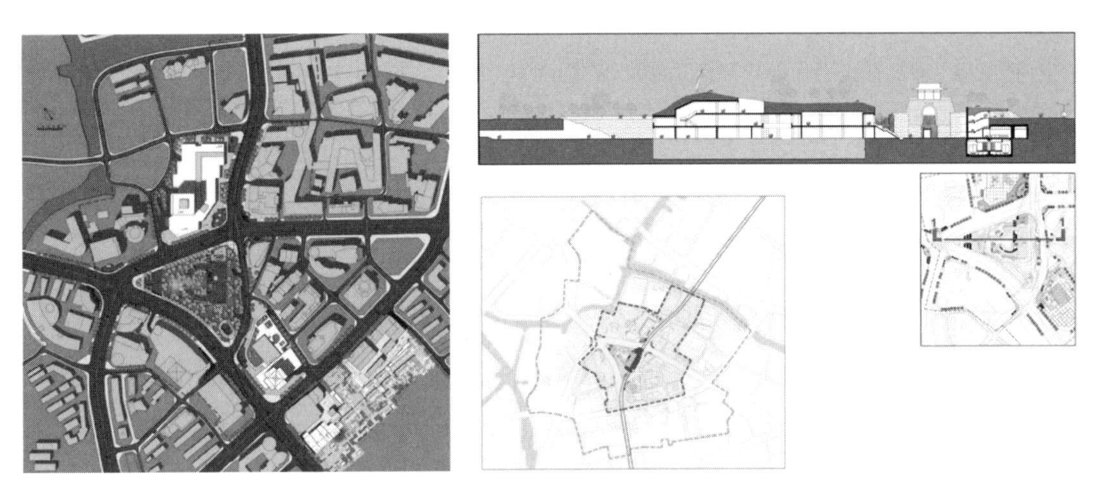

Fig.5 Wuxi Track Line 1 Shenglimen Station area urban design

The example of the protected historic site integrated to the modern city development is the urban design of Zhengzhou Ersha Cultural and Innovative Center (Fig.6). Zhengzhou Second Wheel Plant has an land coverage of 56 hectares, grinding wheel workshop of 70000 m^2. It's the witness of Zhengzhou industrial legacy of 1950s. It was decided to use cultural and creative park to protect industrial heritage. The starting point of urban design is that protected areas should be integrated into the urban system while incorporating the functions of cultural and creative centers

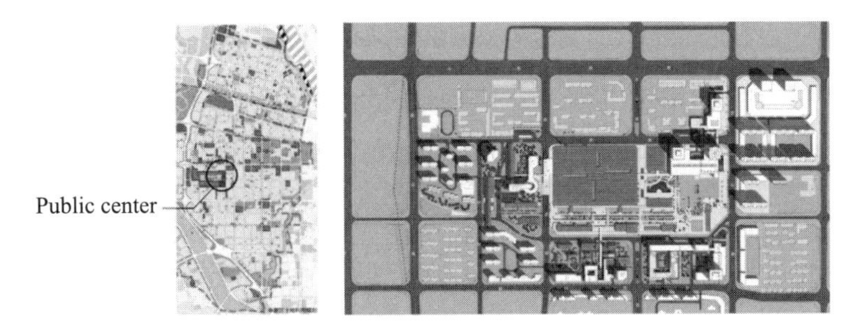

Fig.6 Zhengzhou Ersha Cultural and Innovative Center city design

into urban development functions. In-depth investigation revealed that the west main city area of Zhengzhou, the place where the cultural and creative center is located, is basically a residential area and lacks the public center for its service. Therefore, it proposes to combine the functions of a cultural creative center with a public service center to form a dynamic cultural area with shared public facilities like hotel, office, commercial, culture and recreation.

3 Organization of urban space

There are many studies at home and abroad about the space organization. What I need to emphasize is the relationship between public space and urban space. Public spacewas open in planning, presented in the forms of land parcel. Urban design emphasizes the emergence of space as an element and shows the trend of becoming vertical, interior and private space.

4 Construction of urban base

The urban base is the datum plane for various urban activities conducted by urban residents and tourists.

Vertical transformation is the extension of the city's compact development. With the continuously increasing urban population density and building capacity, the ground, as the base of urban activities, is becoming more and more crowded. As human beings are seeking to expand the ground, urban base multi-layered development was adopted. This is the vertical development of city. Urban vertical development applies not to the urban elements but to the urban base plane. Looking back the history of the urban morphology development, prior to the 19th century, it was the period for the development of urban layout and spatial landscape forms. From the late 19th century onwards, the emergence of Chicago high-rise buildings hallmarked the forthcoming vertical development of urban form. From the end of the 20th century, urban base started to have vertical development. Often, the design of London's Canary Wharf was viewed as the quintessential example of this trend.

The urban base include ground base, air base, underground base, inclined base, variation base. It influences the remodeling of urban terrain (Fig.7).

Building vertical bases is an important strategy in urban design. Vertical bases are usually composed of two types of base (ground + underground, ground + air). It's also composed of three types (underground + ground + air), i.e. Hong Kong Central. The study of the dynamic mechanism of the vertical base construction is the important work of urban design. It's also the key to the necessity of urban vertical development. There are many motivation factors for vertical development of the city, i.e. the separation of passenger flow from vehicle flow, the integration of metro stations, the uneven terrain, the eliminating embankment's barricades against hydrophilic

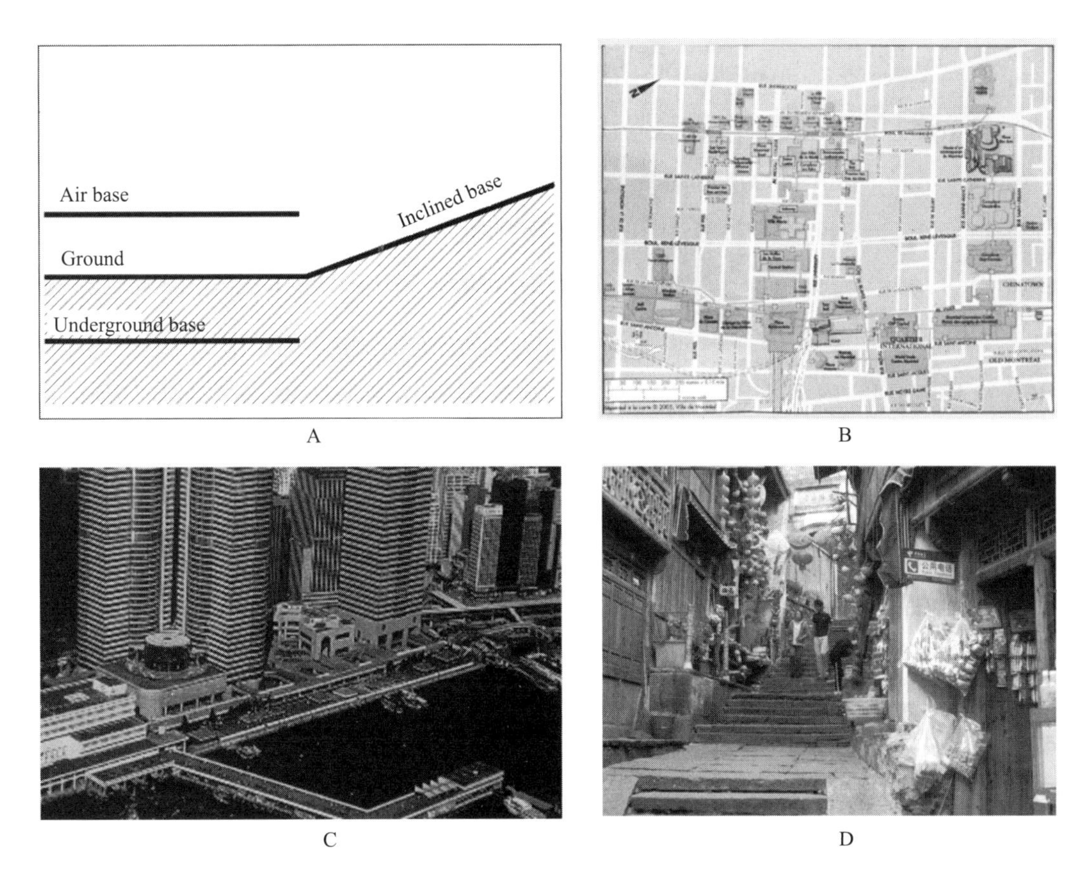

Fig.7 Urban base types

urban environment, and requests from the urban complexes construction.

The vertical base construction of the London Canary Wharf Financial District was driven by the pursuit of ground walking and hydrophilic environment requirements. Canary Wharf Financial District (Fig.8) was designed and constructed in the 1980s. With an area of 35 hectares, it was originally used as London's port area. Water is its important environmental resource. For the

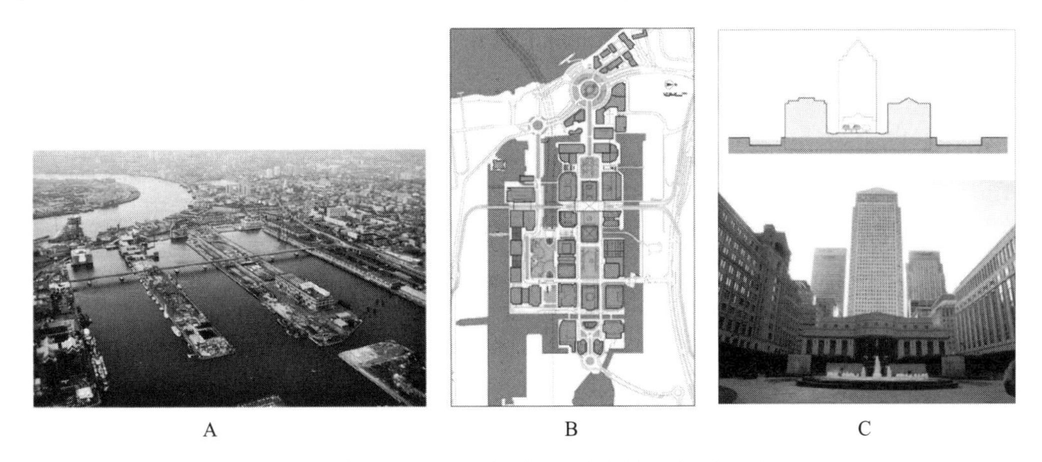

Fig.8 Canary Wharf Financial District, London

pursuit of ground walking and hydrophilic environment, urban design placed the ground-based streets (cars + sidewalks) on the second floor which was also the entrance to office buildings and other buildings. The ground floor served as the hydrophilic pedestrian zone.

High embankment and undulating terrain motivated vertical base plane structuring in urban design for Zhangzhou city center expansion area (Fig.9). The project area is 4 square kilometers large and nudges Jiulongjiang River on its southwest. A 6-meter-high dam was planned with elevating terrain on the northeast side. In order to overcome the hydrophilic barrier of the dam to the city and to obtain more hydrophilic space, the urban design combined with the 6-meter-high dam with the elevating terrain of the northeast side to create a two-story pedestrian system. Between the embankment and the elevating terrain, a parking garage was used to create a new base plane. In this way, the gap in the middle of the embankment was filled up. Arranged with business centers, the hydrophilic pedestrian system was placed on the platform, taking in the fly-over track station structure on the northeast side into the system.

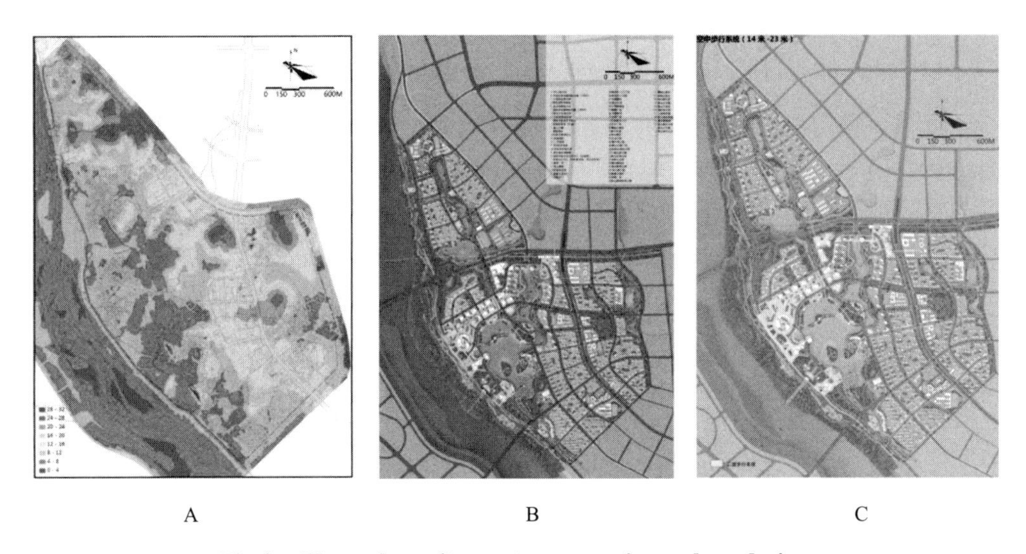

A B C

Fig.9 Zhangzhou city center expansion urban design

5 Structure building of urban form

The urban form structure or the spatial structure of urban form is the distribution and organizational characteristics of the urban physical elements within a certain spatial range.

The research on urban spatial structure is very important to the design of urban form. It has three layers of meanings: firstly, it can improve the spatial order and improve the logical power of form so as to enhance the cognizability of the city; secondly, it can systematize the functions and promote organic characteristic; and thirdly, it can demonstrate the concept of morphological design. Just as American urban designer Edmund N. Bacon described in his book *Urban Design*,

"Concepts affect structure and structures produce ideas."

Urban form structure in different scales of the city has different performance.

Macro-urban spatial structure is the study object of geography and urban planning. It mainly studies the development of urban spatial form, the two-dimensional shape of cities, the urban center layout, urban agglomeration and the relations between cities and surrounding areas. It's highlighted with boundaries, centers and clusters.

Meso-urban spatial structure is the study object of urban planning and urban designing. It mainly studies the two-dimensional layout and compositional relationships of urban elements and the distribution of urban morphology intensity. It's highlighted with line networks, regions, axis, centers and nodes.

Micro-urban spatial structure is the study object of urban design. It mainly studies relationship between space and physical elements, including public space form, base plane three-dimensional conditions and building height, etc. It's highlighted with public space, architecture and base plane. Micro-urban spatial structure can be understood as three-dimensional urban texture. It not only reflects people's visual form, but also reflects people's activity patterns.

Form structure of Hefei Hubin New District core area is the case of meso-level. The New District is located in southern Hefei. Being adjacent to Chaohu Lake, it's an important node in Chaohu Scenic Area. The expression of "one center, four axes and seven patches" describes well the form structure, marking out the distribution of the morphological and spatial elements. There is an expression "the inner lake as the heart, the two lakes as buttress, the four axis radiating out and the seven patches inter-connected". Such expression not only shows the layout but also points out the organizational features of elements. It fits more to the definition of urban morphological structure.

Shanghai Jing'an Temple area is a micro-level case. The site is located on the west side of Shanghai's central city. It covers an area of 36 hectares. Two metro lines pass the area and are installed with metro stations. There are Jing'an Temple and Jing'an Park in the center of this area. Urban design shapes the common spatial and spatial structure of buildings. Roppongi Hills, Tokyo, Japan is another micro-level case. It covers an area of 11.6 hectares, with 19 meters elevation difference. A track line goes through from the underground. Being a city complex, it adapts to its terrain elevation and construct large platforms crossing over city trunk roads. On the platforms, a general high-rise towers was built (238 m high). Architecture-dominating base plane form and spatial structure was shaped. Batley Park in New York, USA is also a micro-level case. It locates on the west coast of Manhattan in New York and covers an area of 37 hectares. Given the hybrid functions for living and working, the center of Batley Park is a financial center. Morphological space structure is space-dominated.

Practicing land public ownership, China attaches great importance to the role of urban design in the urban construction. This provided a good condition for the development of urban design in China. In order to improve the level and efficiency of urban design, to create a good urban environment, we must not only master the working methods of urban design, but also further study the organizational methods and laws of urban form. In this way, urban design could be more conducive to the demands of compact urban development, ecological, dynamic, humanistic and characteristic features. For this reason, we still have a lot of work to do. There are still many problems to study.

Lu Jiwei Professor, Director of Urban Design Research Center of the College of Architecture and Urban Planning, Tongji University, Member of the Committee of Experts on Urban Design of Ministry of Housing and Construction, Director of Urban Design Department of Committee of China Historical and Cultural Cities, member of the Committee on Education and Professional of Architectural Society of China, member of Urban Design Academic Committee of China Urban Planning Society, and the Director of Urban Design Academic Committee of Shanghai Urban Planning Society. Since the 1990s, he has begun the creation of urban design and completed more than 30 designs involving city center, CBD, waterfront, historic conservation area, subway hub area, underground block, walking block, city square area and urban axis area, etc. On the basis of completion of the natural science foundation project "Research on the Development of Urban Underground Public Space", he put forward his design concept, the Development of Urban Underground Public Space and its important way the Integration of Underground and Overground. On the basis of his career practice, he set forth the theory of Urban Design Integration Mechanism and published seven monographs, including *Urban Underground Public Space*, *Urban Design Creation: Research and Practice*, and *Urban Design Mechanism and Creative Practice*.

Urban Design in China: Where to Build, When to Build, What to Build

Jonathan Barnett[1], **Stefan Al**[2]

1. Emeritus Professor of Department of Urban and Regional Planning, University of Pennsylvania;
2. Doctor of Urban and Regional Planning, University of California, Berkeley

1 Introduction

Urban design is emerging in China as a way to help implement major new government policy directives for preserving the natural environment and for making cities more efficient, more livable, and more in harmony with nature. The big issues center around three questions: where to build, when to build, and what to build? The first, and possibly the most important, is where additional urbanization should be permitted. The second is when new urbanization should take place, as opposed to infill development and more intensive use of already urbanized land. What to build is the most familiar urban design issue, and concerns changes to an existing government rule-book which has produced a form of urbanization which is increasingly seen as overly rigid and indifferent to important ecological, historical, and life-style considerations.

Before discussing current urban design and planning problems in China, it is necessary to look back at the amazing achievements of China's urbanization after the economic restructuring in 1978: a complete new national road system, a new national air system, a new rail network including high-speed rails, rail rapid transit in almost every major city, the annual average growth of GDP of 9% [1], the construction of more than a hundred million units of housing, and the elevation of more than half a billion people out of poverty and into the middle-or even the upper-class. It has achieved unprecedented national development in history. Nearly 54% of the country's 1.35 billion people now live in cities, up from less than 18% in 1978 [2]. Moreover, China's *National New Urbanization Plan* (2014-2020) called for the country to be 60% urbanized by 2020, adding another 90 million people to cities [3].

In order to facilitate rapid urbanization, the government created a rule book for designing and building cities, including specifications for all kinds of street systems, a standard regional development plan, a required process for making land-use plans, population standards for residential areas as a hierarchy of three different kinds of housing organization, and clear and strict requirements for the housing itself. For example, the daylight spacing of each residential unit is regulated. These rules, enacted originally to save fuel, continue to make sense as access to solar energy becomes more important, but they have been interpreted to require large, hard-to-use spaces between buildings, creating districts composed of "towers in the park".

Not surprisingly, much of the new development in China has ended up following a pattern which is similar from city to city, and from region to region. This standardized urbanization has spread over agricultural land and scenic landscapes with little regard for environmental considerations. The powerful set of rules written almost forty years ago is no longer in keeping with the complex and sophisticated society. It lack of consideration of compact development, food security, landscape heritage, and the potential effects of climate change, contributing to China's increasingly serious environmental problems.

The Central Committee of the Communist Party of China and the State Council have recognized these problems with two recently published guidance documents: *Opinions on Further Promoting the Development of Ecological Civilizationin* in April of 2015 and *Opinions on Further Strengthening Urban Planning and Construction Management* in February of 2016 [4-5].

Ecological Civilization was an important objective in China's 12th Five-Year Plan and carries over into the 13th Five-Year Plan. Civilization is understood to mean the entire modern economic and social structure. Characterizing the desired form of civilization as ecological is a statement that all human activities should be in harmony and balance with nature. This is, of course, a highly desirable but difficult undertaking. No other nation has attained this objective, although the Nordic countries, Denmark, Finland, Iceland, Norway, and Sweden, are moving strongly in this direction.

China's *Opinions on Further Promoting the Development of Ecological Civilization* in 2015 is an unusually comprehensive document which unambiguously states a long series of ambitious environmental policy objectives. The Opinions gives priority to conservation over development, and sets forth basic principles which include green development, what is called the circular city, following the slogan "reduce, reuse, recycle, low carbon use".

Giving priority to conservation means that decisions where urbanization takes place should be subordinated to conservation of natural resources and the existing landscape. Translating this directive into urban design means that all urbanization should be based on environmental carrying capacity and respect for natural landscape forms. Carrying capacity and the natural landscape should form the setting for urban development, as opposed to having urban development patterns reorganize the natural landscape. The Opinions goes on to say that existing laws and regulations should be abrogated if they conflict with ecological civilization objectives, and that plans to implement ecological civilization should be made at all levels of government.

Opinions on Further Strengthening Urban Planning and Construction Management is as sweeping in its way as the Opinions about ecological civilization [6]. It sets the goal for urban development to be "orderly, moderate, and efficient in order to build a harmonious, livable, vibrant, distinctive modern city, so that people's lives will be better". "Orderly" includes making sure that planning regulations are followed, and not reshaped by political considerations. "Moderate" is a statement against unusual building shapes or sizes. "Efficient" is a prescription for not expanding cities until all available land within the existing urbanized area has been developed. "Building a harmonious society" has been an important policy objective since the 12th Five-Year Plan and a statement about reducing social inequality. "Livable and vibrant cities" are almost universal planning objectives; in this context they can be understood as qualities that are not being achieved under current planning and development rule books. "Building distinctive cities" is also a statement against the current planning system, which is submerging the individual historic character of cities with development that follows the same rulebook almost everywhere. Focusing on improving the quality of life as the ultimate objective is meant to change the focus of planning and development from simply delivering such elements as housing, parks, and transportation, important as they are, to considering the design of the city as a whole.

The directive defines urban design as the implementation of urban planning, the provision of individual design guidance, and as the effective means of shaping a city's characteristic style. Single building design must meet the requirements of urban design in shape, color, massing, height, and other significant characteristics. Development must make full use of natural systems in managing new urbanization, including green infrastructure for water conservation and stormwater. Rehabilitation of the natural ecology within urban areas is also an objective, and the government has already started a "Sponge City" pilot program, investing 12.7 billion USD in green infrastructure in 16 cities. The directive also includes a long series of specific objectives covering the many aspects of city building, including building construction, pollution control and sewage treatment. It calls for new systems of urban governance at every governmental level to implement these policies.

China's leadership has given the Ministry of Housing and Urban-Rural Development the task of figuring out how to administer these nationally important policy objectives. Any advocate for urban design has to be pleased and excited that urban design has been given a central role in urban development in China, although we know that there will be resistance to change and that making these reforms is going to be a complicated and difficult task. We therefore have looked at the task of producing these regulations with an eye to what the complexities and difficulties are likely to be.

2 Where to build

In an age of climate change, globalization, and rapid population growth, as well as the continued fast pace of urbanization in China, large-scale urban design measures will be needed. The current urbanization rules permit development almost everywhere in the more populous parts of China, which has resulted in the loss of large areas of the natural environment, of farmland, and of historic buildings. The current rules also do not recognize the serious risks to both existing and new development created by changes in climate, particularly sea-level rise.

The Ministry of Land and Resources is the central government agency responsible for preparing the national land use plans in China [7]. These plans set over-all parameters for land use, such as how much arable land needs to be preserved and how much urbanized land there should be as the sum of all the provincial, city, and local plans. Land use plans are powerful tools for balancing ecological preservation and urbanization, although in practice they do not appear to be an effective control mechanism for decisions about which specific parts of the agricultural and natural landscape should become urbanized. Having a national land use plan addressing water resources, food security, protection from storms, preventing air and water pollution, and adapting to climate change could be a way to help implement the Ecological Civilization to prioritize conservation and natural systems over urbanization. Making some of these broad-brush decisions at the national level, although politically difficult, could take some of the local development pressures out of the planning and design processes at provincial and local levels. A move in this directions it the 2015 government initiative plans to curb the growth of 14 cities through urban growth boundaries, including Beijing, Shanghai and Guangzhou [8], similar to urban growth boundaries enacted for the state of Oregon in the United States.

Provinces are the next level of government decision-making in China, plus some big cities that have the same status as provinces. The question is whether the outcome for some urban design issues can be predetermined by land-use plans at the province level. These land-use plans are generally very abstract, but they do show directions of urban growth and general locations for population centers. China has had problems with decisions about where to build new towns, as exemplified by the so-called "Ghost Cities", and growth vectors determined by transportation and by calculations of future population growth, which are typical parts of regional plans, can conflict with the larger policy of subordinating urban growth to the preservation of natural systems. Moreover, environmental preservation will be vital for recreation and agriculture on a regional level, for instance for the new Jing-Jin-Ji mega-city region, China's national capital region. Urban and environmental design is needed to resolve policies at this level, as the context for urban design decisions in cities, districts, and individual parcels.

3 When to build

Cities in China have expanded rapidly by urbanizing rural land. The city acquires rural land and relocates the villagers. The city then prepares district-level and parcel plans and sells the land to developers. The difference between the acquisition and selling costs goes to the city. This practice increases future operational expenses for the city, and push-back against these acquisitions from rural communities has been growing, but this well-established practice provides immediate income to the local government leaders as a way to solve fiscal problems.

Channeling growth into green-field locations can lead to the neglect of development opportunities within the areas that have already been partly urbanized, even if developing these areas would otherwise be in keeping with ecological civilization objectives. The current system also does not give priority to saving valuable environmental and agricultural resources by increasing the density of development around places with greatly improved access: around the new transit stations, around high-speed rail stations, and next to airports.

Preventing excessive urban sprawl has been identified as a basic task for the new urban design guidelines[9]. What is excessive? One answer comes from a measurement of population and workplace densities per hectare within existing urbanized areas. Until these densities throughout the city reach a pre-determined level set by the master plan, acquisition of rural land for new development should be constrained. However, such measurements could work against retaining green space and historic buildings within the developed part of cities. The plans for the newer parts of Chinese cities have accepted the automobile as the primary means of transport. Now that so many Chinese cities are building rail transit systems, growth pressures can be accommodated by more intense development within walking distance of transit stations. Diverting new development to appropriate sites within walking distance of transit stations can reduce urban sprawl and make these transit systems more efficient.

When it does become necessary to expand an urbanized area, where the urbanization takes place should be subject to urban design guidelines that protect the landscape as a whole and optimize the urban spatial structure. These are complex determinations, and making them based primarily on ecological and urban planning considerations is essential, but also likely to be a difficult political problem.

4 What to build at the city level

The existing rulebook for planning and development at the city level already embodies a set of urban design assumptions derived from the principles put forward by the CIAM (Congrès Internationaux d'Architecture Moderne) during the 1920s and 1930s [10]. These ideas reached China through publications, through the work of Russian advisors after 1949, and through the education of an older generation of Chinese planners. In a typical master land-use and development plan in force for a Chinese city today, the design organization comes from the major-street and expressway system which divides the city into large blocks planned to be efficient for automobile transportation but not so friendly for pedestrians or cyclists, and with little recognition of the role of transit in concentrating development at stations. Primacy for the motor car was a major principle of CIAM.

Each of these big blocks is scheduled for a single land use. This kind of zoning for single uses over a large area was also advocated by the CIAM. Another CIAM's concept is the segregation of large blocks of public open space as a separate land use, rather than a public open space system integrated with other activities. The CIAM advocated technological solutions as exemplars of the modern age. Preserving the natural landscape and historical buildings was seen as romantic and unscientific. The plan is completely dominated by the engineering of the road system, and the way the large undifferentiated land use zones do not recognize the underlying natural landscape and any historic or pre-existing development is very much a realization of CIAM's principles.

The CIAM version of urban design is now embodied in a whole series of technical planning requirements, which will need to be changed if there is to be a different urban design at the city level.

The large blocks in current plans are required by regulations that set a minimum and a maximum for the total length of major streets for each 2 km^2. A network of smaller blocks, which most urban designers advocate today, will require much more street construction, so revisions to the rules will be needed, as plans have to meet regulations to obtain official approval.

Land use allocations for a master plan in China are determined by formulas based on predictions of population growth and business activity, as is common practice everywhere. However, the mapping of the land-use projections in the plan is skewed because mixed use is not generally recognized. When there is a mixed use category, it is usually applied in special situations. So the plans for residential and commercial zones map the quantity of land needed for each separate category, which overstates the demand for land if mixed-use zones were more generally permitted. The land uses are then allocated within the large blocks that are created by the limits on the total amount of streets. There has not been ageneral practice of setting aside land that should not be developed for ecological reasons, or for land that is already developed in a way that does not meet the land-use categories. All land is covered in the maps and given a land-use zone designation. As mentioned before, the park system is also treated as a separate land use.

To determine the pattern of the overall urban form, an urban landscape framework, a public space system, and a set of key requirements for areas of special urban design importance will all be needed. Introducing these urban design guidelines into the planning process will require that the highway, street and land-use map not be a given, handed to the urban designers by the planners, but rather that land use be determined as part of an urban design plan that includes a public open space and street plan related to transit, urban building forms, and other aspects of the overall urban form. The land-use "budget" should not be allocated, almost certainly though an iterative process, as part of an overall planning and urban design process which includes mixed-use centers related to transit as well as residential neighborhoods. Without such a process there can be no effective alternative to the pre-existing CIAM influenced designs embodied in official land use plans.

5 What to build at the district level

A typical Chinese district-level plan today is what is called an end-state plan, an aerial view of what development should look like when all elements of the plan have been implemented. End-state plans have generally been failures, and most governments have stopped using them, because the assumptions embodied in the plan go out of date long before the development process is complete. However, China's rapid pace of development has permitted the end-state district plan to be relatively successful as guidance for development, particularly because the choices made in the plan are closely determined by the planning rule book, and there are few alternative options.

The district plan in China is the basis for a regulatory plan which governs development at the parcel level, so it is the critical step in the urban design process. The district plan already embodies a clearly defined urban design which takes the CIAM influenced modernist principles to the next level of detail. The street system defines large blocks; the natural landscape is subordinated to the street pattern; the large open spaces are separated from development; and the dominant building type is an individual residential tower surrounded by a fringe of green space, with all these towers facing south.

China's regulations for residential development require that every residence in a housing tower should be able to receive two or three hours of sunshine on the shortest day of the year, depending on its location within China [11]. In practice this requirement leads to rows of buildings, all facing south, and separated to allow for the angle of sun to reach the base of each building on December 21st. As noted earlier in this article, these rules were originally intended to help reduce winter heating costs in a time of scarcity, but this requirement continues to make sense today because of new concerns about energy efficiency, and access to sunlight for solar panels. Feng Shui, the traditional Chinese belief system for determining auspicious aspects of everyday life, also strongly favors having the principal rooms of a dwelling face south. This belief has been decisive in determining the design of housing built for sale in China. Even if the buyer does not believe in Feng Shui, there is still concern about the resale value, as many people do consider it in making a buying decision.

There is already a strong urban design concept embodied in the usual way that district plans are being made. The difficulty is that this kind of plan does not fulfill the expectations for a new set of urban design guidelines. These guidelines at the district level should call for following the urban design requirements established at the city-wide, master plan level, including respecting the ecological characteristics of the location, relating to historic and cultural features, and establishing a public space system which is not just a land-use allocation but is integrated into an overall design.

If the proposed new urban design guidelines vary from the existing standards, points of conflict are likely to include the design of the street system, the management of the underlying landscape, and the creation of a public open space system for the entire district. The most difficult urban design issue is likely to be the reliance on south-facing residential towers spaced to permit sunlight access on December 21st.

The sun-access regulation is a performance specification, not a prescription for the design of residential towers, although that is what it has become. There are ways of meeting this requirement using alternative urban design configurations, such as attached high-rise and low-rise buildings forming courtyards, particularly if some of the lower buildings are mixed-use. In addition, most Chinese street systems are designed with the streets running north-south and east-west, the usual orientation in other countries as well. The famous plan for the extension of Barcelona by Ildefonso Cerda, implemented in the late-19th century, rotates the street system 45 degrees from true north to improve exposure to sunlight. The Barcelona plan suggests that it may be possible for Chinese master plans and district plans to use street layouts that help assure compliance with the sunlight regulations. The width of the streets and the size of the blocks will be an important part of these designs. There are now computer programs that can evaluate alternative building and street configurations for sunlight regulation compliance, so this could be an important area of urban design research.

Another important issue at the district level of urban design is the size of city blocks. A walkable city requires relatively small blocks; otherwise the journey between two points can involve a long detour, as shown in these diagrams. Smaller blocks are especially important for creating easy access to transit. Security for residents living within the large blocks created by the current Chinese urban design system makes each of their blocks a gated community, so it is not possible for pedestrians or cyclists to take short-cuts through them. There have been proposals to open up these blocks for general public access, but these proposals are sure to be strongly resisted by the residents, because of their perception that this would reduce their property values. Opening up the large blocks, if it is done, will require an urban design plan for each situation which channels public access through the block but continues to provide for the security of the residents.

The current Chinese security system is actually more efficient than what happens in cities where the blocks are small and each individual building is itself a gated community, as in New York City where the residential buildings are either kept locked, or have their own doormen and other security staff. In planning for new development, there are block sizes between the smaller blocks found in New York City, and the large configurations found in China. The Barcelona block, for example, is big enough that it can provide private open space for the residents of the block and still allow for comfortable pedestrian circulation along the streets outside.

Block sizes and building configurations are critical urban design issues that need to be resolved at the district level where they are incorporated into the regulatory plan that governs what can happen at the level of individual development parcels within the plan.

6 What to build at the parcel Level

Urban design guidelines for the parcel level should require an approvals submission by the developer which presents a detailed design for each specific plot, in accordance with the regulatory plan, the district level plan, and other requirements. The detailed design of each development parcel, should be coordinated with the design of the adjacent properties. The guidelines for designing each development parcel should include the design of the open space, building setbacks, the location of landmark buildings (a general term which may or may not include historic structures), an efficient circulation system, landscape elements, municipal facilities (like schools), parking and underground spaces. The design submission should also include the relevant implementation strategies. As the parcel level plans are to conform to the regulatory plan at the district level, the critical urban design decisions have to be made when the district and district regulatory plans are adopted.

7 What to build in special situations

Individual city districts that are important for a city's identity, history, and culture, should have their own specific guidelines. This means that special urban design regulatory requirements should be set for major new development areas, historical and cultural streets and blocks, adaptive reuse of historic districts, new central business districts, transportation hubs, and waterfront areas. The urban design requirements should regulate: the skyline, in order to express the city's cultural and natural characteristics; architectural expression, to ensure buildings are compatible with the existing built environment, and public space, so that there is a coherent network and human-scale public realm. These special situation urban design plans will need to be set and regulated at the district level, so that they will coordinate the design of development on individual parcels.

Chinese government agencies have been experimenting for years with alternative urban design concepts for special situations. The One City, Nine Towns project in the Shanghai region brought in foreign designers and planners to contribute different ideas for urban design and architectural expression for each of the nine new town centers [12]. Each new town is supposed to have a specific national character. There is Gao Qiao New Town which is considered to have a Dutch theme, Anting New Town, which has a German theme, and so on. Emulating foreign cities was chosen as a way to demonstrate alternatives to the existing rule book and test them in the real-estate market.

The Beijing Finance Street is an example of a completed district which has been designed as a special situation. Most of the buildings have been designed to house important Chinese financial institutions. The government intended to create a financial district, and not just a group of buildings that provided the necessary office space. The design and planning team included Skidmore, Owings & Merrill, who helped draw a plan that used building placement and height limit guidelines to organize a coherent group of buildings around a central park.

8 Implementing urban design guidelines

The nine Shanghai new towns and the Beijing Financial Street are demonstrations that urban design guidelines that permit alternatives to the current development rule book in China need specificity in order to be effective. For the nine towns, it was emulation of pre-existing urban design patterns in other places. For the Financial Street, it was an explicit set of building placement regulations and height limits. It is not enough to require that planners and designers pay attention to a list of significant issues. It is also necessary to define desirable outcomes.

The followings are some of the administrative tools that can be incorporated into the urban design guidelines as they are developed and adopted.

At the city-wide, master plan level, the process of land-use planning, in accordance with the guidelines, can begin with a complete environmental inventory that provides a basis for excluding land that should not be developed. Land with a limited carrying capacity can also be identified and mapped only for low-intensity uses. In coastal areas and along riverfronts, land can be identified where special protection from sea level rise and other sources of flooding will be needed.

Also at the city-wide, master-plan level, sub-categories within the larger residential, office, and industrial categories can be defined as uses which are suitable for a new mixed-use category which can be mapped extensively to allow more flexibility in development decisions.

The urban design guidelines can also establish minimum residential and commercial densities for locations with good road and transit access. China has about the same land area as the United States (if exclude Alaska), but China has about five times the population of the United States and only half as much usable land area. The villa districts in China which emulate American suburban development are understandably popular with the increasingly large proportion of the Chinese population which has become rich, but permitting low-density, land-consuming places is not a good long-term policy for China. There need to be other design concepts for privileged living.

In addition to eliminating the current restrictions on the permitted amount of major streets in a city-wide master plan, there can also be regulations to require smaller block sizes for subsidiary streets. A minimum block perimeter is one such requirement. Interconnection of streets can also be encouraged with a minimum number of street intersections per square kilometer.

At the district level the current practice of preparing end-state plans to illustrate the land-use plan can be replaced with an urban design concept plan that maps preservation areas, a street and block plan, and a public open space plan. The location of critically important buildings can be shown, as well as building-placement guidelines using such techniques as set-back and build-to lines and height limits. This urban design plan can then be the basis for mapping land uses. This approach permits more design flexibility, but also helps insure that critical design elements are understood and implemented.

At the parcel level, implementation of the district-level plan requires a review and approval procedure. If the land has been obtained directly from a governmental agency, the guidelines can be part of the sales agreement, including a requirement that architectural and landscape plans be reviewed for compliance. If the land is already privately controlled, there needs to be some kind of permit system which includes a review procedure.

If new guidelines for urban design can become the basis for national, regional, city-wide and district level urban design, China can create an unequalled urban design system which will be an effective guide to achieving the important goals set forth by the central government.

References

[1] World Bank national accounts data, and OECD national accounts data files[R]. [2017-07-01].

[2] United Nations. World urbanization prospects: the 2014 revision, highlights [R]. 2014.

[3] Urbanization plan (2014-2020) [EB/OL]. (2014-03-17) [2017-07-01].

[4] Opinions on further promoting the development of ecological civilization [EB/OL]. (2015-04-25) [2017-11-01].

[5] Opinions on further strengthening urban planning and construction management [EB/OL]. (2016-02-06) [2017-11-01].

[6] Ecological civilization was first mentioned officially in Hu Jintao's report at 17th Party Congress [EB/OL]. (2012-11-08) [2017-11-01].

[7] 2017 national land use plan [R]. 2017.

[8] 14 cities to draw red line to stop urban sprawl [EB/OL]. (2015-06-05) [2017-11-01].

[9] Ministry of Housing and Urban-Rural Development of the People's Republic of China. Urban design guidelines [S]. 2017.

[10] CORBUSIER L, EARDLEY A. The Athens charter [M]. New York: Grossman Publishers, 1973.

[11] Ministry of Housing and Urban-Rural Construction of the People's Republic of China, General Administration of Quality Supervision, Inspection and Quarantine of the People's Republic of China. GB 50180-93: urban residential code [S]. Beijing: China Architecture & Building Press, 2016.

[12] XUE Q, ZHOU M. Importation and adaptation: Building "one city and nine towns" in Shanghai: a case study of Vittorio Gregotti's plan of Pujiang Town [J]. Urban design international, 2007, 12(1): 21-40.

Jonathan Barnett Member of FAIA, FAICP, fellow of the Penn Institute for Urban Research, Emeritus Professor of Department of Urban and Regional Planning, University of Pennsylvania, Guest Professor of Southeast University. He is one of the pioneers of the modern practice of city design. As a professor of Urban and Regional Planning and Director of the Graduate Urban Design Program at University of Pennsylvania, and as a professor, critic or lecturer at many other universities in the United States, Australia, China, Korea, and Brazil, he has helped educate more than a generation of city designers. He was also Director of Urban Design for the New York Planning Department, and has had long-term consulting relationships with the cities of Charleston, Cleveland, Kansas, Nashville, Norfolk, Miami, Omaha, and Pittsburgh, as well as advising cities in China and Korea. He is the author of many books and articles about urban design, including *City Design: Modernist, Traditional, Green, and Systems Perspectives*, *Ecodesign for Cities and Suburbs*, and *Reinventing Development Regulations*.

Stefan Al A doctorate in urban and regional planning from UC Berkeley, architect, urban designer, educator, and author. Al's career as a practicing architect includes work on renowned projects such as the 600 m high Canton Tower in Guangzhou, which briefly held the title of the world's tallest tower. At Kohn Pedersen Fox in New York, Al is a Senior Associate Principal with expertise in the design of mixed-use developments, master plans, and high-rise towers in a diverse portfolio of work spanning North America and Asia. He has also consulted various institutions on urban development, including the World Heritage Center of UNESCO, the Chinese Ministry of Housing and Urban Rural Development, and the United Nations High-Level Political Forum on Sustainable Development.

Future of the Past: Critical Review and Practice of the Built Heritage

Chang Qing

Academician of Chinese Academy of Sciences, Professor of School of Architecture and Urban Planning of Tongji University

1 Cultural identity

Architecture cannot be separated from its own history. The avant-garde always wanted to separate them when modernism flourished in the late 19th century and the first half of the 20th century. However, architecture is not only related to engineering technology, but also belongs to the category of history and culture, and also has the dimension of history and locality, that is, the architectural locality characteristics due to the historical, cultural, environmental and geographical conditions. Therefore, the French master of modern thought Levi Strauss said that "architecture is another layer of clothing for human beings", both of which cannot be separated from the rational limitation of its function of adapting to human physiological and psychological needs and the deductive transformation and periodic revival of its "archetypal image" of the dimension of history and locality. For example, in its infancy stage of the early 18th to 19th century, modernism started with the neo-classical exploration of the prototype of architecture; until it reached its peak in the 1960s, postmodernism made its debut and various regionalism funneled in later on. All of these evidenced the dichotomy attributes of modern architecture: heritage vs. creation. There is an opposite and supplementary internal relationship between the two. Therefore, although architecture evolves with the changes of production and communication conditions, the prototypic image contained in the built heritage based on the historical dimension is a protruding source of value. Built heritage is a cultural heritage formed by construction and is a concrete carrier of society's cultural identity and history locality dimensions. Its alternative derivative cluster appellation, "historic environment", covers historical towns, historical and cultural blocks, traditional villages and cultural remains and sites with legacy geographical conditions. History and cultural identity pertains to the questions such as "Where do we come from?", "Who Are We?", "Where are we going?" Henry Alfred Kissinger also argued in his new book *World Order* published in recent years: "History offers no respite to countries that set aside their commitments or sense of identity in favor of a seemingly less arduous course."[1] If interpreted from the cultural strategy perspective, this admonition means that the pursuit of universality cannot discard the sense of identity. The same is true of architecture. For this reason, it is necessary for architecture to re-examine the value of the built heritage based on the present situation.

2 Historical view

David Lowenthal is a famous Britain contemporary scholar who holds a critical view of cultural heritage. As he analyzed in his book *The Heritage Crusade and the Spoils of History*[2], the ancient people saw the past and the present as a recurring event, because routinization habits blurs the mark of change and obliterates the boundary between old and new, rise and fall, life and death. The spirit of the deceased will still affect the daily life of the living ones, connecting vision and sense of touch with disguise or imagination. Therefore, unlike being taken for granted as new things replacing the old ones, the ancient people only regarded the new as the recycling and beginning for eternality, just as a quote from the *Book of Ecclesiastes*: "There is nothing new under the sun". Therefore, with the exception of rare cases, there was little mainstream awareness of preserving antiquities in ancient western countries. Chinese traditional culture has always maintained its own view of ancient and modern. The relationship between them has long been deeply thought about by the ancient Chinese. Just name three examples of celebrities in Tang Dynasty. One is the poet Du Mu, who versed in his poem *Inscription on the Water Pavilion of Kaiyuan Temple in Xuanzhou* that "the six dynasties' cultural relics and grass are empty, and the sky is light and clouds are idle, today and ancient times are the same". This poem is often drawn to show the brevity and insignificance of the glorious world compared with the great nature. The other example is ancient Prime Minister Li Deyu, who wrote in *On Essays* that "just like the sun and the moon, which were equally seen in ancient times, yet be renewed all the time. This is what makes them so mysteriously divine". It means that such mysteriously divine things can often weather through times. Another example is Si Kongtu, a poetry and prose theorist, who described in 24 *Poem Styles-Delicate Texture and Luxuriant Color* that "the more you observe, the deeper you understand. If you want to make this perpetually lasting, you need to renew the ancient new." The last two sentences are the key. It means that if the beautiful things want to last, they must "seek symbiosis between the present and the past and stay renewed". Compared with Du Mu's voidness and Li Deyu's surrealism, Si Kongtu's implication seems to be more sensible. Even in today, it is still a very modern concept, even wiser than the orthodox western views about the past and present. It can be echoed well by Collin Rowe's idea of new and old collage. Nevertheless, Si Kongtu's thought of "Renew the Ancient New" mainly refers to the realm of aesthetics, rather than any substantiated objects. In fact, in ancient China, the meaning rather than its vector was more accentuated. Therefore, there is no mainstream consciousness of preserving the old original object. In recent years, the critic historical and value theory on the built heritage are attracting extensive attention from the international academic community. For example, scholars of value relativity have suggested that the museum, landmark and poem of cultural nostalgia essentially reflect worries about the future. Such scholars argue that historians' views on the past will change with their cognitive change in the future, and the time and narrative coherence of subjective judgments and objective existence are being constantly decomposed. This historical view is tinged with dialectical criticism. But is it really possible for the relative stability of heritage values capable of easing people's worries about the future? In response, Rowenthal also expressed his view. He believes that in an era of fast changing culture and technology, when things rises and declines as a blip, be casted and outcast almost in no time, more and more people begin to pay attention to cultural heritage, because "in a social atmosphere of fear of rapid loss and change, only by firmly holding to the stable heritage can we remain calm and stay unruffled".

3 Reflection on protection

In the past hundred years, the concept of valuation and protection of historic sites has been critically revised in the disputes, directly impacting the academic discussion and protection practice of built heritage nowadays. It is generally believed that mankind's cognitive improvement to truly distinguish modernity from tradition began with rationalism of enlightenment modernity in the 18th century, the destruction of antiquities during the French Revolution and the massive demolition and reconstruction of the old city in the early stage of the Industrial Revolution. This led to the awakening of value rationality in the 19th century and the birth of modern historical protection regulations[3-10]. Since then, there was the distinction between the old and the new in the modern sense. So, "protection" is a completely modern concept. In fact, it kicked off the massive historic restoration movement in Europe at that time followed by the urban renovation. Later, it split into two major schools, namely, the radical "high restoration" and the conservative "low restoration", landmarked by the most classical debate between Violet-le-Duc and John Ruskin. In essence, protection is to manage the changes of heritage caused by natural and human factors (intervention). Therefore, protection should never be a block to evolution. Instead, it should be an update with a baseline control. According to Violet-le-Duc, the meaning of protection goes beyond preservation, and the purpose of restoration is to recreate, that is, to continue history with the preservation of relics and the perfection of creativity, conducting cross-temporal and cross-spatial dialogue with medieval philosophers rather than passively replicating historical forms. He once incisively pointed out that "only through the dialectical conflict between memory and history, and through the practice of consciously forgetting" can we overcome the memory barrier to history.

This view and its endeavors were challenged and criticized by the conservatisms later on. Even the classic case of Notre Dame Cathedral Restoration Project that he personally presided over, was labeled with a slightly derogatory "stylistic restoration". Indeed, in the era of massive restoration undertakings, architects focused more on the value of historic sites style reproduction, but ignored the existing value of "patina" on the surface. Therefore, the restoration masters at that time also failed to restore the "oldness" of such marks due to cognitive limitations. They painstakingly sought to restore "newness" to cater to the aesthetic tendency of the society back then. This cognitive gap was filled up by Austrian art historian Alois Riegl at the end of the 19th century. He summarized the value of historic sites into two major parts with four aspects, namely, the commemorative value, which is composed of historic value and age-value, and the contemporary value, which is composed of artistic value and use value. This value recognition criterion has been recognized and adopted by the mainstream of international academic community for more than one hundred years. However, in the practice of repairing the exterior appearance of the built heritage, the "oldness" is often "purposely made", that is, use technology to create a sense of age-long. Compared to the approach of "restoring newness" to let it age, this approach is not more legitimate or normal. Because neither of them conveys the authentic historical information already existed before repair. From the perspective of nowadays, three interrelated core concepts for the protection and inheritance of built-up heritage need further clarification. The first is "preservation", which is the basic premise of heritage inheritance. Without the preservation of the value-bearing vector, other aspects of heritage will simply be in vain. The second is "repair". It's the technical support for heritage inheritance. In reality, many built-up heritages have been repaired badly to some extent. This happens often because the value and characteristics of authenticity failed to be delicately managed. The third is "regeneration". It refers to the replenishment and reformation of the heritage itself; the second is that the functional rejuvenation and revitalization of heritage space. It's often termed as "reuse" and is the purpose and ultimate outcome of heritage inheritance. Another insightful view holds that the purpose of heritage preservation is not to blindly stick to a certain relative and limited value, but to "maintain our construction ability for sustaining and replacing it".

4 Concept differences

Due to the differences in cognitive layer and perspective, it's somehow subjective in identifying the built heritage and its historical environmental attributes, identity and value and subjective in making choices on the control and disposal methods. As a result, there are some conceptual deviations and cognitive misunderstandings. Therefore, the author sorted out and differentiated five confusing conceptual categories.

(1) Built heritage ≠ architectural heritage

"Built heritage" is the collective namefor artifacts such as architecture, city and landscape. It is only one word difference from the commonly mentioned "architectural heritage". Yet it has a much bigger coverage. In addition, the concept of "historic place" and "places of cultural significance" are also commonly used internationally to present the attributes of "historical environment".

(2) Original≠ authenticity

The ancient building is different from stone, jewelry, calligraphy and painting and other cultural relics. The former can only be identified as original, replica or fake; however, from the creation, the built heritage would have weathered through many major repairs, renovations and even reconstruction after destruction. Few of them have remained as unchanged original. Therefore, the originality or authenticity of the built heritage can be hereby interpreted as the corresponding relationship between the formation of its form and the way it was built has the largely preserving the corresponding relationship between its form genesis and construction mode through the historical changes.

(3) Conservation≠ preservation

The former refers to strictly controlling the risk of change and destruction caused by various human interventions in historical space in accordance with the protection regulations and technical measures. The latter refers specifically to the preservation and maintenance of historical specimens. Relatively speaking, the broad sense of "protection" includes not only the narrow sense of "preservation", but also the concepts of "put in order", "restoration" and "reconstruction" and other protective interventions.

(4) Renovation≠ innovation

In the historical environment, a large number of buildings with style and features will be renovated as allowed by the protection laws, that is to say, be overhauled, renovated or given addition to maintain their original quality and form. Nevertheless, it should be "newness for the oldness" rather than "newness for the newness". Therefore, when rectifying historical environment, the balancing and gauging of historical elegance over "innovation" impulse is a very challenging professional endeavor that deserves more explorations.

(5) Regeneration ≠ duplication

Reproduction is activation and revival, while reproduction is imitation that lacks historical information and thereforebears no heritage value (different from restoration based on historical information and regeneration value). In this sense, the built heritage cannot be copied, but it needs to be regenerated.

5 Engineering practice

In recent years, the open discussion on historical protection is emerging as a mainstream academic discourse. A representative example can be found in the dialectical theory of value put forward by Randall Mason of the University of Pennsylvania. Randall Mason structured his theory on the basis of the statement of David Hume, the 18th century philosopher, that "diversity of values is rooted in the perceived diversity of the subject's thoughts". Inspired by Rowenthal's assertion that "the past and present connection of heritage is man-made construction", Randall Mason proposed that this value role endowed with diversity by the subject should have a dual mission. That is to say, the value function of the built heritage should not only promote the inward conservation mission-curatorial impulse, but also promote the outward development mission-urbanistic impulse. Therefore, historical protection, via technical means, should not only serve to solve the practical problem of introversion but also exert, via "memory culture", an extroverted strategic influence on social development. In fact, within the scope permitted by the protection laws and regulations, if the historical environment is to adapt to today's life and align to the social development direction, it is necessary to seek ways of regeneration, including appropriately activating the built heritage under the premise of compliance with protection laws and regulations, so as to selectively regenerate the historical environment under the requirements of style control. Specifically speaking, the type and intensity of intervention, along with balancing of the "degree", should be carefully handled according to the different objects; it may also be necessary to give addition and expansion. In order to solve the challenging "newness" transformation of oldness in modern times, we need to rely on the concepts and methods about "harmony in diversity", i.e. by resorting to architectural typology and prototype analysis theory, to provide a more mature theoretical paradigm and practical approach for this transformation. As observed from the current reality, cultural heritage and the traditional culture it carries have once again become a hot topic of the society. Recently, a new formulation has been put forward at the national level on how to inherit excellent traditional culture, which has changed from "carrying forward" in the past to "transforming" and "innovating", that is, to "creatively transform and innovatively develop" excellent traditional culture. Of course, we understand that this should be based on the premise of protecting and inheriting the essence of cultural heritage and drawing on its essence to merge into today's creation and revival. The following are some personal reflections upon the three engineering design cases chaired by the author on design[11-14].

(1) Concept planning and landmark restoration design of "RockBund" in Shanghai

The "RockBund" site is located on the northern end of the Bund. It mainly refers to the historical environment at and around the Bund #33 where the British consulate was located from the middle and late 19th century to the beginning of the 20th century. Within this region, there a large number of foreign religious and cultural institutions in Shanghai, such as Union Church, Shanghai Rowing Club, Young Men's Christian Association, Love Beauty Drama Club, Capitol Theatre, Asian Cultural Association Library and Museum, Christian Literature Society for China and Hujiang Business School, and is truly the "Cultural Bund". Although the earliest modern Bund building is not located in this area, evidenced by locating the original British consulate at the intersection of Suzhou River and Huangpu River, it is understandable that the Shanghai municipal government named it the "RockBund" in the early 21st century. With a total area of about 17.6 hm^2, the "RockBund" covers an area sprawling from Suzhou Creek in the north, ends at Beijing Road in the south, neighbors Huangpu River in the east and borders Sichuan Middle Road in the west. The construction area to be preserved, renewed and demolished exceeds 420000 m^2. In the year 2000, the author was invited to chair the conceptual planning and design of the regeneration of the historical environment of the RockBund. The author also headed the team in conducting in-depth analysis of its evolution started from the historical study of the concerned area. Focused studies were conducted to the 14 listed protected buildings on their profiling on commercial, residential, transportation, green space and other elements. Status evaluation and value evaluation were also conducted to these historical buildings; the comprehensive utilization value of the RockBund was demonstrated to help finds a breakthrough for the conservation regeneration of the whole Bund area. The conceptual design mapped out the spatial relationship between the hydrophilic landscapes of the former British consulate, affiliated aged tree greeneries, Union Church hall, and the Block of Yuanmingyuan Road-Huqiu Road. It also completed the restoration design of riverside historical landscape-Union Church (Xin Tianan Hall) and Rowing Club. This paper puts forward the regeneration mode of Yuanmingyuan Road-Huqiu Road Historic Neighborhood: to preserve and repair the historic buildings along the street and rebuild the inner space of the neighborhood; it proposed the countermeasures of demolishing Wusong Road Gate Bridge, rerouting the passing vehicles to underground and underwater tunnel, so as to ease the traffic condition of East Zhongshan Road and walking accessibility of the Bund blocks. The subsequent municipal reconstruction of the Bund area finally enabled the implementation of such proposal.

(2) Repair and regeneration design of northern part of West Yuehu District in Ningbo

Yuehu, located in the southwest of Ningbo's old city, was dug in the Tang Dynasty (627–649) and systematically dredged when Zeng Gong was the governor of Mingzhou in the Northern Song Dynasty. The Yuehu region is the birthplace of the "Siming School" in Mingzhou of the Southern Song Dynasty. The West Yuehu District sits to the west side of the lake and stands on Xueting Islet and Furong Islet. It has Yanyue Street to its east, West Zhongshan Road to the north, Sanbanqiao Street and Qingshi Street on the west and south. The block is divided by the south-north bound Aaohua Lane and east-west bound Huizheng Lane. The zigzag streets and alleys retains the original meandering water system and terrestrial form, making this street block the historical and cultural neighborhood that local Ningbo people feel proud of. Around 2009–2010, the historical and cultural district was listed and sold as an ordinary old district in the local area. A large number of non-listed old buildings were demolished to build underground parking garages. This nearly disintegrated the historical environment in the northern part of the western part of Yuehu Lake. In 2012, the planning team of Tongji University was contracted to redo the conservation plan of the area. The author headed the team in making the regeneration design of this historical environment. The first idea was to restore the crisscross structure of Aohua Lane and Huizheng Lane, courtyard community fabric and traditional street site planning. The street scale was appropriately adjusted. Reasonable space was added for road and public gathering. Secondly, on the basis of the log components disassembled by serial number, the stylish buildings of the original site were reconstructed with original appearance. The third is to properly handle the interface relationship between blocks and urban space. Taking West Zhongshan Road, the trunk road of the northern part of the city, as an example, the street-side temporary commercial buildings were already removed, revealing the peculiar historical landscape of head wall of "Villa of Tu's Family", a protected historical building. So it was decided to present a direct dialogue between the building and the city. The space north to the villa was turned into a waterscape square, including a water body mirroring the historical head wall, a stage and an open-air teahouse. On both sides, the new style architecture with straight contour lines serves to perfectly supplement the skyline of "Villa of Tu's Family". The plain brick wall materials were adopted to echo the historical buildings (Fig.1).

(3) Rectification and regeneration design of Haikou Nanyang style Qilou Historical Neighborhood

In terms of similar street blocks in South China and Southeast Asia, Haikou Nanyang Qilou Historical Neighborhood is one of the most complete, largest and typical historical and cultural blocks with tropical coastal city features. Located in Haikou City, Hainan Province, Qilou truly is the first city historical identity card of Haikou city. In 1992, the author led a delegation of intern

Fig.1 Repair and regeneration design of the north part of West Yuehu District, Ningbo

students from Architecture Department, Tongji University to make detailed survey of some arcade and old street buildings in Haikou. After weathering through years of great changes, the old Qilou streets of Haikou was seen in dilapidation. In 2010, the author was invited to lead a professional team back to Haikou and be commissioned by the local government department to protect and regenerate the historical Qilou Neighborhood. The design was purported to restore the old street style, uplift the value of the street, and improve the quality of space. Through continued use or replacing of some functions, the design planned to restore Qilou's vitality in the city's social and economic life. The first underlying principle of the design is "restoring the old as the old". Through the inspection and analysis of the material surface, Zhongshan Road was restored the colorful collage of diversified building styles, building colors and building material fabric. The second is to "repair the old as the old". The repair at North Bo'ai Road and Shui Xiang Kou placed more emphasis creating the sense of vicissitudes through the "patina" and put forward a design plan to improve the internal space of the "Bamboo Tube" shaped Qilou arcade. It also gave in-depth repairs to the Tianhou Temple on Zhongshan Road. At present, Zhongshan Road, North Bo'ai Road and Xinhua Road have been restored and revitalized through such focused rectification projects. The third is "replenish the new as the new". In renovating the bund-Changdi Road on the northern fringe, the old arcade was reinforced. The low-quality buildings that spoiled the style and features were demolished. The same style yet new feature arcade buildings were added. It tried the creative design of the old and new collages. Considering the climate characteristics of Haikou, the new building was added the environment responsive characteristics of the outer space such as the concave corridor, patio and cold lane (Fig.2).

Fig.2 Rectification and regeneration design of Haikou Nanyang style Qilou Historical Neighborhood

6 Conclusion

This paper examines the evolution of the built heritage and its associated domain from a critical perspective. It elaborates on the cognitive trend of the international academic community on preservation issues. It advocates that the complexity and contradiction in the evolution of historical environment have transcended the existing categories of architectural theory and practice. In fact, any progress in this field requires a dialectical proportional weighing of values, regulations, public relations, economic operation, planning and control, engineering design and implementation. The principle holds the tactics in check, and tactics guides the practice and controls the changes, and facilitates reasonable evolution. History and future is bonded by creativity. And hence we will be guided into the utopia stage of "coexisting old and the new, harmony in diversity".

The core contents of this article are summarized asthe following 3 points.

(1) The fundamental purpose of protection and regeneration is to make the built heritage a unique driving force for economic and social development and cultural revival.

(2) Protection and regeneration should properly handle the relationship between stock and incremental part; that is, carefully weighing the relationship between preservation, repair, reconstruction, addition and new construction.

(3) In order to realize the old and new collage and the "restore old with new elements", it is necessary to conduct in-depth study about the "historical" archetypal image and its transformation possibilities.

References

[1] KISSINGER H A. World order [M]. London:Penguin Press,2004:373.

[2] LOWENTHAL D. The heritagecrusade and the spoils of history [M]. Cambridge University Press,1998.

[3] CHANG Q. Cognition on basic issues of architectural heritage [J]. Architectural heritage,2016(1):51-52.

[4] CHANG Q. On the inheritance method of built heritage in the context of modern architecture:theory and practice based on prototype analysis [J]. Journal of the Chinese academy of sciences,2017,32(7):667-680.

[5] DATTA E. Nostalgia for the future [J]. BI J Y,trans. Times architecture,2015(5):36.

[6] MADSEN S T. Restoration and anti-restoration [M]. Oslo:Universitets Forlarget,1976:64.

[7] CHOAY F. Implication of architectural heritage [M]. KOU Q M,trans. Beijing:Tsinghua University Press,2013.

[8] COLQUHOUN A. Tree kinds of historicism [M]//NESBITT K. Theorizing a new agenda for architecture. New York:Princeton Architectural Press,1996:208.

[9] RIEGL A. The modern cult of monuments:its character and its origin[C]//Opposition 25. New Jersey:Princeton University Press,1982:21-50.

[10] MASON R. On the value-centered historical protection theory and practice [J]. LU Y Y,PAN Y,CHEN X,trans. Architectural heritage,2016(3):2-5.

[11] CHANG Q. Strategies for the generation of architectural heritage [M]. Shanghai:Tongji University Press, 2003:17-43.

[12] CHANG Q. Regeneration of historical environment [M]. Beijing:China Building Industry Press,2009:41-51.

[13] CHANG Q. Thinking and exploration:the way of historical space survival in old city reconstruction [J]. Architect,2014(4):31-35.

[14] CHANG Q. Preservation of the old and renewal of the new to promote the revival of historical environment with creativity:design thinking on the renovation and regeneration of Haikou nanyang style Qilou Historical Neighborhood [J]. Architectural heritage,2018(1):1-12.

Chang Qing Member of the Academic Committee of Tongji University, Director of the Research Center for Urban and Rural Historical Environment Regeneration, and the Editor-in-Chief of *Architectural Heritage* and *Built Heritage.* He has presided over and completed 5 state-level research projects, published more than 10 monographs, compilation and translation works, and released more than 70 papers. He also presided over and completed more than 10 key engineering design projects for protection and regeneration from the Bund to the Shigatse Zongshan Mountain Castle, etc. He is the winner of the top prize of the National Book Award, the second prize of the Ministry of Education and Shanghai Science and Technology Progress Award, the gold medal of ARCASIA awards for Architecture, the only gold medal in Asia-Pacific region at the first International Holcim Awards Competition for Sustainable Architecture, Switzerland, the Excellence Award of the Architecture Creation Award, the Architectural Society of Shanghai China, and the first prize of the Department of Education and National Excellent Engineering Survey and Design Industry Awards, etc.

Urban Challenges and Darker Sides of Smart City Development

Klaus R. Kunzmann

Emeritus Professor of Dortmund University of Technology

The digital transformation of the industrial society is in full swing. The new information and communication technologies offer countless opportunities to make life in congested and time burdened metropolitan cities more convenient. However, seen from an urban planner's perspective there are many challenges and darker sides of this technology change. With the evolution of these technologies in cities many questions arise. What will be the challenges for future strategic urban planning. Will cities be different in the future and will they require different approaches to urban development? Will new digital technologies change urban mobility modes? Will the local economy experience another structural change and urban neighbourhoods and city centres have to be designed differently? Will urban planning administration have to be re-organized and urban planning regulations to be changed? The essay will elaborate on challenges and the darker and under-researched sides of the new smart city hype.

1 Introduction: Smart cities all over—smart cities, a global crusade

The digitalization of the society has become a global phenomenon. New information and communication technologies and the broad application of these technologies are changing industrial production, logistics, private and governmental services all over the world. And they have already changed information and communication modes of citizens. Driven by a few powerful globally active corporations, the new technologies and the multiple services based on these technologies are rapidly transforming everyday life working styles, mobility and shopping patterns. Nobody can permanently escape from using the personal i-phone device, which is gradually replacing traditional information and communication habits. Industries that are not adapting their production modes, banks and insurances that are not digitalizing their services and consumer good enterprises and fashion chains that do not make use of e-shopping services, loose their clients and threaten to decline. Health and higher education institutions are experimenting with e-medicine and e-learning. City governments, still poorly equipped to participate pro-actively in providing digital urban infrastructure, hasten to introduce e-government services to junior and senior citizens. Promoted by influential ICT industries, cities hope to solve chronic congestion problems and security concerns by applying digital technologies to improve mobility in cities and monitoring public spaces. An enormous transformation in cities is going on.

In the 21st century cities are forced to be smart. They are striving to be smarter than other cities in order to attract young and qualified labour, to become the favourite locations for start-ups that are developing creative software and applications. Cities provide high-speed digital infrastructure to local industries, businesses and citizens. Advised by think tanks and smart marketing agencies, cities boost their efforts to become smart cities to rank high on smart city rankings. They wish to demonstrate their innovativeness and competitiveness, and profile their global images accordingly.

The new smart profile has replaced previous branding fashions. Instead of being sustainable, healthy or creative, many cities now believe that being smart is the future.

Unquestionably, the future will be very much based on digital technologies. 200 years ago, is has been the railway, 100 years ago the automobile that have changed mobility patterns and guided city building. Now it is the digital technology. The ongoing rapid digitalization of the global economy has been labelled as the 5th Industrial Revolution. It will bring along a complete transformation of work and life in cities and regions. This enormous transformation has been the subject of many books. The number of books on the subject is growing annually [1-10]. Special issues of journals have been published [11-12] and numerous conferences are being held all over the world. The smart hype has exploded in public media, too. The smart topic has become a selling argument. Scientists and popular authors hope to benefit from covering the smart hype. While numerous research and marketing publications are describing and praising the gradual application of new technologies, and the convenience of using i-phone over a 24 hours day, only few authors reflect on the likely negative implications for city life and urban development, for the job market or for privacy and security. The community of urban planners is just on the brink to recognize the implications. Social research on the theme has just started. Few planners have the competence to recognize the darker sides of the many enticements of the new digital age. As a rule, their professional education was based on the challenges of the past, when digital technologies had not yet influenced urban life.

The brief essay will describe the enticements of smart technologies, and it will give some explanations what and who is driving the urban transformation process to smarter more digitalized cities. The challenges and darker sides of smart city development will then be presented briefly to identify pathways to be considered and give some directions to further research. This will be done from a planner's perspective. A concluding section will sum up the challenges for future urban development.

2 Enticements of smart technologies

The new smart technologies offer many enticements for cities and citizens. Daily, new applications are available for consumers and businesses, which benefit from the availability of information at any time and everywhere. And they benefit from i-phone that has conquered public life all over the world within a decade. There are numerous fields of smart applications of ICT.

• Smart technologies improve individual mobility and orientation in cities and regions, information on public transport, services, schedules and interruptions make the use of public transport services more convenient and encourage car drivers and commuters to park their cars at home or at park & ride stations of MRT systems. Car owners benefit from the GPS-technology and from finding a free parking space in overcrowded inner cities. Car sharing and even bike-sharing have become increasingly popular since i-phone applications made it easier to find a car or a bike and pay for the use with a click on the mobile phone. Research divisions of large automobile corporations are excited to develop the driverless car. They aim to demonstrate their innovative capacity and increase efficiency in congested inner cities. Big data storage corporations are willing supporters of visions turning driverless utopias into urban reality.

• Smart technologies are revolutionizing shopping modes (e-shopping). They make consumers independent from opening times and locations. They allow stress-affected employees and households to put their shopping lists into practice, wherever they have time to do so. The practice of e-shopping shows younger consumers benefit by comparing prizes. It enables mobility restrained older generations and handicapped seniors to order products they cannot get locally and services them need to longer enjoy life. I-phone based order systems also offer new business opportunities for small producers in cities and peripheral locations in the countryside.

• Smart technologies promise to raise security at home (smart home), in public buses or trains, as well as on public or semi-public spaces. In times of terrorism and partially uncontrolled migration ubiquitous cameras installed at private houses or public buildings, in shopping centres and railway stations are an generally accepted, and quite successful means to identify persons. Public surveillance has become a politically accepted must in larger cities, threatened by terrorism, hooliganism and criminal gangs.

• Smart technologies are increasingly used to save energy and water by smart meters that are controlling energy consumption. Such systems enable energy and water corporations in cities to better balance supply and demand, to raise efficiency and reduce controlling staff. New energy and water technologies will be welcomed by both utility corporations and green ecologists, wishing to contribute to sustainable urban development policies

• Smart technologies are a big hope (and also business) for the health sector. Facing the challenges of providing medical services to growing elderly population (e-medicine) health institutions are exploring the application potential of digital technology for distant health care. Maintaining general health services to patients in rural areas have become a challenge in times, where medicine is more and more specializing and doctors tend to reside rather in cities than in rural areas.

• Smart technologies make it easier for tourists and visitors to enjoy cities and city life by accessing (via i-phone) up-dated information. When visiting another city, a region or a museum, they can get immediate and up-to-date information on hotels and restaurants, on opening times or transport opportunities or more scholarly information on history, culture or artists. The new smart tourism technology is gradually making real or printed tourist guides superfluous. Though it will also further strengthen individualism.

• Smart technologies will facilitate access to higher education and lifelong training (e-learning). There is evidence that e-learning modules are increasingly introduced in undergraduate or professional education. Their introduction is driven by ambitions of university presidents to improve the quality of teaching, reduce teaching staff, create access to education opportunities beyond costly urban institutions and respond to changing time budget of learners in times of a digitized global economy, where life-long learning had become indispensable. With growing success renowned and business oriented institutes of higher education are offering e-learning modules to students in Asia. Africa and Latin America higher institutions. Even influential NGOs, charity trusts and benign foundations have discovered the opportunities e-learning offers for opinions building and training.

• Smart technologies help singles to find a partner for a coffee, a day, a night or even a whole life. More and more young and old people are benefitting from algorithms, developed by institutions to link people, who are searching for partners. Many reasons cause individuals to use such services: lack of time and opportunities, excessive mobility, multilocalism, or just curiosity.

• Smart technologies, finally, enable the public sector to inform citizens on available public services. Citizens do no more need to come in person to city hall or the regional tax office to register or to receive official certificates. Electronic public participation is very helpful to involve citizens and local businesses in participating in urban development planning and decision-making. The potential of digital participation will considerably change public management. Finally, electronic voting for parliaments at all tiers of decision-making may become an answer to dwindling voting habits.

One more application of smart ICT that are becoming increasingly popular should be mentioned. The evolving sharing community (cars and bicycles, holiday apartments and second homes, repair services and many more) is based on fast and easy communication. Smart technologies bring people together, who feel that sharing is more environmentally friendly and socially more communicative. More and more young people like to share rather than to buy consume and dispose. Sooner or later policies launched by banks to replace real money by electronic money will be introduced. This will have considerable repercussions on employment in the banking sector and its spatial representation in cities and residential areas.

It is obvious, new smart technologies will change the society even more than the fourth industrial revolution has done two centuries ago. Cities all over the world are eager to make use of the smart technologies and have started to label their city profiles accordingly. Being a smart city should signal their innovative power, their willingness to develop digital infrastructure locally. And it should indicate that qualified IT labour is welcome. Being a smart city is seen as a symbol of modernity, a sign that the city is prepared for future urban challenges.

3 What is driving local governments to welcome the smart city hype?

What does city governments drive to get on board of the smart city train? What drives local governments to invest in new digital infrastructure and smart services? What do citizens expect from city governments in times of rapid digitalization?

Obviously, local governments are not acting in a technology free vacuum. Like enterprises and businesses, they are forced to go with the technological turn, re-examine established urban management and apply new digital technologies, wherever it makes sense, and where it is welcomed and accepted by the majority of citizens. City governments are aware that many future challenges of urban development cannot be addressed by traditional approaches. The growing complexity of urban development in an increasingly insecure world requires innovative approaches to deal with future urban challenges such as mobility, resource conservation, social inclusion, affordable public services or citizen involvement. Citizens, in turn, gradually digitalizing their daily life and experiencing the difficulties of balancing life and work expect from local governments that public services are meeting their demands which offer their services via internet. The transition to a different new urban economy requires new approaches of information exchange and communication. The general quest of businesses and local industries for instant access to information on public regulations and required administrative procedures for getting support and permits at any time puts additional pressure on city administrations. While local governments in small and medium-sized cities may be able to cope with the array of urban challenges they are facing, large conurbations and even mega-cities will sink into chaos unless smart technologies will support public action to deal with complexity and risk. Small cities in peripheral regions in turn assume that smart technologies will help them to provide public services even in less populated regions and to remain linked to the services of larger urban agglomerations can offer.

Cities are advised and driven by think tanks, researchers, environmental lobby groups and environmental industries to believe that ICT technologies can make cities more sustainable; that they can do it more efficient rather than relying on citizens to change life styles and thoughtless consumption behaviour. Hence the sustainable imperative to save energy and water and rely on renewable resources is a powerful driver of smart technologies. Some cities hope to remain globally competitive by sharpening their innovative profile as a smart city. That is why developing digital infrastructure has become a key policy arena. Hoping to find strategic allies for their smart city policies cities engage in smart city networks and competitions. Developing smart city policies they can also hope to benefit from the many programs of international organisation, such as the European Commission or the World Bank that are supporting the digitalization of cities. Being smart has become an asset in the global competition of cities for investments and qualified labour, the so-called creative class. The driving power of large global corporations is spearheading and nurturing the global transformation process.

4 The drivers of the smart city fever?

The gradual invasion of smart technologies into cities is driven by many players, not just a few international corporations. Researchers, architects, planners, journalists and thousands of start-ups media are equally promoting the rapid transformation to the smart city. Last, but not least, without the openness of consumers the worldwide application of digital technologies would not be so successful.

First, obviously, this invasion is driven by business interests of international corporations (e.g. Alphabet, Microsoft, Amazon, Yahoo, Uber or Facebook). They provide the technologies; dominate the data collection and storage and sell the data they have compiled and related marketing services worldwide [13]. Supported in their early years by military interests of the US Defence Government they mostly origin from Silicon Valley, the cradle of smart technologies. Gradually these smart data giants, however, are joined by Chinese corporations, such as Ali Baba, an extremely successful Chinese e-shopping powerhouse, which is already exploring its expansion to Europe. Only recently German industries are exploring possibilities to create a data platform, independent from US corporations, though they are coming at least a decade too late.

A second group of global corporations (IBM, Samsung, Hitachi, Sony, Siemens, General Electric, Cisco, Huawei or ZTE) is offering cities to develop their digital infrastructure and use the applications that smart technologies offer to cities and citizens. They have identified the smart city concept as a huge market potential and profitable business field. With voluminous public relation brochures, impressive websites and stimulating images of smart cities, they promote their competence to build smart infrastructure. They primarily target Asian and Middle East countries, where the rapid urbanization and government support speeds-up the development of town expansion on virgin land [14].

Jointly with their forward and backward linkages (such as Bosch, Continental, Tesla or Magna or innovative regional enterprises) the automobile industries, of China, the US, Korea and Japan and Germany (e.g. Toyota, Nissan, Hyundai, Volkswagen, Audi, BMW, Mercedes, Peugeot or Ford) are claiming that they will sell mobility and not cars in the foreseeable future. They are afraid that the traditional gasoline driven and driver-dependant car will loose to newcomers like Tesla or Google cars. They invest considerable amounts of their profits in research and development for the driverless car, one of the visions of future smart cities to guarantee unlimited mobility in compact polluted cities.

Consumer-oriented businesses all over the world expect to benefit from the new opportunity e-shopping offers. Many businesses can only expand and survive by selling their products and services in the rapidly emerging e-shopping environment. Following the logics of the time stressed global consumer market, large corporations such as Amazon in the US or Alibaba in China are driving e-shopping to raise their corporate profits. Some corporations and smart start-ups have even started to explore the chances to deliver daily food to their urban clients. They are aware that food is a vast market in large urban agglomerations. Not surprisingly the urban logistics companies are benefitting from the changing consumer habits, too. Not surprisingly they play an influential role are among the powerful drivers of the smart city hype.

International and national think tanks and corporate consultants (such as IBM, McKinsey, IDC, KPMG, Accenture, Frost & Sullivan or Fraunhofer) play an important role in the ongoing crusade for smart cities. They are influential advisors to local governments, offering the expertise of their research centres and their highly qualified staff to local governments, who often lack the competence to operationalize the transformation form traditional to digital infrastructure.

International institutions with established information and communication power, could not either abstain from jumping on the smart city train (e.g. EU, World Bank, OECD). They have initiated multiple programs to support smart city development, encourage national governments to launch smart city strategies (e.g. Denmark 2015), promote networks among self-proclaimed smart cities, tender competitions, give awards to smart cites, and transfer knowledge from spearheading smart cities to cities lagging behind. They create international networks, link smart communities of practice, and collect and communicate best-practice to a broad spectrum of institutions and cities. Their main interest is to promote innovative regional economies with innovative approaches based on the digitalization of industries and consumer-oriented services. Even non-governmental organisations cannot resist to make use of the new technologies to strengthen their community-based bottom-up strategies for a better world.

Renowned international and national universities (MIT, Stanford, Singapore University, Tsinghua University, ETH Zürich, ENS in Paris, TU Wien, TU Berlin, TU Munich) are intensifying their basic and applied research to advance innovations for the digital economy. They promote inter-disciplinary intra-university networks and world-wide research cooperation and offer courses for educating the next generation of engineers and ICT specialists. Supported by huge public research grants and benefitting from cooperation with industries, they are well equipped to explore the potential of smart technologies for urban and regional development, host academic conferences and establish new training courses. Academic writers of the smart research community are increasingly focusing their writing and publishing on smart cities to gain credit points for their academic careers [9,15].

Popular life style media and journalists promote the new technologies in search for a young readership are also great supporters of the smart city transition. In times of terrorism they cover the smart field and serve up the quest for positive life style visions. They benefit from the world-wide interest in the renaissance of cities. Their editors and journalists report about convenient life in smart cities and increase their readership by praising the new technologies of the forth industrial revolution [16].

More ardent drivers of smart cities are architects and urbanists, who welcome the new public interest in the modern city, where high-rise buildings and compact residential districts rely increasingly on smart technologies. With creativity and passion, and support from developers and the industries producing smart technologies, they design urban life spaces, where sustainable requirements can only be accomplished by the installations of smart digital infrastructure.

Last, but not least the global communities of consumers and tourists, the technology and mobility freaks and the global gaming community are welcoming the convenience of smart technologies. They ignore the hidden dangers of being increasingly dependent on the ubiquitous availability of information and communication opportunities. They drive the gradual introduction of smart technologies in their living and working environments, like their ancestors have done, benefitting from new mobility technologies, the introduction of railways and cars.

The above list of drivers of smart city development shows that not just the vested interests of a few Silicon-Valley corporations are promoting the smart city, but the community of innovative brains, policy makers, start-ups and millions of consumers that is driving the application of digital technology in industrial production, businesses and everyday life.

5 The darker sides of smart city development

The introduction of new digital technologies into urban development strategies is on its way. It will bring along considerable changes for local governments and citizens alike. Three concerns are widely discussed in circles monitoring the digitalization of cities: the loss of privacy, the risks of system failures and the dependency on the power of a few globally active corporations.

The loss of privacy has been articulated frequently. It happens by using i-phones and digital services from the local government, from energy and water corporations, from banks and shopping outlets, by commuting to and from the city. Users have been warned that the use of the new technology will provide private information to others, who use the information for profitable marketing. Experience shows, however, that the warnings are widely ignored. With a shrug of the shoulders most users sacrifice the loss of privacy to convenience and fun.

Whenever hackers attack the Internet, as it happens from time to time, users realize the vulnerability of the system. Though action is taken to reduce the risks of system failures, the fact remains that deliberate man-made interventions or natural disasters can cause the breakdown of the local or regional digital infrastructure. Once such breakdowns occur life and work in cities is seriously affected, at least for hours if not days, with significant implications for the local economy. Once cities rely fully on digital infrastructure, they have as a rule, no plan B, when breakdowns occur. There is much space for future action.

The dependency of cities and citizens on a few global corporation that dominate the digital market seems not to really bother cities and citizens, even though this alarming dependency is frequently articulated by critical observers. Again, convenience is given priority over concerns. Users rather surrender to the power of Amazon, Google and Facebook, or Huawei and Alibaba and their dependent forward and backward linkages. The addiction to the new technology tends to dominate over worries and anxieties.

These concerns have been raised in many essays and popular books. They are not subject of the following explorations into the unchartered territory of smart urban development [17-39].

6 Digital challenges to urban development: a journey into unchartered territory

In addition to the above general concerns, more questions arise from a planner's perspective. Will cities require different approaches to urban development in the future? Will e-mobility change established urban transportation systems. Will urban neighbourhoods, will city centres have to be redesigned differently and adopted to e-shopping modes and e-mobility users? Will urban planning administrations have to be re-organized and re-staffed to be able to better communicate with the powerful digital industries? Will urban planning regulations have to be changed? This essay cannot give answers to these questions. The knowledge about the likely spatial implications of digital technologies in cities is still marginal. Empirical studies are just in the beginning. Speculative assumptions and armchair evidence are still dominating the discourse. Critical voices are pushed aside.

As mentioned above, research on the multiple implications of the gradual introduction of digital infrastructure in cities is just underway. The following observations from an urban development perspective do not give answers to the questions. The points raised rather express issues that have to be explored and examined, when introducing digital infrastructure in cities and digital services to citizens. They are not arguments against their introduction and application in urban development. The digital transformation cannot bestopped.

Technological challenges: the application of smart mobility technologies by leading automobile corporations and their techno-driven environment will change mobility patterns and logistic systems in cities. In newly built city expansions this may be an option, though in complex, already built-up city districts the introduction of the driverless car will become be a challenge for city managers. Their much promoted introduction will force cities to decide, where in the city such cars are allowed to be operated in cities, and whether cars that are not supported by digital systems will be excluded from entering inner cities. It can be assumed that city centres and access to city centres in the long run will have to be redesigned to accommodate cars that are equipped with smart new technologies.

Obviously the technology will dominate over social or environmental concerns. When building-up, balanced digital infrastructure in a market driven environment, local governments have to face and resist the influence of the automobile corporations and the unlimited power of I&T corporations. The drivers of digital infrastructure, however, will experience that the financial means of local governments for system innovations are limited. In market led development environments, profit-seeking private investment will then offer friendly customer support and assist local governments to privatize mobility related development. Such privatization will increase disparities among users. Smart technologies will also force local utility corporations to invest heavily in overhauling existing systems. Again, the high costs for such investments will increase spatial disparities in the city. Digital infrastructure is prone to failures, accidents and cyber attacks. Cities and citizens will have to prepare for such incidents. Smart infrastructure networks for resource conservation (energy saving, flooding, pollution warning systems etc) will have to be prepared for risks, once the 24 hours systems are stopped, hacked or broken.

Economic challenges: besides marketing research on the impacts of the digital economy on consumer behaviour, particularly concerning e-shopping modes, not much research has been done on the forthcoming structural change of the local economy. The trendy rise of start-ups in a few larger cities has been observed, creating jobs for digital nerds and creative entrepreneurs. Local government institutions and new service companies assist firms and citizens to use digital technologies, respectively to change from traditional to digital technologies. There is some evidence that digital technologies will support the renaissance of urban production that will take place in inner city premises of declining traditional industries or on abandoned shops on the fringe of the inner city or along arterial streets. Obviously unions raise concerns about job losses in industries, large banks and insurances, as well as in the public sector, though this is mainly done at a more general higher, not at a local level. The implications for changing qualifications on the local labour force are articulated, too. Many enterprises and local crafts complain about a shortage of labour that is qualified to handle digital technologies. All such structural changes will influence location factors and change the character of the local economy.

Social challenges: the interest of most drivers of smart city development is to sell technology and services to cities and citizens, not to make life in cities for citizens better.

As digital infrastructure in cities can only gradually be developed and made available for all citizens and visitors, not all city quarters will be simultaneously covered in the ongoing digital urban transition process. Hence unbalanced digital infrastructure development will further add social polarization in the city. Safety concerns of citizens will encourage local governments to control public spaces by smart video supervision and widely neglect privacy concern. Research has also shown that smart technologies support increasing individualism and raise the number of single households. Then the number of single households will further increase in cities. This in turn will have consequences for the local labour market as well as for the residential property market.

Environmental challenges: by applying new digital technologies sustainable urban development can be better achieved. Smart systems und meters will help to conserve non-renewable resources, and reduce energy and water consumption. While the resource conserving application of smart technologies (energy, water) can be easily managed in new urban development schemes, their introduction in already built-up urban districts will be more difficult, more time consuming and costly. Most likely such measures will add to spatial polarisation in the city. The monitoring of environmental conditions will be made much easier by big data applications. Warning systems will help to prepare for unforeseen challenges. Smart technologies will certainly help to better sustain the urban environment, though they will as well de-motivate users to change their consumer habits.

Challenges for urban knowledescapes: the evolution of the digital economy has already urged institutes of higher education to priorize engineering and I&T related programmes over social disciplines. Sooner or later renowned international universities will close down face-to-face undergraduate programmes and shift basic courses to the internet. They are encouraged to apply e-learning approaches to reduce cost, improve the quality of education and reach international target groups. Under financial pressure other universities will follow. International corporate universities will gain competition against public local universities and weaken local institutes of higher education, with implications for urban competitiveness and images. With the gradual evolution of e-learning in higher education the visibility of knowledge in the city will threaten to disappear. Universities and hospitals, focussing on distant learning and distant medicine practice may be tempted to change their locations, sell inner city campuses and operate from out-of-town locations. This in turn will reduce or at least weaken local government commitment to local universities and related knowledge milieus.

Spatial challenges: the spatial consequences of smart city development are still very much unchartered territory. There are some indications that emerging smart mobility will change inner city development. In the long run, maybe a decade ahead, first innovative city government will decide to close city centres for private cars that are not equipped with smart technologies. Only smart driverless buses, taxis or car-sharing companies will have access to the inner city. This in turn will further commercialize city centres, raise property values and favour higher densities and more multi-functional high-rise buildings. Caused by the further advancement of e-shopping the functional structure of cities will change. City centres tend to turn into show-rooming spaces (consumption museums) of inter-national brand shops that are meeting consumption and entertainment requirements of citizens and visitors. Second class shopping streets in turn will change their characters and turn into mixed urban production, consumption and leisure spaces. Smart industrial production (Industry 4.0) will require new locations in the city, which differ from traditional industrial sites. New locations will have to be multifunctional to meet the requirements of the highly qualified labour force that prefers to live nearby and use spare time for leisure or other activities, and achicve better life-work balances. Some smart cities may even consider assigning web-free spaces for those, who wish to relax from the stress of the digital working environments.

Challenges for urban governance: digital industries, policy advisors, consultants and the media will urge local governments drive cities to make use of the manifold applications of digital technologies for sustainable urban development. They will have to overhaul their technical infrastructure systems and provide easily accessible digital platforms for communication and information exchange. To meet expectations of citizens, local enterprises and businesses, new formats of information and communication policies will have to be introduced. More than before, local governments will have to balance top-down and bottom-up planning and decision-making processes. To do all that local governments will have to recruit new qualified staff for introducing and operating the digital turn as well as for communicating with technology providers on equal terms. Lacking budgets for the recruitment of new digitally competent administrative staff, local governments will have to invest money and time for retraining their administrations, particularly the design and control oriented staff in local planning departments. One more challenge will have to be faced by local governments. Social media and popular platforms will encourage more people to participate in urban development. The availability of new communication means and platforms to the civil society will unavoidable confront city governments with new requests for participation in urban development strategies, unless such participation is hindered or even repressed by local or national governments.

The challenges briefly sketched above will require many empirical in-depth studies. The implications of the digital revolution for the social and economic development of cities have to be carefully monitored in order to avoid negative economic, social, cultural and spatial consequences, reduce risks of system failures as well as cushion dependency on a few global players.

7 What to do? Implications for urban governance

Cities will have to find suitable, social balanced ways and means to deal to accommodate smart infrastructure. The rapid evolution of smart urban technologies smart city crusade will force local governments among others to

- develop comprehensive interdepartmental smart city development strategies, involve local institutions and groups to co-operate, and revise urban development priorities;
- built-up new and efficient and spatially balanced digital infrastructure in an environment dominated by market forces;
- identify and assign free zones, as experimental spatially defined laborartories for smart city development;
- monitor local impacts of new digital technologies on urban development and invest heavily in monitoring capacity (smart city monitoring boards) and applied social and economic research;
- retrain or employ new staff for understanding and handling the interface between traditional and digital urban development;
- recruit qualified new staff in the public administration and initiate permanent training of public sector staff;
- screen and revise urban development regulations that hinder the user-friendly application of smart technologies.

Generally all urban development dimensions will have to be re-examined to balance top-down and bottom-up uses of smart technologies to react early on possible negative implications.

8 Conclusion

The gradual introduction of smart technologies in cities may raise the competitiveness of cities though economic and social polarisation will further increase. They are driven by the selling power of global ICT corporations, the passion of techno-freaks and by billions of consumers benefitting from the convenience of smart technologies in urban, though also in rural areas. The transition to smart cities is politically accepted and promoted. Priority is given to urban innovation as cities tend to favour technical solutions over socially balanced solutions.

In times of globalization, global competition and rapid technology change, the smart city label is a good opportunity to improve the quality of life of affluent and poor citizens, maintain the competitiveness of cities, speed-up economic and urban innovations, create jobs for a new generation of university graduates, make a better use of energy, water and other resources, and protect the environment. However, the knowledge on impacts of smart technologies on urban development is still limited. Much empirical research is required. The spatial impacts of smart solutions on cities, such as smart mobility, smart shopping, smart logistics, smart medicine, smart education, and smart participation are widely under researched. A new urban research agenda has to be formulated. Local government administrations will have to review their internal organisational structure to meet the multiple social, economic and spatial challenges of smart infrastructure development. Urban planning will have to reinvent itself. Otherwise, digital infrastructure development will downgrade traditional urban planning approaches, turning planners into city decorators, urban lawyers, GIS freaks, data garbage managers or just moderators. Smart city development requires carefully concerted urban development approaches, a revision of planning education and new styles of urban governance. In the foreseeable future, cities will strongly depend on the technological and bargaining power of a few global ICT giants and monopolies in the US and China. They will convince consumers and cities to rely on and to live with smart technologies. The ongoing transition to the digital area has to be carefully monitored. Cities are the laboratories of this transition. Citizens will experience the implications for their life spaces and their daily life. Privacy concerns caused by big data collection and storage as well as the risks of dependency are sacrificed to convenience. Hopes that the digital revolution will further democratize local societies will certainly not materialize.

References

[1] KOMNINOS N. Intelligent cities: innovation, knowledge systems and digital spaces [M]. London: Routledge, 2002.

[2] DEAKIN M, AL WAER H. From intelligent to smart cities [M]. London: Routledge, 2012.

[3] DEAKIN M. Smart cities:Governing,modelling and analysing the transition [M]. London:Routledge,2013.

[4] TOWNSEND A M. Smart cities:big data,civic hackers,and the quest for a new utopia [M]. New York:Norton & Company,2013.

[5] STREICH B. Subversive stadtplanung [M]. Wiesbaden:Springer,2014.

[6] KOMNINOS N. The age of intelligent cities [M]. London:Routledge,2014.

[7] KUNZMANN K R. Smart cities:a new paradigm of urban development [J]. Crios,2014(7):8-19.

[8] ADOM-MENSAH Y. Smart cities:a systems approach [M]. Send Clan Press,2016.

[9] YIGITCANLAR T. Technology and the city:systems,applications and implications [M]. London:Routledge, 2016.

[10] LANDRY C. To be debated:the digitized city [M]. Dortmund:European Centre for Creative Economy,2016.

[11] EXNER J P. Smarte städte & smarte planung [J]. Planerin,2014(3):24-26.

[12] Smarter cities—Better life? [J] Informationen Zur Raumentwicklung,2017(1):4-9.

[13] SCHMIDT E,COHEN J. The new digital age:reshaping the future of people,nations and business [M]. London:John Murray,2013.

[14] IBM. IBM's smarter cities challenge [R]. Dortmund,2012.

[15] BATTY M. The new science of cities [M]. Boston:Harvard University Press,2013.

[16] EGGERS D. The circle [M]. London:Knopf Doubleday Publishing Group,2013.

[17] MAAR C,RÖTZER F.Virtual Cities:die neuerfindung der städte im zeitalter der globablen vernetzung [M]. Basel:Birkhäuser,1997.

[18] GEISELBERGER H,MOORSTEDT T. Big data:das neue versprechen der allwissenheit [M]. Berlin:Suhrkamp Edition Unseld,2013.

[19] KEESE C. Silicon Valley:Was aus dem mächtigsten tal der welt auf uns zukommt [M]. München:Albrecht Knaus,2014.

[20] HOWARD P N. Pax technica:how the Internet of things may set us free or lock us up [M]. New Haven:Yale University Press,2015.

[21] MOROZOV E. Smarte neue welt:digitale technik und die freiheit des menschen [M]. München:Blessing, 2013.

[22] PASQUALE F. The black box society:the secret algorithms that control money and information [M]. Cambridge,MA:Harvard University,2016.

[23] HOSTETTLER O. Darknet:die schattenseiten des Internets [M]. Frankfurt:NZZ Libro Frankfurter Allgemeine Buch,2017.

[24] ANDERSSON D E,ANDERSSON A E,MELLANDER C,et al. Handbook of creative cities [M]. London:Edgar Elgar,2011.

[25] CAMPELL T. Beyond smart cities:how cities network,learn and innovate [M]. London:Routledge,2012.

[26] DAMERI R P,ROSENTHAL-SABROUX C. Smart city [M]. Wiesbaden:Springer,2014.

[27] HELFERT M,KREMPELS K H,KLEIN C,et al. Smart cities,green technologies,and intelligent transport systems [M]. Wiesbaden:Springer,2016.

[28] PERIS-ORTIZ M,BENNETT D,YÁBAR D P B. Sustainable smart cities:creating spaces for technological,social

and business development [M]. Wiesbaden: Springer, 2016.

[29] DANIELZYK R, LOBECK M. Die digitale stadt der zukunft [M]. Düsseldorf: SGK NRW, 2014.

[30] ETEZADZAHEH C. Smart city—Future city? Smart city 2.0 as a liveable city and future market [M]. Wiesbaden: Springer, 2016.

[31] Fraunhofer Institut Für Offene Kommunikationssysteme. FOKUS: Jahrsbericht 2014 [R]. Berlin, 2014.

[32] GOODMAN M. Future crimes: inside the digital underground and the battle for our connected world [M]. New York: Anchor Books, 2016.

[33] GREENFIELD A. Against the smart city (The city is here you to use) [M]. New York: Do Projects, 2013.

[34] HOWARD P N. Finale vernetzung: wie das Internet der dinge unser leben verändern wird [M]. Quadriga: Bastei Lübbe, 2016.

[35] KOMNINOS N. Intelligent cities and globalisation of innovation networks [M]. London: Routledge, 2008.

[36] LARNIER J. Who owns the future? [M] London: Simon & Schuster, 2014.

[37] MOROZOV E. The net illusion: the dark side of Internet freedom [M]. New York: PublicAffairs, 2011.

[38] WWF. Smarter ideas for a better environment: ERDF funding and eco-innovation in Germany, executive summary [R]. Berlin: WWF Germany, 2010.

[39] STIMMEL C L. Building smart cities: analytics, ICT, and design thinking [M]. Boca Raton: CRC Press, 2015.

Klaus R. Kunzmann Emeritus Professor of the School of Planning of Dortmund University of Technology, Honorary Professor of the Bartlett School of Planning of University College London, Visiting Professor of Southeast University. He is an elected member of the German Academy of Spatial Planning (ARL), a honorary member of the European Association of Planning Schools (AESOP) and of the Royal Town Planning Institute (RTPI) in London. Since his retirement in 2006 he is residing in Potsdam, Germany, travelling frequently to China and relentlessly writing on territorial planning in Europe and China, regional restructuring in the Ruhr, on the role of culture in urban development, and on creative, knowledge and smart city development.

Dimensions and Perspectives for Urban Design

Cui Kai

Academician of Chinese Academy of Engineering, Chief Architect of China Architecture Design Group

Currently, China's urbanization construction is entering into a period of critical transition. From previous rapid sprawling expansion, it quickly steers into urban ecological restoration, quality improvement, characteristic creation and other directions. In recent years, the Central CPC Committee and the State Council have made a series of important and specific instructions on urban construction, and the Ministry of Housing and Urban-Rural Development (MOHURD) has also elevated urban design to the higher positioning as legal procedure for urban control. Many government leaders in large and medium-sized cities are paying more attention to ecological restoration, urban renovation and urban design. Xiong'an New Area and many state-level new areas have also established a broad platform for the construction community. They proposed the slogan of "Millennial Strategy, Gung-ho Implementation of the Blueprint". China's urban-rural construction is indeed ushering in a new era!

In this context, urban design has also become a hot topic in the industry in the last two years. For example, how to delineate boundaries of urban design, master planning and subordinate architectural design? What contents are included in urban design? Is it just style design, image design? To what extent should urban design guidelines be specified? How to use the guidelines as a basis to review the architectural schemes? Can it be taken as a prerequisite for land bid invitation, auction and listing? Should urban design be performed by planner or by architect? Or, should the work of landscape architects and municipal engineering designers be included in the scope of urban design?

Promoted by the municipal government, Beijing University of Civil Engineering and Architecture (BUCEA) has established Beijing Advanced Innovation Center for Future Urban Design. It gathers well-known experts and scholars at home and abroad in planning, architecture, landscape, ecology, environmental protection, energy conservation, municipal administration, transportation, digital information, etc. The experts were asked to develop plans and carry out subject research,servicing the Beijing Sub-center and Beijing-Tianjin-Hebei in their urbanization developments. I was invited to serve as the director of the Innovation Center. My work focus has also shifted from simple architectural design to urban design. While learning,observing and researching,I also often guide the planning team in the institute to carry out some urban style planning and design. In the routine engineering design,I also more consciously consider from the perspective of urban design to find the breakthrough point of architectural design. In 2017,I stayed in the United States as a visiting scholar for more than three months. During my short period of stay there,I visited some cities. Besides visiting those master piece architectural works that I had admired for long,I spent more time walking and experiencing the cities,observing some urban design achievements in the American city centers. I also consulted some experts and scholars and gained some rough understanding of urban design.

This International Top-level Forum on Engineering Science and Technology Development Strategy (Nanjing) is hosted by the Chinese Academy of Engineering (CAE). At this forum,I delivered a speech on “Five Statements about Urban Design”. I mainly want to talk about my understanding of urban design combined with some of our studies and design projects in recent years. I think there can be different dimensions,levels and perspectives in urban design.

In general,talking about city,we tend to start with looking at the city from the above,a city plan,a city model or the aerial view. This is a perspective that reflects the overall pattern and style of a city,which,of course,is the most important. It is also what the local leaders are most concerned about and what the planners take efforts and time to imagine. Why so bothered? Because if it is a new district,they may have no ideas what these buildings are? Who will invest on them? Will they be like this? Hence,they have to create a vision first to brief the leaders. If they failed,the city design can hardly be recognized. In fact,everyone knows that it is difficult to realize such vision immediately. Even it is realized,the actual situation can hardly be exactly the same as the vision. For the existing city,it is even more difficult to achieve the effect on the aerial view. It's only possible through “dressing up the building” or waging major demolition and renovation which is extremely challenging in operation. Occasionally, some government leaders asked me:our cities are too chaotically planned. Would you help us set a few colors? I can let the owners paint the buildings accordingly within a few months. Then our city will be naturally acquiring its own characteristics,right? Upon such situation,I was often quite nervous and never dared to reply with easy answers,because I saw some villages being re-painted in this manner frequently. The fake and cheap new look is almost worthless except for politicians to window-dress official's political accomplishment. It costs a lot but pay off little. This is the case for small villages,let alone a city,which will be even more horrible. Hence,urban designs in aerial view are most often displayed,anticipated and concerned yet they are highly difficult to be realized.

The more detailed the drawing is, the less realistic it is, and the less useful it is. Certainly, this doesn't mean that urban design at this level is useless. But at this level, more attention should be paid to the characteristics of urban pattern. For example, what is the relationship between planned urban pattern and natural landscape environment? Can urban road network reflect the topographical features? What is the spatial transition relationship between the scale, density and height of new district and the texture of old town? What is the relationship between urban public space and ecological greening system? These design images are very important for the formation of urban characteristics, which can also be controlled and guided in the planning and approval process. In my work, I have also encountered a lot of extensive planning in the environment with landscape characteristics, where the mundane gridlock road network was covered on the topography with rich textures. It's a pity that under such circumstance, a lot of great opportunities to create urban spatial characteristics were compromised. When we encounter such not-yet-executed planning, we will try to persuade the government to start with an urban design before construction plan. By adjusting the pattern of master planning, it can not only protect the characteristic landscapes, but also endow characteristics to the urban space. In fact, although I am an architect, I think that the characteristics of a city are more important than those of building. If we miss this opportunity, it doesn't matter how nice the buildings might look. If urban pattern has great characteristics, the exterior look of the building might not be the most important factor. This can be illustrated in many cases of domestic and foreign cities. Here I selected two cases, Nan'an in Fujian province and Renshou County in Sichuan province. Through urban design, the original planning was revised to "salvage" the landscape environment and create the characteristic neighborhood and buildings. It was very fulfilling and made me feel like I did something good (Fig.1 and Fig.2). This is statement No.1.

Fig.1 Urban design of Nan'an, Fujian Province

(Top right: aerial view of the original urban design scheme)

Fig.2　Urban design of Renshou, Sichuan Province

(Middle and Right: the original plan of large grid road network does not correspond to the current hilly terrain)

If we don't rely on large-scale time-consuming and capital intensive urban design, what we urgently need for urban quality improvement is urban renovation. In the past sprawling urban construction, many buildings were discordant, many public spaces were discontinuous and many buildings and green spaces were disintegrated. It is very difficult to solve such systemic problems simply by inserting new projects. Hence, the focus of urban design is urban renovation. From point to line, from line to area, from existing buildings to new projects, from buildings to pedestrian spaces, to public plazas and garden landscape, from the ground up to the air and then to the underground, urban design reaches urban space in almost every level. Design is also a macro sense cross-disciplinary design that requires breaking the silos of urban construction and carrying out active cooperation among various professions. This is the only way to finally deliver to citizens a seamless, intact and harmonious urban environment. It should be pointed out that the means and ideas for planning urban built environment are not the same as those for new urban constructions. Traditional planning methods are completely useless to address the urban renovation problems. There is simply no place to start. We shall refrain from brutally chopping up the high-density built environment only to open up the urban street grids. To protect the scale and texture integrity of historical block, a series of planning controls are no longer applicable, i.e. widening small street alleys, building withdraw, density and green ratio. Hence, "accompanying" design services from the perspectives and methods of urban design is a relatively effective means of urban renovation. Recently, I heard that Beijing Municipal Commission of Urban Planning and Land and Resources Management is planning to promote the architect service model of a thousand (maybe too many) designers responsible for a thousand Hutongs. This is much expected. The small project of Tianqiao Traditional Cultural Heritage Center (Fig.3) that we designed on a small interlaced plot in Tianqiao, Beijing, along with the Qianmen Dashilanr H-block project (Fig.4) can be deemed as an active move in this regard. Although it is highly difficult and too long in run-in, I think we are on the right track, and the project is moving forward. This is statement No.2.

Fig.3 Overpass traditional culture inheritance center project

Fig.4 Qianmen Dashilanr H-block Project

From the perspective of urban space composition, street is the most important public space that is used by almost everyone every day. I propose that urban design should start from the foot, i.e., by paying attention to the designing of urban streets, particularly the quality of pedestrian space. But what about the streets I walk to and from work every day? It's a street called Sanlihe Street and located in front of the Ministry of Housing and Urban-Rural Construction. The design is based on the three-block section that was popular in the 1980s. Right in the middle is two set of four lanes, one on the upper side and the other on the lower side. Then, there is the green (not too green) belt. On the fringe side is the non-motor vehicle lane which is now being used as a parking belt. Further outside are the street trees, abutted by sidewalk, municipal green space, and building purposed land. Those lands are now mostly occupied as façade square or parking space of government agencies. Such road section is still a classic paradigm commonly used in urban planning today. It seems that there is no need to change and upgrade, but in fact the quality is not high and there are many problems. For example, the free-will rail setting on the street. Railings are set in the middle of main road to stop pedestrians from crossing the road and vehicles from turning around; railings are set at bus stations to facilitate queuing; on bicycle lanes to prevent motor vehicles from parking therein; between sidewalks and bicycle lanes to prevent people from crossing the bicycle lanes; between sidewalks and green belts to prevent people from trampling green space; between government agencies and sidewalks to prevent entrance of unauthorized personnel for safety concerns. Hence, all the railings are set to restrict people's behavior. Then how can it reflect people-oriented principle? In addition, some road sections are occupied during construction. The width of sidewalk is then squeezed to less than 1 m, some of which be overcrowded by shared bicycles stacked over by the road side. People have to walk around or dodge in the moving traffic. There are also flower stands and high platforms, which are simply between ugly and clumsy. In some places, the pavement is so poor that often break and require frequent repair, let alone landscape design, street seating, furnishings, or the openness of buildings on both sides to the street. But I think it should not be that difficult to make improvement and renovation in these aspects, right? For example, is it possible to use identification line or signage instead of railings to inform the roadside parking regulations? Is it possible to use green grass hedges instead of railings to protect people's safety? Is it possible to use more trees instead of lawns which allow people to enter without concern about trampling the green space? Is it possible to take temporary management measures to prevent emergencies while removing the iron railings which are less friendly? Is it possible to set some seats for the elderly along the street? Is it possible to arrange catering platform outside shopping malls along the streets for people to sit down by the streets? However, it is not that simple after we investigated the actual conditions. The management authority of a section is assigned to multiple departments. Each department has its own rules, design clearance and construction responsibilities. The boundary is clear and not allowed to be trespassed. That is why various railings, pavement, landscape and street furnishings hodge-podge on a section, making it not nice in look and not convenient in use. Pedestrians feel that they are being tightly shackled, instead of being served with respect and dignity wherever they go. To be honest, this is already a better-off street in Beijing, let alone other backside alleys. Compared with foreign cities, the quality of streets in many of our cities is not high. It's the main culprit for the poor city image and impression of backwardness. Hence, to improve the quality of city, we must start from the basics, start from the footstep space, from all kinds of trivialities and details. We should allow cross-border design, unified construction and integrated management. One of the main tasks of urban design is to break through the fragmented patterns and design the streets as an integral space. Compared with other urban design tasks, this is a good thing with small investment, quick return and strong sense of gain among citizens. Why not prioritize such endeavors? In September 2017, the green ponds and bench series on Wangfujing Commercial Street was a quick thematic design work. It was completed in 10 days and recognized with many favorable comments from all walks of life (Fig.5). Subsequently, in the absence of project owner and approved grant, we developed a renovation plan for the pedestrian space of Sanlihe Street through the research project. We hope to recommend the plan to the relevant departments and lobby for implementation (Fig.6). This is statement No.3.

Fig.5 Green pools and bench series on Wangfujing Commercial Street

Fig.6 Reconstruction of pedestrian space in Sanlihe Street

When we observe and experience cities, we always feel that urban density is a problem. Although our historical ancient city is mainly composed of low-rise bungalows, the homogeneous high density makes it a densebody. The historical cities of foreign countries are also the same. Buildings with five or six floors stand side by side, forming a complete street wall. Stone-paved streets are pleasant in scale. Through door openings, you can have a glimpse of the elegant and exquisite, differently sized inner courtyards filled with flowers. Even in the modern downtown of the United States where tall buildings are densely arranged, there are always rich squares, gardens and "grey" space open to the city. Hence, high-density urban scale is more pleasant, which is indisputable. However, the planning methods applied since the founding of China are predominantly based on urban motor vehicle lanes. Road network and width are determined according to the predicted traffic volume. The spatial scale thus formed is certainly not pleasant. To create a proper pedestrian space, it can only be achieved by combining some commercial pedestrian street designs in the reserved traditional commercial area or construction land. In addition, our strict execution of sunlight standard for over half a century is also an important cause of density loss in cities. No matter in urban areas or suburbs, or how tight the land use is set for the downtown area, almost all residential buildings have to meet the rigid requirements of sunlight standard. Hence, in the process of reconstruction and expansion, many urban patterns that were completely intact and orderly originally ended up into disordered and chaotic clusters. This, however, was the result of careful sunshine calculation, which was quite sarcastic and embarrassing. There are also unreasonable provisions such as the requirements of setting up firefighting loops in the plots, or withdraw the building in plots to make minor municipal facilities to be separated from the big scale municipal facilities. There are also the regulations on the green space rate index of each building site, etc. All these provisions contribute to a loose and disorder urban landscape that no one is held accountable. And it's still getting worse as time goes by. Then, is it possible to gradually reverse (which cannot be achieved overnight for sure) the situation and solve instead of making it worse by urban renovation and transformation and utilization of the stock space in the built-up area? I think this is the main direction of urban design and research. In my opinion, through the study of urban density, we can explore the spatial resource potential of the built-in space. When we are renovating massive super-scale uncoordinated "surplus" spaces in the city, many small buildings can be added to serve the urban community. These continuous multi-story small buildings can form a pleasant street wall interface and build a rich urban public space. However, it is obviously difficult to address such systematic consolidation and design through individual project design. It should be noted that the increase in density is not simply about increasing the development intensity on stock land, but a positive replacement strategy. While renovating the urban space that was originally dismantled, we can open up small parks, small green spaces and small squares with various scales. It will be more proactive and open than the green space that barely meets the standards in each project plot. Therefore, through urban design, the green space index of relevant slot can be specifically implemented at a suitable location, so that the construction land can be utilized more effectively and the replaced indicators can be combined to form an urban public space with greater use value. I believe this will be a very meaningful part of urban design. This is statement No.4.

Recently, we often encounter a category of urban design work, which is referred to as style rectification. In fact, it is an administration behavior to dismantle the illegal buildings and remove the graffiti advertisements in the built-in street side space. It seems to have little to do with design. However, the leaders were not satisfied with the look and style after the dismantling and they thought the building facades were not good-looking, so they expected to have urban design work to instruct the facade rectification. In other situations, some regions were on a tight schedule to host some grand events, so they gave a simply facial uplift on the building facades. The results were even worse than if the buildings are kept untouched and marked by grains of time on their seemingly chaotic facades. This kind of stupidity in burning cash for nothing occurred repeatedly in urban renewal. However, urban style indeed requires design, which can guide and advise future transformation of existing buildings. I advocate the guidance of three-dimensional greening and vertical planting for existing buildings combined with the development transition into being more ecological and garden like. For example, we can install additional plant trough and flower racks on building window sills along the streets, adding multi-level platform greening and facade greening on office buildings. Green planting can also be carried out in mall building by using the broad roof and large-area solid wall, or even properly adding pedestrian exterior corridor or stairs on the facade to highlight space sense and opening of the facade, so that the interaction between indoor commercial traffic with urban space can be enhanced by this system. Some sun shading systems can also be added in combination with energy conservation requirements. I think that the corresponding incentive policies should be adopted in planning and greenery management. Vertical greening should be calculated in through the green space index for conversion. The opening of urban public space should be compensated and rewarded by plot ratio. Such management policies are effective and have been implemented in outside China for many years. Why can't we apply them to our cities to mobilize the enthusiasm of building owners to actively transform their buildings, to co-build and to contribute to an ecological garden city? Therefore, I believe that on one hand, urban design requires big ideas and great wisdom to guide the transformation of urban space in a forward-looking manner; on the other hand, it should also be supported and coordinated by policies for gradual implementation and be deep-rooted into the organic renewal process. Those window-dressing projects government arbitrarily funded and facilitated are mostly not feasible and sustainable unless be driven by special grand event. Therefore, the technical and policy aspects of urban design are equally important. This is statement No.5.

Urban issues are numerous and complicated. The aforementioned five statements may not be covering everything and may not even be accurate. However, at least, they can prove at least one thing that urban design covers an extensive scope and resists a single-sense standard or technological path. Multi-dimensional, multi-level and multi-perspective study should be carried out to observe, experience and design. This is the need of cities and the charm of urban design. Planners, architects, landscape architects, municipal engineers, product designers, public art curators and artists shall find their own position and play their respective role. After all, city is our shared responsibility.

Cui Kai Honorary President, Chief Architect of China Architecture Design Group, Academician of Chinese Academy of Engineering, National Design Master, and Director of Land-based Rationalism D.R.C. He was invited to a lot of exhibitions, such as the Chinese Architecture Exhibition in PARIS in 1996, La Biennale di Venezia and the 8th International Architecture Exhibition in Italy in 2003, Urban Rumor-Chinese Architecture Exhibition in Taipei in 2004, the first Shenzhen Architectural Biennale in 2005, Creative China Exhibition in London in 2008, Modern Chinese Architecture Exhibition in Paris in 2008, Chinese Architecture Exhibition in New York in 2008, Heart-made: The Cutting-Edge of Chinese Contemporary Architecture" in Brussels in 2009, The Same One, "Another One-Section of Modern Chinese Architecture: Architecture Exhibition" in Yantai and Chengdu in 2010, Reborn-Exhibition of Wenchuan Post Earthquake Reconstruction in Beijing in 2010, "New Chinese: Chinese Architecture Exhibition of UIA Congress" in Tokyo in 2011, 2011–2012 Hong Kong and Shenzhen City/Architecture Biennale in Hong Kong, From Beijing to London—The Exhibition of Contemporary Chinese Architecture in 2012 and "West Bund 2013: A Biennial of Architecture and Contemporary Art" in 2013 and so on. He had his personal exhibition the Land-based Rationalism, "Cui Kai's work: Architecture Exhibition" in Tianjin and Shenzhen in 2010, "Ten Years Cultivation: The Architectural Creation Exhibition of Cui Kai Studio 10th Anniversary" in 2013 and the Exhibition Tour of Cui Kai Studio collaborated with *World Architecture* Magazine in 2013 and "Construction of History: Chinese Contemporary Architecture Exhibition" in Beijing Design Week 2014.

Mr. Cui also carried some works through the press, such as *Engineering Report* in 2002, *Desheng Uptown* in 2006, *Native Design* in 2009, *Inside-out* in 2010, *The Cui Kai Volume of Contemporary Architects Series* in 2012 and *Land-based Rationalism Ⅱ* in 2016.

Urban Design Initiatives: How Do We Measure Success?

Robert W. Marans

Honorary Professor of Institute for Social Research and College of Architecture and Urban Planning, University of Michigan

There is general agreement that urban design brings together the talents of architects, landscape architects, urban planners, and engineers. I believe that social researchers also have a role to play in the urban design process. Urban design is a process involving creativity, innovation, and experimentation. But this begs the question of what are the purposes of urban design.

This paper will first summarize these purposes including enhancing the well-being or quality of life of the users of the environments created by urban designers. It then discusses the meaning of quality of life. Next, opportunities for innovation and experimentation in new urban developments including new towns will be presented. I will then summarize the main lessons learned from social research on past new town projects. Finally, I will discuss opportunities for innovation in urban design and measuring success as part of China's development programs.

Clearly, there are many purposes of urban design. From a historical point of view, one can create attractive urban environments that have aesthetic value. We see many examples of urban design projects today where this is the main goal. It is obvious that in China, we also see urban design as a vehicle for economic and community development, and as a means of preserving and enhancing the historic/cultural past. This is true in other parts of the world as well. Another purpose is to create good urban form or as Kevin Lynch has proposed, a good fit between people's needs and the physical form being created. Finally, I believe another important and related purpose is to enhance the well-being or quality of life of users or occupants in urban environments being created.

What is Quality of Life (QOL)? In the United States and in the other parts of the world, the term "Quality of Life" is used by politicians or frequently mentioned in media reports. At the same time, city planners often talk about the "quality of life in the city". Clearly, the phrase can have different definitions. But the concept itself implies subjectivity—a good quality of life for a person in one situation may not necessarily be the same for another person in the same situation. Therefore, the criteria vary from person to person, and the quality of life varies from high to low levels, even for people experiencing the same physical environment. So when we talk about the quality of life, we need to talk about all aspects of life including our health, wealth, security & safety, job and work, family and friends, marriage, and leisure. Indeed, there may be other domains as well. But as urban designers, planners and architects, we are mostly interested in the domains of place and how it might contribute to quality of life. By place, I refer to our dwellings, neighborhoods, cities and suburbs of cities, county centers/townships, rural areas and large areas such as provinces in China.

Place plays an important role in improving the quality of life. However, compared with the experiences in other domains of life, research has shown than it is of lesser importance to the overall quality of life. That is, one's quality of life is not only affected by where one is of living, but it is subject to the influence of many aspects. In the design of place, urban planners and designers must think about all aspects of life including where we live, where we work, where we shop, where we play and where we feel we belong. We need to keep in mind that quality of life is a multi-dimensional concept, in which place is just one but not the only domain that needs to be considered in the process of design.

So what are the key questions that urban designers need to ask? As we can imagine, the first question is what spatial characteristics of (place) are most likely to contribute to the well-being of people. Quality of life varies from person to person. There are the old and the young, the physically able and those that are physically challenged, and the residents from rural areas and urban residents. Our living environments are different, as are different age groups that accommodate them. These are important factors that I believe architects and urban designers have to think about.

The second question is how people interact with the physical environment (place) over time. Every environment is changing, some slowly and others rapidly. People will interact with the environment differently as both they and that environment changes. Urban designers need to consider the life cycle of the environments they create. There are many studies on the quality of life in this area, mainly involving the observation of people's behavior, their satisfactions, and their expectations about the future. We need to continue to consider QOL research, which I believe can benefit urban policy, urban planning and urban design in the future (Fig.1). This research can help policy planners, designers and planners think more about urban design issues.

Historically, the designs of new urban developments have created opportunities for innovation. Many of the early new urban developments, such as Brasilia in Brazil (Fig.2), Chandigarh

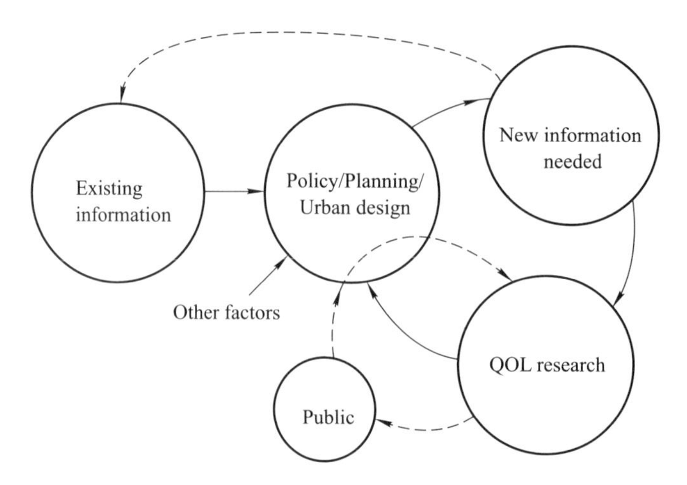

Fig.1　How can QOL research benefit policy, planning, and urban design?

in India (Fig.3), and Vallingby in Sweden (Fig.4), were built after World War II and have since become models of innovation in urban planning and design throughout the world.

Fig.2　Brasilia

Fig.3　Chandigarh

Fig.4　Vallingby

There are also models for innovative planning and urban design in the early new towns in UK (Fig.5) and in the US. For example, in the UK, new town projects sponsored by the national government created opportunities to innovate and test out new urban forms designed to accommodate the overflow population from big cities. The idea was to create all-inclusive self-contained developments providing for a job-housing balance to accommodate people who would not have to commute long distances to their places of employment. To the best of my knowledge, the extent to which this goal was achieved has never been fully evaluated. But it is clear that the 20 million people who moved into the 28 new towns built through the early 1960s had improved their living conditions, and presumably had a better quality of life.

Fig.5 Early new towns in the United Kingdom

In the 1960s, there were similar innovative communities (new towns) built in the United States by private developers, some obtaining federal government support. Their main goal was to create alternative living arrangements to the more traditional suburban developments that were being built during that period of time. The US new towns were intended to not only meet the demand for new housing but also promote a diversified or mixed population. For example, housing was provided for high, middle and low income urban residents. At the same time, the new town developments offered better land use planning including mixed land uses, more open space, and more opportunities for a job-housing balance. Finally, the new towns were intended to improve the quality of life of their residents.

What are the lessons from the new towns studies? What inspirations have these Brazilian, UK and US developments from the past brought to us? Based on a number of empirical studies, there are several. First, vacant land needs to be set aside to accommodate unanticipated growth that would inevitably take place. Second, many of the new towns did not take into account changes that would take place in family size and composition. They were viewed as static environments whose initial populations would not change. Third, the new towns were not always successful in creating social mix and strong sense of place, as was the case in some US and early British new towns. Finally, the quality of life (QOL) of new town residents was no better nor worse than residents in the less planned suburban developments, particularly in the US. Nonetheless, there was a higher level of satisfactory with the overall community as a place to live and the quality of dwellings in the new towns than in the less planned residential environments. These lessons are based on research studies conducted in the 1960s and 1970s during the early years of the new town's development. On-going assessments have rarely been conducted and if such research were to take place in these communities today, we may gain new insights about the benefits and limitations of new town living. In terms of new urban developments in China, there are many opportunities to learn from past urban developments as well as opportunities for innovation in designing new urban developments.

Opportunities in China. Finally, I would like to talk about a comprehensive migration program in the Qinba Mountain Area (QMA) of China's Shaanxi Province. This program involves a population of more than 2.4 million people. It presents opportunities for urban design innovation and for examining the impacts of environmental change on the quality of life of this population. The program aims at relocating people from rural mountainous areas to new urban developments including new towns near existing urban centers. Goals of the program include creating better living environments and improving the quality of life for this predominantly impoverished population while reducing poverty and promoting economic development near existing urban centers. Still another major goal is protecting against natural disasters and preserving the natural environment in the mountainous areas by creating national parks. The migration patterns and the location of the new urban developments are shown in Fig.6.

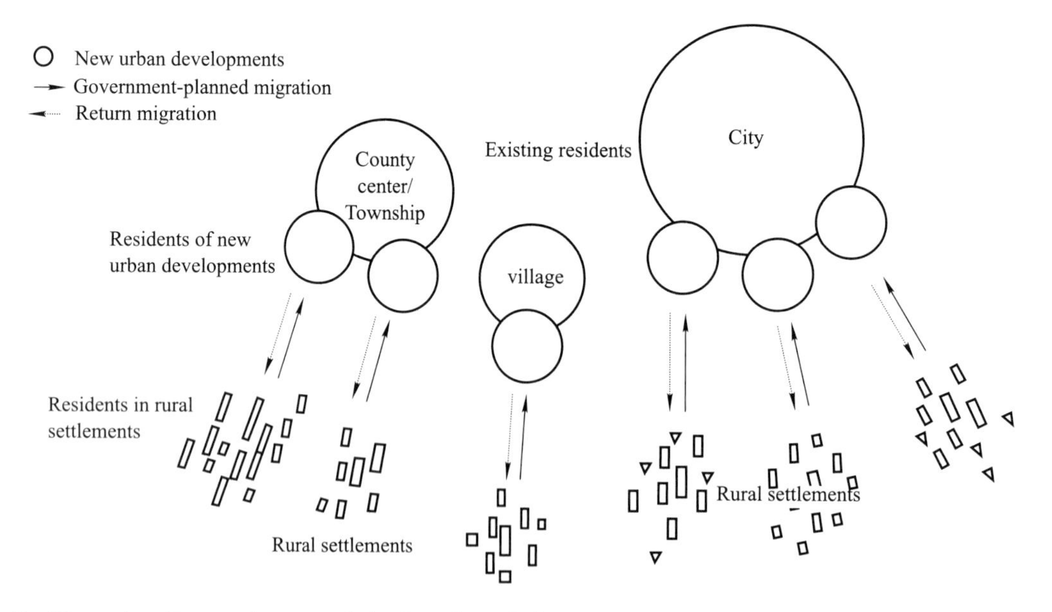

Fig.6 The migration patterns and the location of the new urban developments in Shaanxi Province

In collaboration with the Shaanxi provincial government, Xi'an University of Architecture and Technology, and the Chinese Academy of Engineering, the University of Michigan has proposed a study of the quality of life in the QMA. That is, we have recommended a long term program of research covering the well-being or quality of life of rural migrants as they move from the mountains to new urban developments. As shown in Fig.7, quality of life would be viewed from multiple perspectives and will be a key factor for policy and planning decisions.

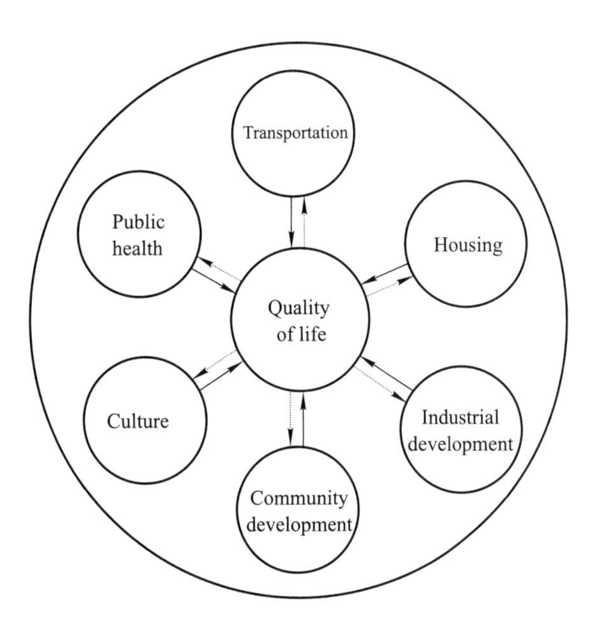

Fig.7 Quality of life would be viewed from multiple perspectives

Specifically, the program of research would evaluate the achievements and limitations of the migration program to date; it would provide guidelines for allocating resources and amenities in the future; it would examine the migration program's impact on specific populations, i.e. the elderly and children; it would suggest architectural and urban design guidelines for future work in the QMA; and it would be a model for what could be done in other Chinese provinces.

Assessing Quality of Life. A question often asked about the research is "How do we plan to assess quality of life?" The simple answer is by measuring it through by examining the attitudes and behaviors of the population over time. That is, we will start by interviewing people prior to their move to the new urban developments as well as after their move and periodically conduct follow-up interviews with the same people over time. Simultaneously, we will measure attributes of their environments over time. Two types of environments will be considered: the physical or built environment and the natural environment. Built environmental measures could include the size of the dwelling, the number of rooms, access to sanitary facilities and so forth. The natural environmental measues could cover air and water quality amount of vegetation, and similar measures. All such these measures would be expected to change as people move from the the rural areas to the urban areas, as they age, and as the climate changes. It is even possible that after a period of time, some people may move back to the rural areas they came from or to other urban centers. A key question of interest to urban desginers is why such moves take place. It may be that some aspect of their urban setting is dissatisfying. Or the move may be related to a non-environmental aspect of their lives such as a family situation or because of poor health. But the research may also reveal that the health condition was percipitated by some aspect of change in the environment. This information could inform subsequent policy and design decisions.

The broader question is what is the impact of the new developments that planners and urban designers are creating? Or how and in what ways do the new developments affect people's quality of life (health and well-being), in both the short term and in the long term?

Prior to selecting an array of new developments and urban migrants as part of the long term program of research, we will conduct a pilot study in one of the new urban developments near the city of Shengluo in western Shaanxi Province. The development is call Shahezi and it is planned to eventually house more than 40000 people. The above picture is a conceptual design of Shahezi new urban development (Fig.8) and it is 13 km away from the Shengluo city center. Specifically, we will meet with and conduct focus groups and individual interviews with a small sample of residents who have recently moved into apartment blocks built during the initial phase of the new town development. The hope is that the pilot study will tell us what is liked and disliked about the new environment and whether it is being used in ways the urban designers had intended it to be used. The pilot study will also determine whether or not we are asking the right questions of the residents and if our interviewing procedures are working as we had expected. And finally, the pilot study will help in determining what environmental measurements need to be made as we continue the research in additional new urban developments elsewhere in the province. The pilot study will also suggest ways that the research team including social scientists, architects, planners, and urban designers can work together more efficiently.

We believe this program of QOL research in new urban developments offers a framework for thinking about urban design, its many purposes, and for measuring its success.

In sum, I want to reiterate that there are many purposes of urban design (UD) beyond creating attractive urban spaces. One of the main purposes is to create spaces and places that significantly contribute the quality of life of its intended users, both in the short term and for the future. Furthermore, urban design can be based on precedents but also allows for creativity and innovation. New town developments from the past have allowed urban designers and planners to be creative while there is a body of research indicating how they have been successful in some respects but no very successful in other ways. Most of those studies were occurred relatively early in the life of the new towns and unfortunately, have not been replicated. That is, there is no way of knowing how the environments have impacted the lives of their residents over time.

Fig.8 The conceptual design of Shahezi new urban development

In China today, there are many opportunities for innovation in designing new urban developments. At the same time there are opportunities to measure their success and learn from them through quality of life studies. I have presented an overview of such a study that is being planned by the University of Michigan in collaboration with the Shaanxi provincial government, Xi'an University of Architecture and Technology, and the Chinese Academy of Engineering. The study is planned as part of a long term program of research that will follow the lives of migrants from rural areas to new urban developments in the QMA. The focus of the program of research will determine how environmental change (change of place) influences the well-being and health of the migrant population. Such research could become a model for determining the success of designs and plans for new urban developments elsewhere in China.

Robert W. Marans Emeritus research professor of Institute for Social Research, emeritus professor of Architecture and Urban Planning in the Taubman College of Architecture and Urban Planning at University of Michigan. Throughout his career, Dr. Marans has conducted research and evaluative studies dealing with various aspects of communities, neighborhoods, housing, and parks and recreational facilities. His research has focused on attributes of the physical and sociocultural environments and their influence on individual and group behavior, well-being, and the quality of life. Much of Dr. Marans' research has been in the context of urban areas. His current work deals with cultural issues of sustainability and energy conservation in institutional settings including universities and the impact of the built and natural environments on quality of life.

Thoughts on Urban Design in the New Era

Yu Binyang

Center of Science and Technology & Industrialization Development, Ministry of Housing and Urban-Rural Development

1 Introduction

In October 2014, General Secretary Xi Jinping proposed "stop producing those weird-looking buildings" at the Art and Culture Affairs Working Conference. Since then, urban design has been exercised to curb the phenomenon of clumsy, outlandish and bizarre architecture style. Increasingly, it has become an important tool for planning, constructing and managing China's urban and rural areas in architecture, foreign cultures and strange phenomena. On the CPC Central Committee City Working Conference in December 2015, urban design was placed in an important position in urban work. The meeting proposed "respecting nature, following nature, protecting nature, strengthening urban design, advocating city repair and strengthening the openness and compulsory of detailed control planning; strengthening planning and control of the city's overall space, plane coordination, style integration, contextual continuation and other aspects, preserving the city's unique DNA such as geographical environment, cultural characteristics, architectural style, etc." The meeting also highlighted the confidence and demand of the central government over urban development, which can be summarized as cities with "holistic space, coordinated plane, integrated context and continued context".

On the basis of the "Two Centenary Goals" eco-civilization goal put forward by the 18th CPC National Congress, the 19th CPC National Congress set forth the people-centered development concept. The meeting explicitly pointed out that "the major social contradiction of China is now between the ever-growing demand for better livelihood and the social development which is yet unbalanced and insufficient". The meeting also decided to "shoulder the general task of the new era, namely to realize the socialist modernization and the great rejuvenation of the Chinese nation. On the basis of an all-round better-off society, two-step approach will be taken to build

China into a prosperous and strong democratic civilization, a beautiful and harmonious socialist modern power in the mid-21st century". The Ministry of Housing and Urban-Rural Development will promote the transformation of the urban economic development management system by "overall planning, planning overall". At present, the reform of the urban overall planning is being vigorously promoted. Solid studies will be conducted on topics like eco-civilization, beautiful China, sustainable development, cultural confidence and inheritance [1].

How should the above-mentioned requirements be implemented in the planning and construction of a new era? The new era calls for people-oriented urban planning and construction management. The traditional material-based urban construction model has been unsustainable. The 19th CPC National Congress has pointed out the direction for future urban design work. The essence of urban design work is a three-dimensional urban-rural planning. It is an important part of strengthening "Two Centenary Goals" "China Dream" in urban areas, strengthening urban cultural confidence and enhancing national cultural self-confidence; treating city as a truly three-dimensional space, urban design has the indispensable role in balancing the general layout, coordination and comfort of urban space. We must carefully plan and control the planning and construction of our beautiful homeland. According to Maslow's demand theory, planning and construction should provide diversified management and colorful space to create a scene where ordinary people live and work in peace. The urban design of new era is an essential link between the city planning and architectural design. So, how should the new era urban design be managed and governed?

2 Case for reference

From the perspective of excellentcity cases in foreign countries, Chicago is the earliest and most perfect practice of modern holistic planning. Its planning emphasizes overall coordination and tries to find the material-oriented intervention with the best overall effect; being the 6th largest city in Finland, Rovaniemi was destroyed in the World War II. After the renovation design by the master architect Aalto, it was turned into a holy site of modernism. The overall layout of urban space respects and adapts to the local landscape and natural environment to generate good echoing and complementarity. The biomimetic "Elk Head" is very artistic and graceful; the urban and rural areas planning of Paris embodies the beauty of harmony. Its people-oriented and exquisite design philosophy has become the carrier of building a harmonious society. It inherits the beauty of harmony through a combination of preservation and integration.

There are four supports to make the world's first-class cities good in functions, excellent in structure, smooth in traffic, good in environment, beautiful in outlook, strong in vitality, livable in space, friendly for business and conducive for all-round human developments: respect history and value urban design blueprint highlighting historical and cultural protection; continuously innovate the construction philosophy and conduct urban renewal; focus on promoting and applying new technologies, new products, new materials, new technology; respect the rule of law, perfect the legal system, be strict in law enforcement and consciously abide by the law [2]. One of the most important reasons why Seattle became the birth place of many world star companies such as Boeing, Microsoft, and Starbucks is due to the city's urban planning management, especially urban design ensured the city's attractiveness.

Recently, a large number of macro overall urban design, meso key city area urban design and micro project urban design practice have been conducted throughout China. Many best practice local designs in excellent cities such as Guangzhou and Nanjing have emerged. The most updated version of Guangzhou City Master Plan proposes to construct 10 km belt way around the ancient city and mark out city walls with micro-scale parks; from the visual control perspective 7 Class I landscape visual corridors were planned, together with 16 suburban parks connected into a green bead of landscapes. Mountains in sight and waters in view remind people of hometowns. A sound landscape layout complemented with water and mountains is formed. "Nanjing General Urban Design" produces the research outcomes in four aspects, namely the "spatial structure, distinctive intension area, spatial landscape and height zoning". It addresses the key design issues from three aspects: contents, methods and outcomes. It emphasizes structural control and balancing, establishing in practice a scientific and simplified mode.

The core area of Harbin Science and Technology Innovation Town is a typical case of urban design guiding construction. The reason why the function is good and the image is good is because the urban design integrates the three beauties, that is, the natural beauty of hexagonal snowflakes, the beauty of local climates and distinctive seasons, the beauty of science and high technology. The urban design is scientific, targeted and practical. Urban design work ranges from the overall design to key section design, from micro-specific block design to important nodes and landscape design, from urban design and research to construction and implementation of guidance. In the urban design for core area, the urban texture of the snowflake hexagonal elements is clarified. And a functional structure of one-core three-axis is proposed.

Sanya of Hainan Province was the first pilot program for "urban refurbishment and city reparation". After "urban refurbishment and city reparation" program, the city was greatly changed in its historical Ten Chaos. The "seven plus and seven minus" was the greatest contributor for such change. The successful design experience of "seven plus and seven minus" aims to address the urban illness. For this reason, urban design is an important means for the city to enhance the scientificity and refinement of urban planning. It's even more the important driver for the transformation and upgrading of city through "shore up the short plank, strengthen the weak spot". It should have great potential in the field of economics, society, resources and environment.

The urban development history both at home and abroad proves that urban design work creates coordination, comfort, interesting and charming urban spaces with large, medium and small scale. As for the production space, living space and ecologic space, scientific urban design is quite facilitating if they are designed with good functions, smooth traffic, optimal environment and beautiful outlook at the micro level. Urban design is the general conceptualization and arrangement of urban spatial form and environment. It is an effective measure and main guarantee for the development of architectural culture, better urban features and modernized city construction. It highlights nature-respecting and people-oriented in urban design, handling well man-land relations at the macro, meso, and micro level to accommodate the diversified needs of people's daily life. Vitality of city comes from its diversity, complexity and the intricate connectivity to numerous elements. Urban design provides a multi-disciplinary platform for its vertical and multi-dimensional mode of thinking. It establishes rules in many aspects such as public space shaping, vertical and horizontal links, traffic connection organization and construction mode, etc. It also gives clear guidance to promote the construction design and implementation.

3 Reality and the grim situation

Over the past forty years of reform and opening up, China's urbanization was very fast and is gradually transiting from primary to advanced stages of development. In the rapid urbanization process, a lot of achievements have been made in Class-A disciplines such as architecture, urban planning and landscape architecture. However, many issues also prop up, i.e. "weird buildings, homogenous city outlooks, cities with deprived of natural landscape and nostalgia". The fundamental main cause for such issues is silo work between disciplines, departments and regions. Urban design philosophy is not thoroughly digested, laws are not complied, institution mechanism is poor and management is weak. Therefore, in China's critical period of urbanization, modern urban design was born. It still has a long way to go.

3.1 Reality basis

3.1.1 Initial exploration stage

Only a few Chinese cities try to carry out urban design work from the macro, meso and micro scale and have achieved initial success; in most cities, urban design is blank. By clarifying the statutory status of urban design, Tianjin conducted urban design work on the three-layered urban design work: namely, the urban design for central urban districts, sub-districts, key areas or important node areas. A management system of "one control planning and two design guidelines" was created. It served to stage good control over urban design articles such as "no high-rise slab-type apartment building". Harbin city deployed elite team to conduct to levels of the urban design work including the overall urban design and micro-urban design; on the other hand, Harbin city also focus on improving its design efficacy. Through deepening and improving the Overall urban design and micro-urban design outcomes, it put forward the "Urban Design Action Plan" and proceeded investment promotion according to the urban design. In management, cities such as Tianjin and Harbin incorporated urban design into the project approval process of urban planning projects. Key technical requirements of urban design were implemented as the compulsory requirements.

3.1.2 To be clarified work focus

Urban design work has been carried out all over China since 1980s. However, as China is still at the stage of rapid economic growth, it still has to deal with the core issues of doing the planning and construction necessary for its economic development. However, not enough attention has been given to the space environment quality as requested by the development of urban livability. Decision-makers often do not have a strong understanding about its value. Advanced very slowly, the urban design work is challenged with its undetermined legal status, lagging talent team development and disciplinary development. In terms of improving inner demand for urban quality, urban planning lacks effective guidance on architectural design. It also lacks the legal means for implementing the plan. There are often over-interventions by the administrative leaders seen in Chinese cities. [3]

3.2 The grim situation

3.2.1 Widespread phenomena of "colossal, outlandish, weird" buildings, homogenous city (buildings) outlook

At present, the construction of "weird" buildings in China has been divorced from its real development stage. Such buildings are often "unreasonably big, outlandish, weird looking"; they often overlook the architectural functions, economy and culture. It's a serious problem; these "weird" buildings lead to seriously homogenous urban space; it also lead to chaotic management over concentrated construction site, stretched line, expanded scope and uncontrolled distribution. Those buildings are not in harmony with local architecture and are often homogenous in its outlook. [4]

3.2.2 Urban planning and construction with "no mountains, no rivers and no nostalgia"

In China's rapid urbanization, geographical features, cultural characteristics and regional traits are often ignored in some cities. Such cities often imitates and copies those homogenized architectural symbols, blindly building so-called "attractive" cities with "massive plazas, wide streets, great water surfaces and outlandish buildings, etc." This gives awkward contraction between the city landscape structure and its unique endowment, nostalgic traditions, distinctive natural environment. This trend is getting more and more rampant. [5]

3.2.3 Construction activities disrespect historical and contextual inheritance in China

There are many historical and cultural cities, famous towns and famous villages in China such as Forbidden City in Beijing, Pingyao in Shanxi, Lijiang in Yunnan, Zhouzhuang in Jiangsu and Wuyuan in Jiangxi. They all have great respect for the natural landscape pattern, history, culture and people's actual needs. It thus forms a good carrying space featured with optimal function, excellent environment, smooth traffic, beautiful outlook! It's all about "urban design" behind the surface. However, nowadays, architects, planners and landscape architects blindly pursue big, outlandish, weird looking buildings. They blindly cater to the preferences of decision-makers, abandoning the bottom line of urban design in giving limited respect to the inheritance of historical and cultural heritage. [6]

3.2.4 Summary

Judging from the actual environment in the two major fields of architectural design and urban planning, architectural design only focuses on the front facade, paying no attention to the fifth facade. It only sees the short term but disregards the midterm, long-term and the overall situation. Urban plans are too often shadowed by the will of political decision-makers, spiraling down to the ill pursuit of planning "high, big, shiny" urban space with no distinctive features. Therefore, from solving the present issues of various places, it is no longer possible to continue without adapted urban planning. It is no longer possible to consider the projects in silo. It is no longer possible to be laissez-faire in public administration. Otherwise, the phenomenon mentioned above will only get worse. The Two Centenary Goals of achieving the great rejuvenation of the Chinese nation will be hard to achieve. [7]

So, at present, China needs to address the "weird" architectural and the "natural environment deprived" urban planning. From the above analysis, it can be affirmed that urban planning should move from floor planning to holistic planning. And building design should move from project design to individualized design. However, in order to comprehensively address the architectural design problems and urban planning issues, modern urban design has two major characteristics: holistic planning and individualized design. For this reason, in the face of realistic problems, making breakthroughs in modern urban design is the best route at present. Modern urban design is an important means to solve the current problems of architecture and planning.

4 Job requirements, ideas and priorities

Traditional urban design is the important means for implementing urban planning, guiding architectural design, and managing construction implementation. It focuses on repairing the city's image. Modern urban design values more holistic urban and rural planning. It not only carries the content of urban image repair, but also the contents of competitive space development; in another word, it not only needs to be oriented to the people and the livability requests. Through creating a space image, it also contributes to enhance the city's core competitiveness and achieve the purpose of promoting urban economic development [8]. How to carry out modern urban design work? What is the modern city design management all about in China? What is its central task? Faced with the current urban and rural planning system, how to dock in and make alignment? All of these are the core issues China's modern urban design is facing now.

4.1 Work requirements

4.1.1 Strengthen the comprehensive design of urban tasks

As a three-dimensional urban planning, modern urban design is multi-dimensional, multi-level and multi-disciplinary plan integrating floor planning and vertical planning. Therefore, the central task of modern urban design is to create a three-dimensional spatial order in urban and rural areas and reasonably handle well above and underground space, history and modern space, near-term and long-term space, human settlements and economic space, facilities and image space and other types of space. In this way, it could be coordinated and given healthy development to improve the urban quality, shape cultural confidence, boost all-round developments of economy, society, ecology and humanity.

4.1.2 Innovation of traditional urban design technology

Modern urban design and urban and rural planning contributes to each other. They not only complement to each other, but also usher in a fundamental transition from the static 2-dimention plane to the dynamic multi-dimension space. Modern urban design has been transformed from traditional partial repairs to three-dimensional and comprehensive work. Therefore, technological methods also need to be reformed to fully embody the overall approach of "three orientations and six changes".

The "Three-facing and Five-positioning" Perspective Identifies the Overall Direction of Multi-level Cooperative Work. Only by facing the world can we identify the problems, clarify the goals and direction of development strategy in the unique feature patterns of diversified and modernized international urban style, architecture cultures. Only by facing the reality can we figure out Chinese cities' regional differentiation and combination patterns of natural, historical, ethnic, social, economic and cultural conditions. In this way, localized adaption can be made to find and protect, create and convey the region, ethnic and modernity styles that can showcase China's featured urban morphology system and architectural culture system. Only by facing the future can we stand on the height of history and properly handle the dual challenges of shaking off the weird architecture and the homogenous urban outlook;we will inherit and develop the tradition of the Chinese nation and make innovations to reconnect the urban space to nature and history to echo and coexist. Such historical inheritance and modern innovation will be structured into a shared temporal platform (chessboard). In a dynamic rolling process,phased implementation of near-term,mid-term and long-term horizons will be planned and executed. The perspectives of three-facings will be used to develop unified qualitative objectives,unified quantitative standards,and unified positioning coordinates. Various scenes will be framed and many information platforms will be timely constructed.

Modern urban design should change into market-oriented,policy-guided. Modern urban design work should shift from plan-oriented to market-oriented;from planning techniques to public policy;technology institutional reform should be strategic and scientific,showcasing the policy intention and legal legitimacy. Specific requirements are as follows.

First,traditional design philosophy used to serve the city image;but now,it's changed to be people-oriented,respecting people,nature,history and culture,the rule of law. It provides a quality working and living environment to the urban and rural residents. And the old city renovation is no longer a synonym of massive demolition and construction,but more focuses on style features creation,heritage protection and functional optimization.

Second,the market economy will assume a decisive role in the allocation of resources and further transform itself from extensive to intensive,from highflyer technologies to pragmatic techniques and public policies. While letting market play its decisive role,we must also give full play to the laws and regulations governance.

Third,instead of case-by-case analysis for either cities,projects or villages,urban design should be refocus on architecting the first-class public service,infrastructure,transportation network,ecological environment,characteristic landscape system. It will help to build a new urban-rural integration pattern featuring green ecology,connected function and resource sharing.

Fourth,urban design is shifting from physical space design of the main city to all inclusive whole-region urban-rural holistic design stronger in contents of science and technology,culture, legal system,wisdom,greenness,humanity,happiness and health.

Fifth,urban design is shifting from the qualitative-dominated traditional design to the modern design approach featuring with sophisticated big data analysis,objective forecasting,implementation evaluating,and timely adjusting whole-process coverage.

Sixth,urban design is shifting from architecture-dominated professional solo to multidisciplinary collaborative operations,guided by government,housing & construction planning authorities. It will become the comprehensive urban design with stronger supervision,active cooperation from relevant departments, expert consultation, and public participation!

In summary, the outcome and drawings of traditional urban design are no-mandatory guiding articles. With the evolving content of urban design work, the technological approach and ideas of modern urban design should sort out a number of relations between rigidity and flexibility, quantification and texture, planning and design, general layout and project positioning, generality and individuality, function and image, referencing and innovation, research design and management accountability, etc. In this way, it could better reflect the scientificity, rationality and legitimacy of modern urban design.

4.1.3 Extend functions of traditional urban design

Traditional urban design is the complement and repair of urban and rural planning. It focused more designing the vertical space of local public space. It's more of a design technology rather than a management tool. The traditional urban design falls short of addressing the current issues of "weird" buildings and "urban space with no landscape and nostalgia" problem. As a result, it is necessary to adjust and improve the functions of traditional urban design. To this end, it is recommended to promote the development of modern urban design. As for function, it is suggested that the original supporting role shall be elevated to incorporate multiple regulations and functions as a management means to truly secure vertical urban and rural planning. It can not only remedy urban diseases, cure and repair cities, but also prevent urban diseases, regulate urban health and secure sustainable development. The reasons for strengthening this function suggestion are as follows. First, judging from the aforesaid problems, it is urgent to have a vertically integrated planning and design technology platform to solve the problems of different levels and types, balance the problems between overall and local systems, system and subsystems. Second, judging from the stage of development, China's urbanization rate exceeds 50%. When entering the urban era, citizens need good urban space quality. Third, from the requirements of the national development strategy, naturally connected environment with nostalgic and other ecological civilization itself is three-dimensional, not flat.

In summary, the modern urban design not only overcomes the disadvantages of physical-concept-focused architecture design, but also overcomes the disadvantages of quantitative-concept-based urban planning. Combining these two, urban design can ensure the quantitative concept and ensure the qualitative concept. Therefore, it is suggested that modern urban design should be taken as an important task.

4.2 General idea

In the face of the current situation and background, the general idea of proceeding modern urban design work is to adhere to the principle of "four respects", set up a technical platform of

"Beautiful China" and pilot integrated management of "persistent implementation of every blueprint".

4.2.1 Adhere to the "Four Respect" principle

Urban design should adhere to the four basic principles of respecting nature, respecting history and culture, respecting people's diverse needs and respecting the rule of law. Specific connotation as follows.

First, respect nature, building the ecological pattern with "mountains and waters, green afforestation and blue sky".

Second, respect the historical and cultural traditions, insisting on protecting and developing historical and cultural heritage, protecting old historical and cultural blocks and other old brands, creating a new brand of public space adapted to the spirit of the times.

Third, respect people's diversified needs and create a living environment with good functions, smooth traffic and beautiful livability environment.

Fourth, respect the rule of law, implement a one-vote veto system, no submission, no project proposal, no discussion, no approval, no acceptance and even give administrative punishment for those projects or items not complying with urban design.

Only in this way can we carry out the modern city design, modern urban design architectural design, and well-designed architectural construction in a sequential manner. Only in this way can we faithfully implement a series of important instructions and explicit requirements such as "see the mountains, see the water, and remember nostalgia".

4.2.2 To build a "Beautiful China" platform of modern urban design technology

Modern urban design is a platform for the existing relevant planning and design, which should be connected with the general rules, control rules, projects, gardens and landscapes. According to the instructions and spirit of the central government, it is the aim of the modern urban design work to reveal mountains and waters, to see green afforestation and blue sky, to build a Beautiful China and promote the construction of ecological civilization. For this reason, constructing the "Beautiful China" landscape system and methodology system is an important task and content of a good modern urban design platform. The 18th CPC National Congress proposed, for the first time, the construction of "Beautiful China". Later, the 19th CPC National Congress made a strategic deployment for the "Beautiful China". To solve the "weird" building problem and the urban planning problem of "no natural landscape, no nostalgia", we should first of all formulate corresponding tactics under the general goal of building "Beautiful China". Specifically, the linkage between architecture and space, landscape, landscape, art, environment and management should be enhanced. In combination with the control of the "three zones and three lines" in urban planning, key sites and important landscape nodes should be strictly managed.

Classify the management of urban landscape, rural landscape, landscape systems, building "Beautiful China" landscape system and methodology system.

4.2.3 Try the integrated management system embedded to urban design statutory "persistent implementation of every blueprint"

In order to strengthen the modern urban design, achieve the technical intentions of reveal mountains and waters, building a beautiful environment and building a beautiful China, and promoting the construction of ecological civilization, we need to explore and trial the integrated management mode and method of "persistent implementation of every blueprint" beforehand, during and afterwards. For the design unit, we should set up creditability assessment system; for the administration unit, we must set up a system of accountability; for the project developers, we should have a restraint system; for the public, we must have a system of participation. The core is to achieve "one persistent blueprint" management objectives. The blueprint is to implement the urban form planning guidelines made by the central and provincial governments. It also innovates the overall urban spatial feature master plan which is essentially three-dimensional, controllable, evaluable ideal city model. All the beforehand compilation outcomes, in-process approval, post-hoc supervision regulation are referring to this blueprint for accountability and responsibility.

4.3 Work focus

4.3.1 Overall urban design-optimized "Sansheng Space"

To do well the overall urban design, it is very important to pay attention to the optimization of the production space, living space and ecological space (hereinafter referred to as "Sansheng Space"). In the decision-making of the eco-civilization system reform, the Central Government has determined that the production space should be intensive and highly efficient, the living space should be moderately suitable, and the ecological space should be beautiful and clean. How to optimize the "Sansheng Space" structure in the overall urban design? Promote the integration of the "Sansheng Space" by creating a "green shell"; focus on the inner connection of the "green core" to promote the "Sansheng Space"; promote the "green soul" to form a green deve-lopment mode and a green lifestyle. The coordinated green development between urban and rural areas is to solve the coordination problem of "Sansheng Space" from the green development mode and the green lifestyle, and form the green high-end industries, green high-end talents, green financial innovation, green ecological construction, green hi-tech and green exchange and cooperation, green culture, leisure and recreation, green achievements and innovative green development pattern [9]. In this sense, carrying out urban design in an all-round way has become the most important task in urban and rural planning in our country. The basic idea of the overall urban design work in the new era is firstly to uphold the "Four Respects". Secondly, it is about building a "Beautiful China" technology platform. Finally, it is about conducting an integrated management of "persistent implementation of every blueprint". Focus on cultural self-confidence and inheriting China's excellent cultural heritage.

Good overall urban design also need good implementation of "two protect and two stop" work, namely, to protect the natural landscape pattern, to protect the historical and cultural heritage, to stop constructing big, weird and outlandish buildings, and to stop homogenous urban and building outlook. We need to create a vivid pattern of mountains and waters, green afforestation and blue sky. We need to respect nature and construct the ecological pattern of "revealing mountains and waters, seeing green afforestation and blue sky". Through bringing in the green space adjacent to cities such as landscapes, woodlands and cultivated land to urban areas via urban design, preserve the green mountains and waters, so that urban residents can "see the mountains and the water".

4.3.2 Urban design in key areas-highlighting the green theme

The 19th CPC National Congress proposed a more specific strategic plan for the reform of ecological civilization and green development. Urban design in key areas should further highlight the green, strengthen the ecological space control, curb the urban development intensity, implement urban ecological restoration, and actively build low-impact resilient city and sponge city development; at the same time, we need to establish the green standard system to evaluate planning and implementation, guide the green transportation system, comprehensive energy utilization, sustainable water system and solid waste utilization to be ensured by key urban design measures [4].

The essential ingredient of urban energy efficiency improvement is to increase urban planning and urban design in key areas, including energy efficiency in transportation and sustainable utilization of buildings. On one hand, the top-down demand-side refined design and the bottom-up supply-side planning and design can form good interaction feedback, leading the low-carbon and green development of urban space through the systematic overall planning and design. At the same time, urban design should provide a livable and green urban form for intensive and highly efficient land use, energy utilization, energy efficiency improvement, green traffic guidance and water system safety and resilience to enhance the urban green level.

BIM, or "Building Information Modeling", is an important means to enhance the value of urban design in key areas. It includes a digital visualization model of the complete information of a building. All kinds of data in the model will be used and played a role throughout the life cycle of a building, including design, construction and maintenance, management and other aspects. This technology will make it possible to improve the quality of the entire industry.

5 Conclusion

The city is a green and characteristic space. Every city should have a green feature area. To implement the spirit of the 19th CPC National Congress and create a colorful space for urban modernization, it is necessary to protect the historic and cultural heritage, protect the natural geo-graphical pattern of the scenic forest lakes, and create a truly urban and rural ecological environment. It's the contemporary mission and glorious task of urban design to create a modern livable beautiful city and forward-looking homeland and provide a colorful carrier for our beautiful and happy life.

The urban design work should emphasize the synergy between government, industry, academia, research, management, and people, to reach a consensus as soon as possible and carry out their duties according to law; it should pay attention to the interdisciplinary studies of architecture, planning, landscape and institution, and jointly produce outcomes as soon as possible; work to stop the "weird" buildings and eradicate the soil for urban plans with "no natural landscape, no nostalgia memory", create the fine mechanism and atmosphere for creating masterpiece urban design, persist and looking forward to make China's urbanization a great chapter and valuable heritage for all mankind.

References

[1] Research Group of "Research on Innovative Thoughts of Urban Master Planning Compilation Reform". Research on innovative thoughts of urban master planning compilation reform [J]. Urban planning, 2014 (S2): 84-89.

[2] Editorial Office of Journal of Urban Planning. Academic symposium on inclusive development and urban planning change [J]. Journal of urban planning, 2016 (1): 6.

[3] YU B Y. It is necessary to improve the scientificity and seriousness of regulation [J]. Urban planning, 2015, 39 (1): 103-104.

[4] Book Editorial Board. Architecture-urban design[M]. Beijing: China City Press, 2015.

[5] Zhang J Q. Viewing the inheritance, innovation and development of traditional architecture from the central urban work conference [J]. China survey and design, 2016 (2): 27.

[6] YU B Y. Effectively change government functions and implement planning management according to law [J]. Urban planning, 2008, 32(1): 27-28.

[7] Successive urban work conferences [J]. Urban and rural construction, 2016(1): 14.

[8] YU B Y, CAO C X. A few thoughts on reform of urban and rural planning in the new era [J]. Journal of urban planning, 2016(4): 9-14.

[9] ZHANG Y J, YU B Y. Spatial evaluation and pattern optimization of urban ecological network [J]. Journal of ecology, 2016, 36(21): 6969-6984.

Yu Binyang Director of Science and Technology and Industrialization Development Center, Ministry of Housing and Urban-Rural Development. Doctor of Human Geography, Senior Urban Planner in researcher level, national registered urban planner, the first batch of part-time teacher for civil service training and off-campus supervisor of Master of Public Administration (MPA) approved by the State Civil, the part-time professor and the doctoral candidate supervisor of School of Architecture, Harbin Institute of Technology. Besides, he is also the expert enjoying the special allowance of the State Council and has been engaged in urban and rural planning and construction research and management for a long time.

He has served successively as Dean and Chief Planner of Urban Planning and Design Institute of Heilongjiang Province, Director of Research Institute of Township Construction of Heilongjiang Province, Deputy Director-general of Department of Construction of Heilongjiang Province, Director General of Urban and Rural Planning Bureau in Harbin, Deputy Director of the Audit Office of Ministry of Housing and Urban and Rural Development; Deputy Director of Urban and Rural Planning Division of Ministry of Housing and Urban and Rural Development.

He once served concurrently as: Executive Director of the Urban Planning Society of China, Executive Director of the China Urban Planning Association, and Executive Director of the National Economic Geography Research Association.

He served as Deputy Director of Academic Committee of Urban Planning Society of China, Deputy Director of Urban and Rural Planning Implementation Committee and Deputy Director of International Urban Planning Committee.

He was responsible for more than 100 items about the design research on urban and regional planning, a number of which won the provincial science and technology progress awards and four-excellent design awards; he was Chief Editor of more than twenty professional books, such as *Discussion of Urban Development Strategy Planning in Resource Border Cold Area*, *China-North American Aerotropolis* and so on, and published more than 100 theses including *A Few Thoughts on the Reform of Urban and Rural Planning in the New Era*, etc.

Part Ⅳ
Special Report

Topic I

Frontiers and Hotpots of Urban Design, and New Methods and Technologies in the Information Age

Urban Design Calls for Scientific Research

Ding Wowo

Dean of School of Architecture and Urban Planning, Nanjing University

In general, despite the vast differences between urban design and architectural design, there are many similarities in terms of the nature of work. One of the similarities is "design". Similar to architectural design, urban design pays attention to solving practical problems through formal organization. In terms of methodology, it mainly resorts to formal logic and spatial experience. Urban design seldom uses scientific methods. Somehow, it references to empirical experience accumulated through many years to guide design. Nevertheless, the topic covered in this paper is just about: urban design calls for scientific research.

The city we face today is no longer the city we have experienced in the past. It is a materialized space production site that is high in density and fast in speed. As one of the participants, people not only hope to participate in all kinds of economic activities during the integration period, but also want to rely on the place to obtain quality living space in the meantime. The variation of the nature of the city and the change of the material form brought by the mutation also fundamentally changes the spatial experience of the people living in it. As a consequence, unprecedented problems arise. Therefore, when we try to solve many realistic problems in the high-density and fast-speed space, we have found that the experience accumulated in the past is not fully applicable or adequate. Facing the need to re-understand the city, urban design needs to embrace scientific research.

1 Background

As we all know, in the past decades, urbanization has brought sustained and rapid growth of overall wealth to our society. China's urbanization is still continuing. This trend will contribute to social and economic development. In the meantime, capital will help attract more population to cities. As a result, the urban physical space will grow and spread in both its height and breadth. Since "land" is a non-renewable resource, governments at all levels intend to control the spread of cities by demarcating the boundaries of urban built-up areas in order to protect ecological land and food production sites. How to protect land resources will therefore be one of the important strategic factors for the built-in morphology of cities.

From 1984 to 2016, Nanjing's urban land use grew by 10 times (Fig. 1). From 1984 to 2000, we can see that the expansion of urban built-up areas stabled at a moderate pace and soared sharply again after 2000. As a result of urban expansion, the suburb land once labeled as natural boundaries, in the case of Nanjing, no matter the Yangtze River or the Purple Mountain has become the intra-cities' river and intra-cities' mountain.

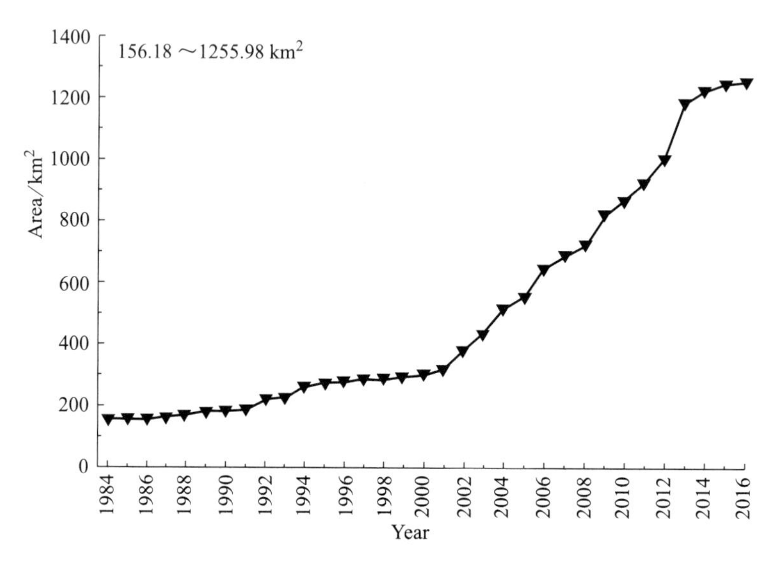

Fig.1 Nanjing 1984-2016 urban built area statistics

(Source: According to Google maps over the years)

In recent years, the growth rate of urban land use started to be steady again. The reason for the effective control of urban sprawl is that there is not much available land in the cities. At the same time, central government's efforts in demarcating urban boundaries are paying off. However, we know that urbanization is still continuing. Cities with relatively good development momentum are still the target cities for population concentration. The demand for all kinds of urban facilities is rising. This has led to the higher skyline of our cities day by day.

By now, the roads around the old city of Nanjing have been turned into expressways and are woven into a fabric of city transportation network, pumping in the high speed operation into the high-density cities. Therefore, the material space of the present Nanjing city presents a pattern of intertwining old and new city in the cobweb of mountains, waters, urban space and highway networks. High speed provides convenience into the sprawling cities. It also brings disruption to urban living space. People living in the cities often experience no convenience but the jammed traffic from time to time. For such kind of modern cities packed with high-density high-rise buildings and high-speed road networks, many people starts to challenge this urban form. How high could the density of modern urban space be? Can high-density urban space still be our home? How to ensure the quality of high-density urban space?

2 Significance of the study

Europe started its urbanization much earlier. From the mid-nineteenth century, Europe started its urbanization similar to what we have experienced in the past three decades. Their urbanization also had to deal with similar problems like China today. For example, after nearly 50 years of rapid expansion in major European cities at the end of the nineteenth century, the cities realized that blind expansion was no longer sustainable and vertical development must be considered. William Robinson Leigh, an artist envisaged such trend, sketched with his painting brush the future cities (Fig.2). Coincidentally, in 1927, movie artist Fritz Lang used movie montages to create a more vividly convincing image of vertical city: towering skyscrapers studded in a three-dimensional motorcycle system, sets off the bustling metropolis into a helplessly vast (Fig.3). Artists heralded the possible consequences of high-density urban physical space development, trying to arouse people's second thought about the metropolis. However, the demand for economic growth still drives the city to pursue the scale effect.

Fig.2 Utopia ideal city [1]

Fig.3 Image of future city in film *Metropolitan* [1]

After World War II, Europe welcomed in a new round of economic development and urban growth. The pioneers of modernism, represented by Le Corbusier, put forward the idealism conceptualization of vertical city, casting out even some specific spatial model. By 1960s, despite the frenzied attacks on the functional city of modernism, the idea of a vertical city was accepted and applauded. City-in-the-Sky of France, Vertical City of Japanese Metabolism, etc., all of them chose to take the city to the air. At this time, architecture scholars started to realize that dealing with urban complexities is far beyond the traditional architectural knowledge and experience. Conventional way of empirical-based decision-making was no longer sustainable. Science-based approach must be used to study the issues of urban forms.

Parallel to the exciting concept and design exploration was the sober scientific research in the academics. In the 1960s, people tried to clarify the scientific laws between urban morphology and urban capacity. If urban design is to decide on urban physical forms, the scientific laws between volume and form will be the basic knowledge of urban design. Leslie Martin and Lionel March, scholars at the Martin Center at Cambridge University's School of Architecture, began to study the relationship between urban capacity and urban form, Quantitative research to explore the laws between urban size and urban morphology (Fig.4). Professor Martin's research confirms the possibilities of different city forms under the same capacity, proposing the thresholds corresponded to city forms. The significance of urban form quantification makes the urban form calculation possible. Through computation, the projected capacity in the plan can be materialized into concrete material form. This is the scientific law proposed to clarify the urban form and urban capacity.

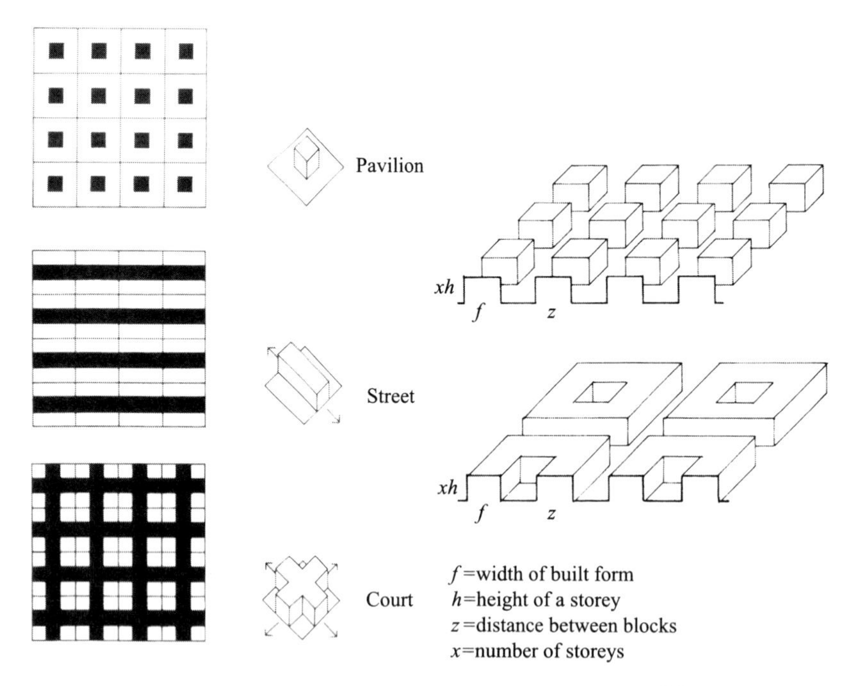

Fig.4 Urban block geometry type analysis [2]

After more than a century of urbanization, Europe has acquired profound understanding about the significance of the urban material form. It's pointless if any predictions of urban development stay only at the conceptual and cognitive levels. Such predictions must be implemented at the material level to verify the scientificity of the knowledge and the validity of the idea. The main task of urban design is to make decisions about the physical form of a city. This decision is by no means simplified as marking out a dimension-free axis and indicative land use properties through colored circles. Therefore, in the 1960s, people tried to clarify the laws of science between urban form and urban capacity, and adopted the scientific law of volume and form of urban physical presence as the knowledge basis of urban design.

In fact, it was not the first time in Europe to apply scientific methods into urban design or make decisions on urban forms. In 1859, Ildefonso Cerda made the planning and design of Barcelona (Fig.5). In that time, municipal engineer Cerda referenced to the pattern of ever expanding urbanization and proposed the residential-buildings block as the basic morphological unit after estimating the future urban population (Fig.6). By the optimal healthy living standard of 6 m^3 per capita, the street was designed 20 meters wide. The 133×133 block size was then generated and adopted as the basic homogeneous grid system for Barcelona city. Until now, the streets designed by Cerda are still functioning and Cerda is tribute as the pride of Barcelona. Therefore, the planning of the block and building has become a scientific research issue.

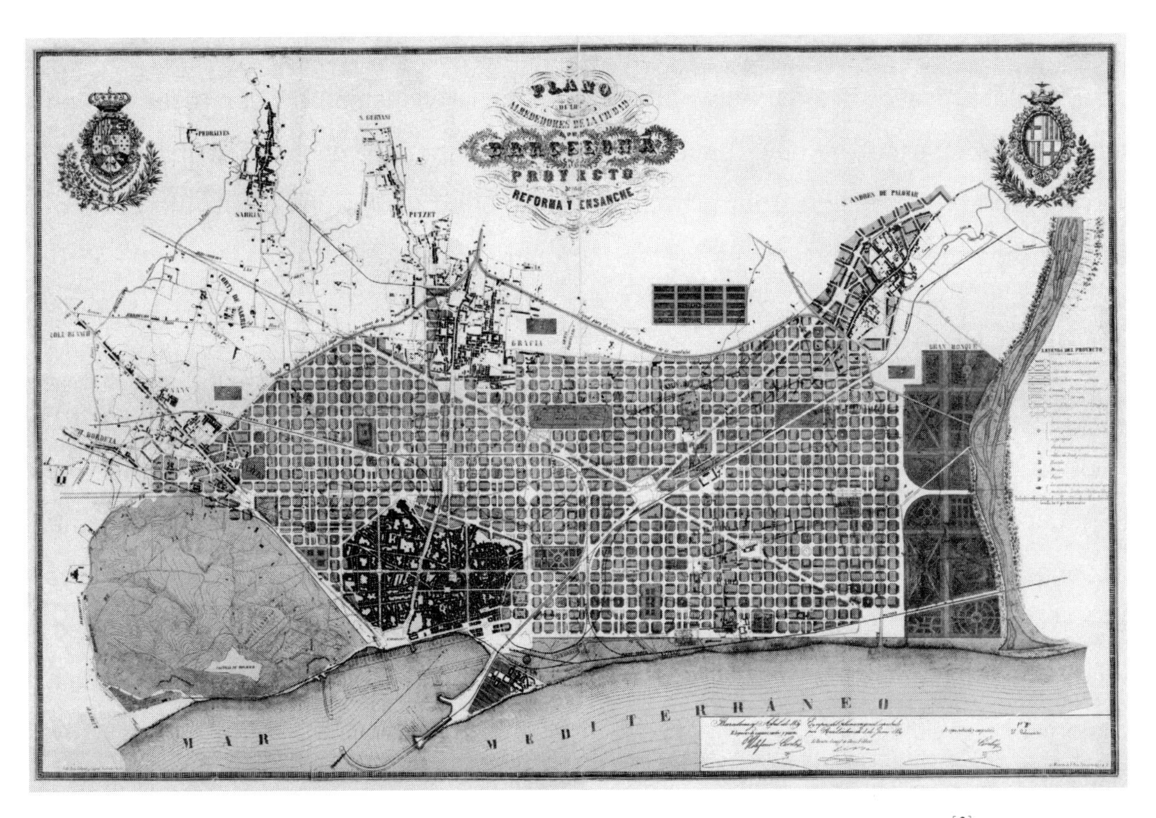

Fig.5 Cerda plans to expand the city in Barcelona and related work[3]

The complexity of the city determines the complexity of the urban form. However, the complicated urban form does not mean that the urban form is out of control, unpredictable or con-

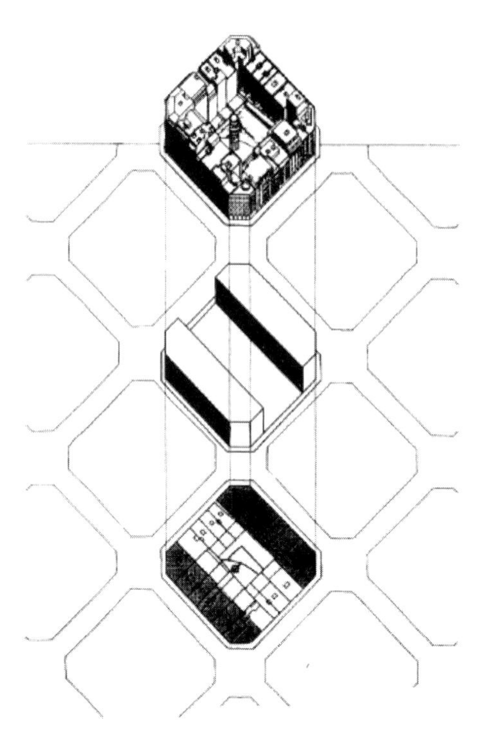

Fig.6 Barcelona block diagram of Cerda [4-5]

trolled. Therefore, based on the urban material form, the relationship between research and other factors and its scientific laws have become one of the important contents in the field of urban morphology and urban design. The quantitative study of urban morphology is the basis of related research and the basic conditions for the form threshold.

3 Content of the study

The scientific research on urban material forms involves more complicated subjects. For the needs of urban design decision-making, it can be divided into three major aspects: the matchup between capacity and form, the volume / form of urban form and the physical environmental performance, as well as the relationship between urban form volume and urban space perception. The purpose of the quantitative research is to provide architects the knowledge they can reference in handling complicated problems and to guide the design with the reference values of the morphological characteristics.

3.1 The matchup between capacity and form

City capacity is the basis for the formation of urban physical environment. It relates to a city's social development stage, economic growth potential, positioning and main city functions. At the present stage, China is at the climax of its urbanization. The developed coastal areas have entered into a period of rapid growth in its urbanization. With the rapid increase of urban capacity, the cities are rapidly expanding their scales. Growth potential for urban capacity and capacity is an important indicator of urban development and sustainable development. Therefore, the sustainable growth of urban capacity is crucial. On the other hand, the city's capacity is directly related to the city's form. The forms of city are mainly reflected in the three levels: the general level, the block level and the land plot level. The strategies of same capacity in different forms will bring direct impacts to urban development.

(1) The overall level needs to study city's capacity layout and the road network structure. In planning Spanish Barcelona, Zelda in Barcelona adopted the strategy of compact neighborhoods, dense (113×113) road networks and uniform capacity distribution. The strategy not only construct Barcelona's neat morphological features, clear spatial order, but also yields a 300–350 million m^2 of construction capacity per square kilometer.

(2) The block level needs to study the land use purpose of the plot, its tributary road intensity, the number of ownership plots and the block's total carrying capacity and capacity distribution strategy. Research has confirmed that the nature of land use, the structure of tributaries and the total capacity of blocks are the basis for determining the shape of neighborhoods. The number of ownership plots and its building density affects the morphological characteristics of blocks.

(3) Plot level needs to study the plot's attributes, plot ratio and coverage. Studies volume and building coverage is the most important. Our urban design needs to reconsider and refine the land use indicators provided by the host planning after examining the interrelationships between the indicators of building coverage, building delineation and floor area ratio (Fig.7). By controlling different indicators, urban designers can quickly understand the targeted forms for controlling and know how to control through the indicators.

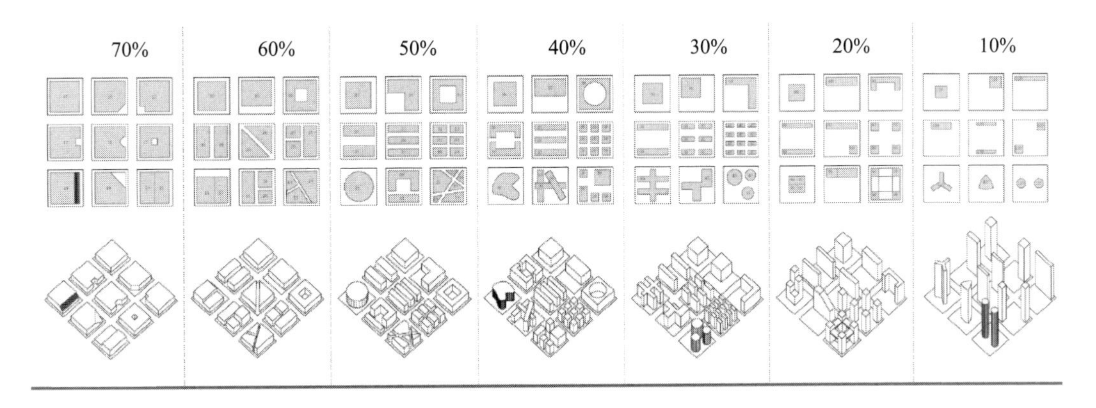

Fig.7 Study on the correlation between building coverage and urban form

We put the teaching of graduate students as the experimental part of a scientific research. The calculation of traffic flow and sunshine are added to study urban space in high-density state and find out the best spatial combination. In the process of selecting high-density urban forms, it is also possible to add researches about the street scenes of everyday life. This will help to solve the problem of spatial perception in high-density cities.

3.2 The relationship between the volume/shape of urban form and the performance of urban physical environment

Generally speaking, high-density cities are likely to cause quality defects to the urban physical environment. We know that city capacity can lead to different urban forms, while different characteristics of urban forms can produce different degrees of carbon emissions and lead to different urban microclimates (Fig.8). In fact, the main problem of microclimate comes from the three aspects: its source, flow and confluence. Source refers to the starting pollution points of cities. Mostly it comes from industrial production. It cannot be reduced through urban design. It can only be controlled and guided at macro-level. By contrast, both flow and confluence can regulated and improved through urban design, that is, to improve the urban microclimate environment through the design of spatial layout and texture. For urban design, improving the urban micro-climate is addressing the problem mainly from the shape of the layout. It has been the ongoing research topic for our team in the National Natural Science Fund projects over the past years.

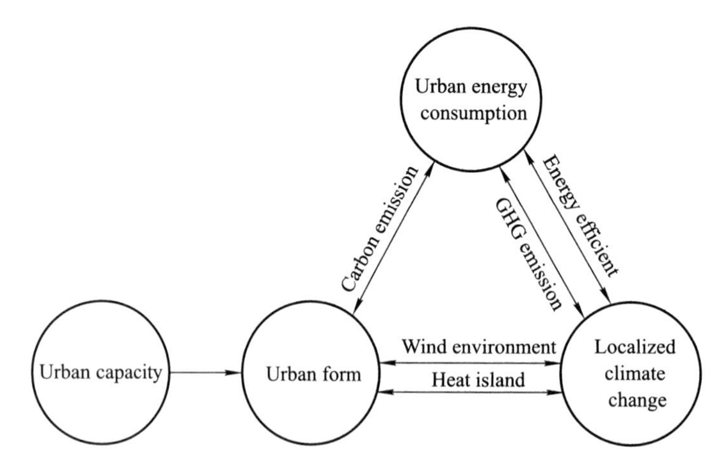

Fig.8 The relationship between urban capacity, microclimate and energy carbon emissions

In terms of research method, the urban morphological performance characteristics are obtained through quantifying the urban morphology at different levels to analyze its correlation with the physical environmental factors. In our research, urban form is divided into three levels, namely, the correlation between urban morphology, street space and open space. In the study, we chose to study two major categories: urban wind environment and thermal environment. From the perspective of urban energy consumption and carbon emissions, researches were conducted on land use, life patterns, transportation modes and other factors. The research recognized the importance of urban morphology to the urban environment and realized that there are still many areas waiting for further study. At present, the three most relevant research topics in the physical environment are wind, heat and temperature. Some conclusions that can directly guide urban design were also reached. Our research has also produced the starting point for innovation and exploration of architectural design. For example, there are some special forms of buildings that are good for directing wind. Therefore, the innovative design of the architectural form is not to be eye-catching. Instead, it uses the logic of forms design (conditioning the wind environment) to identify the final form. It ultimately becomes an innovation and at the same time improves the environment.

In my opinion, scientific research does not make the building very stiff. On the contrary, it vests buildings diversified and colorful appearances. Such appearances often go with intentions, not simply to look good. The form of building is only the result of architectural design. It is a manifestation of healthy life.

3.3 The relationship between the urban form scale / shape and urban spatial perception

Study about urban spatial perception is the traditional research content of architecture. It's also the basis for the determination of morphology in the traditional urban design. For example, urban design guidelines often gives special requirements to the height of the building along the street, the degree of their continuity, the building's materials and colors, and so on. In fact, the contemporary city's urban space morphology and the traditional urban space are very different. At present, the standards of spatial perception are referenced to the traditional space. In addition, in modern urban space, there are main roads, expressways and viaducts, travelled by different speeds ranging from walking to driving. Therefore, it is necessary to study the perception and cognition of people travelling in different speeds. From the perspective of street width and traffic speed, we study the differences of people in perceiving many types of space (Fig.9). Our study found that when the street width is over 80 meters, the street corners on both sides of the street begin to fade their roles. The so-called perceptual effect from building enclosure tends to be invalid. Our research evidenced the actual validity of street width. This result is of great reference to the effective location and effective height of terrestrial reference in urban design.

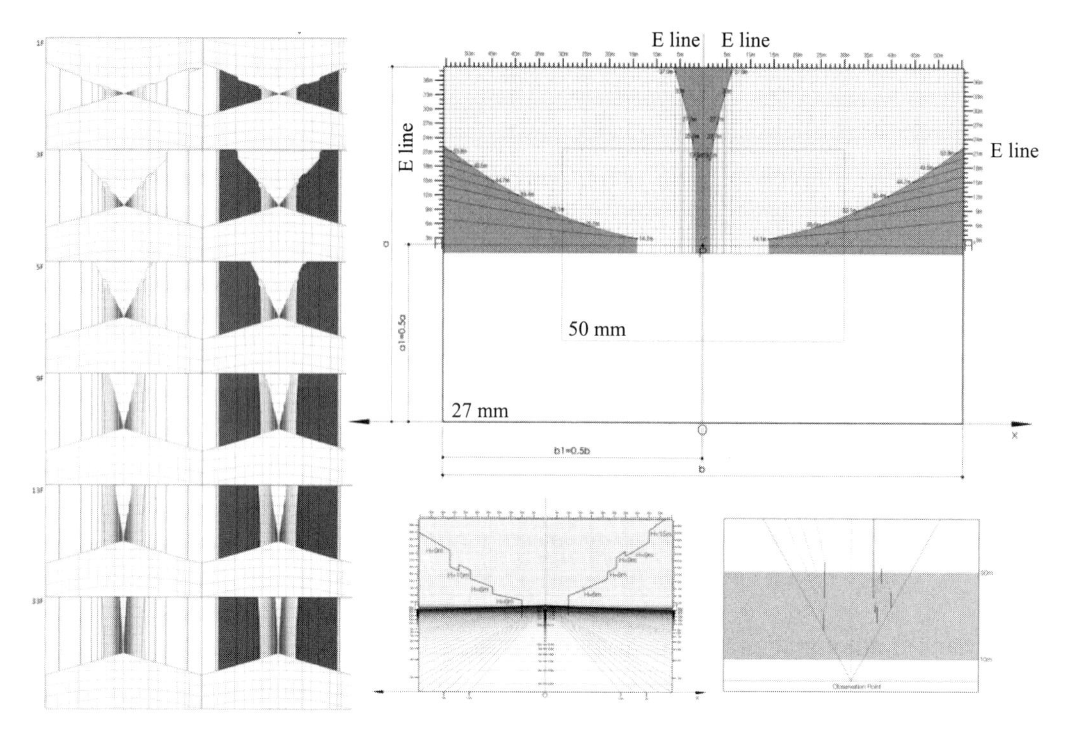

Fig.9 Perception and street wall research

4 Case practice

Research related to urban design, especially methodology-level research, needs to be tested by urban design. Two examples are cited here to illustrate the role of scientific research in architectural design.

(1) The first case is the how the avenue's visual image correlates to the architectural layout. A few years ago we made a general urban design for a city. One of the tasks in the complicated design was to design the road landscape for the new expressway. Often, the urban landscape design is reduced to the facade design of the buildings and the greenery along the street. However, this time, the red line of the road we face is 80 m wide. Compounded with the retreating buildings along the street, the road space left is at least 100–120 m. In addition, this is a four blocks expressway. According to our previous study, the street-side walls completely failed under this road width. Therefore, our design did not give meaningless street facades but instead studied the layout of middle and high-rise buildings, the visual range and visible length of the car dealership and other elements in the plot. Through investigation, we found out the correspondence between viewpoints, target point, road alignment. The maximum value is worked out. Based on the research results of urban design, land use indicator, coverage and high-rise building precise positioning are calculated for each plot. Through animation analysis, high-rise build-

ing in each block is visualized. Rich visual outcomes featuring step-change views from the road are also obtained.

(2) How to ensure that the volume ratio is not reduced or less compromised in the old city's protection and renovation practices is a design challenge. The difficulty is that we usually understand the composition of the old city from the perspective of architectural typology. However, the traditional type of architecture is already outdated with the changed society and family structures. It also fails to accommodate the space operation requested by the modern commercial economy. Therefore, in the urban design project for old city protection of Changting, a national historic and cultural city in Fujian, we abolished the usual practice of patch-working the old city with the architecture type. A detailed study was conducted on the morphological characteristics of the old city block. Quantitative method redefines the morphological characteristics of the old city. We transform the morphological characteristics of historic blocks into a set of indicators, such as ruggedness along the street interface, intensity of street and alley within the profile, connection patterns of street-to-street, openness of the courtyard space, mainly T-shaped crossing, street profile porosity ratio (units/hectare), fragmentation of building blocks (units / hectare) and so on (Fig.10). Considering the characteristics of building type, design is used to reinterpret the historic blocks. Compared with the historical images, the restored street view and riverside view became the new standard for urban renovation. As the traditional building type is no

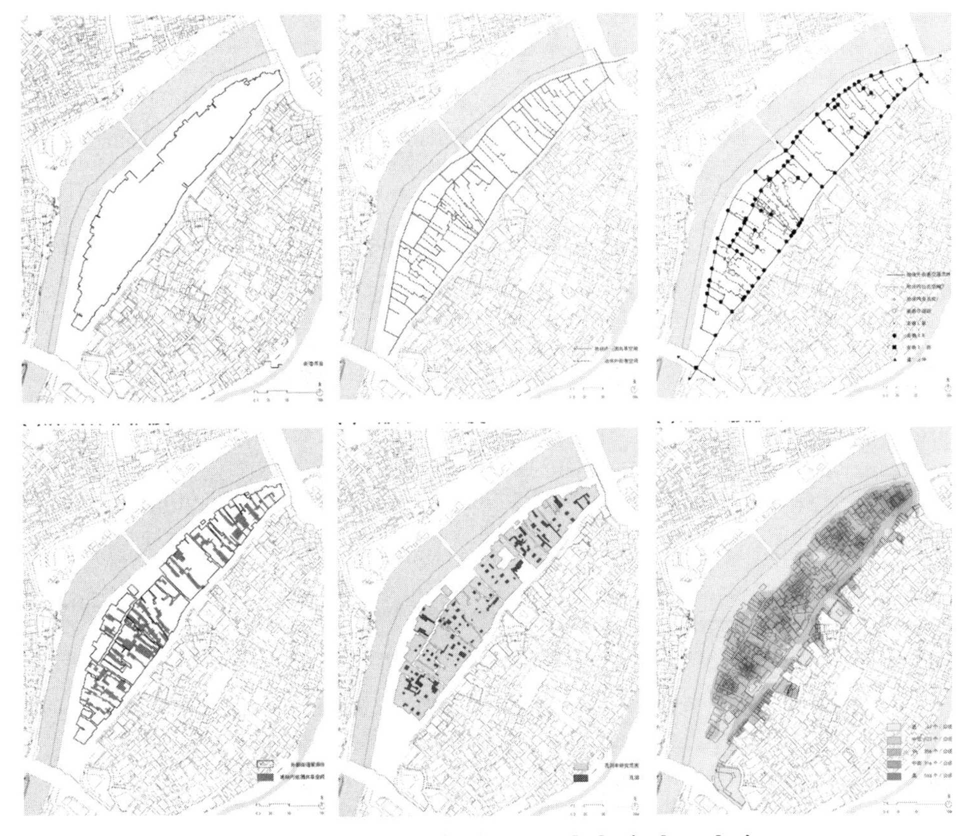

Fig.10 Historical district morphological analysis

longer blindly upheld, design innovation is now given more room. The final design outcome proves that the traditional neighborhood updates can balance the needs of commercial development while secure protection. In fact, only by meeting new needs can the urban blocks be endowed with quality for sustainable improvement.

In summary, our study found that there is much new morphological knowledge in the field of urban morphology that is waiting our exploration. At the same time, our research confirms that urban design requires morphological knowledge and scientific research on urban morphology. This is the value of scientific research in urban design.

References

[1] CUTHBERT A R. The form of cities: political economy and urban design [M]. Oxford: Blackwell Publishing Ltd., 2006: 34-37.

[2] MARTIN L, MARCH L. Urban space and structures [M]. Cambridge: Cambridge University Press, 1972.

[3] Plànol dels voltants de la ciutat de Barcelona i projecte de reforma i Eixample, d' Ildefons Cerdà, 1859. Arxiu Històric de la Ciutat de Barcelona. Edicions de La Central / Museu d' Història de Barcelona, 2009.

[4] PANERAI P. Urban forms: the death and life of the urban block [M]. Oxford: Architectural Press, 2004.

[5] AIBAR E, BIJKER W E. Constructing a city: the Cerda plan for the extension of Barcelona [J]. Technology & human values, 1997, 22(1): 3-30.

Ding Wowo Dean of School of Architecture and Urban Planning, Nanjing University, Master Architect of Jiangsu Province. From 1978 to 1984, Ding Wowo studied and got the Bachelor' s Degree and Master' s Degree in School of Architecture, Southeast University; from 1988 to 1989, she went to study in the Department of Architecture in Swiss Federal Institute of Technology Zurich; from 1994 to 1996, she was invited to be a visiting assistant professor in the Department of Architecture in Swiss Federal Institute of Technology Zurich, obtaining the Nachdiplom Degree of the Institute. She then pursued the Doctor' s Degree in the Department of Architecture in Swiss Federal Institute of Technology Zurich, got her Ph.D. Degree in 2001 afterwards. In 1998, he became a professor in Department of Architecture, Southeast University and in the year 2000, she was Professor, Deputy Director and Ph.D. Supervisor of Architecture Research Institute of Nanjing University. From 2006 to 2010, she served as the dean of School of Architecture, Nanjing University. Now, she is Dean of School of Architecture and Urban Planning, Nanjing University. She has successfully won a number of awards such as Science and Technology Progress Award of MoHURD, Excellent Teacher Award of Baosteel and China Building Education Award, etc. Moreover, in architectural practice, she also won dozens of awards including outstanding design awards and creation awards at both national and provincial level. From 1993, she has been the recipient of State Council Special Allowance and earned the title of Master Architect of Jiangsu Province initially issued by the People's Government of Jiangsu Province in 2011.

Social-Spatial Relations and Value Orientation in Urban Design

Bian Lanchun

Professor of Architecture, Tsinghua University

1 Theory and analysis

1.1 Urban cognition from the perspective of social-spatial relations

"*As designers provide an environment that gives the feeling of harmony throughout their lives, their design measurements should include day-to-day life and the city as a whole.*"

——Edmund N. Bacon's *Design of Cities*[1]

1. The shaping of urban space is essentially the result of a socially willing move

The shaping of urban space is not only a response to the idea of space design, but also a comprehensive expression of the social will. The city is one of the greatest achievements of mankind, and the city has always been the symbol of the degree of civilization, both in the past and in the future. Cities are rooted in life, and the actual needs of society are closely linked to the shaping of space in the form of the diversity of decisions made by people living in the cities. The essence of space shaping is to meet the diversity and rich levels of social needs.

2. The evolution of urban form is actually a process of using demand spatially

Urban form evolution is not only restricted by urban development resource conditions, but also more driven by the dynamic demand of urban space. On one hand, changes in the urban needs for politics, economy, society, environment, transport, and development concepts all exert their influences. On the other hand, urban morphology reflects a kind of spatial feeling. Urban morphology is getting more attention mainly due to two reasons: one is its aesthetic study; the other is that the specific requirements of its use are closely linked to the daily life. The core of urban morphology evolution is to continuously meet the needs of human use.

3. Urban design sustains from ancient times, but it always deals with different cities

First and foremost, the scale and speed of urban expansion goes beyond the cognition of traditional urban design. In 1900, only about 10% of the world's population (around 220 million) lived in cities. Cities with more than 1 million inhabitants could be called big cities and London with 2.5 million people was the largest city at that time. However, by 2014, there have been 28 mega-cities with over 10 million populations in the world and the global urbanization rate has exceeded 50% [2]. This quantitative change also brought the changes of people's cognition about cities. The city no longer evolves merely in quantitative sizes. Second, globalization, urbanization, regionalization and mega-urbanization were seen in the evolution of contemporary cities. They have made urban space issues more complicated and the issues of urban design highly uncertain. Moreover, the advancing digital technologies nowadays are giving more uncertainties to the speed and direction of urban development in the future. The smart connectivity technologies, along with urban design concepts including ecological conservation, development and construction management and local culture fostering, become a new topic in the research of urban design from a new perspective of social-spatial relations. When facing different cities, urban design needs to recognize the interconnectivity between the power of urban growth, the needs of the public and the shaping of space. Researches on either the cognition of cities or urban designs are inevitably bound to conduct in-depth interpretation on the above mentioned three aspects. This will become a fundamental direction to the researches about urban cognition and urban design in the future.

1.2 Urban studies from the perspective of social-spatial relations

"*City is the expression of society.*"

"*Space is the Crystallized Time.*"

——Mann Newcastle's *The Rise of the Internet Society*[3]

1. The basis of urban design research: paying attention to the diachronic and synchronicity of urban space and social life

The complexity of the city objectively determines that the urban design practice needs to pay attention to both the time dimension and the spatial dimension to study the changes of urban social life, the shaping of urban space, and the inherent mechanism of the evolution of urban spatial form.

The diachronic characteristics of urban design: urban design practice is the continuation of the time dimension. Understanding the historical process and social relations of urban design practice is an important basis for urban design analysis from the diachronic perspective. It is of great significance for the urban design experiences of historical cities in the traditional period, the success and failures of urban design in the industrialized modern cities, the urban design features of contemporary urban globalization and the prospective urban design in the information age of the future cities.

The synchronic features of urban design: urban design practice is based on the comparison of spatial dimensions, and the different characteristics and social impacts of urban design practice. It is an important method of urban design comparison from a synchronic perspective. Comparative analysis of different scales, different regions, different cultural backgrounds, different social needs, different economic conditions, different institutional environments, all contributes to our understanding of homogeneity and heterogeneity of urban built-up environment from the perspective of globalization and diversification.

2. The complexity features of urban design research: temporal and spatial variations and space-time compression

The first complex feature of urban design research is the impact of temporal and spatial variation[4] on urban design. The temporal and spatial variation is reflected in the series of spatial feelings generated from urban life over time. It also depicts the life scene as a set of spatial environments interconnected to each other. The evolution of time and the change of space have become the main approach and pathway to explore and analyze the patterns and features of conjugated temporal-spatial variations. The study of the city is mainly based on the city's past, present and future, to find out the very rich and colorful feeling and life temporal-spatial variations brought to the city life.

The second complex feature of urban design research is the compression of time and space[5]. Space-time compression is a theory about temporal and spatial changes of human interaction caused by the advancing transportation and communication technologies. Spatial-temporal compression is seen in the evolution of human society. With the development of society, people's experience of time and space are one of the main drivers for the changes on the urban citizens' ideology, value orientation and behavior patterns in urban life. Therefore, the impact of transportation and communication technology on the changes of temporal-spatial variation is actually a very important reason for the change of people's ideology, value orientation and behavior in modern urban society.

1.3 Urban design and development from the perspective of social-spatial relations

1. Urban design broadens and expands to multi-dimension space

First of all, urban design is increasingly becoming a tool and means to improve the quality of space environment in multi-dimension cities. No matter in the master plan of an entire city or a micro design as specific as a public space design at the street corner, urban design can be a major boost to improve the space shaping and environment improvement. On the other hand, urban design is increasingly becoming a multi-disciplinary research field of urban space quality. Different disciplines have different understanding of urban design. Such difference is often reflected in the widely used yet differently connoted key word of "space". Geography's understanding about space is more about the concept of large zone dimension, that is, the entire geographic environment; from a sociology point of view, the study of space is more about social activities, social behavior. The scope of the space is determined by the scale of social activity; urban planning focuses on the spatial environment layout and its resource allocation; architecture is more concerned about the physical form design, space creation and tactics for spatial improvement. Therefore, the urban design with the multidisciplinary perspective is also gradually expanding to different scales of urban design. In addition, urban design is increasingly becoming a platform for multi-party cooperation to solve the problem of urban space quality. Investors, developers and users are the beneficiaries of urban design. Urban design provides a platform for cooperation and discussion to multiple parties cooperating to solve urban space and environmental quality problems, achieving win-win results for both public and private interests.

2. Urban design develops to the concept of diversified perspective

The shift from the traditional "Civic Design" to the modern "Urban Design" represents a shift in perceptions of urban design. In general, urban design refers to a precise substantival concept. However, there are many places that use the term "Urbanism" to define urban design. Many different modifiers are added in front of "Urbanism", including new urbanism, street urbanism, etc. As a result, the meaning of urban design is more diversified. It no longer represents a kind of urbanism, but more embodies the ever-growing urban design concept that places great emphasis on the rich and varied urban life in the city. In essence, the process of urban design is to create a kind of "social- space" interaction, the ultimate goal is to create a happy and beautiful living environment.

3. Social practice cognition about the concept of urban design

The nature of urban design is still a social time process. The heart of this process is people, including people's participation, people's supervision and experience. Therefore, as far as urban design is concerned, it contains multi-disciplinary interpretations at all levels. In the case of planning, as an example, it focuses on site planning and layout. In the case of site design, it focuses on the relationship between space and life, which is an expression of space design. Urban design has time-latitude. That's why there is a kind of control and guidance in the process of urban construction at the regulation level. If the professional work in urban design shall be defined as a general description of a society-oriented course of practice, then good urban design should equal to: a systematic plan, effective guidance and implementation process based on a public policies, effectively controlled and managed by a series of actions and plans, and continuously rendered via concrete projects. The core of this process is always the people. Participation, supervision and experience of people are the permanent driving force for the development and progress of urban design.

2 Development and review

2.1 Urban development and urban design exploration in the new era

China's four decades of reform and opening up also witnessed the renewed development of urban planning and urban design theory and practice in China. Urban design practices have undergone a process of development and change. In the meantime, they constantly borrowed philosophy and ideas from other countries while stayed firmly rooted to China's urban and rural planning practice, constantly developing and improving. In the 1980s, the idea of urban design was introduced into China. Many discussions were held around its concept. Into the 1990s, a large number of Chinese urban design and practice projects used urban design ideas to cope with the ever-changing types of urban construction. Urban design approaches became the focus of the study. After 2000, large-scale construction has fundamentally changed the urban environment and social life. What is the goal of urban design? This has become the focus of discussion. Into the new phase, under the new normal, we are more able to adopt the perspective of sustainability to digest the true meaning of urban design work. Back to the origin of urban design, people-oriented, ecological sustainability and cultural inheritance are increasingly becoming the focus of urban design. In this period, China's process of urban construction can be divided into four phases: consolidation, differentiation, fermentation and manifestation. Understanding of this process helps to reflect on how the urban social life changes. What is the driving force and logic of the environment creation? How to materialize the path of urban design in the end? In the end, it also helps clarify the value orientation of urban design.

1. The start-up stage (1980s): total volume consolidation and the spread of urban design ideas

In the early 1980s, China was facing the growing demand for space. When the Open and Reform started, the country was stricken by great scarcity of material living environment. China recognized the role of the city as an engine of economic development and put forward the idea that "Development is the Absolute Principle." Urban renewal, the construction of the development zone and the growth of living space have ushered in the investment and stimulated the continuous growth of the total volume. However, after the large-scale urban renewal, the cities were deprived of their distinctive styles, history and culture were gradually weakened, and people's daily life started to disconnect from the built space environment. Also during this period, the concept of urban design was introduced to China and quickly gained attention and dissemination.

2. Development stage (1990s): discussion of typology differentiation and urban design methodology

The industrial parks and large-scale urban renewal projects intensively developed in the 1990s played a very big role in promoting the urban-rural duality structure and population flow. Urban zoning, industrial development, population mobility, social stratification and other phenomena were very significant. On the other hand, environmental pollution and the destruction of ecological environment were also deteriorating. More and more "villages-in-cities" have shadowed rapid urban expansion. Changes in housing and land systems worked to make real estate the prime driver of urban construction. With the improvement of housing conditions, the hidden risk of housing price hike also became a concern. Such huge demand for various types of development zones, compounded by the changed settlement patterns, triggered debate about urban design methodologies in the face of developing different urban types.

3. High-speed stage (2000s): driving catalyst and diversified urban design practices

China's strong economic momentum after 2000 fueled the construction of large-scale infrastructures such as airports, ports and railways. At the same time, the issue of social parity gained its significance day by day, making people more conscious about the importance of social harmony and view the urban development from the perspective of urban-rural integration. At the same time, with the improvement of China's international status and the implementation of many urban projects that attract global attention, the role of urban design in urban image recognition is widely accepted.

4. The transformation stage (2010s): the problems and the return of urban design

After 2010, Chinese cities entered into a phase of transformational development. With significant achievements made, the conflicts from the urban and rural developments were increasingly evident and even intensified. General Secretary Xi Jinping's remarks of "Mountains in sight and waters in view remind one of nostalgia" are the vivid description of city's eco-civilization. It is the goal and expectation, the Beautiful China Vision envisaged by all Chinese, to improve urban life quality via urban design. When discussions about urban design deep-dived deep into the specific implementations, the establishment of the legal status and the construction of control and management, together with human-oriented and urban-life-centered urban design has become a new consensus.

2.2 The change of value-orientation and the continuous improvement of urban design in the new period

The core content of urban design in the new era should shift from the focus of serving the rise of the country,regional competition and city image construction,to focus more on the life of citizens. In China's current urban design transformation,the "grand narrative scene" and "daily living space" should be qualitatively and quantitatively observed [5]. While paying attention to the underlying features,theories and methods of urban design,we should zoom into the characteristics of space and environment,effectively creating the dynamic urban space city belongs to the people. For this reason,urban design still needs to be deepened and expanded in many aspects,i.e. systematic thinking about multi-scale urban life,incubation of competition mechanism in urban construction, response of technical tools, exploration of analytical measures and in-depth interpretation about social demand value orientation.

The urban design value orientation in the new era should be guided by the theory of human settlements to further explore the contents and requirements in the three aspects:seeking truth via science,seeking kindness via humanity and seeking beauty via art. "Truth" emphasizes its scientific nature;"kindness" is humane care;from an artistic point of view,it is a process of seeking and moving toward "beauty". Urban design work should scientifically and pragmatically treat the law of urban development, well recognizing the inherent mechanism of urban space shaping;treat the needs of the community with humanistic care and grasp the essential goal of urban space shaping;orient space environmental quality around the pursuit of cultural and the artistic taste,to explore the vision of future urban space. The discussion about the sensible and aesthetic urban design will always be the eternal topic.

3 Value and orientation

3.1 Different cities:the idea of space in social evolution

In the past,the city was always categorized by its morphology into the "bottom-up" and "top-down" types. Examples of "bottom-up" type include Lijiang in southwestern China,Siena ancient city of Italy. A holistic style with "bottom-up" features is organically formed on the basis of the geographical conditions and settlement culture;the "top-down" type is best represented by China's ancient capital Beijing,US capital Washington DC,etc. According to cultural heritage and social conception,"top-down" type creates an ideal city featured with systematic top-down plan and space order. More often,the city nowadays exhibits a very contradictory and complex state. It is neither a pure-sensed top-down nor a simple bottom-up. In more cases,the city's spatial order is featured with the characteristics of multiple organizations. City's spatial patterns of cities are also complex and contradictory evolution under different socio-political and economic conditions.

3.2 The changed orientation: the evolution of urban design value orientation

The value orientation of urban design has undergone many evolutions. From the power-centered (theocracy, the imperial power, the political power) to the technology-centered after industrial revolution (rationality, efficiency, order), urban design nowadays adopts humanities (tradition, region, culture), ecology (green, safe, sustainable) and multi-element (tolerance, health, governance) as its mainstream value orientation. Urban design has really become a diversified process. The urban design and evolution of many cities reflect the impact of social value orientation on urban space and environment. Therefore, urban design should be forward-looking, emphasizing the understanding, role and evaluation of urban space environment.

3.3 The value of urban design and social impact

The urban design value system is the underlying principles of thinking and behavior generated from materializing city development pattern via urban design. It is under certain social, political, economic, cultural, technical and other conditions[6]. The urban design value system is usually synchronized to the historical stage of urban development. It often projects an understanding of the "ideal" urban morphology and spatial environment. Urban design embodies people's "foresight consciousness" of urban space and environment development; urban design is people's transformation of the living world materialized in the urban form and space environment; and urban design also serves as the evaluation and criticism of the current development concept, urban design theory and urban design practice.

1. Based on the usable functions, promote the improvement of demand level

"People come to the city for living, and they live there for a better life." [7] Urban design, however, is closely related to how people feel about their lives, how their needs for functional use get satisfied. Social psychologist Maslow once defined the five levels of human needs, from "low" to "high" in order of physiology, security, social, respect and self-transcendence[8]. Urban design is foremost based on the promoting the demand level with the satisfied functional use. Only when the basic physiological needs have been satisfied can psychological needs be produced. The pursuit of spiritual needs, on the other hand, is a process of self-actualization of values. Satisfying the needs of different levels through urban design meets the needs of the urban space through the process of shaping reflected. From the physiological needs to psychological needs and ultimately upgraded to the pursuit of spiritual needs, urban design plays an important role in promoting such upgrades.

2. Based on the behavioral psychology, promote the improvement of behavior patterns

Urban life promotes behavioral psychology. Urban design improves behavioral pattern from behavioral psychology. Jan Gehl, when discussing human activities, puts forward three kinds: necessary activities, spontaneous activities and social activities[9]. In the process of shaping urban space, urban design should, on the basis of the accommodated essential activities, promote spontaneously interactive and social activities. Viewed from a city perspective, it is also one of the important goals of urban design to promote the production of spontaneous and social activities.

3. Based on the space aesthetic, promote the improvement of space quality

Urban design should be composed of three different levels. The first level is called research and creation of physical environment. Urban space and crowd behaviors are mutually reinforcing. The city cannot be separated from the crowd. Otherwise, it will be compromised its spatial value. The second level is the scene where people interact with things. It is the content more concerned in urban design. The third level is meaningful interaction in the process of interaction. It will bring meaningful experiences so as to achieve improved quality of an artistic conception. The higher pursuit of urban design is to build environment with higher quality, to instill the local humanistic features and cultural tastes to the created "material environment" and "context", to bring it to a higher level and achieve the "artistic conception" pursuit and experience. Therefore, urban design should continuously carry out the systematic study on the built environment, integrating into the urban design objectives the continuity of historical and cultural heritage, the sustainable and harmonious ecological environment, and the concept of new ICT supported smart development.

3.4 The focus of urban design and value orientation

1. "Space" pattern and skeleton as a "protection" system for urban open space

Public space protection elevates the height of urban design thinking and marks clear the bottom line of urban design work. Mainly, in landscape patterning, full account is given to the regional development scale and landscape environment characteristics. By delineating the boundaries of urban growth, urban landscape pattern is effectively controlled and protected. At the same time, a blue-green open system is established to offer an effective protection of urban green ecological space and water resources. A low-impact green-elasticity and water-elastic system is introduced to improve the ability of cities to adapt to environmental changes and disasters. In addition, there is a need to sort out the street space system and create an open space system integrating nature and culture to "protect" all kinds of available public space.

2. "Development" control facilitating the city's spatial form and scale development

Urban development and management is the yardstick for urban design and management. It improves the overall efficiency of urban development which includes three aspects: the overall style, development intensity and size height control. That is to say, the unique shape of the city is formed through the control over the volume rate, building density and architectural style. The various functional zoning of the city is emphasized and clarified, reflecting the regional characteristics, ethnic characteristics and the scenes of the age. Strengthened urban development and construction can also improve the efficiency of urban operation, which is the key to solve the urban problems. Urban design should pay more attention to the harmony of built environment and balance the public value and private value at the same time. It shall form an effective mechanism for communication and negotiation so as to get consensus and safeguard the legitimate rights and interests of all parties to finally enhance the urban form control effect.

3. Urban functional area "repair" governance to improve the space environment and quality

Social life guides and expands the breadth of urban design work. It calls for continuous improvement of social and human environmental quality needs. The specific contents include improving the quality of the key public areas of the city, updating and improving the neighborhood environment in urban communities, and cultivating and developing the overall urban cultural characteristics. Urban design should focus on improving infrastructure, public services, urban culture and urban quality according to the needs of residents and urban public life. It is conducive to the repairing and rendering of urban quality. Substantial improvements could be secured to the life quality of residents to accommodate the new development requirements of cities.

4 Summary and reflection

4.1 Good city and urban design

The ideal feature of a "good city" should be orderly yet dynamic space elasticity. It can showcase an inclusive society and promote democracy, eco-sustainable and a city with sense of belongings and cultural significance. It can effectively deal with the present challenges of urbanization. The governance and culture embodied in urban design should also be an important part of urban economic and social development. It can manage city's "ecological, social, economic, political and cultural changes" and is expected to create a meaningful urban living environment and space experience that is "inclusive, regenerative, democratic".

4.2 Urban design with special spatial-temporal characteristics

Urban design is a product of space and an important part of the process of finding the ideal "social-space order". At the same time, it is also a social action that needs to be carried out under the background of social life. It is a kind of "social-space" creation process organized and participated by the crowd. In the specific urban design practice, we must realize that it is a time-space process. Its past can be traced back to a period of history. Its present mirrors the complicated social needs nowadays. It will take a long time to materialize and will cast lasting influence to the future social life.

4.3 Urban design plays a pivotal role via social-spatial process

Urban design is a process of "social-spatial" interaction. Good urban design should start from an in-depth analysis of the process from the angles of politics, economics and culture. In the urban development process, it is a comprehensive understanding of intrinsic links between "design and development" and "construction and management". In the face of complicated urban built environment, the theoretical thinking and urban design practice may not be able to rapidly solve these complicated structural problems. However, as an important part of the process of shaping human social space, urban design plays a pivotal role in the future human society. It can become one of the important means to solve the problem of urban space development. Being a vector mostly connected to social life, the improvement and optimization of material space is, to a certain extent, an effective uplift of people's social lives.

References

[1] BACON E N. Urban design [M]. HUANG F X, ZHU Q, trans. Beijing: China Building Industry Press, 2003.

[2] United Nations Department of Economic and Social Affairs. World urbanization prospects [R]. 2014.

[3] CASTELLS M. The rise of the internet society [M]. XIA Z J, et al, trans. Beijing: Social Sciences Academic Press, 1977.

[4] MADANIPOUR A. Knowledge economy and the city: spaces of knowledge [M]. London: Routledge, 2011.

[5] WANG J G. A future exploration of Chinese urban design at the beginning of the 21st century [J]. Urban planning forum, 2012(1): 1-8.

[6] WANG Y. Urban design: value, understanding and methods [M]. Beijing: China Building Industry Press, 2011.

[7] MUMFORD L. The culture of cities [M]. New York: Harcourt, Brace and Company, 1934.

[8] MASLOW A H. A theory of human motivation [J]. Psychological review, 1943, 40(4): 370-396.

[9] GEHL J. Life between buildings [M]. HE R K, trans. Beijing: China Building Industry Press, 2002.

Bian Lanchun Member of the Expert Committee on Urban Design, Executive Director of China Society of Urban Planning, Vice Chairman of Academic Committee of Urban Design, Vice Chairman of Academic Committee on Urban Renewal, Vice President of Beijing Urban Planning Society, and Member of Expert Advisory Group of Beijing Historical and Cultural City Protection Committee. His main research directions are urban design, heritage conservation and urban renewal. He has presided over and participated in many major urban design and urban conservation projects and a number of national and Beijing scientific research fund topics, having published a number of related academic papers.

Do as the Romans do, Dissidence of Urban Design

Zhu Rongyuan

Deputy Chief Planner of China Academy of Urban Planning & Design

We have to understand the context when discussing urban design. The 40 years' rapid urbanization has produced many large-scale cities which might have some problems. With no doubt, these cities were the result of our proactive planning and design work for the interests of leaders or general people. We used to learn from overseas countries and learn from books. We did find some successful experiences in the world. But today, it's time to sum it up. Gazing at the cities we rushed to spawn over the past 40 years, what can be seen when they are under the attention of the world? This gives the rise of one word: "dissent". It's what I want to talk about today. For blind people touching to know the elephant, those who touched the elephant nose certainly made different projections from those who touched the ear. This is called complementary dissidence. Only when such dissidence gets consolidated can a complete sense of elephant image be generated. The significance of design lies in the imagination of the future. Therefore, we need to be self-critic about what we are doing, unlearn those things we learned or improve those established things through applying future and better lifestyle to guide the urban design. In the past 40-year-long development, Chinese cities has encountered many problems in this journey including homogenous city forms, disproportional buildings in cities, etc. At the same time, all Chinese cities followed this type of bottom-up and nationwide sweeping constructions. Examples include various industrial parks, startup parks, university towns and rural movements. They are too homogeneous and have no dissent inside. Hongyadong is a hillside building located in Chongqing. To those who have been to Chongqing before, it's a building with unconventional architectural design. It gives the city the joy of elevation difference up and down. Nevertheless, it does not comply with the fire protection code. It also differs from the common sense understandings. Actually, the design started from profiling the hillside buildings with a sculptor's perspective. Then architects turned them into buildable objects. This is a disagreement caused by dissent. Disagreement is conducive to increasing the imagination space of future society and cities, shaping the feature of cities.

We can get some disagreement information from the following key words, such as whether region-level reflection could be possible between people-people, people-things, different times, iteration, innovation, planning-designing, and urban design. This is the topic we often talk about. Besides, there are also a series of thinking about the connotation of space, building, regional, natural and so on.

1 Dissidence 1: people to people

The relationship between people is an interesting thing. We know that there is a Chinese saying, "Harmony generates and sameness stops." Do we really want build different cities into the same ones? Is it possible and meaningful to make all people look the same and think the same way? I would like to say that unifying people's mind is more difficult than unifying cities' forms. Under such circumstances, how we can respect the social ecology in designing? How we can respect the differences our society should have? These are issues that we need to consider seriously. There is no doubt that something must be wrong if everybody looks the same. If I am talking to the audiences today with the same face, I will be terrified and even petrified if you all think the same way as well. People need to be different from each other. This gives a diversified population and hence diversified urban society.

2 Dissidence 2: people to objects

Our urban design emphasizes the principle of people-oriented. But what on earth does people-oriented mean? The opening unit of the old textbooks used in the Republic of China has only one character—"human" and one diagram. The diagram is a picture of three-person family and two pair of grandparents. It's a very clearly-described family relation with rich connotations. When we are planning or designing, we should no longer treat people as a cold data or take space as just an indicator in blown-out planning. So, how should we implement the people-centered planning or design in the end?

Cities are made of materials which belong to human beings. They should not be merely used for calculating GDP. We used to say that housing were used to speculate but not to be lived in. This is the idea of object ruling people. Sadly, people took it too heavy, blindly believing houses are wealth and financially tradable products. Nowadays, this value orientation has been changed back "a house is where people live".

We made a comprehensive plan for a district in Shenzhen a few years ago. In the past, our planning was desperately balancing the indicators and the land use. However, that plan had a different working concept—the theme of community. When we divided 108 communities of one administrative district into 8 types of communities, we found that the previously sound public service indicators of the past planning were actually not fair and good. In fact, different communities have great differences. In other words, the social indicators behind the space did not match well with the actual needs. Naturally, the planed spatial resource configuration and distribution had to be changed. Without a clear understanding of social problems behind space, the supply-side solutions furnished in the planning would be unrealistic, ineffective or even false.

3 Dissidence 3: different times

In fact, time is to some extent a constituent part of space. Urban and rural are spatial nouns presenting the connotation of time. In the past 100 years or so, there have been bigger and bigger differences in urban and rural developments. This is a spatial reflection of the time difference in social development. As planners, if we fail to identify the social development characteristics of different cities, it means that there will be time difference between the planning techniques and values we applied in work. If we do not know how to adjust the time difference, if we blindly emphasize the subjective consciousness of "self", if we jumble our personal preferences with social needs rather than adapting to the localities and time difference between South and North, the technical route of our work will be problematic in time-effectiveness and so is the judging value for right and wrong.

After the implementation of the planning for Shenzhen Luohu Port in 2004, a problem of time difference happened. A CPPCC delegate submitted a petition, blaming local government's extravagance in Luohu Port renovation project. The evidence was that he could drive to the station and check point in the past. But after the transformation, he could no longer access in and out as usual. Besides, parking was also less convenient after the renovation. Therefore, he submitted a petition to challenge the government-led plan. When consulted by the officers from the Planning Bureau and local media, I told them that because the Luohu Port locates on a peninsula which is accessed only through the north-bound road system. That's why its road resources were very scarce. Limited resources can only be given priority to those who use the public transport system. So if you are going by subway or bus, it will be most convenient. But if you are going by driving, I can only say sorry. Because we want to serve the majority of people, not the few who drive. This is the difference in values brought about by the concept of time difference. Another case is the renovation and renovation of Shenzhen Bay Hotel. It was quite time-consuming and capital-intensive when we dismantled and redid the design. An old façade wall was preserved into the new building. The preserved wall gives a message of value. It's a preserved historical memory that was new to some decision-makers. In my opinion, this is the response of cultural-time differences in specific decision-making.

4 Dissidence 4: iteration

Today, under the influence of politics and new ideas, the trend of social development is undergoing drastic changes. The iteration of concepts is constantly producing disagreements such as "Politics+", "Internet+", "Ecology+" and "Ecology+", etc. They are changing the way we live and work. Facing this situation, if we still carry the work inertia of the common sense, design only with something familiar to ourselves; we may become conservative and feeble in innovation.

At present, when we were designing the physical social space, the virtual social space appears at the same time. This means that the traditional sociology has stepped out of physical material space and entered into the virtual game space. It's the iteration of concepts. That again gives the rise of design's dissidence. Artificial intelligence technology is changing our design approach. Recently, I had a collaborative experiment with Shenzhen XKOO on algorithm tools for urban design and urban planning. We discussed how to relate the original design experience to the algorithm. By entering the relevant data requirements, cloud computation is used to compare options and make intelligent judgments. This process is so fast that you can work out many scenarios with the same pre-set goals. Based on this, we can make choices. This can replace large amount of repetitive work in the design.

5 Dissidence 5: innovation

Innovations and violations can be described as two sides of a coin. Our designing of future because we are not satisfied with the reality and want to take some concrete actions. The designing of the future needs to have dissidence in reality, differences and creation of estrangement feelings. Only in this way can we find different values in the design and decides to make choices. Innovation starts from changing yourself. If you cannot change even yourself, the innovation outputted by you is just a lie. If we do not break through our own design habits, then the future of our design is in fact just exporting the ideas already existed and repeat productions under the empirical indicators. Design requires innovation, because it is "for people" and "by people". "Do as the Romans do, adjust the time difference, the iteration" is illustrated in the previous chapter. They all serve to remind us take proactive efforts to correct our own design habits. Urban design needs to adapt to cities of different regions. It cannot do one trick for all. Control planning of the Shenzhen Liuxiandong area was made by Mr. Huang Weidong, president of Urban Planning & Designing Institute of Shenzhen. Later, URBANUS, China Academy of Urban Planning and Designing and China Architectural Design Group jointly conducted the deepening design of Vanke project. The design system and mechanism conducted by a group of architects. They quickly solved the design diversity and depth issues of rapidly constructed project. If the selection and organization of architects group is secured, the designing outcome from such people will also be secured. Good process will naturally lead to good results. Innovation mechanism also innovate the results.

6 Dissidence 6: planning and design

Take one of our projects for example. The same land parcel was planned and designed. By comparing the plan and design blueprints, we can see that when we are laying out the road network and space in the same way as that for general layout, we often choose the easiest road networks with most identifiable axis and design ideas. This is fast routine practices for fast planning. When we design according to the topography and the spatial requirements, the form of the road network has undergone major changes in its form. Actually, the time difference between the two different figures was only two months. But it reflects the difference between the connotations of "planning" and "design". Because the general plan does no specific and in-depth surveys, its structure and scale is not that deep. With no profound explanation, it's naturally not able to use simple terms to convey the content. However, good urban design thinking finds ways to reconsider the design ideas of spatial feature, the road and its cross-section from the perspective of terrain features. Innovations of design often conflicts with the existing norms, which are built on the standards of empirical basis. It's the institutional arrangements adopted to avoid the low-level designs. Taking out those mandatory safety standards, the remaining content cannot become the obstacle to design innovations. That's why our design will temporarily leave alone the question of whether the road cross section is wider than the national standard, whether there is featured innovation system that adapts to objective reality. Such thinking is real design and design needs dissidence. The design is enormously powerful. We all know that the iPhone is really thin. But why other phones at that time could not do it? This is actually not Jobs's contribution, but Jonathan's contribution. He asked all the components engineers to reduce the components so that the parts can fit into Jonathan's thin case instead of designing a case to hold the molded parts as they used to. I think this is the power of design. Design is a commitment made by the minority to the majority. So in doing design, we must be fully aware of the design's responsibility, namely in the products innovation, contribution in changing the city and society and its implications.

There was an incident in Shenzhen two years ago. A few hundred meters of barbed wire suddenly caged the 6-year-old Shenzhen Bay Park along the coastal road. For a long time, Shenzhen Bay Seaside Park has been the place where people live together with nature. It is also a symbol of the coastal city of Shenzhen in people's mind. Borderline Patrolling Police believe the park is on the border and there is a need to set up barbed wire to prevent smuggling. These two different views are drastically different. In the end, the wire fence was dismantled 20 days later due to the strong opposition from Shenzhen citizens and the whole society. In this process, all the people in Shenzhen have been mobilized, including the Municipal People's Congress, Municipal Political Consultation Conference and local news media. We can see that when a value of dissent arises, the PK between dissidents is the PK of positions and attitudes. The result of such PK determines the civilized state of a city.

In the overall urban design project of Shenzhen Master Plan in 2007, regarding the ideal life style, population size, spatial scale and the civilization degree supported by public service, a conventional big city was divided into a number of big cities. At this time, we believe Shenzhen is no longer one big city but a city cluster made by a number of large cities. This is the dissidence that urban design has formed in observing society and the city. Only in this way can the public service of cities meet with the real resource allocation and spatial layout.

Another case is the overall urban design of Songshan Lake campus of Dongguan University of Technology in 2002. Some changes have taken place in urban design when the architects stepped in. These changes have taken place almost simultaneously with the urban design interaction. Architects can reasonably challenge the order and rules of existing urban designs. However, he reaches consensus on compliance and challenge. This is a reasonable phenomenon caused by the dissidence between the two kinds of design methods, different people, different perspectives, from large to small, small to large and after mutual discussion and communication. The final solution for this school comes from the dissidence collection and consensus reaching among many people. It's not just top-down enforcement of urban design. On the contrary, it needs to integrate different dissent. Therefore, for a city or a neighborhood as large as Zhongludong, it must have the superposition and collision of a great deal of wisdom wants to is to be formed in a short period of time. Looking back at this project we did 15 years ago, we have confidence to say that this design is successful thanks to the mechanism of dissidence collection. The government and urban designers jointly set up this platform to integrate dissidents. As a result, it is possible to invite more wisdom into the building or changing future social spaces.

Songshan Lake New Town is another example of using "dissent" forward-looking cultural stance and value orientation. In 2002, there were a lot of construction international consultations in China. They were viewed as a route of fast internationalization back then. At that time, academician Cui Kai and I jointly advocated the value of local culture. We proposed to the city government the new town planned and designed by our Chinese planners and architects. Many questions were raised including "Why is it so" "Why is it not so" and "It should be just like that". Behind the surface of transmitted "dissidence", there are cultural stance and logical relations.

7 Dissidence 7: design of the regional scale

The following is a brief introduction of the design dissidence on the scale of the region. This is an assumption made by me and colleagues in China Academy of Urban Planning and Design for the future Pearl River Delta Region.

Hypothesis 1: vassal state, renewed vassal state

"Vassal state" is the institutional feature of urbanized and modernized social operation in Pearl River Delta. In the future, the development of the Pearl River Delta will again usher in the "renewed vassal state". Head-to-head competition is often the driving force for mutual enlightenment and stimulation. Without competition, Pearl River Delta would not exist. The future "vassal state" will build alliances of stakeholders and enter the era of "renewed vassal state" when the Pearl River Delta region will not only compete inside itself but also compete with cities from other regions and even the rest of the world. Only in this way, the Pearl River Delta will be able to have shared interests transcending the traditional Lingnan culture. They will then learn to work collaboratively and start to build up the legacy accumulation of new Lingnan culture.

Hypothesis 2: macro trend set by the bay area

In the future, new competition and cooperation will continue to emerge in the Bay Area. There was the spat between Shenzhen Baoan Airport and Guangzhou Baiyun Airport over jurisdiction as well as the argument between Shenzhen and Guangzhou in the region's ranking priority. For regional consensus and sharing, each city is trying to increase its share of the Bay Area Development Corporation. We assume that more cities will emerge in the Pearl River Delta in the future, and by that time there would be more urban clusters with higher levels of intellectual density, renewal, higher building density and population density.

Hypothesis 3: city + internet

The city's space will surely interact with the development of science and technology. The Internet has changed the space and time between cities. It's no longer a cascaded distribution of resources, fund, and information and so on. The socio-economic and cultural activities have become flat and network-oriented. People are abducted by the workplace and the state of space alienation will be weakened. People now have the freedom to choose the workplace. Free livable social environment + internet-expanded space and time are the key success factor to a city.

Hypothesis 4: fission, more urban units

We think fission will happen in the nine existing cities of the Pearl River Delta. The deconstruction of Shenzhen into several major cities can provide better public services to society. However, the public service provided by a metropolitan configuration cannot provide effective and quality service to a 20-million population. Therefore, more civilized urbanization will spawn more cities in the Pearl River Delta region. They are the opening portal based on cities. Opening is not only the privileges to big cities like Hong Kong, Shenzhen and Guangzhou, but also possible to many small cities. We think there will be more and more interesting things in the Pearl River Delta region in the future. Fission will take place to produce more urban units. Therefore, we need to redefine the spatial configuration scale and standard of urban public goods.

Hypothesis 5: rubik cube city

A rotatable Rubik's Cube reminds us about the increasingly complex society. Rubik's Cube blocks have very complicated spatial relationship. It's even more complex when it is rotating. If the relationship between man-man, tradition and modernity, local and foreign, are the blocks part of Rubik's Cube, the relationship between them will change over time. This change can be compared to the changes of society. We regard the realistic urban society as a rotating Rubik's Cube. People's attitude towards this social and cultural Rubik's Cube will also vary from adaptation, appreciation to creation. This is the dissidence of future urban space in the Pearl River Delta.

Hypothesis 6: advance humanity, respect nature, refresh the Pearl River Delta

In the era of ecological civilization, the relationship between humanity and nature is a basic way of showing the state of civilization. When the tradition dances with the modern, if the city peacefully coexist with the nature, what will the future Pearl River Delta look like? We are thinking about these things with the idea of design.

Hypothesis 7: priced physical space, priceless virtual space

In the past, the driving force behind urban development was the gathering, flowing, processing and trading of "things". In the future, the driving force of urban development is the gathering, flowing, processing and trading of "non-material" (information, culture, etc.). "Priced Physical Space, Priceless Virtual Space"—this should be the future development direction Pearl River Delta should pay attention to.

Hypothesis 8: update beyond space

Since there is a past Pearl River Delta, there must be a future Pearl River Delta. We have been updating the urban environment and humanity space in Pearl River Delta. However, the "material" city is the development of tools. The "non-material" city is the true reflection of a stable society and its civilization. Updating people's way of life determines its sociological meaning.

The Bay Area development plan is an opportunity to renew the concept of regional development and all cities are seeking the final right of speech in regional discourse. Through the dissidence harmonization, the nine cities in the Pearl River Delta are expected to reach consensus and update the new pattern to serve the regional space.

Possibilities culture has always been a key resource for the development of the Pearl River Delta for more than three decades. It is a special social atmosphere. It' s the basic social condition for dissent. In fact, in our design practice, we need to develop the habit of finding dissenting from common sense and beyond common sense. The dissidence is not just about the individuality, but also the innovative thinking and habits based on rationality and civilization.

"Do as the Romans Do" is a sociological topic. Political geography, cultural geography and economic geography are combined into social geography. That township and its customs has been waiting for you. What matters is your respect and manner in design towards characteristics of social geography. In the countryside, how powerful is urbanism when you carry out design work? What is the social view and stance in reading rural society? Do you understand that the village is another type of civilization? In the cities, how refractory long is your experience in designing? Compliance with standards and norms cannot be an excuse for repetitive design. Do you really know the commonalities and differences between the Yangtze River Delta and the Pearl River Delta? When we come to work in projects at different places and run into short stay policymakers rigid in administration, how can we influence them to serve the people? Can rapid urbanization process and its window dressing achievements of urban construction be recast through our re-planning or design? Dissent means stance and features. It also found the added value of space. Our urban designing needs difference and dissidence.

Zhu Rongyuan Senior Urban Planner (professorial grade), Deputy Chief Planner of China Academy of Urban Planning & Design and a State Council expert for special allowance. Committee member of the Architecture and Environment Specialized Committee, Urban Planning Board of Shenzhen and Vice Chairman of Urban Design Professional Committee of Urban Planning Society of China. In 1983, he graduated from Chongqing Institute of Civil Engineering and Architecture, and then worked in the Detailed Planning Institute of China Academy of Urban Planning and Design. In 1984, he participated in the master planning work of Shenzhen Special Economic Zone. In the early 1990s, he started the long-term work in the Shenzhen Branch of China Academy of Urban Planning and Design and has held the posts of the vice president. He has participated in and hosted Shenzhen General Urban Planning in 1985 (which was awarded the first prize awarded by the Ministry of Housing and Urban-Rural Development in 1987), Old Town Planning of Luohu, Shenzhen and Environmental Design of Dongmen

Commercial Pedestrian Street in 1998 (which was awarded the first prize by the Ministry of Housing and Urban-Rural Development in 2000), Urban Design of Science and Technology Industrial Park of Songshan Lake, Dongguan in 2002 (which was awarded the first prize by the Ministry of Housing and Urban-Rural Development in 2007), Comprehensive Planning of Guangming New Area, Shenzhen in 2007 (which was awarded the first prize by the Ministry of Housing and Urban-Rural Development in 2014), Comprehensive Planning of Dongguan Ecological Park in 2007 (which was awarded the first prize by the Ministry of Housing and Urban-Rural Development in 2014), Urban Renewal Planning and Development Outline of Futian District, Shenzhen in 2011 (which was awarded the second prize by the Ministry of Housing and Urban-Rural Development in 2014), etc.

Construction of Order: Case Analysis of "Control Plan for Building Height in Beijing Central City"

Wang Yin

Chief Planner of Beijing Municipal Institute of City Planning & Design

1 The necessity and inevitability of overall urban spatial order

1.1 Categorization of urban landscapes

As far as the line of sight is concerned, urban landscape can be divided into a partial landscape and overall landscape. The landscape people visually contacts in their daily activities is mostly in some specific site, which can be called local landscape, i.e. street landscape, square landscape (Fig.1), park & rivers and lake landscape, single building landscape, etc. The viewing angle is mostly head-up or upward-looking; local landscape is the most important part of urban landscape and is also an important part of urban design. A distant view and bird view of a city's landscape can be called the overall landscape, i.e. the city's contour landscape, the city's morphological landscape (Fig.2), whose perspectives are mostly downward-overlooking; overall landscape is also part of the city landscape. But due to its unique line of sight requirements, people often cannot feel immersive.

1.2 Demands for landscape

The development of building materials and construction technology, compounded by the demands of economy and society, makes building higher and higher. The "birds view" of the city is now a reality to mankind (Fig.3 and Fig.4). The advanced science and technology makes aerial photography and sky photography the widely used technique, revealing those overall city landscapes impossible in the past. Now, people can easily observe the city from many angles (Fig.5 and Fig.6). The science and technology development has increased people's desire to admire the landscape. It also poses new challenges to urban planners and urban designers.

Fig.1　City square landscape

Fig.2　Westward view into Beijing central city from Beijing World Tower Phase Ⅲ

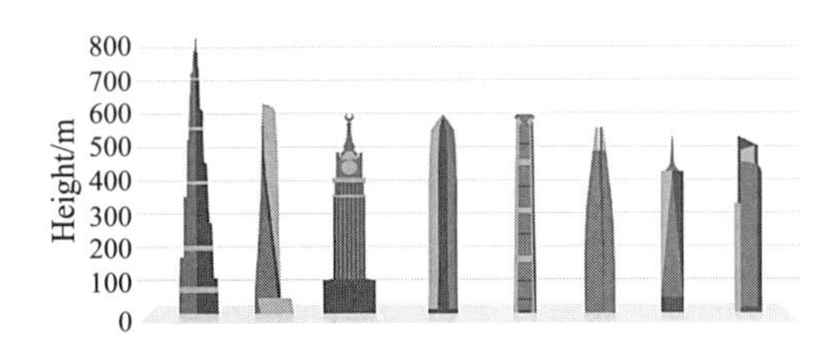

Fig.3　Building height comparison

Fig.4　Westward view of Xishan Mountain by Beijing Municipal Institute of Urban Planning and Design

Fig.5 Beijing Chang'an Avenue

Fig.6 Venice, Italy

1.3 Management requests

The key areas of the city are the main targets to urban planning and design. From the cases of Beijing, Shanghai and Paris, we can find that the landscapes of key areas (urban landscapes) are in good order and recognized; whereas the overall landscape of the city seems disordered due to absence of effective control over the overall urban spatial form (Fig.7 to Fig.12).

Fig.7 Southward view into CBD from Beijing East 3rd Ring Road

Fig.8 Beijing West 3rd Ring Road area

Fig.9 Lujiazui, Shanghai

Fig.10 Downtown of Shanghai

Fig.11 Old city area of Paris

Fig.12 Suburb of Paris

Excellence on a specific point guarantees no overall perfection, but the overall orderly arrangement will be conducive to achieve local exquisite; micro-urban design focuses on the comfortable experience of the near-human environment while the macro-urban design values the order of the overall space.

1.4 Technology requests

Sensuous design approach is an important method used in the past urban design. It emphasizes human visual perception. For example, in Paris, a "spindle" line-of-sight analysis was used to control the height of the old city and the space of the streets & alleys (especially for the control of important historical buildings). London adopted a strategic vista system to control the local landscape of important historical buildings. Beijing adopted "pot-bottom" approach to control the architectural height of the old city (Fig.13), etc. These classic approaches have become the important means of respecting the city's history and organizing city's landscape. However, there are also some shortcomings in these approaches. First, their application is only limited to the old city. There are not many studies for new area outside the old city. Second, these approaches seldom consider the demands of economic and social development and are therefore a bit dull. Third, they fail to properly coordinate other contents of urban construction activities and are weak in overall planning. Therefore, there are often "out of control" situation (Fig.14).

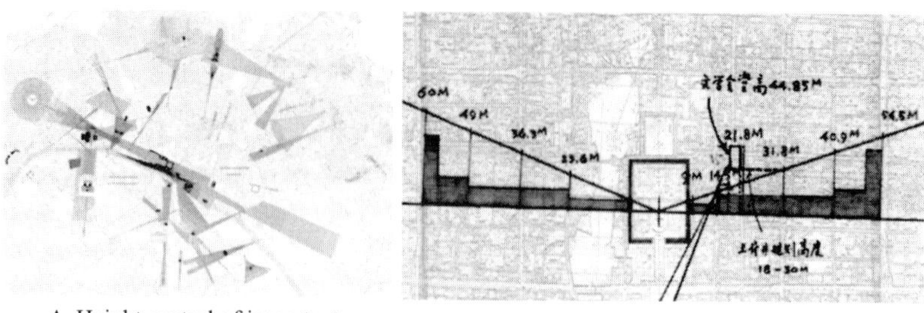

A Height control of important historic buildings in Paris

B Height control of Beijing old city buildings

Fig.13 Building height control sample

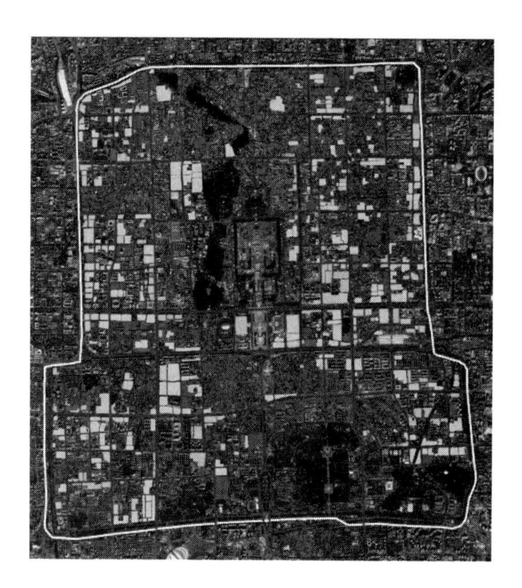

Fig.14 Mark out of over-control land plots in old city

The overall urban space is made of a many "special contents", i.e. the contents about politics, economy, culture and military; or the contents about education, medical care, commerce, water supply, power supply, roads, subways and other facilities. These "special contents" have their necessities, and each of them has its own internal order. They are causal and mutually reinforcing and restrictive.

The pure landscape control method is no longer the privilege of urban design, nor can it stop the economic activities; the fostering of urban space must consider the elements including social fairness, economic rationality and spiritual needs; the city must sort out the order of "special contents" and establish the coordinated and relatively stable overall order.

The overall urban design (method) that emphasizes order is already inevitable trend.

2 Case analysis of overall spatial order construction in Beijing central city

Based on the precondition of unchanged two-dimensional spatial pattern of the Beijing central city,this study focuses on controlling the building height,one of the contents of the overall urban design.

Beijing is a paragon example of the traditional concept of urban operation in China. The current central city is centered on the old city. Its spatial pattern and form have strong historical and cultural features.

The Beijing old city has rigorous layout,commanding central axis and clear form. After being listed as one of China's first batch historical and cultural cities in 1982,Beijing has been placing the overall protection of the old city and high degree controlling of local historical cultural buildings as the core content to the city height control of Beijing (Fig.15).

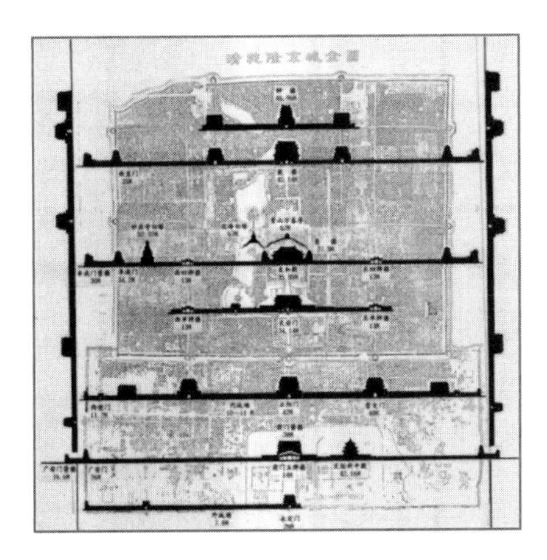

Fig.15 Beijing old city height control

With the rapid economic and social development,the peripheral areas of the old city get "taller and fatter". The key functional areas such as the CBD,the West Zhongguan Village and Wangjing Science and Technology Park quickly became the hot spot of high-rise and super high-rise buildings. The form of urban space was drastically changed. The survey is highly consistent with our assessment:lack of logic and order is the most prominent issue of the overall spatial configuration of Beijing's central city.

2.1 Conduct the overall urban design and research,co-ordinate the various height control elements,and clarify the direction of urban space development

On the basis of comprehensively combing and inheriting the historical work,from the city area to the central city,we conducted the study of overall urban design. For the first time,Beijing proposed its overall landscape pattern and the eight major featured zonings,forming a distinctive and stylish overall spatial form of the central city. It further explores the height-element dynamic balancing mechanism. On the basis of the past height control based on the landscape pattern, history and culture, contents were added to include the climate and environment, traffic capacity, land economy, citizen experience and so on to reveal the law of space growth and group demands of aesthetical cognition. In this way, a clear direction could be pointed out for overall height control for the central city.

2.2 Combing the overall height control logic, build a "Four-level Height Control System" to form planning proposal

Adhere to the layer-by-layer deduction from frame to local, adhere to the cross-validation between sensible yet qualitative subjectivity and rational but quantitative objectivity. A four-level height controlling system for Beijing central city was proposed. It's architected on a number of digital technologies. It scientifically assessed and integrated a total of 11 categories 25 height control elements to form a planning program and fine-tune the urban form.

"Four levels" are as follows.

(1) City picture-background control

Consider the fundamentals of the picture-background form, determine the control base, delineate ecological sensitivity and strategic areas, form spatial control framework.

(2) Height element adjustment

To explore the direct impact the of urban operation pattern to spatial form, including 3 categories and 4 items of transportation advantages, urban economy and function orientation, promoting morphological optimization aligned to economic and social development.

(3) Design amendment for special control area

Covers 4 categories and 13 regions, it serves the city orientation of capital to a big nation, establishing the spatial order and characteristics.

(4) Street height requirements

Excavate the feature and value of the smooth and wide streets covered with shade tree, classifying and categorizing them to create high-quality public spaces.

2.3 Strictly control 4 major categories 13 sub-categories of height controlled special areas, command space order, highlight the form features

Explore the implementation pathway of the overall urban design approach, mark out key areas defining the spatial form from the starting point of key areas. Propose the targeted planning requirements such as "strict height control" and "guided the control of low" and others. Strengthen the differential control. It mainly includes: ① 4 types of historical and cultural control areas, new regions with historic contexts on the basis of famous city protection, retaining the unique imprint of different eras; ② 3 types of green ecological control areas were proposed; control measures were developed for 3 mountainous visual corridors, 9 riverside corridors and 4 water body peripheries to promote the organic integration of the natural environment and urban construction; ③ mark out four types of urban landscape control areas, besides the reasonable control of the cross axis, 11 urban landmarks and 26 regional nodes were marked out to specifying the design requirements of the skyline and promote the harmony between modern urban features and traditional cultural features; ④ 2 security control areas of capital city. It's purported to serve the orientation of being the capital of a large nation and safeguard the security of the city's lifeline.

2.4 Establish a baseline height control mechanism, preliminarily set up a three-dimensional planning and management data platform to promote the implementation of the outcomes

In order to reasonably enhance the fault-tolerance and adaptability of quantitative indicators, a benchmark height control mechanism has been set up, along with 1665 baseline height units and refined 14-level base-level indicators, to effectively link planning management to actual construction. Adhere to the principle of "strict and flexible, fair and reasonable", delineate a three-level zonings include strict control zone, design guiding zone and general construction zone. Formulate matching management policies to integrate them into the existing management system. In addition, preliminarily establish a three-dimensional data platform to conduct the height review and auditing of submitted proposal to support decision-making of planning.

3 Conclusion

The city is the most complex living organism on earth. Everything on earth, regardless of being the flying birds, walking animals or ground-based plants, has its own laws of growth; the feathers of different bird species, the bones and muscles of walking animals, branches and leaves of plants, they also have their own internal order. This kind of natural world orders are the result of millions-year-long evolution. They are the result of the inner driving force moves by its own laws.

The city is a constituent part of natural world. It operates and thrives by internal laws. Every human intervention in the city is promoting the natural evolution of the city. Similar to all other natural things, it consolidates its internal order and displays it. Order is inherent to the city. It's the result of man's transformation of his living environment.

Learn from nature, construct the order; everything is conditional; everything is patterned.

Wang Yin　Chief Planner of Beijing Municipal Institute of City Planning & Design. Other Social Position: Executive Director of China City Planning Society. Over the past 30 years, Wang Yin has involved in the preparation and research of urban and rural planning in quite a few programs at all levels, specifically including urban and rural general planning, regulatory detailed planning and constructive detailed planning, as well as urban and rural public building special planning and executive programs of construction projects. In recent years, he has mainly focused on preparation and management of urban design and regulatory detailed planning.

Loss and Revival of Public Space

Deng Dong

Deputy Chief Planner of China Academy of Urban Planning & Design

The forum theme is about high-level frontiers, hotspots and new technologies. The topic I'd like to share today may not be high-level, as it has been discussed long time before, but it is definitely the most frontier and hottest. It has not enough clarification but enough distinctive features. This is what's literally happening in China nowadays. Academician Cui Kai said that urban design should start from foot. In fact, all that matters are around us, getting out of buildings and walk on city streets, or other public space on holidays. As the problems of public space prop up in many scenes, it is necessary to give feedback to some public space. This is very simple. Many famous scholars and teachers have made profound research. But in fact, public space has two main points. From the perspective of public goods, public space is created and maintained by public rights, used and enjoyed by citizens. It is a public domain of public interest and a container. Secondly, it can be divided into two parts based on the space type, i.e. public open spaces such as streets, and special public places, including hospitals, schools and other public buildings and culture buildings. Therefore, I have some thinking and understanding on China's public space nowadays.

In fact, through perusing and digestive understanding, we tried to learn from the West. Now, we return to a state of rejuvenation. In my opinion, the value of China's public space in the new era is an external and material carrier of social space under the ethical premise with three dimensions, i.e. "home-country-world". Chinese people refer to home as homestead, family, home + garden and home + courtyard, which is China's smallest public space cell, as shown in many examples such as courtyards and private gardens of Suzhou traditional gardens, country space of the Imperial City, etc. The paintings of Wen Zhengming and Lang Shining give good portraits about Chinese family, ancestral hall or the smallest token of family, our garden and courtyard. This is a particular and unique way of life, view of life and view of universe of Chinese people.

The second dimension is country. Country, up to now, has evolved into the cities. It is the carrier of the city. In the ancient time, Chinese city were more a notion of governance, which is externalization of the spatial ethics derived from social ethics. It can be divided into two dimensions, as up to the sublime administrator's hall, or down to earth as the average people's neighborhood place. Firstly, various imperial cities showcased their connections as the corresponding carrier, for the segregated functions of decision-making and internalization. They were very different from Western cities in the last century. The concept at another level is the "Shi". The boundary of a country may include market and living space for its citizens. It's called the street peddler space in the Han Dynasty. From Changan City of Han Dynasty, to Tang Dynasty, all the way to Bian Liang (Kaifeng nowadays) of Song Dynasty, just as the painting *Riverside Scene at Qingming Festival* portraits, city served as a the carrier of almost everything including commerce, active trade, community, theatre in ancient China and social gathering. It conveys substantial amount of human activities. *Qianlong Southern Tour* showcases the prosperity conditions of every parts of ancient Suzhou city. Such prosperity is different from that in western industrial civilizations based on automation. This is the Chinese way.

The third dimension, the mostly important, is often neglected by us. Chinese people bond the natural landscape, the world, the mountains and rivers with their spiritual and emotional pursuit. Regardless of being the emperor, the elite class, the intellectuals, or the civilians, the plebeian, the common people, the harmoniously integrated world outlook and lifestyle of every Chinese person has constituted the classic and ultimate life system pursued by every Chinese person for life. That's why we enjoy traveling and walking around. Here is another image of refined details. *Thousands Miles of Mountains and Rivers* exhibited in the Forbidden City demonstrates the enormous open space of Chinese people. It's an immensely huge psychological picture and also a vast materialized image. Expressed in the painting is the notion of home-country-world, proposing the home as the basic cell of the world and city as the carrier of a country.

Next, we will talk about several problems on the loss of public space in China.

Firstly, insufficiency. "If you want to use it, you are going to have to grab it." This is a picture of public incidence which occurs more frequently. In the new era, the people have new demands. Physical fitness projects have increased by 42.5%. However, at the community level, the conceptual scale of family does not actually have such space, and there is no homestead. We also have units, which is learned from the unit household in the West, but there is no garden. We have yet to find a substitute, and a lot of problems occur in the community, some from the elderly and others from the young. In addition, rampage also occurs frequently in various cities. I think this is a major urban disease that has suddenly occurred recently. There are also problems in our city and country level. Serious traffic jams and congestions were seen everywhere, including public facilities and public places. Monotonous options and declining per capita index. In "October 1st National Holiday", 710 million people times go for tours. Although a lot of public space has been added, it fails to keep up with the growing demand. In addition, the world, our landscapes and living environment are reported with major defects.

The second major problem is imbalance. First of all, it is the problem of "available but not user-friendly", large scale, not human centered. These are vacant, lacking in themselves, but there are many such vacancies. There are also many non-humanized designs that are not liked, appreciated or used by people, hence the vacancy and waste. Supply does not match the demand. We conducted a survey in the community, providing a room or activity space for the people or the elderly. But no one showed up, as they' d rather stay outdoor. Hence, there was a matching problem, as the environment here was the worst. In addition, we have major shortage of sports and fitness venues but so many idle places with huge vacancy. Secondly, "available but not accessible", a large number of facilities are fencesd out or shut down to the public. Our sports facilities indexes count in the ports facilities inside primary and secondary schools, which, however, are not/cannot be open to the public. It' s also the similar case for many public buildings. There is no activity space for the common people, i.e. "available but occupied for other purposes". The green space designed by Mr. Zhang Kaiji for the residential community was occupied. Streets are also occupied and could not be used. The emergence of new "sharing" new economy is actively encroaching into the public space. Usurp of public space are compounding due to the illegal private construction, sidewalk or road occupation and buildings of public builders.

The third problem isno demarcation, no design, and poor management. In fact, there is no statutory regulatory norm for overall public space management. In addition, there is a lack of design, or even no design, let alone good design. Yesterday, several academicians also talked about the absence of management, sporadic, undisciplined and carefree designs are often seen.

Finally, there are a few examples that show that we are still forging ahead. Beijing Master Plan has sent a very important message to us, "Reserve unoccupied public space and add more green space" in public space, which has become the design framework. Two parts of interpretation for Shanghai Master Plan have just been released. It includes the 15-minute community-life circle, the revival of public space on both sides of the Huangpu River and the opening up of Xuhui and Songjiang. It also gives the guidelines and regulations for streets. This is the correction we are trying to make during the "three-no" period. Xiamen Neighborhood is a very good example. The opening of Ring River in Suzhou makes the 16-kilometer walkway the most popular place downtown and also a place for communication and exchange, where people date, walk their dogs and work out. Also, references could be found in city repair and restoration project of Sanya, i.e. Yuechuan Green Road, is much favored and highly praised by the public. After simple rectification in Jiefang Road for a year, in fact, it has become a venue for wedding photography, a place of inclusion and balance in all aspects. We talked about the destruction of mountains and rivers, and we began to repair the mountains. This is a very interesting project. The original developer occupied a land parcel. It is completely removed for the landscape. It's as large as hundreds of thousands of square meters. In the citizen orchard, people grow trees and enjoy leisure together. Here, green space is given back to the public. As for river channel ecological restoration, you should know the pollution of the Sanya River. After a year of work, the water quality in the river channel was completed its restoration. Even though it is still not clear up enough for swimming, it is already significant progress made.

However, Chinese people are still not happy due to the public space issue. It is the eternal pain to them. There are so many difficulties and troubles, such as difficulty of getting school education, travel, getting medical service, endowment, employment and even breathing; trouble of getting medical service, getting school education, travel, vacation, taking kids out to play or even going into the streets. Hence, Chinese people are very unhappy. On the other hand, the demise of physical public space pushes children to the virtual world. This is also related to new technologies and the internet. It is indeed frustrating that mathematical Olympiad classes, school education, etc. all occur in the private space. Kids are shuttled in and out to the classrooms by private cars. The virtual space opened up an exciting (world) with free imagination, which is not right. The children should come back to the real world and communicate face to face. Finally, I would like to share a few ideas, which are just my personal opinions and shall not be bragged as some serious initiatives. We first realize that public space has become the biggest pain spot of the public and weakness in China's social development at present. I personally think that it is the biggest urban disease. Revitalizing China's public space has become the top priority of current urban design. It is actually the ballast stone for the revival of China's space ethics and the reconstruction of future national governance system. Therefore, I have three ideas to share with you.

Firstly, back to people. This is a very critical concept, as the unhappiness of the Chinese are in the public space, and their sense of well-being and gain are also based on public space. For any so-called bizarre styles and features, a city is perceived through public space. Besides, to an individual city dweller, his positive/negative sense of gain decides his sense of belonging/deviating to the city. Hence, this is very serious. It requires that our practitioners should truly return to humanistic scale. In fact, according to our research, even for a 7–8 km^2, every building is considered as a section. Unlike the West, it is actually based on human scale, no more than 200 meters. For example, it is only 120 meters from the Taipingmen to Duanmen. It should be considered from many other perspectives, from the perspective of people.

Secondly, back to the design. As a fundamental way and method for essential public space, urban design must return to public space, including design control, to design beautiful places for people and people's happiness. The huge number of problems aforementioned and the sense of deprivation indicate that it is a long and arduous mission, which, however, is necessary and needs improvements bits by bits.

Finally, back to Chinese values. Rebuild the ethical order of China's public space, home, country and world. They are now referred to as communities, cities, regions and our external ecological environment. I want to conclude with two slogans. Save public space and revive the ethics of Chinese public space. Start from home, from right now.

Deng Dong Director of Urban Renewal Research Institute of China Academy of Urban Planning and Design, Secretary General of Academic Committee of Urban Design of China Planning Society, Professor-level Senior Urban Planner. He graduated from Tsinghua University with Master's degree. In 1997 and 2015, as a visiting scholar, he went to study in Cardiff school of City and Regional Planning, Cardiff University in the United Kingdom and School of Design, University of Pennsylvania in the United States.

Since he is engaged in urban planning work, he has attained brilliant achievements in both academic theory and engineering practice. In 2010, as the head of the Yushu Reconstruction Planning and Design and Site Management, he worked on the post-disaster reconstruction of Yushu and the project was completed in Yushu by the end of 2013. In the same year, the project has won the First Prize of National and Provincial Urban and Rural Planning and Design. In addition, he presided over a number of general plans of national key areas including Suzhou, Hainan, Shaoxing and Huzhou, etc. and the urban repair and ecological restoration in Sanya. He has also presided over and drafted a series of management documents related to the Ministry of Housing and Urban Rural Development, such as *Urban Design Management Measures*, *Basic Regulations on Urban Design Technology Management* and *Technical Guidelines for Ecological Restoration and Urban Repair*.

Mr. Deng has unique achievements in urban design and urban renewal projects. He presided over have won many national, provincial and ministerial awards of excellence. He published dozens of papers in the domestic academic journals and conferences, and participated in a number of research projects.

In 2009, he was selected National Talent of Talents Project, and became an expert receiving Special Government Allowances of the State Council. He was honored the Advanced Individual in 2011–2012 Qinghai Yushu Post-earthquake Reconstruction and the Medal of National May Day in 2012.

Rethinking China's Current Architectural Education Based on the Need of Urban Design Practice

Xu Lei

Director of Institute of Architectural Design and Theory, Zhejiang University

1 Introduction

With respect to the 4 topics and 36 thematic reports set up for the "Top-level Forum on Frontiers of Urban Design Development", the key words almost cover all the domains of current urban design and closely dock to the urgent practical needs for strengthening urban design in the new era. "Novelty" is my overall impression of the forum. The theoretical researches of the scholars and the working achievements from engineering field practice impress people with strong innovation.

"Freshness" should also be deemed as one of the fundamental philosophy for education. Among the 36 special reports, only my report touches talent development for urban design. As I believe, it will be more faithful to all issues challenging urban design nowadays if the keywords such as "theory" and "practice" could be complemented with the keyword "education". As for urban design, we should never overlook the extremely important areas of professional education.

Education, or the talent development, is an issue ought to have been considered before practice. The new times of nowadays bounds to generate strong request for novel type of talents. "Talent is the prime recourse." It is always utmost important to accentuate the attention to talents. As for the approaches, in China mainly, studies of urban & rural planning and architecture are the main pillars to urban design talent development. Educated as an architect, I found there were two pathways to educate professional architects. The first one is based on vocational education for talent stock and engineering practice. It was the most dominant pathway, since China's open and reform, to accommodate the renewed development needs. Nevertheless, it's not scientific and sustainable. The second one is to cultivate novel type talents through professional education. It's the most important pathway. High education institutions, rather than workplaces, should be the main carrier.

2 To urban design-underlying basic attitudes obligated by architecture education

In the face of urban design needs and architecture education landscape, the industry should stand with reverence and awe, which can be justified by the two aspects as follows.

First, it could be interpreted from the two dimensions of modern urban design doctrine.

The longitudinal dimension of modern urban design: urban design has started from ancient times. Its concept, however, was produced in developed countries in the 1950s. It then gradually became their main means to secure organic renewal of urban spatial forms. As a system of knowledge & skills, modern urban design is still relatively young. In the case of China, modern urban design was introduced with the reform and opening-up (for instance, Prof. Liu Guanghua started the first mater student course of urban design at Southeast University in the autumn of 1982; Academician Wang Jianguo also mentioned that China's urban design started from the 1980s) [1-2]. As a disciplinary domain, urban design is short in history.

The horizontal dimension of modern urban design doctrine is: modern urban design focuses on the organic renewal of existing urban spatial forms (for instance, most published works on urban design in western developed countries chose the urban space morphology as their research targets). Accommodating the non-stop metabolic needs of the urban space morphology became the starting point of urban design practice. In order to output effective solutions, it's required to funnel continuous innovations in knowledge and skills. Any attempts to patch pursue normal renewal with the same knowledge and skills will invariably turn out to be in vain. Therefore, modern urban design entails self-development mixed with increasingly innovative knowledge and skills.

Second, it could also be interpreted from the significance of central government's requirement for "strengthening urban design".

The task of "strengthening urban design" was firstly proposed in the 2015 Communique on Central Urban Work Conference. The Communique proposed six major tactic deployments of "one respect and five coordination" for the urban affairs of China. Among all listed 6 moves, the 3rd one was about "coordinate planning, construction and management, so as to boost the systematic feature of urban affairs related work". The detailed explanation made by the central government was: "Strengthen the urban design, advocate the urban repair and make the controlled detail plan more open and mandatory." [3] Clearly, urban design will play an important role in current and future development of our cities. Such a mission has two implications. First, urban development will shift to leverage more on the optimization and organic renewal of existing cities, or in other words, leverage on the stock urban resources to realize sustainable development of the city. This is a significant change in urban development mode. The design outcomes would also align to such development mode. Second, through tightening up the last management ring of project execution-controlled detail plan, we could stage better management to the use of increasingly diminishing incremental urban land resource. This is where the urban design could play its role. However, to those who accustomed to the traditional approach of urban development from incremental land investment and the architecture education system formed under such a development mode, this is a brand new challenge. The current knowledge and skills system of architecture studies obviously has not enough confidence to live up to such challenges.

3 To urban design—the absence of professional architecture education

For historical reasons, China's current architecture education is deeply rooted into the western classical architecture education. There is a clear absence of the guidance for urban problems, let alone an education system targeting at the status quo of urban construction. Knowledge education about cities is in dire shortage or much fragmented. Training on professional skills is largely based on subjective conceptualization of spatial morphology. Such approach might be justified for architectural design. Nevertheless, it's clearly not enough to accommodate the objective and complicate requests from the cities or even more from the organic renewal of urban stock environment.

From accommodating the objective and complicate demands from the organic urban renewal, we can mark out the absent points of China's current architecture education, most important of which is the missing scientificity. To me, the statement of academician Wang Jianguo about "Distinctive scientificity of urban design" offers a precision summary about the distinctive difference between urban design and architecture design.

As for the explorative talent training conducted by China's engineering education community, it is based on the concept of "talents being the most value resources" [4]. And strengthening of sciencificity has increasingly become a consensus. Obviously, introspection of architecture education was triggered by urban design needs. It explored the transformation and innovative development and has become a task of priority under the driving of macro trend.

For the discussion about modern training transformation and innovation, it must first clarify the positioning of talents. Regarding such positioning, I believe a clear answer had been given by Lin Jianhua, president of the Peking University in his speech made on the University Presidents Forum held in Shanghai University of Medicine and Health Science on October 12, 2017. In answering this question, President Lin quoted the words of Mr. Qian Xuesen made 71 years ago. In 1947, when paying holiday trip back to China, Mr. Qian Xuesen delivered touring lectures on the topic of "Engineering and Engineering Science." As he pointed out in his speech: "The need for close cooperation between scientists and practicing engineers contributed to a new profession, i.e. engineering researcher or engineering scientist. They are those who apply basic scientific knowledge to engineering issues. "As the outstanding representative of those engineering scientists, Mr. Qian Xuesen's definition of engineering and technical personnel turns out to be more accurate and important in the context of this new era. [5]

On April 8th, 2017, the Ministry of Education held the Seminar on Construction of Emerging Engineering Education at the Tianjin University. The seminar was participated by representatives from 61 universities. As the outcome to the seminar, the Ministry issued the Course of Action for "New Engineering Education" ("abbreviated as TU Action") (the abbreviation was created because the seminar was convened in Tianjin University). The core idea is to answer the major question about the transformation and innovation of engineering education. Such question was made to echo China's "Two Centenary Goals", particularly to the China Dream of building China into a modernized socialist country before the middle of 21st century. The transformation and innovative development under the "New Engineering Education" consist of three-phase goals: by 2020, explore and establish the new engineering education model, proactively adapting to the development of new technology, new industry and new economy; by 2030, architect a globally leading engineering education system with Chinese characteristics, providing strong support to the innovative development of China; by 2050, cast out world leading China Mode for engineering education, build China into a great country of engineering education, the world engineering innovation center and the mecca to talent, laying a solid foundation for the great rejuvenation of the Chinese nation. [6]

The new era presses for the transformation and innovation of architecture professional education. The requirement for the scientificity ofurban design also generates new demands for cultivating engineering researchers or engineering scientists. By positioning, urban design talents should be the technical professionals equipped with scientific research accomplishment whose ultimate target would be becoming the engineering scientists.

4 To urban design—ideas about transformation and innovation of architecture professional education

To urban design, the "basic scientific knowledge" proposed by Mr. Qian Xuesen should be foundational knowledge reflecting the scientificity of urban design. It should be able to respond to urban problems instead of answering the questions about architectural design. Armed with such knowledge upon graduation, the architecture technical talents can tap into more continuous development opportunities in their future further education and career of engineering practice.

On the other hand, scientificity, if gets practiced in education, can also be a main pathway to cultivate students' academic competence. With robust and expansive academic competence, students can have longer career in their pursuits of academic excellence.

Regarding the requirements for scientificity, I want to share the following preliminary ideas about the transformation and innovation of architecture education.

Firstly, establish a knowledge cluster of basic science about architecture studies.

There is no doubt that there are too many categories of basic knowledge to be covered by the professional architecture education. Nevertheless, there must be the most important knowledge categories to solve the urban problems. In addition, there must be ways to integrate different knowledge categories to form a system that can cover as much as possible the knowledge base of relevant knowledge categories. Therefore, it's already the time to sort out the necessary basic knowledge in light of urban design requirements. Back in the mid-1980s, Prof. Qi Kang pointed out in an academic meeting held by Southeast University, "To practice urban design, you need to have three categories of basic knowledge, namely, urban sociology, urban economics, and urban geography". Obviously, those are important source knowledge of natural science and social science. The urban design research and practice I experienced also evidenced Mr. Qi Kang's remarks made over 30 years ago are still quite right. At present, the knowledge system of our architecture education is clearly missing such basic and systematic education required for tackling urban problems. At least, urban sociology, urban economics and urban geography should become the basic scientific knowledge of architecture professional education.

Second, construct a system of basic scientific knowledge through interdisciplinary coordination.

With no exception, the sources of basic scientific knowledge fall outside the range of architecture studies. How can the basic scientific knowledge be embedded into architecture professional education? Academician Wang Jianguo once pointed out that urban design boasts one very important working feature-"coordination". I think what Mr. Wang referred to is about the coordination between different disciplines. On the day before the opening of the forum, Zhejiang University conducted a survey on the secondary discplines of the whole school. Every secondary discipline was required to find another three related secondary disciplines. Through this survey, I found that Zhejiang University is equipped with a complete deck of disciplines. The knowledge necessary for the urban design research and practice can always be found in other disciplines. As every discipline can only choose three related disciplines, I picked sociology, economics and geography. Such kind of survey reflects the university's desire for enhancing substantive interdisciplinary cross-over connections. I believe this kind of cross-over connection should not only be conducted just for the sake of research. More importantly, it's purported to enable the disciplinary crossover to breed a knowledge system appropriate to every discipline and enable the transformation and innovation of talent development mode.

Third, the complete education process permeated with basic scientific knowledge.

The architecture educational program is structured with three levels, namely the undergraduate, master and Ph.D. We must indoctrinate and enhance the knowledge base of every architecture professional on city-related basic sciences before their exposure to urban problems. Urban problems should be adopted as the cardinal educational orientation and be seeped into all education levels particularly the undergraduate education. There must be systematic ways structured to enable students gradually pick up the scientific knowledge essential to solve urban problems. This means more attention shall be diverted from training on design skills to the key word of "urban." At the postgraduate stage, emphasis must be laid on urban design skills training. Students should make attempts to solve practical problems. Finally, as doctoral students are trained primarily to conduct academic research, to me, "applying basic scientific knowledge to engineering problems" should be the top priority for the talent cultivation of architecture doctors.

5 Conclusion

The important role of urban design in the new era is forcing the reactive transformation and innovation in architecture education. Such transformation and innovation can contribute not only the output of urban design professional education, but also give good boost to the transformation and innovation throughout the entire architecture education system. The above statement represents some of author's personal opinions. Any criticism and comments about the stated ideas will be much appreciated and welcomed.

References

[1] JIN G J. Urban design education: Analysis of North American's experience and China's path choice [J]. Architect, 2018(1): 24-30.

[2] WANG J G. Urban design [M]. 3rd ed. Nanjing: Southeast University Press, 2010.

[3] The communique on 2015 Central Urban Work Conference [R]. 2015.

[4] Xi Jinping participated in the deliberation of the Guangdong delegation [EB/OL]. (2018-03-08).

[5] President Lin Jianhua of Peking University interpresteded emerging engineering by refering to the speech of Qian Xuesen 70 years ago and compared science and Tsinghua [EB/OL]. (2017-10-12).

[6] Course of action for emerging engineering education ("TU Course of Action") [EB/OL]. (2017-04-08).

Xu Lei Director and professor of Institute of Architectural Design and Theory, Zhejiang University. Prof. Xu Lei's main research directions are urban design theory and method, green building design and theory; presided over the longitudinal research projects of the state and Zhejiang Province totaling 6, published nearly 80 academic papers. He participated as the main participant in the compilation of "The National Detailed Implementation Rules of Green Building Evaluation Standards", "Green Building Design Standards" of Zhejiang Province, and "Green Building Evaluation Standards" of Zhejiang Province.

At present, he holds the posts of director of urban design branch of Chinese Institute of Architects, member of Green Building and Energy Saving Committee of Ministry of Housing and Urban-Rural Development, member of Expert Group of Green Building Marking recognized by Ministry of Housing and Urban-Rural Development, member of Science and Technology Commission of Zhejiang Provincial Construction Department, He is also the Deputy Director of Academic Committee of Green Building, Director of Zhejiang Green Building Marking Expert Committee, Deputy Director of Zhejiang Institute of Architects Urban Design Academic Committee, Chief Expert of "Green Building Research Center" of Zhejiang University, etc.

Prof. Xu Lei has been presiding over the completion of a number of urban design and architectural design projects. For the related achievements, he won the First Prize of Construction Science and Technology of Zhejiang Province in 2016 and the Outstanding Urban Design Award of Zhejiang Province.

Critical Thinking of Space Paradigm and Prospect of Urban Design

Wang Shifu

Vice-Director of School of Architecture, South China University of Technology

Introduction: The loss of urban space paradigm—what is good urban design

The 19th CPC Central Committee Conference proposed that the principal social problem nowadays is between the growing livelihood need and the unbalanced insufficient development status. As the material vector of a better life, city's influence is everywhere. So we will ask what good city is about. The evaluation of cities from aesthetic, technological, economic, social, cultural and human dimensions is closely related to the spatial configuration of urban built environment. That is to say, a good urban spatial form is the essential answer to these evaluations. However, what is a good city? What make an urban design good? These puzzles about the loss of the existing spatial paradigm are difficult bypass.

Carl Gustav Jung argues that archetypes are content-free forms. It is a deep-seated power structures and stable cultural psychology patterns revealing the profound impact of collective unconsciousness on human activity. It inspired many academic areas. Similarly, prototype theory is also seen in the field of space design and place creation. It creates specific space influenced by the structured psychological model which was described by this article as "spatial paradigm". Arguments about the prototype and paradigm urban design pointed to never stops. In 1960, Kevin Lynch published *The Image of the City*. His grant sponsor Rockefeller Foundation also supported Jane Jacobs in publishing *The Death and Life of Great American Cities* in 1961 (Fig.1). Kevin Lynch, through the top-down approach, constructed physical urban image from urban environment perception. He emphasizes the use, feeling and evaluation of spatial cognition. Jacobs advocates the urban living space bottom-up required by daily life, highlighting the social value of spatial experience. These two completely different primitive understandings of good cities are always accompanied by the evolution of urban design theories and methods. In his 1981 publication Lynch's *A Theory of Good Urban Form*, Lynch admitted that his understanding in the 1960s about the residents' cognition about the city was too static and simplistic. It ignored the attention to the meaning of the city. He argued that, to majority of residents, the path-finding was in fact a secondary issue. Besides, the emphasis on order often will sacrifice the ambiguity, mystery and surprise of urban forms[1].

Fig.1 ***The Death and Life of Great American Cities*** **and** ***The Image of the City***

Since the 1990s, driven by the demand for rapid and large-scale material construction, China's urban design practices have no time to consider the urban space paradigm fits to China's conditions. It pursues macro-narrated urban mega structure and the plan-embedded active governance. A series of Chinese urban design theory and methodology is developed. Local government decision-makers believe that urban forms are associated with competitiveness and therefore actively "forge" the city's "business cards" through urban design. The city presents a very Montage-styled economy-driven pile-up. The consumerism has successfully interpreted and taken over massive space produced in cities [2]. At the same time, due to the existence of urban problems, city residents expressed a dual sentiment of rural nostalgia versus to-be-improved urban life. Weak in collective action and social responsibility awareness, developers, under the guise of controlled planning, legitimately collage out ill-designed cities. People's imagination about the paradigm of the ideal living space can only be placed on the local scene that is free from the modern city such as the historical urban segment, traditional villages and other scenarios drifting outside the modern cities. It shows that the deep interaction between people, context and place is quite limited in the real urban space.

1 Spatial paradigm based on scale difference

The urban space image is not only a grand, structural, systematic and collage of trans-human scale, but also a fragment of sensibility, visibility, spirituality and life quality. Just as the modern architecture has a pattern language, the paradigm in urban space is ubiquitous. Despite the difference in historical background, social structure, and cultural concepts, they all produce replicable practices of varying degrees. From a phenomenon point of view, the urban space paradigm possesses the adaptability superior to the archetypal architectural style and can be popularized without regional restriction.

From the microscopic point of view, quadrangle courtyard is the representative of the Chinese traditional living space unit. Homologous structure can be found in various functional architectures of different dynasties, producing the ever-changing architectural space. In terms of plane composition, strong growing feature has been observed from buildings to street blocks. They are the extremely important cultural connotation and spatial illustration of the urban texture of ancient Chinese cities. "Arcade" is a paradigm for commercial spaces in European cities. "Agora" is a paradigm for public spaces in European cities. Both of them have exerted profound influence over the node-like typical spaces built in European cities. It is also widely seen in the United States and very common in Japanese cities good at learning from West.

From a meso-perspective, architectural texture and historical blocks often constitutes an abstract two-dimensional picture-background relationship. It is composed of the public and private continuous space structure. It often expresses some kinds of rhythm and order, which are produced after long-time collective life and co-constructing. Such space prototypes are simplified and can have symbolic attributes. Integrated with forms, functions and meanings, they are associated with cultural practices, social institution, lifestyle, and productivity levels [3]. They are also replicable space paradigm commonly seen. For example, the typical neighborhood space paradigm of Chinese towns such as "Li Fang" and "Li Nong" reflects the imprint of traditional culture. In the early years of new China, Soviet Union styled "working-unit compound" model was adopted and widely constructed in many Chinese cities. It reflected the formal order under the socialist ideology. The space paradigm helps to shape the localized features of urbanization. Some of them can constantly grow and thrive as it adapts to social behaviors and lifestyles, while others gradually collapse due to the conflict against the new production and living conditions.

From a macro perspective, the urban spatial paradigm has obvious geometric order features. The Fangcheng of "Artificers' Record" is an explicit form of patriarchal clan system in Chinese society and the deep psychological structure of ancient people. "4.5 km diameter in floor area, 3 gates, 9 by 9 streets grid, 9 carriage-track wide South-North roads". This urban layout values grandeur and symmetric format. With the well-organized format equilibrium, it's the classic space paradigm of ancient Chinese cities. It is also distinctively isomorphic and phenotypic to Chinese conventional quadrangle courtyards. The axis-line organization art of European cities can be described as the classical paradigm. It originated from the 16th to the 19th centuries and culminated in the reign of French Louis XIV. The artistic creation of this period urgently needed to honor the monarch and showoff strong national strength. From the Versailles Palace to the controversial Haussmann' s renovation of Paris, rigorously deployed axis, orderly arranged geometry and mathematical relations manifested the grand and magnificent urban atmosphere, making Paris a spatial paradigm of the beautiful city at the time (Fig.2 and Fig.3). It cast profound influence over the urban planning and construction of European countries and other capitalist countries. The United States' urban beautification movement in late 19th and early 20th centuries was also deeply influenced by Paris paradigm. The movement opened up the modern urban planning of the United States. Prior to this, most American cities plagiarized the gridded layout pattern of industrial cities in continental Europe. They were not beautiful and not very imaginative. The Beautification Movement staged organized response to various kinds of urban environmental problems by creating new physical spatial images and order. During the same period, Howard' s Garden City theory influenced the practice of the New Town in the United Kingdom. Olmsted' s Central Park in New York opened the first large open-space of modern city and created a new type of grid plus central park space paradigm for central city area. At that time, the United States was in the process of rapid urbanization. In United States at large, Paris paradigm was interwoven with the modern practice, breeding a new kind of urbanism. Urban design was born and developed into a relatively independent new discipline in 1950s to 1960s. It echoed the paradigm discussions in all types of urbanism.

Fig.2 Aerial view of Place Charles de Gaulle

Fig.3 Aerial view of Place des Victoires

2 Space paradigm under totalitarianism

European castle and the Chinese Fangcheng are both classic historical space paradigm. Due to the long culture and profound heritage of such paradigm, it carries a high degree of aesthetic identity and has its morphological stability, institutional relevance, and decision-making & implementation processes all based on strong top-down totalitarianism.

Since the birth of modernism, cities designed and implemented fully by the plan such as Brasilia, Chandigarh, or Canberra, showed some kind of rule-based and geometrically striking plan. It's set with clear, top-down objectives. It also represented the centralized operation in the shaping of urban space, highlighting the connection between the values of decision-makers and the outcome spatial paradigm. During the Republic of China, Guangzhou enforced the mandatory construction of arcades in designated streets, creating a kind of aesthetic preference from decision-makers about public spaces in urban streets. It was also a strong intervention of public power in private rights.

The theory of collage city sees the city as a fragmented memory and spatial system made by historical remnants. It's the aggregate over the time course rather than an organic entity. Changchun is a very typical and unique case as its complicated power interventions also caused overlap, collage and mix of its spatial paradigms (Fig.4). Because of its special background as the capital of the puppet Manchukuo, the Japanese rulers prefer the ideal model from Europe, emphasizing the centripetal composition of axes plus spokes. The royal palace area occupied by the puppet regime adheres to a symmetrical north-south axis layout. As a result, it has formed a hybrid urban-planning paradigm interwoven with Chinese and Western paradigms. The urban plan was finally implemented to form a very distinctive spatial form.

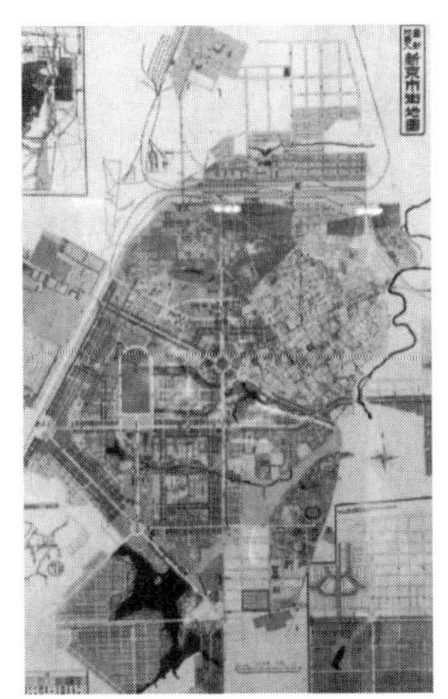

Fig.4 Changchun City Master Plan (left) during period occupied by Japanese army and satellite image in 2016 (right)

(Source: Shenyang Architectural University, Baidu)

Since the reform and opening up, in China's fast urbanization process, urban design fomented the unrestrained development of governmental heroisms due to the overwhelming "official aesthetic" and the top-down totalitarian logic. The grand blueprint narrative space became the main interpretation of government about the role of urban design. The superimposed spatial expressions of different administrative intentions can even be identified from the urban built-up patterns.

3 Space paradigm of China's urban design practice

China's urban design practice went hand-in-hand with massive urbanization. The powerful decision-making power and implementation capabilities guaranteed the rapid realization of the public domain of the design blueprint for urban expansion. The follow-up market development quickly produced consumption and service space through profit pursuing and product provisioning. During this process, fixed routines or patterns also gradually appeared with a certain degree of spatial paradigm.

Shenzhen, as the pioneer city in the China's reform and opening up, its pattern of Shennan Avenue plus the street-side skyscrapers became a token of a "successful" and "powerful" city. As a result, it became a paragon space pattern to many local governments in rolling out their urban construction of new districts. Around the main objectives of maximized efficiency and speed, the axis-style avenue-based space paradigm became the most optimal spatial structure for urban expansion under rapidly growing demand. The spatial phenomenon of "the big road+ big neighborhood" was produced in large quantity during the rapid urbanization started from the 1980s. It was also related to the mode of land transfer and the efficiency of investment and development. In the area of urban resident space, real estate property with access control has become a residential space pattern in Chinese cities. It gradually replaced the declining pattern of work unit resident compound.

A series of spatial paradigms formed in practice not only significantly defined the form of urban expansion, but also superimposed over the traditional urban fabric to jointly answer and annotate the "Chinese Dream" about cities. Compared to the wheel-based suburb living lifestyle of "American Dream" and the sprawling city forms thereafter generated, the spatial vector of "Chinese Dream" is multi-pronged and ambiguous. "American Dream" reflected European paradigm and established American paradigm. Compared with the "American Dream", "Chinese Dream" is also implicit and chaotic in space expressions. In fact, there has been anti-urbanism, especially anti-metropolitan in the ideological trend of urbanism in America. The "British Dream" is also more about idyllic gardens de-urbanized. However, as for China, a nation challenged with man-land tensions and lasting urban and rural disparities, it's always an unavoidable main topic of China urban design to build and live in bigger yet better cities.

Most urban design theories advocate guiding and even redefining urban lifestyles through the design-induced space intervention. Urban design itself is also a method constantly absorbing new ideas while having the indispensable role of consolidating space into the ideal place and spatial form. The control power it exercised in urban planning administration helps to achieve spatial ideals through a progressive collage of urban development processes. Considered from the perspective of modern society, this intervention power for space generation is the totalitarian-like public awareness behind many beautiful cities. It can be interpreted as a smart intervention of urban design in urbanization process.

4 The evolution of spatial paradigm in information age

Since the industrialization, especially the superposition of globalization and informatization in the new century, the capability, ambition and uncertainty of human intervention in urbanization have been strengthened as ever before. The new spatial requirements made cities more flexible and open. New technologies will be used extensively in many areas of the city, greatly affecting the city's mode of production, lifestyles, mode of transport and recreation patterns. The application of information technology generated an all-round influence over urban society. Through the data mining and practical applications of all kinds of big data, urban spatial perception featured with wider domain and more abstractive patterns are increasingly influencing the traditional perception of urban spatial paradigm. For example, through the visual analysis of big data, we can see that the public service facilities in Guangzhou presented a clear multi-center distribution in the study of the public service facilities and public interest spots distribution of Guangzhou [4]. In addition to the centralized distribution in central city area, multiple clustered centers were found in Huadu, Zengcheng, Conghua and other city fringes. Comments about facilities mainly concentrated in the downtown area of Yuexiu District, Tianhe District and Haizhu District, while other areas are less distributed. This indicates that the downtown area is more popular to the public. The most densely populated public space is also the place with the biggest amount of worst and best comments. This is big data. It has both realistically interesting and helplessly frustrating.

Another example can be found in the analysis of the traditional Chinese garden Yuyin Shanfang (Fig.5) [5]. We use the spatial information of the web photos to restore the scenes in a certain spatial range. It revealed the small space behavior feature of the "crowd-funded" photo shooting site of Yuyin Shanfang. This is an ICT-based approach to conduct positioning analysis to the "step-changing scene". It deepens our understandings about the traditional garden through such in-depth analysis. But in the other way around, it cannot prove the preferred photo shooting site also signifies the good or bad quality of the garden space. It is also difficult to directly deduce a good garden design method. The creativity and diversity of a design is still the quintessence of Chinese gardens.

The internet search and social media nowadays can share the experience and perception

Fig.5 Landscape characteristics of Yuyin Shanfang based on Internet photos[5]

about city space in real time, giving people a virtual understanding of the cities before even visiting the cities. People can even plan a very fine-grained itinerary for their incoming visit to the city. A physically existing city has enormous virtual images superimposed on the internet. In recent years, when collecting and studying the internet-based images of Guangzhou, we use the image search frequency and other methods. We found that the most important symbol of Guangzhou is Guangzhou Tower in Pearl River New Town which ranks the top on the list of Internet interest. In such situation, we must reflect whether Guangzhou's city image has been virtually skewed or extremely shattered.

In information society, the space images transmitted by the Internet, film and television, transport vehicles and track stations will be superimposed over the traditional cognition map based on physically experience. The city's image is no longer exclusively depending on the personal experience of pedestrians. It shows more user-oriented collective nodes superimposition features. To some extent, the creation of city image can be controlled. It will be fairly easy for the government and Internet companies to change city image if they want to.

Therefore, the impact big data brought to image-based cognition is significant. The evolution and even mutation of the spatial paradigm is also genuine. How to actively identify, deconstruct and construct the future urban space through proactive innovation on methodology is undoubtedly the new challenge of urban design in the information age.

5 Conclusion

The influence of modernism over China is forced by external factors. After experiencing fast industrialization and urbanization, China is still confused about the future. Peter Rowe once commented this as a spasm type architectural design and urban design. Such continuing confusion accompanies the continuing design practice and built-up form. In the urbanization process, the Chinese society is inevitably exploring and advancing toward the uncharted water where no existing spatial paradigm guidelines or best practice city standards can be available. Historically speaking, different cultures have provided different urban paradigms. However, systematic theoretical research is still needed to explain its spatial value and its adaptability to the future. This is a very worth well topic for urban design and architecture to study and reflect.

Every city and every culture has its own ideal space paradigm, which is unique as a DNA. It inherits and evolves under the influence of many factors such as climate, topography, geography, history and culture, humanistic background and daily life, all of which are important sources urban features. At present, the market has great potential for the consumption of local contextualized space paradigm, i. e. Taikoo Li in Chengdu and Lingnan Tiandi in Foshan. They reflect the recognition of people about traditional spatial value. The ever-increasing demand for exchanges and leisure, together with the diversified aesthetics, has also led to pooling a large number of consumer activities in the transformed space of plant workshops, warehouses and wharfs. This reflects people's recognition of the multiple meanings of urban space.

The core methodology of urban design in emphasizing the spatial layout of a beautiful city must be adhered to. The evolution of urban space is always based on its original form. As a carrier to accommodate urban life and production, urban space is a growing organism with a certain degree of continuity and the non-stop change. The innovative paradigm of urban space comes from the rediscovery and adaptive deduction of traditional space prototypes. It can grow to be isomorphic or similar from the prototype, and can also create or heteromorphic or new variations from the present being. How to highlight overall harmony in urban space is a challenge constantly explored and practiced by urban design methods.

References

[1] LYNCH K. Urban form [M]. FANB Y P, HE X J, trans. Beijing: Huaxia Publishing House, 2001.

[2] WANG S F. Urban design construction has a public aesthetic value space paradigm thinking [J]. Urban planning, 2013, 37 (3): 21-25.

[3] HE Y, DENG W. Research on the prototype and type of architectural texture of historical blocks [J]. Urban planning, 2014, 38(8): 57-62.

[4] HUANG L, ZHAO M X. Exploration of cooperative learning model for planning professional extracurricular research——based on empirical observation of Tencent network social platform [J]. Shanghai urban planning, 2015(3):99-103.

[5] ZHAO M X, GU W, JIA R Z, et al. A method for identifying landscape characteristics of built environment based on network picture: China, CN104933229A [P]. 2015-09-23.

Wang Shifu Deputy Head of School of Architecture, South China University of Technology (SCUT). Deputy Secretary General of Academic Working Committee and the Vice Chair of Urban Design Academic Committee at Urban Planning Society of China; member of National Steering Committee (2008-) and National Assessment Committee at Urban and Rural Planning Education in China (2012-2016); editorial board member of *Urban Planning Forum*, *Planners*, *Tropical Geography* and *Urban Insight*, and the associate editor of *South Architecture*; and a member of Urban Planning Committee in Guangzhou, Foshan and Fuzhou. Senior visiting scholar to Fulbright at MIT during 2015-2016 and to University of Leuven in Belgium in 2014. Head of Urban Planning Department, South China University of Technology since February 2008.

His main research directions include urban planning, urban development and management, urban development theories and methods, and smart city. He focuses on theories and methods of urban design practicality, comparative study of urbanization process, principles and methods for urban planning development and control, and publicity of urban space, etc. He has launched several programs of National Social Science Foundation of China and National Natural Science Foundation of China, won the Youth Paper Award of Urban Planning Society of China for three times (1999, 2001 and 2005) and some national and provincial excellent planning and design awards.

Practice and Reflections of Public-Value-Oriented Urban Design

Huang Weidong

Executive Vice President of Urban Planning & Design Institute of Shenzhen

1 Public value orientation has become an important value orientation of urban design in the new era

Urban design itself is a kind of design creation. It's not only an urban design and construction technique integrated with collective wisdom of people but also a kind of public policy reflecting people's preference of value injected into a city at a particular stage of development. It's reflection about value orientation started from the day when city was born. No matter the classical city embodying the imperial order and the modern city showcasing economic laws, behind the surfaces are actually the spatial reflection of social values preference generated in that period.

Entering a new era, the "people's city" has become the biggest consensus of China's urban development outlook. This entails innovations in scientific outlook, the development outlook, the innovation outlook, the ecological outlook and others. Such innovations respond to people's demand for better lives. In the new era, public value orientation is an important direction for urban design and practice of people's city. It's an important direction for obtaining the greatest common divisor in the design field.

Under the guidance of public value, how should urban design continue to develop and innovate in the context of China's diversified urban development and respond to people's needs? We think it's necessary to focus on people and people's diversified needs as a starting point for thinking. For nuances of people's needs caused by different stages of urban development, adaptive design support and supply of urban products should be secured. This determines the urban design will be applied with more complex integration technology and be developed into a broader area of practice.

2 The trend and practice of urban design under the guidance of public value

2.1 Respond to the needs of public value and multi-value orientation, providing integrated technology solutions

In the pursuit of public value orientation, it may be an important trend in future urban design to provide a technologies-integrated solution. This trend is reflected in the urban design oriented by people's diverse values. Through exploring multiple values of regional development, consensus is reached on development; space is used as a platform to stage the increasingly integrated multi-disciplinary techniques, provide solutions and sustain urban design's decision-making process. Traditional urban design takes space design as the focus point. Based on architecture and urban aesthetics, it provides a morphologically oriented spatial solution. Urban design nowadays is a comprehensive urban solution that integrates social, economic, ecological, transportation, municipal and architectural aspects. It embodies diverse values.

Combined with our urban design practices, this trend can be more clearly identified.

Early urban design focused on space design and architectural patterns. It is mainly oriented to attract investments. In 1994, in the design practice of the central area of Futian, we mainly made arrangements for the spatial form, and we knew very little about these real laws of socio-economic development.

In the urban design practice of "2007 Hangzhou Innovation and Venture Xintiandi Urban Design", considering the market law and the user needs, market researches on "business analysis, function planning and event planning" were conducted to find the development direction of the region. This is beyond the conventional spatial scope of urban design. It is a result of social, economic and cultural influence converging in space.

In 2010, in the comprehensive planning of the Shenzhen Qianhai deep port modern service industry cooperation zone, a series of cross-disciplinary studies have been done on industries, transportation, land, landscape, planning and municipal administration. By collaborating with 13 professional teams, professional and synergistic comprehensive planning was conducted to implement a series of urban design intentions. This dynamic design process continues to deepen. In Qianhai #2 and #9 urban design units, the street neighborhood was used as the yardstick for the detailed control of space and architecture. It also values more the application of various technologies at micro level, the coordination of project implementations. Finally, it provided the implementation documents consisted of "Planning and Research Report", "Management and Control Documents" and "One Book and Three Pictures". It thus yields technical achievements that are more operational.

In 2013, "Urban Design for the Shenzhen Liuxiandong Headquarter Base" is intended to create a city design that responds precisely to the needs of the industry in a high-density city. Through the research on the demand of special working population and enterprises on space and service, it is found that in high density and super high-rise buildings, the vertical layout of public service plays an important role in reducing communication costs and promoting innovation. Therefore, combining the multi-compound industrial community and the vertical spatial organization of public services has become an important issue. It will also further expand the applied research about vertical city.

2.2 Create a more humane urban space via the core carrier of public space and products

Another trend in urban design is that urban design is beginning to be highly recognized as an effective strategy to create a humane space due to the increased demands of urban citizens for public participation and human-oriented needs.

It responds to the basic requirements for human-oriented, facilitative and publicly shared urban space. It carries out specialization and standardization research on the product elements of public space. In turn, it provides urban public products with richer elements, more diversified contents and more open sharing.

In 2005, the "Planning of Public Spaces in Shenzhen Special Economic Zones" was the earliest plan for public space in China. It responded to the basic response of citizens to the demands of small-scale, short-range and community-based public spaces in an ultra-scale city. It also triggered discussions about standards of Shenzhen public space design. It was eventually incorporated into the Shenzhen city planning standards and guidelines. After that, Shenzhen Walking System Planning and Greenway Planning all followed this path: an optimized urban governance mode that echoes citizens' need, develops standards for public products and ushers in law-regulated constructions.

The 2009 Pudong New Area Strategic Development Planning Study stimulated the vitality of Pudong. We proposed to focus on urban public places and public goods, innovating public services in space and construction patterns to create the highly dynamic network of small but mixed functional groups with great vitality. Through building a human-oriented, public-product-dominant urban space framework, we updated the old spatial development mode of large areas.

During the Shenzhen Universiade, many big public environment projects including the "Shenzhen Coastal Leisure Belt" and "Shenzhen Greenway" have been implemented at the same time. These major public environmental projects have become the iconic places of Shenzhen for higher quality urban life and satisfied leisure needs of the public. "Shenzhen Dayun New City Public Space System Planning and Core Area Space Design Guideline" continues to stimulate the vitality of the city after Universiade through detailing design around public spaces, streets and public products. The project pays high attention to the effective conductance of design and its implementation at the public spaces such as small corner streets, street spaces and architectural interfaces. It pays off with quite good results.

The 2014 "Shenzhen Qianhai City Style and Architectural Features Plan" essentially takes the public space, street space, street system and architectural features as the research objects. It weighs all kinds of factors as an integrated system that affects each other to study various types of public space standards. As a result, a set of public products were produced.

2.3 As an urban public policy, urban design has expanded and enriched governance mechanism of cities

The combination of urban design and social governance has become an important direction for the future. In highly urbanized areas, urban space has been allocated to many stakeholders. The practice of urban design needs more public participation and promotion from the whole society. It has gradually become an effective tool for urban governance. Urban design responds to public interests and demands for social equity. Through joint participation with all stakeholders and sectors, urban design can generate development consensus and form a bottom-up impetus to drive the development of the brand-new urban design and practice mechanism.

From the end of last century, Shenzhen began to explore establishing statutory system for urban design and urban governance.

In 1994, Shenzhen set up the country's first urban design office, which played a key role in Shenzhen's urban design and management. Our institute participated in the massive research work of urban design systems organized by Design Office. First of all, Shenzhen's overall space form was guided by the projects like "Overall Urban Design of Special Economic Zones", "Overall Planning of Urban Sculpture of Shenzhen Special Economic Zone" and "Planning of Light Landscape System of Shenzhen Special Economic Zone". And in 1998, a series of Shenzhen urban design studies were launched. It covered 15 urban design studies and conducted researches on "system requirements, technical guidelines, system management regulations, and design standards" and other four aspects of institutional research. In the same year, the *Shenzhen Special Zone Planning Regulations* established the statutory status of urban design and required urban design be carried out at all levels of planning. In 2004, the principal research content was defined in the *Shenzhen City Planning Standards and Guidelines*.

The urban design system management platform continued to be refined since the beginning of this century. In 2006, it started to study the contents of the space control master plan. In 2009, it was issued as an attachment to the construction land planning permit. The route of integrating urban design to the land transfer was affirmed.

It is worth mentioning that the project "Research on Shenzhen Density Zoning" started from 2001 and went deeper in 2004. It was included in the overall urban planning of Shenzhen in 2006 with the theme of "Urban Design and Density Zoning". In 2014, the project enters into 2014 *Shenzhen City Planning Standards and Guidelines* The project plays a significant role in controlling the overall spatial pattern of Shenzhen.

After the establishment of the urban design system platform, the urban design in Shenzhen has the basic implementation guarantee. However, the promotion from the administrative level is not enough to meet the diverse needs from the society, especially from the market. Therefore, the public consultation mechanism began to emerge. The Shenzhen Huaqiangbei area, or the Shangbu District, is an urban area spontaneously transformed from an industrial zone into an ecommerce zone. It has a very strong momentum of self-growth. The administrative urban design system here failed to solve this kind of interest interaction between citizens and business owners. Therefore, in 2007, "Shangbu District Renewal Planning" already was aware of this rather complicated social issue. We proposed a public consultation work style that takes urban design as an important platform and hosted over 80 times of collective consultations with dozens of business owners. Under the support from the local government, a number of special policy documents were issued to facilitate the policy implementations, contributing in the end to the final city renewal plan.

Further extension of this consultation mechanism was combined with social public governance and social awareness enlightenment. Shenzhen Special Economic Zone Public Space System Planning took the planning as a platform to promote the public participation through public opinions solicitation. As a result, it promoted the construction plan of 100 community parks.

"2013 Shenzhen Beautiful 'Fun City' Plan" was positioned to improve public governance and awareness enlightenmen through more organic and acupuncture-style approache, taking public space as the foothold of urban environmental improvement. Well-known designers, artists, institutions and the public actively participated in the design and implementation of public space. It has driven a series of plans to improve urban vitality.

Our latest practice is "Shenzhen Development Strategy for Building a Child-Friendly City". This plan was jointly initiated by the Women's Federation and our institute. It also got the support later on from government and administrations at all levels in its development. Through dialogues with the public, it yield informed planning outcomes. The planning promoted Shenzhen's protection of children's rights and the sustainable urban demographic development. It is an explorative urban planning that is purported for comprehensive social governance and improvement.

In summary, the public value-oriented urban design will face changes in technology, vector, mechanisms: in terms of technology, it has moved from a single framework into the intersectional study of cross-border intertwining. As for the carrier, from the relative static carrier such as the architectural space form and the urban space form, it gradually changes into the carrier for human activities and the public interest of the whole society. From the early institutional construction and administrative control to the consultation mechanism and the cultivation of a common governance mechanism in the whole society, the focus now is to draw more attention to urban development and enhance the understanding about the city.

3 New exploration guided by public value

3.1 Proposition and definition of "generalized public space"

Under the guidance of public value, in order to fully implement the concept of people's city development, we proposed a new model of urban development featured with public services provided by the carrier of "generalized public space".

The "generalized public space" is composed of public service elements integrating "urban public space, natural ecological space, urban public service and urban infrastructure". Oriented by public values, it's an urban service provisioning system that provides public service products and public communication space.

In terms of the structure construction, the "general public space" integrates "ecological corridors, traffic corridors, infrastructure corridors, public services and service networks". It's an urban supporting system that ensures urban eco-security, efficiently operating urban infrastructures and a well-structured urban structures supporting system. "Generalized public space" is also a spatial framework for organizing "innovative service functions". It provides convenient transportation network to connect innovative functions and provide innovative public goods and services to meet the special needs of creative people. It also provides public space for the cultural exchanges to incubate innovation and stimulate innovation.

3.2 Explore the city organization mode in "generalized public space"

We continued exploring the organizational model of generalized public space in a series of projects such as Yangzhou Eco-Tech City Core Area Urban Design. In this practical work, the plan attempts to weave public space, ecology and infrastructure into a network system. In the space network consisting of "public space + natural ecology + infrastructure + innovative services", priority should be given to accommodate the development of urban public services and infrastructure to provide rich and abundant urban public communication space to the people.

A slow-pace oriented convenient city-wide scale was established. A block is demarcated by the distance of 10-minute foot walk whereas an urban innovation development unit is demarcated by the distance of 10-minute bicycling. Cities shall be established with the basic scale of slow-pace accessibility and supported with green, shared public transportation system.

In the spatial structure of neighborhoods and innovative units, well-balanced public service and customized professional services shall be provided to give more diversity and flexibility of the city's public goods.

Around such provisions of public goods, public service will become the primary driving force of all units in the city. In fact, the new, more fair and open urban development mode is produced.

4 Conclusion

Under the background of urban development in the new era, a preliminary consensus has been reached on public value guiding the development of cities. Urban design should practice urban development concept of "City for the People" which oriented around the public value. Innovative urban spatial organization, public service supply and urban governance model will usher in new changes. In terms of methodology, the transition from simpler space design in the past to more diversified and comprehensive interaction research has been conducted. As for the objects of urban design, it changes from the relatively static material space in the past to more focus on urban public places, public life and urban space quality. In practice, we should gradually shift from the top-down management and control mode to the cultivation of a variety of urban public governance mechanisms.

Huang Weidong Professor senior planner, Executive Vice President, Urban Design Director and Deputy Chief Planner of Urban Planning & Design Institute of Shenzhen. He was awarded the First Top 10 Young Planners in Exploration and Design Industry in Shenzhen. He devotes himself in researches on planning concept and technical method of humanized cities and plays a positive role in advocating and exploring the multi-disciplinary practice of comprehensive solutions for urban planning. Mr. Huang has led the preparation of many major urban planning and research subjects for Shenzhen Municipal Government and other local governments. They mainly include *The Comprehensive Planning of the Qianhai Shenzhen – Hong Kong Modern Service Industry Cooperation Zone* (which was awarded the first prize of National Excellent Urban and Rural Planning and Design Award and the Excellent Urban and Rural Planning and Design Golden Bull Award), *Shenzhen Master Urban Planning* (2010–2020) (which was awarded the first prize of National Excellent Urban), *Shenzhen Greenway Network Special Plan* (which was awarded the first prize of National Excellent Urban and the second prize of China Construction Science and Technology Award), *Urban Renewal Planning for Shangbu Shenzhen* (which was awarded the second prize of National Excellent Urban and Rural Planning and Design Award), *Public Open Space Plan of Shenzhen Special Economic Zone* (which was awarded the second prize of National Excellent Urban and Rural Planning and Design Award), *Technical Requirements for Urban Renewal Unit Planning in Shenzhen (Trial)*, *Research on Transformation Strategy of Urban Renewal Unit Planning in Shenzhen*, *Public Open Space Plan of Hangzhou*, *Consultation on Strategic Development Planning of Shanghai Pudong New Area*, *Technical Specifications for Urban Design Guidelines in Shenzhen*, etc.

Digital Urban Pattern Design: Landscape Sensitivity of the Border Zone between Wildernesses and Cities in Appalachian Trail

Guan Chenghe

Berman Scholar of Graduate School of Design, Harvard University

With the theme of wilderness cities, this article explores how wilderness cities relate to digital cities. Firstly, the reasons for conducting the study of wilderness cities include three aspects. The first reason is out of personal interests, because wilderness cities actually include the process of relationship formation between man and nature in remote living environment. From this perspective, the author tried to figure out how to use water to form this organizational system, even touches on the way of life in highlands of Nepal. The study is not just a research or a job, but a more a part of life. The second reason is due to the undergraduate course I taught at Harvard Graduate School. It was translated by name as "American Urban Pattern and Citizen Participation". The main task is to take 12 American students for a semester's study of American urban pattern. It was found that their own understanding of the evolution and development of American urban pattern was limited or even wrong. The ultimate goal is to understand the role of their disciplines in urban construction by understanding cities and wildernesses. The last reason is some thoughts I hold during continuous exchanges between me and Prof. Wang Jianguo in the past one or two years.

The four paradigms of urban design evolved from traditional to modern, to green, and finally to the stage of human-computer interaction. The third paradigm was actually a thinking process thinking dominated by the United States and Europe. But the fourth paradigm is actually a process of thinking based on China or on such a high-density city. It is necessary to explore whether the United States and Europe should be guided by China's experience. In this process, we need to pay attention to its temporal and spatial features. From this time perspective, there is no important milestone to separate the third and fourth paradigm. Instead, they intertwined with each other. From the perspective of space, it can be a paradigm of one city with one kilometer or five cities with one kilometer. Also, it can be put into broader scopes, or regional and national dimensions. One of the most important clues in the four paradigms is the relationship between man and nature. The process of urban development in the United States is a process in which the relationship between man and nature is constantly changing.

Wilderness cities can be interpreted with the meaning for forest protection on one hand, that is, the protection powered by some policies in China. On the other hand, it also refers to some standard approaches in United States, that is, natural fires in forests to regain the growth of life. European standards are even more extreme, they orchestrate some forest fires to usher in the renewed plant growth.

The concept of satellite city was produced when wilderness cities were incorporated into the border concept of urban design. When the big city grows, those neighboring small cities are also growing. The second is the fringe city, which means that the city itself can develop close to wildernesses, in a more random sprawling manner. The third is the urban boundary. It is not to limit the city within the city scope. Its growth has gone beyond the city. In South America, there are many countries lives with the limitations of topography and landforms. The Bogota, capital city of the Colombia, is also the city with border limitations.

American painter John Gast made a painting in 1872 (Fig.1). It pictured the process of the American Westward Movement and provided a historical snapshot when Americans went westward from the cities of Mississippi and St. Louis, indicating that the rapid development of the Westward Movement in the process of land use in United States necessitated the quick reaction of US land system to the changed system management approach. Between 1803 and 1804, the United States bought from the French the entire land along the Mississippi River. Under such context, the national land regulations proposed by the famous American leader in 1785 had enabled them to better control these lands. So the land grid was adopted and it finally exerted the tremendous impact on the development of the entire urban pattern of the United States.

The development of the urban pattern of the United States began with the control by government, which led to the current urban city images of the United States. In the earliest period of man-made urban constructions, the formation of cities was formed completely spontaneously. In this process, human kind simply followed the natural laws, including the rivers, mountains, and climate. On this basis, these natural elements gave the most fundamental impacts on urban design. Why such process of natural observance of urban pattern did not jump into the modernism of cities made by Le Corbusier (Fig.2)? Modernism actually consists of two points. One is to abandon history which certainly has never been possible. The second is to celebrate the advancement of mankind technologies to obscure the impact of the environment on cities.

In fact, from Haussmann's reform of Paris's urban design to the later time idyllic city, they

Fig.1 Process of American going westward

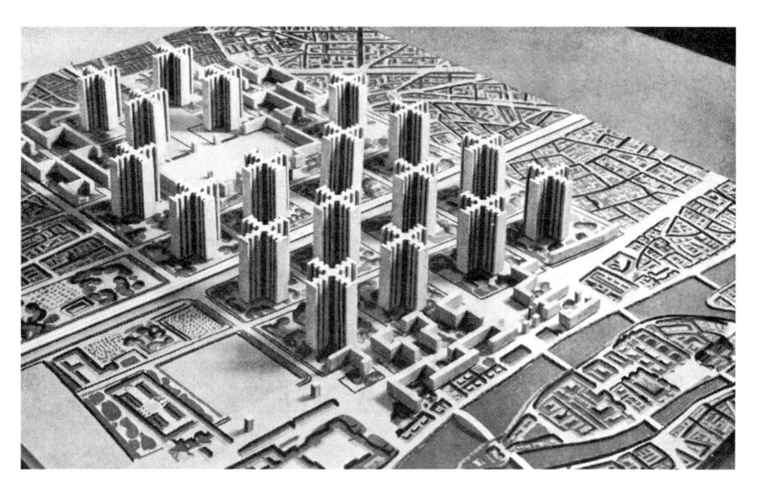

Fig.2 Bright city by Le Corbusier

were largely trial efforts staged to produce garden cities. It was not until the 1950s and 1960s that such modernism emerged, amid a process of abandoning history and forsaking nature. It's a very critical point for the later transition from the third-generation urban design paradigm to the fourth-generation paradigm.

Next, I will talk about the study to the Appalachian Trail. The Appalachian Trail was actually about a man-nature relationship proposed by the urban planner Danielle Merck in Massachusetts from 1921 to 1923. After Thoreau proposed at Walden Lake that people should be bonded to nature instead of abandoning nature in the mid-19th century, he reinterpreted the relationship between man and nature, advocating that all these people should enjoy urban life and be able to go into nature at the same time.

The entire Appalachian Trail went crosses 14 states and covered a population of 22 million.

According to the incomplete statistics in 2016, about 44 million people have experienced "fast trip" one day in a year, or two days a year, or a full-course hiking. This indicates that 25% or 20% of the US population can access Appalachian Trail with a half-day drive, indicating that the Appalachian Trail has an important place in the world or in the United States. In addition, it has a very important feature, that is, the highest elevation is no less than 2500 meters, which is very helpful for people's natural activities. Through pondering, we can also enter into the new field of discussion about the relationship between man and nature, including the discussion of eco-city made by Sasaki on the relationship between man and nature.

In the process of landscape sensitivity research, the relevant elements of landscape and urban development were superimposed and analyzed (Fig.3). At the same time, in the study of

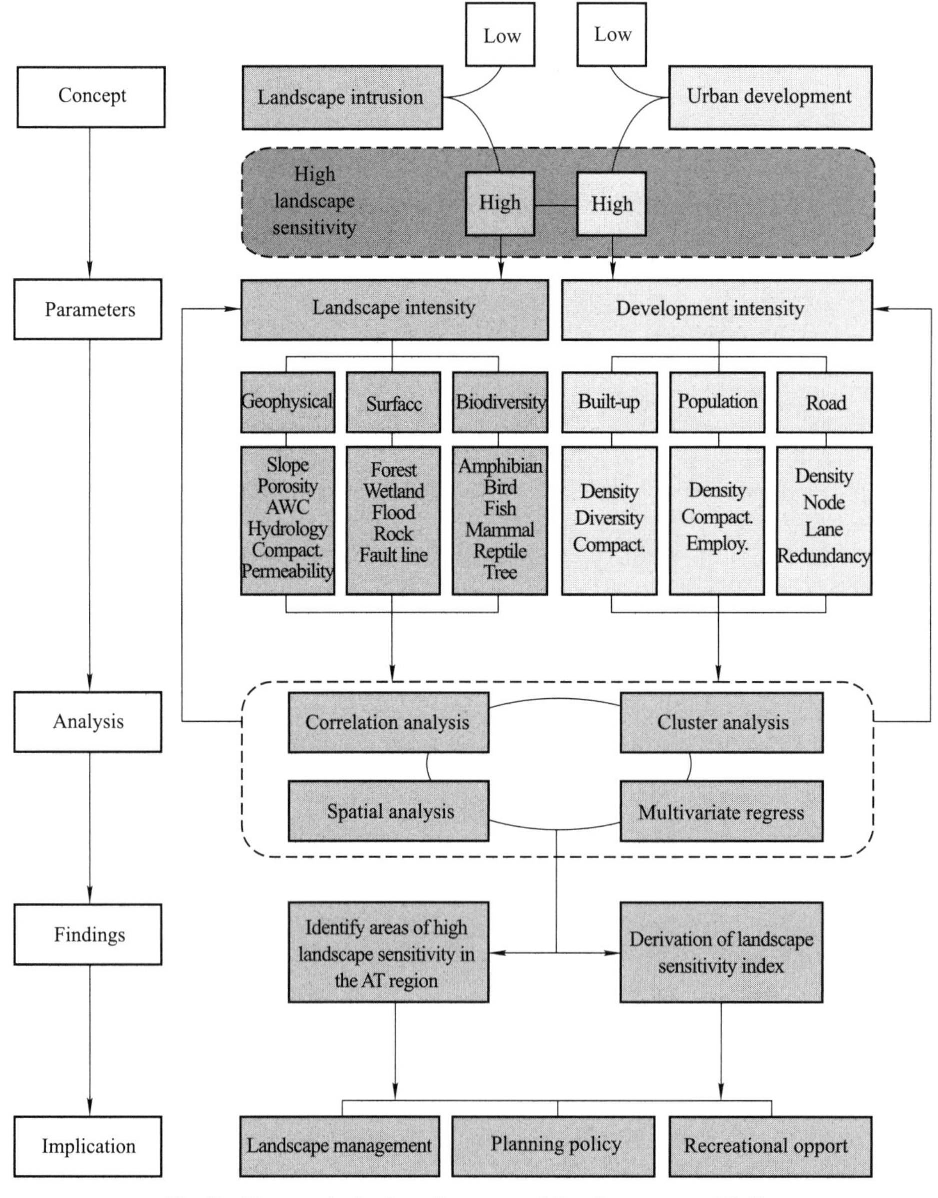

Fig.3 Research design diagram of landscape sensitivity

the spatial pattern of landscape sensitivity, 2200 km^2 land was divided into the grids of 5 km × 5 km. The reason was that the federal government of the United States adopted radius of 20 km in statistical management, so 5 km × 5 km is the minimum size that can be made into a square. It's a study of urban strength. These two are superimposed and then analyzed to explore the development of strength spatial patterns. It proved that cities and nature should not be separated but need to be viewed as a unity that we called mode.

The analysis also concluded that the process of land protection by the US federal government. It is completely inconsistent with the spatial distribution of landscape sensitivity we have concluded through discussion. In this case, what kind of reaction should the federal government and the state government has? And what kind of data should be used for analysis? This can also advice the policy recommendations in the next step.

From the North Carolina to Maine, there are three trails in United States that can reach the Appalachian Trail. One is in the middle of the United States. The other one is in the eastern part of the United States. It will be the next step work to put the entire study in the scope of United States, re-exploring the relationship between man and nature.

Among the research methods used, Kevin Lynch summed things already existed to explore the pattern (Fig.4). More importantly, Michael Batty, a scholar from the same time of Kevin Lynch, believed that the study of urban patterns should not be static but rather on urban transformation (Fig.5). Based on the research of urban transformation, some related technologies would be produced. They were the very research methods later applied to the study of the border between wildernesses and cities in the United States.

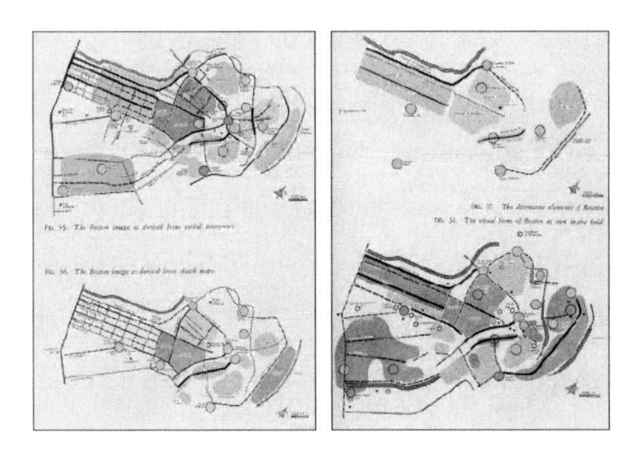

Fig.4 ***The Image of the City*** **by Kevin Lynch**

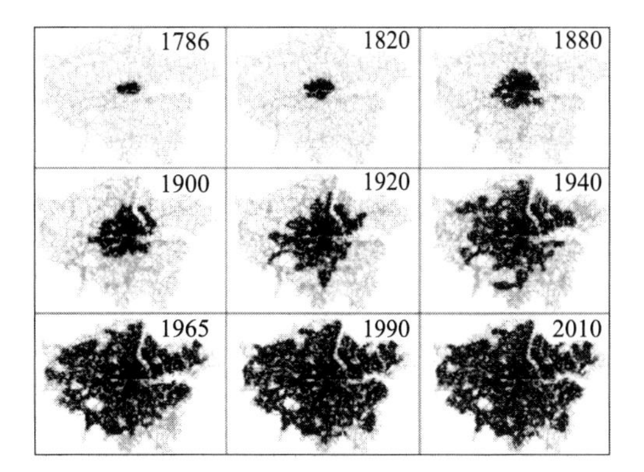

Fig.5 ***Building a Science of Cities*** **by Michael Batty**

The research outcomes can inoculate or inject the issues needs to be considered. The difference is that inoculation is reconstruction and inject is to adapt to such a process.

In summary, this research mainly illustrate on ways to explore the process of urban design from the perspective of time, space and different scales, transiting from the third paradigm to the fourth paradigm. Fig.6 depicts the process of the development of a community in California. It is worth thinking whether to adopt artificial restrictions or natural restrictions on its development.

Fig.6 Process of the development of a community in California

Guan Chenghe Doctor of Harvard University, Berman Scholar of Graduate School of Design, Harvard University, World Bank Consultant, California Registered Architect. His research direction includes urban spatial analytics, regional urban form and sustainable urban development forecasting model. Together with Prof. Petro, he put forward the research theory and methodology of Urban Intensity, making the case analysis of small towns in China. Through the support of Harvard University Real Estate Research Fund, he cooperated with Prof. Richard Piers to make a research on new city theory and practice, making a comparative analysis of the cases of new cities in UK, US and China. He proposed and developed the Multi-core Urban Expansion Density-Distance model, which was applied in the comparative study of the urban public transport and high density urban land development of Japan, South Korea and China.

In Harvard University, he was engaged in teaching the courses including American Social Spirit and Urban Form, and Spatial Model and Social Environment Policy (Harvard College); East Asia Urbanized Development, Basis of Doctoral Research Method in Design Institute, Modern Architecture and City in China,

Urban Design Postgraduate Design Course (Shekou Redevelopment), Real Estate Development Planning Field Investigation (Queens, New Zealand), and Japanese Modern Construction and Construction Innovation, and Construction Technology (Harvard GSD).

Working Experience: he worked in Maki and Associates and took part in the reconstruction of New York World Trade Center Tower 4; in China State Construction Overseas Development Co., Ltd., provided aid from in constructing Nassau, Panama; in China Development Bank, made a research on land first-level development investment; in Asian Urban Development Division of World Bank in Washington, made the feasibility study on the construction of Qab-jalalabad economic zone in Afghanistan; and in Sun Hung Kai Properties, took part in the research on commercial comprehensive land development, etc.

Topic Ⅱ

Creation and Restoration of Space in Urban Design, and Preservation of Historical Culture

A Preliminary Exploration of Urban Landmark Design in the Digital Era

Zhu Wenyi

Professor of School of Architecture, Tsinghua University

In the digital era, the design of urban landmarks should be added with the dimension of virtual spaces. Flat design is one of the dimensions. With the advancement of science and technology, the methods to perceive and cognize cities become diversified. The ways humans experience cities have never been so enriched. And different media have brought different spatial cognition experiences to visitors. The urban space is "horizontal" when we sit at the desk and face the computer screen; and it becomes "vertical" when we are looking at our mobile phones. Today, the time people spend on mobile phones is increasing. More information is accessed through the small mobile phone screens. It is these "small screens" that are bringing subtle changes to the existing experiences and cognitions of the urban spaces of the people. For example, currently, satellite maps have become one of the important methods people cognize a city. While bringing a fresh way of spatial cognition for the crowd, this way of viewing, the so-called God's Eye View, can also reveal a kind of neglect of the urban "fifth facade" in the past urban designs, bringing new thinking and challenges to urban designers.

1 Designs with prioritized God's Eye View

Taking urban landmarksas an example, landmark buildings are usually the iconic symbols for people to cognize a city. However, from the perspective of satellite maps, even those famous urban landmarks are hard to be found if displayed on small screens[1]. In the instance of the world's tallest building Khalifa Tower in Dubai (Fig.1), other than those who have been there, the ordinary people will barely be able to spot such landmark building in satellite maps.

The designs of existing urban landmarks are all based on the Man's Eye View. Although it gives much attention to the shapes and surfaces of buildings, roof designs are absent. As a result, the landmark buildings are camouflaged, in aerial photo, amid the "barren" built urban envi-

Fig.1 Satellite map of Khalifa Tower in Dubai

(Photo source: Google Earth)

ronment crowded by too many "ugly" building roofs, being deprived of the original value and significance[2]. Nowadays, people's impression of a city often starts with the "fifth facade". If randomly pick out any area of a city from the satellite map, the image presented is the most intuitive one people recognize a city through search engines in their daily lives. Therefore, in the current urban design, the control of the architectural form is gradually breaking through the traditional design thinking mainly considering the building facade and transformed to overall shapes of buildings, among which the "fifth facade" became equally or even more important facets as the logo facades.

The 1st prize proposal of 2014 Chicago Prize "Barack Obama Presidential Library Design Competition" (Fig.2) was in nature an attempt to achieve a comprehensive architectural design from the God's Eye View to the Man's Eye View in the virtual world built upon the mobile internet. From the Man's Eye View, people's perception of architecture is limited to three aspects: building's facade in daytime and night time and indoors. However, in the virtual space, plus the God's Eye View brought by the satellite map, people can experience the all-round viewing angle, including building locations, urban landmarks, facades (fifth facade), bird view, the street's view, night time street view, indoor view, etc.

In the God's Eye View of the virtual world, the "fifth facade" of buildings has been elevated to priority consideration. The "fifth facade" only archived and used "5th plane" of the master plan has been upgraded to the main facade or logo facade of buildings in the virtual world. The satellite map with God's Eye View features two-dimensional and flat forms. All buildings in the map have been transformed into two dimension, rendered on planes or flat. How should landmark designs respond to such a situation?

Fig.2 The prize winning proposal of 2014 Chicago Prize "Barack Obama Presidential Library Design Competition"

(Photo source: Zhu Wenyi Studio)

2 Flat design

In mobile Internet, the "window" people access information is greatly mini-sized. The same will be found on the "window" people used in perceiving urban landmarks. The designs of the small screen of mobile phones have their own rules, which might inspire their usage in designing urban landmarks.

How to perceive things through "small" scenes displayed by the screen of the mobile phone has become one of the hot topics in the current design community. It mainly staged two key trends: one is skeuomorphic design, and the other is flat design. Apple's mobile phone has opened up the mobile Internet era and has always led the fashion of mobile phone design. This can explain the rules and development trends of small screen design. In his times, Steve Jobs has been advocating the so-called "Skeuomorphic" design. However, when Apple system was updated to IOS7 in 2013, the current Apple chief designer Jonathan Ive abandoned the inherent "Skeuomorphic" design concept and instead adopted the "flat design" concept, causing a lot of controversy. Although many "Apple fans" at that time believed that the true design essence of the Apple mobile phone was lost, it turned out that "flat design" is the general trend of the future development of the design industry. At present, when the "small screen" is the main viewing platform, the flat design can interpret information and design itself more intensively and completely. Designer Carrie Cousins summed up five characteristics of flat design: special effects of rejection, simple elements, emphasizing typographic design, focusing on color and minimalism. How to draw on the flat design principle in urban landmark design is exactly the topic that the author proposed and intended to explore.

Considering the five characteristics of flat design, combined with the problems faced in the design of urban landmarks, the author puts forward five principles of flat design of urban landmarks: highlighting 2-dimensional effect, pursuing minimalism, emphasizing typographic design, creating symbols, and smartly using figure-ground. Zhu Wenyi Studio combined with the design competition to carry out a bold exploration of the five principles of urban landmark flat design.

The first is to highlight the 2-dimensional effect: it refers to the design of the "fifth facade" of buildings using a 2-dimensional design. Because in the common satellite aerial photographs, urban landmarks can only be displayed as 2-dimensional "flat" building roofs under the God's eye view, 3-dimensional effects such as shadows, perspectives, and gradations are neglected during the design process, in order to focus more on how the overall features of buildings can be reflected through 2-dimensional planes of building roofs. In 2016, in the Architectural Design Competition of the Chandigarh Museum of Knowledge in India to commemorate the 50th anniversary of the death of Le Corbusier, the scheme titled "Decoding" served as a good interpretation of the design idea of buildings combining with the QR code. As the urban landmark, the "fifth facade" of buildings was designed as a 2-dimensional QR code that can be scanned directly (Fig.3A).

The second is the pursuit of Minimalism: that is, in the "fifth facade" design of urban landmarks, simple geometric elements such as squares, circles, and triangles are mainly used to pursue a single, clean and simple structural form. And composite forms were rejected. In the current pursuit of diversified architectural forms, the increasingly complex forms of architecture have made the image of cities more blurred, and made buildings more difficult to be identified on satellite maps. Under this situation, simple geometric graphics stood out and foiled out urban landmarks. In 2016, the location of the Conceptual Architectural Design Competition of the Tokyo Museum of Pop Culture was set in the ultra-high-dense center of Tokyo. Therefore, the design scheme titled "Pop Stone Garden" arranged the main functions of the museum underground. The ground-based forms and functions were made as simple as possible. From the God's Eye View, the fifth facade presented by the scheme consists of simple geometric elements, but it is highly recognizable and iconic (Fig.3B).

The third is to emphasize Typographic design: it means the "fifth facade" design of urban landmarks is inspired by text elements, and the symbolic representation and logo of the text itself were used and transformed into architectural vocabulary, making 2-dimensional display of urban landmarks on the satellite map more recognizable from a God's Eye View. Plan O proposal is the 1st prize winning proposal of Zhu Wenyi Studio in the 2014 Chicago Prize "Barack Obama Presidential Library Design Competition". The plan fully demonstrates the design concept of urban landmarks (as the fifth facade) being regarded as the main facade and main entrance of buildings from the God's Eye View. The name of the city's landmark is clearly displayed on the simulated satellite map (Fig.3C).

The fourth is to create the Symbol: it means the design of the "fifth facade" of urban landmarks is mainly used to symbolize a certain spirit or argument. Such urban landmark designs often have rich symbolic meanings. They have symbolic importance and meaning in the urban environment. The "CLI-MetLife" is a competition proposal of the 2016 New York MetLife Building Renovation Design Competition. On the basis of retaining the original facade form and style and completing the green energy-saving update, the design added a large aquarium with several large fishes in it on top of the building roof. Such a design served as a symbol to vividly demonstrate the tragedy of urban inundation caused by global warming and rising sea level; meanwhile, like the Dow Jones and Nasdaq index, it is a "global warming index", warning human society to pay close attention to such a global issue of climate warming (Fig.3D).

The fifth is tactical use of the Figure-Ground: the "fifth facade" design of urban landmarks is aimed at reshaping and enhancing the figure-ground of venues and their surroundings, and highlights the role of urban landmarks of buildings themselves through skillful ideas and layouts. Super Cube is the prize-winning proposal in the 2014 Shenzhen Bay Super City CBD Central Area Design Competition. The entire CBD center area was designed to be the small neighborhoods as the main body. They were in sharp contrast with the surrounding built environment commonly planned, designed and implemented over small plots. From the God's Eye View of the mobile phone screen, such a figure-ground highlights the image of urban landmarks and explores a new path for Shenzhen's future urban form (Fig.3E).

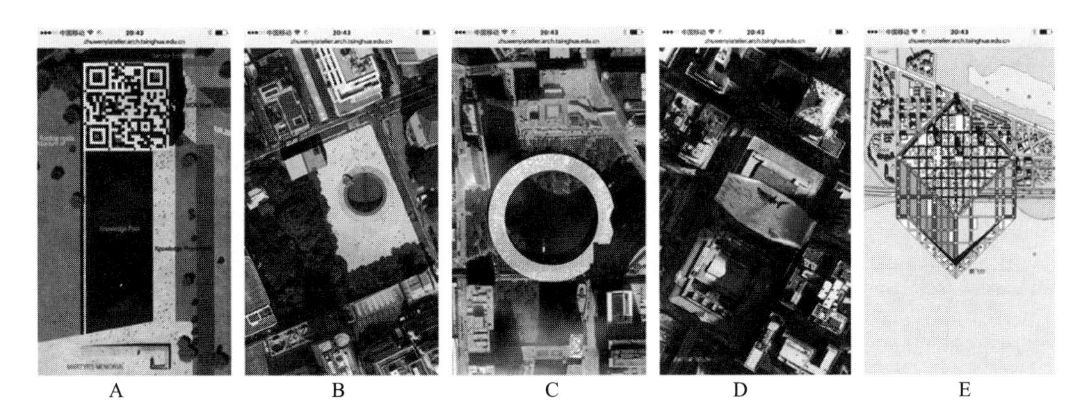

Fig.3 Exploratory scheme for urban landmark design on small screens of smart phones from the God's Eye View

(Photo source: Zhu Wenyi Studio)

The above are the five principles of the flat design of urban landmarks expounded by combining the design competition works of Zhu Wenyi Studio. The exploration of the design scheme itself is still very preliminary. The main messaged stressed here is that the way to experience urban landmarks on small screens of smart phones will in turn affect the urban landmark design. This poses an inevitable challenge to today's urban landmark design.

3 Conclusion

In the digital era, on small screens of smart phones, in addition to the "fifth facade" design, the overall shape design of landmark buildings also has a "flattening" trend. At the same time, not only urban landmarks, but also all types of buildings are facing a "flattening" transformation. To those experiencers, only a very few of them can have the opportunity to experience scenes in person. Majority of them have their cognition of buildings based on the media of smart phones, VR glasses and so on. Nowadays, people's cognition of new buildings is increasingly coming from graphic-text news presented on small screens of smart phones pushed by WeChat.

The topic of flat design of urban landmarks proposed and discussed in this paper mirrors the relationship between 2-dimensional image display and urban design in the digital era. Technology is changing with each passing day. It is imaginable that the arrival of 5G networks in a few years will bring more unexpected possibilities to urban design.

References

[1] ZHU W Y. Towards God's Eye View architecture (I) [J]. Urban design, 2015(2): 106-112.

[2] ZHU W Y. Towards God's Eye View architecture (II): flat design of urban landmarks [J]. Urban design, 2016 (2): 104-112.

Zhu Wenyi Professor at the School of Architecture of Tsinghua University and the Director of the Academic Committee of the School, Chief Architect of Zhu Wenyi Studio, and the Chief Editor of the journal *Urban Design*. He has long been engaged in theory research, classroom teaching and creative practices of architecture and urban design; he has published 18 books such as *Space · Symbol · City: An Urban Design Theory* and 255 articles including "A Decoding of Ancient Chinese Architecture", "The Concept of Green Field · Lanes", "Outline of Urban Weak Architecture", and "Towards a God's Eye View Architecture". Architecture and urban design proposals chaired by him have received international awards for many times, such as the Chicago Prize. He also serves as the Director of the National

Board Architectural Accreditation (NBAA), the Chairman of the Supervisory Board of the Architectural Society of China, Deputy Director of the Architectural Art Committee of the Chinese Artists Association, and the member of the Capital Planning Expert Committee.

Several Problems Existing in Urban Design for Urban Repair and Restoration

Lü Bin

Director of College of Urban and Environmental Sciences, Peking University

Urban design is a very important segment and method in urban repair and restoration. With the arrival of the New Normal, China also entered into the era of stock space planning. Urban repair and restoration is an important means to realize the transformation of urban development under the New Normal of China's economic development. It is also an important method for the transformation from incremental space planning to stock space planning. The author believes that urban repair and restoration can also be seen as a Chinese version of urban renewal or sustainable regeneration. Therefore, urban repair and restoration is not only the organic renewal of the old city or the old town, it is also a macro and micro, multi-level and multi-faceted repair and restoration. Now the main task of urban repair and restoration is the old city or the old town, and the focus of our attention should be on the renewal of the city or the renewal of a certain form.

1 The basic attributes of urban design for urban repair and restoration

As an effective means of redistribute urban stock intermediary resource, urban repair and restoration and urban renewal should be adopted with an organic renewal approach, that is, to return to focus on the essence of urban life, to re-examine the goals and methods of urban renewal and to give more attention to the daily life experiences of ordinary residents. While protecting and inheriting the history and culture, we will create a vibrantly livable and workable space. Based on this large background and underlying philosophy, urban repair and restoration is similar to urban design.

There are several principles and guidelines in urban design during urban repair and restoration. First, it is a process design instead of a blueprint design. The planner even plays the role of the community designer. It should be tracked over a long-term basis and dynamically gauged. Secondly, during space creation, the principle of overall protection of the city's style should be strictly observed. The goal of the protection is to improve the living environment of residents and improve the quality and vitality of urban space; thirdly, the implementation of the creation and restoration of space, or the protection and inheritance of historical culture should be examined from two perspectives. One is the perspective of cultural economics, and the other is the perspective of economic geography; fourthly, because urban repair and restoration is a process participated by multiple subjects, it is necessary to adopt a cyclical design pattern or a small-scale gradual work in designing and landing; fifthly, in urban design purported for urban repair and restoration, the most important aspect of space design is the Place Making, or construction or creation of a place. For the Place Making, it is very important to respect human behavior, rather than simple-sense maneuvering and organizing visual elements.

2 Space value orientation of urban design for urban repair and restoration

2.1 The economic value of the historical space of the old city from the perspective of cultural economics

1. The emotional value of the historical space of old city

The first question of spatial value orientation is how we should look at the old city space. The old city space is historical, but parts of it are not high in values, so it is crucial to view the value of the so-called cultural economy from the perspective of cultural economics. First of all, we must recognize the emotional value of the historical space of the old city. We usually pay more attention to the real estate value of the old city space, that is, its direct utilization value. Yet, in terms of economics, this space has no utilization value, and there are problems of benefits and effects. This space has an invisible psychological value in our minds, which includes three values: option value, subrogation value and emotional value. Emotional value can be understood as the value of charm or the value of the sense of belonging. The emphasis on nostalgia as proposed by General Secretary Xi is a kind of strong emotional value. In the economic sense, the explanation of the nostalgia is that it has emotional value, charm value and value of the sense of belonging. Therefore, in any sense, emotional value is crucial.

2. Comparing spatial benefits of organic update type and development type update mode of old city historical space

General developers use the pregnancy model of the best investment period of the real estate (Fig.1) to assess the benefits of comprehensive reconstruction and redevelopment of the historical space. The model shows that there will be benefits in a short period of time, but it will weaken because there is no cultural and emotional value. However, if based on organic renewal and sustainable regeneration, the model that respects emotional value and value of the sense of belonging will start to generate gains at a certain time point.

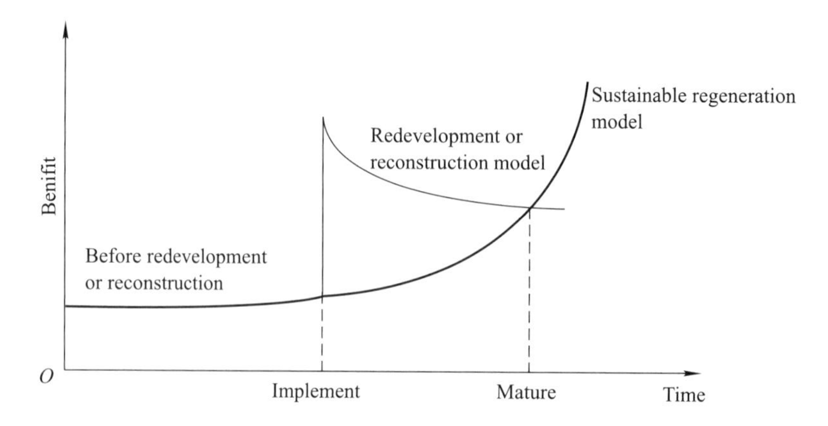

Fig.1 Pregnancy model of the best investment period of the real estate

From the cost-performance model (Fig.2), the modes with the lowest cost-performance ratio and biggest political and economic risks are "demolition of the real and making the false" and the so-called "repairing and restoring the old" and "making false antiques". The most cost-effective way is to give some creative functions that meet our modern needs while continuing on the basis of historical and cultural space. The most typical example is the renovation of the commercial street in Qianmen area of Beijing, the so-called antique street reconstructed in accordance with the "repairing and restoring the old as the old". Although the architecture was very authentic, it cost RMB 10.3 billion in 2007 and it remains unchanged until now. If there was no Dashilanr, it is estimated that there would have been even fewer people go to visit that place. Similar examples are too many. So, things that are truly culturally enriched are crucial. These examples also illustrate that by using sustainable regeneration and organic renewal methods, the benefits are slowly being more acceptable.

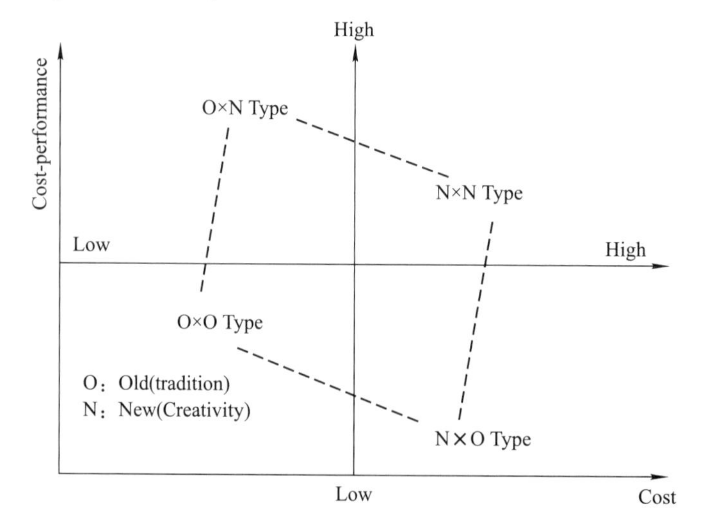

Fig.2 The cost-performance model of different update mode of old city historical space

2.2 Old city being the important carrier of the development of cultural and creative industries from the perspective of geography economics

How would the historical space of the old city be interpreted by the simple economic geography? There are a large number of examples to prove that it is the carrier for the industrial undertakings and is an important carrier of the cultural and creative industry. Therefore, for the old city space, we should not only see its dirty, disorganized and poorly built environment, it is also partially positive. These are two different perspectives.

3 Connotations of urban design for urban repair and restoration

3.1 Connotations of community-level design in urban repair and restoration

Usually we design the organic renewal process of the old city based on statutory planning. The design often based on the particular controlled drawings. We should also pay attention to community design when doing urban repair and restoration. We shoulder the responsibility of social repair. We should also consider the repairing and restoring of social space, that is, community design, in the process of material space repair in urban design.

Recently, foreign countries are discussing whether "community design" can be established. Simply speaking, community design is not a blueprint. It not only indicates the objects covered by the design behavior are transited from material space to community space. What's more important is that such a kind of change in thinking for community designing is needed. The design of the community in the urban repair and restoration project should take into account design partners. In the concept of community design, the community itself is the object of community service and also an important part of the design process.

The community design has three latitudes. The first is the design of the participation mechanism and the design of community creation models and mechanisms. In Baotou, an industrial area was renovated based on urban design, and the drawings were well done. But the factor owners were unwilling to move out and the renovation could not be implemented. Therefore, the participation model is very important. It covers not only the issue of right to know but also the community of interest. The second is the design of the supporting mechanism, or the design of the fund-raising mechanism. The third is people-oriented. We cannot simply pursue visual aesthetics, but more importantly, create a creative space that is livable and workable, energetic and culturally enriched.

3.2 The design of place making

The design of the place making has nine segments, namely the information collection, pre-analysis, naming and perceptual description, traditional analysis, questionnaire analysis, construction of complex maps and analysis, detection of identity resources, questionnaire design and construction of local identity maps. The most important implementation step is just like the method of the great Kevin Lynch's five spatial recognition elements. It's not simply about the subjective intentions of our urban designers, but more on extracting demands of different classes and different spaces and refines it through in-depth social surveys. In the space of different characteristics, the refined place natures and place spirits must be different.

4 Practices and summaries

Around the design of the mechanism, especially the design of places, the author did some comparative researches together with Italian counterparts. The author also participated in the section design from Rome wishing pool to the Pantheon. The author himself designed Nanlou Lane. It's now constantly using the ideas of urban repair, urban restoration and urban design to sort out the works that have been done, including some sentiments.

In general, the creation of space, including the inheritance of history and culture and the application on this basis are the issues that we should explore in the current urban design for urban repair and restoration. In particular, urban design should be based on the community design of social repair and restoration.

Lü Bin He is a Ph.D. of Tokyo University, Japan, and currently the Vice Head (Part-time) of the Development Planning Department of Peking University, a Member of the Advisory Committee on Campus Planning and Construction of Higher Education Institutions directly under the Ministry of Education, the Standing Director of China Regional Science Association, the Director of China Urban Planning Society, the Vice Chairman of the Urban Design Specialized Committee, the Member of the Specified Reference Book Review Committee of National Registered Urban Planner Qualification Examination, the Visiting Chief Research Fellow of Urban Environmental Research Institute of Japan, the Member of Japan Society of Urban Planning, the Member of Japan Society of Urban Planners and Local Government Consultant of Zhangjiang Hi-tech Park, Shanghai, Pudong New Area, Jinzhou Municipal Government of Liaoning Province, Gaotang County Government of Liaocheng, Shandong and Daxing District Industrial Development Zone, Beijing, etc.

At present, he is mainly engaged in the research, teaching and planning and the design of urban and regional planning, urban design, community planning and environmental design as well as tourism planning and urban and regional development project planning. In 1989, he received the Outstanding Research Achievement Award of Sino Japan Science and Technology Exchange Foundation in University of Tokyo, and received the special allowance of the Chinese government in 2000. Since 1990, he has presided over and completed over 80 planning and design projects, which were entrusted by Japan's state and local governments and enterprise groups, the World Bank and dozens of Chinese cities and the Ministry of Construction. They involved urban planning, urban design, environmental design, urban landscape planning, scenic area planning and tourism planning and so on. His main works include the Methods of Environmental Planning in the Metropolitan Area, and the Landscape Features of Asia– China's Large-scale Land Development and Landscape Changes, etc.

Revitalization of Great Cities

Wu Chen

Chief Architect of Beijing Institute of Architectural Design Co.,Ltd.

As a general rule approved by the Central Committee of the Communist Party of China and the State Council,the *Beijing Urban Master Plan* (2016–2035) clearly points out the city positioning of "Four Centers",including national political center,culture center,international exchange center,and technology innovation center. It also described the vision of building internationally first-class harmonious and livable capital. From the renewal of the old city in Beijing to the revitalization the old town in Beijing,the transformation of ideas and practices is enormous. It's also the result of our team's continuous efforts. It transformed from an academic word to government guidelines,reflecting the need for more powerful theoretical support and technical support for urban development.

1 Working system

The author first proposed urban revitalization in China in 2002. Later,in 2004,he began to work with partners to startthe active exploration of urban revitalization theories and practices driven by urban design in Beijing. In 2013,they established the Urban Design and Urban Revitalization Research Center through the platform of Beijing Institute of Architectural Design. In 2015, "Technology Research Center for Urban Design and Urban Revitalization Projects in Beijing" was jointly established by Beijing Institute of Architectural Design Co.,Ltd.,Beijing Municipal Institute of City Planning & Design and Architectural Design and Research Institute of Tsinghua University. The "Technology Research Center" was approved by the Beijing Municipal Science and Technology Commission. It's the first relevant engineering technology research center established on the provincial-level scientific research platform. In the past few years' of practices, within the framework of urban revitalization,guided by the urban design methods,the Center and the team gradually formed a complete work system. Nowadays,the old city of Beijing,the old city of Beijing Tongzhou,the core area of Beijing CBD and the riversides of Yongding River have gradually become a platform for us to integrate innovations and practices.

2 Practice cases

2.1 Old city of Beijing—Gulou West Street

Beijing, over 3000 years of city construction and 800 years of being the capital city, is truly the millennium city. In this millennium city, vicinity of the Forbidden City, namely the Imperial City is the very center. Therefore, the position of the Forbidden City and the surrounding Imperial City and the old city will be even more important in the political map and cultural map of future China. "Protection, Renovation and Revitalization" are the constant keywords that we have been using for the past ten years, reflecting the forward-looking, systematic, scientific and cultural features of our works.

Our team is currently carrying out the revitalization plan for the Gulou West Street (Fig.1). Once the revitalization plan was announced, it attracted the attention of various media, including CCTV. The main city leaders of Beijing also gave clear instructions, calling the revitalization plan as a "high-level design plan so rare to see".

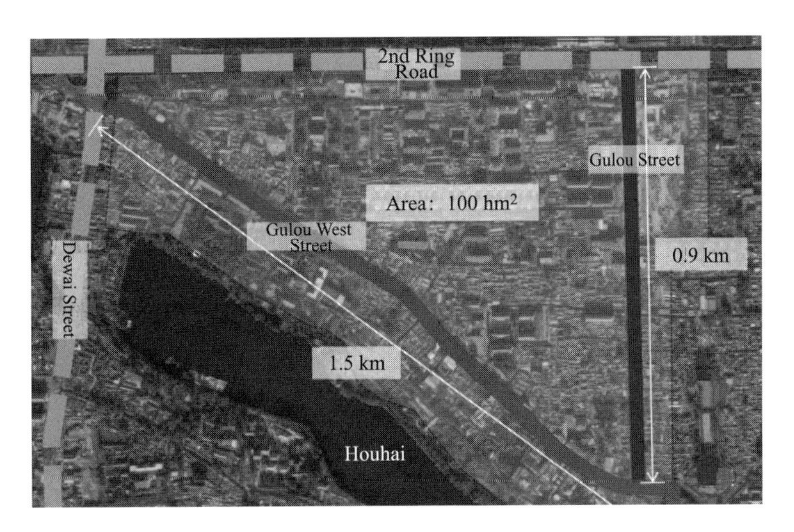

Fig.1 Geographical location of Gulou West Street

2.2 Old city of Beijing—Dashilanr and Xianyukou

The ground zero of Beijing urban revitalization starts from the Dashilanr area. Dashilanr covers an area of 1.26 square kilometers and is the protection zone nearest to the Imperial City. In 2002, the author began to study the theory of urban revitalization in China. At the beginning, many experts and scholars questioned the statement of "urban revitalization". In their opinions, Chinese cities were in the process of rapid development back then while revitalization rises from declination. They believe the declination could not apply to the case of still burgeoning Chinese cities. With 40 years of development since the Open and Reform, China's urbanization rate has reached 58.5%. In the report of the 19th National Congress, General Secretary Xi Jinping mentioned that 1.2% of China's urbanization has gradually changed from high-speed growth to medium-high-speed growth. It has gradually changed from pursuing speed to quality. As a result, urban renewal is already a realistic topic. So why did I mention revitalization? On one hand, the author hopes that the revitalization will go beyond merely the renewal of the material environment or the renewal of the old city, but also lead to overall betterment of the society, economy, culture and many other aspects. Just like the contribution of the renaissance to human culture hundreds of years ago, urban revitalization is also a completely new level of urban development. At the same time, urban revitalization is an important material transformation and concrete manifestation of the great revitalization of the Chinese nation.

Plot C was later named "Beijing Fun". It's the historical commercial block nearest to Tiananmen Square. In the war of 1900, several alley buildings within the plot were burned down. Later, influenced by Western architecture, the first generation of Chinese architects including Mr. Yang Tingbao and Mr. Shen Liyuan all had their design works in this site. In this small and narrow stretch, there are two national level protection units of cultural relics and two Beijing city level protection units of cultural relics, including the former building of Bank of Communication designed by Mr. Yang Tingbao. After completing and finalizing the urban design plan, the author invited the other six architects to join in the architectural design for buildings along the street. It was referred to as the "cluster design". By the master plan and design guidelines generated from the city design, seven architects conducted design work to the eight buildings. The responsibility of construction drawings for the other buildings and cluster designs in the 14 buildings (Fig.2) were still undertaken by me and my team. Therefore, I would say this is so far the most successful and interesting "cluster design" in China's most sensitive area.

Fig.2 Plot C urban design

All the buildings in Beijing Fun are centered on Quanye Bazaar (Fig.3). We've taken enough consideration of the connection between the commercial routes and the subway, matching the spatial texture to that of the historical alley. The project was designed with rich and convenient aerial walking system. Upon project completion, the Dashilanr Revitalization Project was given a very high appraisal by the main city leaders of Beijing who praised the project as the "Gold Business Card for the Revitalization of the Old City of Beijing". The project also echoes well General Secretary Xi's instruction of "Beijing's cultural heritage is Beijing's golden business card".

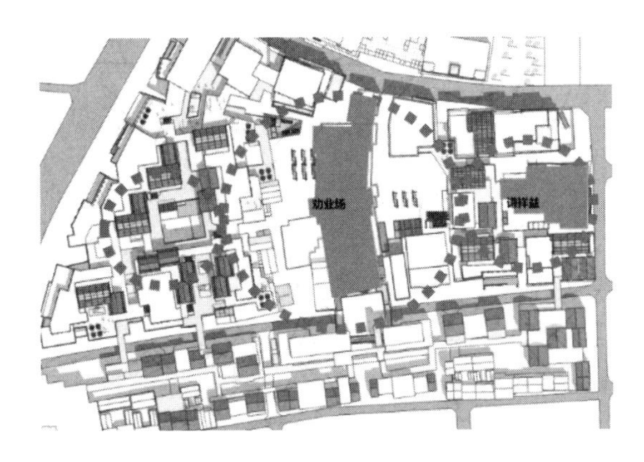

Fig.3 Spatial levels of Plot C

In recent years, we have made new attempts in the urban design of the Xianyukou area of the East Zone of Qianmen. On the basis of sorting out the original urban texture of the East Zone of Qianmen, we have creatively restored a historical river channel, the Dongsanli River. This design project was also a great success. In Beijing's new 16 scenic spots (Fig.4), which was introduced in June 2017 by the city of Beijing, the top two sites are our works. To us, this is an honor and also a reward for our dedicated hard work.

1. 东城“正阳观水” 三里河水系在前门重见天日
2. 西城“古坊寻幽” 北京坊成“北京文化新地标”
3. 朝阳“温榆垂绿” 温榆河森林湿地公园将成“生态绿肺”
4. 海淀“玉泉清漪” “三山五园”重现昔日瑰丽壮观景象
5. 丰台“园博锦绣” 园博园成时尚体育运动首选地
6. 石景山“莲湖秋月” 莲石湖湿地公园扮靓首都西部
7. 门头沟“永定碧波” 永定河妙峰山段成消夏避暑新选择
8. 房山“青龙叠翠” 青龙湖森林公园游松岭绿道观林海花谷
9. 通州“潞城新意” 潞城中心公园最大特色是法制
10. 顺义“舞彩浅山” 舞彩浅山滨水国家登山健身步道已建成
11. 大兴“南海鹿鸣” 从“南囿秋风”到南海子公园
12. 昌平“花海平畴” 从十三陵水库到千亩花海
13. 平谷“河岸绿谷” 从平谷新城到马坊镇小龙河湿地公园
14. 怀柔“雁栖华彩” 从雁栖湖到国际会都
15. 密云“古北水乡” 从古北口村到古北水镇
16. 延庆“葡园紫烟” 从世界葡萄博览园到葡萄主题公园

Fig.4 The new 16 scenic spots of Beijing

2.3 Old city of Beijing—South Luogu Lane

The planning of protection, renovation and revitalization of South Luogu Lane began from the site appraisal 10 years after the release of the "Beijing Protection Plan" in 2002. South Luogu Lane is one of the most well-preserved historic blocks in Beijing so far. That's why it's very special to Beijing. The 88 hm^2 area of South Luogu Lane is called "Wugong Street" (Chilopod Street) for its street pattern. The area consists of a main street and 16 alleys on both sides (Fig.5). With the strong support of the Dongcheng District Committee and government, for the first time, we proposed and completed the preparation of the urban design management and control guideline in Beijing. The design guideline is a technical agreement for the lower design of the upper plan. But as proposed by the Central City Work Conference, the management and control guideline more integrates the needs of the society, the government and the citizens. Such needs were practically implementation in different levels and stages of planning, construction and management. In preparing the management and control guideline, we mobilized many residents and commerce chambers to actively participate. Through organizing seminars and panels of field experts, we finally issued the official *Management and Control Guideline for the Landscape Protection of the Historical and Cultural Streets of South Luogu Lane (Trial)*. Although this is only a management and control guideline for the historical protection block of an 88-hectare plot, in the urban history of Beijing, the *Management and Control Guideline for the Landscape Protection of the Historical and Cultural Streets of South Luogu Lane (Trial)* is of great significance. After the preparation of the management and control guideline, we have completed the quality improvement design of the main street of around 800 meters long and the design improvement of courtyards.

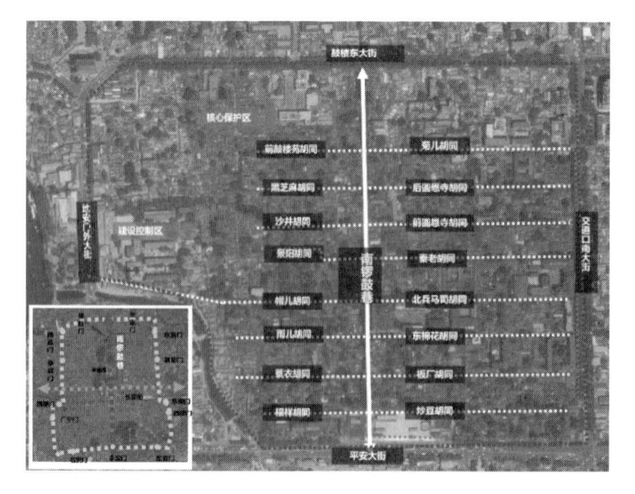

Fig.5 Block structure of South Luogu Lane

2.4 Old city of Beijing—other projects

With the approval of the Beijing Urban Master Plan, our team is carrying out the design work of the Beijing old city and the entire Beijing central axis (Fig.6). Among them, the old central axis is 7.8 km long and the new central axis is 88.8 km long. In addition, we also carried out the overall design work around the Shichahai Lake (Fig.7) and the restoration of the waterscape of Xiban Bridge on the west of Jingshan Hill. This is the second river we tried to recover inside the old city (Fig.8).

Our design in the Tongzhou Sub-center (Fig.9) focused on the real Liao Dynasty lamp tower in Tongzhou, the "three temples and one tower" and the old city blocks around it. This place is the cradle of Tongzhou culture. We were also the first team participating in the urban design work of Shougang (Capital Steel Group) Industrial Heritage. Because of our efforts, nowadays, Shougang has become a new landmark for Beijing's urban revitalization.

Fig.6 Central axis

Fig.7 Around the Shichahai Lake

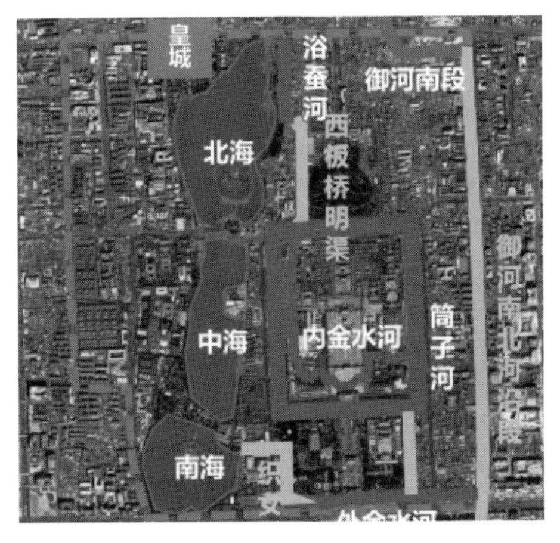

Fig.8 Xiban Bridge

Fig.9 Three Temples and One Pagoda

2.5 Beijing CBD—CITIC Tower

The "CITIC Tower" project was created and personally named by me and the team. It's located in the core area of Beijing CBD. The construction was officially completed on August 18, 2017 and commissioned into operation by the end of 2018. This is also a successful example of using urban design to guide architectural design. For a long time to come, in addition to the Forbidden City, CITIC Tower will be the most frequently quoted and pictured building in Beijing. After that, we designed the Beijing CBD Cultural Center. This project improved the overall image of CITIC Tower—the landmark architecture in the core area of Beijing CBD.

We are now trying to use mathematical models to predict and analyze urban development. Our first attempt was made in Tongzhou in 2016. We call the very core technology of the project the "accurate decision-making model". It generates the forecasted trends of employment, residential and traffic volume, land supply for the cities by combining the traditional data such as census, economic census with big data. Through model calculation, it can finally output advices for policies. This work has received great attention from the leaders of the Beijing Municipal Government. It's a development direction for the future scientific planning of urban planning.

Wu Chen Mr. Wu is the incumbent member of the Standing Committee of Beijing Municipal Committee of the CPPCC, Vice President of the Expert Association of the Recruitment Program of Global Experts, and Vice President of Western Returned Scholars Association, Beijing. He is the recipient of special government allowances from the State Council. He was awarded the honorary title of "National Distinguished Expert" by the Organization Department of the Central Committee and the Ministry of Human Resources and Social Security, Recruitment Program of Global Experts, and senior visiting scholar at the University of Cambridge.

The skyscraper "CITIC Tower" project designed by Wu Chen locates in Beijing CBD core area. With the height of 528 meters, it is the tallest building in construction architected by Chinese chief designer now. Wu Chen also has made a lot of achievements in the fields of urban design and planning in urban new districts, old city protection and revival, large-scale transport hub construction, industrial heritage protection and revival, etc. As the initiator and pioneer of "urban revival" in China, he first proposed the "urban revival" in the year 2002. The representative works include Beijingnan Railway Station, Guangzhounan Railway Station, Nanjingnan Railway Station, Hefeinan Railway Station and other station building design, overall urban design of Capital Steel Factory, Wuxi old city design, Tongzhou sub-center, urban design of Fuzhou New District, and "Beijing Fun" building group, etc.

As an important representative of Chinese architects, Wu Chen was awarded the "Beijing Distinguished Expert" by the Organization Department of Beijing Municipal Party Committee and selected as "Science and Technology Beijing" 100 leading talents. In 2014, Wu Chen won the "National Labor Medal". In 2015, the CPC Central Committee and the State Council awarded Wu Chen the honorary title of "National Model Worker". In 2016, Wu Chen won the "Scientific Figure Award of the Capital Technology Celebration" and the "Jing Hua Award" awarded by Beijing Municipal Party Committee and Municipal People's Government.

Construction Logic of Management and Controlling in Urban Design

Fan Xiaopeng

Professor of School of Architecture and Urban Planning, Beijing University of Civil Engineering and Architecture

All the cities, towns and villages, regardless of their sizes, have the natural and humanistic environment for their growth and development. They need to be dealt with in the process of their settlement growth. This constitutes the historical accumulation of the space environment construction in the settlement area. From the practice of projects of all scales and levels, it is not difficult to find that the historical environment of the region or settlement gives all kinds of impacts to the construction projects nowadays. In the urban development process, the built environment and the urban style are always mutually conducive and symbiotic to each other.

The status quo of "thousand cities with one face" has been criticized by colleagues in the industry over long period of time. This, however, does not mean that the sustained high speed urban construction is nothing but universally chaotic. There are actually due to the absence of close connections between the historical built environment and the contemporary constructs. It's often the situation that size of modern constructs collides into the scale of historical built environment. Forms of contemporary constructs also disturb the style morphology of historical built environment. As for the chaotic urban construction compromised in styles, we should review the history of urban development, recover the construction logic of the built environment and rebuild the management rules for the contemporary architecture. This effort will be of great practical value in extending the long-lasting urban features and lifting up the cultural quality.

In light of the inquiries filed by the team in project implementation, the paper will shed some light to the construction logic and effectiveness of urban design outcomes. Specifically, the reflections will be made in four areas: urban physical spatial construction logic, status quo of Beijing in urban design, terrestrial space construction logic and inspirations of urban construction to management rules.

1 Urban material space construction logic

The city's history, long and short, has its evolution process of evolution. In terms physical space construction, there are also the growth patterns and construction logic. The construction of scale settlements is inevitably influenced by the natural geographical environment, the historical and geographical environment, and the social organization of the people living in the neighborhood. In another word, the physical space projects the corresponding construction logic. Although various environmental conditions will have an impact on the construction of physical space, there are great differences in the weight of logical reflected due to the different influences incurred by various environments over the constructs.

In light of the different environmental conditions and geographical locations of settlements, there are construction logic corresponded to the natural environment constraints, to demographic structure, to ethnic belief and so on. There are also construction logic to the dominant influence factors and auxiliary factors. For example, the capital city like Beijing has the construct logic highlighting the imperial power and defends with enclosure walls (Fig.1); the Langzhong old city is buttressed by the landscape environment and adopts Feng Shui pattern as its main construction logic which values the ideal habitat (Fig.2). Sertar Buddhist College adopts a construction logic centered on spiritual beliefs. After being superimposed over plateau valleys terrain environment, it constitutes a settlement image highly characterized (Fig.3).

Fig.1 Texture of Beijing Forbidden City

Fig.2 Texture of Langzhong old city

Fig.3 Texture of Sertar

The historical and built environment of settlement at all levels of the village and town was built under the continuous and effective construction logic of the area. These historical and built environments form the basis for contemporary urban design. Therefore, the characteristics embodied in the contemporary urban material space are just the continuation of the construction logic of the historical space in this region or in the city. In particular, for the contemporary construction embedded in the urban historical built-up environment, how to continue the traditional construction logic is the fundamental problem that urban design needs to address.

Beijing, as an example, is a historical and cultural city with over 3000 years of history. Beijing's old city has clear construction logic. It contains the wisdom about environmental conditions, the ancient laws for capital city management and the construction rules for the courtyard buildings. Such construction logic is embodied in the old city, alley and the courtyard and intra-courtyard buildings of Beijing. It's also seen in constructing space of different scales. There are many factors involved in the construction logic in the old city of Beijing. Instead of rolling out all discussions, this paper would only focus on the alley space. In its case, the rules for construction adopts "footstep" as the basic unit of space. Avenue is 24 steps wide and side streets 12 steps wide. The width of an alley is 8 steps. Asymmetrically laid out to the alley, courtyard occupies a land of eight acres (Yuan Dynasty). All these constitute the basic construction logic of Beijing old city.

2 Urban design conducted in Beijing

Beijing had an early adoption of urban design and incorporated it into local urban planning work. Compilation of urban design guidelines were aligned and matched to the regulatory detailed planning. *Beijing Urban-Rural Planning Ordinance* was promulgated in October 2009. As stipulated by the Article 22: the district / county people's government or the municipal planning administrations may, according to the detailed control planning plan, organize the compilation of guidelines to guide the detailed construction planning and urban design in key areas. Subsequently, Beijing enacted a series of resolutions on urban design, such as *Resolutions on Compiling Guidelines for Beijing Urban Design*, *Basic Elements Library for Compiling Beijing Urban Design Guidelines*, *Beijing's First Central City Demarcation of Key Urban Design Areas*, *Atlas of Urban Public Space Design and Construction*, and *Guidelines for Exterior Design of Residence* (2013), etc. By early 2017, urban planning guidelines were further strengthened in urban planning. In March 2017, Beijing was selected into China's "the first batch of urban design pilot cities" publicized by the Ministry of Housing and Urban-Rural Development; Beijing Municipal Planning and Land Resources Administration will carry the principal function of strengthening design and urban morphological styles, improving the environmental quality of urban public space.

At present, Beijing's urban design work can be divided into three levels: overall, block and land plot. Such work corresponds to the master plan (new district included), control plan and revision plan. A systematic structure of content is gradually forming for urban design. In recent years, Beijing has done a great deal of work in compiling urban design guidelines. The compiled urban design guidelines can be subdivided into six categories by scale: downtown, old town, district, prefecture, block, and sub-district level; it also includes: the city's fifth facade, urban color, urban landscape view system and other urban design special guidelines. Different levels of urban design guidelines vary in spatial scale involved and the design strategies and framework dimensions adopted also have changes. Combined with some practical projects the team participated, from the 3 levels in prefecture, block and sub-district level, the paper will share some reflections about in the urban design guidelines.

2.1 Area-scale urban design

A project done in 2006, the project includes renovation plan for east road side area of Qianmen, urban design and derivative urban design guidelines and several other aspects (Fig.4). In the process of project implementation, searching for the construction logic of prefecture space has become the starting point and focuses for the planning and design. This includes the original construction logics in the multi-scale area, the alignment of the moat river and the Dongsanlihe River in the scale of the area structure, the corresponding association between the arc-shaped alley and the river channel, the corresponding construction between the east-west courtyard and the civilian settlement on the scale of the courtyard. From those elements, the unique "growth mode" of every spatial factors can be found. Such "growth mode" adds up to become the construction logic of the prefecture even though some of them are explicitly expressed while others have been worn out by time.

Fig.4 Renovation plan for east road side area of Qianmen

The thoughts inspired by the project focuses not on excavating and sorting out the construction logic of the area. It focuses on securing the transforming of the original construction logic in the contemporary era. And more importantly, it focuses on how to ensure its coherent implementation in the construction of prefecture space.

2.2 Block level urban design

The Maliandao Block is a recent planning and design project of the team (Fig.5). The project's content includes industrial planning, block urban design and urban design guidelines. The background of the project is to improve the environmental quality of Xicheng District in Beijing and to improve and upgrade the tea industry of Maliandao Block. Therefore, in industrial planning, the project focuses on adjusting business composition to highlight China's foundation role to tea culture and tea industry, to strengthen its leading position in international tea culture exchange and tea industrial development. In terms of urban design in block space, the emphasis is placed on consolidating and adjusting the existing stock to highlight the great atmosphere of international exchange in tea culture. Emphasis is placed on the urban design through elements of tea trees, tea and camellia. In the area of urban design guidelines, it is important to implement the planning and design vision of neighborhoods through concrete construction measures. Through the refined construction of street crossing near-human space, the theme of tea culture atmosphere is highlighted.

Fig.5 Maliandao Block's urban design

The project also inspired the idea about the emphasis. It's not about constructing spatial image with "tea" theme, nor about setting rules covers from the block scale to detailed space. Instead, it's all about implementing the designing outcomes produced in the sequence of industrial planning → block planning → design guidelines.

2.3 Urban design at street scale

The design of Zhuanta Alley is a project recently completed. The project covers two aspects: protective restoration and renovation of the streets. The Zhuanta Alley already existed in the Yuan Dynasty. It's the earliest alley recorded in Beijing. Therefore, the design orientation is to be cautious and meticulous in dealing with the existing conditions of the alley and search for the original construction logic. The design of Zhuanta Alley focuses on observing the space construction rules of the old residential alley and the courtyard along the alley. On the basis of protecting the original traditional style of Zhuanta Alley, it updates the service facilities and improves the environmental quality. In order to achieve the goal of protection and remediation planning, full coverage measures by house numbers were adopted, extending not only to the alley's architectural interface and the street bottom interface, but also the 32 existing trees and 11 substations on the street. In short, in terms of the alley style preservation, it is essential to continue the original construction logic and construct concrete technical measures. In the improvement of the space environment, the environmental quality above the ground is very important and the support of the following functional facilities on the ground is more important.

The idea inspired by the project focuses not on how to refine the classification measures, but on how to make the original construction logic coherent with the present transformation work. How to give technical measures a clear target? How to guarantee the effective implementation of the technical measures?

3 Study on the construction logic of regional space

The research on the logic of the construction of settlement space is a long-term project carried by the team. The research is not only in Beijing but also extends to other regions. Over the past twenty years or so, studies have been continuously conducted on the construction logic of traditional settlement space in Tibet. By means of cross-geographical and cultural regions, the research tries to find, the traditional built-up environment, the construction logic ranging for towns, villages and the residential buildings (Fig.6). The traditional settlement space in Tibet has obvious construction logic. For example, there are space construction under the influence of natural environment conditions, space construction under the predominant influence of religious belief, and space construction under the joint influence of natural and humanistic factors. Among them, the construction of urban space in the Sakya region is outstandingly representative.

As one of the five major religious sects in Tibet, the Sakya camp once occupied a prominent position in the history of religion. Revered as a state religion in Yuan Dynasty, it had a widespread influence. Deeply influenced by Sakya' s positing as a religious mecca, its construction space carries obvious space logic. The Sakya area is located west of Shigatse region and is 16 kilometers to the south of the county road connected with National Road 318. The road inflection point along the protruding mountain ridge constitutes the spatial cognitive boundary into the Sakya area (Fig.7). From the color and material of residential buildings, there are obvious differences between the two sides of road inflection point, reflecting the differences in spatial construction logic under the religious influence.

Fig.6 Logic of space construction in Tibet

Fig.7 Spatial structure of the Sakya area

The space structure development of Sakya Town originates from the construction site selected because of blessed geomantic omen. Later, it was gradually built up with the settlement created by more worshippers. The space construction logic has is settlements around the mountain as the primary center and settlement around the temple the secondary center. Such spatial construction logic was followed by the kings of the ancient dynasties during the continuous expansion of the Sakya North Temple. It also produced the "old cashmere" building complex that consisted of the Lahur, the Dharma Temple, the statue hall, the Buddhist sutra depositary and the pagoda forests. The main space of the Sakya settlement covers Southern Temple pointing to the mountain and the North Temple. It' s a barbell shaped south-north spatial structure. Sakya South Temple and North Temple sits on the two ends of the structure. The residential buildings centers on the Sakya South Temple and North Temple. Such buildings are built along the foothills of the terrain, stacked over along height elevation and stretched along horizontal direction. The narrow streets and alleys fit closely into the terrain environment. In this way, the temple' s religious belief is converted into space construction logic.

Vajrapani Buddhisattva is worshipped in Sakya. Vajrapani Buddhisattva has an iconic color of dark cyan. That' s why residential buildings in the Sakya region, regardless of the construction year, all have the outer walls in dark cyan. There are also red and white bands on walls symbolizing Avalokitesvara Buddhisattva and Manjushri Buddhisattva. White color stands for Avalokitesvara Buddhisattva and red color stands for Manjushri Buddhisattva. As a universal religious region, religious symbolic colors are widely used to space construction in Tibet. Red and white colors are seen everywhere in Tibet. Yet large dark cyan color decorations are unique to Sakya region (Fig.8).

Fig.8 Spatial structure of the Sakya Town and the outer walls in dark cyan

The investigation of the religious belief-led space construction logic of the Sakya region is of great value to the construction logic of cognitive geography space and the continuation of urban landscape features. However, the more important valuelines in recognition of the construction logic validity in the continuous growth of urban space and the thinking thereby inspired. That is to say, the construction logic of the settlement space in Sakya area depends on the consensual observance based on religious beliefs. What does spatial construction logic depends on to get its effectiveness?

4 Thinking on the practices of control rules

The above-mentioned projects and cross-region researches all touch on thinking about how regional construction logic can be effective in implementation. From the end of 2006 to the beginning of 2007, when the team was planning to do the protection and renovation of Qianmen East Side Road Area, for the sake of implementing the protection rules, *Design Guidelines to Protect the Historical Features of Xianyukou Area* was compiled on the basis of the protection plan of the Xianyukou area. The project was very small in scale: only 1 horizontal street and 2 vertical streets with a total of 6 plots. The Guidelines made explicit construction rules for each of the space elements involved in the parcel. The construction logic of the Xianyukou was planned to be adopted as the founding logic for old Beijing ' s traditional residential neighborhoods in the follow-up construction. However, the guideline was not implemented in the end.

Questions and reflections have been made from the project practiced in the contexts environment of urban built environment and in the preparation of urban design guidelines. They mainly focus on the controlling effectiveness of urban design guidelines. For example, the urban design guidelines are usually more suitable for small plots. The smaller site size is and the more specific the objects are, the more effective the guidelines will be. On the contrary, the larger the site size or the more units involved, the greater cognitive difference of site construction logic will be and the less effective the implementation of urban design guidelines will have. This raises the question as to how to translate building logic into effective control rules through urban design guidelines? Where is the effectiveness of urban design guidelines directing the construction?

Screening the compiled urban design guidelines of Beijing, there are both inadequacies and good signs. Inadequacies are mainly reflected in the fact that as a professional and technical document, there are still many guiding phrases in the urban design guidelines such as "should", "encourage", and "to be strengthened", which not only fail to meet the required compilation logic of operative technical document but also reduces the guidelines into a conceptual document, making the guideline more formal than truly instrumental to control and management. Good signs are mainly reflected in: urban design guidelines, began to have a "return of self-talk", that is not eulogize foreign city design guidelines and structure local urban design guidelines on the basis of overseas guidelines. Attention is returned to "self-evidenced" rather than "other-evidenced" construction logic. *Traditional Style Control and Design Guidelines of Beijing' s Historical and Cultural District*, as an example, is set with clear design goals: that is, deeply rooted to local buildings of Beijing, deeply rooted to the prospect future construction from the existing construction. This is undoubtedly the awakening of cultural confidence. At same time, it also means that designers in the future urban design will be more forward-looking from the basis of localities.

Back to the questions about controlling effectiveness of urban design guidelines, the core value of urban design guidelines is to direct the building management and control. If be used only as a design document rather than control documents, then the urban design guideline is weak in controlling construction. The weak-binding design guideline is almost equivalent to "waste paper". Since urban design guidelines need to be transformed into concrete construction rules, it is necessary to start with the management and control level, transforming the compilation outcome of urban design guidelines into construction management documents. A "control bottom line" with quantifiable techniques could be adopted. The construction management side control rather than design-side control shall be conducted to achieve the goal of shaping the city style and guide the city construction.

In the historical built-up environment in historical and cultural cities and blocks, it is particularly important to transform the original logic of spatial construction into a regulation and control system for the construction of contemporary space. Through a set of construction rules established on the basis of urban design guidelines, and with the help of data-based controlling platform, the continuation of the traditional city's feature avoids being reduced to a vague discourse. In view of this, the core content of urban design guidelines in the historical built environment is not to harmonize designers' understanding but to unify the implementation of standards of the control. "Weakening the designer's label awareness, strengthening the awareness of urban construction control" will be the value orientation of urban design guidelines.

Fan Xiaopeng Professor and Ph.D. supervisor of School of Architecture and Urban Planning, Beijing University of Civil Engineering and Architecture. Received his master's degree from the School of Architecture, Southeast University in 1993, Ph.D. from the School of Architecture, Tsinghua University in 2003 and postdoctoral fellow from the College of Urban and Environmental Sciences, Peking University in 2005. Vice president of China Engineering and Consulting Association Traditional Architecture Branch, Vice Chairman of National Architecture Institute of China Traditional Vernacular Architecture Specialized Committee, deputy editor of *Traditional Chinese Architecture and Gardens*, Director of National Architecture Institute of China, and member of Expert Committee on Traditional Dwellings of the Ministry of Housing and Urban-Rural Development.

Research fields include traditional dwelling, regional architecture, urban and rural planning, urban design and protection of historical blocks, etc. The practice projects Ten Elephant Studio chaired by him include protection and renovation planning, constructive detailed planning, urban design, architectural design and planning evaluation, etc. Major works include *Ancient Buildings in Xinjiang* and *Spatial Types and Carrying Capacity of Traditional Villages*. Fan Xiaopeng published more than 70 academic articles on urban planning, urban design, regional construction and vernacular dwellings research and other aspects in Chinese key journals and international conferences. He chaired the enlisted project sponsored by the National Natural Science Foundation of China "Theory and Method of Rural Integrated Planning Based on Social Structural Changes"; undertook the sub-project under the pillar project of the Ministry of Science and Technology during the "12th Five-Year Plan" period "Interior and Outdoor Environmental Design in Plateau Areas" and "Spatial Types and Carrying Capacity of Traditional Villages".

Historical Space Experience+Internet

Zhu Xuemei

Deputy Chief Planner of Tianjin Urban Planning & Design Institute

1 Demand from Wudadao

With tree-shaded buildings, Wudadao District is beautiful and pleasant. In recent years, with the advancement of the conservation and regeneration of Wudadao historical area, Wudadao has gradually become the most representative cultural tourism destination in Tianjin. It attracts tourists from all over the world with its unique charm, pleasant human scale, varied historical buildings, and historical stories.

However, many tourists stated that they did not know which important buildings to look at in the 1.3 square kilometers of Wudadao District. "I don't know where I am?" Visitors are lost here and don't know what to do. This is a very specific case. In order to address the needs of tourists here, the author and the team carried out relevant combing and design[1-4].

2 Related issues

At present, the cultural tourism development in Wudadao District is still in its early stage. Under the era of multi-changing transformation, it is far from international planning and high-quality cultural tourism scenic spots, in terms of planning operation, service management, or tourism experience, etc.

Firstly, lacking of integration of existing cultural resources. Although there are 37 national key cultural relics protection units in Wudadao district, 2 former presidential residences of the Republic of China and 5 former residences of the Prime Minister of the Republic of China, these valuable historical resources are scattered in the neighborhood and have not been fully displayed and utilized. Fig.1 is the integration of the existing historical resources of Wudadao District, and the dots are heritage buildings.

Secondly, lacking of experience in existing tourism service facilities which mainly manifests itself in the following aspects (Fig.2). The existing tourism signage system is based on only

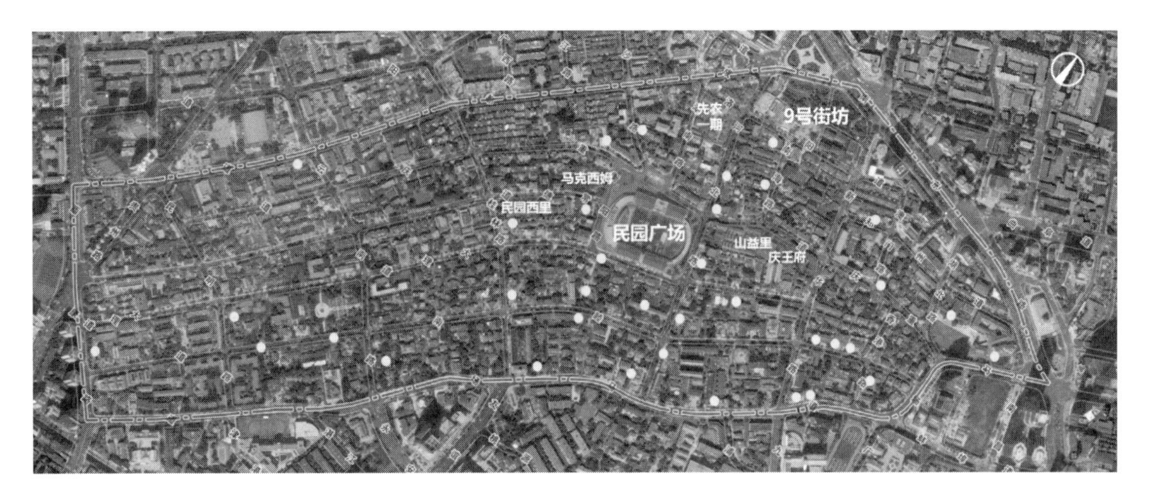

Fig.1　The existing historical resources of Wudadao

fixed maps on the street corners, and no orientation can be found and no focus can be found. Tourists in Wudadao District only have the opportunity to give a hurried and cursory glance. The tourist route does not have a professional design. Due to the property rights, many historical buildings have not yet been opened and only shows historical site sings, which are mainly composed of simple introduction, which cannot fully demonstrate the value of the historic buildings themselves and the wonderful stories behind them. This has greatly reduced the experience-based tourism. In this urban space with deep historical and cultural resources, visitors can only perform photo taking and other superficial activities, but there are few ways to interact deeply.

Fig.2　The status of tourism facilities in the Wudadao District

At the same time, existing commercial services are still in a scattered distribution, lacking organized business planning and a unified information platform. The interaction between commercial service facilities and tourism resources is insufficient to effectively link tourist activities (Fig.3). Therefore, integrate the most exciting places in historical and cultural resources into a space that can be experienced and understood is the key.

Fig.3 Status analyses of restaurants, hotels, and cafes in Wudadao District

(Data Source: Baidu Map)

3 Design a tourist route

Recently, driven by the reformed areas, the hot spots effect with Minyuan Square as the core is gradually being formed. On the basis of sorting out the current issues, the design also relies on the potential areas (the areas where the government needs to transform and improve the environment within the next three to five years) to integrate the relevant resources of Wudadao into a tourist route (Fig.4).

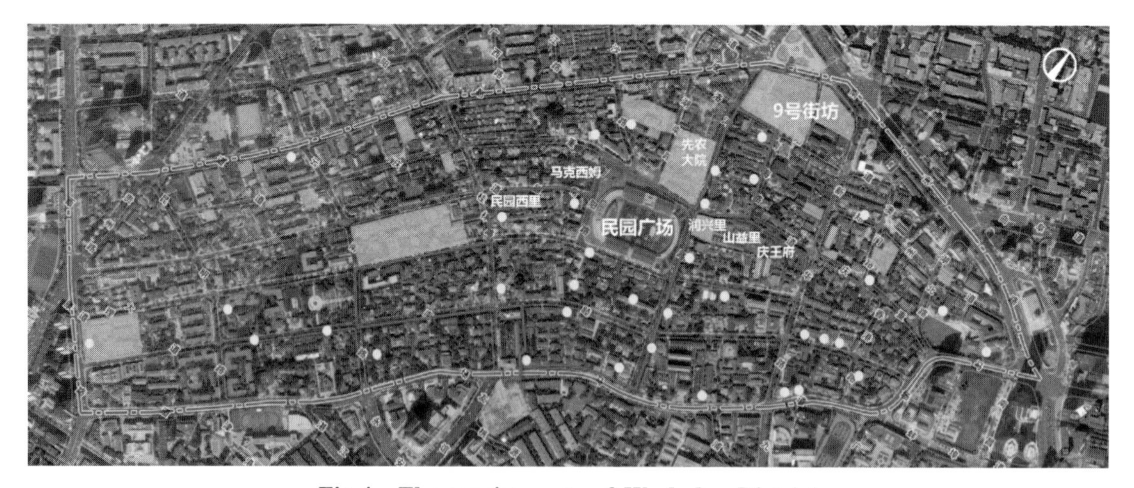

Fig.4 The tourist route of Wudadao District

The design overlaps the potential areas with the rebuilt areas and tries to use a most reasonable and economical route to connect these areas in series. The isolated projects and resource points are put into a continuous route to form a linear public space, and then a chain is formed through an interactive platform integrating resources. The concept of "Wudadao Experience Tour" is created through continuous growth and flexible series (Fig.5).

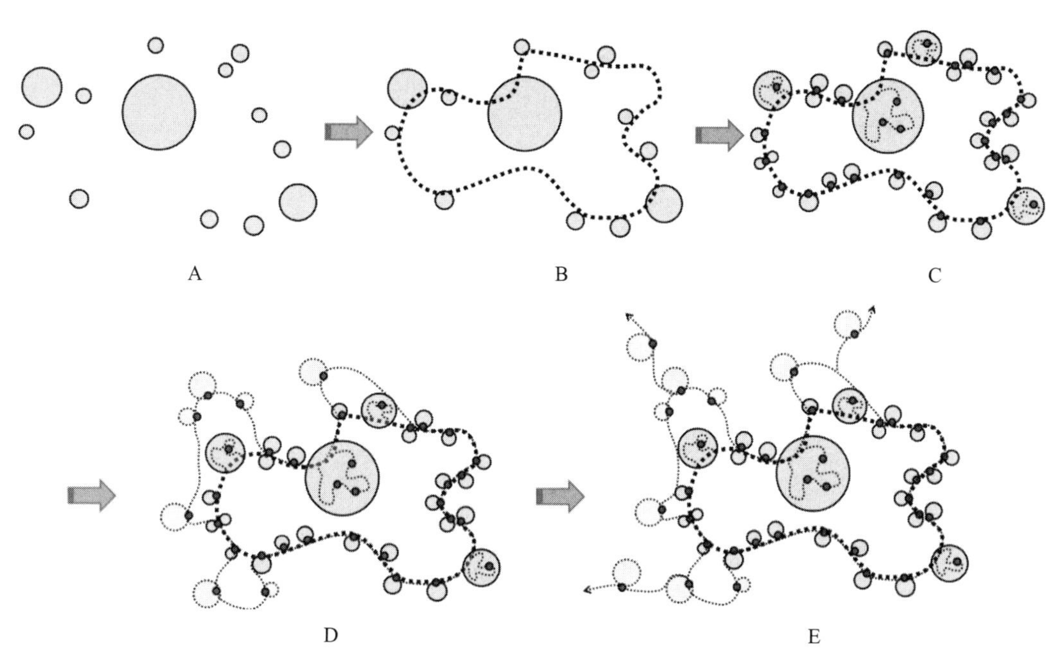

Fig.5 Diagram of the Wudadao District Tour Experience

Finally, Wudadao will be fully upgraded from traditional scenic spots to tourism IP, and will become the urban leisure travel route that brings together the essence of culture and enjoys quality experience. It is not only the experience of physical space, but also the use of Internet thinking to create an upgraded experience, which conveys the values of a lifestyle that pursues cultural tastes and encourages a leisurely travel experience. At the same time, through its establishment of a community with strong recognition and differentiation, it creates a refined, elegant and tasteful community.

This classic route is 3 kilometers in length. It takes about half a day to visit. If the walking speed is faster, 3 kilometers can be completed within 20 minutes. This route will reshape the diverse experience.

The first is to appreciate the public space. At both ends of the route, combine two existing gardens to create a recognizable entrance. At the same time, it will beautify the space along the street, storefronts, and greenery along the route to enhance the quality of buildings along the route (Fig.6).

The second is neighborhood Experience. The route connects three stylish classic streets and connects 13 neighborhoods. Experienced here is not only architecture, but also the most authentic and historically life scene of Wudadao District (Fig.7).

Fig.6 South entrance: West Bank Chapel Park

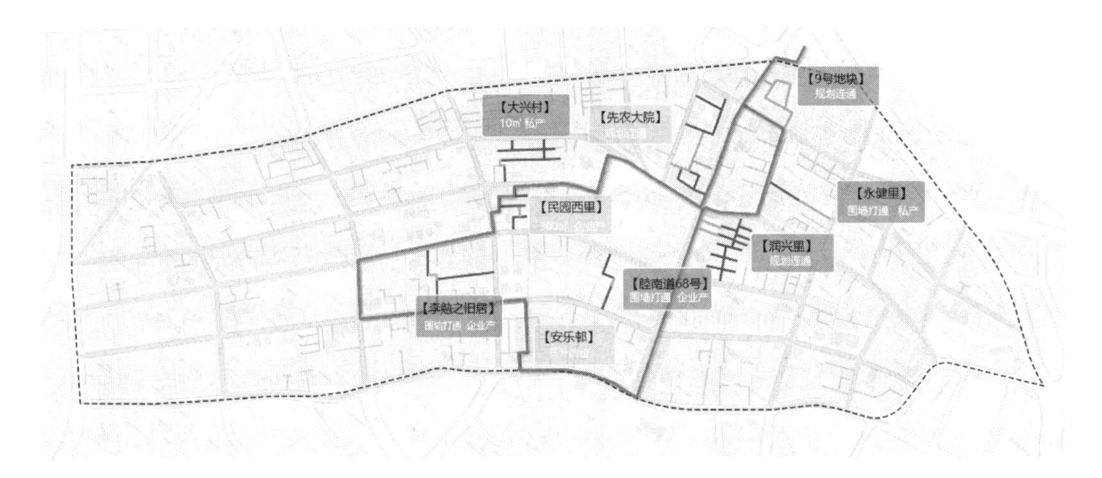

Fig.7 Typical neighborhood

The third is to visit the former residence of celebrities. The route connects 50 homes in a row, including an Olympic champion, an American president, two old bronzers, five presidents, five prime ministers, and four modern and historical sites. By design, these rich historical and cultural resources are organized.

The fourth is to create a multi-dimensional travel experience. 6 Museums and 20 attractions along the route can reflect the connotation of the city. According to statistics, on average, one celebrity's former residence is met every 100 meters, and every 160 meters can enter one tourist attraction. The combination of cultural experience and consumption items, and the walking tour time is about 4–5 hours. The route also integrates a series of activities. Every year, there are thematic activities that can be deeply involved every month, and rely on the route to continuously generate some urban events. The entire route has become a vehicle for developing urban activities, interacting with urban space, and popularizing important cultural and artistic activities. Meanwhile, the route will have the potential to grow in the future. As tourists increase, they can extend outwards and develop more resources for design and development (Fig.8).

Fig.8　Extending route of Wudadao Experience Tour

The classic route is designed to through the transformation of the streets to form a solid ground route with a clear guidance, supplemented by navigation design and important public art design (Fig.9).

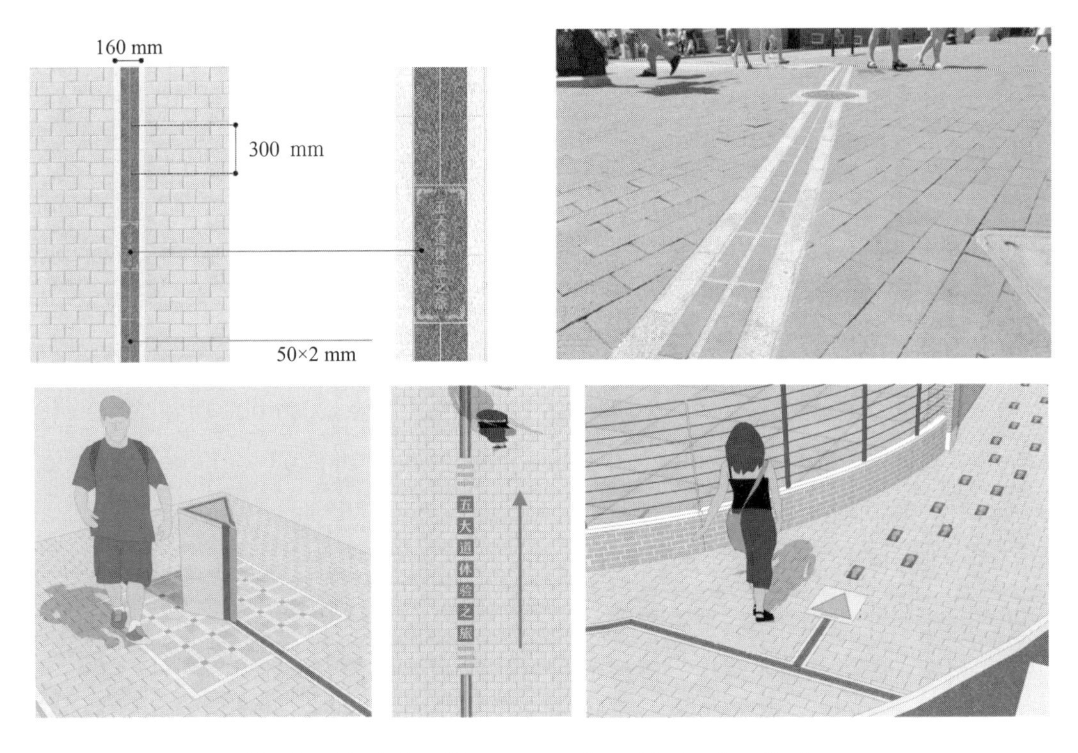

Fig.9　Wudadao Experience Tour Navigation System

4　Internet operations

Meanwhile, "Internet+" is implanted on the physical circuit to form App, including reading of historical and cultural buildings, self-service voice navigation system, and urban experience. By constructing a multi-dimensional augmented reality, creating a new experience of superposition of time and space transformation, the commodity becomes an experience and a memory. This process can also use the payment big data platform to build a "cashless" tourists experience across the board and guide the renewal and business decisions along the route.

5 New model

In the regeneration of the historic area, in addition to the transformation of physical space, the operating model is even more crucial. The traditional way of regenerate historic area, including evacuation, renovation, operation, project development, etc., will involve very complicated property relations, high compensation for vacancies, and a long vacancy cycle. It is also accompanied by the difficulty and high cost of renovation of historical buildings, and the cultivation of the market in the later period and the dependence on other assets. Some of the historical area in Tianjin have also experienced a gradual decline over time. They have invested huge amounts of money in the early stages but have had relatively poor returns, which has a huge impact on the entire society.

For example, a typical regeneration project in Tianjin is Jingyuan, a single historical building. Its construction period is 6 years. It invested 32 million 15 years ago. The entire fund raised 40% of its own funds and bank loans. This approach has high debt, high risk, and very large demand for own funds. Another example is the project of Xiannong, with a cycle of 10 years and an investment of 850 million yuan. If includes the entire interest rate increasing in 10 years, the investment can reach more than 1 billion. Therefore, in the actual transformation after this period, conditions such as financing mode and financial review are very harsh, and the bank's review of the project's rate of return is also of concern. Meanwhile, due to the existence of a game of interests between the people and the government, it is also increasingly difficult to make evictions. Due to the low economic output of historical area, it is increasingly difficult to select suitable areas for evacuation. Due to the fracture of the capital chain, such projects have been difficult to establish in Tianjin now.

The traditional way is reaching a choke point and unable to continue. In the new era, there should be new models to promote the transformation of historical area. The author and the team try to explore new models and take public space as the breaking point. This will not involve high evacuation costs and complex property rights. It will also improve the environment and reduce the cost of regeneration. According to preliminary estimates, the cost of a 3 km route can be covered by only about 20 million RMB to cover the costs of landscape reconstruction, environmental remediation design and planning. The financing method is also easier. It can make full use of the government's annual fixed investment of 18 million on Wudadao District. Through the Internet operation of the route, the cultural and creative industries such as postcards, maps, books, and on-route merchant discount cards, as well as advertising, etc., will sure gain revenue.

In the new model, the entire cycle has been greatly shortened, and a large-scale reconstruction of the streets usually takes a period of 6 to 10 months. With a slight regeneration, it only takes about two to three months. At the same time, the ability to resist risks has also been raised overall. By packaging the space on the route as a whole, including associated companies, some stores, and planning of common activities, etc., can help the store to get better publicity and effectiveness. Through such operating entities, all companies, residents, individuals, tourists, and public investment institutions are organized to turn it into a research project, a large Internet concentration platform and a system. Appreciation of assets along the route led to the increase in rents and the increase in government revenues that could drive the appreciation of the entire asset.

In the early stage, the route bring the nodes along the route activate, and the vitality of the node along the route have been activate by the route. In the later stage, the point extends the route by exploiting emerging nodes and extension the branches. The "Wudadao Experience Trip + Internet" will extend flexibly and continue to develop. The innovative model has thus transformed the past high-investment, high-risk, long-term, and unsustainable methods into low-cost, easy-to-find, anti-risk, short-term, quick, and multi-win-win approaches that have broken through the choke point.

References

[1] ZHU X M, et al. Wudadao Tianjin China: conservation and regeneration of historical area [M]. Jiangsu: Jiangsu Science and Technology Press, 2013.

[2] Department of Culture and Industry, Ministry of Culture. Case study on cultural industry with Chinese characteristics [M]. Beijing: Social Sciences Academic Press, 2015.

[3] ZHEN C Q. Analysis of operation mode of keeping alive funds in historic buildings——Tianjin Historical Scenery Construction and Finishing Co., Ltd. [J]. China real estate, 2016(3): 70-80.

[4] ZHU X M, YANG H M. Rediscovering heritage and understanding the place by studing city form: the conservation and regeneration of Wudadao Historical Area [J]. Shanghai urban planning, 2015(2): 60-65.

Zhu Xuemei Deputy Chief Planner of Tianjin Urban Planning & Design Institute, member of Urban Planning Society of China Urban Design Specialized Committee. Presided over the compilation of *Conservation Planning for Five Old Street Historical and Cultural Blocks*, *Overall Urban Design of Downtown Tianjin* and *Overall Urban Design of Core Functional Area in Binhai New Area*, etc., published monograph *Wudadao Tianjin China: Conservation and Regeneration of Historical Area* and *Urban Design in China*.

Rational Urban Design Based on Engineering Technology

Sun Yimin

Dean of School of Architecture, South China University of Technology

1 About urban design

There are many things in common between Chinese cities and cities of western countries. Rapid urbanization is more overwhelming beyond imagination and land use condition is quite disturbing. Years of research and analysis shows that the green nature and environmental pollution are important topics facing today's society. From the perspective of urban design, due to the continuously diminishing resources, the author believes that there is no increment of the resource. On the contrary, for a long time, we will have to live with the existing stock or even decreasing resource. If the design is studied from the perspective of engineering progress, the following problems might exist:

(1) Land shortage and environmental pollution have seriously affected the sustainable development of Chinese cities.

(2) Extensive urban expansion has plagued urban development problems such as traffic congestion and disrupted historical identity.

(3) Chinese cities with subtropical regions are featured with special regional climate and high-speed urbanization context. As a result, there is a greater urgency for them to transform their urban development patterns.

(4) Poor configuration of urban design methodology and key technologies adapted to China's actual national conditions and the needs of novel urbanization needs, compromising the advancement of urban design science.

In two important conferences held in 2014 and 2015, urban design was first time proposed as national policies. Since then, the feasibility of urban design work has gradually become stronger.

In the urban planning practice of recent years, the development mode of land use has changed from extension expansion to connotation improvement. In this regard, the author conducts simulation analysis on existing urban areas through extensive research compounded with Chinese space integration. Through analysis, the general relationship and pattern of climatic conditions and spatial environment in the subtropical zone was discovered: relatively high in density and moderate in temperature in subtropical regions. This confirms from another perspective that traditional cities are relatively dense. It compared the textures of different Chinese cities and conducted analysis of rail transit stations, traditional space, subtropical cities research and the combined historical conditions, proposing the urban design method conforming to regional characteristics.

The author drew conclusions from the continuous study of the historical blocks in Southern China. The study of efficient, compact and sustainable urban design strategies covered many different perspectives: the perspective of climate design, the perspective of green space management and the perspective of historical data extraction. For example, microclimate simulation experiments were carried out on the Tianhe Sports Center area, an important urban space in Guangzhou, important parameters such as land development intensity, block scale and architectural layout were extracted. Relevant models were established for physical environment analysis. In the research on spatial syntactic analysis and pedestrian density of typical station blocks in Guangzhou, the relationship between station planning and its entrance and exit design and urban spatial pattern was discussed. At the same time, targeting the intensity of land development, block scale and group layout, the spatial syntactic method was used to explore the related issues of urban environment and large-scale public buildings, and the configuration characteristics and social efficacy of important public spaces in the Pearl River Delta cities such as Guangzhou downtown center and Hong Kong Wan Chai were obtained. In studying the sustainable urban development model based on the integration of land use and public transportation, it pointed out that the density of public service facilities, public transportation saturation and land development intensity in cities were key factors of a sustainable system. Efficient and compact urban design method system was then put forward. This system not only revealed the correlation between the core elements of urban spatial patterns such as block scale and road network density and the sustainable urban development model, it also proposed the quantitative judgment criteria of the suitable block scale under the connotation promotion mode. The system integration was in line with the efficient and compact urban design pattern languages and technical tools adapted to the characteristics of urban construction in China.

In the study of urban design climate adaptive technology and "architectural climate space", the concept of "architectural climate space" for subtropical cities was proposed, and the theory and method of "architecture climate space" system scale was established to match with city morphologies in different historical periods. By revealing the correlation law between the human body's thermal sensation and the thermal environment index in the outdoor space, the summer outdoor thermal comfort index threshold PET in the hot and humid regions is obtained. It's the gap-filling for the relevant researches.

In a "preposed" urban design guideline system prioritizing public interests, it's necessary to develop a regulated technology platform that runs through the whole process of preparing, implementing, modifying and evaluating the urban sustainability design guideline. It's also necessary to continue following up efficacy of the urban design guideline and carrying out long-term detection, feedback and optimization of the implementation. Constructing the green eco-city guideline connected to urban design and green building has become the first case in China organically compounding the layer by layer implementation of the duality targets of green urban districts and green buildings in the urban design guidelines.

It's advocated to establish an urban chief-designer system platform for sustainable urban performance management. Carry out urban design management with the goal of refined efficacy, build an urban chief-designer system platform covering full-range and full-process sustainable urban performance management, and provide strong technical support for major project applications. In this system, the urban design guideline is placed before the land bid invitation, auction and listing and incorporated into the land bid invitation, auction and listing. After the guideline is briefed to the developer, there is a need for follow-up guideline updates. It's a process of elastic changes. In the process of guidelines development, it's advised to add many conditions to be controlled in the future so as to be more flexible in the later stage.

2 Urban design optimization of Pazhou A Area

Located in the northeast of Haizhu District, Pazhou is a CBD central area of Guangzhou. To its north is the Pearl River. To its south is Huangpuyong river. It's a land plot surrounded by waters. Pazhou, along with Zhujiang New Town and International Finance City, form the golden core of South China. Being the most vibrant, dynamic and attractive economic engine of Guangzhou, it will drive the rapid development of other functional areas and power Guangzhou to become the leader for new urbanization. In the process of re-optimizing the westernmost part of Pazhou area, intensive land use was proposed to build a compact new CBD in Guangzhou. The area is positioned as a headquarter business district with cultural heritage, Lingnan regional features and opening up attractiveness. This approach combines the urban design concept with the idea of engineering technology and incorporates this idea into later management.

In the optimization process, focused attention was given to four aspects.

The first is the density of public services. We proposed a convenient internal transportation links, closely-linked internal and external traffic connections, well-structured easy slow-moving system and sound public service city infrastructure. The package contains a rather detailed yet dynamically evolving indicator system, i.e. intensified plot leads to intensified facilities within the constant overall environmental indicators.

The second is the compact land development including overall indicators, flexible controls, underground space and relevant supports. Function mixture and three-dimensional multi-elements are proposed in the design to create a 24-hour vibrant CBD. The leading function of this area is business office, encouraging compatible commercial attributes. It also includes real estate development. In the development of underground space, the developments combined per-unit approach and holistic approach was adopted. The deployment was made with combination greenfield plaza. Underground space can be developed by layers and easily and efficiently connected to transportation and commercial infrastructures (Fig.1).

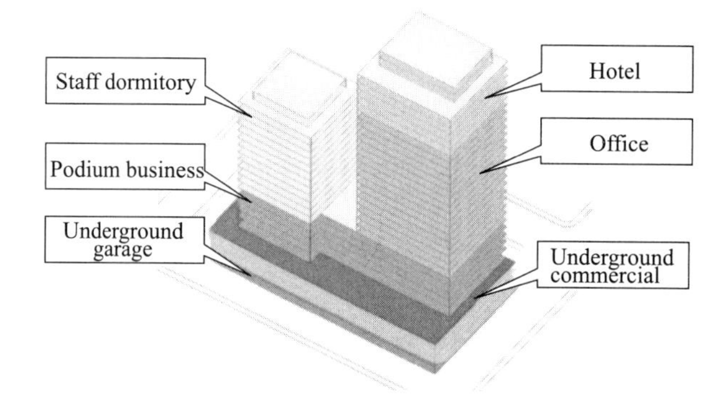

Fig.1 Function mixture and three-dimensional multi-elements

In the design, it's proposed to build a small-scale block network adapted to the area, improving road accessibility and materializing the features of integrated transportations; combined with urban design optimization in the western part of Pazhou, the road network density can reach 12.9 km/km^2. It is recommended to speed up road construction and implement the integration of blocks and land plots. The road network density in the design exceeds the national standard, but it is relatively more reasonable and in line with local conditions (Fig.2).

In the traffic design, the rail transit was optimized to the maximum extent. The tram loop was added. In the construction of the slow-moving system, the city's slow-moving system was planned in combination with the important landscape belts and parks in the area. The overhang walking space is built in conjunction with Pazhou avenue layout to create a pedestrian blocks with optimized scale to improve the walking comfort and short-distance transportation experience (Fig.3).

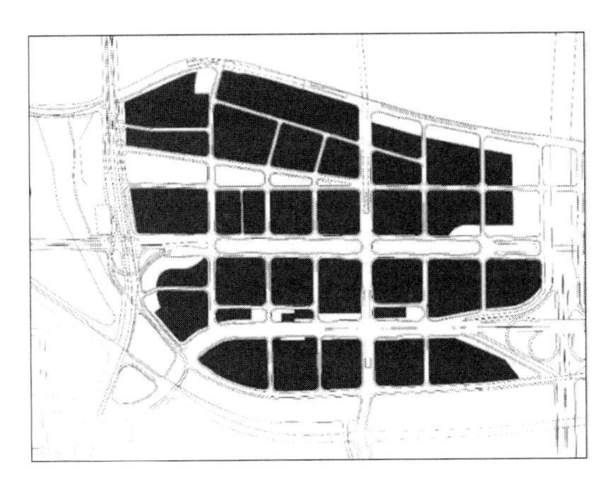
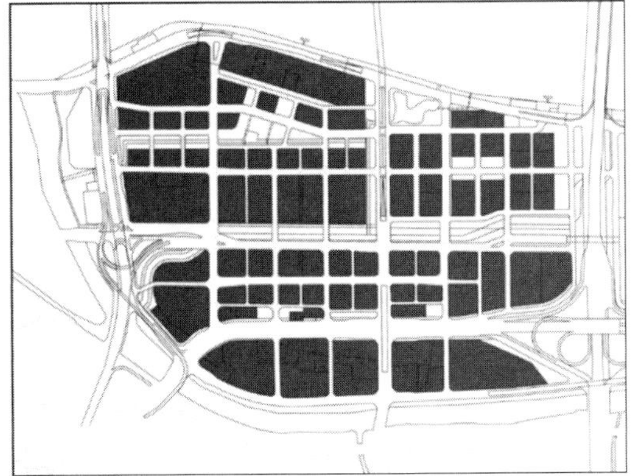

Fig.2　Comparison of road network optimization before (left) and after (right) intensification

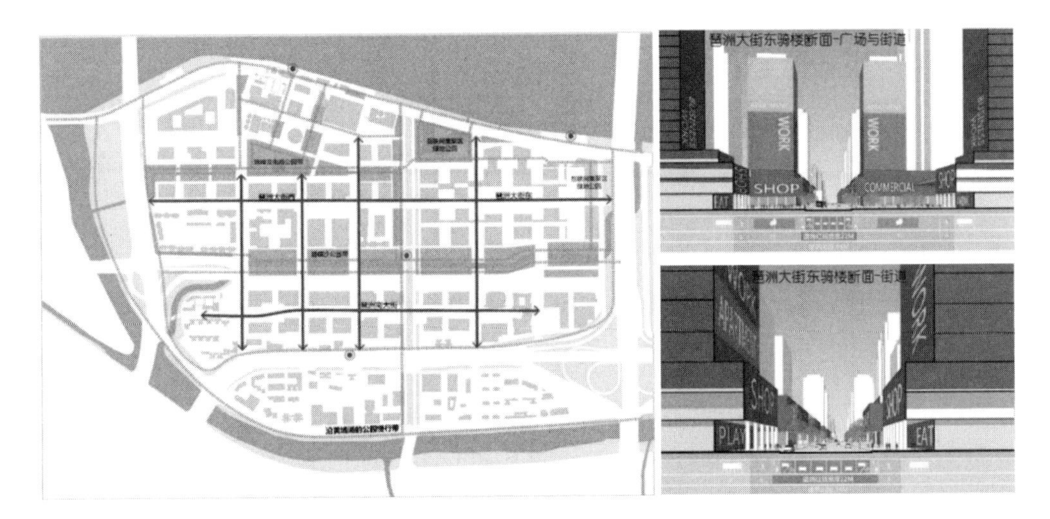

Fig.3　Structuring of slow-moving system

The third is to strengthen the creation of places and landscapes. The design strengthened the integration and connection of the two sides of the river, designed multi-level enriched skylines, emphasized the continuation of ecological and cultural elements, created Pazhou street places and also provided guidance for materials, colors and lighting. In the west Pazhou, three-level skylines are formed according to their distances from the Pearl River: the first line takes buildings on the west side of Haizhou Road as the highest point, the middle level skyline takes buildings at one side of the square parks on both sides as the highest point; the distant view takes the middle as the highest point, and the three groups of building levels form multi-level skylines. At the same time, combining with the green lands of park landscape in the design, the design preserved and transformed the characteristic industrial structure of Zhujiang Beer. It also activated the regional landscapes. Meanwhile, the industrial heritage of Zhujiang Beer has been preserved and utilized. It helped to create a culturally-characteristic area of Zhujiang Beer, enhanced the cultural atmosphere of the surrounding environment and promoted the inheritance of regional culture and spirit.

The fourth is the urban system-high-quality refined management. This part includes three aspects: regional urban chief designer system, spatial pattern function guideline control and ecological energy-saving technical guideline control. Urban institutionalization includes thoughts on the design process and government expectations. There is also discussion about the connections between each other. Among them, the flexible implementation process is the key. The architect team pays attention to the public space and hopes to solve the problems of public space through engineering technology. However, it cannot command the implementation of engineering technology. In the design, architects paid insufficient attention to the planning management. That's why the chief designer was often asked to help architects solve problems and achieve refined management. The chief designer of the regional city can propose inspection advices on urban public spaces, architectural styles, building heights, arcades, corridors, etc., whereas the building spacing, building heights and densities were flexibly controlled as per the urban design plans and guidelines.

From the perspective of the regional urban chief designer working group, high quality results have been achieved mainly in the following aspects: the first was multiple institutional coordination. A six-party coordination and communication mechanism was established between the regional city chief designer working group, Guangzhou Land Resources and Planning Commission, Haizhu District Land Resources and Planning Bureau, plot construction parties, construction agents, plot designers and Pazhou Management Committee. Such mechanism served to sort out the progress of land plot design. On the premise of safeguarding public interests and ecological benefits, it served to coordinate the design scheme features of plots, administrative approval procedure, plots development progress of and regional development goals, outputting results interacted and accepted by multiple parties. The second is to create high-quality public space. The regional city chief designer working group should not only control the "quantity" of public spaces, but also focus on improving the "quality" of public spaces. During the inspection, the quality control should be strictly conducted to arcades in the planning area, the second floor connection corridor system, building corridors and plazas. Therefore, all projects approved by the "Building Permit" worked to provide high-quality public spaces for the area. In the design inspection, urban design achievements will be undertaken to plan and coordinate the ground exits of underground spaces and building spaces of land plots, so as to protect the high-quality urban designs.

Every single building in the planned 13 plots in Guangzhou has been all designed under this guideline work till the final stage. In the implementation process of the project, based on the status quo, the chief designer promoted refined single building design and conducted coordination. In terms of architectural modeling, materials, shading, energy saving, floodlighting, etc., considering the public interests of the region, the chief designer of regional cities put forward inspection opinions on single buildings to ensure the overall space quality of the region.

After subdividing the land plots, the chief designer was committed to promoting the overall construction of the underground space of different owners of adjacent plots from the perspective of innovation coordination, reducing engineering costs from silo implementations and achieving efficient development of the region. However, as the underground space between different blocks was not included in the ownership system, it was difficult to achieve complete coordination of the underground space. In this process, the problem was solved by calculating the car parks, designing the depth of the underground space, and so on. When the underground space exceeded a certain depth, the investment and engineering volume will increase. For example, if the car parks were not enough, the developer should make investment on its own. In addition, the old fire code requires three entrances & exits when the number of people reaches a certain number. Yet, that was difficult to achieve in small size land plots. As a result, two fire-fighting entrances were set and left open future re-deployment. It was found that smaller plots produced a series of engineering and technical problems, including water system, fire climbing elevation and so on. The fire climbing elevation of small blocks must be isolated by roads. Therefore, when designing the road, relevant requirements must be added to the regulations.

In the design, maximum effort should be spent to minimize the engineering work volume and retain some structures in the name of work volume reduction. According to the requirements of land reclamation, some old structures need to be demolished. As the demolition needs investments, places difficult to be demolished were planned as green lands in the design. In this way, some industrial facilities can be converted to the facilities for the green lands. As a result, the government saved a lot of funds for demolition. At the same time, it also left the city with space for future park sites. After the integration of road space, or the formation of the small blocks and dense road networks, sidewalks were no longer planned in road red line. In the frugal approach, the street space was no longer defined by the concept of the road red line, but by the interface space of buildings along the two sides.

There were also some changes in the implementation process. In the case of "YY" (Fig.4), the owner requested that the tower should be cancelled, so we lowered the tower and created two new public spaces emerging at the same time. This involved the process of coordination and negotiation. And the most fundamental consideration was public qualities and public benefits.

Another piece of land plot parallel to YY also had similar problems. The developer also wanted to cancel the tower crane in public space. But after the cancellation, the public space was

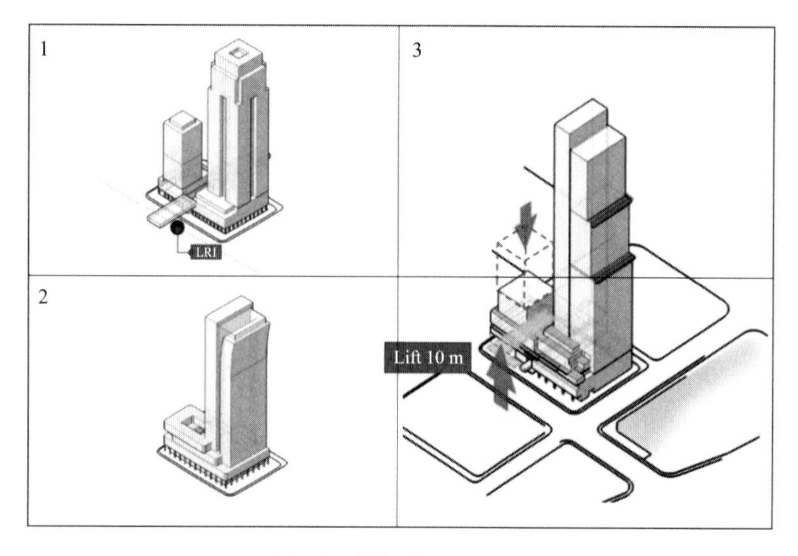

Fig.4 YY plot project

reduced. How much private interests should be set to supplement public interests? Finally, it was negotiated to elevate the bottom space and converted them all into a covered public space.

The earliest spatial relationship in the Vipshop Block was that 3 of the 4 towers were Vipshop's, and the 4th tower was surrounded by other towers. In the process of design, there was one scheme to lay down the fourth tower, and then the riverside landscape of the fourth tower came out. And finally it was a process like Fig.5, in which public interests and environmental benefits were maximized and the project became implementable. That's why the project was finally designed by architects. This project achieved a transformation process. And how to express this process is also a topic.

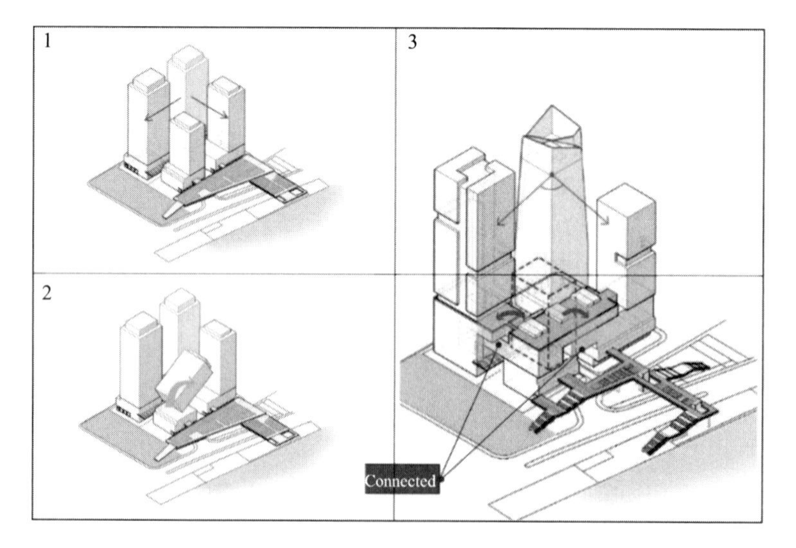

Fig.5 Vipshop plot project

At present, what China needs to pay attention to is to express the wisdom and reality of China in urban design. The above-mentioned research practices and participative management systems paid attention to such contents. The establishment of the urban chief designer system and the formulation of urban design guidelines can achieve refined management of all aspects and coordination of multiple subjects. Flexible and changeable systems and norms can, to a certain extent, offset the defects of over-stressing height, size, comprehensiveness and uniformity in the past urban development. In this way, the urban design will truly move from a coarsely developed city to a refined city reflecting China's wisdom.

Sun Yimin Mr. Sun is a Cheung Kong Scholar Chair Professor, National Famous Teacher, Talents Project National Candidate and Young and Middle-aged Expert with Outstanding Contributions. He is the recipient of the State Council Special Allowance of the State Council and also served as the Deputy Director of State Key Laboratory of Subtropical Building Science, Executive Director of Architectural Society of China, Deputy Director of the Sports Building Specialized Committee of China Sports Science Society and Member of the Urban Design Expert Committee of the Ministry of Construction. In 1992, he graduated with Ph. D. Degree from the School of Architecture of Harbin Institute of Technology; from 1995 to 1997, he was a senior visiting scholar at Massachusetts Institute of Technology, USA, and worked in SASAKI Company in the United States.

He is dedicated to large public building engineering and urban design and haspresided over 4 projects of National Natural Science Foundation of China, including 1 key project and 1 key international cooperation project. He also presided over the completion of the design of 2 projects including the Beijing Olympic Wrestling Hall and Badminton Hall and 3 engineering designs such as Guangzhou Asian Games Swimming Pool and Martial Arts Museum. He has successively presided over a number of urban design works in Guangzhou, Nanjing, Chongqing, Wuhan, Lanzhou, Chengdu, Zhongshan, and Xuzhou, etc. He has successively won 4 international sports architectural design awards, "Excellence Award for Sustainable Planning" issued by American Institute of Architects (AIA)-Boston Branch (BSA), National Excellent Engineering Design Silver Award, Architectural Design Award for 60 Years of Founding of PRC and the First Prize of China Survey and Design. And he won two Second Prizes of Science and Technology Progress at provincial and ministerial level.

He presided over optimization of urban design for Guangzhou Pazhou West District and served as the regional chief designer of the city. He chaired and completed his chief designer's work for urban design optimization and regional urban design of Guangzhou Nansha National Free Trade Zone Lingshan Island Area.

Urban Heritage and Urban Design

Zhou Jian

Dean of Shanghai Tongji Urban Planning & Design Institute

City is the research subject of urban heritage. However, each city is different, so is each region. Therefore, the control rules and measures for different cities are different. Today, I'll share some of my personal experiences in the protection and planning of "Urban Heritage", combing the case analysis of *Shanghai Master Plan (2016-2040)* recently completed by our team (hereinafter referred to as *Shanghai Master Plan 2040* for short).

1 Urban heritage and urban design

Firstly, let's talk briefly about the relationship between "urban heritage" and urban design. Previously when it came to the urban heritage protection, we always talked about buildings, neighborhoods, architectural complex, cultural relics, etc. The focus gradually extended to historic streets, historical blocks, parks and squares, etc. In fact, in 2005, UNESCO proposed a general concept of urban heritage in the world, i.e. urban heritage is not just about the "dots", the "planes", or even the spaces. Instead, it's an organic unified notion. That is to say, "urban heritage" refers to not only to the cultural relic nodes or blocks in the city, but also covers the historical urban landscapes and styles formed thereafter. It's the "urban spatial impression" often conceptualized to describe the characteristics of urban heritage. The appearance of such urban heritage in the urban material space is actually the historical characters of the urban space where it is located. These historical characteristics have important influences on the formal features of urban space such as height, shape, density, scale, texture and road network layout, etc. Therefore, urban heritage and urban design are closely related. For this part, I'd like to share three points.

1.1 How to identify urban historical blocks

When being engaged in the formulation of *Shanghai Master Plan 2040*, we asked whether there were historical blocks in Shanghai and their specific locations. From the perspective of height, most photos on the internet did not show the urban spatial characteristics of Shanghai. Hence, we set the research scope of height analysis within the outer ring of Shanghai urban area. It covered an area of around 660 square kilometers, out of which 80 square kilometers was the downtown area of Shanghai. How to make the "urban height" and other featured elements more identifiable within the scope of Shanghai historical blocks of the inner ring? This was the primary problem our team thought and solved in the early stage of planning.

Firstly, we began to study these areas in Shanghai that were protected by law in the historical process. Among them, the small road network was the historical feature protected road. From the perspective of urban development process in Shanghai, the first layer is historical protection area, which is mostly dated back to the time earlier than 1930; the second layer is those dated back before 1950. Back in that time, many experts questioned which period of time should be used to define the historical urban areas in Shanghai. After discussion, it was finally determined that: the threshold of 1950. In fact, the historical relic concentration area was delineated in the *Shanghai Famous Historical and Cultural City Protection Plan*. It includes some industrial heritage and the villa area in the western suburbs. And its peripheral areas were mostly the new residential neighborhood. The present city core is within the scope of historical protection. Hence, we conducted detailed data analysis, superimposed 100 m × 100 m grid cells based on the latest Shanghai architectural mapping, calculated and observed from different layers. The results showed that the historical urban areas in Shanghai could reflect the height characteristics of Shanghai city. It's displayed in differently colored particles just like mosaics. It also roughly fit into the urban development trajectory and the statutory heritage protection zone.

Next, we conducted a cluster analysis. We superimposed three grid systemsat the scales of 100 m, 200 m, and 400 m. It's found again that the scope of historical urban area seemed to be the core area within the inner ring of Shanghai or at the intersection point of the North-South Elevated Road and roadside crossovers which was called the Puxi area. However, this could not solve the identification problem of historical urban area. Therefore, we further marked out the locations of 1–3 story buildings inside the studied area. We again superimposed the planar grid scales of 400 m, 600 m, and 800 m and gradually formed the existing historical architecture texture of Shanghai historical remains. Based on the benchmarked building height, we marked out an area according to the architectural focus and found that there was some overlapping and non-overlapping spots between this area and the historical evolution map. Nevertheless, they were consistent in general.

1.2 How to use the existing historical building height to carry out management and control of historical urban areas

Next, we conducted the second analysis. Firstly, with road network density as the inclusion criteria, we identified the area with the highest road network density in the urban area of Shanghai, i.e. the area of 24 km/km^2. The final scope delineated basically coincided with the existing historical protection scope. Then we analyzed its internal spatial characteristics. Although we identified the height characteristic of urban historical area based on the existing historical building height and adopted it as one of the reference elements of urban style control, the height control value of historical buildings in Shanghai varied according to different area they located. It's never a fixed constant value. Therefore, in the research, building height should not be defined simply by the common building height division method of one-storey, two-storey, below two-storey, below three-storey, etc. Different height combination methods between different buildings in any plot or block at the city scale should be taken into consideration. But such height combination method between buildings was exactly the key to study and determine the height pattern of historical urban areas. Therefore, we summarized two characteristics of this combination distribution. One was the large dark colored area (Fig.1), where most building heights were relatively low in such combination. Even though there were some high-rise buildings, they were relatively detached, usually no more than 3 buildings in the combination due to historical conditions. The other was the dark colored dotted area (Fig.2), which has two special spots: the People's Square and the Zhongshan Park. Presenting very dense height feature, People's Square is over 200 m.

Fig.1 Dark colored area

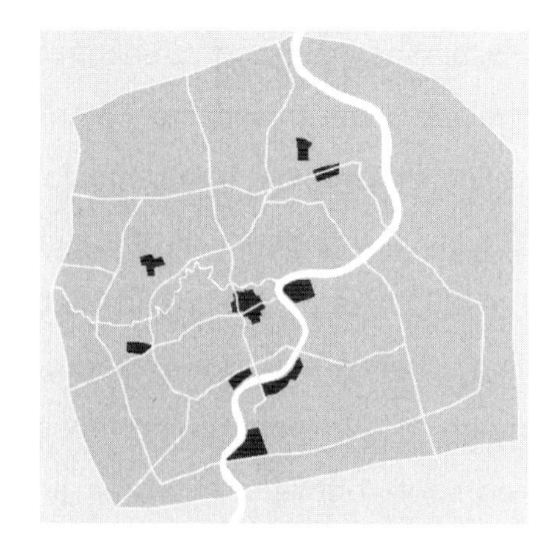

Fig.2 Dark colored dotted area

In summary, the historical urban areas within Shanghai city scope could be divided into three categories according to the characteristics of building height combination. Category Ⅰ: Undulation type, more than 60% of the areas in the city fell under this category. Most of the building heights in the combination were relatively homogeneous, but there may be 1–2 high points. This combination mode had wide coverage in the historical area of Shanghai. Category Ⅱ: Mixed type, such as People's Square, which was both a historical relic and surrounded by historical areas. Category Ⅲ: Homogenous type, which was found not only in historical urban areas, but also in many commercial-intensive areas and newly developed areas in Shanghai. It could be considered as a common type in urban development after reform and opening up. For example, in the Zhongshan Park area, the plot was mainly low in height. Although the overall height of the plot was relatively homogeneous, its base height was higher than that of the historical urban area.

1.3 Urban height control method based on the height characteristics of urban historical areas

Then how to use the height analysis results to develop an urban height control method? Based on the control framework, we divided the Shanghai downtown area into four categories: ① special areas, i.e. along the Huangpu River and some large service centers, including the People's Square area; ② historical areas; ③ landmark areas; ④ general areas, divided into three districts including Pudong, Puxi and sixth ring periphery at three height ranges of 15–30 m, 20–40 m, and 30–68 m.

According to the above research findings, we tried to summarize the urban building height characteristics on the city scale of 660 km^2 and formulate the control rules for building height in future urban development on this basis. Different districts in the whole city area were divided in detail according to the aforementioned building height combination method, and the building height in each combination was classified into two levels, i.e. reference height and landmark height. The height-level relationship within each combination was analyzed one by one through big data analysis method, and the corresponding height range and boundary were set in the unit of district. Finally, the analysis results were re-screened based on the existing plan, those relatively good types that met the analysis results were retained, and the poor ones were cancelled or corrected.

In general, the construction of urban height control method was based on the establishment of various height levels such as target height, reference height and landmark height, etc. However, the establishment criteria of height levels would change according to the actual conditions of urban built environment, for example, in individual areas, the landmark height alone could be subdivided into two levels. Focusing on the historical urban areas, it was usually necessary to control the two levels of landmark height and reference height in the historical areas. However, there were a variety of specific control methods according to the differences in the status quo between different historical urban areas: for example, pure guidance on landmark height within the area, or pure guidance on the reference height within the area. However, there were strict requirements for the control at both height levels in the key historical urban areas of concern in urban development. Although we always gave high priority to those key areas, key sectors and key axes in the urban design process, there should be no "Low" or "High" priority in the protection and control of historical urban areas with urban design as an overall management and control method for urban space. All historical urban areas should be included in the scope of urban design consideration and planning.

Each city should have its own spatial logic. As one of the important material space carriers that reflect the city features and styles in the urban built environment, the difference in landmark height level also symbolized the difference in the city status. Hence, it is very important to control the height and order of landmarks. As a multi-center city, there were corresponding district centers and landmarks in each district of Shanghai. Hence, in the process of formulating *Shanghai Master Plan 2040*, we ranked the landmark heights of each district center within Shanghai city. Finally, based on the landmark height, the districts in the city were divided into four levels: from global centers like Lujiazui; to regional and municipal centers; then to city-level sub-centers; and finally to regional centers. Also, due to the different development intensity, density and height distribution of various centers, the landmark height in the future urban design process should be further adjusted combining the above factors.

2 Conclusion

In traditional cognition, there may be some misunderstandings about the historical urban area. How can there be so many high-rise buildings in the historical urban area? Is the People's Square still a historical urban area after such transformation? In fact, as mentioned before, in 2005, UNESCO put forward a proposal on historical urban landscape. The proposal particularly answered in details the questions including "What is history? What is urban heritage? How to protect it?" Generally speaking, city is formed after continuous accumulation of history. The historical urban area can actually be defined as the material spatial characteristics specific to the stages of the observed urban development. It could be captured within the time frames of 30 years, 45 years or 50 years. Based on the development characteristics of each city, the boundary definition of historical urban area may also be different. But in urban design, we cannot ignore an objective fact that any historical urban area is constantly changing. Under such objective change, the management and control of historical urban area may not be achieved just by planning the height and density consistent with the original. At different stages of urban development, urban construction is under the influence of different political, economic, cultural and other mechanisms. The spatial form of current historical urban area is a product of historical process, and its value is also derived from layers of accumulation in the process. Therefore, in most of the ancient town development projects, no matter how closely the external form of antique town is simulated, it is still not an "ancient town". It's not only limited by the process and capital, but also due to the different development mechanisms. Hence, in the process of urban historical area protection and control in the future, we should first realize that "management and control" itself is a process of superposition of the "present" and "past". This is the basis for generating the value of urban historical areas. London is a vivid example. Its urban construction is formed by the superposition of the elements from each period. It's the spatial characteristic that historical urban area should reflect and also the core value of protecting urban historical area.

Zhou Jian He is the Vice Chairman of the Academic Committee of the Historical and Cultural City of China Urban Planning Society, the Director of China Urban Planning Society, Vice President of China Urban Planning Association, Member of Protection Committee of Shanghai Historical and Cultural Area and Outstanding Historical Building and Member of Planning implementation Specialized Committee of Shanghai Urban Planning Expert Advisory Committee. He has published dozens of academic papers and presided over the projects such as Detailed Planning and Design of First Block in Dujiangyan and won the First Prize of National Excellent Planning and Design for many times. The projects, such as Ancient Towns in the South of the Yangtze River, that he presided over or participated in, won UNESCO Asia Pacific Heritage Conservation Award. Conservation Planning and Management of Historic and Cultural Areas in Shanghai, a project he participated in, won Shanghai Science and Technology Progress Award, and another project that he joined in, China 2010 World Expo Plan, was also awarded Gold Medal of National Excellent Engineering Survey and Design.

Organic Renewal and Ecological Transformation of Urban Stock Space

Chen Tian

Professor of School of Architecture, Tianjin University

1 Background of organic renewal of stock space

After 1949, Chinese cities entered a stage of "rapid expansion". China's urbanization rate rose from 10.64% in 1949 to 51.27% in 2011 and then to 56.10% in 2015. With the advancing of urbanization, China's demographic structure has undergone major changes. In 2011, the urban population exceeded the rural population.

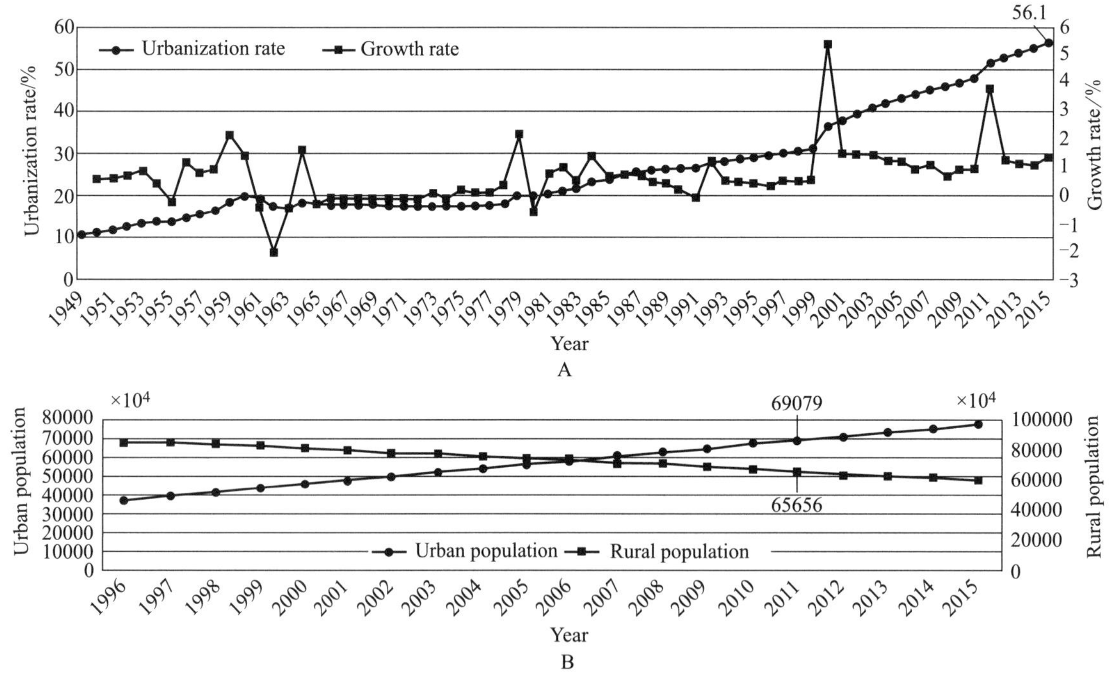

Fig.1 China's urbanization trend

(Source: National Bureau of Statistics)

The year 2010 was an important node in China's urbanization process. With the new central leader team elected in 2012, urbanization ushered in a new development opportunity (Fig.1). Under the new normal, the urban development exhibits three major characteristics: deceleration, transformation and diversification. In order to adapt to the new normal, the 2015 Central City Work Conference gave the directives of restricting total amount, limiting the capacity, revitalizing the stock, optimizing incremental, improving quality and the urban ecological environment. If viewed from a holistic perspective, Chinese cities no longer need large-scale expansion. The focus of urban development will shift from "urban expansion" to "urban renewal" in the future. As evidenced by CNKI data, urban renewal has become a hot topic in academia in recent years.

With regard to urban renewal, I mainly want to talk about the issue of space restoration in the transformation of the old city, especially some issues related to ecology and some management norms.

For the space repair of the old city renovation, I lay out three thinking points. These three points are also based on the analysis and investigation of my researches conducted in Tianjin: Point 1 is about the construction of the old city green space; Point 2 is about the informal space in the old urban area; Point 3 is about the outbound relocation of higher education. Such three points can be systematically categorized as the ecological, social environment and cultural environment problems of the physical environment we dealt with in old city renovation.

2 Dilemmain urban renewal and ecological transformation

2.1 Ecological issues of physical environment

First, let me talk about the physical environment and ecological issues. As we all know, with the established keynote from the recently summoned CPC Central Working Conference, urban rehabilitation has evolved into a complicated system of work in the process of old city renovation. In the past, Tianjin's green belt construction provided a good supporting environment for the construction of the old city. Nevertheless, problems of inadequate greenbelt system of the existing city's residential land was also exposed. We selected 8 mature districts in 6 districts of Tianjin, conducted researches and set up an index investigation system and research on existing green space in the main urban area of Tianjin. After research, we found that the existing green space construction lacks consideration of activities for different age groups. In particular, it's not convenient to use for children and people over the age of 60.

In addition, green space is comparatively doing poor in interesting cultural and educational aspects, environment tidiness, and traffic accessibility. When sorting out such issues, it's not difficult to find that green space issues of old city mainly include the compromised climate comfort, relatively outdated user-friendly facilities, much passive functional structure of green space, etc. Intra-city traffic (parking space) is one of the most prominent issues for urban green space occupation. The problems of urban green space in old urban areas are mainly manifested in both functional and structural aspects, which happen to be the focus of our attention in space restoration and ecological restoration. In addition, the partitioning of public space ownership in many old cities has led to the fact that the openness of public green spaces in units or neighborhoods is not strong. There is a problem of how public resources can enhance social participation in terms of usability and openness.

2.2 Ecological issues of social environment

For the ecological problems of social environment, I proposed case reflection on the medium-low-end commercial space, zooming into a bottom floor space in a neighborhood of Tianjin downtown (Fig.2). It is not difficult to find out that some of the residential areas built in the late 1990s have gradually created a new space for residents to transform themselves by retrofit opening of their doors and windows. The reasons behind the emergence of such space type can somehow showcase city dweller's spontaneous demand in their city lives. In the mid-to-late 1980s and 1990s, a wave of lay-offs induced from the large enterprise transformation and the civilian markets scarcity triggered the some citizens' interest demands for rental housings. In addition, the informal business forms in this region are more often daily retail and basic services such as restaurants, garments and other types catering to the residents' needs. It reflects the mismatch between our city's spatial supply and actual demand for these business forms. How to cope with this kind of spontaneous informal space outside the traditional planning? Do you want to be tough and completely remove it? There are many discussions around this issue.

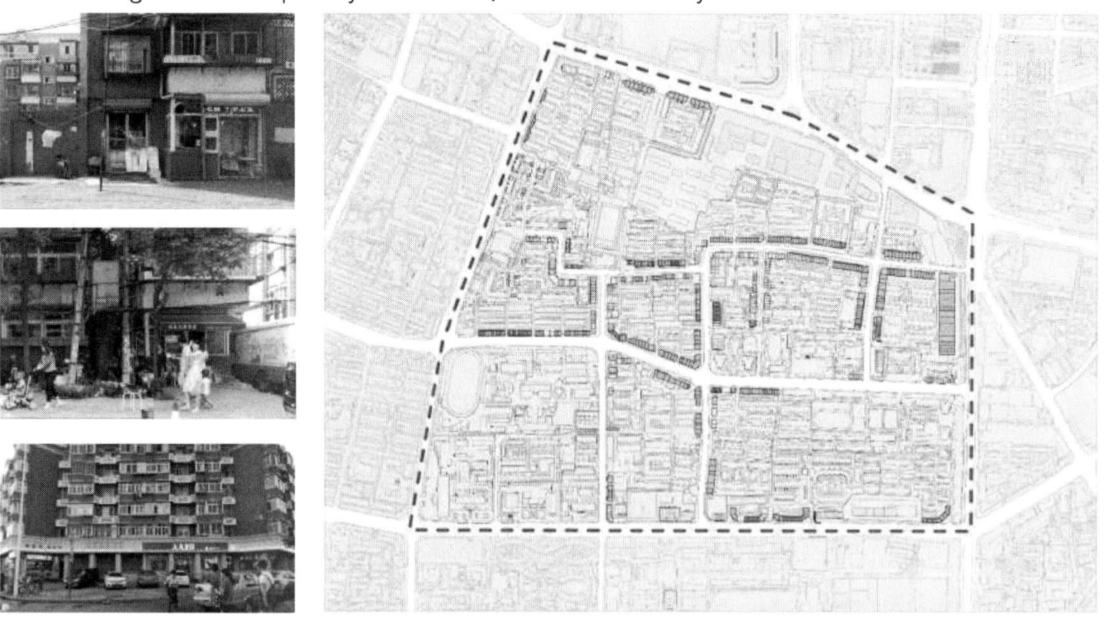

Fig.2 Distribution of informal bottom floor commercial space in Wandezhuang Area, Nankai District, Tianjin

The most common informal transformation we see is transforming some of the near-street stores into private spaces. Accommodation of the spontaneous demand brings along the destruction of city environment, traffic pressure, parking difficulty and other issues. So for this informal space, what should be considered in planning and management? How to help support those low-income population or ordinary people in their lives? How such type of business operation may impact the city's streets are the most important issues that we need to think about and solve. From planning formulation to implementation process, we can see two kinds of dislocations: first, planning is made from the dominant characteristic of the physical environment; institutions and rules from the era of planned economy can no longer accommodate the new demands produced by the social development of economic restructured cities (i.e. the re-employment needs of many unemployed people laid off in the transformation of state-owned enterprises); secondly, conventional control and management process obtains the execution and protection via the audition and approval of documents & drawings. Control and management over built environment are comparatively lagging behind. Citizens and individuals are found lack of education, lack of volunteer supervision and rights protection awareness. At the level of property law, urban management law enforcement agencies have no right to impose mandatory control over the voluntary violations and code-noncompliant constructions. Such mismatch between planning and construction control mainly appears in the city's main public domain, such as commercial streets, daily life neighborhood and so on.

Therefore, how to provide stable governance through a comprehensive diagnosis is an important issue we need to consider in the course of this investigation. Whether we solve the problem in traditional way or assume a one-size-fits-all approach, it is possible to relate to the ecological problems of the entire social environment—the subsistence and development of the low-income citizen class. Therefore, under the urban planning and design management, the management and guidance of the non-formal space in the old urban areas are still deficient. Such deficiency is not only in methodology, but also in relevant norms and pilot studies. Therefore, there is a need for a relatively complete process of informal management of social transformation, including social investigation, citizen participation, communication between the government and the masses, the formulation and implementation of the governance-based planning, and finally to a relatively complete process of building management information feedback to deepen the operation. Not only the planning agencies, but also more social stakeholders need to participate and exercise dynamic flexibility assessment mechanism and guidance management model.

2.3 Ecological issues of cultural environment

The third issue is the cultural and ecological environment issues involved in the transformation of old city areas. The issue is based on a diagnostic survey of colleges and universities in the main city of Tianjin. In the past 20 years, all major universities and colleges in Tianjin successively built new campuses outside the downtown center and ring road, moving their headquarters to the new campuses one after another. The relocations are usually 15–20 km away from the city center. These different degrees of relocation affect Tianjin's functional structure, business and resident balance, transportation and urban life. The advantages and disadvantages are also quite obvious. After large-scale campus relocation, many staying old campuses boarded onto the pathway of commercialization-oriented radical retrofitting.

The following case is a small parcel of land owned by former Tianjin Normal University Northern Campus. Recently it was converted to real estate development projects. As the surrounding area was already mature block for residential and commercial purposes. It was crowned as the landmark real estate project of Tianjin, fetching up its floor price all the way to 57000 Yuan/m^2. This land parcel was a live example revealing many defects loomed in the current built environment planning & management system ranging from feasibility study, planning to land auction. Being a property once labeled as higher education site, the so-called conversion of this land is completed through a one-off "bidding-auction-plating" workflow. The lack of prior research and demonstration on the status quo merely means that the development agency only tucks in a high-intensity residential project according to its commercial intention. However, in light of bonding this old university environment to the market needs, how to develop this piece of land, how to determine the conditions for its development? There are many deficiencies in the pre-planning research and positioning, while the traditional regulatory control content is too coarse (i.e. plot ratio of 2.5 after the site got its conversion confirmed). That's why such land parcels were poor in pre-FEED studies structured on master-planning and controlled planning. Considerations were also absent in the influence of the surrounding areas on historical and cultural protection, public services, transportation, open space and neighborhood relations.

The block is surrounded by some old residential blocks to the north of Anshan West Road. To its north side is a secondary main road called Shuangfeng Road surrounded by an enclosed block with a length of 700 m east-to-west. This old campus is home to many retro-style big-roofed teaching buildings of the 1950s. There is also a standard playground that provides space for athletic and leisure walks for teachers and students and surrounding neighborhoods. In the development conditions, pre-researches on historical preservation, transportation and open space of public facilities was far from enough and cannot cover the real life needs of the neighborhood residents. The development of high-intensity enclosed residential areas not only completely demolished the historical buildings, but also aggravated public space shortage, traffic pressure, oppressive city morphology and other urban dilemmas. Given these problems, market auction of this land parcel pumped up its development value yet returns no improvement to the public environment and urban interests. So it seems that this form of development has some defects at the level of planning and management, such as a lack of systematic and prudent preliminary analysis, over-simplified market-based approach for snarling interest conflicts among parties, government trying to secure balanced development funds yet ignore the status quo in urban renewal, landmark luxury housing project exacerbated the already imbalanced public resources in the region. Faced with these problems, we advocate the opening up institutional-consultation channel. Urban renewal and urban design management system shall be coordinated to solve the problems we encountered in practice.

3 Coordinated urban renewal and urban design management system

In conclusion, problems urban renewal encountered could be summarized into the following ten points. In summarizing these issues, I found that we also need to incorporate new elements into the management system. One of the core elements is the city economic factors. People are familiar with the urban planning and management practices in the United States. The urban construction in the United States makes full use of the laws of the market economy. Through a series of operational incentives, private development is guided to regulate the deviation between individual development and the overall social development. Operational incentives have three types: financial incentives, transfer of development rights and joint developments. It fully respects the obligations and roles of the government as a management party during the multi-stakeholder game. In its development guidelines, there are a number of entries that allow developers to maximize the benefits through game. However, in the process, the planner himself cannot make decision independently. He also needs to negotiate the development conditions with the economic departments, financial departments and management departments. Many planning and development programs in China today lack openness and diversity. They tend to ignore the participation of the public. By contrast, in the United States, we can see rounds of hearings will be summoned in many types of development process. Developers, governments, relevant surrounding enterprises and residents will all participate in discussions on the conditions of development projects. It is a very good sign that they particularly respect the legality and enforceability of the urban design reviewing process.

Finally, we go back to economic issues. In the urban design guidelines, planning and development management in United States values very much the protection of enterprises' interests. Government, developers and designers are allowed to decide and diagnose in the game of interests to seek win the win-win result. We can see that finance, capital, taxes and fees play a great role in urban guidelines. If any party agrees to abdicate some benefits, they will be compensated with much equivalence. This process is not a merely a simple-sense of benefits transfer. City and government departments will provide some corresponding compensation for the development. In another word, we can achieve effective funds transfer through some financial leverage during the development process.

Through the above case analysis, we can see that our domestic urban design system needs to innovate its management system and methodology under the perspective of urban renewal. In this regard, I have put forward some innovative means and the changes that should be noticed in our work. Through cross-disciplinary and interdisciplinary channels, such management will be able to enhance its practicality and operability, so as to address the open issues in city repair and city renewal. Rather than simply mandating planners to finish the technical work of drawing and document editing, it enables seamless connection of many refined details between planning and operation – Management Implementation. This should be something we need to specially weigh and consider.

Chen Tian　Professor and Ph.D. supervisor of School of Architecture, Tianjin University, Director of Urban Space and Design Research Institute. Awarded the Bachelor of Science in Architecture, Master of Science in Urban Planning and Ph.D. in Architectural Design and Theory at Tianjin University in 1987, 1992 and 2007 respectively. Director and Chairman of Academic Work Committee, Tianjin Urban Planning Society, and also the Vice Chief Planner of Tianjin University Urban Planning and Design Research Institute. Peer Reviewer of the journal *China City Planning Review*, member of China Green Building Council, and Master of Urban Planning and Design in Tianjin granted by Tianjin Municipal Government.

Research fields include urban design and its theory, eco-city design theory and methods and urban residential area planning. Main works include *Green Block Planning and Design*, *Waterfront Landscape Planning*, etc. Research projects include: principles and methods of medium and high density green residential area planning based on physical environment simulation (National Natural Science Foundation of China in 2015); sub-project of large coastal big security strategy and comprehensive disaster prevention measures based on the intelligent technology (Major Projects of National Social Science Foundation in 2013); sub-project of old city area ecological transformation strategy in China's megacities (Key Projects of Philosophy and Social Sciences Research, Ministry of Education in 2015), etc.

Practice and Thinking of Small Neighborhood, High Density and Low Carbon Community Construction

Shen Di

Chief Architect of East China Construction Group Co., Ltd.

Since the Central City Work Conference was held in 2015, Shanghai has taken "innovation-driven development and economic restructuring and upgrading" as the main lines of its urban development, exploring new modes and approaches in urban planning and construction. In fact, from the end of the 11th Five-Year Plan, Shanghai has entered into post-industrialization period. Economic development and industrial structure transformation have brought about changes in people's ideology. As a result, historical, cultural and geographical features are increasingly valued by everyone. The value measurement standard was also quietly changing: no longer blindly pursuing to become the world No.1 in building height and scale, but emphasizing "quality" rather than "quantity" of buildings. The transformation of urban economy has also brought new demands on the urban context and architectural culture. People have also put forward new thinking on the urban development model. Among them, the planning and construction of small, high-density and low-carbon communities have become a new mode of exploration.

1 Background and causes of the new trends

There are two important reasons why Shanghai has explored the urban construction mode of small neighborhoods. The first is that economic development has entered a new stage. Industrial upgrading and transformation have also driven changes in Shanghai's urban development model. Since 2005, the modern service industry of Shanghai has surpassed the sum of primary and secondary industries, accounting for more than 50% of Shanghai's GDP. Shanghai has paced into a post-industrial period from in the economic sense. The transformation of economic development mode casted a profound impact on people's perceptions and changing demands for urban development. People no longer pursue ultra-fast development and being No.1 in scale and height. They no longer put the external forms in the first place. People began to pay attention to the functions and connotation of cities and buildings, focusing on quality and characteristics of urban space environment. From emphasizing the novelty of individual architecture, it returns to the concern and reflection on the historical heritage and cultural expression of Shanghai city. The second important reason is the overall improvement of social awareness. Faced with the problems risen from the urban development and operation, people gradually realized the necessity of conducting a critical reflection on the past urban development model. They realized that in the large-scale city reconstructions in the past, due to the limited attention on preservation and reservation of historical buildings and blocks, the original scale and texture of the city were completely changed. The city's memory and characteristics are gradually disappearing; simple land development and ultra-large construction scale, on the contrary, gradually weakened the vitality of the city. The interface of the city street also lacks integrity due to unreasonable planning requirements. The city not only lost their original historical features, but also lost its legitimate intimacy and temperature. Due to the lack of coordinated layout, the city's public open space has many defects in structure and level. These questions prompted us to develop new ideas about Shanghai's future urban planning and development.

2 Attempt in Shanghai-Hongqiao Business District and Expo Site

This article combines the construction practice of the two cases to explore the ways and significance of the planning and construction of small neighborhoods, high density and low-carbon communities under social development conditions nowadays. One of them is the development of Pudong Expo Site and the other is the construction of Hongqiao CBD. Strictly speaking, these two cases are all regional new development projects only planned with different locations: one located in the down town center and could be some sense of urban renewal; the other is planned in the junction belt between city center and suburbs, right next to the Hongqiao transport hub. Therefore, these two cases are quite representative.

First of all, these two projects are very rigorous and standardized in the mode and procedure of their construction and operation. All of them are solicited through international programs. The overall planning and design plan was firstly decided before carrying out the relevant urban design and various special plans. On this basis, controlled detailed planning was prepared together with whole set of control planning and design guidelines. After completing a series of basic planning and design work, land bidding was conducted thereafter to select qualified developers and carry out the overall development and construction of the two regions. The whole construction is very classical in procedure. From the perspective of design, it can be summarized into four characteristics.

2.1 Public space

The first point is the concern and attention to public space, which is very different from before. In the past, our planning preferred the so-called "massive" form. It emphasizes the imposing style and height of the planned building groups and pays more attention to the ceremonial sense, massive layout and other features of the overall surface. By contrast, this version of plan and design put a heavy stress on urban public open space, emphasizing the systematic framework and tiered overall distribution. It strives to build a very complete public open space system in the city. It has become a major framework for the overall planning of the region. This changed the monotonous urban spatial structure purely decided by urban road network. Urban public open space has become the main means and carrier for organizing urban life and stimulating its vitality.

2.2 Transportation system

Although these two regions are different in their traffic design methods and measures, they all emphasize the systematic feature and convenience of their public transport. Among them, Hongqiao Business District, under the precondition of promoting public transport priority, highlights slow-pace traffic and encourages green transportation, fully considering the connection between public transport and rental bicycle parking sites. Around the major public service facilities and bus hub, some non-motorized parking sites are set up to help citizens solve the last mile transportation demand. Although novel things like shared bicycle still did not exist back at that time, planning and design had given the due considerations.

Post-Expo Park has a different traffic organization program. It emphasizes the vertical development of underground space. Public pedestrian path is set in the basement and second floor, respectively, to provide connectivity among commercial service facilities, the subway station, ground office buildings and public service facilities. The greatest feature of the plan is the integration of the whole underground pedestrian space into a complete network. In this way, land parcels are organically connected to overcome the historical defects left from the development of minor Lujiazui Financial and Trade Zone development in last century.

2.3 Green and low carbon

Green low-carbon is the third feature. In order to implement the "Better City, Better Life" vision of the 2010 Shanghai World Expo, these two regions were already established with the principle of green low-carbon development and construction at the pre-planning stage. Construction and development was requested to comply with China National Standard about Green

Buildings. Some individual buildings were even built by international standards. Hongqiao CBD was planned with the goal of becoming China's national low-carbon business district. By the plan of post-Expo Plot B, all buildings must be designed and built by at least two-star China national standards. There are 10 buildings built with the national three-star standard. Judging from the results of construction practice in these two regions, I think it is far from enough considering green low-carbon construction from the perspective of individual buildings. This work must be fully integrated with the early stage planning and start from the source. At the planning stage, the concept of green and low-carbon ideas and measures should be adopted and implemented into the complex functions, overall layout of building form, traffic organization, green and water distribution and other aspects of the planned land. At the same time, it is also very important to establish a low-carbon assessment system. It's a powerful tool to test the final results of green and low carbon. Energy consumption of individual building accounts less than 45% of total energy consumption, the rest of the energy consumption are seen in urban planning, urban design, transport and energy concentration use and so on. This is very different from what we knew before. In the past, when we talked about energy efficiency, it often refers to the energy efficiency of an individual building. Slow traffic seems unrelated to the energy efficiency. If it could be adopted as a major transportation means at the planning stage, it will not only affect the organization of public transport but also the total energy consumption of the transportation system in the entire region. Similarly, it is equally important to advocate green and low-carbon in terms of functional space layout. Through practice, we recognize that compounded functions not only has a positive effect on the building of a 24-hour dynamic circle in the region, but also serves as the basis for creating a low-carbon energy-saving life. In addition, the same is true for the community's sense of belonging. Sometimes when talking about the industry-city integration, we actually try to address the relationship between industry and urban life. The community's sense of belonging is an important factor to consider. Communities with a good sense of belonging, while unleashing community vitality, also creates good conditions for low-carbon life. Therefore, in addition to the application of building technology, planning and designing also needs to actively promote low-carbon green design.

2.4 Overall development

Lastly, I want to introduce the overall development and construction of the region, especially the relationship between the overall development of underground space and the planning and construction of small neighborhoods and high-density communities. While this adds a significant amount of workload and difficulty to planning, building design and building coordination, it yields quite evident positive implications for the region. Through the underground pedestrian street,

Hongqiao CBD consolidates the business outlets in the entire region, creating an attractive business district with strong sense of belonging. Through two-story underground public access, good connectivity was secured among the subway station, ground bus system and gathering points of crowds. The overall development of underground space transforms the ground into an organic integral body. However, above the ground, the positive significance of the overall development and construction of the region is even more prominent. No matter in the systematic and structural public space, or in the setting of regional motor transport organizations and slow traffic, or in the urban environment and city image, the overall development and construction of the region become an indispensable prerequisite.

However, the overall development and construction of the region needs tobe innovated in the concept and management model at the planning and construction implementation level. There were already big changes to the planning concept and method of Hongqiao CBD and the post-Expo area. For example, the control of building coverage has been greatly adjusted and no longer be adopted as a strictly controlled index. Related to this is the issue of greening rate. The planning is to configure the entire area of the public green space to ensure the required green coverage of this region. The past approaches only collages silo green index of each project plot to control greening rate. Now, it changes into more balanced target hit of green coverage. In the case of Hongqiao CBD, Except that the central area has a relatively low building coverage due to large public open space planning, the building coverage in other surrounding areas is above 40% or 50%. By comparison, the minor Lujiazui Financial Development Zone built in late 1990s was planned with less than 30% building coverage. Therefore, this is a big breakthrough. While relaxing the coverage rate, the planning strengthened its controlling rigidness on height and volume ratio. Detailed explanations and provisions have been made on the calculation of the building height, building area and floor area ratio so as to eliminate the ambiguity in understanding and the resulted implementation deviation. Besides, while staging strict control, the planning also reduces the development intensity, down-tuning the building plot ratio. In Hongqiao CBD, the highest plot ratio is only 4.2 while the rest all stays between 2 and 3. In the most land scarcity city like Shanghai, strict control of plot ratio plot and reduction of development intensity needs a great courage and determination. In addition to the above-mentioned conventional planning and control indicators, the concept of building line alignment rate has also been proposed in planning Hongqiao CBD and post-Expo area. The construction along the main commercial street must meet the requirements of certain line alignment rate. This is to ensure the integrity of the urban architectural interface on both sides of the main roads in the region, fully reflecting the logo features of small neighborhoods and high density urban neighborhoods. It also creates conditions for stimulating the vitality of the streets.

The changes required by the above plans have encountered many difficulties in actual implementation. It also has many collisions and conflicts with existing norms and standards. Nevertheless, it has greatly promoted the construction of high density and low-carbon small neighborhoods.

3 Conclusion and consideration

Finally, I want to share with you my thoughts on the planning and construction of small neighborhoods and high density communities. First of all, in the comparison between Hongqiao CBD and post-Expo area, we can see that the concepts and design goals of the two are quite consistent, only slightly different in design methods. However, final outcomes of these two projects are quite different. Hongqiao CBD has more popularity and vitality in the public open space while the post-Expo area has greater potential for environmental quality improvement. However, the public space is somewhat dislocated from human activities. Such difference is mainly due to their different project nature and positioning, compounded only by some external factors such as dis-synchronized construction. In fact, the nature and positioning of the project determines the difference between the two. Hongqiao is a commercial development project positioned to be an export-oriented business service area with out-bound function requirements. It expects to attract as much as possible passenger flow to boost the office and commerce value via the increased popularity of the entire region so as to finally realize its development goals. By contrast, the post-Expo Park was designed with the hot positioning of headquarters economy. Each building in the park seeks the perfected internal function and high standard. It does not have too much requests to the outside world nor does it want to be disturbed by external environment. So the sense of privacy and security is the basic needs to the building. This also caused space characteristic difference between the two.

Well, if we compare the Hongqiao CBD with traditional shopping streets, then there is a big difference. Traditional commercial streets are dominated by small shops along the street, so they have are continuous and linear connectivity with the city streets, giving the image of bustling traditional business street so familiar to us. However, the Hongqiao CBD is not the same. Although it has a complete urban street interface, the buildings, whether in the office building or the shopping mall, have only a few limited entrances and exits to the urban streets. It thus showcases the pattern of intermittent dots. Moreover, each building is large in scale. It sucks in a large number of people like a black hole and adversely affecting the popularity of the city's streets. The interaction between the building's interface and the city streets is therefore weakened together with the reduced intimacy sense of neighborhood.

In addition, is the scale and size of small neighborhood already reasonably "small"? Obviously, compared with the planning of a new area more than a decade ago, in Hongqiao CBD and post-Expo area, the average size of block created by the by urban roads and public spaces division is much smaller. However, each block still occupies a land 2 to 3 hectares large. And each neighborhood is composed of three to four projects. They are only larger than the traditional neighborhoods of Shanghai's old town, but still looks large if compared to cities like Chicago, Barcelona and New York. Such large scale neighborhoods are not quite conducive to stimulate the dynamism of urban space.

In the planning and construction of small neighborhood high-density community, one remaining problem must be solved is its alignment to our current construction standards and rules. It's about the balanced coordination between statutory building green rate and the overall greening indicators. At the same time, it's about building line alignment rate requirements matching with the fire protection and municipal facilities layout. It's about the large turning radius of the road sight control of the street corner conflicting against spatial scale of livable street neighborhood. Small neighborhoods, high-density, low-carbon community planning and construction needs the protection of existing laws and regulations.

Frankly speaking, attempts to plan and construct small, high-density and low-carbon communities have many pitfalls at the technical and operational levels. There are still many defects and inadequacies. Such attempts were quite distant from meeting the planning goals at that time. However, the significance of its practice and exploration lies in the fact that under today's new era, we can seriously face and reflect on the problems emerged in the development of our city today and strive to explore ways and modes of urban development and urban renewal. Therefore, the practice itself also provides a good reference for practical cases for the diversified and multi-pronged development model of urban construction.

Shen Di Senior engineer (professor level), National Exploration and Design Master, Vice President and Chief Architect of ARCPLUS Group, Vice Chairman of the Architects' Branch, Architectural Society of China, Director of Shanghai Urban-Rural Construction and Transportation Commission, Science and Technology Committee, Architectural Design and Protection Specialized Committee. Former Vice Chief Planner and Chief Architect of Shanghai World Expo; Chair Designer of Shanghai Songjiang University Town planning, COSCO Two Bay old city renovation, 2010 Shanghai World

Expo park planning, Shanghai Dongjiao State Guest Hotel, Shanghai World Financial Center and other projects. Winner of National Engineering Design Gold Medal, 1st Prize of Provincial and Ministerial Level Excellent Design, 1st Prize of Scientific and Technological Progress award, as well as the National Excellent Engineering Survey and Design Industry Award Architectural Engineering First Prize and National Green Building Innovation Award First Prize and many other awards.

"Walls" in Urban Design

Shi Kuang

Professor of Suzhou University of Science and Technology

This article intends to discuss the "wall" in urban design, and the area discussed is the urban center[1].

To study the spatial structure of the three urban centers in western cities, whether concentric, fan-shaped or polycentric, the central areashould be dense. Intensive city center district divided by the street will inevitably have linear "walls". Different from individual buildings, the "wall" in urban design is composed of continuous buildings, which can be continuous low-rise and multi-story buildings. It could also be arrays of high-rise and super-high buildings. Similar to the single building: the "walls" in urban design also plays a role in space division. The design of the "wall" also directly affects the life and the life quality of citizens.

From single building to cluster building in modern architectural concept; from focusing on the building to focusing on the inter-building space in modern urban concept, for whatever the building integrity or the separate space between them, the "boundary wall" needs to be carefully designed.

We refer to the relationship between the advance and retreat of the red line along the street and the road as the "line alignment rate". It's a very important means of urban space design. The advancing-retreating and its proportion of the building to the streets is the most important aspect. It also directly affects the public's psychological perception. The street view created by the line alignment rate is usually related to the economic life, management style, tradition, weather and culture of the city. In addition, the line alignment rate in urban planning of new cities is also related to the nature of the urban roads. Line alignment rate can largely be 100% for the trunk roads, 80% for secondary trunk road, about 60% for the branch road. The line alignment rate for buildings around the city square usually varies according to the nature of the square. City squares in western countries mostly register their line alignment rate reaching 100%.

Being the protagonist in the construction of urban space, the containment from the "wall" in urban design has created the fictitious body of urban space. If the fictitious body is defined with clear boundary, the "picture and background relationship" of the city is very precise and stable, projecting a strong sense of place. On the contrary, in the urban virtual space, if the building is independent, the virtual space became the background, and the relationship between the two is irreversible. This leads to another kind of ever-changing urban space configuration. In modern city, such two kinds of maps are often in combinational use to make the city more active and unique.

In addition to mark out the streets and squares, the "boundary wall" often delineates the outer contour of the downtown area.

The physical forms of urban centers can be broadly divided into three categories: public buildings, neighborhood, and massive ordinary buildings used as background. Our architects and city managers are usually keen on the design and construction of some public buildings and urban landmarks. They often overlook the overall image of neighborhoods and background buildings. However, neighborhoods and background buildings are keys to the greater impact on the physical form of the city. At present, the awareness of the streets and squares in the downtown area of our country is limited, and the awareness of the buildings is very limited. At the same time, there is a lack of careful research and construction. Therefore, the awareness of downtown streets and square are quite limited in the urban designers and the public.

Like urban design and architectural design, too many elements might be messy; the modern architecture advocates concise, intuitive, urban design the same. Straight streets, simple square forms, systematically deployed yet stylish buildings foil the beauty of the city. Advocating "easy-going architecture", urban design mainly emphasizes the overall sense of the building. It does not deny changes, focuses and iconic buildings. Excellent urban design should have orderly-arranged changes, reflecting diversified picture-background relationship instead of soulless disorganized chaos.

The "wall" in urban design is often the demarcation line between urban public space and private space. In terms of function, these two parts should be strictly distinguished. In terms of design approaches, it could be closed, semi-closed or opened. The switch of urban public spaces and private spaces can leave a big room and potential for the designing of "wall."

The "wall" in urban design is often commercially purported. Continuous merchants' outlets are essential for more customer traffic and greater business opportunities. If the continuity of the store might sometime be disrupted in the central area, shop outlets in a neighborhood block leave not a bit "gap". Even car entrances are arranged in the secondary street with strict control the width of the car entrance. Extending continuous "wall" of commercial activities into air and underground is also a common practice.

The topic of the forum breakout session is: "Creation and restoration of space sites and protection and inheritance of historical and cultural resources". With regard to the creation and restoration of space, we can imagine whether "repair" and "complement" can be carried out on the basis of "wall" so as to further improve the characteristics of a clear place. The topics on the protection and inheritance of history and culture essentially reflect the spirit of place. It reflects the extension of modern urban design to the direction of sociology and humanity. The theoretical perspective of the study is from the traditional duality (physical and virtual dimension) and more oriented to the diversity of space. It values social and humanity researches on context, history and so on. Regarding the protection and inheritance of history and culture, we can also establish a certain relationship with the "wall". For the urban wall "wall", its design connotation and perceptions among the public need to be planned in advance. The "wall" creates streets and public open space. Their openness, design ideas, lightness, weight, quality, material and the conversion contrast, and change of the space can be related to the history and culture of a city. Being the basic element forming the "wall", the architectural form more directly reflects the cultural connotation and innovative awareness of an urban city. The key points to be studied in the history and culture of urban design are: the overall sense for the architectural form of the "wall".

The so-called "City of the Mind" and "The Pattern Language" has become the standard for evaluating the merits of cities. The protection and inheritance of a city's history and culture, in some sense, is more important than its function.

The historicity of urban design embodies the time-effectiveness of urban design and should be reflected in a series of planning indicators. The historic blocks of modern cities should traditionally repeat some of the planning features of that era. The historic nature of urban design should be reflected in the volume rate, building density and construction height. The different historical stages must be different. In the restoration-purported urban design, we should study and preserve the morphological characteristics city from that era, thus inherit, at a macro sense, the historical nature of the region.

Fig.1 is a typical urban form of a foreign city center. It can be seen that the buildings formed the background plane of the central area. The street and the square sliced out the urban public space from the background plane (Fig.2).

Among these cities, the buildings on both sides of the main road usually use a 100% line alignment rate, making the street space flat and concise while creating different and varied street spaces in the city.

Fig.3 and Fig.4 are a few satellite remote sensing images of the urban centers in China. You can clearly see a few problems: the blurred city texture; obscured external urban contour; monotonous urban public space. Of course, these are naturally formed in the long-term urban evolution and lack the guidance of urban design. Therefore, they need to be gradually perfected through a new round of urban design.

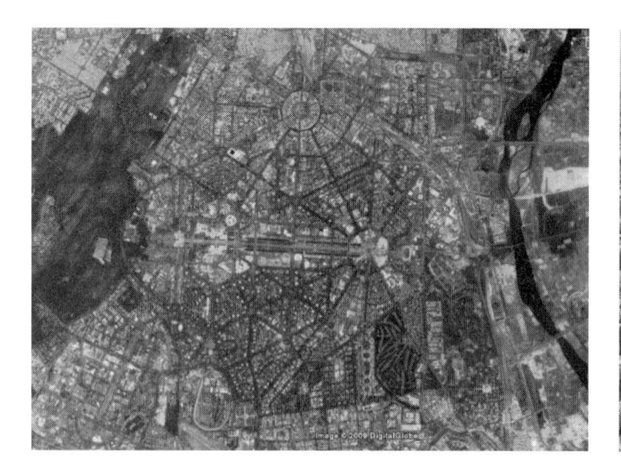

Fig.1 Concise and clear urban texture of Paris

Fig.2 Streets, square slice out the city public open space

Fig.3 Texture of Kunming city center

Fig.4 Changsha Wuyi Square

Fig.5 is a satellite image of Qingdao May Fourth Square. We can see that May Fourth Square has a good urban public space facing the sea. However, this public space is ceremonial and unsuitable for mass gatherings and activities. The containment interface of public space is not very significant. And the surrounding residential area is also very monotonous.

In the following two pictures (Fig.6 and Fig.7), "boundary wall" clearly defines the space for streets and squares. Fig.6 shows that using the same height "boundary wall" enclosing three different scales of street space. Fig.7 clearly shows that a "boundary wall" encloses out a round square with distinctive spatial features.

Fig.5 Qingdao May Fourth Square

Fig.6 Three street space with different perceptions

Venice, Italy Piazza San Marco, a classic example of its square-shaped square, is guided towards sea via an opening (Fig.8). Most of the boundary walls are continuous and clear, but some special changes have taken place in the facades of the turning points, creating success story of a unified yet changing boundary wall (Fig.9). The variations on the vertical plane of San Marco square building facade design.

Fig.7 A distinctive circular square

Fig.8 General layout of Piazza San Marco, Venice, Italy

This Nolli map depicts the geo-spatial structure of the city of Rome using a picture-background relationship (Fig.10). As can be seen from this map, the city space is the protagonist of the urban form, and the building in the city is only a physical background.

Fig.9 Neat and uniform "boundary wall" enclosing a humanity square space

Fig.10 Nolli map—the picture-background relationship

(Source: Giambattista Nolli. Rome 1748: The Pianta Grande di Roma of Giambattista Nolli, in facsimile)

The city square space we advocate should be a humanity-oriented square space. Fig.11 have such three characteristics: irregular, non-axis, and perception scale.

Potsdam Platz is an unprecedented multi-functional urban development project in post-war Europe and a major move to reinstall Germany's national image. The project consists of a series of large-scale architecture and urban design. Many internationally renowned architects are involved in the design, making Potsdam Square project the focus of world attention.

Potsdam Platz is the geographical center of Berlin (Fig.12). To its north is the Reichstag parliament building surrounded by historic Brandenburg Gate and Hunting Park. To its west of the Berlin Cultural Square complex, including Berlin Philharmonic Hall designed by Hans Scharoun and the National Art Museum and Library designed by Mies van der Rohe.

In 1990, the Berlin Parliament set up a special working group for the Potsdam Platz project, which was run by Wolfgang Näge, a member ofthe Parliament, and Hans Stimmann, a chief architect of Berlin. A project guideline document titled "Serious Reconstruction" was made. It contains the following elements: the new building should have the characteristics of a city and restore historic street patterns; the eaves are strictly controlled below 22 meters and the ridge height is less than 30 meters; besides, 20% of residential and 5.0 volume rate needs to be ensured.

Fig.11 Humanized public space

Fig.12 Berlin city center location map

Hilmer and Sattler Office won the bid through the international competition (Fig.13). The design not only accommodated the above-mentioned concept but also reshaped traditional streets, blocks and squares with strictly controlled height and interface. The street depth-width ratio is 22 : 17. At the same time, it used 50 × 50 standard scales to unify all mass relations in the block and arranged Berlin's traditional green spaces and water bodies around the square. At the same time, it stitched up the Berlin Cultural Square and planned the reconstruction of Leipzig's square. However, due to the low volume ratio, the two developers, Mercedes-Benz and Sony, raised some challenges and asked Rogers to make an alternative design. After the insistence of the working group, some changes were made to the original winning proposal. The proposal was still implemented. The proposal kept the original block form but made some adjustments to the perimeter of the square with a partial increase to 95 m; at the same time, the format is adjusted to 50% of office space, 25% of commercial space and 25% of residential space.

Sony Center is a very important landmark building of Potsdam Platz. The Sony Center also conducted international bidding. The bid-winner was Murphy Young. The main idea of his sketch design is to build a "wall" in all aspects and to establish a close relationship with the streets. The characteristic is to restore the proportion and space of the traditional Berlin streets, namely the proportion of streets to buildings before the war. Good controls were done to the eaves height, maintaining a smooth interface. In addition, a very creative "Roman Square" with 100

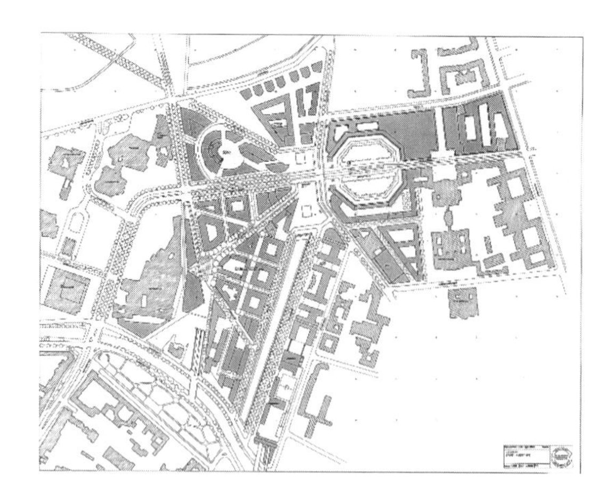

Fig.13 Potsdam Platz and Sony Center

meters' diameter, was designed. It was made of Teflon-coated material that meets the demanding energy requirements of Germany. The background space includes Esplanade Hotel which was once the most luxurious hotel in the world and the Sassafras Hall of the King's party, destroyed in World War II. The remnants of the buildings were paralleled moved for 75 meters and were displayed behind the glass curtain walls. In order to have bigger the volume rate, some resident buildings were designed over the top of such building remains. The design added some holes in the "boundary wall" so that the indoor and outdoor spaces can infiltrate and communicate. The proposal was controversial in Berlin after replacing the traditional classical facade with modern high-tech facades. Nevertheless, it was accepted by the general public in the end.

The reconstruction of the hexagonal Leipzig Square inside Potsdam Platz was to restore Berlin's most important public space in the 18th century. The reconstruction was done through a new architectural approach, completely maintaining the original shape and proportion relationship.

The Paris Square locating in the north of the background is also enclosed by the "boundary wall" to form a square (Fig.14). It also remodels pre-war memories. Paris Plaza has strict urban design guidelines: height control, interface control, and color control. The overall color of the building is yellowish. However, there was structure with special window-wall ratio in the background buildings of Paris Square (Fig. 15). This was because the American Embassy in Germany did not make any reference to the design of the urban window wall at the time. Nevertheless, the building still has its height and interface strictly controlled.

The other two cases are Batley Park (Fig. 16 and Fig. 17) and the World Trade Center in Manhattan, New York, USA. It took 35 years to build Patley Park. The project was crowned by the "Time Magazine" as "the 20th century's most influential urban design project". It's urban design respecting and returning to tradition. The design continues the original texture of Manhattan streets, showcasing urban life centered on the streets. New York's original traditional streets were put into small blocks and extended to the sea side.

Fig.14 Paris Square

Fig.15 Unified height, unified interface, unified window-wall ratio

Fig.16 Manhattan, New York

Fig.17 Batley Park

World Trade Center's reconstruction was a world-renowned project. There were seven top designing teams participated in the competition. The Lebes Goldsmith Office was the final winner. The program abandoned the habitual thought of designing mega-blocks. New York's traditional small block was resumed to be closely connected to the surrounding area through ground and underground transportation. After weighing different interests, the finalized design of the city was: families of the victims thought the place should not be structured with other buildings but a memorial plaza; yet urban developers want economic benefits. After battling for a long time, the two parties finally stroke an plan that can balance the need of building a memorial plaza and maximizing business benefits. The restored World Trade Center is a vibrant plaza that supports cultural memorial and commercial functions. It has a clear picture-background relationship and it's a spatial pattern balanced with physical and virtual space. It became a green island in the city. Its user-oriented traffic design rectified the traffic chaos back in the time when former World Trade Center was still there. In addition, the most attracting "artwork" in the square is Michael Arad's "Reflecting Absence". It jumped off the page from the 4000 contesting plans. In the design proposal, the ground where two towering towers stood was turned into two abysmal "holes" which echoes to the museum below.

The transport hub of the New World Trade Center, designed by Santiago Calatrava on the World Trade Center Square, is actually an ideologically dominated building that stands in sharp contrast to its new World Trade Center with rationality and practicality. After repeated comparison, the design of the New World Trade Center was finalized into a relatively economical and practical form. The Calatrava's transport hub is eye-catching because of the extremely exaggerated outlook. Through the underground commercial street, it connects to the surrounding buildings, the streets and the subway center. In addition, at the highest level of the World Trade Center, open sky observatory and restaurants make the World Trade Center Plaza a vertical urban space integrated with underground, above-ground and in-the-air space.

The last two cases are the urban design cases the author participated: the urban design of Suzhou Industrial Park (SIP) Central Area (Fig.18) and the urban design of Chuzhou New City Central Area (Fig.19).

The SIP central area is characterized with the small blocks built by high-rise buildings and continuous commercial "walls". The central street has a straight-line interface that strictly limits the entrance of vehicles. The recently completed Suzhou Central Building Group marked out the external contour of the central area through the "Boundary Walls". Inside the building complex, it organized interaction between vertical traffic, vertical greening and building. It's a large-scale urban complex and also a typical example of a perfect combination of mode and architecture.

Chuzhou New City Central Area is an urban design oriented by transportation hub and centered on walking space. Designed with "Boundary Wall" as its hosting matrix, it is enclosed into four different spaces and organized a vertical green pedestrian system that interacts with the high-speed rail station and accesses to the buildings. Urban design is clear, concise, unified and changeable.

In short, urban design can rearrange the existing central area through the "wall construction". It can also preserve the spirit of the traditional city through "wall construction". Urban design should study "historical stories" and "preserve it well". Of course, as urban designers, we need to narrate the "new stories".

We do not have to stay and stick to the discussions of architectural styles and forms. Archi-

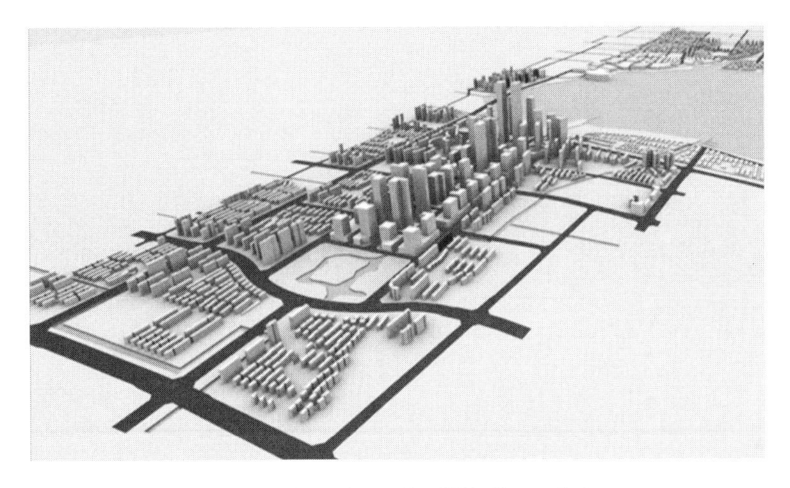

Fig.18 Urban form in SIP Central Area

(Source: Provided by Suzhou Industrial Park Administrative Committee)

Fig.19 City design of Chuzhou new town central area

(Source: Provided by Futurepolis)

tects also need to expand their areas of design and conduct researches in psychosocial and socio-economic disciplines because practice has proved that urban design is a relatively long process. Its practice is impossible without socio-economic intervention which thereby triggers the adaption and perfection of the practices.

Finally, cite Daniel Burnham's famous quote as an epilogue, "Do no small scale planning because they do not have the power to capture people's hearts".

References

[1] SHI K, HURLEY G, LIN Z J. Urban design in the era of globalization [M]. Beijing: China Architecture & Building Press, 2006.

Shi Kuang He graduated from the Department of Architecture, Tongji University in 1970. He was the former Chief Architect of Suzhou Architectural Design Research Institute [Senior Architect (Professor level)], visiting research fellow and senior visiting scholar at Kobe Design University, Japan; served as the chief planner of Suzhou Industrial Park since 1993. He also served as the president and chief architect of Suzhou Industrial Park Design Research Institute. He is the winner of the first batch of National Labor Medal, National Excellent Scientific and Technological Worker, National Advanced Worker, National Outstanding Returned Overseas Scholars. He was among the first batch of recipient for State Council Expert for Special Allowance, National Young and Middle-aged Experts with Outstanding Contributions, and representative of the Ninth and Tenth National People's Congress.

He chaired and completed more than 240 various sizes and types of architectural design and urban planning projects, with the construction area up to more than 2.8 million square meters and the planning area of nearly 1600 km^2. Shi Kuang won the excellent design awards at national, ministerial and above the provincial level in 16 architectural design projects. His selected works and monographs were published by China Architecture & Building Press. In 1997, a special issue of his personal design works was published in South Korea, making him the first Chinese architect with his own album of works in foreign countries. He represented Chinese architects to attend a number of important international conferences on architecture for many times and published papers. In recent years, he chaired the cooperation project between China and Singapore-Planning and construction of Suzhou Industrial Park, which was well received both at home and abroad.

Topic Ⅲ

Urban Design in the Changing Global Environment

Development Trend of High-Density City: Vertical City

Cao Jiaming

Vice Chairman of Architectural Society of China

1 Status quo of high-density big cities

Chinese cities have entered a high-density state. Shanghai has become China's most densely populated city in which the population density hit 3631 persons per square kilometers in 2010. From 17% urbanization rate in 1978 to 57% today, it took Shanghai only 40 years to complete the urbanization journey that the developed countries spent 200 years. And the population of Shanghai has also grown from 5.48 million in 1949 to 24.197 million in 2016. Huangpu District, Pudong New District and Hongkou District have the highest population density. Recent statistics show that the land for construction in Shanghai accounts for up to 45% of the city's total land area, with over 930 buildings higher than 100 meters.

From the regional perspective of East Asia, cities like Tokyo, Hong Kong, Shanghai and Shenzhen are all high-density megacities. This fully proves that expanding population and GDP will inevitably lead to high-density cities. It, however, brings new issues such as the direction for urban development. The original path of free-will expansion and erosions into agricultural land is no longer applicable, as "going to sky or underground" is the only option left. Therefore, how to effectively use land and space, adapt them to human activities to facilitate people's travel, residence and communication endows significance to public-concerned urban renewal, urban repair and ecological restoration.

2 Development trend of vertical cities

The emergence of vertical cities aims not only for land consolidation, resource integration, function mixing and city diversification, but also for people-orientation, "urban repair and ecological restoration" and sustainable development. In the following section, this paper will elaborate through some case analysis.

Completed in 2010, Shanghai Hongqiao Integrated Transportation Hub is the first case where 64 connection means and 56 interexchange modes are integrated (Fig.1 and Fig.2). Compounded with additional commercial functions, the hub gets more people traffic. We were very perturbed back then. But so far, this case has turned out to be very successful.

Fig.1 Hongqiao Transportation Hub

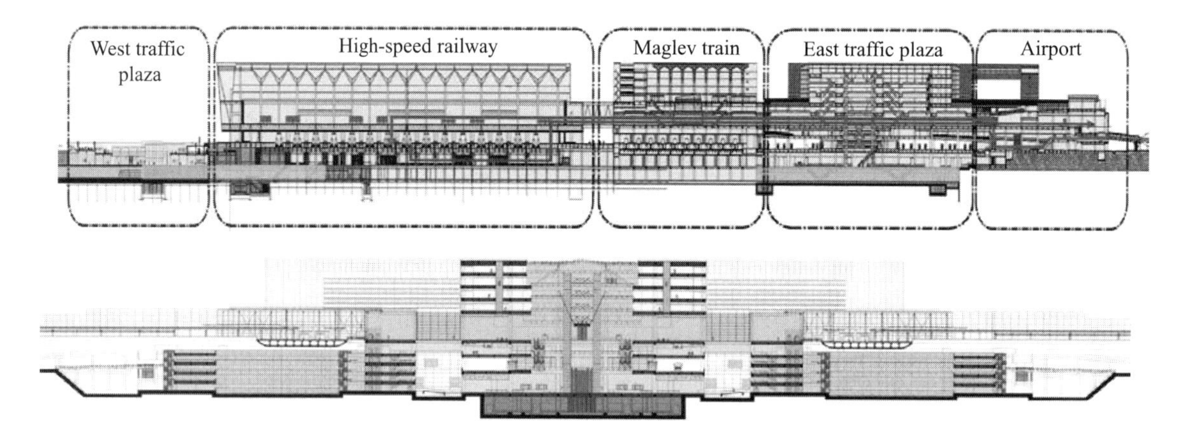

Fig.2 Functional analysis of Hongqiao Transportation Hub section

As is well known, the principal contradiction in traffic hub rapid diversion lies in the lack of "Lane Side" on/off board. In Hongqiao Integrated Transportation Hub, we designed a layered "curbside platform" for private cars, public buses and taxis to avoid traffic jam problem. Moreover, by consolidating airport and railway functions, a lot of precious land is saved for Shanghai. For example, the airport runway spacing was adjusted from the original 1700 m to 365 m (minimum spacing). This alone saved about 70000 m^2. The unified planning and integrated design of transportation facilities greatly saved land and investment costs.

The second case is 117 buildings in Lujiazui Development Zone, covering about 6.05×10^6 m^2. Now, they are passively connected through corridor bridges. With the absence of a slow traffic system and synchronized planning and construction of underground space, these buildings have no convenient inter-connections and full utilization.

The third case is the District 13 of Paris, France. After 20 years of construction, the Seine riverside District 12 and District 13 have been very successful. There are also buildings under the city greening. Along the Seine, there are five layers of roads ranging from slow traffic to motor vehicle lane system, and to railway track under the plaza. It's considered a successful case of vertical city.

The fourth case is Liverpool One. Ever since the depression of port trade in Liverpool, the city has lost its original vitality. Multiple elements designed in this plan have created the diversity and flexibility of functions and spaces, stimulating new vitality of the city. The rooftop park of Liverpool One actually guides people up through a gently rising ground elevation, giving people no feeling of actually being on a huge garage roof. Next to it is a multi-function shopping mall and hybrid community with commercial and office buildings. This project has become a very attractive tourist destination.

3 New era of vertical city

3.1 New ideas of vertical city

Vertical city can expand human activities on multiple dimensions: they can be the ground and the top cover; be under and above the ground; be internal and external space; be buildings and communities.

In the case of "Shanghai Tower" in the core area of Shanghai Pudong Lujiazui Finance and Trade Zone, there are nine gardens in the air totaling up to over 400000 m^2 above-ground construction space. The project's design philosophy is "vertical neighborhood": every neighborhood has a 500 m long street. Shanghai Tower is 632 m high, with a hanging garden every 7–8 floors.

Other cases include the building complex composed of eight towers in Chaotianmen Square, Chongqing (Fig.3) and Intercontinental Shanghai Wonderland. Also, in the renovation of West Asia Hotel-Shanghai in Xujiahui, Shanghai, the plot ratio is doubled according to the relevant requirements of Shanghai Urban Renewal Regulations. The Level 2 and Level 3 are replaced by pedestrian overpass for the densely deployed commercial areas, and the Level 4 to

Level 5 are turned into parking garage open to the society, whose space inside is both indoor and outdoor, architectural and social.

Fig.3 Chaotianmen, Chongqing

3.2 Technological innovations of vertical city

First, it subverted the traditional planning indicator system. Specifically, such subversion can be seen in the relatively high building density, re-defined plot ratio and the emergence of "vertical forest" and "hanging garden".

Secondly, there are technical challenges in structure and construction. From a single building to a community of interconnected buildings, compounded functions pose new and high requirements on spatial form, which is also related to the application of new building materials.

Thirdly, it redefines the city and building system. The relationship between a building and a community will be redefined, ushering in the new development stage of elevator technology and creating new transportation modes for high-rise communities.

Fourthly, it triggers new development of disaster prevention technology. New anti-seismic and fire-fighting technologies will be developed. And artificial intelligence system will be fully utilized.

Back to the case of "Vertical Forest" in Milan (Fig.4), it has turned into a true-sense dense forest. When autumn comes, the leaves begin to turn yellow, offering a real feast for the eyes. Moreover, the development of elevator technology makes it possible to travel horizontally instead of just vertically up and down as before. Once such horizontal move is achieved and high-rise buildings get connected, traditional concepts will be totally changed. We will be able to operate more effectively the elevator inside a local scale to reach the users as quickly as possible. As a result, it will bring new changes to our fire planning, etc. Now, this type of building already starts

Fig.4 Milan's vertical forest

to appear.

3.3 Harmonious concept of vertical city

The harmonious concept of vertical city includes pluralistic and compounded social morphology, the hybridization of public and private spaces, the creation of landscapes and views, the planning of new traffic organization and the multi-dimensional expansion of human activity space.

With the continuous development of science and technology, higher and higher buildings are built around the world, repeatedly breaking the urban contours. Dense city is the new form of our lives. The formation of high density is inevitable and has already taken shape. The development trend of high-density cities is bound to be multi-dimensional. The forthcoming vertical city will definitely change our conventional thinking pattern and our ideas. Vertical city will be a new era of human life on the earth.

Cao Jiaming Graduated from architecture major, Tongji University, Cao Jiaming is a national first-class registered architect and a senior engineer (professorial grade). He has successively held the posts of the Director of No.1 Design Office of East China Architectural Design Institute, the Director of Technical Committee and Vice President of East China Architectural Design Institute and the Vice President of Shanghai Xian Dai Architectural Design (Group) Co., Ltd. He is currently the Vice Chairman of Architectural Society of China and the Chairman of Architectural Society of Shanghai China. He has successively held the concurrent post of the Chairman of Institute of Shanghai Architectural Design and Research Co., Ltd. and the President of Shanghai Xian Dai Architectural Design (Group) Co., Ltd. He has been awarded the title of "President of National Excellent Survey and Design Institute" by the Ministry of Housing and Urban-Rural Development and the title of 100 China Architects by the Architectural Society of China. His works include Inter Continental Shanghai Puxi (which has been awarded the national design award of the Architectural Society of China the 60th anniversary of the founding and the first prize of Shanghai excellent design award), World Exposition Shanghai Eco-home (which has been awarded the first prize of National Green Building Innovation and the first prize of Shanghai Excellent Design Award), Hongqiao transportation hub high-speed railway station (which has been awarded the first prize of Excellent Design Award of the Ministry of Railways). He has held the concurrent post of the editorial member of *Architectural Journal* for many years. He has published many articles and led the draft of *Planning and Construction Design of Hongqiao Transportation Hub*, *The Oriental Pearl Radio & TV Tower: From Design to Construction* and *An Ode to the 60-year Anniversary*, etc.

Transitional Morphologies as Instrument for Urban Design

Marco Trisciuoglio

Professor of Department of Architecture and Design, Polytechnic University of Turin

1 Studies on Urban Morphology in Italy

The discussion of the studies on urban morphology in Italy will focus on Italian-style architectural design works; a book will also be involved, *Studi per una Operante Storia Urbana di Venezia*[1]: a living history, not just history. Hope it can make contribution to the present time. The book was published in 1959. It mainly focused on the studies of the historical center issues, seeking to make good use of historical heritage. Apparently, Venice has a rich historical heritage. For example, the villa in Fig.1 left was renovated according to the picture on the right. Similar example is Carlo Scarpa's work, whose restoration used cement. Another example is the tower constructed by BBPR in Milan. Its appearance is a modern translation of the medieval castle. It changed the city skyline.

Fig.1 Ignazio Gardella, Zattere House in Venice [original (left) and after renovation (right)]

Twenty years later, people's cognition transcended cities and began to include history.

They explained the historical centers in this way: it was not a point, but a block that formed the historical district. From this perspective, a new project was born in 1986: how to renovate and renew the ancient village (Fig.2) to achieve modernization yet echo its historical origin?

Fig.2 The village Costa degli Olmetti (Genova)

The third generation was "Post-amnesia". There were many projects in this generation. What I'm talking about is the bellwether. I have to mention one friend of mine. He constructed a pattern of ancient Roman dwellings in one book, and applied it to Tunisia in the hope of understanding the market structure in an eastern city. The first floor plans of some buildings and space showed the relationship between the interior and exterior of the building (Fig.3 and Fig.4).

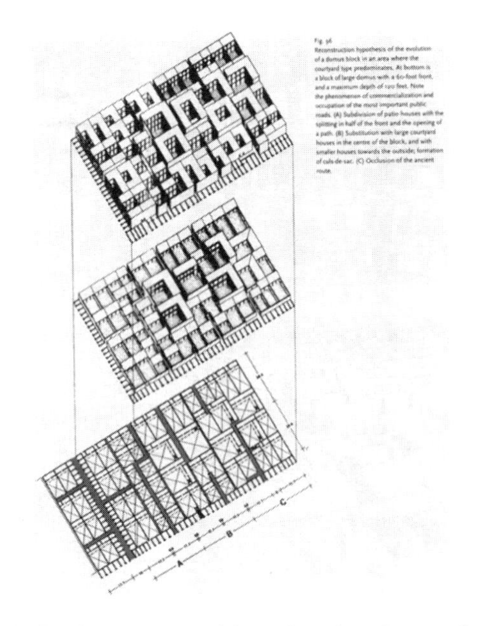

Fig.3 Space composition of ancient Rome city

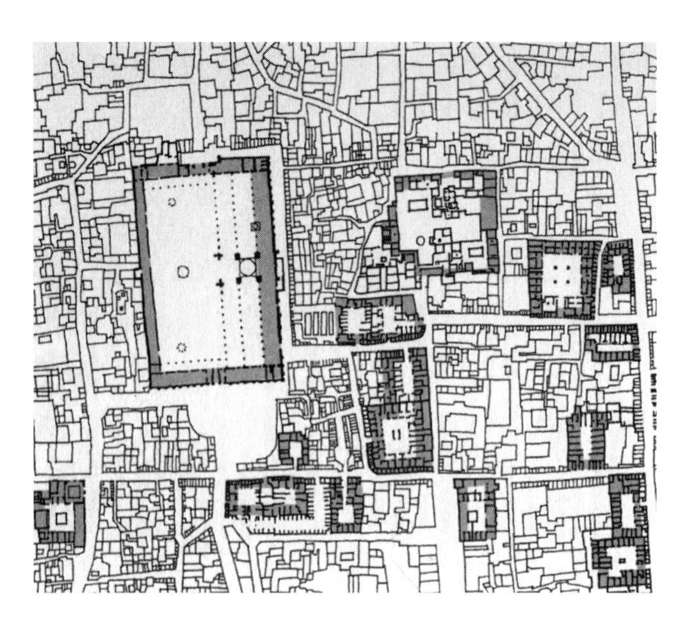

Fig.4 Spatial organization in Damascus

2 Contemporary Chinese cities and their forms

There is a book, *Understanding the Chinese City*[2], written in 2014 by Li Shiqiao, a Chinese American. From this book, I got an idea of the diversity of cities, which, in Chinese expression, is "thousands of miles away". In Chinese culture, everything is a combination of multiple variables; by contrast, in the West, we summarize similar things abstractly by classification. In this sense, western morphology does not seem to apply to the Chinese scene. However, this is not the case, and there are still some very interesting approaches that are applicable to both.

One of them is related to Nanjing. Fig.5 is *Comparative Study on the City Walls of Nanjing and Rome* by my colleague, Prof. Chen Wei at the School of Architecture, Southeast University; the scholar who wrote the book on the right is now in UK, who also graduated from the School of Architecture, Southeast University. His book is titled *Chinese Urban Design: The Typomorphological Approach* [3] (Fig.6), which is about the typomorphology of the whole city, morphology and typology of Nanjing City. In July 2016, International Seminar on Urban Form (ISUF) was held in Nanjing University. That was a very important moment, which I believe could effectively establish the connection between typological and morphological approaches. Discussion began in Nanjing, but was not limited to Nanjing. Some scholars studied the "Riverside Scene at Qingming Festival", hoping to extract the relevant theory of typology. They arranged the ancient paintings into a floor plan, from which we can obtain the architectural layout and street relations of the ancient city Kaifeng. Similarly, Mr. Peter G. Rowe further explored the morphological and typological structure of Chinese cities and their settlements in his own book.

Fig.5 ***Comparative Study on the City Walls of Nanjing and Roman***

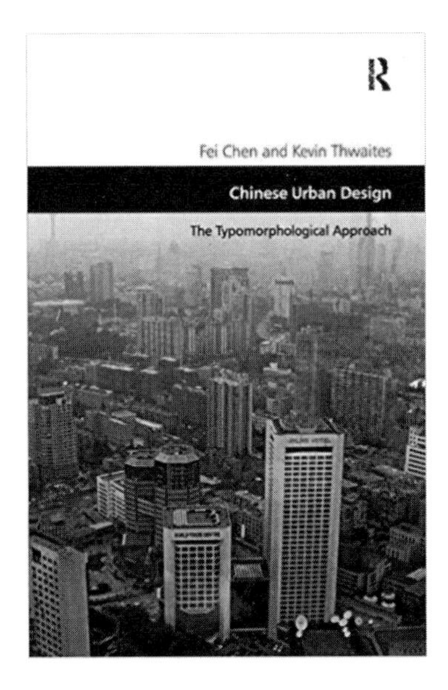

Fig.6 ***Chinese Urban Design: The Typomorphological Approach***

3 Designers' key initiatives and their understanding of tradition

People like to talk about "tradition". We always consider "tradition" as "from the past", but it is not just the past: for "tradition", "inheritance" and "betrayal" are equally important. "Inheritance" refers to skills passing on verbally from one generation to the next. For example, the parents taught their children how to cook, the children innovate the cooking skills they learned, and so did their children. It can be seen that "tradition" is really a dynamic proposition. The same is true for objects: there are no "old" or "new" objects. The object itself has the traces of "tradition" while existing in the modern age at the same time. The true meaning of "tradition" is the constant re-interpretation of the past.

Take Nanjing for example. It is often said that the Laomendong is a "traditional" center, but that is not true. It is a "historical" center, where the piling antiquities evoke people's memory about history. It carries little innovation and is not tinged with any traces of modern life. It is not a living tradition, but just a fragment of the "past". We should study and are studying the constant transformation of the city. There is an ongoing subject. We chose the old town district in the south of Nanjing and asked the students to identify and think deeply about the old things in the ancient town. They should try to understand how the old town could continue to evolve over time. I am also honored to cooperate with Ms. Bao Li on *Typological Permanencies and Urban Permutations: Design Studio of Re-generation in Hehuatang Area, Nanjing*. We discuss the urban form of the old town, updating the design and seeking better development.

In Europe, there is such a problem that the typological and morphological research approaches are only for the "historical" part, but not for the study of the cultural heritage. We also need to understand some new cities and know how they are developed. What can we do? We can perform a "refined reading" of the city: field reconnaissance, understanding the city from architecture, as city is composed of architecture and space, and then breaking down into walls, courtyards, doors, windows and other components. Then there is also courtyard, which is a cell of a Chinese city. From the courtyard, we can draw such a map, then enlarge it and finally expand it to the urban dimension (Fig.7). All cities can be described by a map of this type: in Venice, we used the same method to study.

4 Transitional Morphology

Our entire theory of "Morphology" originates from the field of biology. Some scholars began to use this system to describe animals and plants since 1735. They first classified animals and plants and then conducted further studies to understand the creatures that were already extinct. A century later, Charles Darwin put forward the theory of evolution. So scientists today have one

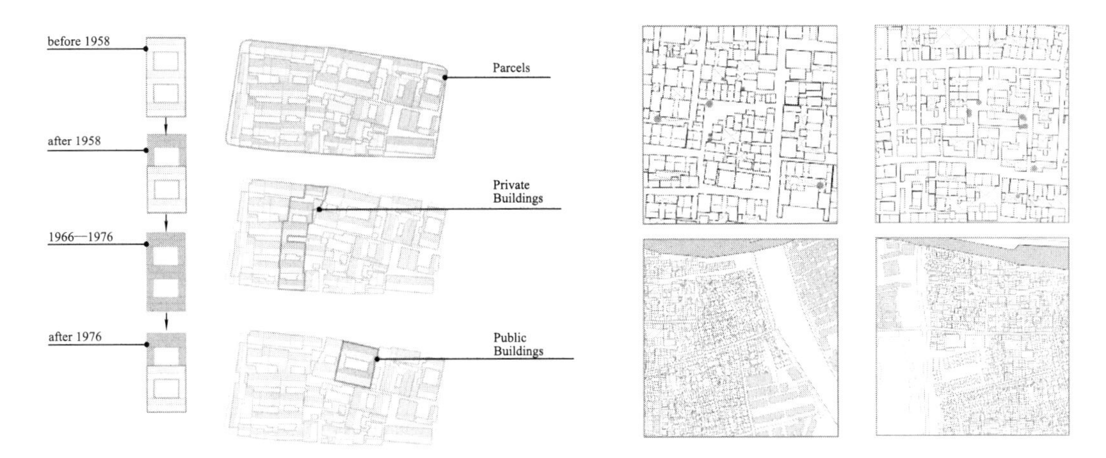

Fig.7 Study on residential space of the courtyard in southern old town of Nanjing

more research topic, e.g. if we study horses or fish, we find the ancestral zoo fossils and amphibian fossils to study and identify their transitional forms (Fig.8). This is the morphological study we know today.

Architecture is actually doing the same thing. In Venice, for example, a canal was excavated previously in the city. The riverway was later used as a street, which was then expanded into a plaza (Fig.9). A student of mine is studying the changes of Nanjing Dayoufangxiang, which is the same subject: the original courtyard is evolved into something else, and later into the state today. This is the transitional transformation. Such morphological transition and other factors, such as public interest, climate change, etc., are all closely related to morphology, all of which are driving the changes in urban form. It inspired us to develop such a project, which is also the subject of one of my graduate students in Italy, studing on the southern Nanjing Hehuatang historical block and settlement design. As you can see, what the graduate student does is not those "ancient" courtyards as that in Laodongmen, but the modern traditional settlement after inheritance and development.

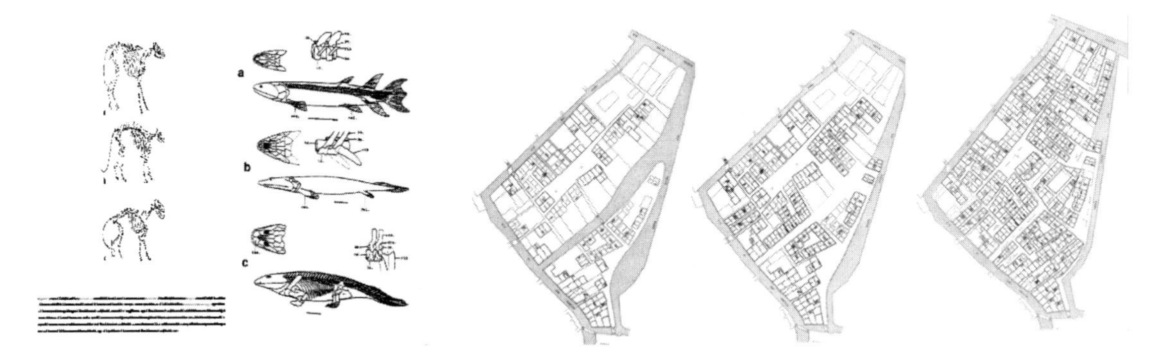

Fig.8 Study on the transitional morphology in biology

Fig.9 Evolution of urban form in architecture

5 Joint teaching project

In conclusion, I would like to mention an international research project, sponsored by a company and a bank. During 2017, we have created research units to conduct studies on transitional morphology. The work content is as mentioned above. For example, in July this year we will organize a summer camp in Europe, which will focus on studying the settlement near the Alps. The other project is the morphological study organized by the World Bank on an African city. It's purported to develop more in-depth understanding of Africa from the space via the approach of morphology. We hope that we can work with Chinese friends and study other places together.

References

[1] MURATORI S. Studi per una operante storia urbana di Venezia [M]. Roma: Istituto Poligrafico dello Stato, 1959.

[2] LI S Q. Understanding the Chinese city [M]. SAGE Publications Ltd., 2014.

[3] CHEN F, THWAITES K. Chinese urban design: the typomorphological approach[M]. Ashgate Pub Co., 2013.

Marco Trisciuoglio Professor of Polytechnic University of Turin, Director of International Communications in Asia-Pacific Region, visiting professor of Southeast University, professor of Alta Scuola Politecnica. He wrote many books, such as *Toolkit: The Architecture, the Elements of Design Composition and the Constructive Reason of Shape*, etc.

Regional Design: Tactics and Philosophy in Liaodong Bay Design

Zhang Lingling

Dean of School of Architecture and Planning, Shenyang Architectural University

" What we are advocating is architectural design in global context, focusing more on the role of architecture in the system and emphasizing regional design. Oriented around the building location inside the region, attention is given to the connectivity inside the region and structuring of constituent elements, aiming basically to promote regional design elements to form an organic integrity."

Zhang Lingling

" Focusing on City, De-focusing on Building"

On 1999 China Architecture Forum

In the global torrent of urbanization, subversive changes have taken place to the world landscape. In the developing countries represented by China, rapidly changing environment in recent decades has become the norm in urban life. The changes are mainly in three aspects: ecological environment change, urban environment change and cultural environment change. Although modern transformation and urban development have brought about more booming economy, efficient transportation and convenient services, it is equally undeniable that one-sided pursuit of development speed has left behind a series of urban problems pressing for resolution.

(1) Pollution. The pressure of living space due to rapid urbanization forced cities to continuously encroach into natural areas, shifting the internal pressure of cities to nature. In addition, the ignorance of natural plaques on the environmental primitive veins created endless confrontation and conflict between human subject and environmental object, which is manifested in frequent haze weather and deteriorating urban living environment.

(2) Abandonment. With the transformation of traditional industrial structure, old industrial

area was abandoned by the times. A large number of industrial lands became the poorly defined spaces. Such "hard transformation" of urban spatial structure created a large number of natural texture faults, inflicting irreversible "scars" to the overall ecology. For cities, fragmentation and policy-induced alternating revival and abolition shattered the urban fabric.

(3) Dissimilation. Driven by economic interests, buildings in different regions blindly chasing novelty while ignoring the urban background to create the so-called landmarks wonder which were barriers against the formation of a positive and open urban space. The rise of digital simulation technology and numerical control construction technology exacerbated the feasibility of this form of experiment, which often led to the presence of more powerful rational tools and absence of overall concept.

(4) Segregation. Modern planning and design based on automobile traffic triggered disorderly spread of urbanization. Capital-oriented urban development went its own way. Segregated texture replaced continuous organic urban environment in traditional cities. The interruption of walking scale and accessibility deprived cities of effective social connections and refined life experiences. Social spaces were confined to the community space gated by numerous access controls.

(5) Convergence. Strong housing demands and rapid construction pace led to the conventionalization of urban space. Expressway plus residential community has formed a general monotonous base of the emerging Chinese cities today. People's lack the sense of belonging in the city led to a crisis of cultural identity.

(6) Scenography. A number of public spaces purported for consumption were created to cater the commercial culture. Architects were involved in the collusion with real estate developers to create substantial urban space purported for consumption. It's a kind of "scenographic" building termed by Frampton. From another perspective, the obsession of the public with the bustling city in the setting of commercial culture encouraged this kind of flat depth-deprived architectural creation.

The emergence of the above phenomena was precisely due to the lack of regional design and the ignorance of regional concept in urban design. Advancing urban design in the abstract environment without external drive would inevitably lead to the deterioration of ecological environment, the segmentation of urban environment and the declination of regional culture. The "Region" hereby refers to is an open concept. It could be as small as the design of an individual building or as large as the master plan for a new city. They all require the identification of upper structure to form the background of design project before becoming a specific "Region" of a specific design project. Regional design requests up to explore the physical form potential from the nature, urban, and cultural systems of the upper structure, making it the external driver of design projects. Disciplinary barriers between architecture and cities should be broken to accommodate and respond to contemporary urban conflicts and complexity, thus shaping the urban correlation domain and spatial cohesive strength, to create multi-symbiotic contemporary urban culture with regionalized urban design.

However, the fast flowing of material and non-material elements in contemporary cities, the growth and evolution of texture structure and the alternating and evolution of functional modes requires cities to have sufficient adaptability and plasticity in interacting with different external constraints. In the urbanization process, the awakening of public awareness also promoted the increasingly open city, which is no longer self-contained and isolated. Urban design was no longer just the volume creation delineated in urban planning, but the strategically weighed engagement in regional operation. Taking the design case of Liaodong Bay as an example, we carried out specific design thinking and practice for the above issues to provide a macro perspective for urban development in the new normal from the fundamental starting point of regional design.

1 Growth

Located somewhere between the two city belts of Shenyang and Dalian, Liaodong Bay is the estuary closest to Shenyang and even the entire inland area of Northeast China. It is the important strategic location in the Far East. At the same time, it also conveys the important ecological function of being the habitat for migratory bird in the Far East. In the alluvial beach lands formed under the tidal and biological effect and the seagoing river influence, broad areas of reeds and *Suaeda glauca* grows with unique characteristic, forming magnificent red beach landscape every summer and autumn. In this context, the formation of city needed to be examined from the perspective of macro-ecological region. As a successor to human intervention, cities should respect and conform to the development context and the system continuity of the original system and develop synergistically with the natural system to become the organic part of natural area. Growth, embodied in the specific design operations as following the green veins, following the water flow and responding to climate. It based more on ecological background and ecological capacity as the prerequisite for planning, to balance ecological capacity and follow the natural flow process. It's the endogenous motivation of urban layout.

(1) Follow the green veins. It's the structure referenced by the natural landscape and complies with the structure of natural vegetation system. The hierarchical evaluation of natural situation was performed to determine the degree and approach of urban intervention into nature according to three different ecological conditions: namely the primary, secondary and regenerated. Conforming to the green vein network in the region, spatial transformation from ecological pattern to urban function was achieved. The layout of Liaodong Bay is structured with the skeleton of the

"Green corridor", planning the alluvial tidal lands into the multi-purpose open space in the carrier form of urban parks, recreational green spaces and flood dams, all of which are integrated into the urban green network system. "Green corridor" is not only the pathway connecting differently-purported urban lands, but is also the means to soften and integrate different functional zonings.

(2) Following the water flow. Based on protecting the original water resources, natural water system was collage the sea, river and lake water into water context with ecological significance. Based on the water flow process in the region, sustainable symbiosis between urbanization and ecological environment was achieved. In the planning and layout of Liaodong Bay, the hydrological cycle process from inland waterfront wetland to coastal complex ecosystem was followed to determine the scale and intensity of construction land to match their hydrological ecological capacity. Blue corridors connecting the freshwater rivers to salt water beach were preserved and improved to construct a complete water network linking the inland rivers to coastal beaches, reed wetlands, internal lakes and oceans. It facilitates highly efficient connectivity between open space system and waterfront network. Following the free and flexible water system, rich Northern Watertown characteristic landscape was created in urban region to create the artistic conception of "magnificent water view right at doorstep".

(3) Response to climate. Following the wind flow process in the region, appropriate matching between climate characteristics and spatial distribution was achieved. In the urban layout of Liaodong Bay, thermal load distribution and sensitivity of urban climate environment was evaluated through analyzing and superimposing urban multicultural factors to visually simulate the effect of architecture involvement in environment on regional environment. Urban ventilation corridors were reserved according to the data conclusion from climatic analysis and appraisal, to alleviate the urban heat-island and haze, optimize the urban space layout and create appropriate microclimate environment such as urban wind environment, wet environment and thermal environment.

(4) Plaque formation. The pattern of cities expands naturally in the form of natural plaques, containing the disordered urban development at the level of master plan. Through a relatively organic regional construction, the artificial environment and natural environment were closely combined to maximize the balance of natural ecosystem. On this basis, we formed multi-dimensional and coordinated planning. The overall layout weathered through 10-year-long changes of different versions. Till now, it is still in the stage of continuous changes. The major planning pattern finally formed was slightly different from that of the former planning proposed by the designing agency. It's the natural result of mainly following the changes of the original ecological environment, including the port industrial zone. Original vegetation relationship was reserved and

considerable size of wetland sections in some areas was preserved. Through the alignment of multiple design intentions, Liaodong Bay's urban design replaced the single network pattern with a series of independent network pattern. Pedestrian walkways, bicycle lanes, intra-community slow pace path, animal corridors, wind corridors and river corridors would form their separate networks. Such networks are integrated into organic synergistic urban living community under the orientation of ecological process.

2 Connectivity

From the perspective of urban areas, regional design should first solve the spatial connectivity with the surrounding cities. In the Liaodong Bay construction project, there was almost no built-up environment around the design project. Nevertheless, we still need to use regional thinking as the precursor to the design. Through the overall design, urban framework, structural sequence and spatial interface was gradually established as the subsequent reference and reservation point for the city.

2.1 City and industry integration

In the industrial layout of Liaodong Bay, comprehensive considerations should be given to the integration of port area, industrial area and town layout. The positioning of deep-processing, finishing and distinctive industrial base with the port as the source was established. The ratchet-linked symbiotic relationship between the port and urban industrial area was focused. The "softened connection" approach was adopted to re-urbanize this area and drive its employment to power its urban development.

From the perspective of urban formation and development law, industrial platform and public service platform should be architected with priority to play out the agglomeration role and materialize its catalyst and radiation effect. It will thus become the starting point and support for the integration and cohesion of cities, exhibiting their pulling effect to the surrounding areas.

The dynamic urban design method we adopted carries out the corresponding design work by the basic time nodes, clarifying the new planning content of each node. It supplements the strategic research and planning compilation stage with urban development strategy, industrial planning and phased urban designs, to form a virtuous cycle dynamic compilation system of "analyzing-planning-implementing-evaluating-re-analyzing-re-planning". Dynamic urban design emphasized the synchronized temporal and spatial developments and formed 3-dimensioned compilation framework of "urban design-design time sequence-design performance". In order to implement the concept of dynamic planning and design, in the overall urban design of Liaodong Bay, synchronized design work was carried out by natural yeas as the basic time node to specify the newly added design content at each time node. The important events, major projects and the planning sequence of the short-term, mid-term and long-term planning time sequence were taken as time nodes for focused researches, forming "growth-like" dynamic design results.

2.2 Texture control

We emphasized the texture construction of community morphology in the region. While forming the urban space with endogenous features, spatial reference for the future development of new city was established to serve as the important fulcrum of urban context.

The urban design of Dalian University of Technology Liaodong Bay campus was based on the consideration of the formation mechanism of urban space order. The overall layout of urban communities and the basic system of architectural design were formed through the comprehensive consideration of site characteristics and climate factors. Considering the climate, dwellings in Northeast China were mainly in courtyard layouts. Multi-storey buildings emerging in modern times were mostly presented in the form of "circled towers". The campus layout was based on the climate characteristics of cold regions, forming a number of three-section compounds and four-section compounds to establish distinctive spatial texture. Group-based clustering layout is the inevitable appeal of future college architecture to break boundaries, emphasize disciplinary crossing and motivate pioneering and innovation. From the perspective of group spatial characteristics, it weakened single building, set off the subject of water system, and extended the spatial overall selection of traditional Chinese academy. Different sizes of courtyards were elaborated on the scale. Through the overhanging the containment interface, the courtyards can infiltrate each other, creating the paired and loaned scenery through framed views. To this point, the implication of traditional architectural space got re-interpreted through modern architectural language.

2.3 Interface reservation

We stressed the openness of design project boundaries. Through the processing of important space nodes, interface was reserved for the future development of surrounding cities, establishing space premise for the connected urban form.

As Liaodong Bay campus of Dalian University of Technology was adjacent to the great Liao River estuary, there were abundant inland water resources surrounding the base. Brining urban water into the campus became a natural choice. "Water" was not a simple landscape element, but a clue of regional urban landscape connecting the spatial sequence within the campus. Focusing on the continuity of urban regional space, scale transition from academy space to urban public square space was completed through the sequential space advancement of "main teaching building-courtyard with three main halls—south entrance plaza". It forms the natural cohesion with the north square of the Sports Center. At the same time, to highlight the urban functions and share facilities resources, the northern-end library information center building clusters and southern-end international exchange center-sports event residence at the Sports Center—different approaches in architectural form, material and color processing from other campus buildings were adopted purposely, foreshadowing its real integration into future urban public spaces; On the west side of the campus near the planning waterfront ecological residential area, we extended the dormitory area with similar scale to residence along the south-north direction. It can serve as the natural extension of its future urban fabric, which was also the result of overall urban thinking.

3 Association

From the perspective of cultural region, contemporary architectural culture should establish a multi-level correlation across the gap between time and space to create urban space with place significance. Through form reproduction, place regression and conception creation, urban home with a sense of belonging could be designed.

3.1 Form reproduction

As material carrier of urban memory, formal features of urban architecture have been evolved over long historical development. It carried the quintessence of urban regional culture. Through reproducing its original form or transforming its deformation transformation, the material spatial association with traditional architectural culture was established.

In the urban design of Liaodong Bay core area, the spatial pattern of traditional urban space was explored to create, in modern city, spatial sequence and urban texture with the traditional pattern. The traditional state planning and city building concept was introduced to materialize the prototype of traditional Chinese urban spatial axel to a combination of spatial sequences that served as the basis for introduction and transformation. It runs through the main north-south axis of the city to form the main structure of urban structure. Cities are growing accordingly. The urban image of mountains, water, forests, valleys and seas formed the invisible city main axis via virtual space; courtyard enclosed containment interface reduced the building scale and formed a humanistic community on the basis of traditional space prototype. The initiation, inheriting, individualization and incorporation of core open space triggered natural growth and bestows the space unique impressive bearing. The geometric order of control was hidden in the natural fabric due to the dual choice of urban unique genes and future spatial development.

3.2 Site regression

Within the scope of urban regional space, different urban node space created scenes of unrolled cultural plot and jointly constitute an intact plot line. The atmosphere of traditional site could arouse people's emotional consonance about certain lifestyle and nostalgia, highlighting the association of the site-specific emotional correlations. Likewise, the urban space was no longer simple combination of material entities but a place imbued with the sense of belonging.

In the urban design of the Administration College Liaodong Bay, we strengthened the spatial associations at different levels of campus through line-of-sight connections in different ways. At the same time, we constructed an open network of space-time behavior trajectory. Just as traditional Chinese architecture values more spatial combination and care less on the form of single building unit, we focused on the integrity of architecture and its integration with cultural environment throughout the architectural management of the Administration College. While conveying cultural information, the formal language of sloping roofs weakened the sense of building volume and formed a staggered skyline, achieving harmonious resonance with nature. The use of square motifs in the openings of windows, doors and roofs formed the architectural details with traditional conception. Such patterns derived from the abstracted traditional window lattice were not only reflected in the division of sash but also presented on the glass by silk-printing. The semi-translucent effect met the privacy requirements of rooms. At the openings of the independent walls, these patterns were transformed into a grid work with cultural significance.

The spatial pattern of garden-in-garden administration school gives psychological cognition to those who visit and experience it. Guided by the paired landscape system, no matter the spatial architecture of garden or the spatial depth of courtyard, they could be interpreted layer-by-layer due to their diversified temporal and spatial pathways. Finally, they were internalized into the recognition of traditional culture and return of traditional place, which was exactly fountains of the sense of belonging.

3.3 Conception creation

Intangible cultures such as literature, literary quotations and images, etc. were integrated into the process of planning state, building cities and constructing gardens to pursue higher spatial conception and sublimate the spiritual experience about physical environment. This is a distinctive feature of China's traditional architectural culture. Introverted, simple and implicit oriental aesthetics was advocated to achieve mentally balanced state of internal and external world through the presentation of material form.

The regional urban design of Liaodong Bay Sports Center fully tapped into the creativity fountain of regional natural environment and humanistic context. The design idea originated from the local myth and legend of "red-dressed fairy falling on earth". The materialized expression of traditional culture originated from the regional cultural habitat. It sublimated urban characteristic conception and enhanced the narrative of urban culture. Liaodong Bay Sports Center was the key project of the Twelfth National Games and was consisted of main stadium, gymnasium, basketball stadium and natatorium. Closely abutting the bay, the site is surrounded by swamps where patches of *Suaeda glauca* flourishes and floats on the sea like flakes of red yarn. The gymnasium, basketball stadium and natatorium were treated as an integral body, sitting on a unified platform and constituted a fan-shaped layout. Red ribbon sleeve with the metaphor of natural red was selected as the jacket surface of the entire sports center. Such coating material was corrosion-resistant ETFE membrane, more fitful for the climate characteristics of coastal area. The red sleeves were woven around four main buildings as if ribbons, perfectly uniting the three stadiums and one gymnasium. Such flexible gesture, however, no only reproduced the movement of red beach dancing in the wind, but also illustrated the literary conception of myths and legends.

Regional design is an overall design philosophy that emphasizes the unity of people, nature, city and culture. As a macroscopic view of city and architecture, it emphasizes nature-conforming growth, connected urban space and association of traditional culture. It follows the natural growth process and explores urban design methods based on natural growth; it follows the law of social development and proposes dynamic cohesion mode progressively evolves; it follows the regional cultural features and practices characteristic cultural inheritance based on the associated conditions. From such basis, it establishes a suitable and organic space created by the regional design.

Zhang Lingling Professor, Ph. D. Supervisor, and Dean of School of Architecture and Urban Planning, Shenyang Architectural University, Host of Tianzuo Architecture Studio. He is a Member of Discipline Evaluation Group of State Council Academic Degree Committee, Recipient of Government Grants the State Council, National First-class Registered Architect; Executive Director of Architectural Society of China, Executive Director of World Association of Chinese Architects, Deputy Director of industrial Building Specialized Committee of Architectural Society of China, Standing

Director of Architectural Education Evaluation Committee of Architectural Society of China, Member of Sports Building Specialized Committee of Architectural Society of China; Member of Architectural Professional Steering Committee of National Institutions of Higher Learning, Commissioner of Evaluation Committee on Architecture of National Institutions of Higher Learning and Editorial Board Member of *Journal of Architecture*, *Architects*, *New Architecture*, and *Architectural Education of China*, etc.

He is mainly engaged in the research work of architectural creation theory and method, urban form and renewal and regional architecture and design. He took charge of 15 projects including 5 National Natural Science Foundation and Key Fund Projects, 1 National Doctoral Foundation Project and 2 National 12th Five-Year and 13th Five-Year key projects as well as international cooperation projects and 8 national strategic design projects and has won 26 national, provincial and ministerial level scientific research awards and design awards. He published 6 monographs including *The Process and Expression of Architectural Creative Thinking*, *Site Design*, and *Ecological Planning Ideas and Practices of European Waterfront* and more than 200 academic papers, having trained 178 doctoral and postgraduate students.

Urban Design: An Urban Governance Tool Oriented Around Quality Space

Yang Yifan

Director of Urban Planning and Design Research Center, China Architecture Design Group

1 The mission and goal of urban design in the new period

The entire economic and social development in China has shifted from the rapid growth to high-quality development stage. This will inevitably promote the transformation of urban development from extensive expansion to intensive improvement, adopting the pivotal target of creating an excellent living environment. As an effective tool to promote the modernization of urban governance system and capacity and strengthen the urban fine management, urban design should shoulder its responsibility.

Our team started to work on the master plan of Suzhou City in 2003 and continued to track the urban development in Suzhou. From the 22000 km^2 urban construction land use expansion in the Yangtze River Delta centered around Suzhou from 1986 to 2014, we can see that the old landscape of "the countryside encircling the city" has been replaced by the new figure-ground relationship of "cities encircling the countryside". The large-scale urban expansion fuelled the rapid urban economic growth in the previous development stage. However, the beautiful scenery of the land of abundance, where the reputation of Suzhou as a "paradise on earth" came from, has been over-consumed. The urban space and ecological environment are in urgent need of restoration. It is imperative that the space-creation and place-making should return to the humanities and artisan traditions densely demonstrated by "Unparalleled Suzhou Garden". At the same time, it's also of urgent needs to get the supports from modern urban design techniques and technologies.

Entrusted by the Ministry of Housing and Urban-Rural Development, our center teamed up with Tianjin University, Tsinghua University and Southeast University in the research project of

"Research on the Theoretical Framework of Urban Design in China". The center also took the lead in drafting *China' s Urban Design Initiative in the New Period* (*Draft for Soliciting Opinions*). This was an open topic for discussion. It consolidated the existing urban design theories and practical experiences to inspire and invite more extensive discussions among scholars from home and abroad. In the multiple rounds of discussions and advice solicitation in China, it was generally accepted that care for people was still the weakest link in urban design in China. However, in communicating with urban design experts from Harvard University, MIT, Columbia University, University of London, Foster + Partners, Gehl Architects and other institutions, it was generally mentioned that the responsibility of urban design is to create a quality space to support quality life. China's economic transformation is bound to drive the urban social transformation, and further the urban space transformation. Urban designers can make comprehensive use of multiple tools. By means of functional layout, elemental layout and spatial design, they can responds and support the urban transformation in providing answers to the propositions of economic, social, ecological and cultural significances.

In the similar historical and international context, there are a number of international cases greatly inspiring us. Fig.1 exhibits the renovation plan for Buffalo Bayou area Houston proposed in 2002. It is a typical case of transforming a large number of urban waterfront industrial storage lands formed in the industrialization period to ecological green space and public space to enhance the urban environment and quality. It promotes the restoration of waterfront ecological and ecological function in the post industrialization period of urban development. Faced with transformed urban development, cities in developed societies have to bear the huge price of rearranging the urban structure.

The renovation of the Coal Harbor area in Vancouver is another typical case. As shown in Fig.2, the left picture shows this area in 1930. We can feel the severity of dark and smelly water from the image. The coal transport depot land and the railway monopolized the waterfront of this city. After 80 years, this area has now been transformed into a beautiful and vibrant waterfront recreation area and livable community. Through urban design, a public space with rich levels has been formed in the waterfront area. It has continuous slow traffic passage and nice park green space. The ecology in the shoreline has also been restored with clear and blue sea water. The entire business format and physical space along the waterfront have been fully transformed, exhibiting an urban image of post-industrial civilization.

Except for the two cases above, such trend can also be observed in the well-known projects including the Reconstruction of the Old Canal in Valencia, Spain, the High Line Park in New York, Rose Kennedy Greenway Project in Boston, Cheong Gye Cheon Restoration and Reconstruction Project in Seoul, South Korea, the Renovation of Upper Cover of the Nice Canal into Urban Belt

Fig.1 Houston Buffalo Bayou Area Renovation

(Upper: before renovation; Lower: after renovation. Source: Master Plan for Buffalo Bayou and Beyond, 2002)

Fig.2 Vancouver Coal Harbor Image

(Left: in 1930, Source: City of Vancouver Archives; Right: in 2010)

Park in France, the Transformation of Railway Ring Line around City into Urban Green Belt, etc.

Fig.3 shows the "Micro Park Program" proposed by our center in the "Old Town Renewal" of the *General Urban Plan of Huairou, Beijing*. It aims to improve the living environment and space quality in a crowded urban built-up area. The 11 km^2 Huairou Old Town, home to 180000 people, is seriously challenged by the scarcity of urban land and public green space. We identified a total of 2.15 hectares of 88 idle or inefficient use of land in the city and transformed them into micro parks. To the 26700 residents, the average time for them to reach a green park was reduced from 10 minutes to 5 minutes.

Fig.3 Micro Park Program

(Left: general layout of urban design for overall spatial quality improvement in Huairou Old Town central area; Right: rendering of micro park node in urban design. Source: *General Urban Design of Huairou, Beijing*, 2015)

2 The working approach of urban design in the new period

Here we place special emphasis on three key aspects of urban design approach: design, consensus, and governance. Design is the core of this profession. It guides the formation of space consensus through design and apply such consensus into urban governance.

2.1 Design

Firstly, the urban design practice in China differs from those of other countries in the spatial scale. In our visits to foreign countries, we most often found urban design at the district and section level. By contrast, Ministry of Housing and Urban-Rural Development emphasizes, in the Measures for the Administration of Urban Design it promulgated, the role of integrated urban design. In my opinion, there is still room in the field of urban design in China to expand the regional and urban-rural relations. For example, Ningxia, Gansu and Jiangsu provinces have carried out provincial-level style planning. Projects spanning provincial administrative boundaries continue to appear, i.e. Beijingsub-center Tongzhou, Beijing New Airport-related Economic Zone and other similar integrated urban design studies. At the same time, urban design tools are not only applied in cities, but also in villages. They are widely used in characteristic towns, beautiful villages, tourist resorts and other urban and rural interlaced areas or even utterly pure rural areas.

The application field of urban design in China has crossed the delineation of macro and micro scale. In terms of the macro-scale innovation in particular, it has made unique contribution to the urban design theories and practices around the world. However, the knowledge, methods and specific technologies used in urban design at different scales are of significant differences. How to guide the transmission and implementation of the intentions and requirements of urban design at different levels is a subject that we have yet to crack.

In view of the problems and challenges that we face in urban construction, the historical development stage China just witnessed is featured with large-scale, rapid urbanization and huge regional disparities. There was inadequate excavation of a large number of regional characteristics in urban construction which emphasizes material needs over humanistic care, valuing scale expansion over quality improvement. It often focuses on local highlights but ignores overall coordination, attaching importance to short-term benefits but losing sight of long-term welfare, etc. These are the concentrated reflection of the conflicts between people's growing needs for a better life and the imbalanced and inadequate development in the field of construction. In response, three basic views should be emphasized in our urban design work.

The first view is integrative urban cognition. It could be effectively annotated by the Space Syntax created by Bill Hillier. For example, in theory, change in any one spot in a city can lead to the change in another spot in the city, even if the change is very minor. This, in turn, proves the integrity of urban structure. And urban designers should make full use of this mechanism.

Second view is about extensively connected elements. In cities, there are no two elements that are absolutely irrelevant. Therefore, to solve the problem of an element, we may not have to work directly on this element. The additional effect of taking actions on other parts may be able to solve the problem already. For example, to solve the traffic problem, it is not necessary to make road renovations. The problem may be solved naturally by changing the business format or construction strength in the relevant area.

Third view is about urban dynamic evolution. If excluding time factor out of consideration, our urban design practices often chases after the grand "Total Form Layout" without the knowledge of how long it will take to complete the "total form". Initial results cannot be promptly displayed, which will lead to missed development opportunities or even systematic failure. Considering the time factor, urban designer's judgment of the entire spatial structure in the future may be affected. Hence urban designers should make the best use of time as they have done to space.

2.2 Consensus

Without consensus, the urban design is impossible to be implemented. Urban design involves a large number of stakeholders. Design intended by any single entity will hardly end up with the finalized design plan. The formation of the plan requires the consensus of all stakeholders. In addition, urban design cannot be self-fulfilled. It requires endured adherence and stepwise implemeting of the development and renovation of various plots and key elements. In the endured adherence, it is possible that the core personnel involved in decision-making and development of the urban design plan have left their original post. Therefore, the original urban design can only gain the long-term and maximum support when it is based on the correct understanding of the plot value and the most extensive and solid consensus.

In the whole process of urban design from the plan formulation to specific implementation, urban designers have natural advantages in guiding various stakeholders to reach "consensus" through "design". They have the capability of converting plain language into spatial image and can provide three-dimensional and intuitive space plan to all professional or non-professional stakeholders for joint exploring, communicating, adjusting, modifying and optimizing to output the construction plan with the most extensive support. Urban designers are the natural organizers in the process of developing a blueprint for urban design and construction planning.

Fig.4 shows the scene that the author participated in a public workshop on 2035 General Urban Design of Portland in 2010. The workshop consisted of six parallel working teams sitting around a rectangular workbench. Each team was composed of some stakeholder representatives and volunteers from a variety of industries and institutions that were concerned about the work. Each team was led by an urban designer to discuss and record their expectations in a unified base map. They spoke out their own ideas, arguing and faithfully recording everything. Finally, the six teams regroupped for a assembly discussion. Here, urban designer assumed the role

Fig.4 Discussion process of Portland Overall Urban Design 2035

of organizer. Instead of being chaired by a lawyer or social activist, such social agenda was organized by urban designers. They guided various stakeholders to reach a consensus on a blueprint for the future construction of their own city.

The process of public participation in the design of such social and public affairs in developed countries is indeed worthwhile for China to learn from. China is also constantly putting that into practice. Fig.5 shows the public discussion scene the author organized with the participants from urban design and various stakeholders of Kham Customs Street, Central Yushu for the post-earthquake reconstruction of Yushu, Qinghai in 2011. Without extensive, in-depth and repeated discussions and negotiations like this, it would be impossible to finalize Kham Customs Street urban design plan within 3 months and complete within 1.5 years the constructions and landscaping, especially under a series of complicated conditions such as the shortage of available land for construction, the great disparity in economic capacities, construction demands of the relocated households and the harsh construction restrictions, etc.

Fig.5 Urban design for post-disaster reconstruction of Kham Customs Street in central Yushu

(Left: author presiding over the discussion with the relocation representatives on urban design;

Right: Kham Customs Street)

Fig.6 shows the discussions the urban design team from our center conducted with the

Fig.6 Urban design for Chaolian Island, Jiangmen City, Guangdong

(Left: general layout of Urban Design for Chaolian Island, Source: Conceptual Planning for Chaolian Island, 2017;

Right: urban design team negotiating with representatives of local stakeholders)

grass-root administrations, general people and stakeholders over the general planning and design of the whole island and integrated construction at Chaolian Island, Jiangmen City, Guangdong Province in 2017. After sufficient communication, many conflicts were resolved. The control detailed planning of two key areas for implementing the urban design was approved. The investment and financing for the whole island construct and the project Phase I are now in intense progress.

2.3 Governance

Without the sound governance mechanism and capacity, if only relying on the collection of urban design knowledge, it will not directly bring out good urban design results. We just visited Massachusetts Institute of Technology (MIT) in 2017. It has the largest number of urban design and research scholars among all universities in the U S, and there are also many masterpieces of architecture masters in MIT campus. However, buildings in the campus were often presented as individual units, and we could barely feel the power of urban design. After inquiry, we learned that urban design researchers at MIT simply could not influence the campus development decisions made by the school board. Likewise, the school board did not interfere with the highly-paid international architecture masters to design stand alone buildings according to their own perceptions and understanding.

The Battery Park City Development Project in New York, however, is a classic case of successful urban design management. The success of this project even indirectly led to the establishment of urban design specialty at Columbia University. The entire project was completed by 22 developers who acquired land and constructed on their own. Finally, a very harmonious and unified whole was presented (Fig.7). This was the result of a strict urban design guideline for-

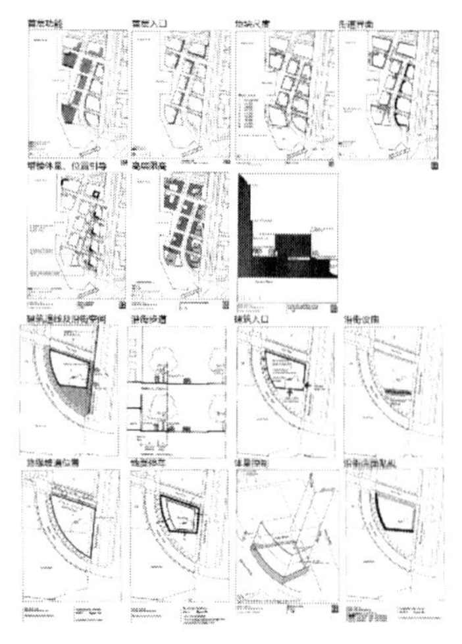

Fig.7 New York Battery Park City Urban Design implementation results and guidelines

(Left: Battery Park; Right: *New York Battery Park City Urban Design Guidelines*)

mulated by the urban design institute commissioned by the Administrative Committee to form a space covenant and carry out strong space governance accordingly.

The Ministry of Housing and Urban-Rural Development entrusted our center to lead the "Special Consultation on Urban Design Management Mechanism in China". The project was also jointly undertaken by Beijing Municipal Institute of City Planning & Design, Shanghai Tongji Urban Planning & Design Institute and Guangdong Urban & Rural Planning and Design Institute. It provides support for establishing the management mechanism of "whole process, all factors and entire society" in China, improving the management system "by hierarchy, type and system". It also perfects the control requirements in "all periods, all dimensions and all links".

To improve the urban design management mechanism and facilitate urban governance, it is necessary to promote the theoretical studies on two basic urban design and management mechanisms of government administration and market regulation that are applicable to the actual needs of our country.

Firstly, government mechanism is the main mechanism for the implementation of urban design in our country at present. Urban design is both a research tool and a management tool. Most urban designs need to be implemented through long-term adherence to public management. To establish sound urban design and public management mechanism and guarantee urban design implementation, I suggest that the following work should be promoted:

(1) Improve the legal basis and vest legal attributes;

(2) Strengthen work organization and innovate management mechanism;

(3) Improve the compilation and review management and standardize administrative review and approval;

(4) Build information platform to deepen public participation;

(5) Carry out urban design assessment and establish long-term implementation mechanism;

(6) Step up tracking and supervision efforts and develop reward and punishment mechanism.

Secondly, the development of market mechanism is conducive to more efficient allocation of urban space resources. As a useful supplement to the government mechanism, it should be the mechanism to encourage development in our country in the future. For this purpose, plot ratio transaction and other market platforms, urban design element incentives and other market tools shall be developed; and a healthy market regulatory mechanism shall be established gradually.

Urban design itself has two layers of powerful connotations: design connotation and public policy connotation. Only through steering all stakeholders to reach consensus on space based on urban design, transforming it into space covenant that can guide and constrain various construction activities to be included in the urban governance mechanism as the basis for urban governance can urban design truly serve the well-being of the people in the end.

Yang Yifan Senior Urban Planner (professor-level). After graduated from the major of urban planning and design, Tsinghua University, Prof. Yang worked in China Academy of Urban Planning and Design for 10 years. He was transferred to the China Architecture Design & Research Group to head the Urban Planning and Design Research Center in 2013 and kept working in that post thereafter. He chaired over 90 regional planning, strategic development planning, overall urban planning, urban design and various planning and design projects such as the overall urban design of Suzhou City, the strategic planning of Suzhou Industrial Park, the urban design of the core area of Beijing Sub-center Tongzhou, and the design of the prize-winning urban design scheme of Xiong'an New Area starting area. Prof. Yang also coordinated several domestic first-class universities and planning and design institutes in jointly undertaking such industrially important research topics as "Study on Theoretical Framework of Urban Design in China", "Special Consultation on Working Mechanism of Urban Design Management in China", and "Technical Guidelines for Urban Public Space Planning in China". He published the monograph *Designing for Cities: Twelve Cognitions and Practices of Urban Design*. He was invited to give more than 40 academic lectures in more than 20 cities inside and outside China, including Beijing, Shanghai, Shenzhen, Hangzhou, Xi'an and Montreal.

Urban Design Strategy Addressing Environmental Change

Zhuang Yu

Professor of College of Architecture and Urban Planning, Tongji University

After nearly 30 years of rapid development, China's urbanization rate has exceeded 50%. Compared to the developed countries, China was 40-60 years late in achieving this level of urbanization (Fig.1). However, rapid development also brought along environmental problems similar to what the developed countries have experienced in their history. However, the environmental changes the world is facing now are even more daunting. Such changes are mainly seen

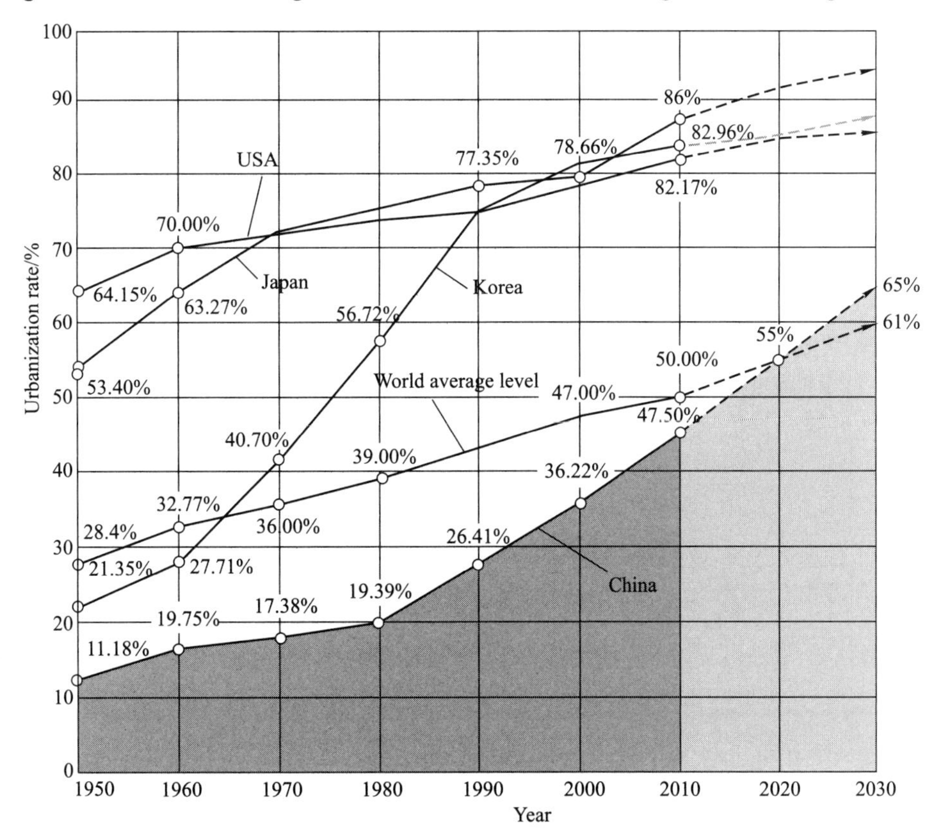

Fig.1 Urbanization rate evolution in major countries of the world, 1950-2030

(Source: *China Urban Development 2010*)

in environmental pollution, greenhouse effect and energy crisis, etc. Therefore, as an urban environment discipline focusing on people-orientation, urban design needs to reflect on ways to deal with such changes. In particular, it is necessary to learn from the experience of the West and combine the countermeasures with China's developmental characteristics.

China's urban development has always been accompanied by the contradiction between population density and land resources. From the population inflow/outflow of tier 1 and quasi-tier-1 cities in recent years, population is continuously building up in these (mega) large cities. In China's densely populated coastal areas, the population density and total size is also much higher than those in other regions.

Fig. 2 shows the population density of major cities in four major urban clusters (Asia/Europe/North America/Oceania) in the world and transport-related energy consumption per capita. Shanghai or Beijing was not cited to represent Asian cities. Still, it can still be seen that the

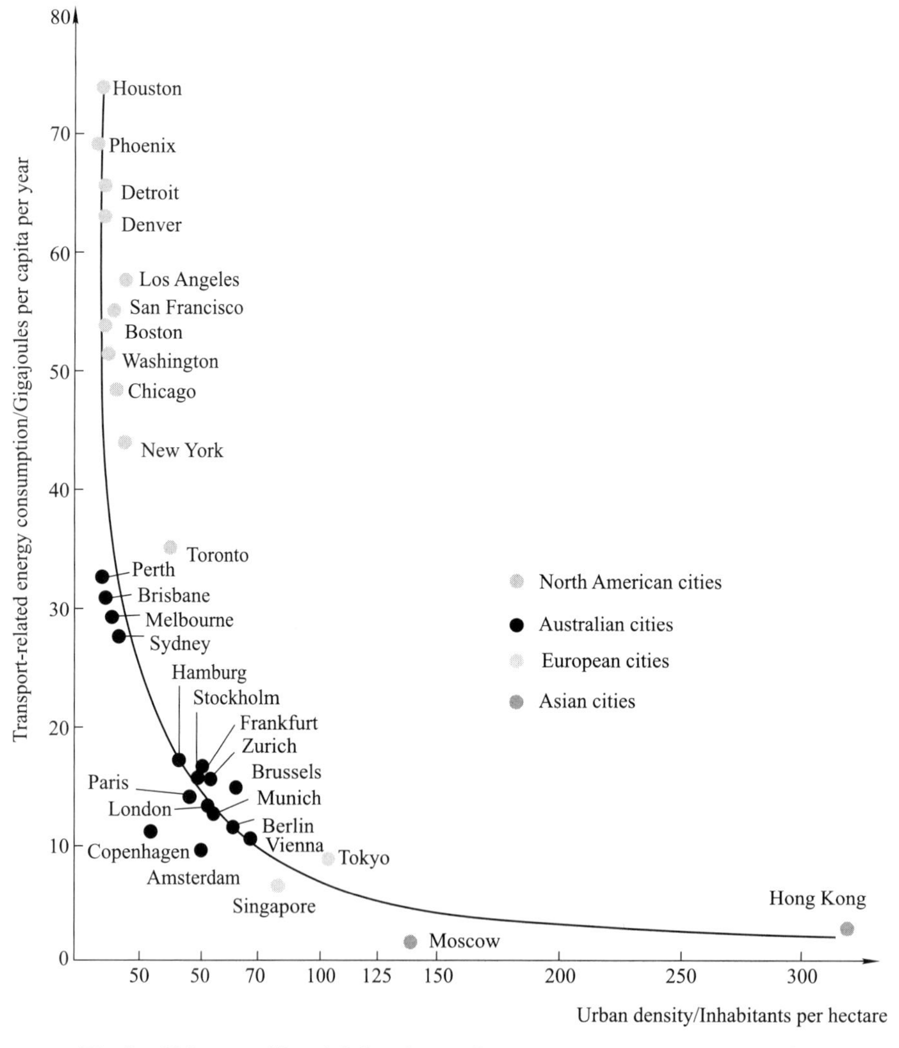

Fig.2 Urban residential density and transport energy consumption

(Source: *Urban Land Use and Traffic Coordinated Development*)

population density of representative cities or regions in Asia (such as Hong Kong of China and Singapore) is very high—urban density in Hong Kong has reached 30000 per km^2 (300 persons/hectare). However, North American and Australian urban agglomerations show the characteristics of relatively low population density and high energy consumption per capita. In China's urbanization process, the rapid growth of urban population makes the population density of most of China's (quasi)-tier-1 cities top-ranking in the world. This has become a prominent feature of urban development in China. It also forces Chinese cities to continuously expand in the plane. As the typical urban expansion area of China, Yangtze River Delta region is characterized by rapid urbanization. For example, the urban expansion of Shanghai was particularly rapid between 1991 and 2015. Nowadays, Shanghai has shifted from the "Incremental era" to the "stock era" in urban construction land. The city is now facing the new challenge of how to utilize existing land within existing urban areas and effectively enhance the land and space utilization intensity. This is also a decision that must be made by Asian high-density cities when facing the future environmental problems.

In the classic study of urban planning and design, different urban travel mode structure models will bring about completely different urban forms (as shown in Fig.3). Among them, the main travel structure of rail transit plus pedestrian traffic has become the preferred compact development model in developed countries of the world. The difference between Shanghai's population density distribution and urban spatial capacity distribution in 2011 reflects the profound impact public transport modes and land use intensity had on urban form (Fig.4). In Jing'an Temple, the most core area of Shanghai, the density of employment population has reached more than 60000–70000 people per square kilometer while the corresponding land use intensity is not synchronized. Such disparity is related to the limited capacity of public transport and land use permit policy. Currently, Shanghai has become the "city with the longest mileage of urban rail transit lines in the world". However, the mileage per capita and the number of stations per capita are still low, while car travel accounts for 20% of commuting, and public transport accounts for 33% (by *2015 Shanghai Annual Comprehensive Transport Report*), which also reflects the gap between urban public transport supply and urban population growth and travel demand.

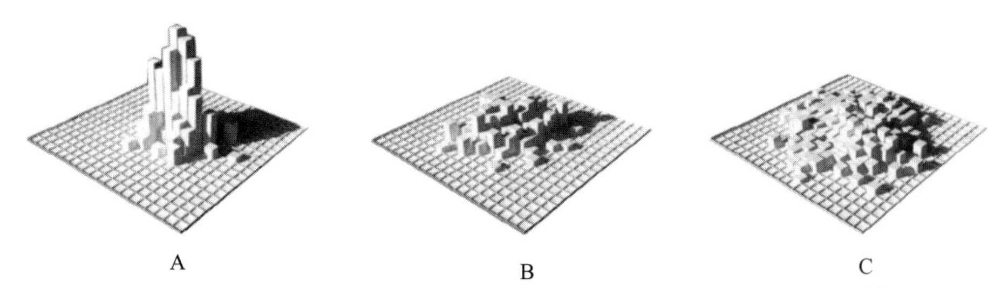

Fig.3 Different transportation modes and urban forms mode[1]

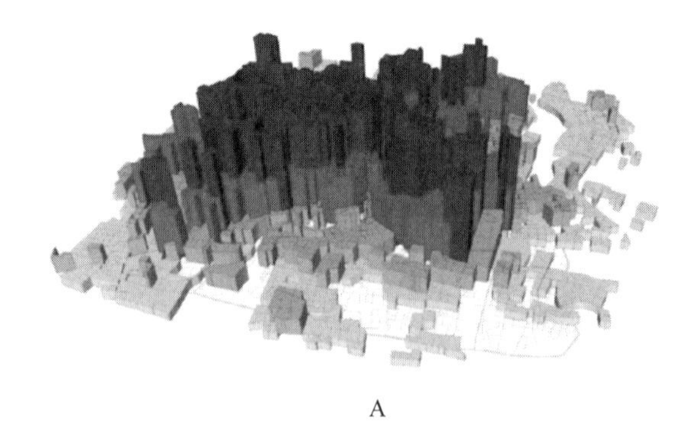

A

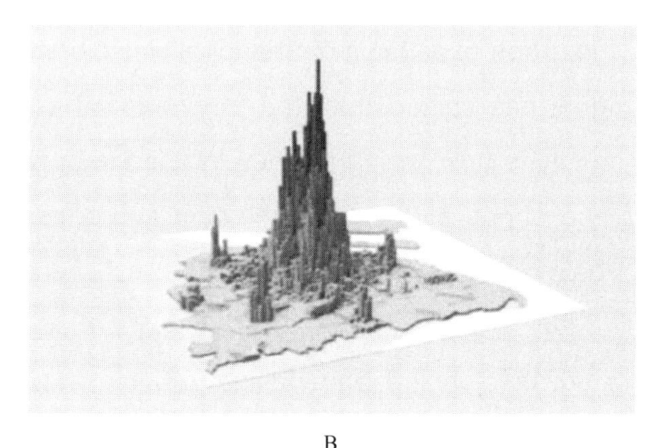

B

Fig.4 Shanghai urban spatial capacity distribution(A) and urban population density distribution(B)

Therefore, discussion about urban design addressing environmental issues can focus on three topics: firstly, limited land resources and growing population; secondly, transport-related energy consumption and planning induced passive travel; thirdly, air pollution and surge in car use. These problems can be grouped into three aspects including urban carrying capacity, urban layout and urban travel. In urban carrying capacity, how to grasp the environmental comfort under high density and the corresponding municipal facility support in the case of large base population? In urban layout, it is necessary to consider how to weigh the principle of "centralization-decentralization" and "zoning-mixture" and balance the urban operating efficiency and performance. In terms of urban transportation, it is necessary to study how to reasonably arrange the public and private transport, how to offer urban citizens commuting options with higher efficiency and reasonable comfort. Besides, it also need to dwell on healthy cities and other issues.

Therefore, in view of the above problems, we propose four strategies for urban design.

Firstly, compact city strategy with appropriate high-density development. More attention should be paid to walking-bicycling based slow traffic system and environment shaping. From "urban expansion" (incremental) to "enrichment and renewal" (stock), especially in light of urban development strategy in high-density areas, it is urgent to study the method for producing and integrating more space products from the "limited land resources". Lujiazui area in Shanghai and downtown areas Chicago (Loop) are all covering 1.3–1.5 km^2 area (as shown in Fig.5, city master plan at the same height) and are the important international financial and trade hubs in the world. The gross plot ratio and the building density in Chicago far exceed those of Shanghai. Its daily vitality index and economic vitality index of urban output per unit of land area can be of worthwhile studying interest. And it is worth considering how to revise the motor priority mode of "wide road and super block", to guide the land use habits and adjust planning and design policies to create city form friendly to walking and encouraging to public transport. How to encourage, rather than constrain, the blending of multiple functions in land management policies to form rich and vibrant cities based on the respect to the power of market.

Fig.5　Shanghai Lujiazui (left) and Chicago Loop area (right)

Secondly, synergistic strategy of transportation and land development. Whether it is master plan or urban design in local areas, the planned land use intensity and population density need to synchronize with the public transit supply. In this way, the urban form and land use model of public transit priority can be highlighted. Fig.6 shows the urban rail transit system in downtown Chicago. Conjugated two "L" forms a multi-line interchange loop. The red line is its multi-level pedestrian system. In the downtown area of about 1.3 km^2, the proportion of public transport travel is as high as 55%. The high building density and compact form of the city center fits well with the public transport and pedestrian zoning. Development of the current public transport system has given considerations to the residence and employment as much as possible. But the public transport stations deployed in the small-medium radius contribute little to improve the development intensity and function mixture of peripheral regions. The pedestrian systems that can provide weather-free radiation to the peripheral regions are even more limited. It is more prominent that large-scale "Luxury" communities built around the metro station have gathered a large number of private car travelers and squandered public resources of the track transportation.

Fig.6 Chicago public transport/pedestrian network and urban capacity distribution

(Source:Chicago Planning/Google Map)

Thirdly, strategy of sharing public resources; currently, multi-pronged management and repeated construction of public facilities caused huge waste and inefficient use of many resources. The present "sharing" mind-set can properly break through the fragmentation of administrative management, and allow social sharing of some public resources (such as sports venues, parking areas, cultural space, etc.) to promote the sharing and utilization of functional space and reduce the energy consumption per capital in unit space. For example, guided and controlled by policies, many school sports fields and community playgrounds in Hong Kong have become the sports venues open to the community during special periods such as winter vocation, summer vacation, every morning and evening(Fig.7).

Fourthly, the strategy of integrating urban elements; via behavioral analysis of urban users, urban elements are opened up and integrated to transform urban development and renewal activities from land use right management to fine space use right management, so as to make more efficient land output available on limited land, facilitating compact lifestyle pedestrian-based instead of wheel-based, creating higher value for space use. For example, the urban renewal of the Liverpool Station area in London has fully demonstrated the multi-dimensional use of land

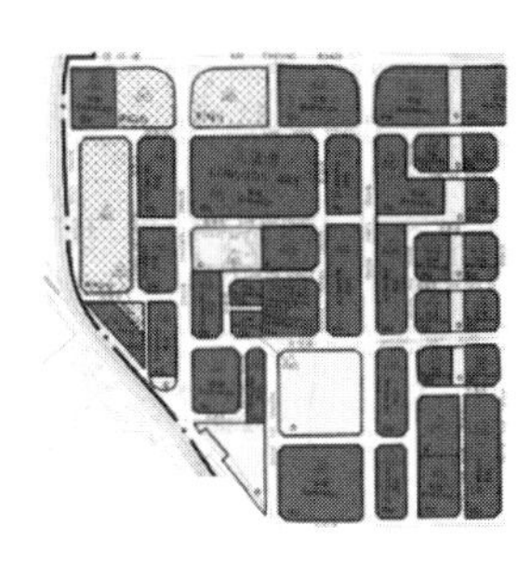

Fig.7　Shared sports venues in Hong Kong

(Source: taken by the author/Hong Kong City Design Guidelines)

(as shown in Fig.8). The underground space is for national rail track sections and station land, the ground floor is for public use as a public plaza, and the floors above ground are developed into space for financial securities companies and bank headquarters. The stratified space utilization is highly efficient with clear ownership. Currently, it is urgent to study and formulate public policies in China and encourage spatial strategies and methods to maximize the land output based on market value and urban demand.

Fig.8　Spatial integration of London's Liverpool Station area[2]

The driving force of urban design is to implement the overall control of urban environment. Its significance and value lies in the comprehensive and holistic consideration of the city and its multiple elements, implementing them in three dimensions. Contemporary urban design shall dwells on forging the urban "ordered form" as advocated by traditional urban design or simplicity ideal of "beautifying the city". It also needs to focus the urban population activities and project it into the practice of three-dimensional urban morphological environment. Among them, in particular, it is necessary to cope with the current global environmental change and China's population density issue.

We hereby put forward the idea of urban design to addresses the environmental change.

At the macro level, overall urban design should adopt the design targets of low-carbon cities that are ecological, intensive, balanced in job and residence with less passive travel. While adapting to the climate conditions, it is about developing reasonably compact and intensive cities. Based on the preserved local ecological space, urban design should work to build the spatial distribution system guided by public transport. In particular, the intensity zoning layout based on the carrying capacity of development land shall be established to restrain the construction land expansion and enhance the intensive and efficient use of land. In Fig.9, by comparing the downtown areas of Paris and Shanghai at the same scale, we can see that central Paris (in the ring) can be covered by the range of 300-500 meters around the subway station. By contrast, there is still much room for improvement in the downtown areas in Shanghai inner ring.

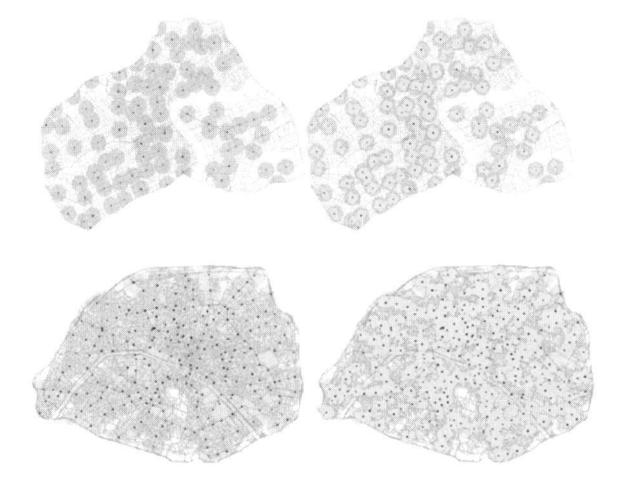

Fig.9 Comparing 500 m walking range around rail transit stations of Shanghai (up) and Paris (down)

Regional urban design at meso level needs to have reasonably greater urban population and capacity, implement low-carbon transport, encourage pedestrian lifestyle, and comprehensively build public transport and slow traffic networks and mixed use of land function. It should integrate into the public space system of resource sharing, driving and improving the urban redevelopment and urban renewal activities about the forms and orders(Fig.10).

In the micro section-level urban designs, it is necessary to conduct in-depth study about the detailed land use patterns, boosting the output of diversified space tandem-connected with pedestrian system to implement the philosophy of compact city. Three-dimensional form design of local important nodes is performed. Multi-system multi-factor comprehensive analysis and comparison is carried out and implemented in the morphological guide, control and shaping. It provide basis for innovative integration and sever as reference for implementing fine management. Fig.11 shows "Left Bank Project" in Paris. By means of the terrain elevation difference between

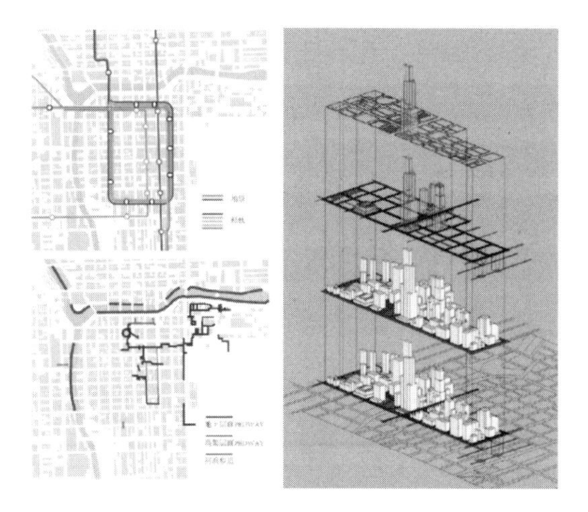

Fig.10 Comprehensive analysis of Chicago public transport and pedestrian system

the river banks of the Seine and the street blocks in longitudinal direction, new flyover highway has driven the development of upper space over the operating high-speed rail line and urban rail station. A city over rail was built with compounded with residential, commercial, office and other functions.

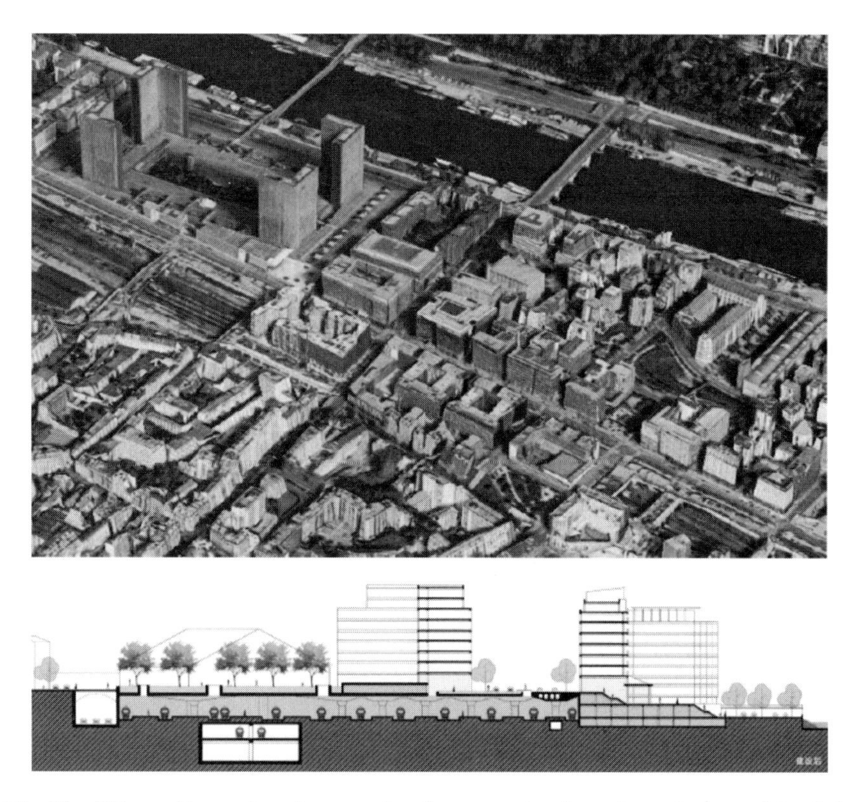

Fig.11 Three-dimensional space development in the urban design of Paris's Left Bank Project

Urban design strategies that address environmental issues, i.e. strategy of compact form and appropriate high-density, strategy of synergistic public transport and urban capacity, strategy of sharing public resources and strategy of integrating urban elements, will also face new challenges in practice.

Firstly, it is required to be supported by the interactive research of public transport and space capacity. Public transport needs to be reevaluated about its values as a systematic resource. Also, its impact on development intensity and land use efficiency needs to be reevaluated to strengthen the maximization effect of low-carbon urban transportation and the radiation guidance of the transportation hubs. For example, in Shanghai, we made a comprehensive assessment of the multiple accessibility index constituted by the rail line network, road motor system and pedestrian system. The study will also investigate on the relationship accessibility index has over land development capacity and intensity distribution. The study evidenced the concurring undersupply and oversupply of public transit (or referred to as traffic potential not fully utilized). However, different development formats has significantly different sensitivity to rail transit, road traffic and pedestrian environment. Such difference was not given sufficient attention or be fully reflected in the spatial layout.

Secondly, it's the hybrid function and institutional innovation purported to optimize the travel structure. From the mixed layout of plot land to the complex development of building function, it is urgent to study the different types of pattern innovation with hybrid functions, especially the land use system, so as to promote the close interaction between the multi-function compound and the market demand in the downtown area. Hence, it's then possible to achieve the balance of employment and residence, reducing motorized and passive travel. Fig.12 shows the mixed use of land in Battery Park area, New York. As the home to both the World Trade Center and International Financial Center, a large number of residential apartments and sites for sports, fitness

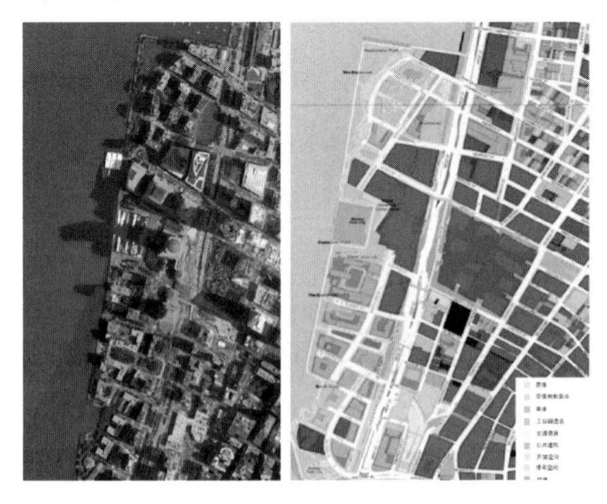

Fig.12 Mixed use of land in New York's Battery Park area

and cultural recreation are kept to maintain the daily urban vitality in the area.

Thirdly, it's about exploring the mechanism for spatial integration. Attempts are made to explore the transition from the land-based management to the space-based management to combine the specific land use (such as nature reserves, historical heritage, railway stations, etc.) with the upper/lower space use. In this way, it will generate the new development and renovation model of "compact, integrated, efficient, and properly arrangement". In the street block design of Minami Ikebukuro #2 project in Tokyo as displayed in Fig.13, the relocated households and district government as well as the commercial houses for sale were unified in one project through the trading space development right to cash out the land value and satisfied the interests of multi stakeholder interests involved in the project. Chinese cities can learn from the planning and management exploration of space development right. In this way, the conventional land development method can be upgraded to multi-modal cooperation space development. For example, when carrying out historical heritage protection, natural land protection, multi-ownership development projects, market-oriented platform for space benefit can be used to achieve the urban space and functional integration for development results with highly efficient use.

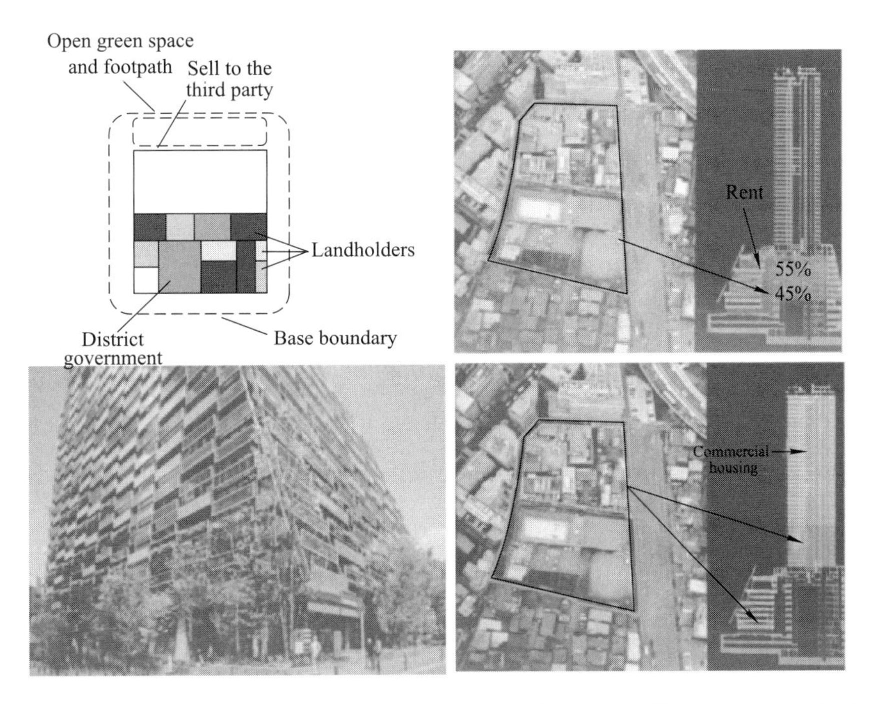

Fig.13 Space integration development of Minami Ikebukuro #2 street block, Tokyo[4]

Finally, it's about the performance evaluation of the public resource utilization. Public space and public facilities, as public resources in urban areas, are pressing for performance evaluation to enhance their openness and real utilization to the general public. They should truly become the "living room" and resting place of healthy cities; at the same time, the "sharing space resources" shall become a trend gradually in the society. With public space as the core, cities shall be compacted and intensified to stimulate and excavate the urban potential vitality. Fig.14 shows the Bryant park in downtown New York City. In terms of frequency and space quality, the diversity of user population and compounded activities makes its public and private spaces the center of social networking, exercising, gathering, recreation and other activities.

Fig.14 Multiple activities at Bryant Park in downtown New York

Current urban design and research have attracted great attention from different stakeholders. The thinking and strategies triggered from addressing the environmental change still needs to be verified in practice based on China's characteristics. Innovations on the concepts and methods of urban planning and urban design as well as the implementation mechanism and public policy will greatly promote the improvement Chinese cities' featured vitality and performance.

References

[1] MA Q. Towards smart growth: from "car city" to "public transport city"[M]. Beijing: China Architecture & Building Press, 2007.

[2] ROCHE R S, LASHER A. Plan of Chicago[R]. 2009.

[3] ZHUANG Y, ZHANG L Z. Station-city synergy: accessibility and space use in rail station areas[M]. Shanghai: Tongji University Press, 2016.

[4] GE H Y. Urban functional regeneration[R]. Japan Design, 2016.

Zhuang Yu Ph. D. supervisor, member of the Urban Design Committee of Urban Planning Society of China, and chair professor of Urban Renewal and Design, College of Architecture and Urban Planning, Tongji University, China National First Class Registered Architect. In 2000, he was invited to France to participate in the presidential program "50 Architects in France" for further research and study of urban planning. In the past ten years, he has been invited to lecture on joint urban design for architect institutions of Italy, France, and the United States. His main research area is the practice and method of sustainable city design. He has published 3 monographs, including the *Operating City Design*, and released over 30 articles; presided over a series of major projects, such as the urban design of central district of Zhangzhou City in Fujian, the riverside area in Hangzhou city, the Shanghai Music Valley area, Nanchansi Station for Metro Line 1 in Wuxi city, commercial district in D32, Qiaoxizhi Street, Hangzhou City, Bosideng Group headquarters building in Shanghai city. He has won the first prize of Excellent Survey and Design Plan by Ministry of Education in 2003; the Grand Prize for National Human Settlements Planning & Design for Classic Architecture in 2004, 2005, 2007, and 2009; 2010 First prize of Outstanding Residential Project by Shanghai city; the first prize of Excellent Planning and Design by Fujian Province in 2011 and 2013; and other major design awards at provincial and ministerial level.

Urban Design Since 1945: A Global Perspective

David Grahame Shane

Visiting Professor of Columbia University

1 Four city models

Let's start from the global climate change that you are already familiar with, i.e. the weather and water. James Hansen is a professor at Columbia University. He has conducted thorough studies in this area. For example, he defined sea level rise by 3 meters as a stage and pointed out that the sea level had risen by 3 meters in the last one hundred years. Global climate change has triggered super storms and extreme weather. This is all because of the heat and the energy that we are releasing into the atmosphere.

And what I'm arguing in my book is that if we can model a very complex system like the weather, why can't we model the system of the city? In fact, there should be four different models of the city that we have built, experienced and manipulated. The first is the metropolis model, which is a ring-shaped model that you've all seen from the Soviet Union, radiating from the center to the surrounding. The second is the megalopolis model, which is very common in UK. The third is the fragmented metropolis model, which is a model for the continuous development of sub-centers with increased communication and transportation that requires continuous establishment of transport links between multiple centers. The fourth is the mega-city meta-city model, which is a new dominant model, especially in Asia. Then I mainly tracked the different historical layers inside the city that they generated in the history of urban development. Taking Beijing as an example, the old city is located in downtown area, and there is a new town that is outside connected by the transport network and overlaid to form a hybrid city with the old city and new town. Such hybrid system continues to develop into a satellite city system, where the new urban center allows freedom and movement over huge regions. The communication in this system is very fast, which is faster than any of the previous modes.

2 Metropolis model

Metropolis model is a model that originated in 1936 and was revised several times later. The metropolis model of Beijing is bigger than that of Moscow. We can see that there are both new towns and green belts in the urban periphery construction, and how these plots are reconditioned during the construction process, especially in the information age. The public space in these cities, such as Red Square in Moscow that can accommodate 500000 people, and Tian' anmen Square in Beijing that can accommodate 1 million people, is also the center of information and a very good channel for information dissemination.

Then, looking at the construction of new towns in Asia under this metropolis model: a mega block that could span a mile but was not suitable for walking. And then a new village was captured inside the city, which could not be plotted in the past. Such a new town will be a very important satellite city. But in India and Pakistan, such construction is not easy, because 14 million poverty-stricken people live in shanty towns or new towns on the city borders. The rate of urbanization in these countries is very fast, and large population has gathered at the city border in a short time. However, as the people are very poor, urbanization construction can be hardly continued. Another interesting case is the business center that serves all regions. For example, each block has a park and a school, as well as commercial center and residential building in this block, which is a mega block with various sectors connected to each other.

Europe is a middle ground between the two superpowers, socialism and capitalism. Take Denmark for example, they made a new plaza for public meeting in this country. Some new construction was carried out on the lower end of the pedestrian crossing, and government buildings were on the other end. The commercial street also had mixed traffic function, with a new underground subway station. There was also a tower in the square, which was connected by the corresponding stage. This link is very important. Another case is the first shopping center in the US. It is also a very important model that attracts many visitors each year. In the UK, such towers and platforms are new systems that derive from the pavement.

3 Megalopolis model

Megalopolis model is the second model. Let's take a look at a series of cultural cities. From Boston to Washington, it covers more than 400 miles and is populated by 32 million people. The planning includes the planning for the center, the water protection areas, and the relationship between agriculture and building construction. Urbanization is in full swing in New York, Washington and other places. In MIT, that is, in Boston area, there is a very big airport, as well as projects and lunar landing. This area is amazing. In the 144 acres of low-density development zone, all houses are equipped with new equipment and information technologies, which link the cities in the new transportation system. The new advertisements brought you to the shopping center. In the platform construction, there are bridges and highways, as well as navigation and information systems. In the identification system, it will provide you with guidance on this platform. Now, there are already a variety of hand-held devices, as well as language features. This is very interesting that architecture has actually become less and less important while the entire sign system has become more and more important. In 1960, Japan developed an annular area like Shinjuku-ku where there were airports and various important transport hubs. Places like Aerospace City and Shinjuku-ku are very modern systems, and mega structures can also appear in mega-cities. In addition, in the village system, beside the fields, it is also possible to mix such mega structures.

4 Fragmented metropolis model

Fragmented metropolis model is a system formed by some sub center systems constructed by small transport nodes that link very quickly to each other. In fact, in the past, some highways were cutting through New York. Later, they became the border systems of different communities and important community centers to each border, such as the community centers. In 1962, all towns in the city were very important.

The author's teacher studied the city model and published related books. It's a project he studied on London Park in 1970, when I was his student. In this study, you can see the relationship between various landlords and streets, as well as the highways crossing the city, and a stream in two completely different areas, leading to the Western District. Such pattern has nearly two hundred years of history. What caused such a fragmented city was exactly the highways, communications, traffic we built and the mega-city network behind them. Especially in new towns, such complex network system also comes with the mega cells and mega blocks. For example, a place once stood with a village, temple and housing in ancient times, replaced later by the factory facilities, segregated further by the highways extending in all directions. In the end, there were shopping centers, then subways, and even the TOD.

Next is a plan of Shenzhen. It was built into a high-end residential quarter and an entertainment center later. Actually, that was not the original plan, as we know. However, due to the land property right issue, they developed the land much different from the planning. This is a 60-year plan: the old city center was broken. With the construction of a memorial, landscapes came into the city along the central axis, transforming the original look of the city. The public area of the city is a huge shopping mall. Such central axis planning also conforms to the Chinese tradition.

In 2005, I worked as anurban design consultant for URBANUS in Shenzhen. They showed me around the village-inside-city. One of the projects was to restore the village. So we made such construction. We can see that all public gardens and water are introduced into the village through it. To me, this is also a question worth considering. How to maintain agriculture in a big emerging city?

5 Mega-city meta-city model

In 2007,the United Nations plotted a map of the turning point in the process of urbanization from Europe,the United States to Asia. With this turning point,the urbanized population also changed in pattern:92% of the people lived in cities,among them 8% live in mega-cities.

It is akind of perception,a network between metropolitan cities that responds to each other. In 2001,the Japanese plotted a map of the subway to show the Internet. And the Internet of China is also a part of the global system. The villages in a city can have three levels of information:villages,farms,and agricultural products. There are also cities where all the elements are connected,which of course is very beneficial for the diversity of functions. Back to our original concept of building a new node in a satellite city:a node such as CCTV is very important for information dissemination. In the case of a mixture of old city and new town,the use of land in mega neighborhoods overlaps each other with intertwined functions. In Shanghai,China,such shopping mall is a very new public center,and handheld smart devices make it easy for us to navigate in such a complex environment.

6 Conclusion

We will wrap up with a public housing:this public housing is built on the edge of a factory equipped with a swimming pool and other sports facilities. This is a public space derived from a business center,in which there is actually a park that serves the entire block. Therefore,I believe that these urban models exist at the same time,but they have their own cycle time. The time we live now is indeed very complicated,and we really should know how to determine our own positioning based on the analysis of these models.

David Grahame Shane Prof. Shane moved to Columbia University Graduate School of Architecture,Planning and Preservation (GSAPP) in 1985. In 1990,he started teaching Urban Design,becoming Co-Director in 1990-1997 and then as Adjunct Full Professor teaching the Recombinant Urbanism Seminar. While at Columbia University, he also taught in the University of Pennsylvania and City College,New York,Urban Design programs,while lecturing on City Planning at Cooper Union (1992-2012). Since 1999, he has participated in the UD PHD program at the IUAV Venice with Professors Secchi and Vigano and is a Visiting professor at the Milan Polytechnic.

Prof. Shane has lectured widely and published in architectural journals in Europe, the USA and Asia. He is the author of *Recombinant Urbanism: Conceptual Modeling in Architecture, Urban Design and City Theory* (2005). He published *Urban Design Since 1945: A Global Perspective* (2011).

Understanding of the Historical and Cultural Protection for Human Settlements in the Three Gorges Area

Zhao Wanmin

Professor of School of Architecture and Urban Planning, Chongqing University

1 Introduction

Human settlement historical and cultural city (town) protection in the Three Gorges area is a new task in the construction of the Three Gorges Project and the development of urbanization in Chongqing. In 1997, Chongqing became a municipality directly under the Central Government. Its urban and rural construction and urbanization development entered a new era. At that time, the average urbanization level in the Three Gorges area was around 30%. It's still at the initial stage of urbanization development. Compared with the "Pearl River Delta" and "Yangtze River Delta" in the eastern coastal areas, there was still a huge gap in urbanization development (level: 40%–42%). In the early stage of urbanization in the Three Gorges area, urban construction faced the same problem: massive rural population flooded into the cities and urban areas, signifying the arrival of era for real estate. Large-scale urban construction began. Many city old towns, historical blocks, traditional ancient towns, cultural relic buildings and so on were facing demolition, relocation and reconstruction. A lot of urban planning and construction sought hasty advancement, reducing the protection and continuation of city (town) history and culture to a secondary position.

On the other hand, due to the construction of the Three Gorges Project, the reservoir inundation and the relocation program, in the Three Gorges Reservoir area, many traditional cities, towns, historical blocks, ancient towns, immovable cultural relics and underground cultural relics faced the overall demolition, relocation and inundation in a short period of time (According to the national statistics of inundated cultural relics in the Three Gorges area in 1995, in the range of 177 meters above sea level in the Three Gorges Reservoir area, 1208 cultural relics were inundated, including 767 underground cultural relics and 441 above-ground cultural relics). As 80% of the Three Gorges Reservoir area was located in Chongqing, this was a huge loss for the protection and continuation of Chongqing's historical and cultural heritage. In the Three Gorges area along the Yangtze River, with nearly 3000 years of historical and cultural continuation since Bachu in the Spring and Autumn and Warring States Period, the Qin and Han Dynasties, the Tang and Song Dynasties, the Ming and Qing Dynasties, the Republic of China, and the capital in the War of Resistance Against Japan, it was originally rich in above-ground and underground historical relics and culture. However, due to the reservoir inundation, urbanization demolition and relocation, the historical and cultural heritage of Chongqing was destroyed in large areas, and there was not much left.

Therefore, preserving and continuing the remaining a few historical and cultural heritages left in the Three Gorges area were not only a serious social project but also a systematic science and technology projects. It's a new realistic task in the construction of the Three Gorges Project and Chongqing municipality directly under the Central Government. Through research, the paper gave a summary from 1997 to 2017. Academic explorations were made by the author and relevant working units for the historical and cultural protection of human settlements in the Three Gorges area on many aspects including theoretical research, planning and design, project implementation and management, social promotion, academic exchanges and others[1-8].

1.1 Major scientific and technological issues in protecting historical and cultural cities (towns) in the Three Gorges area

Historical and cultural protection in the Three Gorges area was an urgent task for urbanization development. In the process of urbanization and urban and rural development in the Three Gorges area, the protection of regional history and culture faced two basic challenges: first is the massively changed ecological environment, the historical and cultural heritage deprived of the traditional landscapes and connotations; the second is the rapidly advancing urbanization projects caused real-sense damage to the historical and cultural heritage. Studying and implementing the historical and cultural protection of mountain city (town) is a long-term and arduous task for national and local governments. It requires coordinated research institutions, governing bodies, enterprises and institutions in carrying out joint research and promoting the scientific and technological work of theoretical innovation, technology integration and engineering practice of historical and cultural protection in the Three Gorges area.

The historical and cultural protection of mountainous cities (towns) was an important practice in the scientific study of human settlements. The historical and cultural protection of mountainous cities (towns) was a systematic project. It's about the inheritance, protection and development of regional traditional settlement methods and spatial forms. As for the special natural and cultural environment in the Three Gorges Reservoir area, it differs greatly from the plain areas in the spatial form and cultural characteristics. Landscape ecology, cultural forms, spatial and temporal continuation modes were organically integrated; urban and rural communities were organically formed; technologies and art forms were organically combined, presenting the "mountain-water-city-human" spatial quality and habitat morphology. It had a unique academic position in Chinese local architecture and regional urbanism. The study on the protection of historical cities (towns) in the Three Gorges area from the macroscopic perspective of human settlements science and the coherent scientific research methods was of important academic position and practical value.

The protection of historical and cultural cities (towns) in the Three Gorges area was an important part of urban and rural planning. The protection planning for historical and cultural cities (towns) in the Three Gorges area had important sociological value, tourism economic value and folk culture inheritance value. At the same time it also had comprehensive research and practice value in urban and rural planning, local architecture and historical culture. Starting from the theoretical system construction, it selects spatial perspective of "macro-meso-micro" as the entry point, exploring the related scientific issues:

① Key technologies for holistic protection of mountainous historical and cultural cities (towns);

② Key technologies to protect and reconstruct mountainous historical and cultural blocks;

③ Key technologies for the regional protection of mountainous historical and cultural architecture.

1.2 Formation and promotion of the research work for the Three Gorges area historical and cultural cities (towns) protection project

Chongqing became a municipality directly under the Central Government in 1997. Ever since then, the author and related working unit had carried out theoretical research, project planning and practice gradually in response to the key issues of historical and cultural protection in the Three Gorges area. Supported by the China National Natural Science Foundation, Support Program of the Ministry of Science and Technology and other project funding, after nearly 20 years of scientific and technological research, we explored the scientific issues in the protection of historical and cultural cities (towns) in the Three Gorges area. We overcame the difficulties of absent referencing precedents and technologies and scored many achievements in the Three

Gorges area historical and cultural cities (towns) protection. Great technology application and social benefits were obtained.

The project team members of Chongqing University had earlier start of the research on the the Three Gorges Reservoir area and human settlements construction. *Three Gorges Project and Human Settlements Construction* (1992–1996), a doctoral dissertation from Tsinghua University, gave special focused discussion on the protection for historical and cultural heritage in the Three Gorges Reservoir area. Subsequently, between 1997 and 2015, Chongqing University Human Settlements Team continued to apply and host the focused and general research projects from China National Natural Science Foundation, MOHURD-funded National Science and Technology Support Program and funded projects from the Ministry of Education, etc. Among them, a considerable part of the research findings was about the mountainous historical and cultural city (town) in Chongqing, the historical and cultural heritage in the Three Gorges Reservoir area, the protection and planning for the Bayu ancient town, and the research on the historical and cultural blocks of Chongqing (Ciqikou, Huguang Hall, East Watergate, Ciyun Temple Block, etc.). A series of academic papers and influential publications were made, i.e. *Seven Views on Mountain Human Settlements*, *Series of Studies on the Ancient Town of Bayu*, *Protection and Utilization of Urban Historical and Cultural Resources*, *Resources in the Three Gorges Scenic Area*, *Construction and Development of Human Settlements in the Three Gorges Reservoir Area——Theory and Practice*, etc. Many national academic conferences on mountainous historical and cultural protection were held. A number of projects on the planning, design and implementation of the Three Gorges area won the first prizes at both national and provincial levels. From the perspective of mountainous human settlements science research, academic ideas on the historical and cultural protection were deepened and developed. In talent training, the advantages and conditions of the discipline were leveraged to yield 25 Ph.D. graduates and over 100 master graduates, forming a regional technical team in the field of historical and cultural protection.

Chongqing Urban Planning Bureau and Chongqing Bureau of Cultural Relics, led by the Municipal Party Committee and the Municipal Government, attached great importance to the protection of historical and cultural resources in Chongqing. Since 2000, Chongqing established the Chongqing Historical and Cultural City Protection Committee. Chongqing Urban Planning Bureau also set up the Historical and Cultural City Protection and Administration Office. Chongqing Municipal Planning Institute set up the Chongqing Historical and Cultural City Protection Special Academic Committee. Such organizations completed the survey of historical and cultural blocks and historical buildings, built the historical and cultural resource information database, developed guidelines for the historical and cultural protection of local cities (towns), and actively promoted the preparation, construction, implementation and management of the historical and cultural protection planning in Chongqing. Chongqing Bureau of Cultural Relics completed comprehensive cultural relic protection task in the Three Gorges Reservoir area, implemented 787 cultural relic protection projects, and unearthed 140000 pieces of cultural relics. It ensured the smooth implementation of national key projects and established the great image of the Three Gorges Project in the world community. Such efforts also revealed the importance and function of the long and splendid history and culture of the Three Gorges area in ancient Chinese culture. Key protection projects such as Fuling Baiheliang Underwater Museum, Zhangfei Temple, Shibaozhai and Dachang Ancient Town were implemented. In recent years, the focus was on protecting cave temple cultural relics such as Dazu Rock Carvings, and other key cultural relic protection projects such as the Anti-Japanese War Remains, the Revolutionary Cultural Relics and the Ancient Building of Bayu. Those projects contributed to enrich the inner quality of Chongqing as a famous historical and cultural city. Chongqing Municipal Planning Institute Historical and Cultural City Protection Academic Committee, actively promoted the academic research on Chongqing being the famous city, famous towns, historical blocks, cultural relics and architecture protection and research. It hosted many academic conferences and activities inside and outside Chongqing. It published series of influential monographs such as *Chongqing Ancient Town*, *Chongqing Old Town*, *Chongqing Folk Houses*, *Chongqing Huguang Hall*, etc. Chongqing Planning and Design Institute actively undertook the planning, design, implementation and protection of Chongqing's city plan for historical and cultural city, famous towns, historical blocks and cultural relics buildings and won multiple national and provincial-level engineering awards.

The research of this paper innovated the theoretical system for the historical and cultural cities (towns) protection in the Three Gorges area. It proposed the key technologies for the holistic protection of historical and cultural cities (towns) (macro level), historical and cultural blocks protection and reconstruction key technologies, protection and reconstruction key techniques for traditionally styled areas (meso level), key technologies for the protecting historical, cultural buildings and environment regional protection (micro level). The matic practices for protecting mountainous historical and cultural cities (towns) were carried out and fruitful technological innovation achievements were made, yielding great social and economic benefits.

2 Theoretical system innovation for the historical and cultural cities (towns) protection in Three Gorges area

This paper studies to establish the theoretical system of human settlements studies in mountainous complex environment for historical and cultural protection. It stipulated the key technologies for the protection planning of historical and cultural cities (towns) coupled with "ecology-culture-technology". It also innovated the "plan-design-construction" regional theory for mountainous historical blocks and architectural heritage protection.

2.1 Proposal of theoretical system for complex mountainous environment and historical and cultural protection

The paper explored the relationship of human settlements science with complex mountainous environment and historical and cultural protection. Traditional mountainous cities (towns) revere the natural ecology and landscape environment in their urban and architectural construction activities. People's life and behavior always played a role in the ecological environment. The complicated built environment is dominated by the landscape pattern, which affected the spatial development of cities (towns). Meanwhile, mountainous cities (towns) were also affected by comprehensive factors such as regional history and culture. With the continuous development of technological conditions, construction activities gradually surpassed the constraints of the original landscape environment, and the scope of construction broke natural boundaries and space restrictions. The dynamic process of mutual restraint and influence between the natural environment and urban development determined the three-dimensional structural development and evolution of mountainous cities (towns). This project studied the dynamic response relationship between the evolution of space and time. It also studied the influence of morphological factors on the protection of historical and cultural cities (towns) in mountainous areas. The realistic conditions and influencing factors for the protection and development of mountainous historical and cultural cities (towns) are complicated and diverse. They are closely related to the development of geographical features, natural ecology, society, economy and culture. In the evolution course for the protection of mountainous historical and cultural cities (towns), the comprehensive development level of cities (towns) is the internal factor that influenced the form. The control of natural ecology is the external condition for form development. The historical and cultural cities (towns) in mountainous areas had uneven geographical development. They are different in scales and opportunities for development. The morphological disparity between the mountainous cities (towns) was significantly greater than that of plain areas.

The paper studied the relationship between the mutually facilitating yet restraining relationship between the natural environment protection and development level of mountainous historical and cultural cities (towns). Such relationship was introduced into the spatial and temporal evolution model of mountainous cities (towns). An evolution path of "morphological development–cultural response–ecological feedback" in mountainous historical and cultural cities (towns) was established. Three key factors of morphological changes in mountainous cities, namely natural ecology, regional culture and construction technology (towns), were extracted. And the related theories were summarized for the protection of mountainous historical and cultural cities (towns).

In the paper, the sophisticated response mechanism theory of mountain human settlements environment was proposed. As a result, five academic publications were made including *Seven Views on Mountain Human Settlements*, *Protection and Utilization of Urban Historical and Cultural Resources*, etc. Such publications served as the academic outcomes for the key research projects including "Adaptability Theory and Methodology for the Planning and Design of Southwest Mountainous Cities (Towns)" of the National Natural Science Foundation of China, the "Eleventh Five-Year Plan" Science and Technology Support Program Project "Key Technologies for Land Conservation and Utilization in Urban Old Areas" of the Ministry of Science and Technology, etc. And 35 high-level papers were published in national academic journals.

2.2 Proposal of historical and cultural city (town) protection planning theory featured with coherent "Ecology-Culture-Technology"

The paper extracted the key factors that influenced the evolution of mountainous historical and cultural cities (towns). The coherent "Ecology-Culture-Technology" spatial composition in cities (towns), blocks and buildings were integrated to form the cultural and spatial and temporal fusion; the individuals and clusters were organically connected; the key technologies of historical and cultural heritage protection are combined with technology and cultural forms. The specificity of mountains, rivers, natural ecological and cultural conditions of historical and cultural city (towns) in Chongqing was protected to preserve the unique spatial forms. This demonstrated the homogeneity of regional construction and art, the inseparability of ecological and technical features, the authenticity and humanity of life atmosphere and other features.

The paper studied the key technologies for the ecological adaptive protective planning of historical and cultural cities (towns) in the Three Gorges area. Based on the ecological pattern of historical cities (towns) in mountainous areas, it analyzed the ecological carrying capacity and proposed the matched adaptive green infrastructure, ecological infrastructure and rainwater flood control for ecological protection. It highlighted the protection of landscape patterns in historical cities (towns), green space consolidation, urban layout, street layout and regional building construction strategies to construct the macro-meso-micro adaptive protection theory for ecological environment.

The paper studied the key technologies for the technical authenticity protection planning of historical and cultural cities (towns) in the Three Gorges area. Through investigating the historical and cultural cities (towns), the paper analyzed the construction technology and art for historical and cultural cities (towns). It also consolidated the construction systems of towns and cities in the Three Gorges area. From the perspective of typology, the environmental form, formative art, spatial form and construction characteristics of the hall buildings, temple buildings, ancestral buildings and residential buildings were proposed and compiled into the regional architectural archives to guide the construction, maintenance and retrofit of mountainous historical and cultural cities (towns).

Through study, the paper elaborated the key technologies for the protection planning of historical and cultural cities (towns) that integrated "Ecology", "Culture" and "Technology". It also publicized a series of research books on ancient towns in Chongqing (8 books including *Longtan Ancient Town*, *Anju Ancient Town*, *Gongtan Ancient Town*, etc.) and 2 books on the traditional urban spatial form of Chongqing, *Chongqing Old Town* and *Chongqing Ancient Town*; it supported the Ministry of Science and Technology "Eleventh Five-Year Plan" Science and Technology Support Program Project—"Technical Standards Integration and Demonstration for National Major Project Resettlement Relocation Planning and Design"; 27 high-level papers were published in national academic journals, facilitating the successful application and approval of Ciqikou as Chinese historical and cultural blocks. 18 historical and cultural towns in China were facilitated in their successful application and approval. It also promoted the application and approval of many Chongqing's historical and cultural blocks such as Huguang Hall, East Watergate, Ciyun Temple-Mishi Street-Longmenhao, King Kong Monument, Zhenwu Field, etc. It promoted the implementation of traditional style and features protection and utilization planning in Chongqing's central district area, demarcating and announcing 20 municipal level traditional style and features areas including the ruins of the City Wall of Ming and Qing Dynasties, the Eighteen Ladder, Baixiang Street, etc. The project also promoted the successful application and approval of 43 historical and cultural towns in Chongqing including Ningchang, Anju, Zouma, Zhongshan, etc.

2.3 Innovative mountainous historical blocks and architectural heritage protection "planning-design-construction" regional theory

The paper studied the spatial composition of mountainous historical and cultural blocks and architectural heritage clusters. It proposed the mountain cluster theory on the organic combination of mountainous historical and cultural blocks and architectural heritage, outlining the protection content of "planning-design-construction".

The project innovated the spatial structure planning method of "texture-form-scale" in the historical and cultural blocks of mountainous areas. At the level of block texture planning, based on traditional block texture, low-density, high-density and growing "fish-bone" mountainous street and lane space was constructed. At the level of street form design, the formation of special street morphology such as scaling ladder-shaped street and half-side street fitting to the mountainous terrain was proposed based on the protection of diverse street typology. At the level of street scale construction, "secondary boundary" of streets was formed through environmental elements such as trees, rocks, and fortress, to form a variety of street boundary space sequences in mountainous areas. It created a pleasantly ordered street environment and realized the protection and development of the living space for mountainous historical and cultural blocks from inside to outside.

The paper studied the regional design methods for mountainous historical buildings and the environment. In building's external space composition level, traditional mountainous architectural space combination method was continued to fully leverage the topography and geomorphology to maintain the harmonious symbiosis between individual buildings and surrounding buildings. In building's interior space organization level, economical and practical interior space was created. Such interior space was connected through small patios, small halls, short walkways, etc. to form a dense, intensive architectural space pattern with wonderful lighting and ventilation. In the building technology integration level, traditional construction methods of Bayu were used to create the regional architectural forms of pile dwelling, arcade and cantilever corridor, etc., proposing the authenticity protection and development of historical buildings in mountainous areas.

The paper proposed the "planning-design-construction" regional technical method for the protection of historical and cultural blocks and architectural heritage in the Three Gorges area, to support the completion of the "11th Five-Year Plan" Science and Technology Support Program Project of the Ministry of Science and Technology "Technical Standards Integration and Demonstration for National Major Project Resettlement Relocation Planning and Design", General Program of the National Natural Science Foundation of China "Evolution Process and Dynamic Mechanism of Cultural Landscapes in Southwestern Mountainous Cities and Towns" and other five projects; it also published two books on the restoration of Chongqing traditional historical buildings, *Chongqing Vernacular Dwellings*, *Study on the History and Restoration of Chongqing Huguang Hall*, and 33 high-level papers in national academic journals.

3 Key technologies for the overall protection of historical and cultural cities (towns) in the Three Gorges area

3.1 Multi-dimensional planning system for the protection of mountainous historical and cultural cities (towns)

The paper studied the ways of establishing a multi-dimensional planning system for the protection of historical and cultural cities (towns) in the Three Gorges area. Based on the theory of adaptive protection of mountainous historical and cultural cities (towns) coupled with ecology, technology and culture, it clarified the protection contents for historical and cultural cities (towns) in the special and detailed planning of the Three Gorges area. Innovation was based on the protection and development of historical and cultural resources, combined with the resource characteristics, spatial attributes and structural levels of the historical and cultural heritage in the Three Gorges area. It adopted the concept of protection and development throughout the entire level of planning, playing out the guiding and regulating effect of urban and rural planning at different levels onto urban development and construction. Promoted by Chongqing Urban Planning Bureau and other functional departments, historical and cultural cities (towns) in the Three Gorges were given holistic regional protection.

Combined with the preparation of *Chongqing Historical and Cultural City Protection Plan*, a three-level seven-class protection system was established in Chongqing. In the space, three-level protection and utilization were carried out to match with the famous historical and cultural cities (towns), historical sites, and historical and cultural resource sites. In terms of the content, it mainly included seven types of historical and cultural heritage, i.e. main city area, historical and cultural blocks and traditionally styled and featured areas in the administration region with the regional characteristics of mountain areas in Chongqing, historical and cultural villages and towns, cultural relics sites under government protection. The purpose was to architect an overall comprehensive protection system covering all historical and cultural heritage types and city space in Chongqing.

The paper proposed the "culture-style-architecture" protection planning method for the historical and cultural cities (towns) in the Three Gorges area. Based on the regional cultural environment, topographical features, current protection characteristics and historical value assessment, it clarified the content of historical and cultural characteristics integrated with material culture and non-material culture. The "material form" protection of Chongqing's historical and cultural characteristics was carried out. Chongqing Eighteen Ladder, Ciqikou, Ciyun Temple and other blocks and cultural relic protection were taken as the implementation examples to guide the continuation of the residents' lifestyle and reconstruct the "historical prestige value" of the city and other "non-material form". Based on the planning system for the protection of historical and cultural cities, historical and cultural towns (villages), historical and cultural blocks, traditional style and features areas, historical cultural sites and buildings, the research served to guide the preparation for historical and cultural heritage protection in Chongqing.

Promoted by Chongqing Urban Planning Bureau, Chongqing Bureau of Cultural Relics and other functional departments, the paper conducted research on compilation of *Guidelines of Chonqing of Urban and Rural Planning for Historical and Cultural Features Protection*, *Guidelines of Chonqing Urban and Rural Planning for the Protection of the Traditional Style and Features Areas*, *Guidelines for the Historical Buildings Purple Line Delineation in Chongqing City*, *Surveying and Image Acquisition Standards for Protected Buildings and Traditionally Styled Feature Streets and Alleys in Chongqing* and other local industry standards. It proposed the requirements for holistic protection of history carrier and historical environment, rational and sustainable use of historical and cultural resources, and sustainable utilization and implementation scheme of live state protection based on the development characteristics of regional intangible cultural heritage. Detailed planning work was carried out for 3 world cultural (natural) heritages, 5 historical and cultural blocks, 20 traditional style and features blocks, 107 historical and cultural villages and towns, 98 excellent modern buildings, and 176 excellent historical buildings within the scope of Chongqing municipality. Also, protection projects were conducted for over 2000 protected historical and cultural sites. Support was given to Diaoyucheng ruins in applying for the World Heritage Tentative List and the salvage protection project for the Thousand-hand Kwan-yin Statue in Baoding Mountain. Tongnan Giant Buddha Temple protection project won the National Top Ten Cultural Relics Maintenance Project. Other key cultural relic protection projects in the Three Gorges area were also completed, including Shibaozhai, Baidi City, Zhangfei Temple, etc.

3.2 Decision-making model for the timing and intensity of mountainous historical and cultural towns' protection

The paper studied to establish a decision-making model for historical and cultural town protection based on AHP (analytic hierarchy process). Holistic protection in three levels of cultural protection, style and feature protection and building protection, was taken as the evaluation vector. The two major practical issues of temporal sequence assessment and intensity decision-making need to be solved in the historical and cultural town protection in the Three Gorges area. They were taken as the overall evaluation target to analyze and screen the target association factors and construct an evaluation model for the temporal sequence and intensity of mountainous historical and cultural towns' protection in the Three Gorges area.

The author of the paper instructed the completion of the *Survey Research Report on the Planning and Protection Implementation of Chongqing's First Batch of Historical Cultural Towns*. Through assessing Chongqing's mountainous historical and cultural towns, the paper intended to fit and deploy spatial pattern of Chongqing's historical and cultural towns: into the fitted peripheral mountainous historical and cultural town around Chongqing, the fitted historical and cultural town of Tujia and Miao minority ethnic mountainous areas southeast to Chongqing, the fitted belts of Yangtze riverside mountainous historical and cultural town northeast to Chongqing. The development status and goals of local blocks and counties in the areas directly under the jurisdiction of Chongqing were analyzed to establish the requirements for the preparation of special plans, protection and utilization proposal, effectively guiding and promoting the protection of Chongqing's historical and cultural towns.

The paper studied to establish the "4+1" (four blocks and one line) protection planning method for historical and cultural towns in the Three Gorges area. Inside the historical and cultural towns, delineation was made to identify the core protection areas, general protection areas, construction control areas and style coordination areas. Clarification was made to the planning contents of core protection, morphology control and rational utilization; by delineating the urban purple lines, the overall planning of Chongqing cities (towns) was coordinated in development direction, land use and land use layout, etc. The control and guiding role of planning to urban space was played to balance the spatial relationship between urban development and historical and cultural heritage protection. It coordinated the relationship between protection behavior and social and economic development goals, securing the overall protection of historical and cultural towns in the Three Gorges area.

The research results of the paper were applied to the protection demonstration projects of 43 historical and cultural towns in Chongqing, such as Gongtan, Longtan, Ningchang, Anju, Zouma, Fengsheng, Songgai, Luotian, etc., and the successful promotion for the approval of 18 famous historical and cultural towns in China. Through the evaluation and appraisal of nature, history, architecture and cultural resources of ancient towns, it carried out the utilization planning, development research and architectural art research. Given the historic background of urbanization development in Chongqing, the research proposed the protection requirements for Chongqing's ancient towns and urban construction development.

4 Key technologies for the protection and reconstruction of historical and cultural blocks and traditional style and features areas in Three Gorges area

4.1 "One-off" and "instrumental" controlling methods for spatial morphology of mountainous historical and cultural blocks and traditionally styled areas

Based on the overall "cluster" spatial form composition of traditional historical and cultural blocks in the Three Gorges area, the paper analyzed the characteristics of climate, vegetation, topography and ecological sensitivity of mountainous historical and cultural blocks to balance the artificial environment and natural ecological environment of the blocks. Within a certain historical block, the material forms with the same characteristics (topography, ecological environment, block texture and architectural group) was organically integrated and be universally regarded as an unified "cluster" protection unit. Through combining the historical cultural scenes and intangible cultural heritage protection, the paper fitted and serially connected all protection units. It proposed the "one-off" holistic design and "instrumental" block spatial morphology control method for the Three Gorges area. In-depth protection planning and management with equal emphasis on material form and cultural connotation were carried out.

The "one-off" and "instrumental" control methods for the spatial form of mountainous historical and cultural blocks and traditionally styled areas were adopted in the *Chongqing Main City Area Protection and Utilization Planning of the Traditionally Styled Area*. Based on the principle of authenticity and holistic protection, 28 traditionally styled protection areas were delineated in Chongqing. And the cascade and categorized three-level control measures for protection were proposed. For the traditional style and features protection areas, "one-off" control method was adopted. The content of protection is to restore the old as the old, to demolish and rebuild in-situ. In this way, it can achieve real and complete protection of the original spatial scale and texture, orientation and other stylish layout of the traditional streets and alleys; for the construction control areas, the "instrumental" control method was adopted. It's proposed to inherit the spatial scale and texture, landscape pattern and building height of the core protected area as the protection content for the historical and cultural blocks of the Three Gorges area. For the style coordinated areas, the "instrumental" control method was adopted. The protection principle was proposed to harmonize the architectural symbols and the proportion of the volume to match the traditional features. The protection guidelines of traditional style areas in the Three Gorges area were improved to achieve the rational and live state application of the traditionally styled feature areas.

4.2 Historical and cultural blocks in mountainous area—design method for spatial elements of streets and alleys

Based on the study of texture composition and historical and cultural relics distribution of the historical and cultural blocks in the Three Gorges area, the paper proposed a method for designing the spatial elements of streets and alleys in line with the texture of mountain blocks based on the spatial research of traditional streets and alleys such as Ciqikou, Huguang Hall and East Watergate area, etc.

In the organic continuation and protection of traditional streets and alleys, for the unique plane, sectional layout and scale of the Three Gorges area, maintenance repairs and strict construction management were performed to control the linear shape and scale change of mountainous traditional streets and alleys. The plane layout of streets and alleys was organically connected to the external blocks to materialize the transition between old and new. In terms of section protection, the elements with historical value and landscape value in the Three Gorges area were selected to produce the contour morphology that need protection. It was determined to construct the cross section of typical streets and alleys, maintaining the cross section and longitudinal section of the traditional double three-dimensional characteristic of the Three Gorges area. It's necessary to control the vertical design of streets and alleys. Through keeping the existing ramps, stairways, etc., blocks in traditional ancient towns such as Gongtan and Longtan, etc can be protected. In urban axis protection, based on the development context of historical and cultural blocks, extension was made on the historical axis. In the case of urban axis protection planning of Ningchang and Zouma Ancient Towns, it simulated the relationship between the traditional spatial axis and landscape, nature, landform and vegetation, protecting the texture of mountainous town and block.

The results were applied to the protection and restoration of 5 traditional style and features areas such as Chongqing Ciqikou, Huguang Hall, East Watergate and King Kong Monument in Beibei District. It was also applied to 20 historical and cultural blocks such as the Eighteen Ladder, Baixiang Street, etc. In the restoration of Ciqikou historical and cultural block, the research findings effectively guided the continuation and protection of the block spatial texture pattern. In the planning, the existing structure, orientation, spatial scale, space nodes and paving pattern of Cizheng Street were inherited and preserved. Through the spatial organization of streets and alleys, the organic links of Jialing River, Qingshui River and the ancient towns were strengthened. The diversified functional features of the street and lane space were sustained to achieve the restoration and protection of Ciqikou street lane space. During the process of renewal and conservation of Huguang Hall and East Watergate blocks, organic update method for the texture of the historical and cultural blocks in the mountainous area was adopted to protect the relationship between the block and the spatial structure of the Yangtze River and surrounding areas. It prohibited the change of the block natural terrain to preserve the cascaded spatial layout laddered with different height riverside buildings conforming to the terrain. For large volume buildings inconsistent with the overall style were reduced floors to follow the overall terrain so as to maintain a rich spatial contour relationship along the Yangtze River. In spatial texture, spatial texture continuation mainly started with the protection of seven historical streets and alleys in the blocks. Initial work will be conducted from continuing the terrace and spatial courtyard combination model and protecting the livable street and lane scale, etc. The overall spatial pattern was still centered with the building complex of Huguang Hall. The style and appearance of traditional mountainous blocks were continued to form the mesh-patterned texture with "one-vertical and four-horizontal" skeletons of streets and lanes.

5 Key technologies for the protection of historical and cultural buildings and regional environment in the Three Gorges area

5.1 Authenticity evaluation of mountainous historical and cultural buildings and key repair technologies

This paper started from the research on the historical development process of the Bayu culture, the Anti-Japanese War culture, and the relocation culture integration and symbiosis in Three Gorges area. Based on the special protection requirements of historic and cultural buildings in the southwest mountainous areas, the cultural values, preservation conditions and utilization methods were evaluated. And multi-source comprehensive analysis based on ArcGIS technology was proposed. Qualitative and quantitative integrated valuation model for historical and cultural buildings in the Three Gorges area was constructed to optimize the protection and management process of building heritage classification and establish the protection technical path for historical building valuation and authenticity repair.

The paper studied and established the historical value evaluation pathway of "differentiated mountainous terrain-historic streets and alleys pattern-individual building construction". Two levels of indicator factors were defined in the study. The primary indicators are made of four factors including terrain environment, historic streets and alleys, architectural remains material properties and social attributes. On this basis, secondary indicators covered the respective evaluation contents included in the thematic evaluation package. AHP layered analytic structure was generated for the comprehensive evaluation of mountainous historical buildings' protection value. The ArcGIS "spatial analysis" expansion module was used to perform weighted summary and overlaid spatial analysis of indicator factors to identify standard grid score data for historical and cultural buildings in the Three Gorges area. Based on the scores obtained from the comprehensive evaluation of building protection value, different scoring ranges in the Three Gorges area were designated to match the protected cultural relic sites, historical buildings, traditional styled buildings and general buildings. The corresponded building protection and renovation measures were also developed.

From the dominant application of historical building evaluation, the technology conducted the protection value evaluation of 55 protected national key cultural relic sites, 282 city level cultural relics sites, 1999 district (county) level cultural relics sites, and 98 excellent contemporary and modern historical buildings in the Three Gorges area; it guided the preparation of the *Special Planning for the Fixed-site Positioning and Purple Line Delineation for the First Batch of Ex-*

cellent Historical Buildings in Chongqing. It established the positioning, storage and listed protection for the first batch of 176 excellent historical buildings. It also clarified the principles for the protection and utilization of historical buildings, improving the efficiency of historical building planning and management.

The paper proposed the restoration method for historical and cultural buildings based on the maintenance of spatial activities. According to the traditional mountainous architecture research in the Three Gorges area, the principle of "restoring the old as old" was adopted in the historical and cultural town protection projects for the representative regional buildings. It carried out the practical use and spatial image restoration for historical and style buildings. The historical style and features of traditional buildings in the Three Gorges area was reconstructed.

During the restoration of Residence Courtyard Xie's Family in the East Watergate area of Chongqing, the adaptive construction method for mountainous historical buildings was proposed and applied to the repair of roofs, walls and woodwork of historical buildings. During the restoration of the Gu Zi'ang historical residence in the East Watergate area of Chongqing, a coordinated method was proposed in the project for the use of traditionally styled building materials that followed the traditional materials process for building maintenance based on the traditional materials selected and applied in historical building preservation. In the Residence Courtyard of Wu's Family in Longtan, structural reconstruction method was proposed for structural safety and comfort residential renovation to enhance the safety of traditional building maintenance and secure thermal insulation and lighting.

Together with the relevant work done by Chongqing Bureau of Cultural Relics, the technology was applied in the compilation of the *Master Plan for the Protection and Utilization of Anti-Japanese War Sites in Chongqing*. It's agreed to identify 395 Anti-Japanese War historical sites and 15 Anti-Japanese War historical zones within the city area. It also decided to study its preservation status, historical value and preservation importance, securing the protective spatial structure integrated with the important Anti-Japanese War historical sites and historical zones. Based on the current utilization status, building protection and repair were carried out to protect 364 sites at the original location and 12 relocation sites. Protection measures including information tagging, description billboard for 19 sites were implemented together with other protection measures. It served to display the historical city and building spatial structure, demonstrating the historical building environment authenticity during the Anti-Japanese War. It also comprehensively reflected the historical value and rank of Anti-Japanese War sites in Chongqing.

5.2 Adaptive modular update technology of mountainous historical stylish buildings

From the perspective of buildings layout in the Three Gorges area, the harmoniously coexisting natural environment and the terrain-following spatial orientation, the paper established architectural update path that matched with building function and construction technology. Extended from the layout of traditional building interior space functions, combined with physical technologies such as building ventilation, lighting and moisture-proofing, the paper proposed a method to improve the human settlements and integrate the cluster morphology based on historical and utilization features. Technical methods such as 3S remote sensing platform, UAV aerial photography, field survey, surveying and mapping were used to identify the current status of historical building cluster composition, environmental response relations, building components, functional layout, landscape environment, etc. It tracked the dynamic changes of historic buildings, to build the archives of historical style building in the Three Gorges area to secure the digitalization and systematic management of historical buildings. The technology was applied to the protection of buildings in areas such as Cuntan, Changshou Sandaoguai and Anju Ancient Town. By the quality, style, economic value and planning feasibility, four levels of protection were re-divided, including protection, repair, rectification and demolition. Targeted rectification and update model was thereby proposed.

In restoring the Residential Courtyard of Wu's Family and Longtan Anju Dafudi, it was proposed to insert the renovation model of "kitchen and toilet standard module" into the building exterior. The lobby and dining room were functionally merged. And the original residential functions were also improved. The cliché model of store in the front and residence in the backyard was changed by pushing the prefabricated modules to the back and reposition the location of the stairs to form produce tourist servicing facility along the street. All old shanty housings were cleared out and rerouted with the pipelines and cables. The open space amid the courtyard was restored to improve the residents' living quality and accommodate the scarcity of kitchen and toilet functions in the styled and historical buildings. During the restoration of Ancestral Temple of Peng Family in Fuling and Zigong Salt History Museum in Xitan, it was proposed to insert "touch media function module" into the architectural complex to improve its space efficiency, adjust the overall spatial pattern and coordinate the urban texture, social functions and housing needs. Specific measures included inserting the culture, leisure, greening and other function modular sites into the complex courtyard sites, removing old and idling private structures, open up public space, and explore the integrated development manner of traditional architectural space in the Three Gorges area.

References

[1] WU L Y. Introduction to human settlements and environmental sciences[M]. Beijing: China Architecture & Building Press, 2001.

[2] WU L Y. Generalized architecture [M]. Beijing:Tsinghua University Press,1989.

[3] WU L Y,ZHAO W M. Sustainable development of human settlements construction in Three Gorges reservoir area [A]//1997 China Science and Technology Frontier [M]. Shanghai: Shanghai Educational Publishing House,1998:569-601.

[4] WANG J G. Urban design [M]. Nanjing:Southeast University Press,1999.

[5] CUI K. Native design [M]. Beijing:Tsinghua University Press,2008.

[6] ZHAO W M. Three Gorges Project and construction of human settlements [M]. Beijing:China Architecture & Building Press,1999.

[7] ZHAO W M. Seven comments on mountain human settlements [M]. Beijing:China Architecture & Building Press,2015.

[8] ZHAO W M. Research on development of residential environment construction in Three Gorges reservoir area—theory and practice [M]. Beijing:China Architecture & Building Press,2015.

Zhao Wanmin Vice Chairman of Urban Planning Society of China,Chairman of Committee on Urban and Rural Planning in Mountainous Areas,Deputy Director of Steering Committee on China Urban Planning Professional Education,Visiting Research Fellow of Center for Science Human Settlements of Tsinghua University,Vice Chairman of Urban Planning Society of Chongqing,Director of Institute of Mountain Human Settlements,Department of Architecture and Urban Planning of Chongqing University;professor and doctoral supervisor.

He has Ph. D. degree from School of Architecture in Tsinghua University,post graduate in Canada,and is also the senior visiting scholar to Paris,France. His main academic interest is in urban planning and design,environmental science for mountainous human settlements. He has presided over the key project of National Natural Science Foundation,i.e. the 5 general projects,the key projects supported by Ministry of Science and Technology,project for doctoral program foundation of Ministry of Education,and more than 20 vertical researches for Ministry of Housing and Urban-Rural Development and Chongqing City. He has published more than 150 papers;released 10 monographs;edited 32 books for "Environmental Science for Mountainous Human Settlements science" series;presided over 80 projects of city planning,design and implementation for the southwest mountain and the Three Gorges Reservoir area,led and guided more than 40 projects for relocation and resettlement housing for cities,districts and counties in Three Gorges Reservoir area. He has won two first-prize of S&T Progress Award by Ministry of Education,one second-prize of S&T Progress Award by Ministry of Land and Resources,one third-prize of S&T Progress Award by Chongqing city,one first-prize of Teaching Achievement Award by Chongqing city,and other 30 plus awards for planning and designing at provincial and ministerial level. He won the National Outstanding Scientific and Technological Worker in seventh China Association for Science and Technology Congress. He was among the first batch of "Young Experts for Outstanding Contributions" by Chongqing city, "Outstanding National Urban and Rural Planning S&T Workers" by Urban Planning Society of China, Distinguished Professor under the "Par-Eu Scholars Program" by Chongqing city.

Overall Uran Design: An Answer to the Fragmented Urban Issues in the Changing Environment

Xu Suning

Dean of Institute of Urban Design and Research, Harbin Institute of Technology

1 Fragmented uran development

Since regaining its due position in the public attention in 2014, the urban design in China has been developing better and better with each passing day. However, we should also see that today's urban development in China is facing lots of fragmentation issues. There is still a long way to go before the urban design could effectively achieve integrated and coherent urban landscape and play the leading role in improving the environmental quality of an urban community. This situation no longer meets the expectations that the new era put on urban design.

In Chinese cities nowadays, various urban development projects are developing in full swing with no signs of slowing down. The total construction volume is nothing short of spectacular. For all the names under which they are built, there is, however, an obvious absence of holistic considerations from the perspective of urban design[1-5]. For example, many cities are building their high-speed rail (HSR) stations. Some cities even have several HSR stations placed in east, west, south and north directions of the city area. However, most of these HSR stations are located far away from the urban areas. Such HSR stations are often constructed not simply to facilitate public transportation easiness but sometimes to convey other private agendas. Lacking the guidance of master plan and general urban layout design, they often present themselves as stand-alone silo buildings that are not effectively docking into the city's transportation system. As a result, many HSR stations often stand lonely on the city fringe areas and have no sufficient connection with other public transport systems (Fig.1). This leads to the fragmentation of urban transportation and public landscape systems. Underground space development in many cities also lakcs systematic coordination. Urban management, air-raid shelter project, and underground railway system all works in silo. There is no integrated urban design to connect the track transportation system and other public infrastructures of the city. Interchange between different transportation mode is not convenient. In some extreme cases, there is not at all any considerations given to such connection. There is not enough urban design between the above ground and the underground space, between the subway entrances and existing urban architectures (Fig.2). Being silos to each other, they constitute the phenomenon of fragmentation. The underground pipeline corridor and "sponge city", if fragmently implemented without sufficient urban design assessment and scale-sufficient surveys in advance, would equal to stumbling blocks to the future urban development, inhibiting such "pipeline corridor" and "sponge" in playing out their roles. In public road design of many cities, instead of oriented by the people, many urban designs are oriented by automobiles. When the road traffic jam gets worse, more overpass (Fig.3) or wider roads (Fig.4) are built to offer easy solutions. On one hand, such approach, damages the original street texture and urban landsacpe. On the other hand, the widened roads would attract an influx of greater traffic flow, worsening the already heavily stressed road sections.

Fig.1 The lonely HSR stations

Fig.2 The lonely subway entrance

Fig.3 More overpas

Fig.4 More widened roads

2 New demands from the new era

New ICT technologies, new energy supply systems and new transportation and logistic models will bring us foundamental changes to the ways of living. Facing this new era, these new possibilities inspires us to rethink how to apply the urban design principles to make cities better and adapt to the requirements and trends of this new era via urban design. It's easy to see that there is still a great room for the urban design. For this reason, new generations of young urban designers are expected to align their thinking to the possible future urban development, reevaluating the new opportunities from the new technologies and cracking the city development problems from this renewed perspective.

The "Internet+" makes us more dependent on data transmission. "Share Economy" fundamentally changes people's way of life. From shared bicycles to shared cars (Fig.5), the data transmission has enabled us to see the new interrelation between urban space and the people flows, goods flow and information flow in cities. Spatial economy and spatial data chain are inevitably broached into the world of urban design.

Fig.5 Shared cars

For cities planned and built by the traditional urban development theories, it's an urban design issue to help city embrace the forthcoming shared bicycles, shared cars and new energy automobiles. With the increasing popularity of shared bicycles, a city will need to prepare and provide more parking space and slow-traffic system. How to balance and fix the relationship between shared bicycles and the street space? When one shared car can eliminate the production of 15 new cars, the automobile volume of a city will inevitably change. Then, how will current urban road system and transportation system deal with such situation?

With the withdrawing conventional fuel vehicles and the rising new-energy vehicles, the cities need to have more new facilities. The gas-stations will become a history. How to deploy charging stations and construct charging piles for new energy vehicles? What will be the changes to street facilities, space use and street landscape? These are the new questions that urban design has to consider.

With bicycles, automobiles, buses, light rail transit, HSRs and airplanes, transportation are having more diversified options. People's demand for a seamless interexchange system (Fig.6) is also getting increasingly stronger. The integration of the spaces of different transportation facilities will unavoidably change the urban spatial form. And the mission of urban design is to find the balance between different spatial elements in cities and create an agreeable urban environment and visual forms. So to speak, it's an honorable duty for urban designers to solve all these problems.

Fig.6 Seamlessly connected public transportation

In his book *Urban Revolution*, Mr. Ksho Kurokawa proposed to build large logistic pipeline systems 50 meters underground or deeper to reduce the ground transportation in mega-cities like Tokyo. Regardless of the feasibility of such proposal or its likelihood in the future, if you take a close look at the busy goods traffic and the couriers bustling about in today's cities, you'd admit that the fast development of logistic and express delivery services have already made it very clear that the urban space needs to be adjusted to accommodate all those new developments. These new demands should be considered at the level of urban designing. It's simply not right for urban design to ignor such new demands.

3 The new trends of urban designing

The author believes that there are three new trends of development in urban plan and urban design, namely: from content-based planning to principle-guided design; from rational and order to the sensual and interesting, and from cascaded technologies to diversified arts presentation.

In *Overall Beijing Urban Planning 2016–2035*, we could see that the urban design, in particular the overall urban planning, is going back to its fundamentals. It put more emphasis on the formulation of public policies, the exhibition of urban equality and the control of urban resources. Naturally, the next step would be for urban designers to translate the macro-objectives in the overall planning into detailed designs and describe the urban space in a visual language. This is an arduous task that requires the meticulous cooperation, detailed researches and careful implementation by urban planners and urban designers. Therefore, to reform the general urban plan, it's the first imperative complete an urban planning in line with overarching urban design principles and align the development and implementation of urban planning with the fundamental technological, artistic and cultural principles.

There was a statistics, General Secretary Xi Jinping mentioned, in the Report of the 19th CPC National Congress, the word "people" for over 200 times. Designing for the people (Fig.7) is an eternal truth. In the past, we often stressed that the urban design had to be made strictly rational and that urban planning was a serious matter of regulatory importance. And our urban construction and management was often tilted more to the rational end, leading to a languid, dull, rigid outlook of many cities. By contrast, the idea of "sensual and interesting" means that an urban design should be used as the opportunity to the effective operation of the city and values the quality and liveliness on the streets and of people's life as well. After all, urban design is to serve people. Urban space should be interesting and be good in quality. It's true that an empty urban area free of litters and leaves is neat and clean. But it's not the kind of city that people need.

Fig.7 Design for people

The advancement of urban planning has acquired sufficient support and protection from theoretical constructions made at different historical periods, from different theoretical systems and with different perspectives. There has been a quite mature system formed for urban planning technologies. The missing piece we really need to find now is the artistic pursuit for a city. The urban design should be made with artistic principles. For over 600 Chinese cities, we need to pay more attention to the artistic side while maintaining equal emphasis on the technical side of an urban design. It is within the skillset of the urban design to identify and express, in the overall urban design, the essential artistic elements of the urban development based on the different histories, cultural heritages, natural environment, and resource endowments of different cities, and guide the arrangement of the artistic elements in local urban area design, making every city a unique landscape.

Urban design need to carry the mindset of "environmental friendly" (Fig.8). If "lucid waters and lush mountains" are really the "invaluable assets", we will have to change our past models of water governance, tree plantation, road construction and driving patterns. Urban design will have more important roles. River banks and dams will be more naturally arranged. There will be higher requirements for landscape, green coverange. Motorways will be make narrower and footways broader. The sense of urban design will be on the rise.

Fig.8 Environmental friendly

The future urban design should attach greater importance to the imapcts the changed environment bring to a city and study proper ways that could help us solve the problems. After returning from the 8th Scientific Expedition to the North Pole, expedition team members told the CCTV reporters that the real climiate change, according to what they witnessed there, was far worse than expected. The climate change is an indisputable fact. If we don't take it seriously, there is a great chance that all the works we have done in costal cities with decades of hard work could simply be washed away by climate scourges like rising sea level. BIG U, a BIG (Bjarke Ingels Group) urban design that paid special attention to dealing with the possible climate changes in

Manhattan,NY,is an excellent case of urban design taking cliamte change into consideration.

4 New requirements for uban design

Such new problems and challenges urge us to rethink and pose new requests to urban design. That means urban design needs to have broader horizon,deeper researches and precise implementation.

"Broader Horizon" refers to the wider scope of urban design. It should not be limited to only one specific time and a place. Considerations should be made in diachronic and synchronic manners. Large scale and small scale urban design practice are needed to expand the influence of urban design and uplift the cultural connotation and landscape artistic level.

"Deeper Researches" refers to the systematic urban design researches. Involvement of urban design is often required for almost everything related to city life. The improvement of local people's life quality could cover many areas including architecture,public utilities,transportation,green coverage,landscape,river system,above ground,underground,in-the-air,streets,blocks,spaces and other aspects. The old ways of silo work,interest gaming and fragmented approaches shall be changed under the guidance of overall urban designs.

"Precise Implementation" refers to urban design technologies including designing technologies and implementation technologies. We need to harness a great variety of data—big data and small data,to broaden the tool kit of urban designing. During the implementation of an urban design plan,we need to pay special attention to practical technologies and technical solutions to ensure all the designs get precisely implemented and gear up the city environmental quality and urban management level.

China has many cities and also many problems to deal with. China's urban design needs to provide diversified solutions to cope with different challenges and different targets. China's urban design requires collective efforts in careful reserches to prescribe our solutions for urban issues and establish the urban design theories of our own.

References

[1] WANG J G,YANG J Y. Exploring the basic principles and methods of overall urban design in historical corridor areas—a case study of Hangzhou section of Beijing-Hangzhou Grand Canal [J]. City planning review,2017(8):65-74.

[2] WANG J G,YANG J Y. Research on the theory and method of overall urban design in historic city area—the case of Weifang [J]. City planning review,2017(6):59-66.

[3] LIU D,YANG B J. Exploration of urban design methods under local culture—in the case of overall urban design of Yongfeng County,Jiangxi Province [J]. City planning review,2017(9):73-80.

[4] XU S N. The Dao of design—urban design as a technique [J]. City planning review, 2014(2): 42-47.

[5] XU S N. Improving the quality of urban construction with comprehensive urban design [J]. South architecture, 2015(5): 23-26.

Xu Suning Graduated from Harbin Institute of Architecture and Engineering. He obtained the bachelor's degree of architecture and the master's degree and the doctorate of architectural design and theoretical disciplines. His research mainly focuses on urban design which is to guide the basic theory and method of urban planning and urban design. It is one of the key research directions of urban and rural planning and architecture discipline. In recent years, he has achieved a series of research results concerning teaching and practice. He is one of the pioneers in the research field of urban design aesthetics in China.

He has chaired the National Natural Science Foundation projects. Mr. Xu participated in various urban design practices from overall urban design to local urban design and been awarded the National Excellent Urban and Rural Planning Design, Excellent Urban Planning Science and Technology Worker and other rewards. He has published over 100 academic papers in various academic journals and academic conferences. He also translated and complied many disciplinary books.

Topic Ⅳ

Prospects of China's Urban Design Development in the 21st Century

Urban Design, Ecological Restoration and Urban Renovation

Based on the demand of global sustainable development and China's new urbanization for environmental quality improvement, the Ministry of Housing and Urban-Rural Development (MOHURD) has identified 57 cities as pilot cities for "Ecological Restoration and Urban Renovation" and defined the important guiding role of urban design, ecological restoration and urban renovation for future urban development in China.

Ecological restoration and urban renovation includes two parts: ecological restoration and urban repair. In response to the changes in the natural environment and the negative impacts of various human activities on urban environment, technical means of ecological restoration can be applied in urban design to promote the balance, connection and development of urban ecological texture, ecological relationship and a series of ecological factors in different dimensions. It can also maintain and sustain the background conditions for sustainable urban development.

Urban renovation is the optimization and improvement of the "Scars" left in the rapid urbanization. The core content of urban design lies in the construction and creation of urban spatial form mechanism. For these declining urban spaces, renovation can be performed to simulate regional vitality, optimize urban structure, improve environmental quality and enhance the "sense of gain" of the society about better lives.

In this article, the main opinions discussed by the guests are consolidated and summarized as follows in the form of presentation speech. Due to the limited page space, some abridgement is made to parts of the contents.

Host:

Wang Jianguo, Academician of the CAE, Director of the Urban Design Research Center of Southeast University

Panelists:

Li Xiaojiang, Former President of China Academy of Urban Planning & Design, Senior Planner

Wang Fuhai, Chairman of LAY-OUT Planning Consultants Co., Ltd, Chief Planner

Zhu Ziyu, Deputy Chief Planner of China Academy of Urban Planning & Design

Zhang Qin, Director of Hangzhou Planning Bureau

Han Dongqing, Dean of the School of Architecture, Southeast University, Professor

Manuscripts by:

Gao Yuan, Associate Professor of School of Architecture, Southeast University

Zheng Yi, Ph.D. of School of Architecture, Southeast University

Host:

After the Central Urban Work Conference in 2015, the Ministry of Housing and Urban-Rural Development attached great importance to urban design, ecological restoration and urban renovation and carried out pilot work of ecological restoration, urban renovation and urban design in China, including 57 pilot cities for urban design. Currently, great attention is paid to urban design from the Chinese central government to the local governments. In fact, there are certain inner connections among urban design, ecological restoration and urban renovation. So today, we have invited several guru experts and scholars to share some of their views and opinions.

Zhang Qin:

What is the relationship between urban design and ecological restoration and urban renovation? I believe that urban development is a process that is not only reflected in the design of landscapes and architecture, but also in the social development and continual improvement of urban functions. In the process of function improvement, on one hand, some of the existing urban functions may have some negative influence and impacts on future development, causing some regretted defects; however, for such space, we cannot give it up. City is our home. We cannot give it up because of partial contamination and turn to look for another habitat. We are in such an era. To safeguard our homeland, we need to continuously follow the process of urban development to realize new functional needs. At the same time, to support the overall development of the city and society, we also need to renovate these spaces.

Such restoration may be manifested in two aspects, one is the ecological restoration we often refer to, and the other is the creation of space based on human economic and social activities, and make constant optimization and adjustment according to the new functional needs. This is urban renovation. During the process of restoration and renovation, it is necessary to consider not only the impact of original economic and social development on the subsequent links, but also the new demands arising from the urban development process. The most important part is to face the existing people, the existing society and their various demands. Therefore, this is a very delicate process and requires some innovative means and methods.

I think urban design reflects the following characteristics. Firstly, urban design is a process, that is, the implementation and perfection in the historical inheritance and practice. Therefore, urban design does not end with just a plan, it requires constant adaptation to new demands, keeping up with the development pace of the times and constantly adapting to the new situations.

Secondly, urban design is a platform. When economic and social development reaches a certain stage and urban development reaches a certain level, cities tend to have more obvious urban diversity and intense requests. However, many functional or spatial requests are not what designers can get from classroom or books. Instead, they need to consult and learn from the local people and diverse subjects involved in the process of urban design. The operating mode of urban design is precisely to build such a platform, so that various requests can be pooled into a specific space for consultation and resonance. In addition, I think such mode is also reflected in the legalization construction of urban planning in the past 40 years since China's reform and opening up. It's the formulation of statutory planning tools, such as urban master planning, control detailed planning, etc., as well as various specifications and technical requirements. At present, the combination of diversified demands and background of law-based administration requires specific arrangements for some details and even processes.

Thirdly, the governance mode is also changing. In a broader sense, it is about the modernization of governance system and capacity, i.e. issues of public interests should be publicly discussed and implemented. In this process, urban design has increasingly become a means for the public to understand the value of urban space resources. They can hence reach consensus and initiate joint action. Therefore, urban design is a very important way and method to properly perform urban ecological restoration and urban renovation.

Zhu Ziyu:

Ecological restoration and urban remediation are important tasks for promoting urbanization in China at present. It is referred to as "Restoration and Renovation" for short rather than "Two Repairs" is that they are two aspects of one thing, i.e. the relationship between urban renovation and ecological restoration is similar to the relationship between "Yin and Yang". They should be promoted together.

Ecological restoration and urban renovation is an important task that coveys political willingness on the top and the public opinion at the bottom. Therefore, it needs support from everyone. Because it offers an opportunity for technology integration in urban design, i.e. all professions and departments can work together to integrate resources and achieve comprehensive benefits, rather than just pursue a sheer goal or result. It works for the goals of curing ecological and urban disease in the process of urban development.

So, how to cure these "diseases" in the ecological restoration and urban renovation work, traditional Chinese medicine method can be applied for urban "conditioning": reconstructing natural habitats, regaining cultural identity, reorganizing economic vitality, reconditioning social good governance, rebuilding the spirit of the place, reshaping space quality. And urban design is precisely adapted to the needs of such task. Hence, urban design is the most effective means and tool to carry out ecological restoration and urban renovation work. Urban design can achieve ecological restoration and urban renovation through reconditioning.

Wang Fuhai:

After China's reform and opening up, Shenzhen became an epitome of China's urban development. The theme of Shenzhen's urban development is large-scale development of new areas and new towns. This is the most magnificent process in human history. But in the hands of our generation, the development process is so fast that the current urban expansion can no longer be continued as its expansion has exceeded the current demands of the cities.

If previous urban construction development was referred to as a big action, then the current transformation can be described as a small move; if it was a great era of urban development back then, it is a small era now. In the small era, urban design and ecological restoration and urban renovation are two major tools matching with the main direction of urban work. Although urban design was also much stressed in the great era, the theme of urban development in that period was mainly about the speed. It pursues only the rapid implementation and replication of planning and construction. Such operations left many opening issues or even defects and problems to cities nowadays. Therefore, in the small era, urban design allows more sophisticated design, management, implementation and urban operation. Although urban design can be discussed on many scales, the more important content is to achieve material space, spiritual civilization, cultural functions and other contents within the scope of operable space.

For ecological restoration and urban renovation, I think it is an administrative operation platform. It's in line with the transformation of China's urban planning from the previous goal orientation to phased-in guidance. Hence, this work should be carried out in a yearly routinized manner. That means each city shall select what should be and can be performed the most to shore up and improve urban quality. Based on the urban development over the past years, if we can persist on this model and insist on improving problems facing the cities every year, our cities will become very beautiful in ten years. In this process, all that should be done in ecological restoration and urban renovation are subtle and detailed. From this perspective, urban design methods should be the most suitable for both ecological restoration and urban renovation.

Li Xiaojiang:

Firstly, the key word in the concept of ecological restoration and urban renovation is "restoration and renovation". Why "restoration and renovation" instead of "build" or "change"? Because the city has problems due to human factors in the development process. Its ecology has been destroyed. So it's necessary to restore and renovate. This is a very important motivation or basic judgment for proposing ecological restoration and urban renovation.

Secondly, how to restore? How to renovate? In essence, this is a process of design and construction. So, after being contracted to this task, China Academy of Urban Planning & Design put its Chief Planner Zhang Bing to take charge of the work. For the structuring of project team, personnel who are savvier on the implementation and trivialities are often recruited; on this basis, the taskforce focusing on architectural design is added; at the same time, as for the public utilities and landscape, personnel with design background are also preferred in recruitment. As we know that ecological restoration and urban renovation is not just about finding problems, understanding problems and evaluating problems, all of which contribute to output a window-dressing blueprint. It's a process of analyzing and identifying the problems, sifting out the most important ones. After design and creation, such problems can be fixed.

As shown in the documentary film "Masters in Forbidden City": it is about recovering those tattered or garbage or things should be thrown away in the eyes of many people. Then repair them with craftsmanship to restore its original quality and value. Refined design is extremely important in this process. In this sense, I believe that the relationship between ecological restoration and urban renovation and urban design, engineering design and architectural design is to some extent more important than the relationship between urban planning in general sense nowadays. This is my two basic understandings of ecological restoration and urban renovation. The first is about why it is necessary to restore and renovate. The second is that it should be realized by means of design and construction.

For the reason why the proposition of ecological restoration and urban renovation is put forward, we identified one principle in the project practice. As the principle tells, the result of ecological restoration and urban renovation must serve the public and be people-oriented. After 40 years of reform and opening up, Chinese demographic parameters have changed. Chinese cities have gradually entered a middle-income society, or a society backboned by the middle class. Therefore, in the process of social development and progress, essential changes occur in social and human needs. Based on this result, we need to change our cognitions about city values and cities.

Therefore, behind ecological restoration and urban renovation or the rise of urban design, the root cause is the progress of society and the essential change of human needs. As for the question of how to meet people's needs, I personally believe that design is becoming increasingly important. Planners and architects should have the ability to meet people's needs.

Han Dongqing:

As an educator, I have the following experiences: firstly, how to view urban design? Is urban design an independent discipline? How to transform the relevant knowledge and methods of urban design into teaching behavior, i.e. talent training behavior? From the perspective of talent cultivation, I personally do not advocate making urban design as an isolated domain. Although at the level of academic system, urban design has its relative knowledge category, including its theories, methods, technologies and other core contents. However, from the goal of higher education, we shall not take the so-called urban design specialty talents as the basic goal, especially in the general education stage of undergraduate courses. Too narrowed professional division can be dangerous. It contradicts the multidisciplinary feature of urban design itself. I advocate the integration of urban design thinking methods, knowledge systems and practical strategies into a number of related professional fields, especially in three most closely related disciplines, i.e. architecture, urban and rural planning and landscape architecture. In the professional talent training system and process, different deployment of teaching contents and modes should be arranged in the undergraduate and postgraduate training in a gradient manner. On this basis, special direction for urban design can be set in senior grades of undergraduate education, and relatively independent discipline research directions can be set in the master and Ph.D. level. In the overall talent development pattern, urban design should be taken as a shared knowledge domain and a holistic creative thinking method, rather than be reduced to a specific skill exclusive to a particular type of talents. Only in this way can architects and landscape designers acquire the overall awareness and practical skills of urban design. And urban design can be truly integrated into the whole process of urban planning.

Secondly, it's the method and model of talent training. Urban design is undoubtedly strong in practicality. And ecological restoration and urban renovation is an important practical orientation in the urban design field at present. In college education, traditional teaching ideas and methods are experiencing major changes. From the development history of urban design related curriculums in Southeast University, "Urban design" in the 1990s was a type of design course practice for senior students. Later, theoretical courses on urban design were added. Undergraduate teaching was set with "Introduction to Urban Design". Master and Ph. D. students had "Modern Urban Design Theory and Method" courses. The relevant selective courses were also getting enriched. More and more urban design themes were chosen in graduation thesis. Therefore, the "Theory Course + Design Course" became a training mode.

In recent years, teaching model has become more and more open. For example, in the summer of 2015, our school organized a volunteer action for the protection and regeneration of Small West Lake traditional style area in the southern old town of Nanjing. The action was initiated and organized by Nanjing Urban Planning Bureau and attended by student teams from three colleges and universities in Nanjing. Guided by the mentors, together with the district government, sub-district, residents, cultural scholars and other stakeholders, students formed an extensive participatory working style to understand the environmental status, historical context, practical problems, and residents' demands of the old town. They proposed possible ways for protection, repair and regeneration. There are many complicate issues for this area, including cultural inheritance and protection issues, as well as many livelihood issues pressing for solution. This action began in the summer vacation the year before last and is still ongoing. The process of work is also the process of teaching. Students and teachers grew together in a process of social practice. Team members not only were exposed to the relevant professional knowledge, such as form analysis and site creation. They also learned to interpret people's needs and understand how a development company transformed its ideas into an effective action, how to balance the interests of various parties, etc. All these things could not be learned in the classroom. For topics such as "ecological restoration and urban renovation", through this field practice, students can understand the complex connections between policies, regulations, rights, mechanisms and paperwork of professionals more easily. Such a form of open teaching has better comprehensive result compared with the traditional teaching or curriculum design. Urban design shall be learned by "doing".

Host:

In the Small West Lake case, urban design is a means. In fact, renovation and restoration are also important measures. This case reminds me of one question: in ecological restoration and urban renovation, there are two "repairs", one is ecological restoration, and the other is urban renovation. Then, is urban renovation equal to ecological restoration, or is there still a certain degree of difference?

Zhang Qin:

These two things are actually inseparable. Today, when we think that the rapid urban development in China over the past 30 years has brought many problems. We should also remind ourselves that what we are doing now, the way urban space is utilized may be nullified in the future. Because urban development is a continuous process, I believe that we should not simply deny some of the spatial problems formed in the past industrialization process. These problems are the byproducts of the corresponded development stage, which we should actively face, repair and be responsible for it forever.

Therefore, urban renovation is actually ecological restoration of a major system. These two things are inseparable atphilosophical level. Nevertheless, they can be separated at the task level. Just like the Xixi Wetland Project mentioned by Academician Wang Jianguo, in fact, it focused more on ecological restoration and the governance of impact on surrounding areas and water system. In addition, Hangzhou has been working hard in recent years on some projects focused on urban renovation, such as the pocket park creation and back street alley governance done in the past decades. Therefore, urban restoration and ecological restoration have different focuses on the task level, but from the macro systematic perspective, they are, as Mr. Zhu Ziyu described, inseparable duality layers.

Wang Fuhai:

When all the stock of land was almost consumed, Shenzhen still holds a great appetite for land. How to deal with this contradiction? Reviewing the themes of urban development in Shenzhen in recent years, it was mainly about urban renewal, but such kind of renewal was actually massive demolition and reconstruction.

In the past, the spread of urban villages indeed snatched substantial resources. However, their existence also had a positive role as the consolidation work made urban villages a new resource for urban space expansion. In this process, the urban plan needs to configure some public facilities and demands into the urban villages, which was the main work. At the same time, it also included "remediation" content. Through fiscal expenditure, the government has indeed carried out multiple rounds of renovation on urban villages to support their progress in some aspects step by step.

I have always believed that the most attractive places in Europe are mostly urban villages, where high-quality urban space has been formed after incremental repair and renewal over hundreds of years. Therefore, if the urban villages are demolished and the old cities are upgraded and transformed by a monotonous development method on large land plots and by large real estate companies, the most splendid urban image of mankind and the most beautiful memories of citizens may disappear. For long time, we have been emphasizing the preservation and protection of valuable land and space. By contrast, many contents with no historical value but very great social heritage significance often got eliminated as shanty towns or inefficient use of lands. Hence, for urban villages in Shenzhen, I think if each village can be preserved and facilitated to develop continuously, their significance and connotation are much more valuable to the city than those newly built.

Besides, in terms of small space improvement, Shenzhen also has some sporadic experiences. But in my opinion, Shenzhen's subject awareness in this aspect is relatively weak. In fact, some ecological restoration and urban renovation work has been carried out in the city, such as environmental remediation, three-year-long urban improvement campaign, etc. But some cities continue to carry out vanity projects requested by the politicians but in the name of ecological restoration and urban renovation. Hence, to a certain extent, even after the Ministry of Housing and Urban-Rural Development introduced ecological restoration and urban renovation policy and pilot work, the efforts of various cities are still insufficient. This means that we have not raised the ecological restoration and urban renovation, as what the central government required, into becoming the most effective means for cities entering the improvement period. If ecological restoration and urban renovation can be uplifted to this level and be faithfully promoted in the industry for better urban quality every year, ecological restoration and urban renovation can truly work and urban design can be really useful.

Question 1: The proposal and pilot work of ecological restoration and urban renovation were carried out in the context of stock basis. However, there are still some cities with incremental demand in China. So how does their work echo the ecological restoration and urban renovation ideas?

Li Xiaojiang:

I think the sweeping storm urban development stage has basically ended in China. In fact, there are also two kinds of "Stock" in Chinese cities: one is the subject we are discussing now, i.e. the quality improvement and optimization of urban built-up areas; the other is the massive idling lands, i.e. those left unused or not fully developed. There are dozens or even hundreds of square kilometers of such stock land in almost every big city. However, our recent analysis has shown that among the top 20 most populous cities in China, the population growth rate in the past five years was only 1/5-1/3 to that of the first 10 years (2000-2010). This indicates significant slowing down of volume growth. At the same time, there are still a lot of vacant residences and buildings in Chinese cities. Hence, I personally don't really think that Chinese cities will face a new round of swift and substantial expansion.

Certainly, there will be volume increase in any city, but the speed of such increase has been fundamentally different. In this sense, these real stock areas in the old towns are faced with ecological restoration and urban renovation issue; for those new areas in the development process, in my opinion, there are issues of renovating and stitching, i.e. how to consider people's needs more comprehensively in the development of these areas and fill in various public and living service facilities to achieve industry-city integration, as well as urbanization and urban area transformation of suburbs and industrial parks. The secretary of Chongqing Liangjiang New Area once told me that no more industrial parks but only urban area would be built in Liangjiang New Area. In other words, any places lived by people should be built with urban standards and supported by urban living standards. This may be a change in the next round development model of new urban growth areas. In terms of connotation, this idea is similar to ecological restoration and urban renovation.

Zhu Ziyu:

I have a supplementary point to this issue. If there is still incremental demand in the city, the natural ecosystem will definitely change due to incremental development of the city. Therefore, ecological restoration and urban renovation work is necessary for determining where, what size and how much the increment is. These things should be corresponded to the ecology, rather than rush to increase until problems occur and ecological restoration must be done.

In addition, even during the planning and design of new urban area, it is still necessary to carry out "urban renovation". As President Li just said, we can at least adopt the renovation method to improve the relevant contents of current planning for new areas. Although we have built many new areas, almost none of them are comparable to old towns from the perspective of spatial experience.

Question 2: Currently, what are the main dilemmas and obstacles in the practical work by ecological restoration and urban renovation pilot cities in China?

Zhu Ziyu:

The dilemma comes from many aspects. There is something I want to add here. President Li just said that before the official launch of ecological restoration and urban renovation work, China Academy of Urban Planning & Design did some related work in Sanya. In summary, they found that the "dilemma" was not necessarily in the planning work itself. It is "something the local top leaders should personally be in charge". It requires the support of relevant decision-making and implementation at the government level. After all, the ecological restoration and urban renovation work in many cities is "not personally chaired by the secretary", hence challenged with relatively big resistance. There are potential dilemma and obstacles to fully play the leading role of planning and design, coordinate cooperation among relevant departments and engage social forces. Therefore, facing these problems in the process of ecological restoration and urban renovation work, it is expected that top leaders shall personally lead and mayors chairing the implementations, along with good planning and coordination, cross-function collaboration and social participation.

Wang Fuhai:

In the ecological restoration and urban renovation work that we have undertaken, there are problems in almost every segment. In summary, the main cause is that the work system is not perfect. Hence, the greatest dilemma in the current ecological restoration and urban renovation work is that this project was proposed by the MOHURD. It was not elevated to the national level and be adopted as the most important protocol for urban improvement. As a result, there is not much coordination and low in energy efficiency in the ongoing implementation process. China is a country with strong national mobilization capacity. If the ecological restoration and urban renovation is not mobilized on the commanding center, it will not be sufficiently weighted to play out its greatest role and unleash greatest value. This is the biggest dilemma that I feel is facing the ecological restoration and urban renovation now.

Zhang Qin:

Difficulties are inevitable in the advancement of ecological restoration and urban renovation. Our job is to constantly face and solve the difficulties. As ecological restoration and urban renovation work is rational, a consensus will eventually be reached for reasonable decision.

Hangzhou project also encountered many difficulties during the promotion. As professional workers, when we communicate with grassroots leaders, we will find that theyall have their own ideas and consider the problems from the perspective of local development. Thus, they may think that there are things more important and urgent than ecological restoration and urban renovation. However, if we communicate in the right way, even if only 10% or 20% of our work can be carried out, a consensus will be reached gradually during the implementation process. The implementation results will be a strong proof to smooth out the work of the next stage.

Hence, for ecological restoration and urban renovation, I think that there are many difficulties, and the system construction is indeed very urgent. But we cannot completely rely on the system. What we want is to reach a consensus.

Host:

I want to thank all panelists for their brilliant replies. When inspecting Beijing's urban plan last year, General Secretary Xi Jinping already made it clear that urban plan should take the lead and it is necessary to emphasize its mandatory and rigid feature. This is a consensus that has been reached by all governments ranging from the central to the local level. Based on this consensus, ecological restoration and urban renovation and urban design work will surely be carried out and continued in an effective manner. We have reason to believe and expect that, our people, society and cities will definitely have a better future through urban design and ecological restoration and urban renovation.

Chinese Wisdom in Urban Design

For a long time, urban design has been discussed under the western context. In fact, the ancient and modern urban design of China embodies the essence and wisdom of Chinese culture. The cases of Chinese cities have been cited in a number of foreign urban design books, and Beijing has been recognized as a "masterpiece of urban planning".

Recent years have seen significant improvement in Chinese people's awareness of cultural heritage and cultural self-confidence. We need to reflect on and learn from the excellent Chinese traditional culture, including the Chinese wisdom reflected in urban design. Therefore, the purpose of this topic is to sort out the source of urban development, analyze and summarize relevant cases, so as to tap into Chinese traditional urban design wisdom and analyze its application in contemporary China, let this ancient Chinese wisdom to guide our cultural heritage today and guide us from the past to the present and the future.

The main points of view discussed by the participants are summarized as follows:

Host:

Zheng Shiling, Academician of Chinese Academy of Sciences, Professor of School of Architecture and Urban Planning, Tongji University

Panelists:

Wu Zhiqiang, Vice President of Tongji University, Academician of the Chinese Academy of Engineering

Yang Baojun, President of China Urban Planning and Design Research Institute, National-level Engineering Survey and Design Master

Liu Hongzhi, Senior Vice President of Planning and Design, AECOM Asia Pacific, General Manager

Ye Bin, Director of Nanjing Planning Bureau, Research Fellow Senior Planner

Duan Jin, Chief Planner of City Planning and Design Research Institute, Southeast University, National-level Engineering Survey and Design Master

Manuscripts by:

Gao Yuan, Associate Professor of School of Architecture, Southeast University

Shen Yuchi, Ph.D. of School of Architecture, Southeast University

Host:

China is home to very old cities which has the world's most ancient city maps and the longest history. Ancient literature conveys a lot of wisdom about Chinese cities, such as the location selection of cities and the relationship between city size, industry and people, etc. Several scholars and planners are invited to share with us their ideas, experiences and insights.

Duan Jin:

China has achieved fruitful results in traditional urban design both in theoretical and practical level. It is believed that the reason why urban design is so important is that some problems propped out in urban culture and habitat environment. These problems seem more serious especially when modern cities are under high-speed economic development. How to realize the win-win between economic development and culture (traditional space gene) inheritance? Our team had some exploration and experience in this area through on-site investigations in Suzhou.

First, the integral culture of a city and the Chinese wisdom contained therein should not be lost in this generation. For example, the spatial pattern of Suzhou's "landscape of four corners", the relationship between man-made buildings and natural environmental such as "gardens in the city and city in the garden", the landscape intention of "small bridges, flowing water and people's houses" and so on. Suzhou's urban design is not simply an argument of styles. Suzhou's problems cannot be solved through analysis and designs using only modern urban design methods, such as Kevin Lynch's five elements ("roads, boundaries, blocks, nodes, landmarks"). Suzhou's urban construction requires the engagement of much Chinese wisdom.

The important characteristic of Suzhou city is the spatial relationship between "water, land and architecture", which makes Suzhou city a spatial structure of double chessboard. It harbors the relationship between water chessboard and land chessboard, the relations between architecture and water-land, the consideration of spatial scale, and the corridor space (the connection between one space and space), so that a similar garden spatial relationship can be rendered for the entire city as a whole. These are the Chinese people's understanding of the relationship between human beings and nature. It is the wisdom of China. Therefore, an important aspect of the modern urban design is to carry on the essence of China and locality.

Second, in the past, urban designers in China can do well in the overall design and construction merely using a formula and following some simplerulings. Today, as modern urban design has developed to this stage, we need to explore the ways to make urban design really play its role. Our team has conducted a study on this. We have surveyed on every project of urban design in a city of southern Jiangsu over the past 10 years. In terms of total volume, there have been a great number of urban design projects in this city over the past 10 years. After statistical investigation, however, we found only 38% of the projects have played a role. And even this 38% urban design was not completed implemented; it also includes urban design for management. This is far from being efficient. The theme of today's discussion is Chinese wisdom, I hope to give you an inspiration to continue to study this issue, better improve the efficiency of urban design in implementation. We have applied some general rules and control methods of height, color and spatial scale to the protection of Suzhou ancient city. They were adopted and played an important role in the protection of Suzhou as a whole.

Third, at present, China has put a great attention on urban design for key areas, ignoring, however, the urban design of other general areas. In fact, when we enter an urban environment, ordinary people live in ordinary residential areas; at the same time, when evaluating a city's style and features, it is often targeted at this kind of general area, so it is worth continuing to give a play to the relevant wisdom of Chinese urban design in these aspects. In ancient China, for example, there was no separation between areas lived by the rich and the poor. People of different classes mingled together and public buildings were mixed together with general residential buildings. That's why the master morphological style targets will never over-emphasis on a few public areas and landmark knots while ignoring other city areas.

Ye Bin:

Into the 21th century, Nanjing government has done three things for the protection and development of Nanjing as a historically and culturally famous city.

First, in terms of urban design, the overall spatial pattern of Nanjing as a landscape city is highlighted to the uttermost. The location of the ancient capital must have been based on its particular geographical location and topography. We respect the site conditions of the ancient capital, and we have compiled the basic ecological control line of Nanjing according to the landform. At present, mountain, water surface and farmland within the control line have been effectively protected and managed. People no longer "live from what the land can give" as they did at the beginning of China's Open and Reform. And all illegally mined mountain bodies have basically completed ecological restoration.

Second, valuable historical heritages of a city should be protected with a respectful mind. The 1990s and the beginning of the new century were a period of great demolition and construction. Nanjing has demolished quite a number of old houses, which are neither cultural relics nor historical buildings, but this demolition seriously affects the heritage and charm of the city. Now in order to protect the old city, we control urban morphology within the Ming Great Wall. We asked academician Mr. Wang Jianguo to conduct two researches on the height and shape of the old city. He introduced a lot of scientific methods and established a technology roadmap.

We have developed the idea of fully protecting the historical and cultural heritage in Nanjing. There is a very typical example of this, that is, Nanjing Dajiaochang Airport Urban Design chaired by Mr. Duan Jin. Dajiaochang Airport covers an area of 10 km^2 and has an airport runway in the middle. It is 65 m in width and 2685 m in length. As for this concrete runway, many bidders think that such a large area of land has high economic value, as there is almost no need for demolition and it is nearly perfect if it could be used for project development. However, from the beginning of the proposal competition, Mr. Duan's proposal has been stressing on the historical inheritance. The runway was built during the period of the Nationalist Government. If traced back even earlier, it was named Dajiaochang because it was the place where troops were trained and paraded in the Ming Dynasty. According to this historical feature, the proposal emphasizes preserving the runway and shaping it as Nanjing's largest urban living room with a place for outdoor activities in the future. This idea has now been translated into detailed regulatory planning and corresponding management guidelines. Based on the idea of protection, we are further planning to retain the activities in the huge urban space behind the runway, hoping to make it more attractive. It is worth noting that the runway of the airport is neither a historical building nor a cultural relic.

Another example is the dormitory area of Meishan Steel Company. In almost all the urban planning principles and residential textbooks in China, Meishan Steel dormitory area can becited as a paragon example. Recently, this area is about to be handed over to the local government. Due to the poor quality of the existing structures and the relatively low intensity of the land use, both the local government and the Meishan Steel Company are considering demolishing and redeveloping all the buildings in this area, we wish such buildings could be preserved even though they are not cultural relics and also not historical buildings. They witnessed the development of Nanjing in a special period, so protecting them is a way of showing respect to the city.

Third, it is necessary to carefully reproduce or identify some space that can reflect the history of the city.In Chinese idioms and Tang poetry, there are so many words describing the icons of the city, only so few of them can last till now. Take the title of "six dynasties ancient capital" as an example, only the tomb stone carving of the Six Dynasties are preserved till now. Another example is "Taicheng" frequently quoted in poetries of Tang Dynasty. The Taicheng we mention mostly refers to the area now north to Southeast University. Nevertheless, the historical Taicheng is more than that. Therefore, identification of these places inside the city is an important way of shaping the characteristics of urban space and carrying forward the history and culture. In the past, in the archaeology exploration to justify modern city constructions, once the underground cultural remains were discovered, generally a fragment of the remains will be sliced out and shelved into the museum on exhibition. Almost the same time the new large-scale modern construction will have begun at the original site. We have recently introduced a series of measures aimed at underground archaeology, which require that any remains found should be preserved in situ, and these historical and cultural relics should be protected, placed into the public space of the city. These historical spaces should be marked. These cultural relics should be exhibited in the present streets, squares, green space. Even the feeblest preservation should be keeping it in the original site of the new housing public area. We are ready to continue with this kind of protection and exhibition. For example, how to create an artistic conception of "The Egret Island Diverting the Yangtze River" in the poem of Tang Dynasty?" Phoenix Hovering over the Phoenix Palace", but where is this Phoenix Palace? I do not mean to rebuild and redevelop the building itself. It's purported to mark out a city's cultural space and its image.

Liu Hongzhi:

Chinese wisdom is based on a metaphysical philosophy and reflected in the value orientation of urban design. Looking back at the history and evolution of Chinese cities, it is not difficult to find that the special subjects and circumstances of each era have given birth to different views and practices on city construction and operation. On this basis, it has formed the paradigm of urban planning and design distinctive to the different times. These paradigms are the embodiment of the universal values of their corresponded time period. According to my personal thinking and observation, I will put forward 6 aspects in Chinese philosophy influencing the thinking and wisdom of Chinese urban design.

First, big picture and small picture. An obvious value orientation in urban design of China is a "big-picture thinking", which emphasizes macro and strategic aspects. Such a big-picture thinking plays a very important role in China's design thinking, and even dominates the decision making. According to such a big-picture thinking, only by identifying and controlling the major challenges and comprehensive problems in a city in advance, can one be fully prepared for the follow-up work, so as to deal with those smaller, more specific issues? Big-picture thinking is also a dominant thinking which represents our "political wisdom" to a certain extent.

Second, compliant to natural law and human requests. "The unity of nature and man" is one of the core values of Chinese culture. It is a profound understanding and pursuit of harmonious coexistence between man and nature. There is a kind of "harmonious thinking" behind the value advocated by the philosophy of heaven and human. We believe that urban development should be a process in which man and nature find a way to live together. Despite the contradictions and differences, they should work to be inclusive under the idea of "harmony in diversity". In *The Book of Changes*, it is mentioned that "one should observe law of nature to know the changes of season, and put value on ethics or morality and spread them to the world"; in *Guanzi*, it is also mentioned that,"one should make use of environment and nature based on the existing conditions instead of following a stereotype routine". The thought of conforming to nature and seeking coexistence between man and nature instead of antagonizing the environment represents, to a certain extent, our "environmental wisdom".

Third, follow a spatial layout of hierarchy and order. Compared with Western urban design thinking, China's emphasis on the spatial layout of hierarchy and order for cities and even residences comes from a unique "origin thinking". It has a profound impact on the starting point of establishing a harmonious relationship between man and city, city and natural environment in China. In China, in whichever writing, calligraphy, painting, writing, opera, and rhyme, there is much stress on touching down, crescendo and making a stage pose. This kind of value orientation can be used in urban planning and design as the emphasis to interpret the emphasisi on location selection and structure establishment. More profoundly important, it helps to create the foundation and pattern for the city, establishing the unshakable order and reason for the operation of the larger on the longer term. At the same time, it also points out the philosophical basis of Chinese urban construction and the spatial form that Chinese urban designers will choose to support urban governance. *Rites of Zhou* put forward the rigorous construction form of a city. It is not so much a spatial paradigm but a reflection of the contemporary social order and governance needs of the value system. The space ethics, hidden in "following a spatial layout of hierarchy and order", is the fundamental difference between the sense of hierarchy and the axis of the western urban space. The simplified interpretation of typical Chinese space as the central axis layout is already deprived the true connotation of China's "structure wisdom" on city construction and operation.

Fourth, create ritual and music. This refers to the "culture of ritual and music" of China. From the perspective of urban space, it can be interpreted this way: "ritual" represents a kind of order structure, a center of power, a kind of spatial symbol of core value; "music" represents a kind of natural and primitive non-structural state; it is the natural environment in which the heaven is in harmony with the earth, and is also a manifestation of a close relationship between human and nature. In the traditional planning and design of China, regardless of city size, there is usually a very important core. This space of such core is usually small in size but it dominates the larger area around it. The spatial structure of the core is compact and clear. The core of this strong structure is "ritual", while in other larger areas, retaining flexible or natural space is "functional". "Ritual" represents a real core and "functional" represents a virtual environment. This philosophy of ritual and functional should be applied in Chinese urban design, and it is a "balanced thinking" with Chinese characteristics, representing a kind of "space intelligence" in the layout of urban planning and design in China.

Fifth, form and meaning depend each other. The "form" and "image" in the Chinese design thinking are often not a result but a tool, which conveys the abstract aesthetic quality of transcending the image through the form and image. It is essentially different from the western logical reasoning and substantive aesthetics. The form carries the meaning, the meaning turns into the shape. The interaction between "form" and "meaning" is a kind of "aesthetic thinking" which affects Chinese aesthetic value. The interaction between "form" and "meaning" is the aesthetics pursued by Chinese, while the higher level is creating the "meaning" without using the "form". This is a very important aesthetic quality of Chinese philosophical thinking. It embodies China's unique "wisdom of expression".

Sixth, listen to both sides and choose the middle course. This refers to the "Doctrine of the Mean" at the core of Chinese philosophy. The influence brought by the Doctrine of the Mean thinking includes abalanced attitude towards physicality, virtue and mind. It represents the "wisdom of life" of China. It can be said that the pursuit of the middle course in Chinese wisdom is a kind of value orientation which is moderate and balanced. The embodiment of urban space, i.e. left and right, east and west, heaven and earth, and so on, gives "middle course" a unique view and understanding via the actual functions or physical objects at both ends.

It can be said that big-picture thinking, harmonious thinking, origin thinking, balanced thinking, aesthetic thinking, and golden-mean thinking in Chinese philosophy can help us further grasp the political wisdom, environmental wisdom, pattern wisdom, space wisdom, expression wisdom and life wisdom of China. To sum up, we can generalize the meaning and connotation of Chinese wisdom with the phrase "middle course". "Middle course" represents the core value of urban aesthetics which pursues the objective law and order, natural harmony and balance.

Host:

Thank you, Mr. Liu, for putting forward six insights into Chinese wisdom. Mr. Liu talked about Chinese wisdom from the perspective of philosophy and aesthetics. Such wisdom is not only applied in the design practice in China, but also applied to the London Olympic Games, Doha Conference and other world events. Its core is to adapt to nature and local conditions.

Yang Baojun:

Mankind now faces three challenges, that is, the universal ecological crisis; universal social crisis and endless conflicts; spiritual crisis is the discontentment and impetuosity of people's mind state. So the real wisdom lies in finding a way to solve these three relationships, which is elevated to the level of wisdom. So how did ancient people in China think about these three problems? How to embody it in the design? I think there are at least three points deserve out attention, learning, understanding and thinking.

First, Tao models itself after nature. In ancient China, people's attitudes towards nature were different from those of other countries; ancient Chinese emphasized the unity of man and nature. They believed that man itself was a part of nature. Since it is an integral part of the subject and the object, there was no such way to plan a city with a planning map (such as a map of the land area for urban construction) in ancient China. Now when we study urban design, we often see people talking about the five elements of western Kevin Lynch's urban design, but these five elements are all about the contents of the urban ontology, including the logo, the nodes, the channels. They only focus on the spatial organization of the city itself. There is only the notion of the "border" that involves the elements of the city periphery, city and its docking interface to the external environment.

By contrast, in ancient China, there were also five elements in the construction of cities, which is known as "Dragon Lair Sand Water Orientation" in the *Five Rules of Geography*. The so-called superstition aside, what is the *Five Rules of Geography* about? "Dragon" refers to the mountain shape and direction of slope in a large area, that is, the big environment, which affects the climate, water flow and rainfall of the city; "Sand" and "Water" refers to the natural landscape of a city. Among the five elements described in the *Five Rules of Geography*, four of the five elements are about the big environment and the small environment. There is only one of the five elements focuses on the city itself. When the advantages and disadvantages of the urban environment are clarified, it is clear on how the city should be designed. Cities and environment were designed as an integral part in the *Five Rules of Geography*. That's why in observing ancient time cities, we should bear in mind that the peripheral environment was always a part of urban life in the ancient time.

The same is true of large space and small space. It is the Chinese people's craving romance toward the nature. Trees are a must in Chinese people's courtyard. Trees grow in four distinctive seasons and change with the alternation of seasons. Nature itself involves time and space. When you see trees blossom and bear fruit, you will be reminded of the seasonal changes.

After treating the nature as a part of life, Chinese people was able to integrate the nature, time, space and people into one unity body. This can be clearly sensed in some ancient assays. Li Bai's *Reminiscence of QinEr*, for example, depicted "the tomb and palace of Han Dynasty emperor under a setting sun in the west wind". This line is quite picturesque and stirs up many emotions: "the west wind" indicates the season was autumn, and the "setting sun" indicates the end of one day. "The tomb of palace of Han Dynasty emperor" indicates the transition between life and death in a lifetime. These eight words boils down a day, a season and a lifetime, collaging the in-situ scene with the spatial and temporal lines. In this way, readers can compare the Han Dynasty hundreds of years ago with the present situation and be able to develop empathetic emotional changes upon the echoing circumstances. It is the "fusion of feelings with the natural setting".

Second, how to deal with social contradictions and conflicts? The key is harmony. Ancient Chinese spared no effort in the pursuing of harmony. Whether building cities or defenses, harmony was the priority, including the harmony of color, the harmony of city and environment, the harmony of architecture and architecture, the harmony of people and architecture, and so on. Chinese people always believe that the environment can exert a subtle influence on people's thinking. This is also a kind of Chinese wisdom, because when in a harmonious space, people's mood is in a calm state, and everything can be solved peacefully as long as people have inner peace.

Third, the core of balance is the balance between human body and mind. In modern society, people tend to be restless. A disturbed mind also shows the lack of an environment in which people can calm their mind. More often, the utilitarian was over-attended.

Lao-zi once said, "A utensil made of pottery clay can only have the function of a utensil when there is a concave. When installing doors and windows in building a house, a house can only have the function of a house when there are voids on doors and windows. Therefore, "being" brings people convenience and "not being" plays its part. In urban design, the public space is "not being", while the physical space is "being". "Being" is beneficial to us. For example, walls bring us benefits, but it has no "use", and this space is "useful" only when this "not being" is void.

In contemporary society, we are all chasing "being", so architectural designers have spent a lot of energy on "being" but neglected "not being". This leads to some "useless" buildings and spaces. So how can we strike a balance between "being" and "not being"? This is also something that relates to Chinese wisdom. So in general, should we further think about how to take a long-term, discernible approach to learning wisdom? Of course, this does not mean that we have to go back to the past, but to look to the present and the future, to bring into play the creativity of our generation, and inherit the Chinese wisdom.

Host:

In terms of the essence of ancient Chinese thoughts, what we often mention is the nature of Taoism. In designing cities, we not only create "concrete objects", but also make "spirit" and "matter" complementary to each other.

Wu Zhiqiang:

If you want to do urban design, you should think about "design"; when it comes to Chinese wisdom, we should analyze the word "design". Design is a military term. If you want to translate "sheji" into English, it should not be design, but be translated as "strategy". In Chinese wisdom, this is actually a higher level than design. It includes the spiritual "ideas" and the physical "flow of life". This kind of content which transcends spiritual and physical level is the real Chinese design. So the Chinese phrase "sheji" goes far beyond English word "design", and it would be more suitable to be translated as "strategy". Specifically, to design, one must first have a good understanding of the nature of the matter, and then achieve the desired goals and processes. This is a very profound wisdom. But how about the current situation? We tend to spend little time on thinking before designing and then we begin to think about form, without considering the things beyond the form in the design, or the unity between the spiritual ideas and the physical life.

Second, I would like to sum up Chinese wisdom into three words. I saw a lot of drama stages in Fuzhou, and there are rockeries beside the stages. Why there are rockeries? It turns out that the air inlets of the rockery all face southeast, and through the air inlets the hot wind can be introduced and turned into a cool underground wind. So even if it is very hot in summer, people would feel cool when they walk into the rockery due to the underground temperature. Then the cold underground air is directed to the audiences. This is air conditioning for the audiences. So, this is ingenuity of Chinese wisdom. A rockery is an embodiment of Chinese wisdom.

I have also been to Dujiangyan. At that time, this place just experienced an earthquake, the whole city was devastated. Only Dujiangyan remained intact. I was truly awed by the remarkable ancient Chinese wisdom. It is incredible that a building that had stood firm for 2000 years was still working despite the strong earthquake. The case of Dujiangyan has a very strong impact on me, because what I had learned before was actually the western modern rationalism theory. So the first word that can summarize Chinese wisdom is "unity".

This "unity" refers to the unity of nature and man. In Chinese wisdom, man is a small universe, the city is a universal universe, that is, an artificial universe, and the larger, natural universe is already there. Therefore, as the mesoscopic universe in the middle, urban planning and urban design between man and heaven should learn from the micro-cosmos and the macro-cosmos, that is, through the word "unity", we can achieve the unity of nature and man and the Tao modeling itself after nature. It is very important to import natural elements into the artificial interior.

The second word that can summarize Chinese wisdom is "harmony". In Enlighs language, it is called "Holistic". Instead of pointing to confrontations, it refers to harmony of diversity and diversity due to the harmony. It's different from conflict philosophy in the west as it stresses coexistence and harmony without uniformity; but in the West, unity can only be achieved when confrontation ends and assimilation begins, but Chinese culture is diverse and based on differences, so "harmony" is very important in Chinese culture.

The third word that can summarize Chinese wisdom is "sustainability". Chinese and Western culture differ greatly on this point. We talk aboutlife continuity and the inter-generation relationship. This idea is in fact the consensus of the "sustainable" concept reached by all mankind nowadays. For example, the older generations' care and love for the younger generation, and as teachers we also pass on this love to our students. The inter-generational relationship continues, but this is not so evident in Western culture. Another example is the ancient city of Luoyang in China. When it was built, water was drawn and a river was formed, and the water and land were restored to their original state after completion, showing the wisdom of interconnection and continuity.

It is also very important to mention that when we studied urban design in our school days, we could never mention the flow of wind and water, and be particularly alert when the two words come together and become "Feng Shui" (ancient Chinese geomancy), becoming a taboo. But in fact, they are the two most important flowing natural elements in artificial urban environment. The case of Dujiangyan has taught me that flow of natural elements is an essential part of Chinese wisdom. It is the driving force of life, not something that changes shapes for the sake of shapes. So, the third word I used to summarize Chinese wisdom is "sustainability". Therefore, these three words, "unity", "harmony", and "sustainability" are what we should learn from Chinese culture.

附录：主要参会专家名单

参会院士（按姓名拼音字母排序）

常　青　　中国科学院院士，同济大学建筑与城市规划学院教授
程泰宁　　中国工程院院士，东南大学建筑设计与理论研究中心主任
崔　愷　　中国工程院院士，中国建筑设计研究院有限公司总建筑师
江欢成　　中国工程院院士，上海江欢成建筑设计有限公司董事长
刘　旭　　中国工程院院士，中国工程院副院长
孟建民　　中国工程院院士，深圳市建筑设计研究总院有限公司总建筑师
缪昌文　　中国工程院院士，东南大学材料学院教授，江苏省建筑科学研究院有限公司董事长
王建国　　中国工程院院士，东南大学城市设计研究中心主任
魏敦山　　中国工程院院士，上海建筑设计（集团）有限公司资深总建筑师
吴志强　　中国工程院院士，同济大学副校长，全国工程勘察设计大师
张广军　　中国工程院院士，东南大学校长
张锦秋　　中国工程院院士，中国建筑西北设计研究院有限公司总建筑师
郑时龄　　中国科学院院士，法国建筑科学院院士，同济大学建筑与城市规划学院教授
钟训正　　中国科学院院士，同济大学建筑与城市规划学院教授

特邀嘉宾

仇保兴　　国务院参事，住房和城乡建设部原副部长
石　楠　　国际城市与区域规划师学会副主席，中国城市规划学会副理事长兼秘书长
修　龙　　中国建筑学会理事长
周　岚　　江苏省住房和城乡建设厅厅长
俞滨洋　　住房和城乡建设部科技与产业化发展中心主任
汪　科　　住房和城乡建设部城市设计处处长
Albert Dubler　　国际建筑师协会前主席
David Grahame Shane　哥伦比亚大学客座教授
Jonathan Barnett　　宾夕法尼亚大学城市与区域规划系名誉教授
Klaus R. Kunzmann　多特蒙德工业大学空间规划学院名誉教授
卢济威　　同济大学建筑与城市规划学院教授
Robert W. Marans　　密歇根大学建筑与城市规划学院名誉教授
Marco Trisciuoglio　　都灵理工大学建筑设计系教授，亚太国际事务联络主管

其他嘉宾(按姓名拼音字母排序)

边兰春　　清华大学建筑学院教授
曹嘉明　　中国建筑学会副理事长,上海市建筑学会理事长
陈　天　　天津大学建筑学院城市规划系教授
成玉宁　　东南大学建筑学院景观系系主任、教授
邓　东　　中国城市规划设计研究院副总规划师,城市更新所所长
丁沃沃　　南京大学建筑与城市规划学院院长、教授
段　进　　东南大学城市规划设计研究院有限公司总规划师,全国工程勘察设计大师
范霄鹏　　北京建筑大学建筑与城市规划学院教授
高　源　　东南大学建筑学院城市规划系副教授
关成贺　　哈佛大学设计研究生院波曼学者
韩冬青　　东南大学建筑学院院长、教授
黄居正　　《建筑学报》杂志执行主编
黄卫东　　深圳市城市规划设计研究院常务副院长、副总规划师
黄文亮　　华汇环境规划设计顾问有限公司营运主持人
金荷仙　　《中国园林》杂志社社长、常务副主编
李晓江　　中国城市规划设计研究院原院长,高级规划师
李雪华　　北京未来城市设计高精尖创新中心办公室主任
刘恩芳　　上海建筑设计研究院有限公司党委书记、总建筑师
刘泓志　　AECOM 亚太区规划设计高级副总裁、总经理
吕　斌　　北京大学城市规划设计中心主任、教授
沈　迪　　华东建筑集团股份有限公司副总裁兼总建筑师,国家勘察设计大师
时　匡　　苏州科技大学建筑与城市规划学院教授,全国工程勘察设计大师
孙一民　　华南理工大学建筑学院院长、教授
田　林　　北京建筑大学建筑学院党委书记、教授
童　明　　同济大学建筑与城市规划学院教授
王富海　　深圳市蕾奥城市规划设计咨询有限公司董事长、首席规划师
王莉慧　　《建筑师》杂志主编
王世福　　华南理工大学建筑学院副院长、教授
王　引　　北京市城市规划设计研究院总规划师
吴　晨　　北京市建筑设计研究院有限公司总建筑师
徐　雷　　浙江大学建筑设计及其理论研究所所长、教授
徐苏宁　　哈尔滨工业大学建筑学院教授,城市设计研究所所长
阳建强　　东南大学建筑学院规划系系主任、教授
杨保军　　中国城市规划设计研究院院长,全国工程勘察设计大师

杨俊宴　　东南大学建筑学院城市规划系教授
杨一帆　　中国建筑设计院城市规划设计研究中心主任
叶　斌　　南京市规划局局长
袁锦富　　江苏省城市规划设计研究院总规划师
张大玉　　北京建筑大学副校长、教授
张伶伶　　沈阳建筑大学建筑与规划学院院长、教授
张　勤　　杭州市规划局局长
赵万民　　重庆大学建筑城规学院教授
周　俭　　上海同济城市规划设计研究院院长、教授
朱荣远　　中国城市规划设计研究院副总规划师
朱文一　　清华大学建筑学院教授
朱雪梅　　天津市城市规划设计研究院副总规划师
朱子瑜　　中国城市规划设计研究院副总规划师
庄　宇　　同济大学建筑与城市规划学院教授

后　记

科学技术是第一生产力。纵观历史，人类文明的每一次进步都是由重大的科学发现与技术革命所引领和支撑的。进入21世纪，科学技术日益成为经济社会发展的主要驱动力。我们国家的发展必须以科学发展为主题，以加快转变经济发展方式为主线。而实现科学发展、加快转变经济发展方式，最根本的是要依靠科技的力量，最关键的是要大幅提高自主创新能力，要推动我国经济社会发展尽快走上创新驱动的轨道。党的十八大报告指出，科技创新是提高社会生产力和综合国力的重要支撑，必须摆在国家发展全局的核心位置，要实施“创新驱动发展战略”。

面对未来发展的重任，中国工程院将进一步发挥院士作用，邀请世界顶级专家参与，共同以国际视野和战略思维开展学术交流与研讨，为国家战略决策提供科学思想和系统方案，以科学咨询支持科学决策，以科学决策引领科学发展。

只有高瞻远瞩，才能统筹协调、突出重点地建设好国家创新体系。工程院历来高度重视中长期工程科技发展战略研究，通过对未来20年及至更长远的工程科技发展前景进行展望与规划，做好顶层设计，推动我国经济社会发展尽快走上创新驱动的轨道。

自2011年起，中国工程院开始举办一系列国际工程科技发展战略高端论坛，旨在为相关领域的中外顶级专家搭建高水平高层次的国际交流平台，通过开展宏观性、战略性、前瞻性的研究，进一步认识和把握工程科技发展的客观规律，从而更好地引领未来工程科技的发展。

中国工程院学术与出版委员会将国际工程科技发展战略高端论坛的报告汇编出版。仅以此编之作聚百家之智，汇学术前沿之观点，为人类工程科技发展贡献一分力量。

中国工程院